U0306224

云南山地橡胶树
优树无性系DNA指纹数据库

◎ 毛常丽 柳 觐 吴 裕 等 著

中国农业科学技术出版社

图书在版编目（CIP）数据

云南山地橡胶树优树无性系 DNA 指纹数据库 / 毛常丽，柳觐，吴裕著 . -- 北京：中国农业科学技术出版社，2024. 10. -- ISBN 978-7-5116-7074-8

Ⅰ . S794.1

中国国家版本馆 CIP 数据核字第 2024UF2825 号

责任编辑　张国锋
责任校对　李向荣
责任印制　姜义伟　王思文

出 版 者　中国农业科学技术出版社
　　　　　北京市中关村南大街 12 号　邮编：100081
电　　话　（010）82109705（编辑室）（010）82106624（发行部）
　　　　　（010）82109709（读者服务部）
网　　址　https://castp.caas.cn
经 销 者　各地新华书店
印 刷 者　北京建宏印刷有限公司
开　　本　185 mm×260 mm　1/16
印　　张　44
字　　数　980 千字
版　　次　2024 年 10 月第 1 版　2024 年 10 月第 1 次印刷
定　　价　298.00 元

《云南山地橡胶树优树无性系 DNA 指纹数据库》

著者名单

主　著：毛常丽　柳　觐　吴　裕

副主著：牛迎凤　穆洪军　杨　湉

著　者：张凤良　李小琴　赵　祺

　　　　郑　诚　李陈万里

　　　　刘紫艳　刘　妮

出版说明

1. 本书一共提供了 140 份橡胶树种质基于 270 个 SNP 位点的 DNA 指纹数据库。

2. 本书提供的 140 份橡胶树种质的 DNA 指纹数据库，每一个位点扩增序列占一段，以"YITCHB"开头的字符代表一个位点名称，其后为该位点的碱基序列，在此仅列出了该位点碱基序列中与参考基因组不同的碱基，与参考基因组相同的碱基未列出。以引物开始扩增的第一个碱基为数字"1"，第二个碱基为数字"2"，后面的碱基位置以此类推。列出的碱基有以下几种情况：第一种为一个碱基，代表该位点为纯合位点，只有一个等位基因型，且这个位置的碱基和参考基因组碱基不同；第二种情况为两个碱基，中间用"/"隔开，代表该位点为杂合体，有两种基因型；第三种情况为只显示"–"，表示和参考基因组相比，该位置的碱基缺失；第四种情况为"–"和一个碱基，中间用"/"隔开，表示和参考基因组相比，该位置的碱基存在插入，且插入的碱基为"/"后的碱基。

3. 附录提供了本书中所指 SNP 位点的基本信息，包括位点名称、在基因组上的位置、扩增起点和扩增终点。

本书中用到的参考基因组在 NCBI 中的序列号为：GCA_010458925.1，下载地址为：https://www.ncbi.nlm.nih.gov/datesets/genome/GCA_010458925.1

前　言

橡胶树（*Hevea brasiliensis*）不仅是经济命脉的关键支撑，更在国家安全和生态平衡中扮演着举足轻重的角色。作为与钢铁、煤炭、石油并列的四大战略物资之一，橡胶在国计民生中的地位不可撼动，它不仅是经济发展的基石，更是维护生物多样性和生态平衡的宝贵资源。农业农村部景洪橡胶树种质资源圃，作为我国橡胶树资源的宝库，承载着丰富的遗传多样性，孕育着巨大的科研潜力。随着农业科技的日新月异，对橡胶树种质资源的深入研究和有效管理变得尤为迫切。

橡胶树，这一起源于亚马逊河流域的神奇物种，从历史上看，现有品种的选育很大程度上依赖于对魏克汉种质资源的筛选与改良。在中国，广泛种植基于魏克汉种质资源精心培育的橡胶树品种，同时也包括了一些从国外引进的优良品种。然而，魏克汉种质的遗传基础相对狭窄，导致许多育成品种的形态相似度极高，再由于形态标记的数量有限，给无性系品种的区别和鉴定带来了不小的挑战。因此，我们迫切需要一种更为精准的方法来鉴定这些品种。

随着分子生物学的飞速发展，诸如 SSR（简单重复序列）、AFLP（扩增片段长度多态性）等分子标记技术在品种鉴定方面提供了一定程度的支持。然而，这些技术也存在诸多不足，例如 SSR 标记在 PCR 扩增过程中可能出现的"滑脱"现象，以及 AFLP 标记结果图谱比对的复杂性等，这些因素限制了它们在品种鉴定中的广泛应用。可喜的是，近年来橡胶树基因组测序的完成和高通量测序技术的不断进步，为我们在理论和实践层面提供了坚实的基础和支持，为作物品种鉴定提供了一种全新的解决方案。

我所已报道橡胶树品种 GT1 的染色体级别基因组，基于对该基因组的 SNP 筛选及分析，通过高通量测序技术，我们成功构建了农业农村部景洪橡胶树种质资源圃内保存的云南省热带作物科学研究所自育种质资源（云研系列）及国外部分资源的 DNA 指纹数据库。该数据库不仅是我国首个针对橡胶树种质资源的 DNA 指纹数据库，更是对保护橡胶树遗传多样性、促进品种改良和支持可持续发展具有深远的战略意义。

在这个数据库中，我们不仅记录了橡胶树的遗传信息，更为研究者、育种专家和政策制定者提供了一个宝贵的平台。我们相信，这个数据库将成为橡胶树研究领域的一个重要里程碑，为未来的研究和应用奠定坚实的基础。

在此，我们向所有参与数据库建设和本书编撰的团队成员致以深深的谢意，感谢他们的不懈努力和精诚合作。同时，感谢云南省基础研究重点项目（202401AS070083）、云南省天然橡胶可持续利用研究重点实验室、云南省热带作物科技创新体系建设项目（RF2023-2、RF2023-9、RF2024-5）、农业农村部南亚办橡胶树种质资源保护项目（2009年至2024年）、云南省现代农业橡胶产业技术体系建设项目、云南省省级热带作物版纳种质资源圃项目（2023年、2024年）、云南省热带作物科学研究所青年成长基金（QNCZ2022-2）等项目和课题的资助。我们期待本书能够成为橡胶树研究和应用领域的重要参考资料，并为推动橡胶树科学的进步贡献力量。

由于时间和资源的限制，本书可能存在不足之处，我们诚挚地欢迎各位专家和读者的批评与指正，以期不断完善和提高。

云南省热带作物科学研究所

2024 年 8 月 19 日

目 录

YITCHB001　　3,A/G;25,C;43,T/C;66,T;67,T/C;142,T/G

YITCHB002　　109,T

YITCHB004　　160,T

YITCHB005　　114,A

YITCHB006　　110,T/C

YITCHB007　　9,T/C;27,C/G;44,A/G;67,A/G

YITCHB008　　15,T;65,C

YITCHB009　　25,T;56,T;181,T;184,C;188,G

YITCHB011　　156,A

YITCHB016　　88,G

YITCHB019　　55,A

YITCHB021　　54,A/C;123,A/G;129,T/C;130,A/G

YITCHB025　　10,T/C

YITCHB026　　18,G

YITCHB027　　67,A/G;101,A

YITCHB028　　48,T/C

YITCHB030　　80,C/G;139,C;148,A

YITCHB031　　11,A/G;96,T/C;125,C

YITCHB036　　47,A

YITCHB038　　202,T;203,A;204,G

YITCHB039　　28,T/C;29,A/T;53,T/C;74,A/G;76,T/C;89,T/G;93,A/G;130,T/C;151,T;156,T/G

YITCHB040　　1,C

YITCHB042　　60,A/G;110,T/C;114,A/G;127,T;146,T/C;167,T

YITCHB045　　48,C

YITCHB048　　6,A/G;59,A/T;62,A/G;79,T/C

YITCHB050　　45,T;59,T;91,T;121,G

YITCHB051　　7,T/G;54,T/C;144,A/C

YITCHB054　　116,C

YITCHB056　　60,T/A;124,T/G;125,T/G;147,A/G

YITCHB057　　25,A;91,G;136,T

YITCHB059　　4,T/C;22,A/G;76,C/G;114,A/G;196,A/T

YITCHB061　　4,C;28,A;67,A

YITCHB062　　94,A/G;96,T/C

YITCHB064	113,A/G;119,T/C
YITCHB067	87,G
YITCHB072	19,T/C;35,A/G;59,T/C;61,T/G;71,A/G;79,C/G;80,T/C;81,A/G;82,A/G;88,T/C;89,A/G;91,A/G;97,A/T;100,A/G;103,A/C;109,A/G;121,T/C;125,T/C;128,C/G;130,A/G;137,A/G;141,A/G;150,T/G;166,A/T;169,A/G;172,A/G;175,T/G;182,T/A
YITCHB073	49,G
YITCHB074	98,A
YITCHB075	22,T/C;35,T/C;98,C/G
YITCHB079	123,G
YITCHB081	51,A/G;56,T;57,C;58,T;60,C;67,T;68,T;69,C;110,A/G;116,T/C;135,A/G
YITCHB084	58,T;91,A;100,C;149,G
YITCHB085	27,T/G;46,C/G;81,T;82,G
YITCHB086	74,A/G;115,G;155,T;168,A
YITCHB087	3,T/C;13,T/C;64,T/G;84,T/G;111,T;120,T/C
YITCHB089	38,A/G;52,A/G;53,T/C;64,A/C;89,T/C;178,T/C;184,T/C;196,T/C;197,A/G
YITCHB090	5,T/A
YITCHB091	107,T/G;120,A/G
YITCHB092	118,A/G
YITCHB094	16,C;26,A/T;53,A/T;70,C
YITCHB096	24,T/C
YITCHB099	74,C;105,A;126,C;179,T;180,C
YITCHB100	12,T/C
YITCHB102	57,C
YITCHB104	146,C/G
YITCHB107	18,T/A;48,A/G;142,T/C
YITCHB108	73,A/C;127,A/C
YITCHB109	1,T;6,G
YITCHB110	66,A;144,G
YITCHB112	10,T;56,G;60,G;137,A
YITCHB113	182,T/A;192,A/G
YITCHB114	18,T/C;25,A/G;38,T/C;68,T/C;70,C/G;104,T/C
YITCHB116	29,T
YITCHB119	56,C/G;119,A
YITCHB121	133,T;135,G;136,−;187,G
YITCHB123	87,G;138,T
YITCHB124	130,A/G;186,C/G

YITCHB126   43,T/C

YITCHB127   65,A/G;73,A/G;82,A/C

YITCHB130   13,A/G;20,T/C;54,T/C;60,A/G

YITCHB131   32,C;86,T;135,A

YITCHB132   34,T/C;132,A/G

YITCHB133   1,A/G

YITCHB134   72,T/C

YITCHB136   64,A/C

YITCHB137   110,T/C

YITCHB139   8,G;10,C;30,G;36,T;37,T;47,C;120,T

YITCHB142   30,T;121,C;131,C;153,G

YITCHB143   4,A/T;22,T/G

YITCHB145   6,A/G;8,A/G;20,A/C;76,A/C;77,C/G;83,A/G;86,T/C

YITCHB146   3,G;29,A;40,C;44,T;103,A;134,A

YITCHB147   12,A/G;22,T/G;61,A/T;70,A/G;100,A/G

YITCHB151   19,A/T;33,A/G

YITCHB154   4,T/C;87,T/C;200,T/G

YITCHB158   96,C

YITCHB159   7,G;11,T;38,T;42,T

YITCHB162   32,T;33,T;127,A

YITCHB163   41,G;54,T;90,C

YITCHB165   1,A;49,T

YITCHB167   12,G;33,C;36,G;64,C;146,G

YITCHB169   22,T;107,A

YITCHB171   39,T/C;87,A/T;96,T/C;119,A/C

YITCHB175   12,A/G

YITCHB176   13,A;25,A;26,A;82,A;105,C

YITCHB177   28,T/G;30,A/G;55,T/G;95,T/G;127,A/G;135,T/G

YITCHB178   42,C;145,G;163,A

YITCHB181   56,A

YITCHB185   20,T/C;49,A/G;71,T/C;74,T/C;86,T/C;104,C;114,T/C;133,C;154,A/G

YITCHB186   19,A/G;46,A/G;47,A/G;57,A/T;75,T/C;82,T/C;86,A/C

YITCHB187   130,G

YITCHB189   49,A;61,A/C;88,A/C;147,G

YITCHB191   1,T/C;44,G

YITCHB192   46,T/G;73,A/G

YITCHB195   53,C;111,T

YITCHB196	44,C;101,C
YITCHB197	72,A/G;121,–/T;122,–/T;123,–/T;167,C/G;174,A/G;189,A/C
YITCHB199	44,T;123,C
YITCHB200	19,C
YITCHB201	103,T/A;132,–/T
YITCHB202	55,T/C;60,T/C;102,T/C;104,A/G;144,A/G;187,A/G;197,A
YITCHB205	31,A;36,G;46,A;74,G
YITCHB208	41,T/C;84,A/T
YITCHB209	1,T/C;2,A/G;11,A/G;32,T/C;34,C;35,A/G;94,T/C;123,A/G;132,T/C;149,C; 151,A/G;157,T/C;166,G;175,C
YITCHB210	130,A/C
YITCHB212	38,G;105,C
YITCHB214	15,C;155,C
YITCHB215	3,T/A;6,T/G;9,A/G;22,A/G;54,T/C;63,A/T;71,A/T;72,T/C;81,A/G;96,A/G;121, T/C;137,A/G;163,T/G;177,A/G;186,A/G
YITCHB216	43,A
YITCHB217	84,A/C
YITCHB219	9,T;112,G
YITCHB220	58,G
YITCHB224	117,A
YITCHB225	24,G
YITCHB226	61,C/G;127,T/C
YITCHB228	11,A/G;26,T/A;72,A/G
YITCHB229	45,G;46,C;80,C;162,G
YITCHB230	55,T/C;79,A/C;128,A/G
YITCHB232	86,T/C
YITCHB234	53,–/C;123,A/G
YITCHB235	120,C
YITCHB237	118,G;120,A;165,T;181,A
YITCHB238	75,A;76,A;108,G
YITCHB240	53,A/T;93,T/C;148,A/T
YITCHB242	65,A/G;67,T/C;94,T/C
YITCHB244	43,A/G;143,A/G
YITCHB245	144,A;200,C
YITCHB247	23,G;109,A
YITCHB250	21,T/C;51,G;54,T/C;55,A/G;56,T/C;78,T/C;98,T/C;99,T/A;125,A/T
YITCHB251	65,A/G

YITCHB252   26,C;65,G;137,T;156,A

YITCHB253   21,A/T;26,T/G

YITCHB254   4,C;6,A;51,G;109,C

YITCHB255   5,A/G;9,T/C;22,A/G;25,T/C;37,T/G;79,A/G;86,A/G;88,A/G;89,A/G;116,T/C;
135,T/C;187,A/G

YITCHB256   16,C

YITCHB258   24,A/G;65,A/G;128,A/T

YITCHB259   90,A/G

YITCHB263   26,A;36,T;43,G;93,C;104,T;144,G

YITCHB264   111,C;113,A

YITCHB265   97,C

YITCHB266   25,C;57,C;58,T;136,C;159,C

YITCHB267   102,T;142,A/G

YITCHB268   24,A/C;78,A/G;82,T/G;86,T/C;126,A/G;148,T/A;167,A/G

YITCHB269   60,A/C

YITCHB270   12,T/C;113,A/C

YITCHB002   109,T/C;145,A/C;146,C/G

YITCHB003   83,A/G;96,T/A

YITCHB004   160,T

YITCHB006   110,T/C

YITCHB007   27,C/G;44,A/G;67,A/G;83,A/G;99,T/C

YITCHB008   15,T;65,C

YITCHB009   11,A/C;25,T/C;56,T/G;181,T/C;184,T/C;188,A/G

YITCHB011   156,A

YITCHB016   67,A/G;80,T/G;88,G;91,T/C

YITCHB019   55,A/T

YITCHB021   54,A/C;123,A/G;129,T/C;130,A/G

YITCHB022   19,T/C;41,A/G;54,C;67,G;68,C;88,T/C

YITCHB023   26,A;38,T;64,C;65,A;121,A

YITCHB025   77,G

YITCHB026   18,A/G

YITCHB027   22,T/C;101,A;121,A/C;122,T/G;123,T/G;124,A/C

YITCHB028   48,T/C;166,C/G

YITCHB030   139,C;148,A

YITCHB031   88,T/C;125,C

YITCHB034   29,A

YITCHB035   44,T/C;158,T/G

YITCHB036   95,T/C;157,A/G

YITCHB037   63,G;82,T;90,T;91,T;100,G;123,–;124,–

YITCHB038   18,T;40,T;94,T;113,C;202,T;203,A;204,G

YITCHB039   28,C;29,T;53,T;74,A;76,T;89,T;93,G;130,T;151,T;156,G

YITCHB040   1,C

YITCHB042   167,T

YITCHB045   48,C

YITCHB047   130,A

YITCHB048   6,A/G;59,T/A;62,A/G;79,T/C;80,T/C;81,A/G

YITCHB049   27,A/G;41,C;53,T/C;75,C;92,T/G;96,T/C;99,C;131,T/G

YITCHB050   45,T;51,A/C;59,T;91,T;104,A/G;121,A/G

YITCHB051   7,G;54,T/C;136,A/G

YITCHB053 4,A/G;38,T/C;124,A/G

YITCHB054 116,T/C

YITCHB056 60,T/A;124,T/G;125,T/G;147,A/G

YITCHB057 25,A/G;91,A/G;136,T/C

YITCHB058 2,G;36,G;60,G;79,–

YITCHB059 4,T;22,A;76,C;114,A;196,A

YITCHB061 4,C;28,A;67,A

YITCHB062 94,G;96,C

YITCHB063 85,T/C

YITCHB064 113,A

YITCHB065 97,A

YITCHB066 10,A/G;30,T/C

YITCHB067 9,A/G;85,A;87,–/G

YITCHB071 92,T/G

YITCHB072 19,T/C;59,T/C;61,T/G;67,A/G;71,A/G;79,C/G;80,T/C;81,A/G;82,A/G;88,T/C;
89,A/G;91,A/G;97,T/A;100,A/G;103,A/C;109,A/G;121,T/C;125,T/C;128,C/G;
137,A/G;141,A/G;150,T/G;166,T/A;169,A/G;172,A/G;182,A/T

YITCHB073 49,T/G

YITCHB075 22,C;35,T;98,C

YITCHB076 13,T/C;91,T/C

YITCHB077 77,A;88,T;104,A;145,T

YITCHB079 123,A/G

YITCHB081 51,G;56,T;57,C;58,T;60,C;67,T;68,T;69,C;110,A;116,C;135,G

YITCHB082 52,A

YITCHB084 24,T/C;91,A/G;100,C/G;119,A/C

YITCHB085 27,T/G;46,C;81,A/T;82,G

YITCHB087 111,T/C

YITCHB089 53,C;88,G;89,C;184,C

YITCHB091 107,T/G;120,A/G

YITCHB092 118,A

YITCHB093 95,G;107,G;132,G;166,G

YITCHB094 16,C;36,G;63,A;70,C;99,G

YITCHB096 24,T/C

YITCHB097 46,C/G;144,A/G

YITCHB099 74,C;105,A;126,C;179,T;180,C

YITCHB100 12,T/C

YITCHB103 61,A/G;64,A/C;87,A/C;153,T/C

YITCHB104	13,T/G;31,T/G;34,C/G
YITCHB105	36,A/C
YITCHB108	127,A
YITCHB109	1,T;6,G
YITCHB110	66,A/G;144,A/G
YITCHB112	28,T/C;36,T/C;57,A/G;96,A/G;103,A/G;120,T/C;123,T/C;154,A/T;162,T/C
YITCHB113	182,A/T;192,A/G
YITCHB114	18,T;38,C;68,C;70,G;104,C
YITCHB116	29,−/T;147,T/G
YITCHB118	22,T;78,C;102,T
YITCHB119	98,T/A;119,A/G
YITCHB121	133,T;135,G;136,−;168,T/C;187,G
YITCHB123	27,A/T;39,A/G;49,A/G;56,A/G;66,A/G;69,T/C;75,A/G;104,A/G;125,T/C;135, A/G;138,T/C;175,T/G
YITCHB124	130,A/G
YITCHB126	19,A/G;43,T/C
YITCHB127	65,A;82,C;132,A
YITCHB128	7,C;135,C/G
YITCHB132	34,T/C;132,A/G
YITCHB133	1,A/G
YITCHB134	72,C
YITCHB136	4,A/C;64,C
YITCHB137	110,T/C
YITCHB138	46,A/G;52,A/G
YITCHB139	8,G;10,C;30,G;36,T;37,T;47,C;120,T
YITCHB143	4,T;22,G;82,−
YITCHB145	6,A;8,G;20,A;76,A;77,G;83,G;86,T
YITCHB150	57,C;58,T
YITCHB151	19,A;33,A/G;43,T/G
YITCHB152	31,A/G
YITCHB156	82,T
YITCHB158	96,T/C
YITCHB160	59,A/G;64,T/G
YITCHB162	10,T/C;13,A/G;16,A/C;33,T;34,A/G;55,A/G;75,T
YITCHB163	41,A/G;54,T/C;90,T/C
YITCHB165	1,A;49,T
YITCHB166	30,T/C

YITCHB167   12,A/G;33,C/G;36,A/G;64,C;146,A/G
YITCHB169   22,T;107,A/G
YITCHB171   39,T/C;87,T/A;96,T/C;119,A/C
YITCHB176   13,A/C;25,A/G;26,A/G;82,A/G;105,T/C
YITCHB177   28,T/G;30,A/G;42,C/G;55,T/G;95,T/G;127,A/G;135,T/G
YITCHB178   42,A/C;145,A/G;163,A/G
YITCHB185   74,T/C;104,T/C;133,C/G
YITCHB186   19,A/G;46,A/G;47,A/G;57,A/T;75,T/C;82,T/C;86,A/C
YITCHB188   156,T
YITCHB189   49,A;61,A/C;88,A/C;147,G
YITCHB190   90,T
YITCHB191   1,T/C;44,G
YITCHB192   46,T;73,G
YITCHB193   169,T/C
YITCHB195   53,C;111,T
YITCHB197   72,A/G;121,–/T;122,–/T;123,–/T;167,G;174,A/G;189,A/C
YITCHB198   34,T;59,–;60,–;63,G;109,C
YITCHB199   77,C;123,C
YITCHB200   19,T/C;74,A/G
YITCHB201   103,T/A;132,–/T;194,T/C;195,A/G
YITCHB202   55,T;60,T;102,T;104,A;144,A/G;159,T/C;187,G;197,A
YITCHB203   125,T/C;154,A/G
YITCHB208   41,C;84,A
YITCHB209   32,T;34,C;35,A/G;71,T/C;94,T;149,T/C;166,G;173,A/G;175,C
YITCHB210   130,C
YITCHB211   113,T;115,G
YITCHB214   15,T/C;155,A/C
YITCHB219   24,A/G;52,T/C;60,T/C;112,A/G
YITCHB220   17,A/G;58,C/G
YITCHB224   1,A/G;36,A/G;79,T/C;117,–/A;118,T/C
YITCHB225   24,G
YITCHB226   61,C/G;127,T/C
YITCHB228   11,A/G;26,A/T;72,A/G
YITCHB229   45,C/G;46,T/C;80,C/G;162,T/G
YITCHB230   55,C
YITCHB231   104,T
YITCHB232   86,T/C

YITCHB233   1,A/T;2,A/T;3,T/G;4,T/G;7,T/C;50,A/G;152,−/A

YITCHB234   53,C

YITCHB235   120,C

YITCHB237   118,A/G;120,A/C;165,A/T;181,A/C

YITCHB238   75,A;76,A;108,G

YITCHB241   124,T/C

YITCHB242   67,C

YITCHB243   86,T;98,A;131,C;162,A

YITCHB244   32,T/G;161,T/G

YITCHB245   57,A/G;98,A/G;164,T/A;177,A/G;200,C

YITCHB246   25,T/C;89,A/G

YITCHB247   23,T/G;109,A/G;159,A/C

YITCHB249   99,T/C;113,A/G;115,A/G;141,A/G

YITCHB250   21,T/C;50,T/C;51,T/G;54,T/C;55,A/G;56,T/C;78,T/C;81,T/C;83,A/G;90,A/G;
94,T/C;98,T/C;99,A/T;119,A/C;125,T/A

YITCHB251   65,A/G

YITCHB252   26,C;65,G;137,T;156,A

YITCHB253   21,T/A

YITCHB254   51,G

YITCHB255   5,G;9,C;22,G;25,C;37,G;79,A;86,G;88,G;89,G;116,C;135,T;187,A

YITCHB256   16,C

YITCHB261   17,T/C;74,A/G;119,T/G

YITCHB263   22,T/G;43,A/G;93,T/C;144,A/G;181,A/G

YITCHB264   8,A/T;15,A/G;51,T/C;110,A/G;111,T/C

YITCHB265   97,C

YITCHB266   25,C;37,T/C;57,A/C;58,T/A

YITCHB267   102,T;142,A/G

YITCHB268   24,A/C;78,A/G;82,T;86,T/C;126,A/G;148,A/T;167,G

YITCHB269   53,A/C;60,A

YITCHB270   12,T/C;113,A/C

YITCHB001   3,A/G;25,C;66,T;67,T/C;81,T/C;142,T/G

YITCHB002   109,T/C;145,A/C;146,C/G

YITCHB006   110,T/C

YITCHB007   27,C/G;44,A/G;67,A/G;83,A/G

YITCHB008   65,C

YITCHB016   67,A/G;80,T/G;88,A/G;91,T/C

YITCHB021   54,A/C;123,A/G;129,T/C;130,A/G

YITCHB022   19,T/C;41,A/G;54,T/C;67,A/G;68,A/C;88,T/C

YITCHB026   18,A/G

YITCHB027   22,T;101,A;121,C;122,T;123,T;124,A

YITCHB030   80,C/G;139,T/C;148,A/G

YITCHB031   88,C;125,C

YITCHB033   93,A

YITCHB035   44,C;158,G

YITCHB039   28,T/C;29,T/A;53,T/C;74,A/G;76,T;89,T/G;93,G;130,T/C;151,T;156,G

YITCHB040   1,C

YITCHB042   127,T;167,T

YITCHB045   48,C

YITCHB048   6,A/G;59,T/A;62,A/G;79,T/C;80,T/C;81,A/G

YITCHB049   41,C/G;53,T/C;75,T/C;99,A/C

YITCHB050   45,T;51,A/C;59,T;91,T;104,A/G;121,A/G

YITCHB051   7,T/G;54,T/C;136,A/G

YITCHB054   116,C

YITCHB056   60,T/A;124,T/G;125,T/G;147,A/G

YITCHB057   91,G;142,T;146,G

YITCHB061   4,C;28,A;67,A

YITCHB062   94,A/G;96,T/C

YITCHB064   113,A

YITCHB065   78,T/C

YITCHB066   10,A/G;30,T/C

YITCHB067   9,A;85,A;87,G

YITCHB072   19,T;59,T;61,G;67,G;71,G;79,G;80,T;81,G;82,G;88,C;89,A;91,G;97,T;100,G;103,A;109,G;121,T;125,C;128,G;137,G;141,A;150,G;166,T;169,A;172,G;

	182,A
YITCHB073	49,G
YITCHB074	98,A
YITCHB075	22,T/C;35,T/C;98,C/G
YITCHB077	77,A;88,T;104,A;145,T
YITCHB081	51,G;56,T;57,C;58,T;60,C;67,T;68,T;69,C;110,A;116,C;135,G
YITCHB082	52,A/G
YITCHB083	4,T/A;28,T/G;101,T/G;119,T/C
YITCHB085	27,T/G;46,C/G;81,T;82,G
YITCHB086	15,T/C;50,T/C;52,A/G;67,C/G;76,A/C;77,C/G;85,A/G;90,T/G;92,T/C;94,C/G;100,A/G;102,T/G;104,A/C;107,T/G;109,A/G;110,T/A;114,A/G;115,A/G;116,T/C;127,T/C;135,A/G;151,A/C;155,T;156,A/T;165,T/C;168,C/G
YITCHB089	38,A;52,A;53,C;64,A;89,C;178,T;184,C;196,C;197,A
YITCHB091	107,T/G;120,A/G
YITCHB093	95,G;107,G;132,G;166,G
YITCHB094	16,A/C;36,C/G;63,A/G;70,T/C;99,A/G
YITCHB096	24,T/C
YITCHB097	46,C/G;144,A/G
YITCHB100	12,T/C
YITCHB102	16,T/C;21,T/G;24,T/G;27,A/T;32,T/G;33,T/G;56,T/C;57,A/C;59,T/A;65,T/C;83,A/G;107,A/G
YITCHB103	108,A/G
YITCHB104	13,T/G;31,T/G;146,C/G
YITCHB108	119,A/C;127,A/C
YITCHB112	123,T/C;138,C/G
YITCHB114	18,T;38,C;68,C;70,G;104,C
YITCHB116	29,T
YITCHB117	152,A/G
YITCHB118	22,T/C;78,T/C;102,T/C
YITCHB119	56,C;119,A
YITCHB126	43,T;112,T/C;154,T/C
YITCHB130	13,A;20,C;54,C;60,A/G;82,T/C
YITCHB131	32,C;135,G;184,C
YITCHB132	27,−;46,A;61,A;93,C;132,A;161,T
YITCHB134	72,T/C
YITCHB135	128,T/C;178,T/C
YITCHB136	4,A/C;64,C

YITCHB137	110,C
YITCHB142	30,T;121,C;131,C;153,G
YITCHB143	22,G
YITCHB145	6,A/G;8,A/G;20,A/C;76,A/C;77,C/G;83,A/G;86,T/C
YITCHB150	57,C;58,T
YITCHB151	19,A/T;43,T/G
YITCHB154	1,A/T;4,T/C;34,C/G
YITCHB157	32,T/C;69,A/G
YITCHB158	96,C
YITCHB159	7,G;11,T/C;25,A/G;38,T;42,T;92,C/G;160,A/G
YITCHB160	33,C;59,A;66,A
YITCHB162	7,T/G;16,A/G;33,T;75,T/C;136,A/C
YITCHB163	41,G;54,T;90,C
YITCHB165	1,A;69,T;118,A;120,T;126,C;127,T
YITCHB166	30,T/C
YITCHB168	21,A;62,–;73,A/G
YITCHB169	22,T;79,C;117,A;118,T
YITCHB170	56,A/G
YITCHB171	39,T/C;87,A/T;96,T/C;119,A/C
YITCHB173	5,T/A;19,A/C;23,T/G;28,T/C;40,T/G;48,T/C
YITCHB175	12,A/G
YITCHB177	55,T/G
YITCHB178	14,A/G;24,T/C;42,T/A;66,A/G;145,A/G
YITCHB185	20,T/C;49,A/G;71,T/C;74,T/C;86,T/C;104,C;114,T/C;122,T/C;133,C;154,A/G
YITCHB186	19,A/G;44,C/G;46,A/G;57,A/T;75,T/C;82,T/C;86,A/C
YITCHB187	130,A/G
YITCHB189	61,A
YITCHB191	1,T/C;44,G
YITCHB192	45,A/T
YITCHB193	169,T/C
YITCHB195	53,C;111,T
YITCHB196	44,C;101,C
YITCHB197	72,A/G;121,–/T;122,–/T;123,–/T;167,G;174,A/G;189,A/C
YITCHB198	34,T/A;63,A/G;109,T/C
YITCHB199	77,C;123,C
YITCHB200	19,T/C;70,A/G;73,A/G;92,A/T;104,C/G;106,T/A
YITCHB201	103,A/T;132,–/T;194,T/C;195,A/G

YITCHB202	55,T;60,T;88,T/C;102,T;104,A;115,A/T;144,A/G;159,T/C;187,G;197,A
YITCHB203	125,T;154,A
YITCHB205	31,A;36,G;46,A;74,G
YITCHB208	41,T/C;84,A;107,T/C
YITCHB209	1,T/C;32,T;34,C;35,A/G;71,T/C;94,T;149,T/C;166,G;173,A/G;175,C
YITCHB210	130,A/C
YITCHB211	113,T/C;115,A/G
YITCHB212	38,G;105,C
YITCHB214	15,C;155,C
YITCHB216	43,A
YITCHB217	84,A/C
YITCHB218	5,T/C;98,A/G;99,A/G;128,A/G
YITCHB219	24,A/G;52,T/C;112,A/G
YITCHB224	1,A;36,A;79,T;117,A;118,C
YITCHB225	24,G
YITCHB226	61,C/G;127,T/C
YITCHB227	120,T/C
YITCHB228	11,A/G;26,A/T;72,A/G
YITCHB229	45,C/G;80,T/G
YITCHB230	55,T/C;128,A/G
YITCHB232	86,C
YITCHB234	53,−/C;123,A/G
YITCHB235	120,T/C
YITCHB237	118,A/G;120,A/C;165,A/T;181,A/C
YITCHB238	75,A/T;76,A/G;108,C/G
YITCHB243	86,T/C;98,A/G;131,A/C
YITCHB245	144,A/G;200,A/C
YITCHB246	25,C;89,A
YITCHB247	23,G;33,C/G;109,A
YITCHB249	43,T/C
YITCHB250	21,T/C;51,T/G;54,T/C;55,A/G;56,T/C;78,T/C;98,T/C;99,A/T;125,T/A
YITCHB251	65,A/G
YITCHB252	26,C;65,G;126,T/G;137,T/C;156,A/G
YITCHB253	21,A;26,T/G
YITCHB254	4,T/C;6,A/G;51,A/G;109,A/C
YITCHB255	5,G;9,C;22,G;25,C;37,G;79,A;86,G;88,G;89,G;116,C;135,T;187,A
YITCHB256	11,A/G;16,T/C

YITCHB257   68,T/C

YITCHB258   24,A/G;65,A/G;128,T/A

YITCHB261   17,C;74,A;119,G

YITCHB264   15,A/G;110,A/G;111,T/C

YITCHB265   97,C

YITCHB266   25,C;29,A/G;57,A/C;58,T/A;136,T/C;159,T/C

YITCHB268   82,T/G;167,A/G

YITCHB269   60,A

YITCHB270   12,T

YITCHB001   25,T/C;66,T/C;67,T/C;81,T/C

YITCHB002   109,T

YITCHB003   83,A/G;96,T/A

YITCHB004   160,T/G

YITCHB007   27,C/G;44,A/G;90,C/G

YITCHB009   25,T;56,T;181,T;184,C;188,G

YITCHB014   9,T/C

YITCHB016   88,G

YITCHB017   63,A/C;132,A/G

YITCHB019   55,A/T

YITCHB021   54,A/C;123,A/G;129,T/C;130,A/G

YITCHB022   54,C;67,G;68,C

YITCHB026   18,G

YITCHB030   80,C/G;139,T/C;148,A/G

YITCHB031   88,T/C;125,C

YITCHB033   93,A

YITCHB034   29,A/C

YITCHB035   7,A/G;33,A/G;44,T/C;124,T/A;137,A/C;158,T/G

YITCHB036   95,T/C;157,A/G

YITCHB039   151,T/G

YITCHB040   1,C;29,T;31,A;73,C;103,T;108,G;135,T

YITCHB042   127,T/C;167,T

YITCHB044   97,T/C

YITCHB045   48,T/C

YITCHB047   130,A

YITCHB048   6,A/G;59,A/T;62,A/G;79,T/C;80,T/C;81,A/G

YITCHB049   27,A/G;41,C/G;75,T/C;92,T/G;96,T/C;99,A/C;131,T/G

YITCHB050   45,T;51,A/C;59,T;91,T;104,G

YITCHB051   7,T/G;26,A/G

YITCHB054   116,T/C

YITCHB056   60,A/T;124,T/G;125,T/G;147,A/G

YITCHB057   91,A/G;142,T/C;146,T/G

YITCHB059   4,T/C;22,A/G;76,C/G;114,A/G;196,A/T

YITCHB061　　4,C;28,A;67,A

YITCHB062　　94,A/G;96,T/C

YITCHB064　　113,A

YITCHB067　　87,G

YITCHB071　　98,T/C

YITCHB072　　19,T/C;35,A/G;59,T/C;61,T/G;67,A/G;71,A/G;79,C/G;80,T/C;81,A/G;82,A/G;
88,T/C;89,A/G;91,A/G;97,T/A;100,A/G;103,A/C;109,A/G;121,T/C;125,T/C;
128,C/G;130,A/G;137,A/G;141,A/G;150,T/G;166,T/A;169,A/G;172,A/G;175,
T/G;182,A/T

YITCHB073　　23,T/C;49,G;82,A/G

YITCHB075　　22,C;35,T

YITCHB076　　13,T;91,T

YITCHB077　　77,A/G;88,T/C;104,A/G;145,T/C

YITCHB081　　51,A/G;56,T;57,C;58,T;60,C;67,T;68,T;69,C;110,A/G;116,T/C;135,A/G

YITCHB082　　52,A/G

YITCHB083　　4,T/A;28,T/G;101,T/G;119,T/C

YITCHB084　　91,A/G;100,C/G;119,A/C

YITCHB085　　46,C;82,G

YITCHB086　　15,T/C;50,T/C;52,A/G;67,C/G;74,A/G;76,A/C;77,C/G;85,A/G;90,T/G;92,T/C;
94,C/G;100,A/G;102,T/G;104,A/C;107,T/G;109,A/G;110,A/T;114,A/G;115,A/
G;116,T/C;127,T/C;135,A/G;151,A/C;155,T/G;156,T/A;165,T/C;168,A/C/G

YITCHB089　　14,T/C

YITCHB092　　118,A/G

YITCHB094　　16,A/C;36,C/G;63,A/G;70,T/C;99,A/G

YITCHB096　　24,C;87,T/C

YITCHB099　　74,T/C;105,A/G;126,T/C;179,T/A;180,T/C

YITCHB102　　52,A/G;57,A/C

YITCHB103　　61,A/G;64,A/C;87,A/C;153,T/C

YITCHB104　　13,T/G;31,T/G

YITCHB105　　36,A/C

YITCHB108　　127,A/C

YITCHB112　　28,T/C;123,C;154,T/A

YITCHB114　　18,T/C;25,A/G;38,T/C;68,T/C;70,C/G;104,T/C

YITCHB115　　112,A/G;128,T/C

YITCHB116　　29,T

YITCHB117　　152,A/G

YITCHB119　　98,A/T;119,A/G

YITCHB121	133,T/A;135,A/G;187,A/G
YITCHB124	130,A
YITCHB128	7,T/C
YITCHB130	13,A;20,C;54,C;60,A/G;82,T/C
YITCHB132	46,A/C;61,A/C;93,A/C;132,A/G;161,T/C
YITCHB135	128,T/C
YITCHB137	110,C
YITCHB142	2,T/C;28,T/C;30,T/G;46,A/G;102,T/C;150,C/G;152,A/G;153,C/G
YITCHB143	22,T/G
YITCHB145	6,A/G;8,A/G;20,A/C;76,A/C;77,C/G;83,A/G;86,T/C
YITCHB147	100,A/G
YITCHB148	27,T/C;91,T/C
YITCHB151	8,T/C;19,A;33,A/G;43,T/G
YITCHB152	31,A/G
YITCHB156	82,T
YITCHB158	96,T/C
YITCHB162	7,T/G;14,T/C;16,A/G;32,T/C;33,T;75,T/C;133,T/G;136,A/C
YITCHB163	41,G;54,T;90,C
YITCHB167	12,G;33,C;36,G;64,C;146,G
YITCHB169	22,T;107,A
YITCHB170	56,A/G
YITCHB171	39,T/C;87,T/A;96,T/C;119,A/C
YITCHB176	13,A/C;25,A/G;26,A/G;82,A/G;105,T/C
YITCHB177	28,T/G;30,A/G;42,C/G;55,T/G;95,T/G;127,A/G;135,T/G
YITCHB181	56,A/G
YITCHB182	45,A/G
YITCHB183	53,A/G;59,T/G;79,A/G;80,A/G;85,T/C;97,T/A/C;99,A/G;114,A/G;115,T/C;116,A/C;117,A/G;122,A/G;138,T/C;139,A/G;143,T/C;147,A/T;155,T/C;166,T/C
YITCHB185	20,T/C;49,A/G;71,T/C;86,T/C;104,T/C;114,T/C;133,C/G;154,A/G
YITCHB186	19,A/G;46,A/G;47,A/G;57,T/A;75,T/C;82,T/C;86,A/C
YITCHB187	82,A/G;130,A/G
YITCHB188	94,T/C
YITCHB189	61,A;147,A/G
YITCHB190	90,A/T
YITCHB191	44,T/G
YITCHB193	169,T/C

YITCHB195	108,A/G
YITCHB197	72,G;121,T;122,T;123,T;167,G;174,G;189,C
YITCHB198	34,T/A;63,A/G;109,T/C
YITCHB200	70,A/G;73,A/G;92,A/T;104,C/G;106,T/A
YITCHB201	112,A/G;132,–/T
YITCHB202	55,T/C;60,T/C;102,T/C;104,A/G;127,T/C;187,A/G;197,A/G
YITCHB203	125,T/C;154,A/G
YITCHB205	31,A/C;36,A/G;46,A/T;57,T/G;74,A/G
YITCHB208	41,T/C;84,T/A
YITCHB209	32,T/C;34,T/C;35,A/G;71,T/C;94,T/C;166,A/G;173,A/G;175,T/C
YITCHB210	130,A/C;154,A/G
YITCHB211	113,T;115,G
YITCHB214	15,T/C;155,A/C
YITCHB215	3,T;6,T;9,A;22,A;50,–;51,–;52,–;53,–;54,C;63,A;71,A;72,C;81,G;96,A;121,T;137,A;163,G;177,G;186,A
YITCHB216	43,A/G
YITCHB217	84,A/C
YITCHB219	24,A/G;60,T/C;112,A/G
YITCHB220	17,G;58,G
YITCHB224	1,A;36,A;79,T;117,A;118,C
YITCHB225	24,A/G
YITCHB228	11,A/G;26,A/T;72,A/G
YITCHB229	45,G;80,T
YITCHB230	55,C;110,T/C
YITCHB232	86,C
YITCHB234	53,C
YITCHB237	118,G;120,A;165,T;181,A
YITCHB240	53,T/A;93,T/C;148,T/A
YITCHB242	22,T/C
YITCHB243	86,T/C;98,A/G;131,A/C;162,A/G
YITCHB244	43,A/G;143,A/G
YITCHB245	144,A/G;200,C
YITCHB248	50,A/G
YITCHB250	21,T/C;51,T/G;54,T/C;55,A/G;56,T/C;78,T/C;98,T/C;99,A/T;125,T/A
YITCHB251	65,A/G
YITCHB253	21,T/A
YITCHB254	51,A/G

YITCHB255   5,G;9,C;22,G;25,C;37,G;79,A;86,G;88,G;89,G;116,C;135,T;187,A
YITCHB256   11,A/G
YITCHB257   68,T/C
YITCHB259   90,A/G
YITCHB260   84,A/T;161,T/A
YITCHB264   111,C
YITCHB266   25,C;57,C;58,T;136,C;159,C
YITCHB267   102,T
YITCHB269   60,A
YITCHB270   12,T

YITCHB001	25,T/C;66,T/C;67,T/C;81,T/C
YITCHB002	109,T
YITCHB003	83,A/G;96,T/A
YITCHB004	195,A/G
YITCHB007	27,C/G;44,A/G;90,C/G
YITCHB015	47,A;69,G;85,G
YITCHB016	67,A/G;80,T/G;88,A/G;91,T/C
YITCHB017	63,A/C;132,A/G
YITCHB021	54,A/C;123,A/G;129,T/C;130,A/G
YITCHB023	26,T/A;38,T/G;64,A/C;65,A/G;121,A/C
YITCHB026	18,G
YITCHB027	101,A/G
YITCHB030	80,C/G;139,T/C;148,A/G
YITCHB031	88,T/C;125,C
YITCHB033	93,A
YITCHB034	29,A/C
YITCHB035	158,T/C
YITCHB036	95,T/C;157,A/G
YITCHB038	202,T;203,A;204,G
YITCHB039	76,T;93,G;151,T;156,G
YITCHB040	1,C
YITCHB042	17,A/G;99,T/C;127,T/C;137,T/C;154,T/C;167,A/T
YITCHB044	97,T/C
YITCHB045	48,C
YITCHB047	4,T/C;49,C/G;61,A/G;63,T/A;112,T/C;130,A/G
YITCHB048	59,A/T;62,A/G;79,T/C;80,T/C;81,A/G
YITCHB049	27,A/G;41,C/G;75,T/C;92,T/G;96,T/C;99,A/C;131,T/G
YITCHB050	45,T/C;51,A/C;59,T/C;91,T/A;104,A/G
YITCHB051	7,T/G;105,T/C
YITCHB054	116,T/C
YITCHB056	60,T/A;124,T/G;125,T/G;147,A/G
YITCHB057	91,A/G;142,T/C;146,T/G
YITCHB059	4,T/C;22,A/G;76,C/G;114,A/G;196,A/T

YITCHB061	4,C/G;12,T/C;28,A;50,T/C;67,A/T
YITCHB062	94,A/G;96,T/C
YITCHB064	113,A
YITCHB065	97,A/G
YITCHB067	9,A/G;85,A/G;87,–/G
YITCHB071	98,T/C
YITCHB072	19,T/C;35,A/G;59,T/C;61,T/G;71,A/G;79,C/G;80,T/C;81,A/G;82,A/G;88,T/C; 89,A/G;91,A/G;97,T/A;100,A/G;103,A/C;109,A/G;121,T/C;125,T/C;128,C/G; 130,A/G;137,A/G;141,A/G;150,T/G;166,T/A;169,A/G;172,A/G;175,T/G;182, A/T
YITCHB073	23,T/C;49,G;82,A/G
YITCHB075	22,C;35,T;98,C/G
YITCHB076	13,T;91,T
YITCHB081	51,A/G;56,T;57,C;58,T;60,C;67,T;68,T;69,C;110,A/G;116,T/C;135,A/G
YITCHB082	52,A/G
YITCHB083	4,A/T;28,T/G;101,T/G;119,T/C
YITCHB084	91,A/G;100,C/G;119,A/C
YITCHB085	46,C/G;81,T/A;82,G
YITCHB089	38,A;52,A;53,C;64,A;89,C;178,T;184,C;196,C;197,A
YITCHB092	118,A/G
YITCHB094	16,A/C;53,A/T;70,T/C
YITCHB096	24,C
YITCHB099	74,T/C;105,A/G;126,T/C;179,A/T;180,T/C
YITCHB102	57,A/C
YITCHB103	61,A/G;64,A/C;87,A/C;153,T/C
YITCHB104	146,C/G
YITCHB108	127,A/C
YITCHB112	35,A/C;36,T/C;103,A/G;122,T/G;123,T/C;129,A/G;142,T/C;154,A/T;162,T/C
YITCHB113	182,T/A;192,A/G
YITCHB114	18,T;38,C;68,C;70,G;104,C
YITCHB116	29,T
YITCHB117	152,A/G
YITCHB121	133,T;135,G;136,–;187,G
YITCHB123	138,T/C
YITCHB124	130,A/G
YITCHB128	7,T/C
YITCHB130	13,A/G;20,T/C;54,T/C;60,A/G

YITCHB131   32,C;135,G;184,C

YITCHB132   46,A/C;61,A/C;93,A/C;132,A/G;161,T/C

YITCHB134   72,T/C

YITCHB136   64,A/C

YITCHB137   110,T/C

YITCHB141   39,T/C

YITCHB142   2,T/C;28,T/C;30,T/G;46,A/G;102,T/C;150,C/G;152,A/G;153,C/G

YITCHB143   22,T/G

YITCHB145   6,A/G;8,A/G;20,A/C;76,A/C;77,C/G;83,A/G;86,T/C

YITCHB148   17,A/C;27,T/C;91,T/C

YITCHB151   8,T/C;19,T/A;43,T/G

YITCHB152   31,A/G

YITCHB156   82,T/C

YITCHB157   69,A

YITCHB162   32,T/C;33,T;75,T/C;133,T/G

YITCHB165   1,A

YITCHB168   21,A;62,–

YITCHB169   22,A/T;79,T/C;117,A/G;118,T/G

YITCHB170   56,A/G

YITCHB171   39,T/C;87,T/A;96,T/C;119,A/C

YITCHB175   12,A/G

YITCHB176   13,A/C;25,A/G;26,A/G;82,A/G;105,T/C

YITCHB177   28,T/G;30,A/G;42,C/G;55,T/G;95,T/G;127,A/G;135,T/G

YITCHB178   42,A/C;145,A/G;163,A/G

YITCHB181   56,A

YITCHB182   45,A/G

YITCHB183   12,A/G;53,A/G;59,G;80,A;115,T/C;155,C

YITCHB185   20,T/C;49,A/G;71,T/C;86,T/C;104,T/C;114,T/C;133,C/G;154,A/G

YITCHB186   19,A/G;46,A/G;47,A/G;57,T/A;75,T/C;82,T/C;86,A/C

YITCHB187   82,A;130,G

YITCHB188   94,T/C

YITCHB189   49,A/G;61,A/C;147,G

YITCHB190   90,A/T

YITCHB191   44,T/G

YITCHB192   45,T/A;46,T/G;73,A/G

YITCHB195   108,A/G

YITCHB197   72,A/G;121,–/T;122,–/T;123,–/T;167,C/G;174,A/G;189,A/C

YITCHB198	34,T/A;63,A/G;109,T/C
YITCHB199	77,C/G;123,T/C
YITCHB200	70,A/G;73,A/G;92,T/A;104,C/G;106,A/T
YITCHB201	112,G;132,T
YITCHB202	55,T;60,T;88,T/C;102,T;104,A;115,A/T;127,T/C;144,A/G;187,G;197,A
YITCHB203	125,T/C;154,A/G
YITCHB208	41,C;84,A
YITCHB209	32,T/C;34,T/C;94,T/C;149,T/C;166,A/G;175,T/C
YITCHB212	38,C/G;105,C/G
YITCHB214	15,C;155,C
YITCHB215	3,T/A;6,T/G;9,A/G;22,A/G;54,T/C;63,A/T;71,A;72,A/C;81,A/G;96,A/G;121,T/C;137,A/G;163,T/G;177,A/G;186,A/G
YITCHB216	43,A
YITCHB217	84,A/C
YITCHB219	24,A/G;112,A/G
YITCHB220	17,A/G;58,G
YITCHB224	117,A
YITCHB228	11,A/G;26,T/A;72,A/G
YITCHB229	45,G;80,T
YITCHB230	55,T/C;128,A/G
YITCHB232	47,A/G;54,A/G;86,T/C;108,T/C;147,A/C
YITCHB233	152,A
YITCHB234	53,C
YITCHB238	23,T/G
YITCHB242	65,A/G;94,T/C
YITCHB244	43,A/G;143,A/G
YITCHB245	200,A/C
YITCHB246	2,A/G;25,T/C;89,A/G
YITCHB247	23,T/G;109,A/G
YITCHB248	50,A
YITCHB250	21,T/C;24,T/C;47,T/C;51,T/G;54,T/C/A;55,A/G;56,T/C;78,T/C;81,T/C;83,A/G;88,T/C;98,T/C;99,T/A;125,A/T;126,C/G;131,T/C
YITCHB251	65,A/G
YITCHB253	21,A/T
YITCHB254	51,A/G
YITCHB256	11,A/G
YITCHB257	68,T/C

YITCHB259   90,A/G

YITCHB260   84,A/T;161,T/A

YITCHB263   43,A/G

YITCHB264   8,T/A;51,T/C;111,T/C

YITCHB265   64,T/C;73,A/T;97,C/G;116,T/G

YITCHB266   25,A/C;57,A/C;58,A/T;136,T/C;159,T/C

YITCHB267   102,T/G

YITCHB268   82,T;167,G

YITCHB269   60,A/C

YITCHB270   12,T/C;113,A/C

YITCHB002   109,T/C;145,A/C;146,C/G

YITCHB006   110,T/C

YITCHB007   27,C/G;44,A/G;67,A/G;83,A/G;90,C/G

YITCHB008   15,T;65,C

YITCHB015   47,A;69,G;85,G

YITCHB022   19,T/C;41,A/G;54,T/C;67,A/G;68,A/C;88,T/C

YITCHB023   26,A;38,T;64,C;65,A;121,A

YITCHB026   18,A/G

YITCHB030   80,C/G;139,T/C;148,A/G

YITCHB031   88,T/C;125,T/C;161,T/G

YITCHB034   29,A

YITCHB035   44,T/C;158,T/G

YITCHB036   57,A/T;67,T/C;72,T/C;95,T;157,G

YITCHB038   202,T;203,A;204,G

YITCHB040   1,C

YITCHB042   127,T/C;167,T

YITCHB044   97,T/C

YITCHB045   48,T/C

YITCHB047   130,A

YITCHB048   6,A/G;59,A/T;62,A/G;79,T/C;80,T/C;81,A/G

YITCHB049   27,A/G;41,C/G;75,T/C;92,T/G;96,T/C;99,A/C;131,T/G

YITCHB050   45,T;51,A/C;59,T;91,T;104,G

YITCHB051   7,T/G;26,A/G

YITCHB055   52,A/T

YITCHB057   91,A/G;142,T/C;146,T/G

YITCHB058   2,A/G;36,A/G;60,A/G;131,T/C

YITCHB061   4,C;28,A;67,A

YITCHB064   113,A

YITCHB067   9,A/G;85,A/G;87,−/G

YITCHB072   19,T/C;59,T/C;61,T/G;67,A/G;71,A/G;79,C/G;80,T/C;81,A/G;82,A/G;88,T/C;
89,A/G;91,A/G;97,A/T;100,A/G;103,A/C;109,A/G;121,T/C;125,T/C;128,C/G;
137,A/G;141,A/G;150,T/G;166,A/T;169,A/G;172,A/G;182,T/A

YITCHB073   49,G

YITCHB074   98,A/G

YITCHB075   22,T/C;35,T/C;98,C/G

YITCHB076   13,T/C;91,T/C

YITCHB081   51,A/G;56,T;57,C;58,T;60,C;67,T;68,T;69,C;110,A/G;116,T/C;135,A/G

YITCHB082   52,A/G

YITCHB084   24,T/C

YITCHB085   27,T/G;46,C;81,T/A;82,G

YITCHB089   38,A/G;52,A/G;53,T/C;64,A/C;89,T/C;178,T/C;184,T/C;196,T/C;197,A/G

YITCHB092   118,A/G

YITCHB094   16,C;26,T/A;36,C/G;63,A/G;70,C;99,A/G

YITCHB096   24,T/C

YITCHB100   152,T/C

YITCHB102   57,A/C

YITCHB103   61,A/G;64,A/C;87,A/C;153,T/C

YITCHB105   36,A

YITCHB107   18,A/T;48,A/G;142,T/C

YITCHB109   1,T;6,G;26,C;83,A;93,C

YITCHB112   28,T/C;123,T/C

YITCHB114   18,T/C;25,A/G;38,T/C;68,T/C;70,C/G;104,T/C

YITCHB116   29,T

YITCHB117   152,A/G

YITCHB118   22,T/C;78,T/C;102,T/C

YITCHB121   133,T/A;135,A/G;187,A/G

YITCHB123   138,T/C

YITCHB124   130,A/G

YITCHB127   65,A/G;82,A/C;132,A/C

YITCHB128   7,T/C;127,A/G

YITCHB130   13,A/G;20,T/C;54,T/C;60,A/G

YITCHB132   34,T/C;132,A/G

YITCHB136   64,A/C

YITCHB137   110,C

YITCHB139   8,A/G;20,T/C;21,T/C;30,A/G;36,A/T;37,A/C;113,T/G

YITCHB143   22,T/G

YITCHB145   6,A/G;8,A/G;20,A/C;76,A/C;77,C/G;83,A/G;86,T/C

YITCHB148   27,T/C;91,T/C

YITCHB151   19,A;33,G

YITCHB152   31,A/G

YITCHB154	1,A/T;4,T/C;87,T/C
YITCHB156	82,T/C
YITCHB158	96,T/C
YITCHB160	15,T/C;48,A/T;59,A/G
YITCHB162	32,T/C;33,T;75,T/C;127,A/G
YITCHB165	1,A;69,T;118,A;120,T;126,C;127,T
YITCHB166	30,T/C
YITCHB167	12,A/G;33,C/G;36,A/G;64,A/C;146,A/G
YITCHB168	21,A/G;73,A/G
YITCHB169	22,T;107,A
YITCHB171	39,T/C;87,A/T;96,T/C;119,A/C
YITCHB175	12,A/G
YITCHB177	28,T/G;30,A/G;95,T/G;127,A/G;135,T/G
YITCHB179	2,C/G
YITCHB183	59,T/G;79,A/G;122,A/G;155,T/C
YITCHB186	19,A/G;46,A/G;47,A/G;57,T/A;75,T/C;82,T/C;86,A/C
YITCHB189	49,A/G;61,A;88,A/C;147,A/G
YITCHB190	90,T/A
YITCHB191	1,T/C;44,T/G
YITCHB192	46,T/G;73,A/G
YITCHB195	53,T/C;111,T/C
YITCHB197	121,–/T;122,–/T;123,–/T;167,C/G
YITCHB198	34,A/T;63,A/G;109,T/C
YITCHB199	2,T/C;12,T/G;123,T/C;177,T/C
YITCHB200	70,A/G;73,A/G;92,T/A;104,C/G;106,A/T
YITCHB201	112,G;132,T
YITCHB202	55,T;60,T;102,T;104,A;127,T/C;187,G;196,T/C;197,A
YITCHB203	125,T/C;154,A/G
YITCHB209	32,T/C;34,T/C;94,T/C;149,T/C;166,A/G;175,T/C
YITCHB210	130,C
YITCHB212	38,C/G;105,C/G
YITCHB214	15,C;155,C
YITCHB215	3,T/A;6,T/G;9,A/G;22,A/G;54,T/C;63,A/T;71,A/T;72,A/T/C;81,A/G;96,A/G; 121,T/C;132,C/G;137,A/G;162,A/G;163,T/G;177,A/G;186,A/G
YITCHB216	43,A
YITCHB217	85,C/G
YITCHB219	24,A/G;112,A/G

YITCHB223　17,T/C;189,T/C
YITCHB224　117,A
YITCHB225　24,G
YITCHB226　127,T/C
YITCHB228　11,A/G;26,T/A
YITCHB229　45,G;80,T
YITCHB230　55,T/C;110,T/C;128,A/G
YITCHB231　104,T/C;113,T/C
YITCHB232　86,C
YITCHB233　152,A
YITCHB234　53,C
YITCHB237　118,A/G;120,A/C;165,A/T;181,A/C
YITCHB238　75,A/T;76,A/G;108,C/G
YITCHB242　22,T/C
YITCHB243　86,T/C;98,A/G;131,A/C
YITCHB244　43,A/G;143,A/G
YITCHB245　200,A/C
YITCHB246　19,A/C;25,T/C;89,A/G
YITCHB247　23,T/G;109,A/G
YITCHB248　50,A/G
YITCHB250　21,T/C;51,T/G;54,T/C;55,A/G;56,T/C;78,T/C;98,T/C;99,A/T;125,T/A
YITCHB251　65,A/G
YITCHB252　26,T/C;65,A/G;137,T/C;156,A/G
YITCHB253　21,A/T
YITCHB254　51,G
YITCHB255　5,G;9,C;22,G;25,C;37,G;79,A;86,G;88,G;89,G;116,C;135,T;187,A
YITCHB256　11,A
YITCHB257　68,T/C
YITCHB263　22,T/G;43,A/G;93,T/C;144,A/G;181,A/G
YITCHB264　8,A/T;15,A/G;51,T/C;110,A/G;111,T/C
YITCHB265　64,T/C;73,T/A;97,C;116,T/G
YITCHB266　25,A/C;37,T/C;57,A/C;58,T/A
YITCHB267　102,T/G;142,A/G
YITCHB268　82,T/G;167,A/G
YITCHB269　60,A/C
YITCHB270　12,T/C;113,A/C

YITCHB001 3,G;25,C;66,T;142,G
YITCHB002 109,T/C;145,A/C;146,C/G
YITCHB003 83,G;96,A
YITCHB004 160,T
YITCHB006 110,T;135,A/G
YITCHB007 27,C/G;44,A/G;67,A/G;83,A/G
YITCHB008 65,C
YITCHB009 118,T/C;176,A/G;181,T/C;184,T/C;188,A/G
YITCHB011 156,A
YITCHB019 55,T/A
YITCHB022 19,T;41,A;54,C;67,G;68,C;88,T
YITCHB023 26,A;38,T;64,C;65,A;121,A
YITCHB024 142,C/G
YITCHB026 18,A/G
YITCHB027 22,T/C;101,A;121,A/C;122,T/G;123,T/G;124,A/C
YITCHB030 80,C/G;139,T/C;148,A/G
YITCHB033 93,A/C
YITCHB035 44,C;158,G
YITCHB036 47,A/G
YITCHB038 18,T;40,T;94,T;113,C;202,T;203,A;204,G
YITCHB039 28,T/C;29,T/A;53,T/C;74,A/G;76,T/C;89,T/G;93,A/G;130,T;151,T;156,T/G
YITCHB042 127,T;167,T
YITCHB045 48,C
YITCHB048 6,A/G;59,A/T;62,A/G;79,T/C;80,T/C;81,A/G
YITCHB049 41,C/G;53,T/C;75,T/C;99,A/C
YITCHB050 45,T;59,T;91,T;104,A/G;121,A/G
YITCHB051 7,G;54,T/C;136,A/G
YITCHB052 13,C;49,T;50,C;113,T;151,C;171,C
YITCHB053 4,A/G;38,T/C;124,A/G
YITCHB054 116,C
YITCHB057 91,G;142,T;146,G
YITCHB058 2,G;36,G;60,G;79,–;131,T
YITCHB061 4,C;28,A;67,A

YITCHB062 94,G;96,C

YITCHB063 85,T/C

YITCHB064 113,A

YITCHB066 10,G;30,T

YITCHB067 9,A/G;85,A/G;87,–/G

YITCHB072 6,A/T;7,A/G;8,T/C;19,T;25,T/G;59,T/C;61,G;67,A/G;71,G;79,T/G;80,T/A;81,A/G;82,A/G;88,C;89,A;91,G;93,A/G;97,T/A;100,A/G;103,A/C;107,A/G;109,G;113,T/G;118,T/C;119,T/G;121,T;125,C;128,C/G;130,A/T;137,G;141,A/G;149,A/G;150,T/G;160,T/C;166,T/C;169,A;172,A/G;182,A/T

YITCHB073 49,G

YITCHB074 98,A/G

YITCHB075 22,T/C;35,T/C;98,C/G

YITCHB076 13,T/C;82,T/A;91,T/C;109,A/C

YITCHB077 77,A;88,T;104,A;145,T;146,G

YITCHB079 123,A/G

YITCHB081 51,G;56,T;57,C;58,T;60,C;67,T;68,T;69,C;110,A;116,C;135,G

YITCHB082 52,A;93,T/C

YITCHB084 24,T/C;58,T/A;91,A/G;100,C/G;149,A/G

YITCHB085 27,T/G;46,C/G;81,T;82,G

YITCHB086 15,T/C;50,T/C;52,A/G;67,C/G;76,A/C;77,C/G;85,A/G;90,T/G;92,T/C;94,C/G;100,A/G;102,T/G;104,A/C;107,T/G;109,A/G;110,T/A;114,A/G;115,A/G;116,T/C;127,T/C;135,A/G;151,A/C;155,T;156,A/T;165,T/C;168,C/G

YITCHB091 107,T/G;120,A/G

YITCHB092 118,A/G

YITCHB093 95,G;107,G;132,G;166,G

YITCHB094 16,A/C;26,T/A;70,T/C

YITCHB097 46,C/G;144,A/G

YITCHB099 74,T/C;105,A/G;126,T/C;179,T/A;180,T/C

YITCHB100 12,T/C

YITCHB102 16,T/C;21,T/G;24,T/G;27,A/T;32,T/G;33,T/G;56,T/C;57,A/C;59,T/A;65,T/C;83,A/G;107,A/G

YITCHB104 146,G

YITCHB105 36,A

YITCHB107 18,T/A;48,A/G;142,T/C

YITCHB108 119,A/C

YITCHB109 1,T;6,G;50,A/G;83,T/C;92,A/G;159,A/C

YITCHB112 35,A/C;36,T/C;103,A/G;122,T/G;123,T/C;129,A/G;138,C/G;142,T/C;162,T/C

YITCHB113	182,T;192,A
YITCHB114	18,T;38,C;68,C;70,G;104,C
YITCHB116	29,T
YITCHB117	152,A/G
YITCHB119	56,C/G;119,A/G
YITCHB121	133,T;135,G;136,−;168,T/C;187,G
YITCHB123	87,T/G;138,T/C
YITCHB124	130,A;186,G
YITCHB126	43,T;112,T;154,C
YITCHB127	65,A;82,C;132,A
YITCHB128	7,T/C;127,A/G;169,A/G
YITCHB130	13,A/G;20,T/C;54,T/C;60,A/G
YITCHB131	32,T/C;135,T/G;184,T/C
YITCHB132	27,−;46,A;61,A;93,C;132,A;161,T
YITCHB134	72,C
YITCHB135	178,T/C
YITCHB136	64,C
YITCHB137	110,T/C
YITCHB138	22,C;52,G
YITCHB142	30,T;121,C;131,C;153,G
YITCHB143	22,G
YITCHB145	6,A;8,G;20,A;76,A;77,G;83,G;86,T
YITCHB148	17,A/C;27,T/C;91,T/C
YITCHB150	57,C;58,T
YITCHB151	19,A/T;43,T/G
YITCHB152	31,A
YITCHB154	1,T/A;4,T/C
YITCHB156	82,T
YITCHB157	32,T/C;69,A
YITCHB158	96,C
YITCHB159	7,G;11,T/C;25,A/G;38,T;42,T;92,C/G;160,A/G
YITCHB160	15,T;48,A;59,A
YITCHB162	7,T/G;14,T/C;16,A/G;33,T;75,T/C;136,A/C
YITCHB163	41,A/G;54,T/C;90,T/C
YITCHB165	1,A;10,T/C;69,T/C;118,A/G;120,A/T;126,T/C;127,T/G
YITCHB166	30,T
YITCHB168	21,A;62,−;73,G

YITCHB170   56,A/G

YITCHB171   39,T/C;87,A/T;96,T/C;119,A/C

YITCHB175   12,A/G

YITCHB177   28,T/G;30,A/G;42,C/G;55,T/G;95,T/G;127,A/G;135,T/G

YITCHB178   14,A/G;24,T/C;42,A/T;66,A/G;145,A/G

YITCHB182   50,T/C

YITCHB183   53,A/G;59,T/G;79,A/G;80,A/G;85,T/C;97,T/C;99,A/G;115,T/C;116,A/C;117,
A/G;138,T/C;143,T/C;155,T/C

YITCHB185   20,T/C;49,A/G;71,T/C;74,T/C;86,T/C;104,C;114,T/C;122,T/C;133,C;154,A/G

YITCHB186   19,A/G;44,C/G;46,A/G;47,A/G;57,T/A;75,T/C;82,T/C;86,A/C

YITCHB187   130,G

YITCHB188   156,T/C

YITCHB189   49,A/G;61,A/C;147,A/G

YITCHB191   1,T/C;44,G

YITCHB192   46,T/G;73,A/G

YITCHB193   169,C

YITCHB195   53,T/C;111,T/C

YITCHB196   44,T/C;101,T/C

YITCHB197   72,A/G;121,–/T;122,–/T;123,–/T;167,G;174,A/G;189,A/C

YITCHB198   34,A/T;63,A/G;109,T/C

YITCHB199   2,T/C;12,T/G;77,C/G;123,C;177,T/C

YITCHB200   19,T/C

YITCHB201   103,T/A;132,–/T;194,T/C;195,A/G

YITCHB202   55,T/C;60,T/C;102,T/C;104,A/G;159,T/C;187,A/G;197,A/G

YITCHB205   31,A;36,G;46,A;74,G

YITCHB208   18,T/A;41,C;84,A;107,T/C

YITCHB209   32,T;34,C;35,A;71,T;94,T;166,G;173,A;175,C

YITCHB210   130,A/C

YITCHB212   38,C/G;105,C/G

YITCHB214   15,C;155,C

YITCHB216   43,A

YITCHB217   84,C

YITCHB219   24,A/G;52,T/C;112,A/G

YITCHB220   58,C/G

YITCHB223   11,T;54,A;189,C

YITCHB224   1,A;36,A;79,T;117,A;118,C

YITCHB225   24,G

YITCHB226	61,C/G;127,T/C
YITCHB227	120,T
YITCHB228	11,A/G;26,A/T
YITCHB229	45,C/G;46,T/C;80,C/G;162,T/G
YITCHB230	55,C
YITCHB232	86,T/C
YITCHB234	53,–/C;123,A/G
YITCHB235	120,C
YITCHB237	118,G;120,A;165,T;181,A
YITCHB238	75,A;76,A;108,G
YITCHB242	22,T/C
YITCHB243	86,T/C;98,A/G;131,A/C;162,A/G
YITCHB244	43,A/G;143,A/G
YITCHB245	144,A/G;200,A/C
YITCHB246	25,T/C;89,A/G
YITCHB247	23,G;33,C/G;109,A
YITCHB249	43,T/C
YITCHB250	21,T/C;51,G;54,T/C;55,A/G;56,T/C;78,T/C;98,T/C;99,A/T;125,T/A
YITCHB251	65,A/G
YITCHB252	26,C;65,G;126,T/G;137,T/C;156,A/G
YITCHB253	21,A;26,G
YITCHB254	4,C;6,A;51,G;109,C
YITCHB255	5,G;9,C;22,G;25,C;37,G;79,A;86,G;88,G;89,G;116,C;135,T;187,A
YITCHB256	16,C
YITCHB258	24,G;65,A/G;128,T/A;191,T/C
YITCHB263	26,A/G;36,T/C;43,A/G;93,T/C;104,T/C;144,A/G
YITCHB264	111,T/C
YITCHB265	17,A/T;97,C/G
YITCHB266	25,C;29,A/G;57,A/C;58,A/T;136,T/C;159,T/C
YITCHB268	82,T/G;167,A/G
YITCHB269	60,A
YITCHB270	12,T

YITCHB001　　3,A/G;25,C;43,T/C;66,T;67,T/C;142,T/G

YITCHB002　　109,T

YITCHB003　　83,A/G;96,T/A

YITCHB004　　160,T

YITCHB006　　110,T

YITCHB007　　27,C/G;42,T/C;44,A/G;67,A/G;83,A/G;90,C/G;99,T/C

YITCHB008　　15,A/T;65,C

YITCHB009　　118,T/C;176,A/G;181,T/C;184,T/C;188,A/G

YITCHB015　　47,A/G;69,C/G;85,A/G

YITCHB019　　55,T/A

YITCHB023　　26,A;38,T;64,C;65,A;121,A

YITCHB026　　18,A/G

YITCHB027　　22,T/C;101,A/G;121,A/C;122,T/G;123,T/G;124,A/C

YITCHB030　　80,C/G;139,T/C;148,A/G

YITCHB031　　161,T

YITCHB034　　29,A

YITCHB035　　44,T/C;158,T/G

YITCHB036　　47,A/G;95,T/C;157,A/G

YITCHB038　　18,A/T;40,T/G;94,A/T;113,C/G;202,T;203,A;204,G

YITCHB039　　76,T/C;93,A/G;130,T/C;151,T;156,T/G

YITCHB040　　1,C

YITCHB042　　127,T/C;167,A/T

YITCHB045　　48,C

YITCHB048　　6,A/G;59,A/T;62,A/G;79,T/C;80,T/C;81,A/G

YITCHB050　　45,T/C;59,T/C;91,T/A;104,A/G

YITCHB051　　7,T/G;105,T/C

YITCHB054　　116,C

YITCHB055　　52,A/T

YITCHB057　　91,A/G;142,T/C;146,T/G

YITCHB058　　2,A/G;36,A/G;60,A/G;131,T/C

YITCHB061　　4,C;28,A;67,A

YITCHB062　　94,A/G;96,T/C

YITCHB063　　85,T/C

YITCHB064	113,A
YITCHB066	10,A/G;30,T/C
YITCHB067	9,A/G;85,A/G;87,–/G
YITCHB072	19,T/C;59,T/C;61,T/G;67,A/G;71,A/G;79,C/G;80,T/C;81,A/G;82,A/G;88,T/C; 89,A/G;91,A/G;97,T/A;100,A/G;103,A/C;109,A/G;121,T/C;125,T/C;128,C/G; 137,A/G;141,A/G;150,T/G;166,T/A;169,A/G;172,A/G;182,A/T
YITCHB073	49,G
YITCHB076	13,T/C;91,T/C
YITCHB077	77,A/G;88,T/C;104,A/G;145,T/C;146,A/G
YITCHB081	51,A/G;56,T;57,C;58,T;60,C;67,T;68,T;69,C;110,A/G;116,T/C;135,A/G
YITCHB082	52,A/G
YITCHB084	24,T/C
YITCHB085	27,T/G;46,C;81,A/T;82,G
YITCHB086	15,T/C;50,T/C;52,A/G;67,C/G;76,A/C;77,C/G;85,A/G;90,T/G;92,T/C;94,C/G; 100,A/G;102,T/G;104,A/C;107,T/G;109,A/G;110,A/T;114,A/G;115,A/G;116, T/C;127,T/C;135,A/G;151,A/C;155,T/G;156,T/A;165,T/C;168,C/G
YITCHB091	107,T/G;120,A/G
YITCHB093	95,T/G;107,T/G;132,A/G;166,T/G
YITCHB094	16,A/C;36,C/G;63,A/G;70,T/C;99,A/G
YITCHB096	24,C
YITCHB097	46,C/G;144,A/G
YITCHB103	61,A/G;64,A/C;87,A/C;153,T/C
YITCHB104	146,C/G
YITCHB105	36,A/C
YITCHB106	19,C;58,G;94,C;97,T
YITCHB107	18,A/T;48,A/G;142,T/C
YITCHB108	127,A/C
YITCHB109	1,T;6,G;50,A/G;92,A/G
YITCHB112	28,T/C;123,T/C;138,C/G
YITCHB113	182,A/T;192,A/G
YITCHB114	18,T;38,C;68,C;70,G;104,C
YITCHB115	112,A/G;128,T/C
YITCHB116	29,T
YITCHB117	152,A/G
YITCHB118	22,T;78,C;102,T
YITCHB124	130,A;186,C/G
YITCHB126	43,T/C;112,T/C;154,T/C

YITCHB127   65,A;82,C;132,A

YITCHB128   169,A/G

YITCHB130   13,A/G;20,T/C;54,T/C;60,A/G

YITCHB132   46,A/C;61,A/C;93,A/C;132,A/G;161,T/C

YITCHB134   72,C

YITCHB136   64,A/C

YITCHB137   110,T/C

YITCHB138   22,A/C;52,A/G

YITCHB143   22,G

YITCHB145   6,A/G;8,A/G;20,A/C;76,A/C;77,C/G;83,A/G;86,T/C

YITCHB148   17,A/C;27,T/C;91,T/C

YITCHB151   19,A;33,A/G;43,T/G

YITCHB152   31,A/G

YITCHB154   1,T/A;4,T/C;87,T/C

YITCHB156   82,T

YITCHB157   32,T/C;69,A/G

YITCHB158   96,C

YITCHB159   7,A/G;11,T/C;38,T/C;42,T/C

YITCHB160   15,T/C;48,T/A;59,A/G

YITCHB162   7,T/G;14,T/C;16,A/G;33,T;75,T/C;136,A/C

YITCHB165   1,A;10,T/C

YITCHB166   30,T/C

YITCHB168   21,A;62,–;73,A/G

YITCHB171   39,T/C;87,T/A;96,T/C;119,A/C

YITCHB175   12,A/G

YITCHB177   28,T/G;30,A/G;42,C/G;55,T/G;95,T/G;127,A/G;135,T/G

YITCHB178   14,A/G;24,T/C;42,T/A;66,A/G;145,A/G

YITCHB185   20,T/C;49,A/G;71,T/C;86,T/C;104,T/C;114,T/C;133,C/G;154,A/G

YITCHB186   19,A/G;46,A/G;47,A/G;57,T/A;75,T/C;82,T/C;86,A/C

YITCHB189   61,A

YITCHB191   1,T/C;44,T/G

YITCHB193   169,T/C

YITCHB195   53,T/C;111,T/C

YITCHB196   44,T/C;101,T/C

YITCHB197   72,A/G;121,–/T;122,–/T;123,–/T;167,G;174,A/G;189,A/C

YITCHB199   2,T/C;12,T/G;123,T/C;177,T/C

YITCHB200   70,A/G;73,A/G;92,T/A;104,C/G;106,A/T

YITCHB201	112,A/G;132,-/T
YITCHB202	55,T/C;60,T/C;102,T/C;104,A/G;127,T/C;187,A/G;197,A/G
YITCHB209	32,T;34,C;35,A;71,T;94,T;166,G;173,A;175,C
YITCHB214	15,T/C;155,A/C
YITCHB215	3,T/A;6,T/G;9,A/G;22,A/G;54,T/C;63,A/T;71,A/T;72,T/C;81,A/G;96,A/G;121, T/C;137,A/G;163,T/G;177,A/G;186,A/G
YITCHB216	43,A/G
YITCHB217	84,A/C
YITCHB219	24,A/G;52,T/C;60,T/C;112,A/G
YITCHB224	1,A;36,A;79,T;117,A;118,C
YITCHB226	61,C/G;127,T/C
YITCHB227	120,T/C
YITCHB228	11,A/G;26,A/T
YITCHB230	55,T/C;128,A/G
YITCHB232	86,C
YITCHB233	152,A
YITCHB234	53,-/C;123,A/G
YITCHB235	120,T/C
YITCHB237	118,G;120,A;165,T;181,A
YITCHB238	108,C/G
YITCHB242	22,C
YITCHB243	86,T;98,A;131,C;162,A/G
YITCHB244	43,A/G;143,A/G
YITCHB245	144,A/G;200,A/C
YITCHB246	19,A/C;25,T/C;89,A/G
YITCHB247	23,G;109,A
YITCHB250	21,T/C;51,G;54,T/C;55,A/G;56,T/C;78,T/C;98,T/C;99,T/A;125,A/T
YITCHB251	65,A/G
YITCHB252	26,T/C;65,A/G;137,T/C;156,A/G
YITCHB253	21,T/A;26,T/G
YITCHB254	4,T/C;6,A/G;51,A/G;109,A/C
YITCHB255	5,G;9,C;22,G;25,C;37,G;79,A;86,G;88,G;89,G;116,C;135,T;187,A
YITCHB258	24,A/G;191,T/C
YITCHB259	90,A
YITCHB260	84,T/A;161,A/T
YITCHB264	111,C
YITCHB265	17,A/T

YITCHB266   25,C;57,C;58,T;136,C;159,C
YITCHB268   82,T/G;167,A/G
YITCHB269   60,A
YITCHB270   12,T

YITCHB001   25,T/C;66,T/C;67,T/C;81,T/C

YITCHB002   109,T/C;145,A/C;146,C/G

YITCHB003   83,A/G;96,A/T

YITCHB004   160,T

YITCHB006   110,T/C

YITCHB007   27,C/G;44,A/G;67,A/G;83,A/G;90,C/G;99,T/C

YITCHB008   15,A/T;65,T/C

YITCHB014   9,T/C

YITCHB016   67,A;80,T;88,G;91,T

YITCHB017   63,A/C;132,A/G

YITCHB021   54,A/C;123,A/G;129,T/C;130,A/G

YITCHB022   54,T/C;67,A/G;68,A/C

YITCHB026   18,A/G

YITCHB028   48,T/C;66,T/G;166,C/G

YITCHB030   80,C/G;139,T/C;148,A/G

YITCHB031   125,T/C;161,T/G

YITCHB033   93,A/C

YITCHB035   158,T/C

YITCHB036   95,T/C;157,A/G

YITCHB039   76,T/C;93,A/G;151,T;156,T/G

YITCHB040   1,C;29,T;31,A;73,C;103,T;108,G;135,T

YITCHB042   127,T/C;167,T

YITCHB044   97,T/C

YITCHB045   48,T/C

YITCHB047   130,A

YITCHB048   59,T/A;62,A/G;79,T/C

YITCHB049   27,A/G;41,C/G;75,T/C;92,T/G;96,T/C;99,A/C;131,T/G

YITCHB050   45,T;51,A/C;59,T;91,T;104,G

YITCHB051   7,T/G;26,A/G

YITCHB055   52,T/A

YITCHB057   91,A/G;142,T/C;146,T/G

YITCHB058   2,A/G;36,A/G;60,A/G;131,T/C

YITCHB061   4,C;28,A;67,A

YITCHB062　94,A/G;96,T/C

YITCHB064　113,A

YITCHB067　9,A;85,A;87,G

YITCHB072　19,T;59,T;61,G;67,G;71,G;79,G;80,T;81,G;82,G;88,C;89,A;91,G;97,T;100, G;103,A;109,G;121,T;125,C;128,G;137,G;141,A;150,G;166,T;169,A;172,G; 182,A

YITCHB073　49,G

YITCHB075　22,T/C;35,T/C

YITCHB076　13,T;91,T

YITCHB081　51,A/G;56,T;57,C;58,T;60,C;67,T;68,T;69,C;110,A/G;116,T/C;135,A/G

YITCHB082　52,A/G

YITCHB083　4,A/T;28,T/G;101,T/G;119,T/C

YITCHB085　46,C;82,G

YITCHB089　38,A/G;52,A/G;53,T/C;64,A/C;89,T/C;178,T/C;184,T/C;196,T/C;197,A/G

YITCHB092　118,A/G

YITCHB094　16,A/C;36,C/G;63,A/G;70,T/C;99,A/G

YITCHB096　24,C;87,T/C

YITCHB100　12,T/C

YITCHB102　57,A/C

YITCHB103　61,A/G;64,A/C;87,A/C;153,T/C

YITCHB107　18,A/T;48,A/G;142,T/C

YITCHB108　73,A/C;127,A/C

YITCHB112　28,T/C;123,T/C;154,A/T

YITCHB114　18,T;38,C;68,C;70,G;104,C

YITCHB116　29,T

YITCHB117　152,A/G

YITCHB118　22,T;78,C;102,T

YITCHB123　138,T/C

YITCHB124　130,A/G

YITCHB127　65,A;82,C;132,A

YITCHB128　7,T/C

YITCHB130　13,A;20,C;54,C;60,A/G;82,T/C

YITCHB134　72,T/C

YITCHB135　128,T/C

YITCHB137　110,C

YITCHB142　2,T/C;28,T/C;30,T/G;46,A/G;102,T/C;150,C/G;152,A/G;153,C/G

YITCHB143　22,T/G

YITCHB145	6,A/G;8,A/G;20,A/C;76,A/C;77,C/G;83,A/G;86,T/C
YITCHB147	100,A/G
YITCHB148	27,T/C;91,T/C
YITCHB151	8,T/C;19,A;33,A/G;43,T/G
YITCHB154	4,T/C;87,T/C
YITCHB156	82,T
YITCHB158	96,T/C
YITCHB162	14,T/C;33,T;75,T
YITCHB163	41,A/G;54,T/C;90,T/C
YITCHB165	1,A
YITCHB168	21,A;62,–
YITCHB169	22,A/T;79,T/C;117,A/G;118,T/G
YITCHB170	56,A/G
YITCHB171	39,T/C;87,A/T;96,T/C;119,A/C
YITCHB175	12,A/G
YITCHB177	28,T/G;30,A/G;95,T/G;127,A/G;135,T/G
YITCHB183	12,A/G;53,A/G;59,T/G;79,A/G;80,A/G;85,T/C;97,T/A/C;99,A/G;114,A/G; 115,T/C;116,A/C;117,A/G;122,A/G;138,T/C;139,A/G;143,T/C;147,A/T;155,T/C;166,T/C
YITCHB185	20,T/C;49,A/G;71,T/C;86,T/C;104,T/C;114,T/C;133,C/G;154,A/G
YITCHB186	19,A/G;44,C/G;46,A/G;47,A/G;57,A/T;75,T/C;82,T/C;86,A/C
YITCHB189	49,A/G;61,A/C;88,A/C;147,A/G
YITCHB190	90,T/A
YITCHB191	44,T/G
YITCHB193	169,T/C
YITCHB195	108,A/G
YITCHB197	72,A/G;121,–/T;122,–/T;123,–/T;167,C/G;174,A/G;189,A/C
YITCHB198	34,T/A;63,A/G;109,T/C
YITCHB201	112,A/G;132,–/T
YITCHB202	55,T/C;60,T/C;102,T/C;104,A/G;127,T/C;187,A/G;197,A/G
YITCHB205	31,A/C;36,A/G;46,A/T;57,T/G;74,A/G
YITCHB209	32,T/C;34,T/C;35,A/G;71,T/C;94,T/C;166,A/G;173,A/G;175,T/C
YITCHB210	130,A/C;154,A/G
YITCHB211	113,T/C;115,A/G
YITCHB214	15,C;155,C
YITCHB215	3,A/T;6,T/G;9,A/G;22,A/G;54,T/C;63,T/A;71,T/A;72,T/C;81,A/G;96,A/G; 121,T/C;137,A/G;163,T/G;177,A/G;186,A/G

YITCHB216   43,A

YITCHB217   84,A/C

YITCHB219   24,A/G;112,A/G

YITCHB220   17,A/G;58,G

YITCHB224   117,A

YITCHB228   11,A/G;26,T/A;72,A/G

YITCHB229   45,C/G;80,T/G

YITCHB230   55,T/C;128,A/G

YITCHB232   47,A/G;54,A/G;86,T/C;108,T/C;147,A/C

YITCHB233   152,A

YITCHB234   53,C

YITCHB237   118,A/G;120,A/C;165,A/T;181,A/C

YITCHB238   23,T/G

YITCHB242   22,T/C;65,A/G;94,T/C

YITCHB243   86,T;98,A;131,C

YITCHB246   2,A/G;19,A/C;25,C;89,A

YITCHB247   23,G;109,A

YITCHB248   50,A/G

YITCHB250   21,T/C;51,G;54,T/C;55,A/G;56,T/C;78,T/C;98,T/C;99,A/T;125,T/A

YITCHB251   65,A/G

YITCHB253   21,A/T

YITCHB254   51,A/G

YITCHB255   5,A/G;9,T/C;22,A/G;25,T/C;37,T/G;79,A/G;86,A/G;88,A/G;89,A/G;116,T/C;
135,T/C;187,A/G

YITCHB256   11,A

YITCHB257   68,T/C

YITCHB259   90,A/G

YITCHB260   84,T/A;161,A/T

YITCHB263   43,G

YITCHB264   8,A/T;51,T/C;111,T/C

YITCHB265   64,T/C;73,T/A;97,C/G;116,T/G

YITCHB266   25,C;57,C;58,T;136,C;159,C

YITCHB269   60,A

YITCHB270   12,T

YITCHB001　　25,T/C;66,T/C;67,T/C;81,T/C
YITCHB002　　109,T/C;145,A/C;146,C/G
YITCHB006　　110,T;135,A/G
YITCHB007　　27,C/G;44,A/G;67,A/G
YITCHB008　　15,T/A;65,C
YITCHB009　　11,A/C;25,T/C;56,T/G;181,T/C;184,T/C;188,A/G
YITCHB011　　156,A
YITCHB016　　88,G
YITCHB019　　55,A
YITCHB021　　54,A/C;123,A/G;129,T/C;130,A/G
YITCHB023　　26,A;28,C;38,T;52,C;57,A;65,A;67,A;72,G;115,T;130,G
YITCHB025　　10,T/C
YITCHB026　　18,G
YITCHB027　　67,A;101,A
YITCHB028　　48,T/C
YITCHB030　　80,C/G;139,T/C;148,A/G
YITCHB031　　11,A/G;88,T/C;96,T/C;125,C
YITCHB034　　29,A
YITCHB035　　44,T/C;158,C/G
YITCHB039　　28,T/C;29,A/T;53,T/C;74,A/G;76,T;89,T/G;93,G;130,T/C;151,T;156,G
YITCHB040　　1,C;35,A;73,C;81,A;108,G
YITCHB042　　60,A/G;110,T/C;114,A/G;127,T;146,T/C;167,T
YITCHB045　　48,C
YITCHB047　　130,A/G
YITCHB048　　59,A/T;62,A/G;79,T/C
YITCHB049　　59,T;75,C
YITCHB050　　45,T;59,T;91,T;121,A/G;156,A/G
YITCHB051　　7,T/G;54,T/C;144,A/C
YITCHB053　　38,T/C;49,A/T;112,T/C;116,T/C;124,A/G
YITCHB054　　116,T/C
YITCHB056　　60,T/A;124,T/G;125,T/G;147,A/G
YITCHB057　　91,G;142,T;146,G
YITCHB058　　2,G;36,G;60,G;79,−;131,T

YITCHB059   4,T/C;22,A/G;57,A/C;114,A/G;135,A/G;145,T/C;196,A/T

YITCHB061   4,C;28,A;67,A

YITCHB062   94,A/G;96,T/C

YITCHB064   113,A

YITCHB066   10,A/G;30,T/C

YITCHB067   9,A;85,A;87,G

YITCHB072   19,T/C;35,A/G;59,T/C;61,T/G;67,A/G;71,A/G;79,C/G;80,T/C;81,A/G;82,A/G; 88,T/C;89,A/G;91,A/G;97,T/A;100,A/G;103,A/C;109,A/G;121,T/C;125,T/C; 128,C/G;130,A/G;137,A/G;141,A/G;150,T/G;160,T/C;166,T/A;169,A/G;172, A/G;175,T/G;182,A/T

YITCHB073   49,T/G

YITCHB075   22,C;35,T;98,C

YITCHB077   77,A;88,T;104,A;145,T;146,G

YITCHB079   123,A/G

YITCHB081   51,G;56,T;57,C;58,T;60,C;67,T;68,T;69,C;110,A;116,C;135,G

YITCHB082   52,A

YITCHB083   4,A/T;28,T/G;101,T/G;119,T/C

YITCHB084   58,T;91,A;100,C;149,G

YITCHB085   46,C/G;81,A/T;82,G

YITCHB086   15,T/C;50,T/C;52,A/G;67,C/G;76,A/C;77,C/G;85,A/G;90,T/G;92,T/C;94,C/G; 100,A/G;102,T/G;104,A/C;107,T/G;109,A/G;110,T/A;114,A/G;115,A/G;116, T/C;127,T/C;135,A/G;151,A/C;155,T;156,A/T;165,T/C;168,A/C/G

YITCHB089   1,T/A;51,T/C;53,T/C;88,A/G;89,T/C;184,T/C

YITCHB091   107,T/G;120,A/G

YITCHB092   118,A/G

YITCHB093   95,T/G;107,T/G;132,A/G;166,T/G

YITCHB094   16,C;36,G;63,A;70,C;99,G

YITCHB096   24,C

YITCHB097   46,C/G;144,A/G

YITCHB098   65,G

YITCHB099   74,T/C;105,A/G;126,T/C;179,T/A;180,T/C

YITCHB102   57,A/C

YITCHB104   13,T/G;31,T/G;146,C/G

YITCHB106   19,T/C;52,T/G;58,A/G;94,T/C;97,T/C

YITCHB107   18,A/T;48,A/G;142,T/C

YITCHB112   29,A/G;36,T/C;55,T/C;67,C/G;90,T/C;103,A/G;109,A/G;120,T/C;123,T/C; 126,C/G;138,C/G;148,A/G;162,T/C

YITCHB113	24,G;91,A;105,T;155,T;161,A;176,A;188,T
YITCHB114	18,T;38,C;68,C;70,G;104,C
YITCHB116	29,−/T;147,T/G
YITCHB118	22,T;78,C;102,T
YITCHB119	56,C/G;119,A/G
YITCHB121	133,T;135,G;136,−;187,G
YITCHB124	130,A/G
YITCHB126	19,A/G;43,T/C;112,T/C;145,A/T;154,T/C
YITCHB127	65,A/G;82,A/C;132,A/C
YITCHB128	7,C;11,T/G;126,A/C;128,T/G;135,C/G
YITCHB131	32,C;135,G;184,C
YITCHB132	34,T/C;46,A/C;61,A/C;93,A/C;132,A;161,T/C
YITCHB134	72,T/C
YITCHB136	49,T/A;64,A/C;104,A/G
YITCHB137	110,T/C
YITCHB139	8,G;10,C;30,G;36,T;37,T;47,C;120,T
YITCHB142	2,T/C;28,T/C;30,T;46,A/G;55,T/C;102,T/C;131,C/G;136,T/C;150,C/G;152,A/G;153,G;156,C/G
YITCHB143	4,T/A;22,T/G
YITCHB145	6,A/G;8,A/G;20,A/C;76,A/C;77,C/G;83,A/G;86,T/C
YITCHB146	29,A;75,T;103,A;134,A
YITCHB149	87,T/C;112,T/A;135,A/G
YITCHB150	57,C;58,T
YITCHB151	19,A/T;43,T/G
YITCHB152	31,A/G
YITCHB158	96,C
YITCHB159	7,G;11,T/C;25,A/G;38,T;42,T;92,C/G;160,A/G
YITCHB160	59,A;64,T
YITCHB162	7,T/G;10,T/C;16,A/G;32,T/C;33,T;73,A/G;77,A/G;127,A/G;136,A/C;140,T/A
YITCHB165	1,A;49,T
YITCHB167	12,G;33,C;36,G;64,C;146,G
YITCHB169	22,T;107,A
YITCHB171	39,T/C;87,A/T;96,T/C;119,A/C
YITCHB175	12,A/G
YITCHB176	13,A/C;25,A/G;26,A/G;82,A/G;105,T/C
YITCHB181	56,A
YITCHB182	50,T/C

YITCHB183	59,T/G;79,A/G;80,A/G;85,T/C;97,T/A/C;99,A/G;114,A/G;116,A/C;117,A/G;
	122,A/G;138,T/C;139,A/G;143,T/C;147,A/T;155,T/C;166,T/C
YITCHB185	20,T/C;49,A/G;71,T/C;74,T/C;86,T/C;104,C;114,T/C;133,C;154,A/G
YITCHB186	19,A/G;46,A/G;47,A/G;57,A/T;75,T/C;82,T/C;86,A/C
YITCHB189	61,A
YITCHB191	1,T/C;44,T/G
YITCHB192	45,A
YITCHB193	169,T/C
YITCHB195	53,C;111,T
YITCHB197	72,A/G;121,−/T;122,−/T;123,−/T;167,C/G;174,A/G;189,A/C
YITCHB198	34,T/A;63,A/G;109,T/C
YITCHB200	19,T/C
YITCHB201	132,T
YITCHB202	197,A/G
YITCHB205	31,A;36,G;46,A;74,G
YITCHB208	18,A/T;41,C;84,A
YITCHB209	32,T;34,C;35,A;71,T;94,T;166,G;173,A;175,C
YITCHB210	87,T/C;104,T/G;130,C;154,A/G
YITCHB212	38,C/G;105,C/G
YITCHB214	15,C;155,C
YITCHB215	3,A/T;6,T/G;9,A/G;22,A/G;54,T/C;63,T/A;71,T/A;72,T/A/C;81,A/G;96,A/G;
	121,T/C;132,C/G;137,A/G;162,A/G;163,T/G;177,A/G;186,A/G
YITCHB216	43,A
YITCHB217	73,T/C;85,C/G;87,A/C
YITCHB218	7,A
YITCHB219	24,A/G;52,T/C;112,A/G
YITCHB224	1,A;36,A;79,T;117,A;118,C
YITCHB225	24,G
YITCHB226	127,T/C
YITCHB228	11,A/G;26,A/T;72,A/G
YITCHB229	45,G;80,T/G
YITCHB230	55,T/C;79,A/C;128,A/G
YITCHB232	47,A/G;54,A/G;86,C;108,T/C;147,A/C
YITCHB233	1,A;2,A;3,G;4,T;7,C;50,A;152,A
YITCHB234	53,−/C;123,A/G
YITCHB235	120,C
YITCHB237	118,A/G;120,A/C;165,A/T;181,A/C

YITCHB238	23,T/G;108,C/G
YITCHB241	124,T
YITCHB242	67,C
YITCHB243	86,T/C;98,A/G;131,A/C
YITCHB245	142,T/C;144,A/G;200,A/C
YITCHB246	19,A/C;25,T/C;89,A/G
YITCHB247	23,G;109,A
YITCHB250	21,T/C;50,T/C;51,G;54,T/C;55,A/G;56,T/C;78,T/C;98,T/C;99,A/T;125,T/A
YITCHB251	65,A/G
YITCHB252	26,C;65,G;137,T;156,A
YITCHB253	21,T/A
YITCHB254	4,T/C;6,A/G;51,G;81,C/G;109,A/C
YITCHB255	5,A/G;9,T/C;22,A/G;25,T/C;37,T/G;79,A/G;86,A/G;88,A/G;89,A/G;116,T/C;135,T/C;187,A/G
YITCHB257	68,T/C
YITCHB259	90,A
YITCHB260	84,T/A;161,A/T
YITCHB261	17,T/C;74,A/G;119,T/G
YITCHB263	26,A/G;36,T/C;43,A/G;84,A/G;93,C;104,T/C;144,G;181,A/G
YITCHB264	5,T;22,T;35,A;63,A/G;79,T;97,G;99,G;105,A;108,T;111,C;113,A;114,C;132,T;137,G;144,C
YITCHB265	97,C
YITCHB266	1,A/G;25,C;29,A/G;57,A/C;58,A/T;136,T/C;159,T/C
YITCHB269	60,A/C
YITCHB270	113,C

YITCHB002　109,T

YITCHB007　27,C/G;44,A/G;67,A/G;90,C/G

YITCHB014　9,T/C

YITCHB015　47,A;69,G;85,G

YITCHB016　67,A/G;80,T/G;88,A/G;91,T/C

YITCHB021　54,A/C;123,A/G;129,T/C;130,A/G

YITCHB022　54,T/C;67,A/G;68,A/C

YITCHB026　18,G

YITCHB027　101,A/G

YITCHB028　48,T/C;66,T/G;166,C/G

YITCHB030　80,C;139,C;148,A

YITCHB031　88,T/C;125,C

YITCHB033　93,A/C

YITCHB035　158,T/C

YITCHB036　95,T/C;157,A/G

YITCHB037　37,A/G;63,A/G;76,A/C

YITCHB039　151,T/G

YITCHB040　1,C;29,T;31,A;73,C;103,T;108,G;135,T

YITCHB042　17,A/G;99,T/C;127,T;137,T/C;154,T/C;167,T

YITCHB045　48,T/C

YITCHB047　130,A/G

YITCHB048　6,A/G;59,A/T;62,A/G;79,T/C;80,T/C;81,A/G

YITCHB049　41,C/G;53,T/C;75,T/C;99,A/C

YITCHB050　45,T;59,T;91,T;104,A/G;121,A/G

YITCHB051　7,T/G;26,A/G;54,T/C;144,A/C

YITCHB055　52,T

YITCHB057　91,A/G;142,T/C;146,T/G

YITCHB061　4,C;28,A;67,A

YITCHB064　113,A

YITCHB067　9,A/G;85,A/G;87,−/G

YITCHB072　19,T/C;35,A/G;59,T/C;61,T/G;71,A/G;79,C/G;80,T/C;81,A/G;82,A/G;88,T/C;
89,A/G;91,A/G;97,T/A;100,A/G;103,A/C;109,A/G;121,T/C;125,T/C;128,C/G;
130,A/G;137,A/G;141,A/G;150,T/G;166,T/A;169,A/G;172,A/G;175,T/G;182,

	A/T
YITCHB073	49,G
YITCHB074	98,A/G
YITCHB075	22,T/C;35,T/C
YITCHB077	77,A/G;88,T/C;104,A/G;145,T/C
YITCHB081	51,A/G;56,T;57,C;58,T;60,C;67,T;68,T;69,C;110,A/G;116,T/C;135,A/G
YITCHB082	52,A/G
YITCHB083	4,T/A;28,T/G;101,T/G;119,T/C
YITCHB084	91,A;100,C;119,C
YITCHB085	46,C/G;81,T/A;82,G
YITCHB086	15,T/C;50,T/C;52,A/G;67,C/G;74,A/G;76,A/C;77,C/G;85,A/G;90,T/G;92,T/C;94,C/G;100,A/G;102,T/G;104,A/C;107,T/G;109,A/G;110,A/T;114,A/G;115,G;116,T/C;127,T/C;135,A/G;151,A/C;155,T;156,T/A;165,T/C;168,A/C
YITCHB089	14,T
YITCHB094	16,C;36,C/G;53,T/A;63,A/G;70,C;99,A/G
YITCHB096	24,C;87,T/C
YITCHB102	57,A/C
YITCHB103	61,A/G;64,A/C;87,A/C;153,T/C
YITCHB104	13,T/G;31,T/G
YITCHB112	35,A/C;36,T/C;103,A/G;122,T/G;123,T/C;129,A/G;142,T/C;154,A/T;162,T/C
YITCHB114	18,T/C;25,A/G;38,T/C;68,T/C;70,C/G;104,T/C
YITCHB116	29,T
YITCHB123	138,T/C
YITCHB124	130,A
YITCHB126	19,A/G;43,T/C
YITCHB130	13,A;20,C;54,C;60,A/G;82,T/C
YITCHB132	46,A/C;61,A/C;93,A/C;132,A/G;161,T/C
YITCHB134	72,T/C
YITCHB135	128,T/C
YITCHB136	4,A/C;64,A/C
YITCHB137	110,C
YITCHB145	6,A/G;8,A/G;20,A/C;76,A/C;77,C/G;83,A/G;86,T/C
YITCHB147	100,A/G
YITCHB154	4,T/C;87,T/C
YITCHB158	96,C
YITCHB159	7,A/G;25,A/G;38,T/C;42,T/C;92,C/G;160,A/G
YITCHB162	7,T/G;14,T/C;16,A/G;33,T;75,T/C;136,A/C

YITCHB163 41,G;54,T;90,C

YITCHB167 12,G;33,C;36,G;64,C;146,G

YITCHB169 22,T;107,A

YITCHB170 56,A/G

YITCHB171 39,T/C;87,A/T;96,T/C;119,A/C

YITCHB175 12,A/G

YITCHB178 42,A/C;145,A/G;163,A/G

YITCHB181 56,A

YITCHB182 45,A/G

YITCHB185 20,T/C;49,A/G;71,T/C;86,T/C;104,T/C;114,T/C;133,C/G;154,A/G

YITCHB186 19,A/G;44,C/G;46,A/G;47,A/G;57,T/A;75,T/C;82,T/C;86,A/C

YITCHB189 49,A/G;61,A/C;147,G

YITCHB190 90,A/T

YITCHB191 44,G

YITCHB193 169,T/C

YITCHB195 53,T/C;111,T/C

YITCHB197 72,G;121,T;122,T;123,T;167,G;174,G;189,C

YITCHB198 34,A/T;63,A/G;109,T/C

YITCHB200 70,A/G;73,A/G;92,A/T;104,C/G;106,T/A

YITCHB201 112,A/G;132,–/T

YITCHB202 55,T/C;60,T/C;102,T/C;104,A/G;127,T/C;187,A/G;197,A/G

YITCHB203 125,T/C;154,A/G

YITCHB205 31,A/C;36,A/G;46,A/T;74,A/G

YITCHB210 130,C;154,G

YITCHB211 113,T/C;115,A/G

YITCHB214 15,C;155,C

YITCHB215 3,T/A;6,T/G;9,A/G;22,A/G;54,T/C;63,A/T;71,A/T;72,T/C;81,A/G;96,A/G;121, T/C;137,A/G;163,T/G;177,A/G;186,A/G

YITCHB216 43,A

YITCHB217 84,A/C

YITCHB219 24,A/G;60,T/C;112,A/G

YITCHB224 117,A

YITCHB228 11,A/G;26,A/T;72,A/G

YITCHB229 45,C/G;80,T/G

YITCHB230 128,A

YITCHB232 86,T/C

YITCHB233 152,A

YITCHB234	53,C
YITCHB237	118,A/G;120,A/C;165,A/T;181,A/C
YITCHB240	53,A;93,T;148,A
YITCHB242	22,C
YITCHB243	86,T;98,A;131,C;162,A/G
YITCHB245	144,A/G;200,A/C
YITCHB246	19,A/C;25,T/C;89,A/G
YITCHB247	23,G;109,A
YITCHB250	21,T/C;51,G;54,T/C;55,A/G;56,T/C;78,T/C;98,T/C;99,A/T;125,T/A
YITCHB251	65,A/G
YITCHB252	26,T/C;65,A/G;137,T/C;156,A/G
YITCHB253	21,T/A;26,T/G
YITCHB255	5,A/G;9,T/C;22,A/G;25,T/C;37,T/G;79,A/G;86,A/G;88,A/G;89,A/G;116,T/C;135,T/C;187,A/G
YITCHB256	11,A
YITCHB257	68,T/C
YITCHB259	90,A/G
YITCHB260	84,T/A;161,A/T
YITCHB264	5,T/A;8,T/A;22,T/C;35,A/G;51,T/C;79,T/C;97,C/G;99,A/G;105,A/G;108,T/C;111,T/C;113,A/G;114,T/C;132,T/C;137,A/G;144,T/C
YITCHB265	64,T;73,T;97,C;116,G
YITCHB266	25,A/C;37,T/C;57,A/C;58,A/T
YITCHB268	82,T;167,G
YITCHB269	60,A
YITCHB270	12,T

YITCHB002　　109,T/C;145,A/C;146,C/G

YITCHB003　　83,A/G;96,T/A

YITCHB004　　160,T

YITCHB006　　110,T/C

YITCHB007　　42,T/C;67,A/G;83,A/G

YITCHB008　　65,C

YITCHB011　　156,A/C

YITCHB014　　9,T/C

YITCHB015　　47,A/G;69,C/G;85,A/G

YITCHB017　　63,A;132,G

YITCHB022　　19,T/C;41,A/G;54,T/C;67,A/G;68,A/C;88,T/C

YITCHB023　　26,A;28,T/C;38,T;52,A/C;57,A/G;64,A/C;65,A;67,A/G;72,T/G;115,A/T;121,A/C;130,A/G

YITCHB025　　77,G

YITCHB027　　101,A/G

YITCHB028　　48,C;66,T/G;166,C

YITCHB030　　80,C/G;139,C;148,A

YITCHB031　　88,C;125,C

YITCHB034　　29,A

YITCHB036　　57,A;67,C;72,T;95,T;157,G

YITCHB038　　18,T;40,T;94,T;113,C;202,T;203,A;204,G

YITCHB039　　28,T/C;29,A/T;53,T/C;74,A/G;76,T/C;89,T/G;93,A/G;130,T/C;151,T;156,T/G

YITCHB040　　1,C;29,T;31,A;73,C;103,T;108,G;135,T

YITCHB042　　60,A/G;110,T/C;114,A/G;127,T;146,T/C;167,T

YITCHB045　　48,T/C

YITCHB047　　130,A/G

YITCHB048　　6,A/G;59,A/T;62,A/G;79,T/C;80,T/C;81,A/G

YITCHB050　　45,T;59,T;91,T;104,A/G;121,A/G

YITCHB051　　26,A/G

YITCHB053　　38,T/C;49,T/A;112,T/C;116,T/C;124,A/G

YITCHB055　　52,A/T

YITCHB056　　60,A/T;124,T/G;125,T/G;147,A/G

YITCHB057　　91,G;142,T;146,G

YITCHB058	2,G;36,G;60,G;79,–;131,T
YITCHB061	4,C;28,A;67,A
YITCHB063	85,T/C
YITCHB064	113,A
YITCHB067	9,A/G;85,A/G;87,–/G
YITCHB068	144,T/C;165,A/G
YITCHB071	92,T/G;98,T/C
YITCHB072	19,T/C;35,A/G;59,T/C;61,T/G;71,A/G;79,C/G;80,T/C;81,A/G;82,A/G;88,T/C;89,A/G;91,A/G;97,T/A;100,A/G;103,A/C;109,A/G;121,T/C;125,T/C;128,C/G;130,A/G;137,A/G;141,A/G;150,T/G;166,T/A;169,A/G;172,A/G;175,T/G;182,A/T
YITCHB073	23,T/C;49,G;82,A/G
YITCHB075	22,T/C;35,T/C;98,C/G
YITCHB077	77,A/G;88,T/C;104,A/G;145,T/C
YITCHB079	123,A/G
YITCHB081	56,T;57,C;58,T;60,C;67,T;68,T;69,C
YITCHB082	52,A;93,T/C
YITCHB083	4,T/A;28,T/G;101,T/G;119,T/C
YITCHB084	58,T/A;91,A;100,C;119,A/C;149,A/G
YITCHB085	46,C/G;81,A/T;82,G
YITCHB087	111,T
YITCHB089	38,A;52,A;53,C;64,A;89,C;178,T;184,C;196,C;197,A
YITCHB092	118,A/G
YITCHB093	95,G;107,G;132,G;166,G
YITCHB094	16,C;26,T/A;36,C/G;63,A/G;70,C;99,A/G
YITCHB096	24,C;87,T/C
YITCHB099	74,T/C;105,A/G;126,T/C;179,A/T;180,T/C
YITCHB100	152,T/C
YITCHB102	57,C
YITCHB104	146,G
YITCHB107	18,T;48,G;142,T
YITCHB108	127,A
YITCHB109	1,T;6,G;26,T/C;83,T/A;93,T/C
YITCHB110	66,A/G;144,A/G
YITCHB112	28,T/C;36,T/C;57,A/G;96,A/G;103,A/G;120,T/C;123,T/C;154,T/A;162,T/C
YITCHB113	188,T/C
YITCHB114	18,T;38,C;68,C;70,G;104,C

YITCHB115	112,A/G;128,T/C
YITCHB116	29,–/T;147,T/G
YITCHB117	152,A/G
YITCHB118	22,T;78,C;102,T
YITCHB119	119,A/G
YITCHB121	133,T;135,G;136,–;168,T/C;187,G
YITCHB123	87,G;138,T
YITCHB124	130,A/G
YITCHB127	65,A;82,C;132,A
YITCHB128	7,C
YITCHB130	13,A;20,C;54,C;82,T
YITCHB131	32,C;135,G;184,C
YITCHB132	27,–;46,A;61,A;93,C;132,A;161,T
YITCHB135	128,T/C
YITCHB136	4,A;64,C
YITCHB137	110,T/C
YITCHB141	39,C
YITCHB142	2,T;28,T;30,T;46,A;102,C;150,G;152,A;153,G
YITCHB143	4,T/A;22,G
YITCHB145	6,A;8,G;20,A;76,A;77,G;83,G;86,T
YITCHB146	29,A;40,C;44,T;84,T;103,A;134,A
YITCHB147	12,A;22,G;61,T;70,A;100,A
YITCHB148	27,T/C;91,T/C
YITCHB150	57,C;58,T
YITCHB151	8,T/C;19,T/A;43,T/G
YITCHB152	31,A/G
YITCHB154	4,T/C;87,T/C
YITCHB157	69,A
YITCHB160	59,A;64,T
YITCHB162	10,T/C;13,A/G;16,A/C;32,T/C;33,T;34,A/G;55,A/G;75,T/C;133,T/G
YITCHB165	1,A;49,T
YITCHB167	12,G;33,C;36,G;64,C;146,G
YITCHB169	22,T;107,A/G
YITCHB171	39,T/C;87,A/T;96,T/C;119,A/C
YITCHB175	12,G
YITCHB176	13,A/C;25,A/G;26,A/G;82,A/G;105,T/C
YITCHB177	28,T/G;30,A/G;42,C/G;55,T/G;95,T/G;127,A/G;135,T/G

YITCHB178	42,C;145,G;163,A
YITCHB181	56,A
YITCHB182	50,T/C
YITCHB183	12,A/G;59,G;80,A/G;155,C
YITCHB185	20,T/C;49,A/G;71,T/C;74,T/C;86,T/C;104,C;114,T/C;133,C;154,A/G
YITCHB186	19,A/G;46,A/G;47,A/G;57,A/T;75,T/C;82,T/C;86,A/C
YITCHB187	130,A/G
YITCHB188	94,T/C
YITCHB189	61,A;147,G
YITCHB190	90,T/A
YITCHB191	1,T;44,G
YITCHB192	45,A/T
YITCHB195	53,C;111,T
YITCHB197	72,G;121,T;122,T;123,T;167,G;174,G;189,C
YITCHB202	51,A;55,T;60,T;102,T;104,A;144,A;187,G;197,A
YITCHB203	125,T/C;154,A/G
YITCHB208	18,T/A;41,T/C;84,A/T
YITCHB209	32,T;34,C;94,T;149,C;166,G;175,C
YITCHB210	130,A/C
YITCHB211	113,T/C;115,A/G
YITCHB214	15,C;155,C
YITCHB215	3,T/A;6,T/G;9,A/G;22,A/G;54,T/C;63,A/T;71,A/T;72,T/C;81,A/G;96,A/G;121,T/C;137,A/G;163,T/G;177,A/G;186,A/G
YITCHB216	43,A/G
YITCHB217	84,A/C
YITCHB219	24,A/G;52,T/C;60,T/C;112,A/G
YITCHB220	17,A/G;58,C/G
YITCHB222	74,T/G;145,A/G
YITCHB223	11,T/C;54,A/G;189,T/C
YITCHB224	1,A;36,A;79,T;117,A;118,C
YITCHB225	24,G
YITCHB227	120,T/C
YITCHB228	11,A/G;26,T/A;72,A/G
YITCHB229	45,C/G;46,T/C;80,C/G;162,T/G
YITCHB230	55,T/C;79,A/C;128,A/G
YITCHB231	104,T
YITCHB232	86,C

YITCHB233 1,A;2,A;3,G;4,T;7,C;50,A;152,A
YITCHB234 53,-/C;123,A/G
YITCHB237 118,A/G;120,A/C;165,T/A;181,A/C
YITCHB238 75,A/T;76,A/G;108,C/G
YITCHB241 124,T
YITCHB242 22,T/C
YITCHB244 32,T/G;161,T/G
YITCHB245 144,A;200,C
YITCHB246 19,A/C;25,T/C;89,A/G
YITCHB247 23,G;109,A
YITCHB250 21,T/C;51,G;54,T/C;55,A/G;56,T/C;78,T/C;98,T/C;99,T/A;125,A/T
YITCHB251 65,A/G
YITCHB252 26,C;65,G;126,T/G;137,T/C;156,A/G
YITCHB253 21,T/A
YITCHB254 4,T/C;6,A/G;51,A/G;109,A/C
YITCHB255 5,G;9,C;22,G;25,C;37,G;79,A;86,G;88,G;89,G;116,C;135,T;187,A
YITCHB256 11,A/G;16,T/C
YITCHB257 68,T/C
YITCHB258 24,A/G;191,T/C
YITCHB259 90,A
YITCHB260 84,A/T;161,T/A
YITCHB263 22,T/G;26,A/G;36,T/C;43,A/G;93,C;104,T/C;144,G;181,A/G
YITCHB264 15,A/G;110,A/G;111,T/C
YITCHB265 64,T;73,T;97,C;116,G
YITCHB266 25,C;37,T/C;57,A/C;58,A/T
YITCHB267 42,T/A;102,T/G
YITCHB269 60,A
YITCHB270 113,C

YITCHB002   109,T/C;145,A/C;146,C/G
YITCHB003   83,G;96,A
YITCHB004   160,T
YITCHB006   110,T/C
YITCHB007   27,C/G;44,A/G;67,A/G
YITCHB009   11,A
YITCHB011   156,A
YITCHB016   67,A;80,T;88,G;91,T
YITCHB019   55,A/T
YITCHB021   54,A/C;123,A/G;129,T/C;130,A/G
YITCHB022   19,T/C;30,A/G;41,A/G;49,A/G;54,T/C;67,A/G;68,A/C;98,A/G
YITCHB023   26,A/T;28,T/C;38,T/G;52,A/C;57,A/G;65,A/G;67,A/G;72,T/G;115,T/A;130,A/
             G
YITCHB026   18,G
YITCHB027   67,A/G;101,A
YITCHB028   48,C;66,T/G;166,C
YITCHB030   80,C/G;139,C;148,A
YITCHB031   88,T/C;125,C;161,T/G
YITCHB033   93,A/C
YITCHB034   29,A
YITCHB035   7,A/G;33,A/G;44,C;124,T/A;137,A/C;158,G
YITCHB036   95,T;157,G
YITCHB037   37,A/G;63,G;76,A/C;82,T/A;90,–/T;91,–/T;100,T/G
YITCHB038   18,T;40,T;94,T;113,C;202,T;203,A;204,G
YITCHB039   76,T/C;93,A/G;151,T;156,T/G
YITCHB040   1,C
YITCHB042   17,A/G;99,T/C;127,T/C;137,T/C;154,T/C;167,T
YITCHB044   97,T/C
YITCHB045   48,C
YITCHB047   130,A/G
YITCHB048   6,A/G;59,A/T;62,A/G;79,T/C;80,T/C;81,A/G
YITCHB049   41,C;53,T;75,C;99,C
YITCHB050   45,T;59,T;91,T;121,G

YITCHB051	7,G;54,T;136,A/G;144,A/C
YITCHB055	52,T/A
YITCHB057	91,G;142,T/C;146,T/G;172,C/G
YITCHB058	2,A/G;36,A/G;60,A/G;131,T/C
YITCHB059	4,T/C;22,A/G;76,C/G;114,A/G;196,A/T
YITCHB060	58,A
YITCHB061	4,C;28,A;67,A
YITCHB062	94,A/G;96,T/C
YITCHB064	113,A
YITCHB065	97,A
YITCHB067	9,A;85,A;87,G
YITCHB068	144,T;165,A
YITCHB071	98,T/C
YITCHB072	19,T/C;35,A/G;59,T/C;61,T/G;71,A/G;79,C/G;80,T/C;81,A/G;82,A/G;88,T/C;89,A/G;91,A/G;97,A/T;100,A/G;103,A/C;109,A/G;121,T/C;125,T/C;128,C/G;130,A/G;137,A/G;141,A/G;150,T/G;166,A/T;169,A/G;172,A/G;175,T/G;182,T/A
YITCHB073	23,T/C;49,T/G;82,A/G
YITCHB074	98,A/G
YITCHB075	22,T/C;35,T/C;98,C/G
YITCHB077	77,A/G;88,T/C;104,A/G;145,T/C
YITCHB081	51,G;56,T;57,C;58,T;60,C;67,T;68,T;69,C;110,A;116,C;135,G
YITCHB082	52,A/G
YITCHB083	4,A;28,G;101,T;119,T
YITCHB084	24,T/C;91,A/G;100,C/G;119,A/C
YITCHB085	27,T/G;46,C;81,A/T;82,G
YITCHB086	15,T/C;50,T/C;52,A/G;67,C/G;74,A/G;76,A/C;77,C/G;85,A/G;90,T/G;92,T/C;94,C/G;100,A/G;102,T/G;104,A/C;107,T/G;109,A/G;110,A/T;114,A/G;115,G;116,T/C;127,T/C;135,A/G;151,A/C;155,T;156,T/A;165,T/C;168,A/C
YITCHB087	111,T
YITCHB089	14,T/C;38,A/G;52,A/G;53,T/C;64,A/C;89,T/C;178,T/C;184,T/C;196,T/C;197,A/G
YITCHB091	107,T/G;120,A/G
YITCHB092	118,A
YITCHB093	95,T/G;107,T/G;132,A/G;166,T/G
YITCHB094	16,C;36,G;63,A;70,C;99,G
YITCHB096	24,T/C

YITCHB099	74,C;105,A;126,C;179,T;180,C
YITCHB102	52,A/G;57,A/C
YITCHB103	61,A/G;64,A/C;87,A/C;153,T/C
YITCHB104	13,G;31,T;34,C/G
YITCHB107	18,T;48,G;142,T
YITCHB108	73,A/C;127,A
YITCHB109	1,T;6,G;26,T/C;83,A/C;93,T/C;159,A/C
YITCHB110	66,A/G;144,A/G
YITCHB112	35,A/C;36,T/C;103,A/G;109,A/G;120,T/C;122,T/G;123,T/C;129,A/G;138,C/G; 142,T/C;154,A/T;162,T/C
YITCHB113	182,A/T;188,T/C;192,A/G
YITCHB114	18,T;38,C;68,C;70,G;104,C
YITCHB116	29,T
YITCHB118	22,T/C;78,C;102,T/C
YITCHB119	98,T/A;119,A/G
YITCHB121	133,T;135,G;136,–;187,G
YITCHB123	27,T/A;39,A/G;49,A/G;56,A/G;66,A/G;69,T/C;75,A/G;104,A/G;125,T/C;135, A/G;138,T;175,T/G
YITCHB124	130,A/G
YITCHB127	65,A;82,C;132,A
YITCHB128	7,C
YITCHB131	32,C;135,G;184,C
YITCHB132	34,T/C;46,A/C;61,A/C;93,A/C;132,A;161,T/C
YITCHB134	72,T/C
YITCHB135	187,T;188,G
YITCHB136	64,A/C
YITCHB141	39,C
YITCHB142	2,T/C;28,T/C;30,T/G;46,A/G;102,T/C;150,C/G;152,A/G;153,C/G
YITCHB143	22,T/G
YITCHB145	6,A/G;8,A/G;20,A/C;76,A/C;77,C/G;83,A/G;86,T/C
YITCHB147	100,A
YITCHB150	57,C;58,T
YITCHB151	8,T/C;19,A;43,G
YITCHB152	31,A
YITCHB154	1,A/T;4,T/C;87,T/C
YITCHB156	82,T
YITCHB158	96,T/C

YITCHB159	7,G;11,T/C;25,A/G;38,T;42,T;92,C/G;160,A/G
YITCHB160	59,A;64,T
YITCHB161	31,G
YITCHB162	7,T/G;16,A/G;33,T;75,T/C;136,A/C
YITCHB163	41,G;54,T;90,C
YITCHB165	1,A;49,T
YITCHB167	12,A/G;33,C/G;36,A/G;64,A/C;146,A/G
YITCHB168	21,A/G
YITCHB169	22,T;79,T/C;107,A/G;117,A/G;118,T/G
YITCHB170	56,A/G
YITCHB171	39,T/C;87,A/T;96,T/C;119,A/C
YITCHB175	12,G
YITCHB177	28,T/G;30,A/G;42,C/G;55,T/G;95,T/G;127,A/G;135,T/G
YITCHB178	42,A/C;145,A/G;163,A/G
YITCHB181	56,A
YITCHB183	53,A/G;59,T/G;79,A/G;80,A/G;115,T/C;122,A/G;155,C
YITCHB185	20,T/C;49,A/G;71,T/C;74,T/C;86,T/C;104,C;114,T/C;122,T/C;133,C;154,A/G
YITCHB186	19,A/G;44,C/G;46,A/G;47,A/G;57,T/A;75,T/C;82,T/C;86,A/C
YITCHB187	82,A;130,G
YITCHB189	49,A/G;61,A/C;147,G
YITCHB190	90,T
YITCHB191	1,T/C;44,G
YITCHB192	45,A/T
YITCHB193	169,T/C
YITCHB195	53,C;111,T
YITCHB197	72,G;121,T;122,T;123,T;167,G;174,G;189,C
YITCHB198	34,T/A;63,A/G;109,T/C
YITCHB199	77,C/G;123,T/C
YITCHB200	70,A/G;73,A/G;74,A/G;92,A/T;104,C/G;106,T/A
YITCHB201	103,A/T;112,A/G;132,−/T;194,T/C;195,A/G
YITCHB202	55,T;60,T;102,T;104,A;127,T/C;159,T/C;187,G;197,A
YITCHB203	125,T;154,A
YITCHB205	31,A;36,G;46,A;74,G
YITCHB208	41,C;84,A
YITCHB210	130,C;154,G
YITCHB212	38,C/G;105,C/G
YITCHB214	15,C;155,C

YITCHB215	3,T/A;6,T/G;9,A/G;22,A/G;54,T/C;63,A/T;71,A/T;72,T/C;81,A/G;96,A/G;121, T/C;137,A/G;163,T/G;177,A/G;186,A/G
YITCHB216	43,A
YITCHB217	84,A/C
YITCHB219	24,A/G;60,T/C;112,A/G
YITCHB220	58,C/G
YITCHB223	17,T/C;189,T/C
YITCHB224	117,A
YITCHB225	24,A/G
YITCHB226	127,T/C
YITCHB228	11,A/G;26,T/A;72,A/G
YITCHB229	45,C/G;46,T/C;80,C/G;162,T/G
YITCHB230	55,C;110,T/C
YITCHB231	104,T/C
YITCHB232	86,T/C
YITCHB233	152,A
YITCHB234	53,C
YITCHB237	118,G;120,A;165,T;181,A
YITCHB238	23,T/G
YITCHB241	124,T
YITCHB242	65,A/G;94,T/C
YITCHB243	86,T;98,A;131,C
YITCHB245	144,A/G;200,A/C
YITCHB246	2,A/G;25,C;89,A
YITCHB247	23,G;109,A
YITCHB248	50,A/G
YITCHB250	21,T/C;51,G;54,T/C;55,A/G;56,T/C;78,T/C;98,T/C;99,A/T;125,T/A
YITCHB251	65,G
YITCHB252	26,C;65,G;137,T;156,A
YITCHB253	21,A
YITCHB254	4,T/C;6,A/G;51,A/G;109,A/C
YITCHB255	5,G;9,C;22,G;25,C;37,G;79,A;86,G;88,G;89,G;116,C;135,T;187,A
YITCHB256	11,A/G
YITCHB257	68,T/C
YITCHB259	90,A/G
YITCHB260	84,A/T;161,T/A
YITCHB263	22,T/G;84,A/G;93,C;144,G;181,G

YITCHB264 5,A/T;15,A/G;22,T/C;35,A/G;79,T/C;97,C/G;99,A/G;105,A/G;108,T/C;110,A/G;111,C;113,A/G;114,T/C;132,T/C;137,A/G;144,T/C

YITCHB265 64,T/C;73,T/A;97,C;116,T/G

YITCHB266 25,C;37,T/C;57,A/C;58,T/A

YITCHB267 42,T/A;102,T/G

YITCHB268 82,T;167,G

YITCHB269 53,A/C;60,A/C

YITCHB270 113,C

YITCHB001   3,A/G;25,T/C;66,T/C;142,T/G

YITCHB002   109,T

YITCHB003   83,G;96,A

YITCHB004   160,T

YITCHB006   110,T/C;135,A/G

YITCHB007   67,A/G

YITCHB008   65,T/C

YITCHB011   156,A

YITCHB012   53,T/C

YITCHB016   18,T;88,G

YITCHB017   63,A/C;132,A/G

YITCHB019   55,A

YITCHB021   54,A/C;123,A/G;129,T/C;130,A/G

YITCHB022   19,T;41,A;54,C;67,G;68,C;88,T

YITCHB023   26,A;38,T;64,C;65,A;121,A

YITCHB024   142,C/G

YITCHB026   18,G

YITCHB027   67,A/G;101,A

YITCHB030   80,C/G;139,T/C;148,A/G

YITCHB031   88,C;125,C

YITCHB033   93,A

YITCHB034   29,A/C

YITCHB035   44,T/C;158,C/G

YITCHB036   47,A/G

YITCHB037   63,G;82,T;90,T;91,T;100,G;123,–;124,–

YITCHB038   18,T/A;40,T/G;94,T/A;113,C/G;202,T;203,A;204,G

YITCHB039   130,T/C;151,T

YITCHB042   17,A/G;99,T/C;127,T;137,T/C;154,T/C;167,T

YITCHB045   48,C

YITCHB048   6,A/G;59,A/T;62,A/G;79,T/C;80,T/C;81,A/G

YITCHB049   41,C;53,T;75,C;99,C

YITCHB050   45,T;59,T;91,T;121,G

YITCHB051   7,G;54,T;136,A/G;144,A/C

YITCHB052   13,T/C;49,T/C;50,T/C;113,T/A;151,C/G;171,C/G

YITCHB054   116,T/C

YITCHB055   52,T/A

YITCHB057   91,G;142,T;146,G

YITCHB058   2,G;36,G;60,G;79,–;131,T

YITCHB061   4,C;28,A;67,A

YITCHB062   94,A/G;96,T/C

YITCHB063   85,T/C

YITCHB064   113,A

YITCHB066   10,A/G;30,T/C

YITCHB067   9,A/G;85,A/G;87,–/G

YITCHB068   144,T/C;165,A/G

YITCHB072   8,T/C;19,T/C;53,A/T;59,T/C;61,T/G;67,A/G;68,T/C;71,A/G;79,C/G;80,T/A/
            C;81,A/G;82,A/G;88,T/C;89,A/G;91,A/G;97,T/A;100,A/G;103,A/C;109,A/G;
            119,A/G;121,T/C;125,T/C;128,C/G;130,A/T;132,A/T;137,A/G;141,A/G;149,
            A/T;150,T/G;153,T/C;160,T/C;161,A/G;166,T/A;169,A/G;172,A/G;182,A/T

YITCHB073   49,G

YITCHB075   22,C;35,T;98,C

YITCHB077   77,A;88,T;104,A;145,T

YITCHB079   123,A/G

YITCHB080   112,C/G

YITCHB081   51,G;56,T;57,C;58,T;60,C;67,T;68,T;69,C;110,A;116,C;135,G

YITCHB082   52,A;93,T/C

YITCHB084   58,T;91,A;100,C;149,G

YITCHB085   46,C/G;81,A/T;82,G

YITCHB086   15,T/C;50,T/C;52,A/G;67,C/G;76,A/C;77,C/G;85,A/G;90,T/G;92,T/C;94,C/G;
            100,A/G;102,T/G;104,A/C;107,T/G;109,A/G;110,T/A;114,A/G;115,A/G;116,
            T/C;127,T/C;135,A/G;151,A/C;155,T;156,A/T;165,T/C;168,C/G

YITCHB089   38,A/G;52,A/G;53,T/C;64,A/C;89,T/C;178,T/C;184,T/C;196,T/C;197,A/G

YITCHB091   107,T/G;120,A/G

YITCHB093   95,T/G;107,T/G;132,A/G;166,T/G

YITCHB096   24,T/C;87,T/C

YITCHB097   46,C/G;144,A/G

YITCHB099   74,T/C;105,A/G;126,T/C;179,A/T;180,T/C

YITCHB100   12,T/C

YITCHB102   16,T/C;21,T/G;24,T/G;27,T/A;32,T/G;33,T/G;56,T/C;57,A/C;59,A/T;65,T/C;
            83,A/G;107,A/G

YITCHB104	13,T/G;31,T/G;146,C/G
YITCHB105	36,A
YITCHB108	119,A/C
YITCHB109	1,T;6,G;26,T/C;50,A/G;83,A/T;92,A/G;93,T/C
YITCHB112	123,T/C;138,C/G
YITCHB113	182,T/A;188,T/C;192,A/G
YITCHB114	18,T;38,C;68,C;70,G;104,C
YITCHB115	112,A;128,T
YITCHB116	29,T
YITCHB119	98,A/T;119,A/G
YITCHB121	133,T;135,G;136,−;168,T/C;187,G
YITCHB123	27,A/T;39,A/G;49,A/G;56,A/G;66,A/G;69,T/C;75,A/G;104,A/G;125,T/C;135,A/G;138,T/C;175,T/G
YITCHB124	130,A;186,C/G
YITCHB126	19,A/G;43,T;112,T/C;154,T/C
YITCHB128	7,T/C;33,T/C;169,A/G
YITCHB130	13,A;20,C;54,C;60,A/G;82,T/C
YITCHB131	32,C;135,G;184,C
YITCHB132	27,−;46,A;61,A;93,C;132,A;161,T
YITCHB134	72,T/C
YITCHB135	128,T/C;178,T/C
YITCHB136	4,A/C;64,C
YITCHB137	110,C
YITCHB138	22,C;52,G
YITCHB143	22,G
YITCHB145	6,A/G;8,A/G;20,A/C;76,A/C;77,C/G;83,A/G;86,T/C
YITCHB148	27,T/C;91,T/C
YITCHB150	57,C;58,T
YITCHB152	31,A/G
YITCHB154	1,T/A;4,T/C;87,T/C
YITCHB156	82,T/C
YITCHB158	96,C
YITCHB159	7,G;11,T/C;25,A/G;38,T;42,T;92,C/G;160,A/G
YITCHB160	15,T/C;33,C/G;48,T/A;59,A;66,A/C
YITCHB162	7,T/G;14,T/C;16,A/G;33,T;75,T/C;136,A/C
YITCHB163	41,A/G;54,T/C;90,T/C
YITCHB165	1,A;69,T;118,A;120,T;126,C;127,T

YITCHB166   30,T/C

YITCHB167   12,A/G;33,C/G;36,A/G;64,A/C;146,A/G

YITCHB168   21,A/G;73,A/G

YITCHB169   22,T;107,A

YITCHB171   39,T/C;87,A/T;96,T/C;119,A/C

YITCHB175   12,A/G

YITCHB176   13,A;25,A;26,A;82,A;105,C

YITCHB177   28,T/G;30,A/G;42,C/G;55,A/T/G;95,T/G;107,A/G;125,T/C;127,A/G;135,T/G

YITCHB178   14,A/G;24,T/C;42,A/T;66,A/G;145,A/G

YITCHB179   2,C/G

YITCHB185   20,T/C;49,A/G;71,T/C;86,T/C;104,T/C;114,T/C;133,C/G;154,A/G

YITCHB186   19,A/G;46,A/G;47,A/G;57,A/T;75,T/C;82,T/C;86,A/C

YITCHB187   130,G

YITCHB189   61,A;147,A/G

YITCHB190   90,T/A

YITCHB191   1,T/C;44,G

YITCHB192   45,A/T;46,T/G;73,A/G

YITCHB193   169,T/C

YITCHB195   53,C;111,T

YITCHB196   44,T/C;101,T/C

YITCHB197   72,A/G;121,–/T;122,–/T;123,–/T;167,G;174,A/G;189,A/C

YITCHB198   34,T;59,–;60,–;63,G;109,C

YITCHB199   2,T/C;12,T/G;123,T/C;177,T/C

YITCHB200   19,T/C

YITCHB201   103,T/A;132,–/T

YITCHB202   55,T/C;60,T/C;88,T/C;102,T/C;104,A/G;115,T/A;144,A/G;187,A/G;197,A/G

YITCHB207   81,A/G

YITCHB208   41,C;84,A;107,T

YITCHB214   15,C;155,C

YITCHB215   3,T/A;6,T/G;9,A/G;22,A/G;54,T/C;63,A/T;71,A/T;72,T/C;81,A/G;96,A/G;121,
T/C;137,A/G;163,T/G;177,A/G;186,A/G

YITCHB216   43,A

YITCHB217   84,C

YITCHB219   24,A/G;60,T/C;112,A/G

YITCHB220   58,C/G

YITCHB223   11,T/C;17,T/C;54,A/G;189,C

YITCHB224   1,A/G;36,A/G;79,T/C;117,–/A;118,T/C

YITCHB225	24,G
YITCHB227	120,T/C
YITCHB228	11,A/G;26,T/A;72,A/G
YITCHB229	45,C/G;46,T/C;80,C/G;162,T/G
YITCHB230	55,C;110,T/C
YITCHB231	104,T;113,T
YITCHB232	47,A/G;54,A/G;86,T/C;108,T/C;147,A/C
YITCHB234	53,C
YITCHB235	120,T/C
YITCHB237	118,G;120,A;165,T;181,A
YITCHB238	23,T/G;108,C/G
YITCHB242	22,C
YITCHB243	86,T;98,A;131,C;162,A
YITCHB244	43,A/G;143,A/G
YITCHB245	144,A;200,C
YITCHB247	23,G;33,C/G;109,A
YITCHB249	43,T/C
YITCHB250	21,T/C;51,G;54,T/C;55,A/G;56,T/C;78,T/C;98,T/C;99,A/T;125,T/A
YITCHB251	65,G
YITCHB252	26,C;65,G;126,T/G;137,T/C;156,A/G
YITCHB253	21,A;26,G
YITCHB254	4,T/C;6,A/G;51,G;109,A/C
YITCHB255	5,G;9,C;22,G;25,C;37,G;79,A;86,G;88,G;89,G;116,C;135,T;187,A
YITCHB256	11,A
YITCHB257	68,T/C
YITCHB258	24,G;65,A/G;128,T/A;191,T/C
YITCHB259	90,A
YITCHB260	84,T/A;161,A/T
YITCHB264	111,C
YITCHB265	17,A/T
YITCHB266	25,C;57,C;58,T;136,C;159,C
YITCHB269	60,A
YITCHB270	12,T

YITCHB001   25,T/C;66,T/C;67,T/C;81,T/C
YITCHB002   109,T/C;145,A/C;146,C/G
YITCHB003   83,A/G;96,A/T
YITCHB004   160,T
YITCHB006   110,T/C
YITCHB007   27,C/G;44,A/G;90,C/G
YITCHB008   15,T/A;65,T/C
YITCHB014   9,C
YITCHB015   47,A;69,G;85,G
YITCHB016   88,A/G
YITCHB019   55,A/T
YITCHB021   54,A/C;123,A/G;129,T/C;130,A/G
YITCHB022   19,T/C;41,A/G;54,T/C;67,A/G;68,A/C;88,T/C
YITCHB023   26,A;38,T;64,C;65,A;121,A
YITCHB026   18,A/G
YITCHB028   48,T/C;66,T/G;166,C/G
YITCHB030   80,C;139,C;148,A
YITCHB031   125,T/C;161,T
YITCHB033   93,A
YITCHB034   11,A/G;29,A/C;104,T/C
YITCHB036   95,T;157,G
YITCHB038   202,T;203,A;204,G
YITCHB039   151,T/G
YITCHB040   1,C;29,T;31,A;73,C;103,T;108,G;135,T
YITCHB042   127,T/C;167,T
YITCHB044   97,T/C
YITCHB045   48,T/C
YITCHB047   130,A
YITCHB048   6,A/G;59,T/A;62,A/G;79,T/C
YITCHB049   27,A/G;41,C/G;75,T/C;92,T/G;96,T/C;99,A/C;131,T/G
YITCHB050   45,T;59,T;91,T;104,A/G;121,A/G
YITCHB051   7,T/G;26,A/G
YITCHB055   52,A/T

YITCHB056	60,A/T;124,T/G;125,T/G;147,A/G
YITCHB057	91,A/G;172,C/G
YITCHB059	4,T/C;22,A/G;76,C/G;114,A/G;196,T/A
YITCHB061	4,C;28,A;67,A
YITCHB062	94,A/G;96,T/C
YITCHB064	113,A
YITCHB067	9,A;85,A;87,G
YITCHB072	19,T/C;35,A/G;59,T/C;61,T/G;71,A/G;79,C/G;80,T/C;81,A/G;82,A/G;88,T/C;89,A/G;91,A/G;97,A/T;100,A/G;103,A/C;109,A/G;121,T/C;125,T/C;128,C/G;130,A/G;137,A/G;141,A/G;150,T/G;166,A/T;169,A/G;172,A/G;175,T/G;182,T/A
YITCHB073	49,T/G
YITCHB075	22,C;35,T;98,C/G
YITCHB076	13,T;91,T
YITCHB079	85,A/G;123,A/G
YITCHB081	51,A/G;56,T;57,C;58,T;60,C;67,T;68,T;69,C;110,A/G;116,T/C;135,A/G
YITCHB082	52,A/G
YITCHB084	58,A/T;91,A/G;100,C/G;149,A/G
YITCHB085	46,C;82,G
YITCHB086	115,A/G;155,T/G;168,A/G
YITCHB087	111,T/C
YITCHB089	14,T/C
YITCHB094	16,C;36,G;63,A;70,C;99,G
YITCHB096	24,T/C
YITCHB099	74,T/C;105,A/G;126,T/C;179,T/A;180,T/C
YITCHB100	12,T/C
YITCHB102	52,A/G;57,C
YITCHB104	13,T/G;31,T/G
YITCHB105	36,A
YITCHB107	18,T;48,G;142,T
YITCHB108	73,A/C;127,A
YITCHB109	1,T;6,G;26,T/C;83,A/T;93,T/C
YITCHB112	35,A/C;36,T/C;103,A/G;122,T/G;123,T/C;129,A/G;142,T/C;154,A/T;162,T/C
YITCHB113	182,A/T;192,A/G
YITCHB114	18,T/C;25,A/G;38,T/C;68,T/C;70,C/G;104,T/C
YITCHB116	29,T
YITCHB117	152,A/G

YITCHB118   22,T;78,C;102,T
YITCHB119   98,A/T;119,A/G
YITCHB121   133,T/A;135,A/G;187,A/G
YITCHB124   130,A
YITCHB126   19,A/G;43,T/C
YITCHB128   7,C;127,A/G;135,C/G
YITCHB130   13,A/G;20,T/C;54,T/C;82,T/C
YITCHB131   32,T/C;135,T/G;184,T/C
YITCHB132   46,A/C;61,A/C;93,A/C;132,A/G;161,T/C
YITCHB133   1,A/G
YITCHB134   72,T/C
YITCHB136   4,T/C;64,A/C
YITCHB137   110,T/C
YITCHB145   6,A/G;8,A/G;20,A/C;76,A/C;77,C/G;83,A/G;86,T/C
YITCHB147   100,A
YITCHB148   27,T/C;91,T/C
YITCHB151   8,T/C;19,A/T;43,T/G
YITCHB152   31,A/G
YITCHB154   4,T/C;87,T/C
YITCHB156   82,T/C
YITCHB157   69,A
YITCHB162   33,T;75,T
YITCHB165   1,A
YITCHB168   21,A;62,–
YITCHB169   22,A/T;79,T/C;117,A/G;118,T/G
YITCHB171   39,T/C;87,T/A;96,T/C;119,A/C
YITCHB177   28,T/G;30,A/G;42,C/G;55,T/G;95,T/G;127,A/G;135,T/G
YITCHB178   42,A/C;145,A/G;163,A/G
YITCHB181   56,A
YITCHB182   45,A/G;50,T/C
YITCHB185   74,T/C;104,T/C;133,C/G
YITCHB186   19,A/G;46,A/G;47,A/G;57,A/T;75,T/C;82,T/C;86,A/C
YITCHB189   61,A;147,A/G
YITCHB190   90,A/T
YITCHB191   44,G
YITCHB193   169,T/C
YITCHB195   108,A/G

YITCHB197	72,G;121,T;122,T;123,T;167,G;174,G;189,C
YITCHB198	34,A/T;63,A/G;109,T/C
YITCHB199	30,A/C;38,T/C;46,T/G;123,T/C
YITCHB200	19,T/C
YITCHB201	132,T
YITCHB205	31,A/C;36,A/G;46,A/T;57,T/G;74,A/G
YITCHB208	41,T/C;84,A/T
YITCHB209	1,T/C;32,T;34,C;35,A/G;71,T/C;94,T;149,T/C;166,G;173,A/G;175,C
YITCHB212	38,C/G;105,C/G
YITCHB216	43,A/G
YITCHB219	24,A/G;60,T/C;112,A/G
YITCHB220	58,C/G
YITCHB224	117,A
YITCHB226	127,T/C
YITCHB228	11,A/G;26,T/A;72,A/G
YITCHB229	45,C/G;80,T/G
YITCHB230	128,A
YITCHB232	47,A/G;54,A/G;86,T/C;108,T/C;147,A/C
YITCHB233	152,A
YITCHB234	53,C
YITCHB237	118,G;120,A;165,T;181,A
YITCHB240	53,A;93,T;148,A
YITCHB242	22,T/C;65,A/G;94,T/C
YITCHB243	86,T;98,A;131,C
YITCHB246	2,A/G;19,A/C;25,C;89,A
YITCHB247	23,G;109,A
YITCHB248	50,A/G
YITCHB250	21,T/C;51,G;54,T/C;55,A/G;56,T/C;78,T/C;98,T/C;99,A/T;125,T/A
YITCHB251	65,A/G
YITCHB253	21,A/T;26,T/G
YITCHB254	51,A/G
YITCHB255	5,A/G;9,T/C;22,A/G;25,T/C;37,T/G;79,A/G;86,A/G;88,A/G;89,A/G;116,T/C;135,T/C;187,A/G
YITCHB256	11,A/G
YITCHB257	68,T/C
YITCHB258	24,A/G;191,T/C
YITCHB259	90,A/G

YITCHB260   84,T/A;161,A/T
YITCHB263   84,A/G;93,T/C;144,A/G;146,A/G;181,A/G
YITCHB264   5,T/A;22,T/C;35,A/G;63,A/G;79,T/C;97,C/G;99,A/G;105,A/G;108,T/C;111,C;
              113,A/G;114,T/C;132,T/C;137,A/G;144,T/C
YITCHB266   25,C;57,C;58,T;136,C;159,C
YITCHB267   102,T
YITCHB268   82,T;167,G
YITCHB269   60,A/C
YITCHB270   12,T/C;113,A/C

YITCHB002   109,T/C;145,A/C;146,C/G
YITCHB004   160,T
YITCHB006   110,T/C
YITCHB007   27,C/G;44,A/G;90,C/G
YITCHB008   15,A/T;65,T/C
YITCHB014   9,T/C
YITCHB015   47,A;69,G;85,G
YITCHB016   88,A/G
YITCHB017   63,A/C;132,A/G
YITCHB019   55,A/T
YITCHB021   54,A/C;123,A/G;129,T/C;130,A/G
YITCHB022   19,T/C;41,A/G;54,T/C;67,A/G;68,A/C;88,T/C
YITCHB023   26,A;38,T;64,C;65,A;121,A
YITCHB025   10,T/C
YITCHB026   18,A/G
YITCHB028   48,T/C;66,T/G;166,C/G
YITCHB030   80,C;139,C;148,A
YITCHB031   125,C;161,T/G
YITCHB033   93,A
YITCHB034   11,A/G;29,A/C;104,T/C
YITCHB036   95,T;157,G
YITCHB038   202,T;203,A;204,G
YITCHB039   76,T/C;93,A/G;130,T/C;151,T;156,T/G
YITCHB040   1,C;29,T/C;31,A/G;73,T/C;103,T/C;108,A/G;135,T/C
YITCHB042   127,T/C;167,A/T
YITCHB044   97,T/C
YITCHB045   48,T/C
YITCHB047   130,A
YITCHB048   6,A/G;59,A/T;62,A/G;79,T/C;80,T/C;81,A/G
YITCHB049   27,A/G;41,C/G;75,T/C;92,T/G;96,T/C;99,A/C;131,T/G
YITCHB050   45,T;51,A/C;59,T;91,T;104,G
YITCHB051   7,T/G;26,A/G
YITCHB054   116,T/C

YITCHB056　60,A/T;124,T/G;125,T/G;147,A/G

YITCHB057　91,A/G;172,C/G

YITCHB061　4,C;28,A;67,A

YITCHB064　113,A

YITCHB067　9,A/G;85,A/G;87,–/G

YITCHB071　98,T/C

YITCHB072　6,T/A;7,A/G;8,T/C;19,T/C;25,T/G;35,A/G;59,T/C;61,T/G;71,A/G;79,T/C/G;80,A/T/C;81,A/G;82,A/G;88,T/C;89,A/G;91,A/G;93,A/G;97,A/T;100,A/G;103,A/C;107,A/G;109,A/G;113,T/G;118,T/C;119,T/G;121,T/C;125,T/C;128,C/G;130,T/A/G;137,A/G;141,A/G;149,A/G;150,T/G;160,T/C;166,A/T/C;169,A/G;172,A/G;175,T/G;182,T/A

YITCHB073　23,T/C;49,G;82,A/G

YITCHB076　13,T/C;91,T/C

YITCHB077　77,A/G;88,T/C;104,A/G;145,T/C

YITCHB079　85,A/G;123,A/G

YITCHB081　51,A/G;56,T;57,C;58,T;60,C;67,T;68,T;69,C;110,A/G;116,T/C;135,A/G

YITCHB082　52,A/G

YITCHB083　4,A/T;28,T/G;101,T/G;119,T/C

YITCHB085　46,C;82,G

YITCHB094　16,C;36,G;63,A;70,C;99,G

YITCHB096　24,C

YITCHB100　12,T/C

YITCHB102　57,C

YITCHB104　146,C/G

YITCHB105　36,A/C

YITCHB107　18,A/T;48,A/G;142,T/C

YITCHB108　73,A/C;127,A/C

YITCHB109　1,T;6,G;26,C;83,A;93,C

YITCHB112　28,T/C;123,C;154,T/A

YITCHB114　18,T/C;25,A/G;38,T/C;68,T/C;70,C/G;104,T/C

YITCHB116　29,T

YITCHB117　152,A

YITCHB124　130,A

YITCHB126　19,A/G;43,T/C

YITCHB127　65,A;82,C;132,A

YITCHB128　7,T/C

YITCHB130　13,A;20,C;54,C;60,A/G;82,T/C

YITCHB131	32,C;135,G;184,C
YITCHB133	1,A/G
YITCHB134	72,C
YITCHB136	4,T/C;64,A/C
YITCHB137	110,C
YITCHB143	4,T/A;22,T/G
YITCHB145	6,A/G;8,A/G;20,A/C;76,A/C;77,C/G;83,A/G;86,T/C
YITCHB147	100,A/G
YITCHB148	27,T/C;91,T/C
YITCHB151	8,T/C;19,T/A;43,T/G
YITCHB152	31,A/G
YITCHB154	4,T/C;87,T/C
YITCHB156	82,T/C
YITCHB157	69,A
YITCHB162	14,T/C;33,T;75,T
YITCHB165	1,A;49,T
YITCHB167	12,G;33,C;36,G;64,C;146,G
YITCHB169	22,T;107,A
YITCHB171	39,T/C;87,T/A;96,T/C;119,A/C
YITCHB177	28,T/G;30,A/G;42,C/G;55,T/G;95,T/G;127,A/G;135,T/G
YITCHB178	42,A/C;145,A/G;163,A/G
YITCHB181	56,A
YITCHB182	45,A/G
YITCHB185	20,T/C;49,A/G;71,T/C;86,T/C;104,T/C;114,T/C;133,C/G;154,A/G
YITCHB186	19,A/G;46,A/G;47,A/G;57,T/A;75,T/C;82,T/C;86,A/C
YITCHB189	49,A/G;61,A/C;147,G
YITCHB190	90,T/A
YITCHB191	44,G
YITCHB192	46,T/G;73,A/G
YITCHB195	53,T/C;111,T/C
YITCHB197	72,A/G;121,-/T;122,-/T;123,-/T;167,G;174,A/G;189,A/C
YITCHB199	30,A/C;38,T/C;46,T/G;123,T/C
YITCHB200	19,T/C
YITCHB201	132,T
YITCHB205	31,A/C;36,A/G;46,T/A;57,T/G;74,A/G
YITCHB208	41,T/C;84,A/T
YITCHB209	1,T/C;32,T;34,C;35,A/G;71,T/C;94,T;149,T/C;166,G;173,A/G;175,C
YITCHB212	38,C/G;105,C/G

YITCHB214	15,T/C;155,A/C
YITCHB216	43,A
YITCHB219	9,T;112,G
YITCHB220	58,G
YITCHB224	1,A/G;36,A/G;79,T/C;117,−/A;118,T/C
YITCHB225	24,G
YITCHB228	11,G;26,T;72,A/G
YITCHB229	45,G;80,T
YITCHB230	128,A
YITCHB232	86,C
YITCHB233	152,A
YITCHB234	53,C
YITCHB235	120,T/C
YITCHB237	118,A/G;120,A/C;165,T/A;181,A/C
YITCHB240	53,A/T;93,T/C;148,A/T
YITCHB242	65,A/G;94,T/C
YITCHB244	43,A/G;143,A/G
YITCHB245	200,A/C
YITCHB246	2,A/G;25,T/C;89,A/G
YITCHB247	23,T/G;109,A/G
YITCHB248	50,A
YITCHB250	21,T/C;50,T/C;51,T/G;54,T/C;55,A/G;56,T/C;78,T/C;81,T/C;83,A/G;90,A/G; 94,T/C;98,T/C;99,A/T;119,A/C;125,T/A
YITCHB251	65,A/G
YITCHB253	21,T/A;26,T/G
YITCHB254	51,G
YITCHB256	11,A
YITCHB257	68,T/C
YITCHB258	24,A/G;191,T/C
YITCHB259	90,A
YITCHB260	84,T;161,A
YITCHB263	84,A/G;93,T/C;144,A/G;181,A/G
YITCHB264	5,T/A;22,T/C;35,A/G;79,T/C;97,C/G;99,A/G;105,A/G;108,T/C;111,C;113,A/G; 114,T/C;132,T/C;137,A/G;144,T/C
YITCHB265	64,T/C;73,T/A;97,C/G;116,T/G
YITCHB266	25,C;37,T/C;57,C;58,T;136,T/C;159,T/C
YITCHB269	60,A/C
YITCHB270	12,T/C;113,A/C

YITCHB001   25,T/C;48,T/C;66,T/C;81,T/C

YITCHB002   109,T/C;145,A/C;146,C/G

YITCHB003   83,A/G;96,A/T

YITCHB006   110,T

YITCHB007   67,A/G

YITCHB008   15,T;65,C

YITCHB009   64,T/C

YITCHB011   156,A/C

YITCHB014   9,C

YITCHB015   47,A;69,G;85,G

YITCHB018   82,T/C;116,T/C

YITCHB021   54,A/C;123,A/G;129,T/C;130,A/G

YITCHB022   19,T/C;30,A/G;41,A/G;49,A/G;54,T/C;67,A/G;68,A/C;115,A/G

YITCHB024   111,T/C;142,C/G

YITCHB026   18,G

YITCHB027   6,A/G;101,A/G

YITCHB028   48,T/C;125,T/C;166,C/G

YITCHB030   80,C/G;139,T/C;148,A

YITCHB031   125,C

YITCHB033   93,T

YITCHB034   29,A

YITCHB035   33,A/G;34,T/G;44,T/C;154,T/C;158,T/G

YITCHB036   95,T;157,G

YITCHB037   63,A/G

YITCHB039   151,T/G

YITCHB040   1,C

YITCHB044   97,T/C

YITCHB045   48,C

YITCHB047   12,T/C;23,T/C;24,A/G;26,T/C;49,C/G;61,A/G;112,T/C

YITCHB048   59,A/T;62,A/G;79,T/C

YITCHB049   29,T/G;41,C/G;53,T/C;75,T/C;89,T/C;99,A/C

YITCHB050   45,T/C;59,T/C;91,T/A;156,A/G

YITCHB053   4,A/G;19,T/C;68,T/C;70,A/G;81,T/C;103,A/G;111,T/C;112,T/C;116,T/C;124,

	A/G;137,A/G
YITCHB055	52,A/T
YITCHB056	124,T/G;128,A/G;147,A/G;157,T/G;198,C/G
YITCHB057	91,A/G;136,T/C
YITCHB059	4,T/C;22,A/G;114,A/G;135,A/G;196,A/T
YITCHB061	4,C;28,A;44,A/G;67,A/T
YITCHB063	45,T/C
YITCHB064	113,A/G
YITCHB065	67,T/C;79,A/C;80,T/G;97,A/G;178,A/G
YITCHB067	87,G
YITCHB071	5,A/G;10,A/G;18,A/G;54,T/C;80,A/G;83,T/C;90,T/A;100,A/C;103,T/C;105,A/G;111,T/C
YITCHB072	19,T;59,T;61,G;67,G;71,G;79,G;80,T;81,G;82,G;88,C;89,A;91,G;97,T;100,G;103,A;109,G;121,T;125,C;128,G;137,G;141,A;150,G;166,T;169,A;172,G;182,A
YITCHB073	49,G;73,C/G
YITCHB075	3,A/G;22,T/C;35,T/C
YITCHB076	13,T/C;39,A/G;91,T/C;101,A/G
YITCHB077	77,A/G;88,T/C;104,A/G;144,T/G;145,T/C;146,A/G
YITCHB079	123,A/G
YITCHB081	10,A/G;51,A/G;56,T;57,C;58,T;60,C;67,T;68,T;69,C;110,A/G;116,T/C;135,A/G
YITCHB084	91,A/G;100,C/G;119,A/C
YITCHB085	46,C/G;81,T;82,G
YITCHB086	155,T;168,A
YITCHB091	44,T/A;133,A/C;151,T/C
YITCHB094	16,A/C;22,A/C
YITCHB096	24,T/C;87,T/C
YITCHB097	4,T/C;5,A/G;46,C/G;94,A/G
YITCHB099	74,T/C;105,A/G;126,T/C;179,A/T;180,T/C
YITCHB100	12,T/C;15,A/G;80,A/G;126,A/C;153,A/C
YITCHB101	1,T/A
YITCHB102	22,T/C;27,A/C;32,T/G;33,T/G;38,A/G;56,T/C;57,A/C;59,A/T;65,T/C;72,T/C;82,A/G;105,T/C;111,T/C;114,T/C;116,A/G
YITCHB103	61,A/G;64,A/C;87,A/C;153,T/C
YITCHB106	19,C;94,C;153,A
YITCHB107	18,T/A;142,T/C

YITCHB108 127,A/C

YITCHB112 28,T/C;123,T/C

YITCHB114 18,T;38,C;68,C;70,G;104,C

YITCHB116 29,−/T;147,T/G

YITCHB119 119,A/G

YITCHB121 133,T;135,G;136,−;187,G

YITCHB123 27,T/A;39,A/G;75,A/G;138,T/C;168,A/G;175,T/G

YITCHB124 130,A;139,A/T

YITCHB126 19,A/G;43,T/C;112,T/C;154,T/C

YITCHB129 15,T/A

YITCHB130 7,A/T;11,T/C;20,T/C;36,T/C;54,T/C

YITCHB131 32,T/C;132,T/G;135,T/G

YITCHB132 46,A/C;61,A/C;93,A/C;132,A;161,T/C

YITCHB133 146,A/G

YITCHB134 72,T/C

YITCHB136 18,A/G;64,A/C

YITCHB139 30,A/G;36,T/A;37,T/A

YITCHB141 39,T/C;69,A/G

YITCHB142 30,T/G;37,A/C;102,T/G;131,C/G;153,C/G

YITCHB143 22,G

YITCHB144 130,T/G

YITCHB145 6,A/G;8,A/G;20,A/C;76,A/C;77,C/G;83,A/G;86,T/C

YITCHB146 3,T/G;29,A/G;40,C/G;44,T/C;103,A/G;134,A/G

YITCHB148 27,T/C;91,T/C

YITCHB149 5,T/G;53,T/C;80,A/G;88,A/G;112,T/A;135,A/G

YITCHB151 2,A/G;19,A;33,A/G

YITCHB152 45,T/A;124,T/G;160,A/T

YITCHB154 4,T/C;87,T/C

YITCHB156 82,T

YITCHB158 96,C

YITCHB159 7,A/G;12,A/G;21,T/C;38,T/C;42,T/C;160,A/G

YITCHB160 48,T/A;59,A/G

YITCHB162 33,T

YITCHB163 20,T;40,A;41,G;90,C

YITCHB165 1,A;48,T;118,A;126,C;127,T

YITCHB167 12,G;33,C/G;36,G;64,C;146,G

YITCHB168 21,A/G;30,T/G;40,T/C;53,A/G;63,T/C;93,T/A;98,A/G;109,A/G;120,T/C

YITCHB169 22,T;79,T/C;107,A/G;117,A/G;118,T/G

YITCHB171 28,A/G;29,T/C;31,A/G;39,T/C;58,T/C;61,T/G;87,A/T;92,A/C;93,T/C;94,A/G;
96,T/C;118,C/G;119,A/T/C;126,T/C

YITCHB173 62,A/C;70,A/G

YITCHB177 15,A/G;22,A/G;28,T/G;30,A/G;48,T/A;55,A/G;95,T/G;99,T/G;107,A/G;125,
T/C;126,A/G;127,G;135,T/G;139,T/C;143,A/G

YITCHB180 9,T/A;10,A/G;31,T/C;36,A/G;57,T/C;59,T/C;76,T/G;96,T/C;129,T/C;130,T/G;
137,T/C;151,A/C;152,T/C

YITCHB185 20,T/C;64,A/G;72,A/G;86,T/C;104,T/C;133,C/G;154,A/G;178,A/G

YITCHB186 19,A/G;46,A/G;47,A/G;57,T/A;75,T/C;82,T/C;86,A/C;93,A/G

YITCHB189 49,A;61,A/C;88,A/C;147,G

YITCHB191 44,G

YITCHB192 46,T;73,G

YITCHB193 169,T/C

YITCHB195 44,T/C;49,T/C;53,T/C;88,A/G;111,T/C

YITCHB196 29,T/C

YITCHB197 72,A/G;121,–/T;122,–/T;123,–/T;167,G;174,A/G;189,A/C

YITCHB198 182,A/C

YITCHB199 28,T/G

YITCHB200 12,T/A

YITCHB201 103,T/A;132,–/T;136,A/G

YITCHB202 197,A/G

YITCHB203 148,T/C;154,A/G

YITCHB205 57,T

YITCHB208 41,T/C;84,T/A

YITCHB209 1,T/C;26,C/G;32,T;34,C;35,A/G;71,T/C;94,T;149,T/C;166,G;173,A/G;175,C

YITCHB211 115,G

YITCHB212 38,C/G;105,C/G

YITCHB214 15,C;155,C

YITCHB215 49,T/C;71,A/T;72,A/T;132,C/G;177,A/G

YITCHB216 43,A

YITCHB218 98,A/G;128,A/G

YITCHB219 24,G;56,T;112,G

YITCHB220 58,G

YITCHB224 1,A/G;24,T/C;36,A/G;96,T/C;117,–/A;118,T/C

YITCHB226 126,A/G;127,T/C;156,C/G

YITCHB227 22,T/G;120,T/C

YITCHB228	11,A/G;26,T/A
YITCHB229	45,G;80,T;82,A/G
YITCHB230	55,C
YITCHB232	54,A/G;86,T/C;108,T/C;147,A/C
YITCHB233	50,A/G;152,–/A
YITCHB234	53,C
YITCHB237	118,A/G;120,A/C;165,T/A;181,A/C
YITCHB238	83,T/C;95,A/G;108,C/G
YITCHB239	133,T/C
YITCHB240	61,G;93,T;148,A
YITCHB242	67,T/C
YITCHB243	18,C/G;95,A/C;131,A/C;158,T/C
YITCHB244	43,G;143,A
YITCHB245	144,A/G;200,C
YITCHB247	23,T/G;109,A/G
YITCHB248	29,A/C;50,A/G;90,T/C
YITCHB249	140,T;141,G
YITCHB250	21,T/C;51,T/G;54,T/C;55,A/G;56,T/C;78,T/C;98,T/C;99,A/T;125,T/A
YITCHB251	65,A/G
YITCHB254	4,T/C;6,A/G;51,G;109,A/C
YITCHB257	10,T/G;47,T/A;72,A/G;87,A/G
YITCHB261	1,T/C;119,T/G
YITCHB262	112,A/C;114,A/G;117,C/G
YITCHB264	110,A;111,C
YITCHB265	99,C/G
YITCHB266	25,C;57,C;58,T;136,C;159,C
YITCHB268	24,A/C;78,A/G;82,T/G;86,T/C;126,A/G;148,T/A;167,A/G
YITCHB270	113,C

YITCHB001   25,T/C;66,T/C;67,T/C;81,T/C

YITCHB002   109,T/C;145,A/C;146,C/G

YITCHB004   160,T

YITCHB006   35,T/C

YITCHB007   67,A/G

YITCHB008   65,T/C

YITCHB011   156,A

YITCHB014   9,C

YITCHB016   88,G

YITCHB019   55,A/T

YITCHB022   54,T/C;67,A/G;68,A/C

YITCHB026   18,A/G

YITCHB030   80,C;139,C;148,A

YITCHB031   125,C

YITCHB033   93,A

YITCHB035   158,T/C

YITCHB036   57,A/T;67,T/C;72,T/C;95,T/C;157,A/G

YITCHB038   202,T;203,A;204,G

YITCHB039   130,T/C;151,T/G

YITCHB040   1,C;29,T;31,A;73,C;103,T;108,G;135,T

YITCHB042   127,T;167,T

YITCHB044   97,T/C

YITCHB045   48,T/C

YITCHB047   130,A/G

YITCHB048   6,A/G;59,T/A;62,A/G;79,T/C

YITCHB050   45,T/C;59,T/C;91,T/A;104,A/G

YITCHB051   7,T/G;105,T/C

YITCHB054   116,T/C

YITCHB056   60,T/A;124,T/G;125,T/G;147,A/G

YITCHB057   91,G;142,T/C;146,T/G;172,C/G

YITCHB059   4,T/C;22,A/G;76,C/G;114,A/G;196,T/A

YITCHB061   4,C;28,A;67,A

YITCHB062   94,G;96,C

YITCHB064	113,A/G
YITCHB066	30,T/C
YITCHB067	87,G
YITCHB072	19,T/C;35,A/G;59,T/C;61,T/G;71,A/G;79,C/G;80,T/C;81,A/G;82,A/G;88,T/C; 89,A/G;91,A/G;97,T/A;100,A/G;103,A/C;109,A/G;121,T/C;125,T/C;128,C/G; 130,A/G;137,A/G;141,A/G;150,T/G;166,T/A;169,A/G;172,A/G;175,T/G;182, A/T
YITCHB073	49,G
YITCHB075	22,T/C;35,T/C
YITCHB076	13,T;91,T
YITCHB077	77,A/G;88,T/C;104,A/G;145,T/C
YITCHB081	56,T;57,C;58,T;60,C;67,T;68,T;69,C
YITCHB083	4,A/T;28,T/G;101,T/G;119,T/C
YITCHB085	46,C;82,G
YITCHB087	111,T/C
YITCHB089	38,A/G;52,A/G;53,T/C;64,A/C;89,T/C;178,T/C;184,T/C;196,T/C;197,A/G
YITCHB094	16,C;36,G;63,A;70,C;99,G
YITCHB100	12,T/C
YITCHB102	57,A/C
YITCHB103	61,A/G;64,A/C;87,A/C;153,T/C
YITCHB104	146,C/G
YITCHB106	19,C;94,C
YITCHB107	18,T/A;48,A/G;142,T/C
YITCHB108	73,A/C;127,A/C
YITCHB112	123,T/C;138,C/G
YITCHB114	18,T/C;25,A/G;38,T/C;68,T/C;70,C/G;104,T/C
YITCHB116	29,T
YITCHB119	98,T;119,A
YITCHB121	133,T;135,G;136,−;187,G
YITCHB124	130,A
YITCHB126	19,A/G;43,T/C
YITCHB128	7,C;135,C/G
YITCHB132	27,−;46,A;61,A;93,C;132,A;161,T
YITCHB134	72,T/C
YITCHB136	64,A/C
YITCHB138	22,A/C;52,A/G
YITCHB145	6,A/G;8,A/G;20,A/C;76,A/C;77,C/G;83,A/G;86,T/C

YITCHB147 100,A/G

YITCHB148 27,T/C;91,T/C

YITCHB151 8,T/C;19,A/T;43,T/G

YITCHB152 31,A

YITCHB154 4,T/C;87,T/C

YITCHB157 69,A

YITCHB160 15,T/C;48,A/T;59,A;64,T/G

YITCHB162 33,T;75,T

YITCHB168 21,A/G

YITCHB169 22,T;79,T/C;107,A/G;117,A/G;118,T/G

YITCHB171 39,T/C;87,A/T;96,T/C;119,A/C

YITCHB177 28,T/G;30,A/G;42,C/G;55,T/G;95,T/G;127,A/G;135,T/G

YITCHB178 42,A/C;145,A/G;163,A/G

YITCHB182 50,T/C

YITCHB183 53,A/G;59,G;80,A;115,T;155,C

YITCHB185 74,T/C;104,T/C;133,C/G

YITCHB186 19,A/G;46,A/G;47,A/G;57,T/A;75,T/C;82,T/C;86,A/C

YITCHB189 49,A;147,G

YITCHB190 90,A/T

YITCHB191 44,T/G

YITCHB192 46,T/G;73,A/G

YITCHB195 108,A

YITCHB197 121,–/T;122,–/T;123,–/T;167,C/G

YITCHB198 34,T/A;63,A/G;109,T/C

YITCHB200 19,T/C

YITCHB201 132,T

YITCHB205 57,T/G

YITCHB208 41,T/C;84,T/A

YITCHB209 32,T/C;34,T/C;35,A/G;71,T/C;94,T/C;166,A/G;173,A/G;175,T/C

YITCHB212 38,C/G;105,C/G

YITCHB215 71,T/A;72,T/A;132,C/G;162,A/G;177,A/G

YITCHB216 43,A/G

YITCHB219 24,A/G;60,T/C;112,A/G

YITCHB224 1,A;36,A;79,T;117,A;118,C

YITCHB225 24,A/G

YITCHB228 11,G;26,T;72,A/G

YITCHB229 45,G;80,T

YITCHB230   128,A

YITCHB232   86,T/C

YITCHB234   53,C

YITCHB238   75,T/A;76,A/G;108,C/G

YITCHB241   124,T

YITCHB242   65,A/G;94,T/C

YITCHB244   43,G;143,A

YITCHB245   200,C

YITCHB248   50,A

YITCHB250   21,T/C;51,T/G;54,T/C;55,A/G;56,T/C;78,T/C;98,T/C;99,A/T;125,T/A

YITCHB251   65,G

YITCHB253   21,T/A

YITCHB254   51,G

YITCHB257   68,T/C

YITCHB258   24,A/G;191,T/C

YITCHB259   90,A

YITCHB260   84,T/A;161,A/T

YITCHB261   17,T/C;74,A/G;119,T/G

YITCHB264   5,A/T;22,T/C;35,A/G;79,T/C;97,C/G;99,A/G;105,A/G;108,T/C;111,C;113,A/G;
114,T/C;132,T/C;137,A/G;144,T/C

YITCHB265   64,T/C;73,T/A;97,C/G;116,T/G

YITCHB266   25,C;37,T/C;57,C;58,T;136,T/C;159,T/C

YITCHB268   82,T;167,G

YITCHB269   60,A

YITCHB270   12,T

YITCHB001	3,A/G;25,T/C;66,T/C;142,T/G
YITCHB002	109,T/C;145,A/C;146,C/G
YITCHB003	83,G;96,A
YITCHB004	160,T
YITCHB006	110,T
YITCHB007	67,A/G
YITCHB008	15,T;65,C
YITCHB009	11,A/C
YITCHB011	156,A
YITCHB016	67,A;80,T;88,G;91,T
YITCHB021	54,A;123,A;129,T;130,G
YITCHB022	54,T/C;67,A/G;68,A/C
YITCHB023	26,A/T;38,T/G;64,A/C;65,A/G;121,A/C
YITCHB025	77,G
YITCHB026	18,G
YITCHB027	101,A
YITCHB028	48,C;66,T/G;166,C
YITCHB030	80,C/G;139,C;148,A
YITCHB031	125,C;161,T/G
YITCHB034	29,A
YITCHB035	44,C;158,G
YITCHB036	95,T;157,G
YITCHB037	63,G;82,T;90,T;91,T;100,G;123,–;124,–
YITCHB038	18,T;40,T;94,T;113,C;202,T;203,A;204,G
YITCHB039	28,T/C;29,T/A;53,T/C;74,A/G;76,T;89,T/G;93,G;130,T/C;151,T;156,G
YITCHB042	60,A/G;110,T/C;114,A/G;127,T/C;146,T/C;167,T
YITCHB044	97,T/C
YITCHB045	48,C
YITCHB047	130,A/G;133,A/G
YITCHB048	6,A/G;59,A/T;62,A/G;79,T/C
YITCHB049	27,A/G;41,C;75,C;92,T;96,T;99,C;131,T
YITCHB050	45,T;51,A/C;59,T;91,A/T;104,A/G
YITCHB051	7,T/G

YITCHB052	13,T/C;49,T/C;50,T/C;113,T/A;151,C/G;171,C/G
YITCHB054	116,C
YITCHB057	91,G;142,T;146,G
YITCHB058	2,G;36,G;60,G;79,–;131,T
YITCHB061	4,C;28,A;67,A
YITCHB064	113,A
YITCHB065	97,A
YITCHB067	9,A/G;85,A/G;87,–/G
YITCHB071	92,T/G
YITCHB072	19,T/C;35,A/G;59,T/C;61,T/G;71,A/G;79,C/G;80,T/C;81,A/G;82,A/G;88,T/C;89,A/G;91,A/G;97,T/A;100,A/G;103,A/C;109,A/G;121,T/C;125,T/C;128,C/G;130,A/G;137,A/G;141,A/G;150,T/G;166,T/A;169,A/G;172,A/G;175,T/G;182,A/T
YITCHB073	49,T/G
YITCHB074	98,A/G
YITCHB075	22,C;35,T;98,C
YITCHB076	13,T/C;82,T/A;91,T/C;109,A/C
YITCHB077	77,A;88,T;104,A;145,T
YITCHB079	85,A/G;123,A/G
YITCHB081	51,G;56,T;57,C;58,T;60,C;67,T;68,T;69,C;110,A;116,C;135,G
YITCHB082	52,A/G
YITCHB084	24,T
YITCHB085	27,T/G;46,C/G;81,T;82,G
YITCHB086	115,G;155,T;168,A
YITCHB087	111,T
YITCHB089	53,C;88,G;89,C;184,C
YITCHB092	118,A
YITCHB093	95,G;107,G;132,G;166,G
YITCHB094	16,C;26,T/A;36,C/G;63,A/G;70,C;99,A/G
YITCHB096	24,T/C
YITCHB099	74,C;105,A;126,C;179,T;180,C
YITCHB100	12,T/C
YITCHB102	57,A/C
YITCHB103	61,A/G;64,A/C;87,A/C;153,T/C
YITCHB104	13,T/G;31,T/G;34,C/G
YITCHB105	36,A
YITCHB107	18,T;48,G;142,T
YITCHB108	73,A;127,A

YITCHB109   1,T;6,G;26,T/C;83,A/T;93,T/C

YITCHB112   36,T;57,A;96,G;103,A;120,T;162,T

YITCHB113   182,T;192,A

YITCHB114   18,T;38,C;68,C;70,G;104,C

YITCHB116   29,–/T;147,T/G

YITCHB117   152,A/G

YITCHB119   98,A/T;119,A/G

YITCHB121   133,T;135,G;136,–;187,G

YITCHB123   87,G;138,T

YITCHB124   130,A

YITCHB128   7,C;127,A

YITCHB131   32,C;126,A/G;135,G;184,C

YITCHB132   27,–;46,A;61,A;93,C;132,A;161,T

YITCHB134   72,C

YITCHB136   64,A/C

YITCHB137   110,T/C

YITCHB138   46,A/G;52,A/G

YITCHB139   8,A/G;10,T/C;30,A/G;36,T/A;37,T/A;47,C/G;120,T/C

YITCHB141   39,C

YITCHB142   30,T/G;121,T/C;131,C/G;153,C/G

YITCHB143   4,A/T;22,G

YITCHB145   6,A;8,G;20,A;76,A;77,G;83,G;86,T

YITCHB146   3,T/G;29,A/G;40,C/G;44,T/C;103,A/G;134,A/G

YITCHB147   12,A/G;22,T/G;61,T/A;70,A/G;100,A

YITCHB148   27,T/C;91,T/C

YITCHB150   57,C;58,T

YITCHB151   8,T/C;19,T/A;43,T/G

YITCHB152   31,A/G;92,A/T

YITCHB153   160,A/C

YITCHB154   4,T/C

YITCHB158   96,C

YITCHB159   7,A/G;25,A/G;38,T/C;42,T/C;92,C/G;160,A/G

YITCHB160   15,T;48,A;59,A

YITCHB161   31,C/G

YITCHB162   10,T/C;32,T/C;33,T;67,A/G;73,A/G;75,T/C;77,A/G;88,T/C;140,A/T

YITCHB163   41,G;54,T;90,C

YITCHB165   1,A;49,T

YITCHB167	12,G;33,C;36,G;64,C;146,G
YITCHB169	22,T;107,A
YITCHB171	39,T/C;87,T/A;96,T/C;119,A/C
YITCHB175	12,G
YITCHB176	13,A;25,A;26,A;82,A;105,C
YITCHB177	28,T/G;30,A/G;42,C/G;55,T/G;95,T/G;127,A/G;135,T/G
YITCHB178	42,A/C;145,A/G;163,A/G
YITCHB181	56,A/G
YITCHB185	20,C;49,A;71,T;86,C;104,C;114,T;133,C;154,G
YITCHB186	19,A/G;46,A/G;47,A/G;57,T/A;75,T/C;82,T/C;86,A/C
YITCHB187	130,A/G
YITCHB189	49,A/G;61,A;88,A/C;147,G
YITCHB190	90,T
YITCHB191	44,G
YITCHB192	45,A/T;46,T/G;73,A/G
YITCHB195	53,C;111,T
YITCHB197	72,A/G;121,–/T;122,–/T;123,–/T;167,G;174,A/G;189,A/C
YITCHB198	34,A/T;63,A/G;109,T/C
YITCHB199	77,C/G;123,T/C
YITCHB201	132,T
YITCHB202	55,T/C;60,T/C;88,T/C;102,T/C;104,A/G;115,A/T;144,A/G;187,A/G;197,A/G
YITCHB203	125,T/C;154,A/G
YITCHB205	57,T
YITCHB208	41,C;84,A
YITCHB209	32,T;34,C;35,A/G;71,T/C;94,T;149,T/C;166,G;173,A/G;175,C
YITCHB212	38,C/G;105,C/G
YITCHB214	15,T/C;155,A/C
YITCHB215	3,A/T;6,T/G;9,A/G;22,A/G;54,T/C;63,T/A;71,A/T;72,A/T/C;81,A/G;96,A/G; 121,T/C;132,C/G;137,A/G;162,A/G;163,T/G;177,A/G;186,A/G
YITCHB216	43,A/G
YITCHB217	84,A/C
YITCHB218	5,T/C;98,A/G;99,A/G;128,A/G
YITCHB219	24,A/G;60,T/C;112,A/G
YITCHB220	17,A/G;58,C/G
YITCHB223	17,T;189,C
YITCHB224	1,A/G;36,A/G;79,T/C;117,–/A;118,T/C
YITCHB225	24,G

YITCHB226   61,C/G;127,T/C

YITCHB228   11,A/G;26,A/T;72,A/G

YITCHB229   45,G;46,T/C;80,T/C;162,T/G

YITCHB230   55,C;79,A/C

YITCHB231   104,T/C

YITCHB232   86,T/C

YITCHB233   152,A

YITCHB234   53,C

YITCHB235   120,T/C

YITCHB237   118,A/G;120,A/C;165,A/T;181,A/C

YITCHB241   124,T

YITCHB242   65,G;94,C

YITCHB244   43,A/G;143,A/G

YITCHB245   144,A/G;200,A/C

YITCHB246   2,A/G;25,T/C;89,A/G

YITCHB247   23,G;109,A

YITCHB248   50,A/G

YITCHB250   21,T/C;51,G;54,T/C;55,A/G;56,T/C;78,T/C;98,T/C;99,T/A;125,A/T

YITCHB251   65,A/G

YITCHB252   26,C;65,G;137,T;156,A

YITCHB253   21,A;26,T/G

YITCHB254   4,T/C;6,A/G;51,G;109,A/C

YITCHB255   5,G;9,C;22,G;25,C;37,G;79,A;86,G;88,G;89,G;116,C;135,T;187,A

YITCHB256   11,A

YITCHB257   68,T/C

YITCHB258   24,A/G;65,A/G;128,A/T

YITCHB259   90,A

YITCHB260   84,T;161,A

YITCHB263   84,A;93,C;144,G;181,G

YITCHB264   5,T;22,T;35,A;79,T;97,G;99,G;105,A;108,T;111,C;113,A;114,C;132,T;137,G;
             144,C

YITCHB265   64,T;73,T;97,C;116,G

YITCHB266   25,C;37,T;57,C;58,T

YITCHB267   42,A;102,T

YITCHB268   24,A/C;78,A/G;82,T;86,T/C;126,A/G;148,A/T;167,G

YITCHB269   53,A/C;60,A

YITCHB270   12,T/C;113,A/C

YITCHB002　　109,T/C;145,A/C;146,C/G

YITCHB003　　83,A/G;96,A/T

YITCHB004　　160,T/G;195,A/G

YITCHB006　　110,T

YITCHB007　　27,C/G;44,A/G;67,A/G;83,A/G;88,T/A;90,C/G

YITCHB008　　15,A/T;65,C

YITCHB011　　156,A

YITCHB016　　67,A/G;80,T/G;88,G;91,T/C

YITCHB017　　63,A/C;132,A/G

YITCHB019　　55,A

YITCHB021　　54,A/C;123,A/G;129,T/C;130,A/G

YITCHB022　　54,T/C;67,A/G;68,A/C

YITCHB023　　26,T/A;28,T/C;38,T/G;52,A/C;57,A/G;65,A/G;67,A/G;72,T/G;115,A/T;130,A/G

YITCHB024　　22,T/G

YITCHB026　　18,G

YITCHB027　　67,A/G;101,A

YITCHB028　　48,T/C;166,C/G

YITCHB030　　139,C;148,A

YITCHB031　　88,C;125,C

YITCHB033　　93,A

YITCHB035　　7,A/G;33,A/G;44,T/C;124,T/A;137,A/C;158,C/G

YITCHB036　　57,T/A;67,T/C;72,T/C;95,T/C;157,A/G

YITCHB037　　63,G;82,T;90,T;91,T;100,G;123,-;124,-

YITCHB038　　202,T;203,A;204,G

YITCHB039　　151,T

YITCHB040　　1,C

YITCHB042　　60,G;110,C;114,A;127,T;146,T;167,T

YITCHB044　　97,T/C

YITCHB045　　48,C

YITCHB047　　130,A

YITCHB048　　59,A/T;62,A/G;79,T/C;80,T/C;81,A/G

YITCHB049　　41,C/G;59,T/C;75,C;92,T/G;96,T/C;99,A/C;131,T/G

YITCHB050　　45,T/C;59,T/C;91,A/T;156,A/G

YITCHB052   13,T/C;49,T/C;50,T/C;113,T/A;151,C/G;171,C/G

YITCHB053   19,T/C;21,C/G;81,T/C;103,A/G;111,T/C;112,T/C;124,A/G

YITCHB056   60,A/T;124,T/G;125,T/G;147,A/G

YITCHB057   91,A/G;142,T/C;146,T/G

YITCHB058   2,G;36,G;60,G;79,−;131,T/C

YITCHB059   4,T/C;22,A/G;76,C/G;114,A/G;196,A/T

YITCHB061   4,C;28,A;67,A

YITCHB064   113,A

YITCHB067   9,A/G;85,A/G;87,−/G

YITCHB068   144,T;165,A

YITCHB072   19,T;35,A;59,T;61,G;71,G;79,G;80,T;81,G;82,G;88,C;89,A;91,G;97,T;100,
             G;103,A;109,G;121,T;125,C;128,G;130,G;137,G;141,A;150,G;166,T;169,A;
             172,G;175,T;182,A

YITCHB073   49,G

YITCHB075   22,C;35,T;98,C

YITCHB076   13,T/C;91,T/C

YITCHB077   77,A/G;88,T/C;104,A/G;145,T/C

YITCHB079   85,A/G;123,A/G

YITCHB081   51,A/G;56,T;57,C;58,T;60,C;67,T;68,T;69,C;110,A/G;116,T/C;135,A/G

YITCHB082   131,T/C

YITCHB083   4,T/A;28,T/G;101,T/G;119,T/C

YITCHB085   27,T/G;46,C;81,T/A;82,G

YITCHB086   15,T/C;50,T/C;52,A/G;67,C/G;74,A/G;76,A/C;77,C/G;85,A/G;90,T/G;92,T/C;
             94,C/G;100,A/G;102,T/G;104,A/C;107,T/G;109,A/G;110,T/A;114,A/G;115,G;
             116,T/C;127,T/C;135,A/G;151,A/C;155,T;156,A/T;165,T/C;168,A/C

YITCHB087   111,T

YITCHB089   14,T/C;38,A/G;52,A/G;53,T/C;64,A/C;89,T/C;178,T/C;184,T/C;196,T/C;197,
             A/G

YITCHB091   107,T/G;120,A/G

YITCHB092   118,A/G

YITCHB093   95,T/G;107,T/G;132,A/G;166,T/G

YITCHB094   16,C;26,T/A;53,T/A;70,C

YITCHB096   24,T/C;87,T/C

YITCHB099   74,T/C;105,A/G;126,T/C;179,T/A;180,T/C

YITCHB102   57,C

YITCHB103   108,A/G

YITCHB104   13,T/G;31,T/G;34,C/G;146,C/G

YITCHB106	19,C;94,C
YITCHB107	18,A/T;48,A/G;142,T/C
YITCHB108	73,A;127,A
YITCHB109	1,T;6,G;26,T/C;50,A/G;83,T/A;92,A/G;93,T/C
YITCHB110	66,A;144,G
YITCHB112	35,A/C;36,T/C;103,A/G;122,T/G;123,T/C;129,A/G;138,C/G;142,T/C;154,A/T;162,T/C
YITCHB113	24,C/G;91,T/A;105,T/C;155,T/C;161,A/C;176,T/A;182,T/A;188,T/C;192,A/G
YITCHB114	18,T;38,C;68,C;70,G;104,C
YITCHB116	29,T
YITCHB117	152,A
YITCHB119	98,A/T;119,A/G
YITCHB121	133,T;135,G;136,–;168,T/C;187,G
YITCHB123	138,T/C
YITCHB124	130,A/G
YITCHB126	19,A/G;43,T;145,A/T
YITCHB128	7,C;135,C/G
YITCHB130	13,A/G;20,T/C;54,T/C;82,T/C
YITCHB132	27,–;46,A;61,A;93,C;132,A;161,T
YITCHB134	72,T/C
YITCHB135	128,T/C
YITCHB136	4,A/C;64,C
YITCHB137	110,T/C
YITCHB139	8,G;10,C;30,G;36,T;37,T;47,C;120,T
YITCHB145	6,A;8,G;20,A;76,A;77,G;83,G;86,T
YITCHB147	12,A/G;22,T/G;61,A/T;70,A/G;100,A/G
YITCHB148	27,T/C;91,T/C
YITCHB149	87,T;112,T;135,G
YITCHB150	57,C;58,T
YITCHB151	15,T;19,C;58,A;90,A
YITCHB152	31,A/G
YITCHB154	4,T/C;200,T/G
YITCHB158	96,T/C
YITCHB159	7,G;11,T;38,T;42,T
YITCHB160	33,C/G;59,A/G;66,A/C
YITCHB162	7,T/G;10,T/C;13,A/G;14,T/C;16,A/C/G;33,T;34,A/G;55,A/G;75,T/C;136,A/C
YITCHB165	1,A;49,T

YITCHB167　12,G;33,C;36,G;64,C;146,G

YITCHB168　21,A/G;30,T/G;40,T/C;44,T/C;53,A/G;93,A/T;98,A/G;109,A/G;120,T/C

YITCHB169　22,T;107,A/G

YITCHB170　56,A

YITCHB171　39,T/C;87,A/T;96,T/C;119,A/C

YITCHB176　13,A/C;25,A/G;26,A/G;82,A/G;105,T/C

YITCHB177　28,T/G;30,A/G;42,C/G;55,A/T/G;95,T/G;107,A/G;125,T/C;127,A/G;135,T/G

YITCHB178　42,A/C;145,A/G;163,A/G

YITCHB179　2,C/G

YITCHB181　31,A/G;56,A/G

YITCHB182　45,A/G;50,T/C

YITCHB185　20,C;49,A;71,T;86,C;104,C;114,T;133,C;154,G

YITCHB186　5,A/C;9,A/G;19,A/G;25,C/G;44,C/G;46,A/G;48,T/A;57,T/A;74,T/C;75,T/C;
82,T/C;85,T/C;86,A/C/G;88,C/G

YITCHB187　130,G

YITCHB188　156,T/C

YITCHB189　49,A/G;61,A/C;147,G

YITCHB190　90,A/T

YITCHB191　1,T/C;44,G

YITCHB192　45,A

YITCHB195　53,T/C;111,T/C

YITCHB197　72,G;121,T;122,T;123,T;167,G;174,G;189,C

YITCHB198　34,T/A;63,A/G;109,T/C

YITCHB199　2,T/C;12,T/G;123,T/C;177,T/C

YITCHB200　19,C

YITCHB201　103,A;132,T

YITCHB202　55,T/C;60,T/C;88,T/C;102,T/C;104,A/G;115,A/T;144,A/G;187,A/G;197,A

YITCHB207　81,A/G

YITCHB208　41,C;84,A

YITCHB209　32,T/C;34,T/C;35,A/G;71,T/C;94,T/C;166,A/G;173,A/G;175,T/C

YITCHB210　130,C

YITCHB212　38,C/G;105,C/G

YITCHB214　15,C;155,C

YITCHB215　3,A/T;6,T/G;9,A/G;22,A/G;54,T/C;63,T/A;71,A;72,A/C;81,A/G;96,A/G;121,
T/C;137,A/G;163,T/G;177,A/G;186,A/G

YITCHB216　43,A

YITCHB217　29,T/C;85,C

YITCHB218	5,T;98,A;99,G;128,G
YITCHB219	24,G;60,T/C;112,G
YITCHB224	1,A/G;36,A/G;79,T/C;117,-/A;118,T/C
YITCHB225	24,A/G
YITCHB228	11,A/G;26,A/T;72,A/G
YITCHB229	45,C/G;46,T/C;80,C/G;162,T/G
YITCHB230	55,T/C;79,A/C;128,A/G
YITCHB232	86,C
YITCHB234	53,-/C;123,A/G
YITCHB237	118,A/G;120,A/C;165,T/A;181,A/C
YITCHB238	75,T/A;76,A/G;108,C/G
YITCHB242	65,A/G;94,T/C
YITCHB244	43,A/G;143,A/G
YITCHB245	200,A/C
YITCHB246	2,A/G;25,T/C;89,A/G
YITCHB247	23,T/G;109,A/G
YITCHB248	50,A
YITCHB250	21,T/C;30,A/G;33,T/G;51,T/G;52,A/G;54,T/C;55,A/G;56,T/C;78,T/C;81,T/C; 83,A/G;90,A/G;98,T/C;99,A/T;125,T/A;130,T/G;131,T/C
YITCHB251	65,A/G
YITCHB253	21,A/T
YITCHB254	51,A/G
YITCHB256	11,A/G
YITCHB257	68,T/C
YITCHB258	24,A/G;65,A/G;128,T/A
YITCHB259	90,A/G
YITCHB260	84,A/T;161,T/A
YITCHB263	43,A/G;84,A/G;93,T/C;144,A/G;181,A/G
YITCHB264	5,A/T;8,A/T;22,T/C;35,A/G;51,T/C;79,T/C;97,C/G;99,A/G;105,A/G;108,T/C; 111,T/C;113,A/G;114,T/C;132,T/C;137,A/G;144,T/C
YITCHB265	64,T;73,T;97,C;116,G
YITCHB266	25,A/C;37,T/C;57,A/C;58,A/T
YITCHB267	42,T/A;102,T/G
YITCHB268	23,T/C;24,C;25,A/G;46,T/C;59,C/G;66,T/C;71,A/G;80,A/G;82,T;86,T/C;126, A;127,T/G;148,T;150,T/C;167,G
YITCHB269	53,A/C;60,A
YITCHB270	12,T/C;113,A/C

YITCHB002   109,T/C;145,A/C;146,C/G
YITCHB004   160,T
YITCHB006   110,T
YITCHB007   27,C/G;44,A/G;67,A/G;83,A/G;99,T/C
YITCHB008   15,T;65,C
YITCHB011   156,A
YITCHB016   18,A/T;88,A/G
YITCHB017   63,A/C;132,A/G
YITCHB019   1,A/G;22,A/G;31,T/C;32,T/C;38,A/G;51,T/C;55,A/T;70,A/G;93,A/G;94,A/G;
             101,T/C;109,A/G;112,A/G;130,T/C;132,A/G;148,A/G
YITCHB021   54,A/C;123,A/G;129,T/C;130,A/G
YITCHB022   19,T;41,A;54,C;67,G;68,C;88,T
YITCHB023   26,A;38,T;64,C;65,A;121,A
YITCHB026   18,G
YITCHB027   67,A/G;101,A
YITCHB028   48,T/C;166,C/G
YITCHB031   88,C;125,C
YITCHB033   93,A/C
YITCHB035   7,A;33,G;44,C;124,T;137,C;158,G
YITCHB036   47,A/G
YITCHB037   63,A/G;82,T/A;100,T/G
YITCHB038   202,T;203,A;204,G
YITCHB039   28,T/C;29,A/T;53,T/C;74,A/G;76,T/C;89,T/G;93,A/G;130,T/C;151,T;156,T/G
YITCHB040   1,C;29,T/C;31,A/G;73,T/C;103,T/C;108,A/G;135,T/C
YITCHB042   127,T;167,T
YITCHB045   48,T/C
YITCHB047   130,A/G
YITCHB048   6,A/G;59,A/T;62,A/G;79,T/C;80,T/C;81,A/G
YITCHB050   45,T;59,T;91,T;104,G
YITCHB051   7,T/G;26,A/G;54,T/C;144,A/C
YITCHB053   19,T/C;21,C/G;81,T/C;103,A/G;111,T/C;112,T/C;124,A/G
YITCHB057   91,G;142,T;146,G
YITCHB058   2,G;36,G;60,G;79,−;131,T

YITCHB059 4,T/C;22,A/G;76,C/G;114,A/G;196,T/A

YITCHB060 53,–;54,–;55,–;56,–

YITCHB061 4,C/G;28,A/G;55,A/G;67,T/A;78,T/C;85,A/G;93,T/C

YITCHB063 85,T/C

YITCHB064 113,A

YITCHB066 30,T/C

YITCHB067 9,A;85,A;87,G

YITCHB068 144,T/C;165,A/G

YITCHB071 105,A/G

YITCHB072 6,T/A;7,A/G;8,T/C;19,T/C;25,T/G;59,T/C;61,T/G;67,A/G;71,A/G;79,T/C/G;80,A/T/C;81,A/G;82,A/G;88,T/C;89,A/G;91,A/G;93,A/G;97,A/T;100,A/G;103,A/C;107,A/G;109,A/G;113,T/G;118,T/C;119,T/G;121,T/C;125,T/C;128,C/G;130,T/A;137,A/G;141,A/G;149,A/G;150,T/G;160,T/C;166,T/C/A;169,A/G;172,A/G;182,T/A

YITCHB073 49,G

YITCHB075 22,C;35,T;98,C

YITCHB077 77,A;88,T;104,A;145,T

YITCHB079 123,A/G

YITCHB081 51,A/G;56,T;57,C;58,T;60,C;67,T;68,T;69,C;110,A/G;116,T/C;135,A/G

YITCHB082 52,A

YITCHB083 4,T/A;28,T/G;101,T/G;119,T/C

YITCHB084 58,T/A;91,A;100,C;119,A/C;149,A/G

YITCHB085 46,C;82,G

YITCHB086 15,T/C;50,T/C;52,A/G;67,C/G;76,A/C;77,C/G;85,A/G;90,T/G;92,T/C;94,C/G;100,A/G;102,T/G;104,A/C;107,T/G;109,A/G;110,A/T;114,A/G;115,A/G;116,T/C;127,T/C;135,A/G;151,A/C;155,T;156,T/A;165,T/C;168,C/G

YITCHB089 38,A;52,A;53,C;64,A;89,C;178,T;184,C;196,C;197,A

YITCHB093 95,T/G;107,T/G;132,A/G;166,T/G

YITCHB094 16,C;36,C/G;53,T/A;63,A/G;70,C;99,A/G

YITCHB099 74,T/C;105,A/G;126,T/C;179,T/A;180,T/C

YITCHB100 12,T/C

YITCHB102 57,A/C

YITCHB104 146,C/G

YITCHB105 36,A

YITCHB106 19,C;94,C

YITCHB107 18,T;48,G;142,T

YITCHB108 73,A/C;127,A/C

YITCHB109	1,T;6,G;50,A/G;83,T/C;92,A/G;159,A/C
YITCHB110	66,A/G;144,A/G
YITCHB112	36,T/C;57,A/G;96,A/G;103,A/G;120,T/C;123,T/C;162,T/C
YITCHB113	188,T/C
YITCHB114	18,T/C;25,A/G;38,T/C;68,T/C;70,C/G;104,T/C
YITCHB115	112,A/G;128,T/C
YITCHB116	29,T;147,G
YITCHB118	22,T/C;78,T/C;102,T/C
YITCHB121	133,T/A;135,A/G;187,A/G
YITCHB123	27,T/A;39,A/G;49,A/G;59,T/C;75,A/G;89,T/C;103,A/G;138,T;150,T/G;163,A/T;171,A/G;175,T/G;197,T/C
YITCHB124	130,A
YITCHB128	7,C
YITCHB130	13,A/G;20,T/C;54,T/C;82,T/C
YITCHB132	34,T/C;46,A/C;61,A/C;93,A/C;132,A;161,T/C
YITCHB133	1,A/G
YITCHB134	72,C
YITCHB135	178,T/C;187,T/C;188,C/G
YITCHB136	64,A/C
YITCHB137	110,T/C
YITCHB138	22,C;52,G
YITCHB141	39,C
YITCHB142	30,T/G;121,T/C;131,C/G;153,C/G
YITCHB143	22,G
YITCHB145	6,A;8,G;20,A;76,A;77,G;83,G;86,T
YITCHB147	12,A/G;22,T/G;61,A/T;70,A/G;100,A/G
YITCHB148	27,T/C;91,T/C
YITCHB150	57,C;58,T
YITCHB151	15,T/C;19,A/C;43,T/G;58,A/G;90,A/G
YITCHB152	31,A
YITCHB154	62,T/C
YITCHB156	82,T/C
YITCHB158	13,T/C;18,A/G;94,A/G;96,C;106,T/C
YITCHB159	7,G;11,T/C;25,A/G;38,T;42,T;92,C/G;160,A/G
YITCHB160	33,C;59,A;66,A
YITCHB162	7,T/G;14,T/C;16,A/G;32,T/C;33,T;67,A/G;75,T/C;88,T/C;133,T/G;136,A/C
YITCHB163	41,A/G;54,T/C;90,T/C

YITCHB167	12,A/G;33,C/G;36,A/G;64,A/C;146,A/G
YITCHB168	21,A/G
YITCHB169	22,T;107,A/G
YITCHB171	29,T/C;39,T/C;87,A/T;96,T/C;119,A/C
YITCHB173	5,T/A;19,A/C;23,T/G;28,T/C;40,T/G;44,A/G;45,C/G;48,T/C;51,A/G;62,A/C;63,A/G;67,T/C;70,A/G;84,T/C
YITCHB175	12,G
YITCHB176	13,A/C;25,A/G;26,A/G;82,A/G;105,T/C
YITCHB177	28,T/G;30,A/G;42,C/G;55,T/G;95,T/G;127,A/G;135,T/G
YITCHB185	20,C;49,A;71,T;86,C;104,C;114,T;133,C;154,G
YITCHB186	19,A/G;46,A/G;47,A/G;57,A/T;75,T/C;82,T/C;86,A/C
YITCHB187	82,A/G;130,A/G
YITCHB189	49,A;61,A/C;88,A/C;147,G
YITCHB190	90,T/A
YITCHB191	1,T;44,G
YITCHB192	45,A
YITCHB195	53,C;111,T
YITCHB197	72,A/G;121,–/T;122,–/T;123,–/T;167,G;174,A/G;189,A/C
YITCHB198	34,T;59,–;60,–;63,G;109,C
YITCHB199	2,T/C;5,A/G;12,T/G;50,A/C;123,C;177,T/C
YITCHB200	19,T/C
YITCHB201	103,A/T;132,–/T
YITCHB202	55,T;60,T;88,T/C;102,T;104,A;115,A/T;127,T/C;144,A/G;187,G;197,A
YITCHB205	57,T/G
YITCHB208	41,C;84,A
YITCHB211	113,T;115,G
YITCHB212	38,C/G;105,C/G
YITCHB214	15,C;155,C
YITCHB215	3,A/T;6,T/G;9,A/G;22,A/G;54,T/C;63,T/A;71,T/A;72,T/C;81,A/G;96,A/G;121,T/C;137,A/G;163,T/G;177,A/G;186,A/G
YITCHB216	43,A
YITCHB217	84,A/C
YITCHB219	9,T;112,G
YITCHB220	58,G
YITCHB223	11,T/C;54,A/G;189,T/C
YITCHB224	117,A
YITCHB225	24,G

YITCHB226   127,T/C
YITCHB228   11,A/G;26,A/T;72,A/G
YITCHB229   45,G;46,T/C;80,T/C;162,T/G
YITCHB230   55,C;110,T/C
YITCHB231   104,T/C
YITCHB232   47,A/G;54,A/G;86,C;108,T/C;147,A/C
YITCHB233   1,A;2,A;3,G;4,T;7,C;50,A;152,A
YITCHB237   118,A/G;120,A/C;165,A/T;181,A/C
YITCHB242   67,T/C
YITCHB245   144,A;200,C
YITCHB246   19,A/C;25,T/C;89,A/G
YITCHB249   43,T/C
YITCHB250   21,T/C;51,G;54,T/C;55,A/G;56,T/C;78,T/C;98,T/C;99,T/A;125,A/T
YITCHB251   65,G
YITCHB252   26,C;65,G;126,T/G;137,T/C;156,A/G
YITCHB254   4,T/C;6,A/G;51,A/G;109,A/C
YITCHB255   5,G;9,C;22,G;25,C;37,G;79,A;86,G;88,G;89,G;116,C;135,T;144,T/C;187,A
YITCHB257   68,T/C
YITCHB258   24,A/G;191,T/C
YITCHB259   90,A/G
YITCHB260   84,T/A;161,A/T
YITCHB263   84,A;93,C;144,G;146,A/G;181,G
YITCHB264   5,T;22,T;35,A;63,A/G;79,T;97,G;99,G;105,A;108,T;111,C;113,A;114,C;132,T;
             137,G;144,C
YITCHB265   64,T/C;73,T/A;97,C;116,T/G
YITCHB266   25,C;29,A/G;37,T/C;57,A/C;58,A/T;136,T/C;159,T/C
YITCHB268   23,T/C;24,A/C;66,T/C;82,T;126,A/G;127,T/G;148,T/A;167,G
YITCHB269   60,A
YITCHB270   12,T

YITCHB001   25,C;43,T/C;66,T;67,C;81,T/C
YITCHB002   145,A;146,G
YITCHB003   83,A/G;96,T/A
YITCHB004   160,T/G
YITCHB007   27,C/G;44,A/G;67,A/G;83,A/G;90,C/G
YITCHB015   47,A/G;69,C/G;85,A/G
YITCHB016   88,A/G
YITCHB017   63,A/C;132,A/G
YITCHB019   55,T/A
YITCHB021   54,A/C;123,A/G;129,T/C;130,A/G
YITCHB022   54,T/C;67,A/G;68,A/C
YITCHB023   26,T/A;38,T/G;64,A/C;65,A/G;121,A/C
YITCHB026   18,A/G
YITCHB030   80,C/G;139,T/C;148,A/G
YITCHB031   88,T/C;125,C
YITCHB033   93,A
YITCHB034   29,A/C
YITCHB036   95,T/C;157,A/G
YITCHB038   202,T;203,A;204,G
YITCHB039   130,T/C;151,T/G
YITCHB040   1,C;29,T;31,A;73,C;103,T;108,G;135,T
YITCHB042   17,A/G;99,T/C;127,T;137,T/C;154,T/C;167,T
YITCHB045   48,T/C
YITCHB047   130,A/G
YITCHB048   6,A/G;59,T/A;62,A/G;79,T/C
YITCHB049   41,C/G;53,T/C;75,T/C;99,A/C
YITCHB050   45,T;59,T;91,T;104,A/G;121,A/G
YITCHB051   7,T/G;26,A/G;54,T/C;144,A/C
YITCHB055   52,T/A
YITCHB056   60,A/T;124,T/G;125,T/G;147,A/G
YITCHB057   91,G;142,T;146,G
YITCHB058   2,A/G;36,A/G;60,A/G;131,T/C
YITCHB059   4,T/C;22,A/G;76,C/G;114,A/G;196,A/T

YITCHB061   4,C;28,A;67,A

YITCHB062   94,G;96,C

YITCHB064   113,A/G

YITCHB066   30,T/C

YITCHB067   9,A;85,A;87,G

YITCHB072   19,T;59,T;61,G;67,G;71,G;79,G;80,T;81,G;82,G;88,C;89,A;91,G;97,T;100,
             G;103,A;109,G;121,T;125,C;128,G;137,G;141,A;150,G;166,T;169,A;172,G;
             182,A

YITCHB073   49,G

YITCHB075   22,C;35,T

YITCHB076   13,T/C;91,T/C

YITCHB079   85,A/G;123,A/G

YITCHB081   51,A/G;56,T;57,C;58,T;60,C;67,T;68,T;69,C;110,A/G;116,T/C;135,A/G

YITCHB082   131,T/C

YITCHB083   4,A/T;28,T/G;101,T/G;119,T/C

YITCHB085   46,C;82,G

YITCHB089   38,A/G;52,A/G;53,T/C;64,A/C;89,T/C;178,T/C;184,T/C;196,T/C;197,A/G

YITCHB092   118,A/G

YITCHB094   16,C;36,C/G;53,T/A;63,A/G;70,C;99,A/G

YITCHB096   24,C;87,T/C

YITCHB099   74,T/C;105,A/G;126,T/C;179,T/A;180,T/C

YITCHB100   12,T/C

YITCHB102   16,T/C;21,T/G;24,T/G;27,A/T;32,T/G;33,T/G;56,T/C;57,C;59,T/A;65,T/C;83,
             A/G;107,A/G

YITCHB104   146,C/G

YITCHB105   36,A

YITCHB107   18,T/A;48,A/G;142,T/C

YITCHB108   127,A/C

YITCHB109   1,T;6,G;26,T/C;50,A/G;83,T/A;92,A/G;93,T/C

YITCHB112   28,T/C;123,T/C;154,T/A

YITCHB114   18,T;38,C;68,C;70,G;104,C

YITCHB115   112,A/G;128,T/C

YITCHB116   29,T

YITCHB117   152,A/G

YITCHB118   22,T/C;78,T/C;102,T/C

YITCHB121   133,T;135,G;136,−;187,G

YITCHB123   27,A/T;39,A/G;49,A/G;56,A/G;66,A/G;69,T/C;75,A/G;104,A/G;125,T/C;135,

	A/G;138,T/C;175,T/G
YITCHB124	130,A/G
YITCHB126	19,A/G;43,T/C
YITCHB128	7,C;135,C/G
YITCHB130	13,A;20,C;54,C;60,A/G;82,T/C
YITCHB132	46,A/C;61,A/C;93,A/C;132,A/G;161,T/C
YITCHB134	72,T/C
YITCHB135	128,T/C
YITCHB136	4,A/C;64,A/C
YITCHB137	110,C
YITCHB141	39,C
YITCHB143	22,G
YITCHB145	6,A;8,G;20,A;76,A/C;77,C/G;83,A/G;86,T/C
YITCHB148	17,A/C;27,T/C;91,T/C
YITCHB149	87,T/C;112,T/A;135,A/G
YITCHB152	31,A/G
YITCHB154	4,T/C;87,T/C
YITCHB157	69,A
YITCHB158	96,T/C
YITCHB159	7,A/G;25,A/G;38,T/C;42,T/C;92,C/G;160,A/G
YITCHB160	59,A;64,T
YITCHB161	31,C/G
YITCHB165	1,A;49,T
YITCHB167	12,G;33,C;36,G;64,C;146,G
YITCHB169	22,T;107,A/G
YITCHB171	39,T/C;87,A/T;96,T/C;119,A/C
YITCHB176	13,A/C;25,A/G;26,A/G;82,A/G;105,T/C
YITCHB177	55,A/G;107,A/G;125,T/C;127,A/G
YITCHB179	2,C/G
YITCHB186	19,A/G;46,A/G;47,A/G;57,T/A;75,T/C;82,T/C;86,A/C
YITCHB187	130,A/G
YITCHB189	49,A/G;61,A/C;147,G
YITCHB191	44,G
YITCHB192	45,A/T
YITCHB195	108,A
YITCHB197	72,G;121,T;122,T;123,T;167,G;174,G;189,C
YITCHB198	34,T/A;63,A/G;109,T/C

YITCHB200　　70,A/G;73,A/G;92,T/A;104,C/G;106,A/T
YITCHB201　　112,A/G;132,–/T
YITCHB202　　55,T/C;60,T/C;102,T/C;104,A/G;127,T/C;187,A/G;197,A/G
YITCHB203　　125,T/C;154,A/G
YITCHB205　　31,A/C;36,A/G;46,A/T;57,T/G;74,A/G
YITCHB207　　81,A/G
YITCHB208　　41,T/C;84,T/A
YITCHB209　　32,T/C;34,T/C;35,A/G;71,T/C;94,T/C;166,A/G;173,A/G;175,T/C
YITCHB210　　130,A/C;154,A/G
YITCHB211　　113,T/C;115,A/G
YITCHB215　　3,T/A;6,T/G;9,A/G;22,A/G;54,T/C;63,A/T;71,A/T;72,T/C;81,A/G;96,A/G;121,
　　　　　　　T/C;137,A/G;163,T/G;177,A/G;186,A/G
YITCHB216　　43,A/G
YITCHB219　　24,A/G;60,T/C;112,A/G
YITCHB220　　58,C/G
YITCHB224　　117,A
YITCHB229　　45,C/G;46,T/C;80,C/G;162,T/G
YITCHB230　　55,T/C;128,A/G
YITCHB232　　47,A/G;54,A/G;86,T/C;108,T/C;147,A/C
YITCHB233　　1,T/A;2,T/A;3,T/G;4,T/G;7,T/C;50,A/G;152,–/A
YITCHB234　　53,C
YITCHB237　　118,G;120,A;165,T;181,A
YITCHB238　　108,C/G
YITCHB240　　53,T/A;93,T/C;148,T/A
YITCHB242　　22,C
YITCHB243　　86,T/C;98,A/G;131,C
YITCHB246　　19,A/C;25,C;89,A
YITCHB247　　23,G;33,C/G;109,A
YITCHB249　　43,T/C
YITCHB250　　21,T/C;51,G;54,T/C;55,A/G;56,T/C;78,T/C;98,T/C;99,A/T;125,T/A
YITCHB251　　65,G
YITCHB252　　26,T/C;65,A/G;126,T/G
YITCHB253　　21,A/T;26,T/G
YITCHB254　　51,A/G
YITCHB255　　5,A/G;9,T/C;22,A/G;25,T/C;37,T/G;79,A/G;86,A/G;88,A/G;89,A/G;116,T/C;
　　　　　　　135,T/C;187,A/G
YITCHB256　　11,A

YITCHB257 68,T/C
YITCHB258 24,A/G;65,A/G;128,A/T
YITCHB259 90,A/G
YITCHB260 84,A/T;161,T/A
YITCHB263 43,A/G
YITCHB264 8,A/T;51,T/C;111,T/C
YITCHB265 64,T/C;73,T/A;97,C;116,T/G
YITCHB266 25,C;57,C;58,T;136,C;159,C
YITCHB268 23,T/C;24,A/C;66,T/C;82,T;126,A/G;127,T/G;148,T/A;167,G
YITCHB269 60,A/C
YITCHB270 12,T/C;113,A/C

YITCHB001   3,A/G;25,C;43,T/C;66,T;67,T/C;142,T/G

YITCHB002   145,A;146,G

YITCHB003   83,G;96,A

YITCHB006   110,T/C

YITCHB007   27,C/G;44,A/G;67,A/G;90,C/G

YITCHB008   65,T/C

YITCHB009   118,T;176,G;181,T;184,C;188,G

YITCHB022   19,T/C;41,A/G;54,C;67,G;68,C;88,T/C

YITCHB023   26,A/T;38,T/G;64,A/C;65,A/G;121,A/C

YITCHB026   18,A/G

YITCHB027   22,T/C;101,A/G;121,A/C;122,T/G;123,T/G;124,A/C

YITCHB030   80,C/G;139,T/C;148,A/G

YITCHB031   161,T

YITCHB033   93,A/C

YITCHB034   29,A/C

YITCHB035   158,T

YITCHB036   47,A/G

YITCHB038   18,T;40,T;94,T;113,C;202,T;203,A;204,G

YITCHB039   76,T/C;93,A/G;130,T/C;151,T;156,T/G

YITCHB040   1,C

YITCHB042   127,T/C;167,A/T

YITCHB045   48,C

YITCHB048   6,A/G;59,A/T;62,A/G;79,T/C;80,T/C;81,A/G

YITCHB049   41,C/G;53,T/C;75,T/C;99,A/C

YITCHB050   45,T/C;59,T/C;91,A/T;121,A/G

YITCHB051   7,T/G;54,T/C;105,T/C;136,A/G

YITCHB054   116,C

YITCHB055   52,T/A

YITCHB057   91,G;142,T;146,G

YITCHB058   2,G;36,G;60,G;79,−;131,T

YITCHB061   4,C;28,A;67,A

YITCHB062   94,G;96,C

YITCHB063   85,T/C

YITCHB064 113,A/G

YITCHB066 10,A/G;30,T

YITCHB067 9,A;85,A;87,G

YITCHB072 19,T;35,A;59,T;61,G;71,G;79,G;80,T;81,G;82,G;88,C;89,A;91,G;97,T;100,
G;103,A;109,G;121,T;125,C;128,G;130,G;137,G;141,A;150,G;166,T;169,A;
172,G;175,T;182,A

YITCHB073 49,G

YITCHB075 22,T/C;35,T/C;98,C/G

YITCHB076 13,T/C;82,T/A;91,T/C;109,A/C

YITCHB077 77,A/G;88,T/C;104,A/G;145,T/C

YITCHB081 51,A/G;56,T;57,C;58,T;60,C;67,T;68,T;69,C;110,A/G;116,T/C;135,A/G

YITCHB082 52,A/G

YITCHB084 24,T/C;91,A/G;100,C/G;119,A/C

YITCHB085 27,T/G;46,C/G;81,T;82,G

YITCHB086 15,T/C;50,T/C;52,A/G;67,C/G;76,A/C;77,C/G;85,A/G;90,T/G;92,T/C;94,C/G;
100,A/G;102,T/G;104,A/C;107,T/G;109,A/G;110,T/A;114,A/G;115,A/G;116,
T/C;127,T/C;135,A/G;151,A/C;155,T;156,A/T;165,T/C;168,C/G

YITCHB093 95,T/G;107,T/G;132,A/G;166,T/G

YITCHB094 16,C;26,T/A;36,C/G;63,A/G;70,C;99,A/G

YITCHB100 12,T/C

YITCHB102 16,T/C;21,T/G;24,T/G;27,A/T;32,T/G;33,T/G;56,T/C;57,A/C;59,T/A;65,T/C;
83,A/G;107,A/G

YITCHB103 61,A/G;64,A/C;87,A/C;153,T/C

YITCHB104 146,C/G

YITCHB105 36,A

YITCHB107 18,T/A;48,A/G;142,T/C

YITCHB108 119,A/C;127,A/C

YITCHB109 1,T;6,G;26,T/C;83,A/C;93,T/C;159,A/C

YITCHB112 28,T/C;123,T/C;138,C/G

YITCHB113 182,T/A;192,A/G

YITCHB114 18,T;38,C;68,C;70,G;104,C

YITCHB116 29,T

YITCHB117 152,A/G

YITCHB118 22,T/C;78,T/C;102,T/C

YITCHB121 133,T/A;135,A/G;168,T/C;187,A/G

YITCHB124 130,A/G;186,C/G

YITCHB127 65,A/G;82,A/C;132,A/C

YITCHB128	7,C;127,A/G;135,C/G
YITCHB130	13,A/G;20,T/C;54,T/C;60,A/G
YITCHB131	32,T/C;135,T/G;184,T/C
YITCHB132	27,−;46,A;61,A;93,C;132,A;161,T
YITCHB134	72,C
YITCHB135	178,T/C
YITCHB136	64,A/C
YITCHB137	110,T/C
YITCHB138	22,A/C;52,A/G
YITCHB141	39,T/C
YITCHB142	30,T/G;121,T/C;131,C/G;153,C/G
YITCHB143	22,T/G
YITCHB145	6,A/G;8,A/G;20,A/C;76,A/C;77,C/G;83,A/G;86,T/C
YITCHB148	27,T/C;91,T/C
YITCHB151	19,T/A;43,T/G
YITCHB152	31,A/G
YITCHB154	4,T/C;87,T/C
YITCHB155	65,A/T;95,T/C;138,A/C
YITCHB156	82,T/C
YITCHB157	32,T/C;69,A
YITCHB158	96,T/C
YITCHB159	7,A/G;25,A/G;38,T/C;42,T/C;92,C/G;160,A/G
YITCHB160	15,T/C;48,A/T;59,A;64,T/G
YITCHB162	7,T/G;10,T/C;16,A/G;32,T/C;33,T;73,A/G;75,T/C;77,A/G;136,A/C;140,T/A
YITCHB163	41,A/G;54,T/C;90,T/C
YITCHB165	1,A;69,T/C;118,A/G;120,T/A;126,T/C;127,T/G
YITCHB166	30,T/C
YITCHB168	21,A;62,−;73,A/G
YITCHB171	39,T/C;87,T/A;96,T/C;119,A/C
YITCHB175	12,A/G
YITCHB176	13,A/C;25,A/G;26,A/G;82,A/G;105,T/C
YITCHB181	56,A
YITCHB182	45,A/G;50,T/C
YITCHB183	53,A/G;59,T/G;79,A/G;80,A/G;85,T/C;97,T/C;99,A/G;115,T/C;116,A/C;117, A/G;138,T/C;143,T/C;155,T/C
YITCHB185	74,T/C;104,T/C;122,T/C;133,C/G
YITCHB186	19,A/G;46,A/G;47,A/G;57,A/T;75,T/C;82,T/C;86,A/C

YITCHB187	130,G
YITCHB188	156,T/C
YITCHB189	49,A;147,G
YITCHB191	44,G
YITCHB192	46,T/G;73,A/G
YITCHB193	169,T/C
YITCHB196	44,T/C;101,T/C
YITCHB197	72,A/G;121,−/T;122,−/T;123,−/T;167,G;174,A/G;189,A/C
YITCHB198	34,A/T;63,A/G;109,T/C
YITCHB199	2,T/C;12,T/G;123,T/C;177,T/C
YITCHB200	19,T/C
YITCHB201	103,A/T;132,−/T;194,T/C;195,A/G
YITCHB202	55,T;60,T;102,T;104,A;159,T;187,G;197,A
YITCHB205	31,A/C;36,A/G;46,A/T;57,T/G;74,A/G
YITCHB208	18,T/A;41,T/C;84,A/T
YITCHB209	32,T;34,C;35,A;71,T;94,T;166,G;173,A;175,C
YITCHB210	130,C
YITCHB212	38,C/G;105,C/G
YITCHB214	15,T/C;155,A/C
YITCHB215	3,A/T;6,T/G;9,A/G;22,A/G;54,T/C;63,T/A;71,T/A;72,T/C;81,A/G;96,A/G;121,T/C;137,A/G;163,T/G;177,A/G;186,A/G
YITCHB216	43,A/G
YITCHB217	84,A/C
YITCHB219	24,A/G;52,T/C;60,T/C;112,A/G
YITCHB223	11,T/C;54,A/G;189,T/C
YITCHB224	1,A;36,A;79,T;117,A;118,C
YITCHB225	24,A/G
YITCHB227	120,T/C
YITCHB228	11,G;26,T
YITCHB229	45,G;46,T/C;80,T/C;162,T/G
YITCHB230	55,T/C;128,A/G
YITCHB232	86,C
YITCHB233	152,A
YITCHB234	53,C
YITCHB235	120,T/C
YITCHB237	118,A/G;120,A/C;165,T/A;181,A/C
YITCHB238	108,C/G

YITCHB242   22,T/C
YITCHB243   86,T/C;98,A/G;131,A/C
YITCHB246   19,A/C;25,C;89,A
YITCHB247   23,G;33,C/G;109,A
YITCHB249   43,T/C
YITCHB250   21,T/C;51,G;54,T/C;55,A/G;56,T/C;78,T/C;98,T/C;99,T/A;125,A/T
YITCHB251   65,A/G
YITCHB252   26,T/C;65,A/G;126,T/G
YITCHB253   21,T/A;26,T/G
YITCHB254   4,T/C;6,A/G;51,A/G;109,A/C
YITCHB255   5,G;9,C;22,G;25,C;37,G;79,A;86,G;88,G;89,G;116,C;135,T;187,A
YITCHB256   16,C
YITCHB258   24,A/G;65,A/G;128,A/T
YITCHB259   90,A
YITCHB260   84,A/T;161,T/A
YITCHB263   43,A/G
YITCHB264   8,A/T;51,T/C;111,T/C
YITCHB265   17,T
YITCHB266   25,A/C;57,A/C
YITCHB267   42,A/T;102,T/G
YITCHB268   82,T/G;167,A/G
YITCHB269   60,A
YITCHB270   12,T

YITCHB001   3,A/G;25,T/C;66,T/C;142,T/G
YITCHB002   109,T/C;145,A/C;146,C/G
YITCHB003   83,A/G;96,T/A
YITCHB004   160,T/G
YITCHB006   110,T/C
YITCHB007   27,C/G;44,A/G;67,A/G;83,A/G;90,C/G
YITCHB008   65,T/C
YITCHB009   118,T;176,G;181,T;184,C;188,G
YITCHB014   9,T/C
YITCHB015   47,A/G;69,C/G;85,A/G
YITCHB019   55,A/T
YITCHB023   26,A;38,T;64,C;65,A;121,A
YITCHB024   142,C/G
YITCHB026   18,G
YITCHB027   101,A/G
YITCHB030   80,C/G;139,T/C;148,A/G
YITCHB031   161,T
YITCHB034   29,A
YITCHB036   47,A/G;95,T/C;157,A/G
YITCHB038   18,T/A;40,T/G;94,T/A;113,C/G;202,T;203,A;204,G
YITCHB039   76,T/C;93,A/G;130,T/C;151,T;156,T/G
YITCHB040   1,C;29,T;31,A;73,C;103,T;108,G;135,T
YITCHB042   127,T;167,T
YITCHB044   97,T/C
YITCHB045   48,T/C
YITCHB047   130,A/G
YITCHB048   6,A/G;59,A/T;62,A/G;79,T/C;80,T/C;81,A/G
YITCHB049   41,C/G;53,T/C;75,T/C;99,A/C
YITCHB050   45,T;59,T;91,T;104,A/G;121,A/G
YITCHB051   7,T/G;26,A/G;54,T/C;136,A/G
YITCHB054   116,T/C
YITCHB055   52,T/A
YITCHB057   91,A/G;142,T/C;146,T/G

YITCHB061　　4,C;28,A;67,A

YITCHB062　　94,A/G;96,T/C

YITCHB063　　85,T/C

YITCHB064　　113,A

YITCHB066　　10,A/G;30,T/C

YITCHB067　　9,A/G;85,A/G;87,−/G

YITCHB072　　19,T/C;59,T/C;61,T/G;67,A/G;71,A/G;79,C/G;80,T/C;81,A/G;82,A/G;88,T/C;
89,A/G;91,A/G;97,A/T;100,A/G;103,A/C;109,A/G;121,T/C;125,T/C;128,C/G;
137,A/G;141,A/G;150,T/G;166,A/T;169,A/G;172,A/G;182,T/A

YITCHB073　　49,G

YITCHB074　　98,A/G

YITCHB075　　22,T/C;35,T/C;98,C/G

YITCHB076　　13,T/C;91,T/C

YITCHB077　　77,A/G;88,T/C;104,A/G;145,T/C

YITCHB079　　123,A/G

YITCHB081　　51,A/G;56,T;57,C;58,T;60,C;67,T;68,T;69,C;110,A/G;116,T/C;135,A/G

YITCHB082　　52,A/G;93,T/C

YITCHB084　　58,T/A;91,A/G;100,C/G;149,A/G

YITCHB085　　46,C/G;81,A/T;82,G

YITCHB086　　15,T/C;50,T/C;52,A/G;67,C/G;76,A/C;77,C/G;85,A/G;90,T/G;92,T/C;94,C/G;
100,A/G;102,T/G;104,A/C;107,T/G;109,A/G;110,T/A;114,A/G;115,A/G;116,
T/C;127,T/C;135,A/G;151,A/C;155,T/G;156,A/T;165,T/C;168,C/G

YITCHB092　　118,A/G

YITCHB093　　95,T/G;107,T/G;132,A/G;166,T/G

YITCHB094　　16,C;26,A/T;36,C/G;63,A/G;70,C;99,A/G

YITCHB099　　74,T/C;105,A/G;126,T/C;179,A/T;180,T/C·

YITCHB102　　16,T/C;21,T/G;24,T/G;27,T/A;32,T/G;33,T/G;56,T/C;57,A/C;59,A/T;65,T/C;
83,A/G;107,A/G

YITCHB104　　146,C/G

YITCHB105　　36,A/C

YITCHB107　　18,T/A;48,A/G;142,T/C

YITCHB108　　127,A/C

YITCHB109　　1,T;6,G;83,T/C;159,A/C

YITCHB112　　123,T/C;138,C/G

YITCHB113　　182,A/T;192,A/G

YITCHB114　　18,T/C;25,A/G;38,T/C;68,T/C;70,C/G;104,T/C

YITCHB115　　112,A/G;128,T/C

YITCHB116	29,T
YITCHB117	152,A/G
YITCHB121	133,T/A;135,A/G;168,T/C;187,A/G
YITCHB124	130,A/G;186,C/G
YITCHB126	43,T/C;112,T/C;154,T/C
YITCHB127	65,A/G;82,A/C;132,A/C
YITCHB128	7,T/C;135,C/G;169,A/G
YITCHB132	27,–;46,A;61,A;93,C;132,A;161,T
YITCHB134	72,T/C
YITCHB136	64,A/C
YITCHB138	22,A/C;52,A/G
YITCHB141	39,C
YITCHB143	22,T/G
YITCHB145	6,A/G;8,A/G;20,A/C;76,A/C;77,C/G;83,A/G;86,T/C
YITCHB148	17,A/C;27,T/C;91,T/C
YITCHB151	19,A;33,A/G;43,T/G
YITCHB152	31,A/G
YITCHB154	1,T/A;4,T/C;87,T/C
YITCHB156	82,T
YITCHB157	32,T/C;69,A/G
YITCHB158	13,T/C;18,A/G;94,A/G;96,T/C;106,T/C
YITCHB159	7,A/G;11,T/C;38,T/C;42,T/C
YITCHB160	15,T/C;48,T/A;59,A;64,T/G
YITCHB162	7,T/G;14,T/C;16,A/G;33,T;75,T/C;136,A/C
YITCHB165	1,A;10,T
YITCHB166	30,T/C
YITCHB167	12,A/G;33,C/G;36,A/G;64,A/C;146,A/G
YITCHB168	21,A/G;73,A/G
YITCHB169	22,T;107,A
YITCHB171	39,T/C;87,A/T;96,T/C;119,A/C
YITCHB175	12,A/G
YITCHB177	28,T/G;30,A/G;95,T/G;127,A/G;135,T/G
YITCHB182	50,T/C
YITCHB185	74,T/C;104,T/C;122,T/C;133,C/G
YITCHB186	19,A/G;46,A/G;47,A/G;57,A/T;75,T/C;82,T/C;86,A/C
YITCHB187	130,A/G
YITCHB189	49,A/G;61,A/C;147,A/G

YITCHB191   1,T/C;44,T/G

YITCHB192   46,T/G;73,A/G

YITCHB193   169,T/C

YITCHB195   53,T/C;111,T/C

YITCHB197   121,–/T;122,–/T;123,–/T;167,C/G

YITCHB199   77,C/G;123,T/C

YITCHB200   19,T/C

YITCHB201   103,T/A;132,–/T;194,T/C;195,A/G

YITCHB202   55,T/C;60,T/C;102,T/C;104,A/G;159,T/C;187,A/G;197,A/G

YITCHB205   31,A/C;36,A/G;46,T/A;57,T/G;74,A/G

YITCHB208   18,T/A;41,T/C;84,A/T

YITCHB209   32,T;34,C;35,A;71,T;94,T;166,G;173,A;175,C

YITCHB210   130,A/C

YITCHB214   15,C;155,C

YITCHB216   43,A

YITCHB217   84,A/C

YITCHB219   24,A/G;52,T/C;112,A/G

YITCHB220   58,C/G

YITCHB224   1,A/G;36,A/G;79,T/C;117,–/A;118,T/C

YITCHB226   61,C/G;127,T/C

YITCHB227   120,T/C

YITCHB230   55,T/C;128,A/G

YITCHB232   86,C

YITCHB234   53,–/C;123,A/G

YITCHB235   120,T/C

YITCHB237   118,G;120,A;165,T;181,A

YITCHB238   108,C/G

YITCHB244   43,A/G;143,A/G

YITCHB245   200,A/C

YITCHB246   25,T/C;89,A/G

YITCHB247   23,T/G;33,C/G;109,A/G

YITCHB248   50,A/G

YITCHB249   43,T

YITCHB250   21,T/C;51,T/G;54,T/C;55,A/G;56,T/C;78,T/C;98,T/C;99,A/T;125,T/A

YITCHB251   65,A/G

YITCHB252   26,C;65,G;126,T

YITCHB253   21,T/A;26,T/G

YITCHB254	4,T/C;6,A/G;51,G;109,A/C
YITCHB255	5,A/G;9,T/C;22,A/G;25,T/C;37,T/G;79,A/G;86,A/G;88,A/G;89,A/G;116,T/C;135,T/C;187,A/G
YITCHB256	16,T/C
YITCHB258	24,A/G;65,A/G;128,A/T
YITCHB259	90,A
YITCHB260	84,A/T;161,T/A
YITCHB263	43,A/G
YITCHB264	8,A/T;51,T/C;111,T/C
YITCHB265	17,T/A;64,T/C;73,A/T;97,C/G;116,T/G
YITCHB266	25,A/C;57,A/C
YITCHB267	42,T/A;102,T/G
YITCHB268	82,T/G;167,A/G
YITCHB269	60,A
YITCHB270	12,T

YITCHB001   3,A/G;25,T/C;66,T/C;142,T/G

YITCHB002   145,A;146,G

YITCHB003   83,A/G;96,A/T

YITCHB006   110,T

YITCHB007   67,A/G;83,A/G

YITCHB008   15,A/T;65,C

YITCHB009   118,T/C;176,A/G;181,T/C;184,T/C;188,A/G

YITCHB014   9,T/C

YITCHB019   55,T/A

YITCHB027   22,T/C;101,A/G;121,A/C;122,T/G;123,T/G;124,A/C

YITCHB030   80,C/G;139,T/C;148,A/G

YITCHB031   125,C

YITCHB033   93,A/C

YITCHB034   29,A/C

YITCHB036   47,A/G

YITCHB039   76,T/C;93,A/G;130,T/C;151,T;156,T/G

YITCHB040   1,C

YITCHB042   127,T/C;167,T/A

YITCHB045   48,C

YITCHB048   6,A/G;59,A/T;62,A/G;79,T/C;80,T/C;81,A/G

YITCHB050   45,T/C;59,T/C;91,T/A;104,A/G

YITCHB051   7,T/G;105,T/C

YITCHB053   4,A/G;38,T/C;124,A/G

YITCHB054   116,C

YITCHB057   91,A/G;142,T/C;146,T/G

YITCHB058   2,A/G;36,A/G;60,A/G;131,T/C

YITCHB061   4,C;28,A;67,A

YITCHB062   94,A/G;96,T/C

YITCHB064   113,A

YITCHB066   10,A/G;30,T/C

YITCHB067   9,A;85,A;87,G

YITCHB072   19,T/C;59,T/C;61,T/G;67,A/G;71,A/G;79,C/G;80,T/C;81,A/G;82,A/G;88,T/C;
             89,A/G;91,A/G;97,T/A;100,A/G;103,A/C;109,A/G;121,T/C;125,T/C;128,C/G;

	137,A/G;141,A/G;150,T/G;166,T/A;169,A/G;172,A/G;182,A/T
YITCHB073	49,G
YITCHB074	98,A/G
YITCHB075	22,T/C;35,T/C;98,C/G
YITCHB076	13,T/C;91,T/C
YITCHB077	77,A/G;88,T/C;104,A/G;145,T/C
YITCHB081	51,A/G;56,T;57,C;58,T;60,C;67,T;68,T;69,C;110,A/G;116,T/C;135,A/G
YITCHB082	52,A/G
YITCHB085	27,T/G;46,C;81,A/T;82,G
YITCHB086	15,T/C;50,T/C;52,A/G;67,C/G;76,A/C;77,C/G;85,A/G;90,T/G;92,T/C;94,C/G;100,A/G;102,T/G;104,A/C;107,T/G;109,A/G;110,T/A;114,A/G;115,A/G;116,T/C;127,T/C;135,A/G;151,A/C;155,T/G;156,A/T;165,T/C;168,C/G
YITCHB091	107,T/G;120,A/G
YITCHB100	12,T/C
YITCHB102	16,T/C;21,T/G;24,T/G;27,A/T;32,T/G;33,T/G;56,T/C;57,A/C;59,T/A;65,T/C;83,A/G;107,A/G
YITCHB104	146,C/G
YITCHB105	36,A
YITCHB107	18,T;48,G;142,T
YITCHB112	28,T/C;123,T/C;138,C/G
YITCHB114	18,T;38,C;68,C;70,G;104,C
YITCHB116	29,T
YITCHB118	22,T/C;78,T/C;102,T/C
YITCHB128	7,C;127,A/G;135,C/G
YITCHB130	13,A/G;20,T/C;54,T/C;60,A/G
YITCHB131	32,T/C;135,T/G;184,T/C
YITCHB132	27,–;46,A;61,A;93,C;132,A;161,T
YITCHB134	72,C
YITCHB135	178,T/C
YITCHB136	64,A/C
YITCHB137	110,T/C
YITCHB142	30,T/G;121,T/C;131,C/G;153,C/G
YITCHB143	22,G
YITCHB145	6,A;8,G;20,A;76,A;77,G;83,G;86,T
YITCHB151	19,A/T;43,T/G
YITCHB152	31,A/G
YITCHB154	1,A/T;4,T/C;87,T/C

YITCHB156   82,T/C

YITCHB157   32,T/C;69,A

YITCHB158   13,T/C;18,A/G;94,A/G;96,T/C;106,T/C

YITCHB159   7,A/G;11,T/C;38,T/C;42,T/C

YITCHB160   15,T/C;48,T/A;59,A;64,T/G

YITCHB162   7,T/G;14,T/C;16,A/G;33,T;75,T/C;136,A/C

YITCHB165   1,A;10,T/C

YITCHB166   30,T/C

YITCHB168   21,A;62,–;73,A/G

YITCHB171   39,T/C;87,T/A;96,T/C;119,A/C

YITCHB175   12,A/G

YITCHB177   28,T/G;30,A/G;42,C/G;55,T/G;95,T/G;127,A/G;135,T/G

YITCHB178   14,A/G;24,T/C;42,T/A;66,A/G;145,A/G

YITCHB183   53,A;59,G;80,A;115,T;155,C

YITCHB185   20,T/C;49,A/G;71,T/C;86,T/C;104,T/C;114,T/C;133,C/G;154,A/G

YITCHB186   19,A/G;46,A/G;47,A/G;57,A/T;75,T/C;82,T/C;86,A/C

YITCHB189   49,A/G;61,A/C;147,A/G

YITCHB191   1,T/C;44,T/G

YITCHB193   169,T/C

YITCHB196   44,T/C;101,T/C

YITCHB197   72,G;121,T;122,T;123,T;167,G;174,G;189,C

YITCHB199   2,T/C;12,T/G;123,T/C;177,T/C

YITCHB201   132,T

YITCHB205   57,T

YITCHB209   32,T;34,C;35,A;71,T;94,T;166,G;173,A;175,C

YITCHB214   15,T/C;155,A/C

YITCHB216   43,A/G

YITCHB217   84,A/C

YITCHB219   24,A/G;60,T/C;112,A/G

YITCHB220   58,C/G

YITCHB224   1,A/G;36,A/G;79,T/C;117,–/A;118,T/C

YITCHB225   24,G

YITCHB226   61,C/G;127,T/C

YITCHB227   120,T/C

YITCHB228   11,A/G;26,T/A

YITCHB230   55,C

YITCHB232   86,T/C

YITCHB233	152,A
YITCHB234	53,C
YITCHB237	118,G;120,A;165,T;181,A
YITCHB238	75,A/T;76,A/G;108,C/G
YITCHB242	22,T/C
YITCHB243	86,T/C;98,A/G;131,A/C
YITCHB246	19,A/C;25,C;89,A
YITCHB247	23,G;33,C/G;109,A
YITCHB249	43,T/C
YITCHB250	21,T/C;51,G;54,T/C;55,A/G;56,T/C;78,T/C;98,T/C;99,A/T;125,T/A
YITCHB251	65,A/G
YITCHB252	26,T/C;65,A/G;126,T/G
YITCHB253	21,A/T;26,T/G
YITCHB254	4,T/C;6,A/G;51,G;109,A/C
YITCHB255	5,A/G;9,T/C;22,A/G;25,T/C;37,T/G;79,A/G;86,A/G;88,A/G;89,A/G;116,T/C;
	135,T/C;187,A/G
YITCHB258	24,A/G;191,T/C
YITCHB263	43,A/G
YITCHB264	8,A/T;51,T/C;111,T/C
YITCHB265	17,T/A;64,T/C;73,A/T;97,C/G;116,T/G
YITCHB266	25,A/C;57,A/C
YITCHB268	82,T;167,G
YITCHB269	60,A
YITCHB270	12,T

YITCHB001　3,A/G;25,T/C;66,T/C;142,T/G

YITCHB002　145,A;146,G

YITCHB003　83,G;96,A

YITCHB006　110,T/C

YITCHB007　67,A/G

YITCHB008　65,T/C

YITCHB009　118,T;176,G;181,T;184,C;188,G

YITCHB022　19,T/C;41,A/G;54,T/C;67,A/G;68,A/C;88,T/C

YITCHB023　26,A;38,T;64,C;65,A;121,A

YITCHB026　18,A/G

YITCHB027　22,T/C;101,A/G;121,A/C;122,T/G;123,T/G;124,A/C

YITCHB030　80,C/G;139,T/C;148,A/G

YITCHB031　125,C

YITCHB033　93,A/C

YITCHB036　47,A/G

YITCHB039　28,T/C;29,T/A;53,T/C;74,A/G;76,T;89,T/G;93,G;130,T/C;151,T;156,G

YITCHB040　1,C;29,T;31,A;73,C;103,T;108,G;135,T

YITCHB042　127,T/C;167,T/A

YITCHB044　97,T/C

YITCHB045　48,C

YITCHB048　6,A/G;59,A/T;62,A/G;79,T/C

YITCHB049　41,C/G;53,T/C;75,T/C;99,A/C

YITCHB050　45,T/C;59,T/C;91,A/T;121,A/G

YITCHB051　7,T/G;54,T/C;105,T/C;136,A/G

YITCHB054　116,C

YITCHB055　52,T/A

YITCHB057　91,A/G;142,T/C;146,T/G

YITCHB061　4,C;28,A;67,A

YITCHB062　94,A/G;96,T/C

YITCHB064　113,A

YITCHB066　10,A/G;30,T/C

YITCHB067　9,A/G;85,A/G;87,–/G

YITCHB072　19,T/C;35,A/G;59,T/C;61,T/G;71,A/G;79,C/G;80,T/C;81,A/G;82,A/G;88,T/C;

89,A/G;91,A/G;97,A/T;100,A/G;103,A/C;109,A/G;121,T/C;125,T/C;128,C/G; 130,A/G;137,A/G;141,A/G;150,T/G;166,A/T;169,A/G;172,A/G;175,T/G;182, T/A

YITCHB073	49,G
YITCHB075	22,T/C;35,T/C
YITCHB076	13,T;82,A/T;91,T;109,A/C
YITCHB077	77,A/G;88,T/C;104,A/G;145,T/C;146,A/G
YITCHB079	123,A/G
YITCHB081	51,A/G;56,T;57,C;58,T;60,C;67,T;68,T;69,C;110,A/G;116,T/C;135,A/G
YITCHB082	52,A/G;93,T/C
YITCHB085	46,C/G;81,T/A;82,G
YITCHB086	15,T/C;50,T/C;52,A/G;67,C/G;76,A/C;77,C/G;85,A/G;90,T/G;92,T/C;94,C/G; 100,A/G;102,T/G;104,A/C;107,T/G;109,A/G;110,T/A;114,A/G;115,A/G;116, T/C;127,T/C;135,A/G;151,A/C;155,T/G;156,A/T;165,T/C;168,C/G
YITCHB091	107,T/G;120,A/G
YITCHB093	95,T/G;107,T/G;132,A/G;166,T/G
YITCHB094	16,A/C;36,C/G;63,A/G;70,T/C;99,A/G
YITCHB096	24,T/C
YITCHB102	16,T/C;21,T/G;24,T/G;27,A/T;32,T/G;33,T/G;56,T/C;57,A/C;59,T/A;65,T/C; 83,A/G;107,A/G
YITCHB104	146,C/G
YITCHB105	36,A
YITCHB107	18,T;48,G;142,T
YITCHB108	119,A/C;127,A/C
YITCHB112	123,T/C;138,C/G
YITCHB114	18,T/C;25,A/G;38,T/C;68,T/C;70,C/G;104,T/C
YITCHB116	29,T
YITCHB124	130,A;186,G
YITCHB127	65,A;82,C;132,A
YITCHB128	7,C;127,A
YITCHB130	13,A;20,C;54,C;60,A
YITCHB131	32,C;135,G;184,C
YITCHB132	46,A/C;61,A/C;93,A/C;132,A/G;161,T/C
YITCHB134	72,T/C
YITCHB135	178,T/C
YITCHB136	64,A/C
YITCHB137	110,C

YITCHB141   39,C
YITCHB142   30,T/G;121,T/C;131,C/G;153,C/G
YITCHB143   22,G
YITCHB145   6,A;8,G;20,A;76,A/C;77,C/G;83,A/G;86,T/C
YITCHB148   27,T/C;91,T/C
YITCHB151   19,A/T;33,A/G
YITCHB152   31,A/G
YITCHB154   1,A/T;4,T/C;87,T/C
YITCHB156   82,T
YITCHB158   96,C
YITCHB159   7,A/G;25,A/G;38,T/C;42,T/C;92,C/G;160,A/G
YITCHB160   15,T/C;48,A/T;59,A/G
YITCHB162   7,T/G;16,A/G;33,T;75,T/C;136,A/C
YITCHB163   41,A/G;54,T/C;90,T/C
YITCHB165   1,A;69,T/C;118,A/G;120,A/T;126,T/C;127,T/G
YITCHB166   30,T/C
YITCHB168   21,A;62,–;73,A/G
YITCHB171   39,T/C;87,T/A;96,T/C;119,A/C
YITCHB176   13,A/C;25,A/G;26,A/G;82,A/G;105,T/C
YITCHB178   14,A/G;24,T/C;42,A/T;66,A/G;145,A/G
YITCHB181   56,A/G
YITCHB182   45,A/G
YITCHB183   53,A/G;59,T/G;79,A/G;80,A/G;85,T/C;97,T/C;99,A/G;115,T/C;116,A/C;117,A/G;138,T/C;143,T/C;155,T/C
YITCHB185   20,T/C;49,A/G;71,T/C;86,T/C;104,T/C;114,T/C;133,C/G;154,A/G
YITCHB186   19,A/G;46,A/G;47,A/G;57,A/T;75,T/C;82,T/C;86,A/C
YITCHB189   49,A/G;61,A/C;147,A/G
YITCHB191   1,T/C;44,T/G
YITCHB192   46,T/G;73,A/G
YITCHB193   169,T/C
YITCHB197   72,A/G;121,–/T;122,–/T;123,–/T;167,C/G;174,A/G;189,A/C
YITCHB199   2,T/C;12,T/G;123,T/C;177,T/C
YITCHB201   132,T
YITCHB205   57,T
YITCHB208   41,T/C;84,T/A
YITCHB209   32,T;34,C;35,A;71,T;94,T;166,G;173,A;175,C
YITCHB214   15,C;155,C

YITCHB216	43,A
YITCHB217	84,A/C
YITCHB219	9,T;112,G
YITCHB220	58,G
YITCHB225	24,A/G
YITCHB226	61,C/G;127,T/C
YITCHB227	120,T/C
YITCHB228	11,A/G;26,A/T
YITCHB230	55,C
YITCHB234	53,–/C;123,A/G
YITCHB235	120,T/C
YITCHB237	118,A/G;120,A/C;165,A/T;181,A/C
YITCHB238	75,T/A;76,A/G;108,C/G
YITCHB245	200,A/C
YITCHB246	25,T/C;89,A/G
YITCHB247	23,T/G;33,C/G;109,A/G
YITCHB248	50,A/G
YITCHB249	43,T
YITCHB250	21,T/C;50,T/C;51,T/G;54,T/C;55,A/G;56,T/C;78,T/C;81,T/C;83,A/G;90,A/G;94,T/C;98,T/C;99,T/A;119,A/C;125,A/T
YITCHB251	65,A/G
YITCHB252	26,C;65,G;126,T
YITCHB253	21,A/T;26,T/G
YITCHB254	4,T/C;6,A/G;51,A/G;109,A/C
YITCHB255	5,A/G;9,T/C;22,A/G;25,T/C;37,T/G;79,A/G;86,A/G;88,A/G;89,A/G;116,T/C;135,T/C;187,A/G
YITCHB256	16,T/C
YITCHB258	24,A/G;65,A/G;128,A/T
YITCHB259	90,A
YITCHB260	84,T/A;161,A/T
YITCHB264	111,T/C
YITCHB265	97,C/G
YITCHB266	25,C;57,C;58,T;136,C;159,C
YITCHB267	102,T
YITCHB268	82,T/G;167,A/G
YITCHB269	60,A
YITCHB270	12,T

YITCHB001　25,C;43,T/C;66,T;67,C;81,T/C

YITCHB002　109,T/C;145,A/C;146,C/G

YITCHB004　160,T

YITCHB006　110,T

YITCHB007　67,A/G

YITCHB008　15,T;65,C

YITCHB009　25,T/C;56,T/G;181,T/C;184,T/C;188,A/G

YITCHB011　156,A/C

YITCHB014　9,T/C

YITCHB016　88,G

YITCHB017　63,A/C;132,A/G

YITCHB019　55,T/A

YITCHB021　54,A/C;123,A/G;129,T/C;130,A/G

YITCHB022　54,C;67,G;68,C

YITCHB023　26,T/A;28,T/C;38,T/G;52,A/C;57,A/G;65,A/G;67,A/G;72,T/G;115,A/T;130,A/
　　　　　　G

YITCHB026　18,A/G

YITCHB030　80,C;139,C;148,A

YITCHB031　88,T/C;125,C

YITCHB033　93,A/C

YITCHB035　7,A/G;33,A/G;44,T/C;124,A/T;137,A/C;158,T/G

YITCHB040　1,C;29,T/C;31,A/G;73,T/C;103,T/C;108,A/G;135,T/C

YITCHB042　127,T/C;167,T

YITCHB044　97,T/C

YITCHB045　48,T/C

YITCHB047　130,A/G

YITCHB048　6,A/G;59,A/T;62,A/G;79,T/C

YITCHB050　45,T;51,A/C;59,T;91,T;104,G

YITCHB051　7,T/G;26,A/G

YITCHB053　38,T/C;49,A/T;112,T/C;116,T/C;124,A/G

YITCHB055　52,A/T

YITCHB057　91,G;142,T;146,G

YITCHB058　2,G;36,G;60,G;79,–;131,T

YITCHB061	4,C/G;28,A/G;67,T/A;70,T/C;75,A/G;78,T/C;102,A/G;112,T/C;114,A/G;118,A/G
YITCHB064	113,A/G
YITCHB066	10,A/G;30,T
YITCHB067	87,G
YITCHB072	19,T/C;35,A/G;59,T/C;61,T/G;71,A/G;79,C/G;80,T/C;81,A/G;82,A/G;88,T/C;89,A/G;91,A/G;97,T/A;100,A/G;103,A/C;109,A/G;121,T/C;125,T/C;128,C/G;130,A/G;137,A/G;141,A/G;150,T/G;166,T/A;169,A/G;172,A/G;175,T/G;182,A/T
YITCHB073	49,G
YITCHB075	22,T/C;35,T/C
YITCHB077	77,A/G;88,T/C;104,A/G;145,T/C;146,A/G
YITCHB079	123,A/G
YITCHB081	56,T;57,C;58,T;60,C;67,T;68,T;69,C
YITCHB082	52,A/G
YITCHB085	46,C;82,G
YITCHB086	15,T/C;50,T/C;52,A/G;67,C/G;76,A/C;77,C/G;85,A/G;90,T/G;92,T/C;94,C/G;100,A/G;102,T/G;104,A/C;107,T/G;109,A/G;110,T/A;114,A/G;115,A/G;116,T/C;127,T/C;135,A/G;151,A/C;155,T/G;156,A/T;165,T/C;168,C/G
YITCHB089	38,A/G;52,A/G;53,T/C;64,A/C;89,T/C;178,T/C;184,T/C;196,T/C;197,A/G
YITCHB091	107,T/G;120,A/G
YITCHB093	95,T/G;107,T/G;132,A/G;166,T/G
YITCHB094	16,A/C;53,A/T;70,T/C
YITCHB096	24,C;41,A/G
YITCHB099	74,T/C;105,A/G;126,T/C;179,T/A;180,T/C
YITCHB100	12,T/C
YITCHB102	57,A/C
YITCHB103	61,A/G;64,A/C;87,A/C;108,A/G;153,T/C
YITCHB104	146,C/G
YITCHB106	19,C;94,C
YITCHB107	18,T;48,G;142,T
YITCHB108	127,A/C
YITCHB112	28,T/C;123,T/C;138,C/G
YITCHB114	18,T;38,C;68,C;70,G;104,C
YITCHB116	29,T
YITCHB118	78,T/C;105,A/G;111,A/G;120,A/G
YITCHB123	27,T/A;39,A/G;49,A/G;59,T/C;75,A/G;89,T/C;103,A/G;138,T/C;150,T/G;163,

	A/T;171,A/G;175,T/G;197,T/C
YITCHB124	130,A/G
YITCHB126	43,T/C;145,T/A
YITCHB127	65,A;82,C;132,A
YITCHB128	7,T/C;127,A/G
YITCHB130	13,A/G;20,T/C;54,T/C;60,A/G
YITCHB131	32,C;135,G;184,C
YITCHB132	46,A/C;61,A/C;93,A/C;132,A/G;161,T/C
YITCHB134	72,T/C
YITCHB136	64,A/C
YITCHB137	110,C
YITCHB142	2,T/C;28,T/C;30,T/G;46,A/G;102,T/C;150,C/G;152,A/G;153,C/G
YITCHB143	22,G
YITCHB145	6,A;8,G;20,A;76,A/C;77,C/G;83,A/G;86,T/C
YITCHB146	29,A/G;75,T/G;103,A/G;134,A/G
YITCHB148	27,T/C;91,T/C
YITCHB149	87,T/C;112,T/A;135,A/G
YITCHB154	4,T/C;87,T/C
YITCHB157	69,A
YITCHB158	96,T/C
YITCHB159	7,A/G;25,A/G;38,T/C;42,T/C;92,C/G;160,A/G
YITCHB160	15,T/C;48,T/A;59,A;64,T/G
YITCHB162	7,T/G;16,A/G;33,T;75,T/C;136,A/C
YITCHB163	41,A/G;54,T/C;90,T/C
YITCHB165	1,A;10,T/C
YITCHB166	30,T/C
YITCHB168	21,A;62,−;73,A/G
YITCHB171	39,T/C;87,T/A;96,T/C;119,A/C
YITCHB176	13,A/C;25,A/G;26,A/G;82,A/G;105,T/C
YITCHB177	28,T/G;30,A/G;95,T/G;127,A/G;135,T/G
YITCHB178	14,A/G;24,T/C;42,A/T;66,A/G;145,A/G
YITCHB182	50,T/C
YITCHB183	53,A/G;59,T/G;79,A/G;80,A/G;97,A/T;114,A/G;115,T/C;116,A/C;122,A/G;138,T/C;139,A/G;147,T/A;155,C;166,T/C
YITCHB185	74,T/C;104,T/C;133,C/G
YITCHB186	3,A/G;5,A/C;10,T/C;19,A/G;22,T/C;25,C/G;44,C/G;46,A/G;47,A/G;57,T/A;75,T/C;82,T/C;86,A/C

YITCHB189	49,A/G;61,A/C;147,A/G
YITCHB191	1,T/C;44,T/G
YITCHB193	169,T/C
YITCHB195	53,C;111,T
YITCHB196	44,T/C;101,T/C
YITCHB197	72,A/G;121,-/T;122,-/T;123,-/T;167,C/G;174,A/G;189,A/C
YITCHB199	77,C/G;123,T/C
YITCHB200	70,A/G;73,A/G;92,A/T;104,C/G;106,T/A
YITCHB201	112,A/G;132,-/T
YITCHB202	55,T/C;60,T/C;102,T/C;104,A/G;127,T/C;187,A/G;197,A/G
YITCHB203	125,T/C;154,A/G
YITCHB205	31,A/C;36,A/G;46,A/T;57,T/G;74,A/G
YITCHB208	41,T/C;84,T/A
YITCHB209	32,T/C;34,T/C;35,A/G;71,T/C;94,T/C;166,A/G;173,A/G;175,T/C
YITCHB210	130,A/C;154,A/G
YITCHB214	15,C;155,C
YITCHB216	43,A
YITCHB217	84,A/C
YITCHB219	52,T
YITCHB220	17,A/G;58,G
YITCHB224	1,A/G;36,A/G;79,T/C;117,-/A;118,T/C
YITCHB228	11,A/G;26,A/T
YITCHB229	45,C/G;80,T/G
YITCHB230	55,C;110,T/C
YITCHB232	86,T/C
YITCHB233	76,A/G;116,A/G;152,-/A
YITCHB234	53,C
YITCHB237	118,A/G;120,A/C;165,T/A;181,A/C
YITCHB238	108,C/G
YITCHB242	22,T/C
YITCHB243	131,A/C
YITCHB244	43,A/G;143,A/G
YITCHB245	200,C
YITCHB247	23,T/G;109,A/G
YITCHB248	50,A/G
YITCHB250	21,T/C;50,T/C;51,T/G;54,T/C;55,A/G;56,T/C;78,T/C;81,T/C;83,A/G;90,A/G;94,T/C;98,T/C;99,A/T;119,A/C;125,T/A

YITCHB251	65,A/G
YITCHB253	21,T/A
YITCHB254	51,A/G
YITCHB255	5,A/G;9,T/C;22,A/G;25,T/C;31,A/G;37,T/G;74,T/C;79,A/G;86,A/G;88,A/G;89,A/G;116,T/C;135,T/C;187,A/G
YITCHB259	90,A
YITCHB260	84,A/T;161,T/A
YITCHB263	43,A/G
YITCHB264	8,A/T;51,T/C;111,T/C
YITCHB265	64,T/C;73,T/A;97,C;116,T/G
YITCHB266	25,A/C;57,A/C;58,T/A;136,T/C;159,T/C
YITCHB268	24,A/C;25,A/G;46,T/C;59,C/G;71,A/G;80,A/G;82,T;86,T/C;126,A/G;148,A/T;150,T/C;167,G
YITCHB269	60,A
YITCHB270	12,T

YITCHB001   3,A/G;25,C;43,T/C;66,T;67,T/C;142,T/G
YITCHB002   109,T/C;145,A/C;146,C/G
YITCHB003   83,G;96,A
YITCHB004   160,T/G
YITCHB006   110,T/C;135,A/G
YITCHB007   67,A/G
YITCHB008   65,T/C
YITCHB011   156,A
YITCHB014   9,T/C
YITCHB016   88,G
YITCHB019   55,A/T
YITCHB022   54,C;67,G;68,C
YITCHB024   142,C/G
YITCHB026   18,G
YITCHB027   22,T/C;101,A/G;121,A/C;122,T/G;123,T/G;124,A/C
YITCHB030   80,C/G;139,T/C;148,A/G
YITCHB031   161,T
YITCHB033   93,A
YITCHB034   29,A
YITCHB035   44,T/C;158,T/G
YITCHB036   95,T/C;157,A/G
YITCHB038   202,T;203,A;204,G
YITCHB039   76,T/C;93,A/G;130,T/C;151,T;156,T/G
YITCHB040   1,C
YITCHB042   127,T/C;167,T/A
YITCHB044   97,T/C
YITCHB045   48,C
YITCHB048   6,A/G;59,A/T;62,A/G;79,T/C;80,T/C;81,A/G
YITCHB049   41,C/G;53,T/C;75,T/C;99,A/C
YITCHB050   45,T/C;59,T/C;91,A/T;121,A/G
YITCHB051   7,T/G;54,T/C;105,T/C;136,A/G
YITCHB053   4,A/G;38,T/C;124,A/G
YITCHB054   116,C

YITCHB057   91,A/G;142,T/C;146,T/G

YITCHB058   2,A/G;36,A/G;60,A/G;131,T/C

YITCHB061   4,C;28,A;67,A

YITCHB062   94,A/G;96,T/C

YITCHB064   113,A

YITCHB066   10,A/G;30,T/C

YITCHB067   9,A/G;85,A/G;87,−/G

YITCHB072   2,C/G;6,A/T;7,A/G;8,T/C;19,T/C;25,T/G;59,T/C;61,T/G;64,A/G;65,C/G;67,
A/G;71,A/G;79,C/T/G;80,A/T/C;81,A/G;82,A/G;88,T/C;89,A/G;91,A/G;93,A/
G;97,A/T;100,A/G;103,A/C;107,A/G;109,A/G;113,T/G;118,T/C;119,T/G;121,
T/C;122,T/C;125,T/C/G;126,T/G;128,C/G;130,T/A;137,A/G;141,A/G;149,A/G;
150,T/G;160,T/C;166,T/A/C;169,A/G;172,A/G;182,A/T

YITCHB073   49,G

YITCHB075   22,T/C;35,T/C;98,C/G

YITCHB076   13,T;82,A/T;91,T;109,A/C

YITCHB077   77,A/G;88,T/C;104,A/G;145,T/C

YITCHB079   123,A/G

YITCHB081   51,A/G;56,T;57,C;58,T;60,C;67,T;68,T;69,C;110,A/G;116,T/C;135,A/G

YITCHB082   52,A/G;93,T/C

YITCHB084   58,A/T;91,A/G;100,C/G;149,A/G

YITCHB085   46,C/G;81,T/A;82,G

YITCHB086   15,T/C;50,T/C;52,A/G;67,C/G;76,A/C;77,C/G;85,A/G;90,T/G;92,T/C;94,C/G;
100,A/G;102,T/G;104,A/C;107,T/G;109,A/G;110,T/A;114,A/G;115,A/G;116,
T/C;127,T/C;135,A/G;151,A/C;155,T/G;156,A/T;165,T/C;168,C/G

YITCHB091   107,T/G;120,A/G

YITCHB092   118,A/G

YITCHB093   95,T/G;107,T/G;132,A/G;166,T/G

YITCHB099   74,T/C;105,A/G;126,T/C;179,T/A;180,T/C

YITCHB103   61,A/G;64,A/C;87,A/C;153,T/C

YITCHB104   146,C/G

YITCHB105   36,A/C

YITCHB106   19,C;58,A/G;94,C;97,T/C

YITCHB108   127,A/C

YITCHB109   1,T;6,G;26,T/C;50,A/G;83,A/T;92,A/G;93,T/C

YITCHB112   28,T/C;35,A/C;36,T/C;103,A/G;122,T/G;123,T/C;129,A/G;142,T/C;162,T/C

YITCHB113   182,A/T;192,A/G

YITCHB114   18,T;38,C;68,C;70,G;104,C

YITCHB115	112,A/G;128,T/C
YITCHB116	29,T
YITCHB117	152,A/G
YITCHB121	133,T;135,G;136,−;187,G
YITCHB123	87,T/G;138,T/C
YITCHB124	130,A/G;186,C/G
YITCHB126	43,T/C;112,T/C;154,T/C
YITCHB127	65,A;82,C;132,A
YITCHB128	169,A/G
YITCHB130	13,A/G;20,T/C;54,T/C;60,A/G
YITCHB132	46,A/C;61,A/C;93,A/C;132,A/G;161,T/C
YITCHB134	72,C
YITCHB135	178,T/C
YITCHB136	64,A/C
YITCHB137	110,T/C
YITCHB143	22,T/G
YITCHB145	6,A;8,G;20,A;76,A;77,G;83,G;86,T
YITCHB148	17,A/C;27,T/C;91,T/C
YITCHB151	19,T/A;43,T/G
YITCHB152	31,A/G
YITCHB154	4,T/C
YITCHB156	82,T/C
YITCHB157	32,T/C;69,A
YITCHB158	96,C
YITCHB159	7,A/G;25,A/G;38,T/C;42,T/C;92,C/G;160,A/G
YITCHB160	15,T/C;48,A/T;59,A/G
YITCHB162	7,T/G;10,T/C;14,T/C;16,A/G;32,T/C;33,T;73,A/G;75,T/C;77,A/G;136,A/C;140,T/A
YITCHB165	1,A;10,T/C
YITCHB166	30,T/C
YITCHB168	21,A;62,−;73,A/G
YITCHB170	56,A/G
YITCHB171	39,T/C;87,A/T;96,T/C;119,A/C
YITCHB175	12,A/G
YITCHB177	28,T/G;30,A/G;42,C/G;55,T/G;95,T/G;127,A/G;135,T/G
YITCHB178	14,A/G;24,T/C;42,T/A;66,A/G;145,A/G
YITCHB185	20,T/C;49,A/G;71,T/C;86,T/C;104,T/C;114,T/C;133,C/G;154,A/G

YITCHB186	19,A/G;44,C/G;46,A/G;47,A/G;57,A/T;75,T/C;82,T/C;86,A/C
YITCHB189	49,A/G;61,A/C;147,A/G
YITCHB191	1,T/C;44,G
YITCHB192	46,T/G;73,A/G
YITCHB193	169,T/C
YITCHB197	72,G;121,T;122,T;123,T;167,G;174,G;189,C
YITCHB198	34,A/T;63,A/G;109,T/C
YITCHB199	77,C/G;123,T/C
YITCHB200	19,T/C;70,A/G;73,A/G;92,T/A;104,C/G;106,A/T
YITCHB201	103,T/A;112,A/G;132,–/T;194,T/C;195,A/G
YITCHB202	55,T;60,T;102,T;104,A;127,T/C;159,T/C;187,G;197,A
YITCHB205	31,A/C;36,A/G;46,T/A;74,A/G
YITCHB208	18,A/T;41,C;84,A;107,T/C
YITCHB209	32,T/C;34,T/C;35,A/G;71,T/C;94,T/C;166,A/G;173,A/G;175,T/C
YITCHB210	130,C
YITCHB214	15,C;155,C
YITCHB215	3,A/T;6,T/G;9,A/G;22,A/G;54,T/C;63,T/A;71,T/A;72,T/C;81,A/G;96,A/G; 121,T/C;137,A/G;163,T/G;177,A/G;186,A/G
YITCHB216	43,A
YITCHB217	84,A/C
YITCHB219	24,A/G;52,T/C;112,A/G
YITCHB220	58,C/G
YITCHB223	11,T/C;54,A/G;189,T/C
YITCHB224	1,A/G;36,A/G;79,T/C;117,–/A;118,T/C
YITCHB226	61,C/G;127,T/C
YITCHB227	120,T/C
YITCHB228	11,G;26,T
YITCHB229	45,G;46,T/C;80,T/C;162,T/G
YITCHB230	55,T/C;128,A/G
YITCHB232	86,T/C
YITCHB233	152,A
YITCHB234	53,C
YITCHB235	120,T/C
YITCHB237	118,G;120,A;165,T;181,A
YITCHB238	75,A/T;76,A/G;108,C/G
YITCHB244	43,A/G;143,A/G
YITCHB245	200,A/C

YITCHB246   25,T/C;89,A/G
YITCHB247   23,T/G;33,C/G;109,A/G
YITCHB248   50,A/G
YITCHB249   43,T
YITCHB250   21,T/C;51,T/G;54,T/C;55,A/G;56,T/C;78,T/C;98,T/C;99,A/T;125,T/A
YITCHB251   65,A/G
YITCHB252   26,C;65,G;126,T
YITCHB253   21,A/T;26,T/G
YITCHB254   4,T/C;6,A/G;51,G;109,A/C
YITCHB255   5,G;9,C;22,G;25,C;37,G;79,A;86,G;88,G;89,G;116,C;135,T;187,A
YITCHB258   24,A/G;191,T/C
YITCHB259   90,A
YITCHB260   84,A/T;161,T/A
YITCHB264   111,C
YITCHB265   17,A/T
YITCHB266   25,C;57,C;58,T;136,C;159,C
YITCHB267   102,T
YITCHB268   82,T;167,G
YITCHB269   60,A
YITCHB270   12,T

YITCHB001	3,A/G;25,T/C;66,T/C;142,T/G
YITCHB002	109,T/C;145,A/C;146,C/G
YITCHB003	83,A/G;96,A/T
YITCHB004	160,T
YITCHB006	110,T;135,A/G
YITCHB007	67,A/G
YITCHB008	15,T/A;65,C
YITCHB011	156,A/C
YITCHB022	19,T/C;41,A/G;54,T/C;67,A/G;68,A/C;88,T/C
YITCHB023	26,A;38,T;64,C;65,A;121,A
YITCHB026	18,A/G
YITCHB027	22,T/C;101,A/G;121,A/C;122,T/G;123,T/G;124,A/C
YITCHB031	161,T
YITCHB033	93,A
YITCHB035	44,T/C;158,T/G
YITCHB036	95,T/C;157,A/G
YITCHB038	202,T;203,A;204,G
YITCHB039	130,T/C;151,T/G
YITCHB040	1,C;29,T;31,A;73,C;103,T;108,G;135,T
YITCHB042	127,T;167,T
YITCHB044	97,T/C
YITCHB045	48,T/C
YITCHB047	130,A/G
YITCHB048	6,A/G;59,A/T;62,A/G;79,T/C
YITCHB049	41,C/G;53,T/C;75,T/C;99,A/C
YITCHB050	45,T;59,T;91,T;104,A/G;121,A/G
YITCHB051	7,T/G;26,A/G;54,T/C;136,A/G
YITCHB054	116,T/C
YITCHB055	52,A/T
YITCHB057	91,G;142,T;146,G
YITCHB061	4,C;28,A;67,A
YITCHB062	94,G;96,C
YITCHB063	85,T/C

YITCHB064   113,A/G

YITCHB066   10,A/G;30,T

YITCHB067   9,A/G;85,A/G;87,–/G

YITCHB072   2,C/G;6,A/T;7,A/G;8,T/C;19,T/C;25,T/G;35,A/G;59,T/C;61,T/G;64,A/G;65, C/G;67,A/G;71,A/G;79,C/T/G;80,T/C/A;81,A/G;82,A/G;88,T/C;89,A/G;91,A/ G;93,A/G;97,A/T;100,A/G;103,A/C;107,A/G;109,A/G;113,T/G;118,T/C;119, T/G;121,T/C;122,T/C;125,T/C/G;126,T/G;128,C/G;130,A/T/G;137,A/G;141,A/ G;149,A/G;150,T/G;160,T/C;166,A/T/C;169,A/G;172,A/G;175,T/G;182,T/A

YITCHB073   49,G

YITCHB077   77,A/G;88,T/C;104,A/G;145,T/C

YITCHB079   123,A/G

YITCHB081   51,A/G;56,T;57,C;58,T;60,C;67,T;68,T;69,C;110,A/G;116,T/C;135,A/G

YITCHB082   52,A/G;93,T/C

YITCHB084   58,A/T;91,A/G;100,C/G;149,A/G

YITCHB085   46,C/G;81,T/A;82,G

YITCHB086   15,T/C;50,T/C;52,A/G;67,C/G;76,A/C;77,C/G;85,A/G;90,T/G;92,T/C;94,C/G; 100,A/G;102,T/G;104,A/C;107,T/G;109,A/G;110,A/T;114,A/G;115,A/G;116, T/C;127,T/C;135,A/G;151,A/C;155,T/G;156,T/A;165,T/C;168,C/G

YITCHB091   107,T/G;120,A/G

YITCHB092   118,A/G

YITCHB093   95,T/G;107,T/G;132,A/G;166,T/G

YITCHB096   24,C

YITCHB097   46,C/G;144,A/G

YITCHB099   74,T/C;105,A/G;126,T/C;179,A/T;180,T/C

YITCHB100   12,T/C

YITCHB103   61,A/G;64,A/C;87,A/C;153,T/C

YITCHB104   146,C/G

YITCHB105   36,A/C

YITCHB106   19,C;58,A/G;94,C;97,T/C

YITCHB107   18,T/A;48,A/G;142,T/C

YITCHB109   1,T;6,G;83,T/C;159,A/C

YITCHB112   28,T/C;123,T/C;138,C/G

YITCHB113   182,A/T;192,A/G

YITCHB114   18,T;38,C;68,C;70,G;104,C

YITCHB116   29,T

YITCHB121   133,T;135,G;136,–;168,T/C;187,G

YITCHB124   130,A/G;186,C/G

YITCHB127	65,A/G;82,A/C;132,A/C
YITCHB128	7,T/C;33,T/C;135,C/G;169,A/G
YITCHB130	13,A/G;20,T/C;54,T/C;60,A/G
YITCHB132	46,A/C;61,A/C;93,A/C;132,A/G;161,T/C
YITCHB134	72,C
YITCHB136	64,A/C
YITCHB137	110,T/C
YITCHB138	22,A/C;52,A/G
YITCHB141	39,C
YITCHB142	30,T/G;121,T/C;131,C/G;153,C/G
YITCHB143	22,T/G
YITCHB145	6,A/G;8,A/G;20,A/C;76,A/C;77,C/G;83,A/G;86,T/C
YITCHB148	27,T/C;91,T/C
YITCHB151	19,T/A;33,A/G
YITCHB152	31,A/G
YITCHB154	1,A/T;4,T/C;87,T/C
YITCHB156	82,T
YITCHB157	69,A
YITCHB158	96,C
YITCHB159	7,A/G;11,T/C;38,T/C;42,T/C
YITCHB160	15,T/C;48,A/T;59,A/G
YITCHB162	7,T/G;14,T/C;16,A/G;33,T;75,T/C;136,A/C
YITCHB165	1,A;10,T/C
YITCHB166	30,T/C
YITCHB168	21,A;62,−;73,A/G
YITCHB170	56,A/G
YITCHB171	39,T/C;87,A/T;96,T/C;119,A/C
YITCHB175	12,A/G
YITCHB177	28,T/G;30,A/G;42,C/G;55,T/G;95,T/G;127,A/G;135,T/G
YITCHB178	14,A/G;24,T/C;42,A/T;66,A/G;145,A/G
YITCHB181	56,A/G
YITCHB182	45,A/G
YITCHB183	53,A/G;59,T/G;79,A/G;80,A/G;85,T/C;97,T/C;99,A/G;115,T/C;116,A/C;117,A/G;138,T/C;143,T/C;155,T/C
YITCHB185	20,T/C;49,A/G;71,T/C;86,T/C;104,T/C;114,T/C;133,C/G;154,A/G
YITCHB186	19,A/G;44,C/G;46,A/G;47,A/G;57,T/A;75,T/C;82,T/C;86,A/C
YITCHB188	156,T/C

YITCHB189   49,A;147,G

YITCHB191   1,T/C;44,G

YITCHB192   46,T/G;73,A/G

YITCHB193   169,T/C

YITCHB195   53,C;111,T

YITCHB196   44,T/C;101,T/C

YITCHB197   72,G;121,T;122,T;123,T;167,G;174,G;189,C

YITCHB199   2,T/C;12,T/G;123,T/C;177,T/C

YITCHB201   132,T

YITCHB205   57,T

YITCHB208   18,A/T;41,T/C;84,A/T

YITCHB209   32,T;34,C;35,A;71,T;94,T;166,G;173,A;175,C

YITCHB214   15,T/C;155,A/C

YITCHB216   43,A/G

YITCHB217   84,A/C

YITCHB219   24,A/G;60,T/C;112,A/G

YITCHB220   58,C/G

YITCHB223   11,T/C;54,A/G;189,T/C

YITCHB224   1,A;36,A;79,T;117,A;118,C

YITCHB225   24,G

YITCHB226   61,C/G;127,T/C

YITCHB227   120,T/C

YITCHB230   55,T/C;128,A/G

YITCHB232   86,C

YITCHB233   152,A

YITCHB234   53,-/C;123,A/G

YITCHB235   120,T/C

YITCHB237   118,A/G;120,A/C;165,T/A;181,A/C

YITCHB238   75,A/T;76,A/G;108,C/G

YITCHB242   22,T/C

YITCHB243   86,T/C;98,A/G;131,A/C

YITCHB245   200,A/C

YITCHB246   25,T/C;89,A/G

YITCHB247   23,T/G;33,C/G;109,A/G

YITCHB248   50,A/G

YITCHB249   43,T

YITCHB250   21,T/C;50,T/C;51,T/G;54,T/C;55,A/G;56,T/C;78,T/C;81,T/C;83,A/G;90,A/G;

	94,T/C;98,T/C;99,A/T;119,A/C;125,T/A
YITCHB251	65,A/G
YITCHB252	26,C;65,G;126,T
YITCHB253	21,A/T;26,T/G
YITCHB254	4,T/C;6,A/G;51,G;109,A/C
YITCHB255	5,G;9,C;22,G;25,C;37,G;79,A;86,G;88,G;89,G;116,C;135,T;187,A
YITCHB256	16,C
YITCHB258	24,A/G;65,A/G;128,T/A
YITCHB263	43,A/G
YITCHB264	8,A/T;51,T/C;111,T/C
YITCHB265	17,A/T;64,T/C;73,T/A;97,C/G;116,T/G
YITCHB266	25,A/C;57,A/C
YITCHB267	42,T/A;102,T/G
YITCHB270	113,C

YITCHB001   3,A/G;25,T/C;66,T/C;142,T/G

YITCHB002   109,T/C;145,A/C;146,C/G

YITCHB003   83,A/G;96,T/A

YITCHB004   160,T

YITCHB006   110,T/C;135,A/G

YITCHB007   67,A/G

YITCHB008   65,T/C

YITCHB014   9,T/C

YITCHB015   47,A/G;69,C/G;85,A/G

YITCHB022   19,T/C;41,A/G;54,T/C;67,A/G;68,A/C;88,T/C

YITCHB023   26,A;38,T;64,C;65,A;121,A

YITCHB026   18,A/G

YITCHB027   22,T/C;101,A/G;121,A/C;122,T/G;123,T/G;124,A/C

YITCHB031   161,T

YITCHB033   93,A

YITCHB039   28,T/C;29,T/A;53,T/C;74,A/G;76,T;89,T/G;93,G;130,T/C;151,T;156,G

YITCHB040   1,C;29,T;31,A;73,C;103,T;108,G;135,T

YITCHB042   127,T;167,T

YITCHB045   48,T/C

YITCHB047   130,A/G

YITCHB048   6,A/G;59,A/T;62,A/G;79,T/C

YITCHB050   45,T;59,T;91,T;104,G

YITCHB051   7,T/G;26,A/G

YITCHB053   4,A/G;38,T/C;124,A/G

YITCHB054   116,T/C

YITCHB055   52,T/A

YITCHB057   91,A/G;142,T/C;146,T/G

YITCHB061   4,C;28,A;67,A

YITCHB062   94,A/G;96,T/C

YITCHB064   113,A

YITCHB066   10,A/G;30,T/C

YITCHB067   9,A;85,A;87,G

YITCHB072   2,C/G;19,T/C;35,A/G;59,T/C;61,T/G;64,A/G;65,C/G;67,A/G;71,A/G;79,C/G;

80,A/T/C;81,A/G;82,A/G;88,T/C;89,A/G;91,A/G;97,A/T;100,A/G;103,A/C;
109,A/G;118,T/C;121,T/C;122,T/C;125,T/C/G;126,T/G;128,C/G;130,T/A/G;
137,A/G;141,A/G;150,T/G;160,T/C;166,T/A;169,A/G;172,A/G;175,T/G;182,
A/T

YITCHB073	49,G
YITCHB076	13,T/C;91,T/C
YITCHB077	77,A/G;88,T/C;104,A/G;145,T/C;146,A/G
YITCHB081	51,A/G;56,T;57,C;58,T;60,C;67,T;68,T;69,C;110,A/G;116,T/C;135,A/G
YITCHB082	52,A/G
YITCHB084	24,T/C;91,A/G;100,C/G;119,A/C
YITCHB085	27,T/G;46,C/G;81,T;82,G
YITCHB086	15,T/C;50,T/C;52,A/G;67,C/G;76,A/C;77,C/G;85,A/G;90,T/G;92,T/C;94,C/G;100,A/G;102,T/G;104,A/C;107,T/G;109,A/G;110,A/T;114,A/G;115,A/G;116,T/C;127,T/C;135,A/G;151,A/C;155,T;156,T/A;165,T/C;168,C/G
YITCHB091	107,T/G;120,A/G
YITCHB093	95,T/G;107,T/G;132,A/G;166,T/G
YITCHB094	16,A/C;36,C/G;63,A/G;70,T/C;99,A/G
YITCHB100	12,T/C
YITCHB102	16,T/C;21,T/G;24,T/G;27,A/T;32,T/G;33,T/G;56,T/C;57,A/C;59,T/A;65,T/C;83,A/G;107,A/G
YITCHB104	146,C/G
YITCHB105	36,A
YITCHB107	18,T;48,G;142,T
YITCHB108	119,A/C
YITCHB109	1,T;6,G;26,T/C;50,A/G;83,A/T;92,A/G;93,T/C
YITCHB112	123,T/C;138,C/G
YITCHB113	182,A/T;192,A/G
YITCHB114	18,T/C;25,A/G;38,T/C;68,T/C;70,C/G;104,T/C
YITCHB116	29,T
YITCHB118	22,T/C;78,T/C;102,T/C
YITCHB121	133,T/A;135,A/G;168,T/C;187,A/G
YITCHB124	130,A;186,C/G
YITCHB126	43,T/C;112,T/C;154,T/C
YITCHB127	65,A;82,C;132,A
YITCHB128	7,T/C;127,A/G
YITCHB130	13,A/G;20,T/C;54,T/C;60,A/G
YITCHB131	32,T/C;135,T/G;184,T/C

YITCHB132	27,–;46,A;61,A;93,C;132,A;161,T
YITCHB134	72,C
YITCHB135	178,T/C
YITCHB136	64,A/C
YITCHB137	110,T/C
YITCHB141	39,T/C
YITCHB143	22,G
YITCHB145	6,A/G;8,A/G;20,A/C;76,A/C;77,C/G;83,A/G;86,T/C
YITCHB148	27,T/C;91,T/C
YITCHB152	31,A/G
YITCHB154	4,T/C;87,T/C
YITCHB156	82,T/C
YITCHB157	69,A
YITCHB158	96,T/C
YITCHB159	7,A/G;25,A/G;38,T/C;42,T/C;92,C/G;160,A/G
YITCHB160	15,T/C;48,T/A;59,A;64,T/G
YITCHB162	7,T/G;10,T/C;16,A/G;32,T/C;33,T;73,A/G;75,T/C;77,A/G;136,A/C;140,T/A
YITCHB163	41,A/G;54,T/C;90,T/C
YITCHB165	1,A;69,T/C;118,A/G;120,T/A;126,T/C;127,T/G
YITCHB166	30,T/C
YITCHB168	21,A;62,–;73,A/G
YITCHB170	56,A/G
YITCHB171	39,T/C;87,A/T;96,T/C;119,A/C
YITCHB176	13,A/C;25,A/G;26,A/G;82,A/G;105,T/C
YITCHB177	28,T/G;30,A/G;42,C/G;55,T/G;95,T/G;127,A/G;135,T/G
YITCHB178	14,A/G;24,T/C;42,T/A;66,A/G;145,A/G
YITCHB181	56,A/G
YITCHB182	45,A/G
YITCHB183	53,A/G;59,T/G;79,A/G;80,A/G;97,T/A;114,A/G;115,T/C;116,A/C;122,A/G;138,T/C;139,A/G;147,A/T;155,T/C;166,T/C
YITCHB185	20,T/C;49,A/G;71,T/C;86,T/C;104,T/C;114,T/C;133,C/G;154,A/G
YITCHB186	19,A/G;44,C/G;46,A/G;47,A/G;57,A/T;75,T/C;82,T/C;86,A/C
YITCHB189	49,A/G;61,A/C;147,A/G
YITCHB191	1,T/C;44,G
YITCHB192	46,T/G;73,A/G
YITCHB193	169,T/C
YITCHB195	53,T/C;111,T/C

YITCHB197	72,G;121,T;122,T;123,T;167,G;174,G;189,C
YITCHB198	34,T/A;63,A/G;109,T/C
YITCHB199	2,T/C;12,T/G;123,T/C;177,T/C
YITCHB200	70,A/G;73,A/G;92,T/A;104,C/G;106,A/T
YITCHB201	112,A/G;132,-/T
YITCHB202	55,T/C;60,T/C;102,T/C;104,A/G;127,T/C;187,A/G;197,A/G
YITCHB208	41,C;84,A
YITCHB214	15,T/C;155,A/C
YITCHB215	3,T/A;6,T/G;9,A/G;22,A/G;54,T/C;63,A/T;71,A/T;72,T/C;81,A/G;96,A/G;121,T/C;137,A/G;163,T/G;177,A/G;186,A/G
YITCHB216	43,A/G
YITCHB217	84,A/C
YITCHB219	24,A/G;60,T/C;112,A/G
YITCHB220	58,C/G
YITCHB223	11,T/C;54,A/G;189,T/C
YITCHB224	1,A;36,A;79,T;117,A;118,C
YITCHB225	24,A/G
YITCHB226	61,C/G;127,T/C
YITCHB227	120,T/C
YITCHB228	11,A/G;26,A/T
YITCHB229	45,C/G;46,T/C;80,C/G;162,T/G
YITCHB230	55,C
YITCHB232	86,C
YITCHB234	53,C
YITCHB235	120,T/C
YITCHB237	118,G;120,A;165,T;181,A
YITCHB238	108,C/G
YITCHB242	22,T/C
YITCHB243	86,T/C;98,A/G;131,A/C
YITCHB246	19,A/C;25,C;89,A
YITCHB247	23,G;33,C/G;109,A
YITCHB249	43,T/C
YITCHB250	21,T/C;51,G;54,T/C;55,A/G;56,T/C;78,T/C;98,T/C;99,T/A;125,A/T
YITCHB251	65,A/G
YITCHB252	26,T/C;65,A/G;126,T/G
YITCHB253	21,T/A;26,T/G
YITCHB254	4,T/C;6,A/G;51,A/G;109,A/C

YITCHB255	5,A/G;9,T/C;22,A/G;25,T/C;37,T/G;79,A/G;86,A/G;88,A/G;89,A/G;116,T/C; 135,T/C;187,A/G
YITCHB256	16,T/C
YITCHB258	24,A/G;65,A/G;128,A/T
YITCHB263	43,A/G
YITCHB264	8,A/T;51,T/C;111,T/C
YITCHB265	17,A/T;64,T/C;73,T/A;97,C/G;116,T/G
YITCHB266	25,A/C;57,A/C
YITCHB267	42,A/T;102,T/G
YITCHB269	60,A/C
YITCHB270	12,T/C;113,A/C

YITCHB001   25,T/C;43,T/C;66,T/C;67,T/C

YITCHB002   109,T

YITCHB004   160,T/G;195,A/G

YITCHB006   110,T/C

YITCHB007   27,C/G;44,A/G;67,A/G;90,C/G

YITCHB008   15,A/T;65,T/C

YITCHB009   25,T/C;56,T/G;181,T/C;184,T/C;188,A/G

YITCHB011   156,A/C

YITCHB015   47,A/G;69,C/G;85,A/G

YITCHB016   88,A/G

YITCHB019   1,A/G;22,A/G;31,T/C;32,T/C;38,A/G;51,T/C;55,T/A;70,A/G;93,A/G;94,A/G;
101,T/C;109,A/G;112,A/G;130,T/C;132,A/G;148,A/G

YITCHB021   54,A/C;123,A/G;129,T/C;130,A/G

YITCHB022   54,T/C;67,A/G;68,A/C

YITCHB023   26,T/A;38,T/G;64,A/C;65,A/G;121,A/C

YITCHB026   18,A/G

YITCHB028   48,T/C;66,T/G;166,C/G

YITCHB030   80,C/G;139,T/C;148,A/G

YITCHB031   88,T/C;125,T/C;161,T/G

YITCHB033   93,A/C

YITCHB035   7,A/G;33,A/G;44,T/C;124,A/T;137,A/C;158,C/G

YITCHB036   95,T/C;157,A/G

YITCHB037   37,A/G;63,A/G;76,A/C

YITCHB038   18,T;40,T;94,T;113,C;202,T;203,A;204,G

YITCHB039   151,T/G

YITCHB040   1,C;29,T/C;31,A/G;73,T/C;103,T/C;108,A/G;135,T/C

YITCHB042   127,T/C;167,T/A

YITCHB044   97,T/C

YITCHB045   48,T/C

YITCHB047   4,T/C;49,C/G;61,A/G;63,A/T;112,T/C;130,A/G

YITCHB048   6,A/G;59,A/T;62,A/G;79,T/C

YITCHB050   45,T/C;59,T/C;91,A/T;104,A/G

YITCHB051   26,A/G;105,T/C

YITCHB053	38,T/C
YITCHB054	116,T/C
YITCHB055	52,A/T
YITCHB057	91,G;142,T;146,G
YITCHB058	2,G;36,G;60,G;79,−;131,T
YITCHB061	4,C;28,A;67,A
YITCHB064	113,A/G
YITCHB066	30,T/C
YITCHB067	9,A;85,A;87,G
YITCHB072	19,T/C;35,A/G;59,T/C;61,T/G;71,A/G;79,C/G;80,T/C;81,A/G;82,A/G;88,T/C; 89,A/G;91,A/G;97,T/A;100,A/G;103,A/C;109,A/G;121,T/C;125,T/C;128,C/G; 130,A/G;137,A/G;141,A/G;150,T/G;166,T/A;169,A/G;172,A/G;175,T/G;182, A/T
YITCHB073	49,G
YITCHB077	77,A/G;88,T/C;104,A/G;145,T/C
YITCHB079	85,A/G;123,A/G
YITCHB081	51,A/G;56,T;57,C;58,T;60,C;67,T;68,T;69,C;110,A/G;116,T/C;135,A/G
YITCHB082	52,A/G
YITCHB083	4,A/T;28,T/G;101,T/G;119,T/C
YITCHB085	46,C;82,G
YITCHB089	38,A/G;52,A/G;53,T/C;64,A/C;89,T/C;178,T/C;184,T/C;196,T/C;197,A/G
YITCHB092	118,A/G
YITCHB094	16,C;36,G;63,A;70,C;99,G
YITCHB096	24,T/C;87,T/C
YITCHB099	74,T/C;105,A/G;126,T/C;179,T/A;180,T/C
YITCHB102	52,A/G;57,C
YITCHB104	13,T/G;31,T/G
YITCHB105	36,A
YITCHB107	18,T;48,G;142,T
YITCHB108	73,A/C;127,A/C
YITCHB110	66,A/G;144,A/G
YITCHB112	28,T/C;123,C;154,A/T
YITCHB114	18,T/C;25,A/G;38,T/C;68,T/C;70,C/G;104,T/C
YITCHB116	29,T
YITCHB117	152,A/G
YITCHB118	22,T;78,C;102,T
YITCHB119	98,A/T;119,A/G

YITCHB121	133,T/A;135,A/G;187,A/G
YITCHB124	130,A
YITCHB128	7,T/C
YITCHB130	13,A/G;20,T/C;54,T/C;60,A/G
YITCHB131	32,C;135,G;184,C
YITCHB132	46,A/C;61,A/C;93,A/C;132,A/G;161,T/C
YITCHB135	187,T;188,G
YITCHB136	4,A/C;64,A/C
YITCHB137	110,T/C
YITCHB141	39,C
YITCHB145	6,A/G;8,A/G;20,A/C;76,A/C;77,C/G;83,A/G;86,T/C
YITCHB147	100,A
YITCHB148	27,T/C;91,T/C
YITCHB151	8,T/C;19,T/A;43,T/G
YITCHB152	31,A/G
YITCHB154	4,T/C;62,T/C;87,T/C
YITCHB156	82,T/C
YITCHB157	69,A
YITCHB160	59,A/G;64,T/G
YITCHB162	32,T/C;33,T;133,T/G
YITCHB167	12,G;33,C;36,G;64,C;146,G
YITCHB169	22,T;107,A
YITCHB170	56,A/G
YITCHB171	39,T/C;87,T/A;96,T/C;119,A/C
YITCHB177	28,T/G;30,A/G;42,C/G;55,T/G;95,T/G;127,A/G;135,T/G
YITCHB178	42,A/C;145,A/G;163,A/G
YITCHB181	56,A/G
YITCHB183	12,A/G;59,T/G;80,A/G;155,T/C
YITCHB185	20,T/C;49,A/G;71,T/C;86,T/C;104,T/C;114,T/C;133,C/G;154,A/G
YITCHB186	19,A/G;44,C/G;46,A/G;47,A/G;57,A/T;75,T/C;82,T/C;86,A/C
YITCHB187	82,A;130,G
YITCHB189	61,A;147,A/G
YITCHB190	90,A/T
YITCHB191	44,T/G
YITCHB192	45,T/A
YITCHB193	169,T/C
YITCHB195	53,C;111,T

YITCHB197	72,A/G;121,-/T;122,-/T;123,-/T;167,C/G;174,A/G;189,A/C
YITCHB198	34,A/T;63,A/G;109,T/C
YITCHB199	77,C/G;123,T/C
YITCHB201	132,T
YITCHB202	55,T/C;60,T/C;88,T/C;102,T/C;104,A/G;115,T/A;144,A/G;187,A/G;197,A/G
YITCHB203	125,T/C;154,A/G
YITCHB205	57,T
YITCHB209	32,T;34,C;35,A/G;71,T/C;94,T;149,T/C;166,G;173,A/G;175,C
YITCHB212	38,C/G;105,C/G
YITCHB214	15,C;155,C
YITCHB216	43,A
YITCHB217	85,C/G
YITCHB219	52,T
YITCHB220	17,A/G;58,G
YITCHB223	11,T/C
YITCHB224	117,A
YITCHB225	24,G
YITCHB230	128,A
YITCHB232	47,A/G;54,A/G;86,C;108,T/C;147,A/C
YITCHB233	152,A
YITCHB234	53,C
YITCHB237	118,G;120,A;165,T;181,A
YITCHB238	23,T/G
YITCHB240	53,T/A;93,T/C;148,T/A
YITCHB242	22,T/C;65,A/G;94,T/C
YITCHB243	86,T;98,A;131,C
YITCHB246	2,A/G;19,A/C;25,C;89,A
YITCHB247	23,G;109,A
YITCHB248	50,A/G
YITCHB250	21,T/C;51,G;54,T/C;55,A/G;56,T/C;78,T/C;98,T/C;99,T/A;125,A/T
YITCHB251	65,A/G
YITCHB253	21,A/T
YITCHB254	51,A/G
YITCHB255	5,A/G;9,T/C;22,A/G;25,T/C;37,T/G;79,A/G;86,A/G;88,A/G;89,A/G;116,T/C;135,T/C;187,A/G
YITCHB256	11,A
YITCHB257	68,T/C

YITCHB259   90,A

YITCHB260   84,T;161,A

YITCHB263   84,A/G;93,T/C;144,A/G;181,A/G

YITCHB264   5,A/T;22,T/C;35,A/G;79,T/C;97,C/G;99,A/G;105,A/G;108,T/C;111,C;113,A/G;
            114,T/C;132,T/C;137,A/G;144,T/C

YITCHB265   64,T/C;73,A/T;97,C/G;116,T/G

YITCHB266   25,C;37,T/C;57,C;58,T;136,T/C;159,T/C

YITCHB268   82,T;167,G

YITCHB270   113,C

YITCHB001   3,A/G;25,C;66,T;67,T/C;81,T/C;142,T/G

YITCHB002   145,A;146,G

YITCHB003   83,G;96,A

YITCHB006   110,T/C

YITCHB007   67,A/G

YITCHB008   65,T/C

YITCHB016   88,G

YITCHB017   63,A/C;132,A/G

YITCHB019   55,A

YITCHB021   54,A/C;123,A/G;129,T/C;130,A/G

YITCHB022   54,C;67,G;68,C

YITCHB024   142,C/G

YITCHB026   18,G

YITCHB027   101,A

YITCHB028   48,T/C;72,A/G;125,T/C;166,C/G

YITCHB030   80,C/G;139,T/C;148,A

YITCHB035   44,C;158,G

YITCHB039   130,T;151,T

YITCHB040   1,C;90,A

YITCHB042   127,T;167,T

YITCHB045   48,C

YITCHB048   6,A/G;59,A/T;62,A/G;79,T/C;80,T/C;81,A/G

YITCHB049   41,C;53,T;75,C;99,C

YITCHB050   45,T;59,T;91,T;121,G

YITCHB051   7,G;54,T;136,A/G;144,A/C

YITCHB054   116,T/C

YITCHB055   52,T/A

YITCHB056   60,A/T;124,T/G;125,T/G;147,A/G

YITCHB057   91,G;142,T;146,G

YITCHB059   4,T/C;22,A/G;76,C/G;114,A/G;196,T/A

YITCHB061   4,C;28,A;67,A

YITCHB062   94,G;96,C

YITCHB064   113,A

YITCHB066　　10,A/G;30,T/C

YITCHB067　　87,G

YITCHB072　　8,T/C;19,T/C;53,A/T;59,T/C;61,T/G;67,A/G;68,T/C;71,A/G;79,C/G;80,A/T/
C;81,A/G;82,A/G;88,T/C;89,A/G;91,A/G;97,A/T;100,A/G;103,A/C;109,A/G;
119,A/G;121,T/C;125,T/C;128,C/G;130,A/T;132,A/T;137,A/G;141,A/G;149,
A/T;150,T/G;153,T/C;160,T/C;161,A/G;166,A/T;169,A/G;172,A/G;182,T/A

YITCHB073　　49,G

YITCHB074　　98,A/G

YITCHB077　　77,A/G;88,T/C;104,A/G;145,T/C;146,A/G

YITCHB079　　123,G

YITCHB081　　51,G;52,T/C;56,T;57,C;58,T;60,C;67,T;68,T;69,C;95,A/G;109,A/G;110,A;
114,A/C;116,C;135,G

YITCHB082　　52,A/G;93,T/C

YITCHB085　　46,C/G;81,T;82,G

YITCHB086　　15,T/C;50,T/C;52,A/G;67,C/G;76,A/C;77,C/G;85,A/G;90,T/G;92,T/C;94,C/G;
100,A/G;102,T/G;104,A/C;107,T/G;109,A/G;110,T/A;114,A/G;115,A/G;116,
T/C;127,T/C;135,A/G;151,A/C;155,T;156,A/T;165,T/C;168,A/C/G

YITCHB091　　107,T/G;120,A/G;133,A/C;151,T/C

YITCHB092　　118,A

YITCHB094　　16,C;26,A/T;63,C/G;70,T/C;119,T/C

YITCHB097　　4,T/C;5,A/G;46,G;94,A/G;144,A/G

YITCHB101　　1,T/A

YITCHB109　　1,T;6,G;50,G;92,G

YITCHB112　　28,T/C;35,A/C;36,T/C;103,A/G;122,T/G;123,T/C;129,A/G;142,T/C;154,T/A;
162,T/C

YITCHB114　　18,T;38,C;68,C;70,G;104,C

YITCHB116　　29,T

YITCHB117　　152,A

YITCHB121　　133,T;135,G;136,–;187,G

YITCHB123　　27,T/A;39,A/G;54,T/C;75,A/G;87,T/G;132,C/G;138,T;147,T/C;175,T/G

YITCHB126　　19,A/G;43,T;112,T/C;154,T/C

YITCHB130　　13,A/G;20,T/C;54,T/C;60,A/G

YITCHB131　　32,T/C;135,T/G;184,T/C

YITCHB132　　27,–;46,A;61,A;93,C;132,A;161,T

YITCHB133　　1,A/G

YITCHB134　　14,T/C;72,T/C

YITCHB136　　64,A/C

YITCHB137	110,T/C
YITCHB138	22,C;52,G
YITCHB143	22,G;112,C/G
YITCHB145	6,A;8,G;20,A;76,A/C;77,C/G;83,A/G;86,T/C
YITCHB146	2,A/G;29,A/G
YITCHB150	57,C;58,T
YITCHB154	4,T/C;87,T/C
YITCHB159	7,G;12,A/G;21,T/C;25,A/G;38,T;42,T;92,C/G;160,G
YITCHB160	15,T/C;33,C/G;48,T/A;59,A
YITCHB162	7,T/G;10,T/C;14,T/C;16,A/G;32,T/C;33,T;73,A/G;75,T/C;77,A/G;136,A/C;140,T/A
YITCHB163	41,A/G;82,T/C;90,T/C
YITCHB164	17,A;56,C
YITCHB165	1,A;10,T/C;88,A/G
YITCHB166	30,T
YITCHB168	21,A/G;63,T/C;73,A/G;109,A/G
YITCHB169	8,T;22,T;38,G;43,C;68,C;91,T;102,G;117,A;118,T;121,G;127,T;142,A;171,C
YITCHB171	39,T/C;87,A/T;96,T/C;119,A/C
YITCHB178	14,A;24,T;42,T;66,G;145,G
YITCHB179	2,C/G
YITCHB185	20,T/C;49,A/G;71,T/C;86,T/C;104,T/C;114,T/C;133,C/G;154,A/G
YITCHB186	19,A/G;46,A/G;47,A/G;57,T/A;75,T/C;82,T/C;86,A/C;93,A/G
YITCHB189	61,A;147,A/G
YITCHB191	44,G
YITCHB193	169,C
YITCHB195	108,A/G
YITCHB196	44,T/C;45,T/C;101,T/C
YITCHB197	121,T;122,T;123,T;167,G
YITCHB198	34,A/T;63,A/G;109,T/C
YITCHB199	2,T/C;12,T/G;123,C;155,C/G;177,T/C
YITCHB200	80,T/C;96,T/C
YITCHB201	132,T
YITCHB208	41,C;84,A;107,T/C
YITCHB212	38,C/G;105,C/G
YITCHB214	15,T/C;155,A/C
YITCHB215	71,T/A;72,T/A;132,C/G;162,A/G;177,A/G
YITCHB216	43,A

YITCHB217   84,C
YITCHB219   24,A/G;52,T/C;112,A/G
YITCHB224   1,A/G;36,A/G;79,T/C;117,–/A;118,T/C
YITCHB226   61,C/G;127,T/C
YITCHB227   120,T/C
YITCHB228   11,A/G;26,A/T;72,A/G
YITCHB230   55,C
YITCHB232   86,T/C
YITCHB234   53,C;123,A
YITCHB238   75,T/A;76,A/G;89,T/G;108,G;166,A/G
YITCHB240   122,T/G
YITCHB242   22,T/C
YITCHB243   86,T;98,A;131,C;162,A
YITCHB245   144,A;200,C
YITCHB246   25,T/C
YITCHB247   23,G;109,A
YITCHB250   21,T/C;51,G;54,T/C;55,A/G;56,T/C;78,T/C;98,T/C;99,A/T;125,T/A
YITCHB251   65,A/G
YITCHB252   26,C;65,G;137,T;156,A
YITCHB253   21,A;26,T/G
YITCHB254   4,C;6,A;51,G;109,C
YITCHB255   5,G;9,C;22,G;25,C;37,G;79,A;86,G;88,G;89,G;116,C;135,T;187,A
YITCHB256   11,A
YITCHB257   68,T/C
YITCHB258   24,G;65,G;128,A
YITCHB265   17,A/T;97,C/G
YITCHB268   24,A/C;68,A/G;82,T/G;86,T/C;89,A/G;148,A/T;167,A/G;168,A/T
YITCHB269   53,A/C;60,A
YITCHB270   12,T/C;113,A/C

YITCHB001   25,T/C;66,T;67,T/C;81,T

YITCHB002   145,A;146,G

YITCHB003   83,A/G;96,T/A

YITCHB004   160,T

YITCHB007   27,C/G;44,A/G;90,C/G

YITCHB009   118,T;176,G;181,T;184,C;188,G

YITCHB011   156,A

YITCHB014   9,T/C

YITCHB016   88,G

YITCHB017   45,A;132,G

YITCHB019   55,A;106,A/G

YITCHB021   54,A;123,A;129,T;130,G

YITCHB022   54,C;67,G;68,C

YITCHB024   22,T/G

YITCHB025   30,A/G;77,G

YITCHB026   18,G

YITCHB027   6,G;38,T;101,A

YITCHB028   48,T/C;72,A/G;125,T/C;166,C/G

YITCHB030   139,T/C;148,A

YITCHB031   87,A/G;125,C;161,T/G

YITCHB033   93,A

YITCHB035   7,A/G;33,A/G;44,C;124,A/T;137,A/C;158,G

YITCHB039   28,T/C;29,A/T;53,T/C;74,A/G;76,T/C;89,T/G;93,A/G;130,T/C;151,T;156,T/G

YITCHB040   1,C

YITCHB042   17,A/G;99,T/C;127,T;137,T/C;154,T/C;167,T

YITCHB045   48,T/C

YITCHB047   130,A/G

YITCHB048   6,A/G;32,A/G;59,A/T;62,A/G;79,T/C;80,T/C;81,A/G

YITCHB049   41,C/G;53,T/C;75,T/C;99,A/C

YITCHB050   45,T;59,T;91,T;104,A/G;121,A/G

YITCHB051   7,T/G;26,A/G;54,T/C;144,A/C

YITCHB054   116,T/C

YITCHB055   52,A/T

YITCHB056   60,T/A;124,G;125,T/G;147,G;157,T/G;196,A/G

YITCHB057   91,G;136,T/C;142,T/C;146,T/G

YITCHB059   4,T;22,A;76,C;114,A;196,A

YITCHB061   4,C/G;12,T/C;28,A;50,T/C;67,A/T

YITCHB064   113,A/G

YITCHB065   67,C;79,A;80,T;97,A;178,A

YITCHB067   87,G

YITCHB072   19,T;35,A;59,T;61,G;71,G;79,G;80,T;81,G;82,G;88,C;89,A;91,G;97,T;100,
             G;103,A;109,G;121,T;125,C;128,G;130,G;137,G;141,A;150,G;166,T;169,A;
             172,G;175,T;182,A

YITCHB073   49,T/G

YITCHB076   13,T/C;34,C/G;91,T/C

YITCHB079   123,G

YITCHB081   51,G;52,T/C;56,T;57,C;58,T;60,C;67,T;68,T;69,C;95,A/G;109,A/G;110,A;
             114,A/C;116,C;135,G

YITCHB082   131,T/C

YITCHB083   4,T/A;28,T/G;101,T/G;119,T/C

YITCHB084   91,A/G;100,C/G;119,A/C

YITCHB085   27,T/G;46,C;81,A/T;82,G;103,A/G

YITCHB086   115,G;155,T;168,A

YITCHB087   111,T

YITCHB089   38,A/G;52,A/G;53,C;64,A/C;88,A/G;89,C;178,T/C;184,C;196,T/C;197,A/G

YITCHB091   133,A/C;151,T/C

YITCHB092   118,A

YITCHB094   16,A/C;36,C/G;63,A/G;70,T/C;99,A/G

YITCHB096   24,T/C;41,A/G;49,T/G

YITCHB097   46,C/G;144,A/G

YITCHB099   74,C;105,A;126,C;179,T;180,C

YITCHB102   27,A/C;32,T/G;52,A/G;57,A/C;59,T/A;65,T/C;111,T/C;116,A/G

YITCHB104   146,G

YITCHB105   36,A

YITCHB108   127,A/C

YITCHB110   66,A;144,G

YITCHB112   8,T/C;20,A/G;28,T/C;69,A/G;123,T/C;148,A/G;154,A/T;162,T/C;164,T/C

YITCHB114   18,T;38,C;68,C;70,G;104,C

YITCHB116   29,T

YITCHB117   152,A

YITCHB118	22,T;78,C;102,T
YITCHB121	133,T;135,G;136,-;187,G
YITCHB123	27,T;39,A;49,A;59,T;75,G;89,T;103,A;138,T;150,T;163,A;171,A;175,T;197,T
YITCHB124	130,A
YITCHB126	43,T
YITCHB127	65,A;82,C;132,A
YITCHB128	7,C;127,A/G;135,C/G
YITCHB130	7,T/A;11,T/C;20,T/C;36,T/C;54,T/C
YITCHB132	46,A/C;61,A/C;93,A/C;132,A;161,T/C
YITCHB133	1,A/G
YITCHB134	14,T/C
YITCHB135	187,T;188,G
YITCHB136	64,A/C
YITCHB141	39,C
YITCHB142	30,T;121,C;131,C;153,G
YITCHB143	22,G
YITCHB145	6,A;8,G;20,A;76,A/C;77,C/G;83,A/G;86,T/C
YITCHB146	2,A/G;29,A/G
YITCHB148	27,T/C;91,T/C
YITCHB150	57,C;58,T
YITCHB151	15,T;19,C;58,A;90,A
YITCHB152	31,A/G;45,T/A;124,T/G;160,A/T
YITCHB154	1,A/T;4,T/C;87,T/C
YITCHB157	31,T/C;58,A/T;69,A/G
YITCHB158	96,C
YITCHB159	7,G;12,A/G;21,T/C;25,A/G;38,T;42,T;92,C/G;160,G
YITCHB160	33,C;59,A;66,A/C
YITCHB162	33,T;67,A;88,C
YITCHB163	41,G;82,T;90,C
YITCHB164	17,A/T;56,T/C
YITCHB165	1,A;88,A
YITCHB168	63,T/C;109,A/G
YITCHB169	8,T/C;22,T;38,A/G;43,T/C;68,T/C;91,T/C;102,A/G;117,A/G;118,T/G;121,A/G;127,T/C;142,A/G;171,A/C
YITCHB170	56,A
YITCHB171	39,T;87,A;96,C
YITCHB176	13,A;25,A;26,A;82,A;105,C

YITCHB178	42,C;93,G;145,G;163,A
YITCHB181	56,A
YITCHB185	74,T;104,C;122,T;133,C
YITCHB186	19,A/G;46,A/G;57,A/T;75,T/C;82,T/C;86,A/C;93,A/G
YITCHB189	49,A;61,A;88,A;147,G
YITCHB191	1,T/C;44,G
YITCHB193	169,T/C
YITCHB195	53,C;81,T/C;111,T
YITCHB196	45,C
YITCHB197	72,A/G;121,–/T;122,–/T;123,–/T;167,G;174,A/G;189,A/C
YITCHB198	34,A/T;63,T/G;109,T/C
YITCHB199	77,C/G;123,T/C
YITCHB200	70,A/G;73,A/G;92,A/T;104,C/G;106,T/A
YITCHB201	112,A/G;132,–/T
YITCHB202	55,T/C;60,T/C;102,T/C;104,A/G;127,T/C;187,A/G;197,A
YITCHB203	125,T;154,A
YITCHB205	31,A;36,G;46,A;74,G
YITCHB208	41,T/C;84,A
YITCHB209	1,T/C;2,A/G;32,T/C;34,C;35,A/G;94,T/C;123,A/G;132,T/C;149,C;151,A/G; 157,T/C;166,G;175,C
YITCHB212	38,G;105,C
YITCHB214	15,T/C;155,A/C
YITCHB215	71,A;72,A;132,C/G;162,A/G;177,A/G
YITCHB216	43,A
YITCHB217	22,T/C;28,T/C;29,T/C;68,T/C;80,A/G;81,T/C;85,C;87,A/C;120,A/C
YITCHB218	98,A/G;128,A/G
YITCHB220	58,G
YITCHB223	11,T;54,A;189,C
YITCHB226	127,T/C
YITCHB228	11,A/G;26,T/A;72,A/G
YITCHB229	45,C/G;80,T/G;96,C/G
YITCHB230	55,T/C;79,A/C;128,A/G
YITCHB232	47,A/G;54,A/G;86,C;108,T/C;147,A/C
YITCHB233	1,T/A;2,T/A;3,T/G;4,T/G;7,T/C;50,A/G;152,–/A
YITCHB237	118,G;120,A;165,T;181,A
YITCHB238	89,T/G;108,G;166,A/G
YITCHB240	122,G

YITCHB241	124,T
YITCHB242	22,T/C
YITCHB243	86,T;98,A;131,C;162,A
YITCHB245	142,T/C;144,A;200,C
YITCHB246	2,A/G;25,C;89,A/G
YITCHB247	23,G;109,A
YITCHB249	140,T;141,G
YITCHB250	21,T/C;50,T/C;51,G;54,T/C;55,A/G;56,T/C;78,T/C;81,T/C;83,A/G;90,A/G;94,T/C;98,T/C;99,T/A;119,A/C;125,A/T
YITCHB251	65,A/G
YITCHB252	26,C;65,G;137,T;156,A
YITCHB253	21,A
YITCHB255	5,G;9,C;22,G;25,C;37,G;79,A;86,G;88,G;89,G;116,C;135,T;187,A
YITCHB257	47,T/A;72,A/G;87,A/G
YITCHB258	24,A/G;191,T/C
YITCHB259	90,A
YITCHB260	84,T;161,A
YITCHB262	117,C/G
YITCHB264	49,T/A;110,A/G;111,T/C
YITCHB265	97,C/G
YITCHB266	25,C;57,C;58,T;136,C;159,C
YITCHB267	102,T
YITCHB268	24,A/C;68,A/G;82,T;86,T/C;89,A/G;148,A/T;167,G;168,A/T
YITCHB269	53,A/C;60,A
YITCHB270	12,T/C;113,A/C

YITCHB001	3,A/G;25,C;66,T;67,T/C;81,T/C;142,T/G
YITCHB002	109,T/C;145,A/C;146,C/G
YITCHB003	83,A/G;96,T/A
YITCHB006	110,T/C
YITCHB007	67,A/G
YITCHB008	65,T/C
YITCHB014	9,T/C
YITCHB017	45,A/G;132,A/G
YITCHB026	18,A/G
YITCHB027	22,T;101,A;121,C;122,T;123,T;124,A
YITCHB040	1,C;90,A
YITCHB042	127,T;167,T
YITCHB045	48,C
YITCHB048	6,A/G;59,A/T;62,A/G;79,T/C;80,T/C;81,A/G
YITCHB049	59,T/C;75,T/C;138,C/G
YITCHB050	45,T;59,T;91,T;104,A/G
YITCHB051	7,T/G
YITCHB053	4,A/G;38,T/C;124,A/G
YITCHB054	116,T/C
YITCHB056	60,T/A;124,T/G;125,T/G;147,A/G
YITCHB057	91,G;142,T;146,G
YITCHB061	4,C;28,A;67,A
YITCHB062	94,G;96,C
YITCHB064	113,A
YITCHB066	10,A/G;30,T/C
YITCHB067	87,G
YITCHB071	105,A/G
YITCHB073	49,G;82,A/G
YITCHB079	85,A/G;123,A/G
YITCHB081	51,G;56,T;57,C;58,T;60,C;67,T;68,T;69,C;110,A;116,C;135,G
YITCHB082	52,A/G;131,T/C
YITCHB083	4,A/T;28,T/G;101,T/G;119,T/C
YITCHB085	27,T/G;46,C/G;81,T;82,G

YITCHB086	15,T/C;50,T/C;52,A/G;67,C/G;76,A/C;77,C/G;85,A/G;90,T/G;92,T/C;94,C/G; 100,A/G;102,T/G;104,A/C;107,T/G;109,A/G;110,T/A;114,A/G;115,A/G;116, T/C;127,T/C;135,A/G;151,A/C;155,T;156,A/T;165,T/C;168,G/A/C
YITCHB092	118,A
YITCHB094	16,A/C;63,C/G;119,T/C
YITCHB095	98,A/G
YITCHB096	24,T/C;41,A/G;49,T/G
YITCHB097	4,T/C;5,A/G;46,C/G;94,A/G
YITCHB098	65,A/G;95,T/C;128,A/G
YITCHB101	1,A/T
YITCHB102	27,A/C;32,T/G;33,T/G;56,T/C;57,A/C;59,A/T;65,T/C
YITCHB107	18,T/A;48,A/G;124,A/G;142,T
YITCHB108	119,A/C
YITCHB109	1,T;6,G;50,G;92,G
YITCHB112	80,A/G;123,T/C;138,C/G
YITCHB114	18,T;38,C;68,C;70,G;104,C
YITCHB115	112,A;128,T
YITCHB117	152,A
YITCHB120	93,T/C
YITCHB123	27,T/A;39,A/G;75,A/G;133,T/C;138,T/C;168,A/G;175,T/G
YITCHB126	19,A/G;43,T;112,T/C;154,T/C
YITCHB130	7,A/T;11,T/C;13,A/G;20,C;36,T/C;54,C;60,A/G
YITCHB131	32,C;135,G;184,C
YITCHB132	46,A/C;61,A/C;93,A/C;132,A;161,T/C
YITCHB134	14,T/C;72,T/C
YITCHB136	64,C
YITCHB137	110,T/C
YITCHB141	39,C
YITCHB143	22,G;112,C/G
YITCHB145	6,A/G;8,A/G;20,A/C;76,A/C;77,C/G;83,A/G;86,T/C
YITCHB150	57,C;58,T
YITCHB151	19,A/T;43,T/G
YITCHB154	1,T/A;4,T/C;75,T/C
YITCHB158	96,C
YITCHB159	7,G;11,T;38,T;42,T
YITCHB160	15,T/C;33,C/G;48,A/T;59,A;66,A/C
YITCHB162	7,T/G;10,T/C;16,A/G;32,T/C;33,T;67,A/G;73,A/G;77,A/G;88,T/C;136,A/C;

	140,A/T
YITCHB163	41,G;54,T;90,C
YITCHB164	17,A;56,C
YITCHB165	1,A;49,A/T;69,T/C;118,A/G;120,T/A;126,T/C;127,T/G
YITCHB168	21,A/G;73,A/G
YITCHB169	8,T/C;22,T;38,A/G;43,T/C;68,T/C;91,T/C;102,A/G;117,A/G;118,T/G;121,A/G; 127,T/C;142,A/G;171,A/C
YITCHB171	39,T/C;87,A/T;96,T/C;119,A/C
YITCHB173	62,A/C;70,A/G
YITCHB175	12,G
YITCHB178	14,A;24,T;42,T;66,G;145,G
YITCHB180	10,A/G;31,T/C;59,T/C;137,T/C;152,T/C
YITCHB186	19,A/G;44,C/G;46,A/G;47,A/G;57,T/A;75,T/C;82,T/C;86,A/C
YITCHB189	49,A/G;61,A/C;147,G
YITCHB191	44,G
YITCHB193	169,C
YITCHB195	53,T/C;108,A/G;111,T/C
YITCHB196	44,T/C;101,T/C
YITCHB197	121,T;122,T;123,T;167,G
YITCHB198	34,T;59,–;60,–;63,G;109,C
YITCHB199	2,T/C;12,T/G;123,C;155,C/G;177,T/C
YITCHB200	80,T/C;96,T/C
YITCHB208	41,C;84,A
YITCHB212	38,C/G;105,C/G
YITCHB214	15,T/C;155,A/C
YITCHB215	3,A/G;14,A/G;21,T/G;50,A/G;63,T/A;64,A/G;71,T/A;72,T/C;74,T/C;77,T/A; 80,T/C;81,A/T;83,A/G;103,T/C;123,A/G;142,A/T;148,T/G;150,T/A;163,T/G; 170,A/G;186,T/G
YITCHB216	43,A
YITCHB217	84,C
YITCHB219	24,A/G;52,T/C;112,A/G
YITCHB226	61,C/G;127,T/C
YITCHB227	120,T/C
YITCHB228	4,T/C;11,A/G;26,T/A
YITCHB229	45,G;46,C;80,C;162,G
YITCHB230	55,C
YITCHB232	86,C

YITCHB234	53,-/C;71,A/C;80,T/C;123,A/G;138,A/T;148,A/G
YITCHB238	108,G
YITCHB240	122,G
YITCHB242	22,T/C
YITCHB243	86,T;98,A;131,C;162,A
YITCHB245	144,A;200,C
YITCHB246	25,T/C
YITCHB247	23,G;109,A
YITCHB249	140,T;141,G
YITCHB250	21,T/C;51,G;54,T/C/A;55,A/G;56,T/C;65,A/G;78,T/C;83,A/G;88,T/C;98,T/C; 99,T/A;117,A/G;125,A/T
YITCHB251	65,A/G
YITCHB252	26,C;65,G;137,T;156,A
YITCHB253	21,A;26,T/G
YITCHB254	4,C;6,A;51,G;109,C
YITCHB255	5,G;9,C;22,G;25,C;37,G;79,A;86,G;88,G;89,G;116,C;135,T;187,A
YITCHB257	47,A/T;72,A/G;87,A/G
YITCHB258	24,A/G;191,T/C
YITCHB259	90,A;118,A;149,T
YITCHB265	17,A/T;97,C/G
YITCHB268	82,T/G;167,A/G
YITCHB269	53,A;60,A
YITCHB270	113,C

YITCHB001 3,A/G;25,T/C;66,T;81,T/C;142,T/G
YITCHB002 109,T/C;145,A/C;146,C/G
YITCHB003 83,A/G;96,T/A
YITCHB004 160,T
YITCHB006 110,T/C;135,A/G
YITCHB007 67,A/G
YITCHB008 65,T/C
YITCHB011 156,A
YITCHB017 63,A/C;132,A/G
YITCHB019 55,A;106,A/G
YITCHB022 19,T;20,A;30,G;41,A;49,A;54,C;67,G;68,C
YITCHB023 20,T;26,A;38,T;65,A
YITCHB024 46,T/C;142,C/G
YITCHB026 8,A/T;9,A/G;18,A/G
YITCHB027 22,T;101,A;121,C;122,T;123,T;124,A
YITCHB031 88,C;125,C
YITCHB033 93,A/C
YITCHB035 44,C;158,G
YITCHB037 37,A/G;63,A/G
YITCHB039 130,T/C;151,T
YITCHB040 1,C;90,A
YITCHB042 127,T;167,T
YITCHB045 48,C
YITCHB048 6,A/G;59,T/A;62,A/G;79,T/C;80,T/C;81,A/G
YITCHB049 41,C;53,T;75,C;99,C
YITCHB050 45,T;59,T;91,T;121,G
YITCHB051 7,G;54,T;136,A/G;144,A/C
YITCHB053 4,A/G;124,A/G
YITCHB054 116,T/C
YITCHB056 124,T/G;147,A/G;157,T/G;196,A/G
YITCHB057 91,G;136,T/C;142,T/C;146,T/G
YITCHB059 22,A/G
YITCHB061 4,C;28,A;67,A

YITCHB064	113,A/G
YITCHB065	67,C;79,A;80,T;97,A;178,A
YITCHB066	10,G;30,T
YITCHB067	87,G
YITCHB072	8,T;19,T;53,T;61,G;68,C;71,G;80,A;81,G;88,C;89,A;91,G;119,A;125,C;130,T; 132,T;137,G;149,T;153,T;160,T;161,A;166,T;182,A
YITCHB073	49,G
YITCHB075	22,T/C;35,T/C;98,C/G
YITCHB076	13,T/C;34,C/G;91,T/C
YITCHB077	77,A/G;88,T/C;104,A/G;145,T/C;146,A/G
YITCHB079	123,G
YITCHB081	51,G;56,T;57,C;58,T;60,C;67,T;68,T;69,C;110,A;116,C;135,G
YITCHB082	52,A/G;93,T/C;131,T/C
YITCHB083	4,A/T;28,T/G;101,T/G;119,T/C
YITCHB084	58,T/A;91,A/G;100,C/G;149,A/G
YITCHB085	27,T/G;46,C/G;81,T;82,G
YITCHB086	15,T/C;50,T/C;52,A/G;67,C/G;76,A/C;77,C/G;85,A/G;90,T/G;92,T/C;94,C/G; 100,A/G;102,T/G;104,A/C;107,T/G;109,A/G;110,A/T;114,A/G;115,A/G;116, T/C;127,T/C;135,A/G;151,A/C;155,T;156,T/A;165,T/C;168,A/C/G
YITCHB087	111,T/C
YITCHB089	38,A/G;52,A/G;53,T/C;64,A/C;89,T/C;178,T/C;184,T/C;196,T/C;197,A/G
YITCHB092	118,A/G
YITCHB093	95,T/G;107,T/G;132,A/G;166,T/G
YITCHB094	16,A/C;26,A/T;70,T/C
YITCHB097	46,C/G;144,A/G
YITCHB099	74,C;105,A;126,C;179,T;180,C
YITCHB101	1,T/A
YITCHB102	27,A/C;32,T/G;57,A/C;59,A/T;65,T/C;111,T/C;116,A/G
YITCHB104	13,T/G;31,T/G;146,C/G
YITCHB105	36,A
YITCHB106	19,C;58,G;94,C;97,T
YITCHB107	124,A/G;142,T/C
YITCHB108	69,T/G;127,A/C
YITCHB109	1,T;6,G;50,G;92,G
YITCHB112	28,T/C;123,T/C;138,C/G;154,T/A
YITCHB114	18,T;38,C;68,C;70,G;104,C
YITCHB116	29,T

YITCHB117　152,A/G
YITCHB124　130,A;186,C/G
YITCHB126　19,G;43,T
YITCHB127　65,A;82,C;132,A
YITCHB128　7,C;127,A
YITCHB130　7,T/A;11,T/C;13,A/G;20,C;36,T/C;54,C;60,A/G
YITCHB131　32,C;135,G;184,C
YITCHB132　46,A/C;61,A/C;93,A/C;132,A;161,T/C
YITCHB134　72,T/C
YITCHB135　178,C
YITCHB136　64,C
YITCHB137　110,T/C
YITCHB142　30,T/G;121,T/C;131,C/G;153,C/G
YITCHB143　22,G
YITCHB145　6,A/G;8,A/G;20,A/C;76,A/C;77,C/G;83,A/G;86,T/C
YITCHB148　27,T/C;91,T/C
YITCHB150　57,C;58,T
YITCHB154　1,A/T;75,T/C
YITCHB155　65,A/T;95,T;138,A/C
YITCHB158　96,C
YITCHB159　7,G;11,T;38,T;42,T
YITCHB160　15,T/C;33,C/G;48,A/T;59,A;66,A/C
YITCHB162　7,T;16,G;33,T;136,C
YITCHB163　41,G;54,T/C;82,T/C;90,C
YITCHB164　17,A;56,C
YITCHB165　1,A;69,T/C;88,A/G;118,A/G;120,A/T;126,T/C;127,T/G
YITCHB166　30,T
YITCHB168　21,A/G;63,T/C;73,A/G;109,A/G
YITCHB169　8,T;22,T;38,G;43,C;68,C;91,T;102,G;117,A;118,T;121,G;127,T;142,A;171,C
YITCHB170　56,A
YITCHB171　39,T;87,A;96,C
YITCHB173　62,A/C;70,A/G
YITCHB176　13,A;25,A;26,A;82,A;105,C
YITCHB177　25,T/C;28,T/G;30,A/G;41,T/C;42,C/G;55,T/A/G;65,A/C;78,T/C;95,T/G;100,T/C;125,T/C;126,A/G;127,A/G;135,T/G
YITCHB178　14,A;24,T;42,T;66,G;145,G
YITCHB180　10,A/G;31,T/C;59,T/C;137,T/C;152,T/C

YITCHB183	29,A/G;52,A/G;53,A/G;59,G;80,A/G;97,T/C;112,A/G;114,A/G;115,T/C;138, T/C;141,A/G;155,C;179,A/G
YITCHB184	20,T/C;22,A/G;50,A/G;68,A/G;70,C/G;102,A/G;132,T/C;170,T/C
YITCHB185	20,C;49,A;71,T;86,C;104,C;114,T;133,C;154,G
YITCHB186	19,A/G;44,C/G;46,A/G;57,A/T;75,T/C;82,T/C;86,A/C;93,A/G
YITCHB189	61,A;147,A/G
YITCHB191	44,G
YITCHB192	138,T/C
YITCHB193	169,C
YITCHB195	53,T/C;81,T/C;111,T/C
YITCHB196	45,T/C
YITCHB197	72,A/G;121,−/T;122,−/T;123,−/T;167,G;174,A/G;189,A/C
YITCHB198	34,T;59,−;60,−;63,G;109,C
YITCHB199	2,T/C;12,T/G;123,C;155,C/G;177,T/C
YITCHB200	80,T/C;96,T/C
YITCHB201	132,T
YITCHB205	31,A;36,G;46,A;74,G
YITCHB207	81,A/G
YITCHB208	18,A/T;41,C;84,A;107,T/C
YITCHB209	32,T/C;34,T/C;35,A/G;71,T/C;94,T/C;166,A/G;173,A/G;175,T/C
YITCHB210	130,C;154,A/G
YITCHB211	113,T;115,G
YITCHB214	15,T/C;155,A/C
YITCHB215	71,A;72,A;132,C;162,A;177,G
YITCHB216	43,A
YITCHB217	84,C
YITCHB218	98,A/G;128,A/G
YITCHB219	9,T;112,G
YITCHB220	58,G
YITCHB223	11,T;54,A;189,C
YITCHB224	1,A/G;36,A/G;79,T/C;117,−/A;118,T/C
YITCHB225	24,A/G
YITCHB226	61,C/G;127,T/C;136,T/C
YITCHB227	120,T/C
YITCHB228	4,T/C;11,A/G;26,A/T
YITCHB229	45,G;46,C;80,C;162,G
YITCHB230	55,C

YITCHB232　　86,T/C

YITCHB233　　50,A;152,A

YITCHB234　　53,C

YITCHB235　　120,C

YITCHB237　　118,G;120,A;126,T/G;165,T;181,A

YITCHB238　　108,G

YITCHB240　　53,A;93,T;148,A

YITCHB243　　86,T;98,A;131,C;162,A

YITCHB244　　43,G;143,A

YITCHB245　　144,A;200,C

YITCHB246　　25,T/C

YITCHB247　　23,G;109,A

YITCHB249　　140,T;141,G

YITCHB250　　21,T/C;50,T/C;51,G;54,T/C;55,A/G;56,T/C;78,T/C;81,T/C;83,A/G;90,A/G;
94,T/C;98,T/C;99,A/T;119,A/C;125,T/A

YITCHB251　　65,A/G

YITCHB252　　26,C;65,G;137,T;156,A

YITCHB253　　21,A;26,T/G

YITCHB254　　4,T/C;6,A/G;51,A/G;109,A/C

YITCHB255　　5,G;9,C;22,G;25,C;37,G;79,A;86,G;88,G;89,G;116,C;135,T;187,A

YITCHB257　　68,T/C

YITCHB258　　24,G;65,A/G;128,T/A;191,T/C

YITCHB259　　90,A

YITCHB260　　84,T/A;161,A/T

YITCHB262　　117,C/G

YITCHB265　　17,A/T;97,C/G

YITCHB266　　25,C;57,C

YITCHB269　　53,A/C;60,A

YITCHB270　　12,T/C;113,A/C

YITCHB001   3,A/G;25,C;43,T/C;66,T;67,T/C;142,T/G

YITCHB002   109,T/C;145,A/C;146,C/G

YITCHB003   83,A/G;96,A/T

YITCHB004   160,T/G

YITCHB006   110,T/C

YITCHB007   67,A/G

YITCHB008   65,T/C

YITCHB009   118,T;176,G;181,T;184,C;188,G

YITCHB014   9,T/C

YITCHB022   19,T/C;41,A/G;54,C;67,G;68,C;88,T/C

YITCHB027   101,A/G

YITCHB031   125,T/C;161,T/G

YITCHB033   93,A

YITCHB034   29,A

YITCHB035   44,T/C;158,T/G

YITCHB036   47,A/G;95,T/C;157,A/G

YITCHB038   18,A/T;40,T/G;94,A/T;113,C/G;202,T;203,A;204,G

YITCHB039   28,T/C;29,A/T;53,T/C;74,A/G;76,T/C;89,T/G;93,A/G;130,T/C;151,T/G;156,
             T/G

YITCHB040   1,C;29,T;31,A;73,C;103,T;108,G;135,T

YITCHB042   127,T;167,T

YITCHB044   97,T/C

YITCHB045   48,T/C

YITCHB047   130,A/G

YITCHB048   6,A/G;59,A/T;62,A/G;79,T/C

YITCHB050   45,T;59,T;91,T;104,G

YITCHB051   7,T/G;26,A/G;105,T/C

YITCHB053   4,A/G;38,T/C;124,A/G

YITCHB054   116,T/C

YITCHB057   91,A/G;142,T/C;146,T/G

YITCHB058   2,G;36,G;60,G;79,-;131,T

YITCHB061   4,C;28,A;67,A

YITCHB062   94,G;96,C

YITCHB064	113,A/G
YITCHB066	10,A/G;30,T
YITCHB067	9,A/G;85,A/G;87,–/G
YITCHB072	19,T;59,T;61,G;67,G;71,G;79,G;80,T;81,G;82,G;88,C;89,A;91,G;97,T;100,G;103,A;109,G;121,T;125,C;128,G;137,G;141,A;150,G;166,T;169,A;172,G;182,A
YITCHB073	49,G
YITCHB075	22,T/C;35,T/C
YITCHB077	77,A/G;88,T/C;104,A/G;145,T/C;146,A/G
YITCHB081	51,A/G;56,T;57,C;58,T;60,C;67,T;68,T;69,C;110,A/G;116,T/C;135,A/G
YITCHB082	52,A/G
YITCHB084	24,T/C;91,A/G;100,C/G;119,A/C
YITCHB085	27,T/G;46,C/G;81,T/A;82,G
YITCHB086	15,T/C;50,T/C;52,A/G;67,C/G;76,A/C;77,C/G;85,A/G;90,T/G;92,T/C;94,C/G;100,A/G;102,T/G;104,A/C;107,T/G;109,A/G;110,A/T;114,A/G;115,A/G;116,T/C;127,T/C;135,A/G;151,A/C;155,T/G;156,T/A;165,T/C;168,C/G
YITCHB093	95,T/G;107,T/G;132,A/G;166,T/G
YITCHB096	24,T/C
YITCHB097	46,C/G;144,A/G
YITCHB103	61,A/G;64,A/C;87,A/C;153,T/C
YITCHB104	146,C/G
YITCHB105	36,A
YITCHB106	19,C;58,A/G;94,C;97,T/C
YITCHB107	18,A/T;48,A/G;142,T/C
YITCHB108	119,A/C;127,A/C
YITCHB109	1,T;6,G;26,T/C;50,A/G;83,T/A;92,A/G;93,T/C
YITCHB112	123,T/C;138,C/G
YITCHB113	182,T/A;192,A/G
YITCHB114	18,T/C;25,A/G;38,T/C;68,T/C;70,C/G;104,T/C
YITCHB116	29,T
YITCHB117	152,A/G
YITCHB119	56,C/G;119,A/G
YITCHB124	130,A/G;186,C/G
YITCHB127	65,A/G;82,A/C;132,A/C
YITCHB128	7,T/C;135,C/G;169,A/G
YITCHB132	27,–;46,A;61,A;93,C;132,A;161,T
YITCHB134	72,T/C

YITCHB138	22,A/C;52,A/G
YITCHB141	39,T/C
YITCHB142	30,T/G;121,T/C;131,C/G;153,C/G
YITCHB143	22,T/G
YITCHB145	6,A;8,G;20,A;76,A;77,G;83,G;86,T
YITCHB148	27,T/C;91,T/C
YITCHB152	31,A/G
YITCHB154	4,T/C
YITCHB157	69,A
YITCHB158	96,T/C
YITCHB159	7,A/G;11,T/C;38,T/C;42,T/C
YITCHB160	15,T/C;48,A/T;59,A/G
YITCHB162	7,T/G;10,T/C;16,A/G;32,T/C;33,T;73,A/G;75,T/C;77,A/G;136,A/C;140,T/A
YITCHB163	41,A/G;54,T/C;90,T/C
YITCHB165	1,A
YITCHB166	30,T/C
YITCHB168	21,A;62,–
YITCHB171	39,T/C;87,A/T;96,T/C;119,A/C
YITCHB177	28,T/G;30,A/G;95,T/G;127,A/G;135,T/G
YITCHB182	50,T/C
YITCHB183	53,A/G;59,T/G;79,A/G;80,A/G;85,T/C;97,T/C;99,A/G;115,T/C;116,A/C;117,A/G;138,T/C;143,T/C;155,T/C
YITCHB185	74,T/C;104,T/C;122,T/C;133,C/G
YITCHB186	19,A/G;46,A/G;47,A/G;57,A/T;75,T/C;82,T/C;86,A/C
YITCHB187	130,A/G
YITCHB189	49,A/G;61,A/C;147,A/G
YITCHB191	44,T/G
YITCHB192	46,T/G;73,A/G
YITCHB193	169,T/C
YITCHB195	53,C;111,T
YITCHB196	44,T/C;101,T/C
YITCHB197	121,–/T;122,–/T;123,–/T;167,C/G
YITCHB199	77,C/G;123,T/C
YITCHB200	19,T/C;70,A/G;73,A/G;92,T/A;104,C/G;106,A/T
YITCHB201	103,T/A;112,A/G;132,–/T;194,T/C;195,A/G
YITCHB202	55,T;60,T;102,T;104,A;127,T/C;159,T/C;187,G;197,A
YITCHB205	31,A/C;36,A/G;46,T/A;74,A/G

YITCHB208   18,A/T;41,C;84,A;107,T/C

YITCHB209   32,T/C;34,T/C;35,A/G;71,T/C;94,T/C;166,A/G;173,A/G;175,T/C

YITCHB210   130,C

YITCHB212   38,C/G;105,C/G

YITCHB214   15,C;155,C

YITCHB215   3,T/A;6,T/G;9,A/G;22,A/G;54,T/C;63,A/T;71,A/T;72,T/C;81,A/G;96,A/G;121, T/C;137,A/G;163,T/G;177,A/G;186,A/G

YITCHB216   43,A

YITCHB219   9,T;112,G

YITCHB220   58,G

YITCHB223   11,T/C;54,A/G;189,T/C

YITCHB224   1,A/G;36,A/G;79,T/C;117,–/A;118,T/C

YITCHB225   24,A/G

YITCHB227   120,T/C

YITCHB228   11,A/G;26,T/A

YITCHB229   45,C/G;80,T/G

YITCHB230   55,T/C;128,A/G

YITCHB232   86,T/C

YITCHB233   152,A

YITCHB234   53,C

YITCHB237   118,A/G;120,A/C;165,A/T;181,A/C

YITCHB238   75,T/A;76,A/G;108,C/G

YITCHB244   43,A/G;143,A/G

YITCHB245   200,A/C

YITCHB246   25,T/C;89,A/G

YITCHB248   50,A/G

YITCHB249   43,T

YITCHB250   21,T/C;51,T/G;54,T/C;55,A/G;56,T/C;78,T/C;98,T/C;99,T/A;125,A/T

YITCHB251   65,A/G

YITCHB252   26,C;65,G;126,T

YITCHB253   21,A/T;26,T/G

YITCHB254   4,T/C;6,A/G;51,A/G;109,A/C

YITCHB255   5,G;9,C;22,G;25,C;37,G;79,A;86,G;88,G;89,G;116,C;135,T;187,A

YITCHB256   16,T/C

YITCHB258   24,A/G;65,A/G;128,T/A

YITCHB263   43,G

YITCHB264   8,A/T;51,T/C;111,T/C

YITCHB265   17,T/A;64,T/C;73,A/T;97,C/G;116,T/G
YITCHB268   82,T/G;167,A/G
YITCHB270   113,C

YITCHB001   3,A/G;25,C;66,T;67,T/C;81,T/C;142,T/G

YITCHB002   145,A;146,G

YITCHB003   83,G;96,A

YITCHB004   160,T

YITCHB006   110,T/C;135,A/G

YITCHB007   67,A/G

YITCHB008   65,T/C

YITCHB011   156,A

YITCHB014   9,T/C

YITCHB017   63,A/C;132,A/G

YITCHB019   55,A;106,A/G

YITCHB022   19,T;20,A;30,G;41,A;49,A;54,C;67,G;68,C

YITCHB023   20,T;26,A;38,T;65,A

YITCHB024   46,T/C;142,C/G

YITCHB026   18,A/G

YITCHB027   22,T;101,A;121,C;122,T;123,T;124,A

YITCHB031   88,C;125,C

YITCHB033   93,A/C

YITCHB035   7,A;33,G;44,C;124,T;137,C;158,G

YITCHB036   95,T/C;157,A/G

YITCHB037   37,A/G;63,A/G;76,A/C

YITCHB039   28,T/C;29,A/T;53,T/C;74,A/G;76,T/C;89,T/G;93,A/G;130,T;151,T;156,T/G

YITCHB040   1,C;90,A

YITCHB042   127,T;167,T

YITCHB045   48,C

YITCHB047   10,C/G

YITCHB048   6,A/G;59,A/T;62,A/G;79,T/C;80,T/C;81,A/G

YITCHB049   59,T/C;75,T/C;138,C/G

YITCHB050   45,T;59,T;91,T;104,A/G

YITCHB051   7,T/G

YITCHB052   13,T/C;49,T/C;50,T/C;113,T/A;151,C;171,C/G

YITCHB053   4,A/G;124,A/G

YITCHB054   116,T/C

YITCHB055	52,A/T
YITCHB056	60,A/T;124,T/G;125,T/G;147,A/G
YITCHB057	91,G;142,T;146,G
YITCHB059	4,T/C;22,A/G;76,C/G;114,A/G;196,T/A
YITCHB061	4,C;28,A;67,A
YITCHB062	94,G;96,C
YITCHB064	113,A
YITCHB066	10,A/G;30,T/C
YITCHB067	87,G
YITCHB071	105,A/G
YITCHB072	19,T/C;20,C/G;23,T/C;54,T/A;59,T/C;61,A/T/G;67,A/G;70,A/G;71,A/G;79,T/C/G;80,T/C;81,A/G;82,A/G;88,T/C;89,A/G;91,A/G;93,A/G;97,T/A;98,A/G;100,A/G;103,A/C;109,A/G;118,T/C;120,A/G;121,T/C;125,T/C;127,A/G;128,C/G;130,T/A;134,T/C;137,A/G;141,A/G;150,T/G;153,T/C;160,T/C;166,T/C/A;169,A/G;172,A/G;182,T/A
YITCHB073	49,G;82,A/G
YITCHB075	22,C;35,T;98,C
YITCHB076	13,T/C;91,T/C
YITCHB077	77,A/G;88,T/C;104,A/G;145,T;146,A/G
YITCHB079	85,A/G;123,G
YITCHB081	51,G;56,T;57,C;58,T;60,C;67,T;68,T;69,C;110,A;116,C;135,G
YITCHB082	52,A/G;93,T/C;131,T/C
YITCHB083	4,A/T;28,T/G;101,T/G;119,T/C
YITCHB084	58,A/T;91,A/G;100,C/G;149,A/G
YITCHB085	27,T/G;46,C/G;81,T;82,G
YITCHB086	15,T/C;50,T/C;52,A/G;67,C/G;76,A/C;77,C/G;85,A/G;90,T/G;92,T/C;94,C/G;100,A/G;102,T/G;104,A/C;107,T/G;109,A/G;110,A/T;114,A/G;115,A/G;116,T/C;127,T/C;135,A/G;151,A/C;155,T;156,T/A;165,T/C;168,A/C/G
YITCHB087	111,T/C
YITCHB089	38,A/G;52,A/G;53,T/C;64,A/C;89,T/C;178,T/C;184,T/C;196,T/C;197,A/G
YITCHB091	107,T/G;120,A/G
YITCHB092	118,A
YITCHB093	95,G;107,G;132,A/G;166,G
YITCHB094	16,C;26,A/T;63,C/G;70,T/C;119,T/C
YITCHB095	98,A/G
YITCHB099	74,C;105,A;126,C;179,T;180,C
YITCHB100	12,T/C;15,A/G;80,A/G;126,A/C;153,A/C

YITCHB102   52,A/G;57,A/C

YITCHB104   146,G

YITCHB105   36,A

YITCHB107   18,A/T;48,A/G;124,A/G;142,T

YITCHB108   69,T/G;127,A/C

YITCHB112   28,T/C;35,A/C;36,T/C;103,A/G;122,T/G;123,T/C;129,A/G;142,T/C;154,A/T;
162,T/C

YITCHB113   182,A/T;192,A/G

YITCHB114   18,T;38,C;68,C;70,G;104,C

YITCHB115   112,A;128,T

YITCHB116   29,T

YITCHB117   152,A/G

YITCHB119   9,A/C;119,A/G

YITCHB121   133,T;135,G;136,–;187,G

YITCHB123   87,G;138,T

YITCHB124   130,A;186,C/G

YITCHB126   19,G;43,T

YITCHB128   7,T/C;169,A/G

YITCHB132   27,–;46,A;61,A;93,C;132,A;161,T

YITCHB133   1,A/G

YITCHB134   72,T/C

YITCHB136   64,A/C

YITCHB138   22,C;52,G

YITCHB141   39,C

YITCHB142   30,T/G;121,T/C;131,C/G;153,C/G

YITCHB143   22,G

YITCHB145   6,A/G;8,A/G;20,A/C;76,A/C;77,C/G;83,A/G;86,T/C

YITCHB148   17,A/C;27,T/C;91,T/C

YITCHB150   57,C;58,T

YITCHB151   19,T/A;43,T/G

YITCHB152   31,A/G

YITCHB154   1,A/T;4,T/C;87,T/C

YITCHB156   82,T/C

YITCHB157   32,T/C;69,A/G

YITCHB158   96,C

YITCHB159   7,G;11,T;38,T;42,T

YITCHB160   15,T/C;33,C/G;48,A/T;59,A;66,A/C

YITCHB162　7,T/G;16,A/G;33,T;67,A/G;88,T/C;136,A/C

YITCHB165　1,A;10,T/C;49,T/A

YITCHB166　30,T/C

YITCHB167　12,A/G;33,C/G;36,A/G;64,A/C;146,A/G

YITCHB168　21,A/G;73,A/G

YITCHB169　8,T/C;22,T;38,A/G;43,T/C;68,T/C;91,T/C;102,A/G;117,A/G;118,T/G;121,A/G;
127,T/C;142,A/G;171,A/C

YITCHB170　56,A

YITCHB171　39,T/C;87,A/T;96,T/C;119,A/C

YITCHB175　12,G

YITCHB176　13,A;25,A;26,A;82,A;105,C

YITCHB177　28,T/G;30,A/G;42,C/G;55,T/A/G;95,T/G;107,A/G;125,T/C;127,A/G;135,T/G

YITCHB178　14,A/G;24,T/C;42,T/A;66,A/G;145,A/G

YITCHB179　2,C/G

YITCHB183　12,A/G;53,A/G;59,T/G;79,A/G;80,A/G;97,A/T;114,A/G;115,T/C;116,A/C;122,
A/G;138,T/C;139,A/G;147,T/A;155,C;166,T/C

YITCHB185　20,T/C;49,A/G;71,T/C;86,T/C;104,T/C;114,T/C;133,C/G;154,A/G

YITCHB186　19,A/G;44,C/G;46,A/G;57,T/A;75,T/C;82,T/C;86,A/C

YITCHB187　130,G

YITCHB188　94,T/C;156,T/C

YITCHB189　49,A/G;61,A/C;147,G

YITCHB191　1,T/C;44,G

YITCHB192　45,A/T

YITCHB193　169,C

YITCHB195　53,T/C;108,A/G;111,T/C

YITCHB196　44,T/C;45,T/C;101,T/C

YITCHB197　72,G;121,T;122,T;123,T;167,G;174,G;189,C

YITCHB198　63,T/A

YITCHB199　2,T/C;12,T/G;123,T/C;177,T/C

YITCHB200　70,A/G;73,A/G;92,T/A;104,C/G;106,A/T

YITCHB201　112,A/G;132,–/T

YITCHB202　55,T/C;60,T/C;102,T/C;104,A/G;127,T/C;187,A/G;197,A/G

YITCHB203　125,T/C;154,A/G

YITCHB204　75,C

YITCHB205　31,A;36,G;46,A;74,G

YITCHB208　41,C;84,A

YITCHB210　130,A/C;154,A/G

YITCHB211	113,T;115,G
YITCHB214	15,T/C;155,A/C
YITCHB215	3,G;14,A/G;16,T/G;21,T/G;50,A/C;63,A;64,A;71,A;72,T/C;74,T/C;77,A/T;80,T;81,T/G;83,A/G;103,C;123,A/G;142,T/A;148,T/G;150,A;163,G;170,G;186,T
YITCHB216	43,A
YITCHB217	84,C
YITCHB219	9,T;112,G
YITCHB220	58,G
YITCHB223	11,T;54,A;189,C
YITCHB224	1,A/G;36,A/G;79,T/C;117,–/A;118,T/C
YITCHB225	24,A/G
YITCHB226	61,C;127,T;136,T/C
YITCHB227	120,T/C
YITCHB228	11,A/G;26,A/T;72,A/G
YITCHB229	45,C/G;80,T/G;96,C/G
YITCHB230	55,T/C;128,A/G
YITCHB232	47,A/G;54,A/G;86,T/C;108,T/C;147,A/C
YITCHB233	1,A;2,A;3,G;4,T;7,C;50,A;152,A
YITCHB234	53,C
YITCHB235	120,C
YITCHB237	118,G;120,A;165,T;181,A
YITCHB238	89,T/G;108,G;166,A/G
YITCHB240	53,T/A;93,T/C;148,T/A
YITCHB242	22,T/C
YITCHB243	86,T;98,A;131,C;162,A
YITCHB244	43,G;143,A
YITCHB245	144,A;200,C
YITCHB246	25,T/C
YITCHB247	23,G;109,A
YITCHB250	21,T/C;50,T/C;51,G;54,T/C;55,A/G;56,T/C;78,T/C;81,T/C;83,A/G;90,A/G;94,T/C;98,T/C;99,T/A;119,A/C;125,A/T
YITCHB251	65,A/G
YITCHB252	26,C;65,G;137,T;156,A
YITCHB253	21,A;26,T/G
YITCHB254	4,T/C;6,A/G;51,A/G;109,A/C
YITCHB255	5,G;9,C;22,G;25,C;37,G;79,A;86,G;88,G;89,G;116,C;135,T;187,A
YITCHB257	47,T/A;72,A/G;87,A/G

YITCHB258	24,A/G;191,T/C
YITCHB259	90,A;118,A;149,T
YITCHB263	26,A;36,T;43,G;93,C;104,T;144,G
YITCHB265	97,C
YITCHB266	25,C;29,A/G;57,A/C;58,A/T;136,T/C;159,T/C
YITCHB268	82,T/G;167,A/G
YITCHB269	53,A/C;60,A
YITCHB270	12,T/C;113,A/C

YITCHB001 3,A/G;25,T/C;66,T/C;142,T/G

YITCHB002 109,T/C;145,A/C;146,C/G

YITCHB003 83,G;96,A

YITCHB004 160,T/G

YITCHB006 110,T/C;135,A/G

YITCHB007 67,A/G

YITCHB008 65,T/C

YITCHB011 156,A

YITCHB014 9,T/C

YITCHB019 55,T/A

YITCHB022 19,T/C;41,A/G;54,C;67,G;68,C;88,T/C

YITCHB023 26,A/T;38,T/G;64,A/C;65,A/G;121,A/C

YITCHB027 22,T/C;101,A/G;121,A/C;122,T/G;123,T/G;124,A/C

YITCHB030 80,C;139,C;148,A

YITCHB031 125,C

YITCHB033 93,A

YITCHB035 44,T/C;158,T/G

YITCHB036 95,T/C;157,A/G

YITCHB038 202,T;203,A;204,G

YITCHB039 130,T/C;151,T/G

YITCHB040 1,C;29,T;31,A;73,C;103,T;108,G;135,T

YITCHB042 127,T;167,T

YITCHB044 97,T/C

YITCHB045 48,T/C

YITCHB047 130,A/G

YITCHB048 6,A/G;59,A/T;62,A/G;79,T/C;80,T/C;81,A/G

YITCHB050 45,T;59,T;91,T;104,G

YITCHB051 7,T/G;26,A/G;54,T/C;136,A/G

YITCHB054 116,C

YITCHB057 91,A/G;142,T/C;146,T/G

YITCHB061 4,C;28,A;67,A

YITCHB062 94,A/G;96,T/C

YITCHB064 113,A

YITCHB066	10,A/G;30,T/C
YITCHB067	87,G
YITCHB072	19,T/C;59,T/C;61,T/G;67,A/G;71,A/G;79,C/G;80,T/C;81,A/G;82,A/G;88,T/C;89,A/G;91,A/G;97,A/T;100,A/G;103,A/C;109,A/G;121,T/C;125,T/C;128,C/G;137,A/G;141,A/G;150,T/G;166,A/T;169,A/G;172,A/G;182,T/A
YITCHB073	49,G
YITCHB074	98,A/G
YITCHB077	77,A/G;88,T/C;104,A/G;145,T/C;146,A/G
YITCHB081	51,A/G;56,T;57,C;58,T;60,C;67,T;68,T;69,C;110,A/G;116,T/C;135,A/G
YITCHB082	52,A/G
YITCHB085	46,C/G;81,T/A;82,G
YITCHB086	15,T/C;50,T/C;52,A/G;67,C/G;76,A/C;77,C/G;85,A/G;90,T/G;92,T/C;94,C/G;100,A/G;102,T/G;104,A/C;107,T/G;109,A/G;110,T/A;114,A/G;115,A/G;116,T/C;127,T/C;135,A/G;151,A/C;155,T/G;156,A/T;165,T/C;168,C/G
YITCHB092	118,A/G
YITCHB094	16,A/C;26,A/T;70,T/C
YITCHB097	46,C/G;144,A/G
YITCHB100	12,T/C
YITCHB103	61,A/G;64,A/C;87,A/C;153,T/C
YITCHB104	146,C/G
YITCHB105	36,A
YITCHB108	119,A/C
YITCHB112	35,C;36,T;103,A;122,T;129,A;142,T;162,T
YITCHB114	18,T/C;25,A/G;38,T/C;68,T/C;70,C/G;104,T/C
YITCHB116	29,T
YITCHB124	130,A;186,C/G
YITCHB126	43,T/C;112,T/C;154,T/C
YITCHB127	65,A;82,C;132,A
YITCHB130	13,A/G;20,T/C;54,T/C;60,A/G
YITCHB131	32,T/C;135,T/G;184,T/C
YITCHB132	27,−;46,A;61,A;93,C;132,A;161,T
YITCHB134	72,C
YITCHB135	178,T/C
YITCHB136	64,A/C
YITCHB137	110,T/C
YITCHB143	22,T/G
YITCHB145	6,A;8,G;20,A;76,A;77,G;83,G;86,T

YITCHB148   27,T/C;91,T/C

YITCHB154   1,A/T

YITCHB156   82,T/C

YITCHB157   69,A

YITCHB158   96,T/C

YITCHB159   7,A/G;25,A/G;38,T/C;42,T/C;92,C/G;160,A/G

YITCHB160   15,T/C;48,A/T;59,A/G

YITCHB162   7,T/G;14,T/C;16,A/G;33,T;75,T/C;136,A/C

YITCHB165   1,A;10,T

YITCHB166   30,T/C

YITCHB168   21,A/G;73,A/G

YITCHB169   22,T;107,A

YITCHB170   56,A/G

YITCHB171   39,T/C;87,A/T;96,T/C;119,A/C

YITCHB177   28,T/G;30,A/G;95,T/G;127,A/G;135,T/G

YITCHB182   50,T/C

YITCHB185   74,T/C;104,T/C;122,T/C;133,C/G

YITCHB186   19,A/G;44,C/G;46,A/G;47,A/G;57,T/A;75,T/C;82,T/C;86,A/C

YITCHB187   130,A/G

YITCHB189   49,A/G;61,A/C;147,A/G

YITCHB191   44,G

YITCHB192   46,T/G;73,A/G

YITCHB193   169,T/C

YITCHB196   44,T/C;101,T/C

YITCHB197   72,A/G;121,-/T;122,-/T;123,-/T;167,G;174,A/G;189,A/C

YITCHB198   34,A/T;63,A/G;109,T/C

YITCHB199   77,C/G;123,T/C

YITCHB200   19,T/C

YITCHB201   103,A/T;132,-/T;194,T/C;195,A/G

YITCHB202   55,T/C;60,T/C;102,T/C;104,A/G;159,T/C;187,A/G;197,A/G

YITCHB205   31,A/C;36,A/G;46,A/T;57,T/G;74,A/G

YITCHB208   41,T/C;84,T/A;107,T/C

YITCHB209   32,T;34,C;35,A;71,T;94,T;166,G;173,A;175,C

YITCHB210   130,A/C

YITCHB212   38,C/G;105,C/G

YITCHB214   15,C;155,C

YITCHB215   3,A/T;6,T/G;9,A/G;22,A/G;54,T/C;63,T/A;71,T/A;72,T/C;81,A/G;96,A/G;

121,T/C;137,A/G;163,T/G;177,A/G;186,A/G

YITCHB216	43,A
YITCHB217	84,A/C
YITCHB219	9,T;112,G
YITCHB224	1,A;36,A;79,T;117,A;118,C
YITCHB225	24,A/G
YITCHB227	120,T/C
YITCHB228	11,A/G;26,A/T
YITCHB229	45,G;46,T/C;80,T/C;162,T/G
YITCHB230	55,T/C;128,A/G
YITCHB232	86,T/C
YITCHB234	53,–/C;123,A/G
YITCHB235	120,T/C
YITCHB237	118,A/G;120,A/C;165,T/A;181,A/C
YITCHB238	108,C/G
YITCHB242	22,T/C
YITCHB243	86,T/C;98,A/G;131,A/C;162,A/G
YITCHB244	43,G;143,A
YITCHB245	144,A/G;200,C
YITCHB247	23,T/G;109,A/G
YITCHB248	50,A/G
YITCHB250	21,T/C;51,T/G;54,T/C;55,A/G;56,T/C;78,T/C;98,T/C;99,T/A;125,A/T
YITCHB251	65,A/G
YITCHB252	26,C;65,G;137,T;156,A
YITCHB253	21,A;26,G
YITCHB254	4,T/C;6,A/G;51,A/G;109,A/C
YITCHB255	5,G;9,C;22,G;25,C;37,G;79,A;86,G;88,G;89,G;116,C;135,T;187,A
YITCHB258	24,A/G;191,T/C
YITCHB263	43,A/G
YITCHB264	8,A/T;51,T/C;111,T/C
YITCHB265	17,A/T
YITCHB266	25,C;57,C;58,T;136,C;159,C
YITCHB268	82,T/G;167,A/G
YITCHB270	113,C

YITCHB001   25,T/C;66,T;67,T/C;81,T
YITCHB002   109,T/C;145,A/C;146,G
YITCHB003   83,A/G;96,T/A
YITCHB004   160,T/G;172,A/G
YITCHB007   27,C/G;44,A/G;67,A/G;90,C/G
YITCHB008   15,T/A;65,T/C
YITCHB009   11,T;184,C
YITCHB014   9,T/C
YITCHB016   88,G
YITCHB017   45,A/G;63,A/C;132,G
YITCHB019   55,A;106,A/G
YITCHB022   19,T/C;20,A/G;30,A/G;41,A/G;49,A/G;54,C;67,G;68,C
YITCHB023   20,T/C;26,A/T;38,T/G;65,A/G
YITCHB024   46,T/C
YITCHB027   22,T;101,A;121,C;122,T;123,T;124,A
YITCHB028   48,T/C;72,A/G;125,T/C;166,C/G
YITCHB030   148,A/G
YITCHB031   87,A/G;88,T/C;125,C
YITCHB035   7,A;33,G;44,C;124,T;137,C;158,G
YITCHB039   130,T/C;151,T
YITCHB040   1,C;90,A/G
YITCHB045   48,C
YITCHB047   10,C/G
YITCHB048   6,A/G;59,T/A;62,A/G;79,T/C;80,T/C;81,A/G
YITCHB049   41,C/G;53,T/C;59,T/C;75,C;99,A/C;138,C/G
YITCHB050   45,T;59,T;91,T;121,A/G
YITCHB051   7,T/G;54,T/C;144,A/C
YITCHB053   4,A/G;124,A/G
YITCHB055   52,A/T
YITCHB056   60,T/A;124,G;125,T/G;147,G;157,T/G;196,A/G
YITCHB057   91,G;136,T/C;142,T/C;146,T/G
YITCHB061   4,C/G;28,A/G;67,T/A;70,T/C;75,A/G;78,T/C;102,A/G;112,T/C;114,A/G;118,
             A/G

YITCHB062	94,G;96,C
YITCHB064	113,A/G
YITCHB067	87,G
YITCHB071	5,A/G;10,A/G;18,A/G;54,T/C;80,A/G;90,A/T;100,A/C;103,T/C;105,A/G;111,T/C
YITCHB072	8,T/C;19,T/C;20,C/G;23,T/C;53,A/T;54,T/A;61,A/T/G;67,A/G;68,T/C;70,A/G;71,A/G;79,T/C;80,A/C;81,A/G;82,A/G;88,T/C;89,A/G;91,A/G;93,A/G;97,T/A;98,A/G;109,A/G;118,T/C;119,A/G;120,A/G;121,T/C;125,T/C;127,A/G;130,T/A;132,A/T;134,T/C;137,A/G;149,A/T;153,T/C;160,T/C;161,A/G;166,T/C/A;169,A/G;182,T/A
YITCHB073	49,G;82,A/G
YITCHB075	22,T/C;35,T/C;98,C/G
YITCHB076	13,T;34,C/G;91,T
YITCHB079	85,A/G;123,G
YITCHB082	131,T/C
YITCHB083	4,T/A;28,T/G;101,T/G;119,T/C
YITCHB085	27,T/G;46,C;81,T;82,G
YITCHB086	115,G;155,T;168,A
YITCHB087	111,T
YITCHB089	38,A;52,A;53,C;64,A;89,C;178,T;184,C;196,C;197,A
YITCHB091	133,A/C;151,T/C
YITCHB092	118,A
YITCHB094	16,A/C;63,C/G;119,T/C
YITCHB095	98,A/G
YITCHB096	24,T/C;41,A/G;49,T/G
YITCHB097	4,T/C;5,A/G;46,C/G;94,A/G
YITCHB101	1,A/T
YITCHB102	27,A/C;32,T/G;33,T/G;52,A/G;56,T/C;57,C;59,A/T;65,T/C;111,T/C;116,A/G
YITCHB104	13,T/G;31,T/G;146,C/G
YITCHB107	124,A/G;142,T/C
YITCHB108	69,T/G;127,A/C
YITCHB112	28,T/C;80,A/G;123,T/C;154,T/A
YITCHB114	18,T;38,C;68,C;70,G;104,C
YITCHB117	87,A/G;104,A/G;117,A/G;136,A/C;152,A;164,A/G
YITCHB120	93,T/C
YITCHB121	133,T;135,G;136,–;187,G
YITCHB123	27,T;39,A;75,G;133,C;138,T;168,A;175,T

YITCHB124	130,A
YITCHB126	19,G;43,T
YITCHB130	7,T/A;11,T/C;20,T/C;36,T/C;54,T/C
YITCHB132	46,A/C;61,A/C;93,A/C;132,A;161,T/C
YITCHB133	1,A/G
YITCHB134	14,T/C
YITCHB136	64,A/C
YITCHB138	22,C;52,G
YITCHB141	39,C
YITCHB143	22,G;112,G
YITCHB146	2,A/G;29,A/G
YITCHB150	57,C;58,T
YITCHB154	4,T/C;75,T/C;87,T/C
YITCHB158	96,C
YITCHB159	7,G;11,T/C;12,A/G;21,T/C;38,T;42,T;160,A/G
YITCHB160	33,C;59,A;66,A/C
YITCHB162	10,T/C;13,A/G;16,A/C;33,T;34,A/G;55,A/G;67,A/G;75,T/C;88,T/C
YITCHB163	41,G;82,T;90,C
YITCHB164	17,A;56,C
YITCHB165	1,A;49,T/A;88,A/G
YITCHB168	63,T/C;109,A/G
YITCHB169	8,T/C;22,T;38,A/G;43,T/C;68,T/C;91,T/C;102,A/G;117,A/G;118,T/G;121,A/G;127,T/C;142,A/G;171,A/C
YITCHB170	56,A
YITCHB171	39,T/C;87,A/T;96,T/C;119,A/C
YITCHB177	25,T/C;41,T/C;55,A/G;65,A/C;78,T/C;100,T/C;107,A/G;125,T/C;126,A/G;127,A/G
YITCHB179	2,C
YITCHB180	10,A/G;31,T/C;59,T/C;137,T/C;152,T/C
YITCHB186	19,A/G;44,C/G;46,A/G;57,A/T;75,T/C;82,T/C;86,A/C;93,A/G
YITCHB187	130,G
YITCHB189	49,A/G;61,A;88,A/C;115,T/C;147,G
YITCHB191	44,G
YITCHB192	45,T/A;138,T/C
YITCHB193	169,C
YITCHB195	44,T/C;53,T/C;81,T/C;88,A/G;108,A/G;111,T/C
YITCHB196	45,T/C

YITCHB197	72,A/G;121,-/T;122,-/T;123,-/T;167,G;174,A/G;189,A/C
YITCHB198	34,A/T;63,T/G;109,T/C
YITCHB199	123,T/C;155,C/G
YITCHB200	70,A/G;73,A/G;80,T/C;92,A/T;96,T/C;104,C/G;106,T/A
YITCHB201	112,G;132,T
YITCHB202	55,T;60,T;102,T;104,A;127,T;187,G;197,A
YITCHB203	125,T;154,A
YITCHB205	31,A;36,G;46,A;74,G
YITCHB208	41,C;84,A
YITCHB209	1,T/C;32,T/C;34,T/C;94,T/C;149,T/C;166,A/G;175,T/C
YITCHB210	130,C;154,G
YITCHB212	38,C/G;105,C/G
YITCHB215	71,A;72,A;132,C;162,A;177,G
YITCHB216	43,A
YITCHB217	22,C;28,T;68,T;80,G;81,C;85,C;87,C;120,C
YITCHB218	98,A/G;128,A/G
YITCHB219	24,G
YITCHB222	53,A/T
YITCHB226	61,C/G;127,T/C;136,T/C
YITCHB228	4,T/C;11,A/G;26,T/A;72,A/G
YITCHB229	45,G;46,T/C;80,T/C;96,C/G;162,T/G
YITCHB230	55,T/C;128,A/G
YITCHB232	47,A/G;54,A/G;86,C;108,T/C;147,A/C
YITCHB233	1,T/A;2,T/A;3,T/G;4,T/G;7,T/C;50,A;152,-/A
YITCHB237	118,G;120,A;126,T/G;165,T;181,A
YITCHB238	89,T/G;108,G;166,A/G
YITCHB240	53,T/A;93,T/C;122,T/G;148,T/A
YITCHB242	22,T/C
YITCHB243	86,T;98,A;131,C;162,A
YITCHB245	144,A;200,C
YITCHB246	25,T/C
YITCHB247	23,G;109,A
YITCHB249	140,T;141,G
YITCHB250	18,G/A/C;19,A/G;21,T/C;51,G;52,A/G;54,A/T/C;55,A/G;56,T/C;65,A/G;70,A/G;78,T/C;81,T/C;83,A/G;88,T/C;90,A/G;94,T/C;98,T/C;99,A/T;117,A/G;125,A/T;126,T/G
YITCHB251	65,A/G

YITCHB252   26,C;65,G;137,T;156,A
YITCHB253   21,A;26,T/G
YITCHB254   4,T/C;6,A/G;51,A/G;109,A/C
YITCHB255   5,G;9,C;22,G;25,C;37,G;79,A;86,G;88,G;89,G;116,C;135,T;187,A
YITCHB256   11,A/G
YITCHB257   47,A/T;68,T/C;72,A/G;87,A/G
YITCHB258   24,A/G;65,A/G;128,A/T
YITCHB259   90,A;118,A/G;149,T/C
YITCHB260   84,A/T;161,T/A
YITCHB262   117,C/G
YITCHB264   110,A;111,C
YITCHB265   97,C/G
YITCHB266   25,C;57,C;58,T;136,C;159,C
YITCHB268   24,A/C;68,A/G;82,T/G;86,T/C;89,A/G;148,A/T;167,A/G;168,A/T
YITCHB269   53,A;60,A
YITCHB270   113,C

YITCHB001　25,T/C;66,T;67,T/C;81,T

YITCHB002　109,T/C;145,A/C;146,G

YITCHB003　83,A/G;96,A/T

YITCHB004　160,T/G;172,A/G

YITCHB007　27,C/G;44,A/G;67,A/G;90,C/G

YITCHB009　11,T;184,C

YITCHB014　9,T/C

YITCHB016　88,G

YITCHB017　45,A/G;63,A/C;132,G

YITCHB018　82,T/C;116,T/C

YITCHB019　55,A;106,A/G

YITCHB022　19,T/C;20,A/G;30,A/G;41,A/G;49,A/G;54,C;67,G;68,C

YITCHB023　20,T/C;26,A/T;38,T/G;65,A/G

YITCHB024　46,T/C

YITCHB026　8,T;9,G;18,G

YITCHB027　6,A/G;22,T/C;38,T/C;101,A;121,A/C;122,T/G;123,T/G;124,A/C

YITCHB028　48,T/C;72,A/G;125,T/C;166,C/G

YITCHB030　148,A/G

YITCHB031　87,A/G;88,T/C;125,C

YITCHB035　7,A;33,G;44,C;124,T;137,C;158,G

YITCHB036　95,T;157,G

YITCHB037　37,A;63,G;76,A/C;90,–/A;91,–/T

YITCHB038　18,T/A;40,T/G;94,T/A;113,C/G;202,T;203,A;204,G

YITCHB039　130,T/C;151,T

YITCHB040　1,C;90,A/G

YITCHB042　17,A/G;99,T/C;127,T;137,T/C;154,T/C;167,T

YITCHB045　48,C

YITCHB046　14,A/T;24,A/G;56,T/C;58,T/C;92,T/C;106,T/C

YITCHB047　10,C/G

YITCHB048　6,A/G;59,A/T;62,A/G;79,T/C;80,T/C;81,A/G

YITCHB049　41,C/G;53,T/C;59,T/C;75,C;99,A/C;138,C/G

YITCHB050　45,T;59,T;91,T;121,A/G

YITCHB051　7,T/G;54,T/C;144,A/C

YITCHB052　151,C/G

YITCHB053　4,A/G;124,A/G

YITCHB055　52,T/A

YITCHB056　60,A/T;124,G;125,T/G;147,G;157,T/G;196,A/G

YITCHB057　91,G;136,T/C;142,T/C;146,T/G

YITCHB059　4,T/C;22,A;76,C/G;114,A/G;196,A/T

YITCHB061　4,C;28,A;67,A

YITCHB062　94,G;96,C

YITCHB064　113,A/G

YITCHB065　67,C;79,A;80,T;97,A;178,A

YITCHB067　87,G

YITCHB071　5,A/G;10,A/G;18,A/G;54,T/C;80,A/G;90,A/T;100,A/C;103,T/C;105,A/G;111,T/C

YITCHB072　8,T;19,T;53,T;61,G;68,C;71,G;80,A;81,G;88,C;89,A;91,G;119,A;125,C;130,T;132,T;137,G;149,T;153,T;160,T;161,A;166,T;182,A

YITCHB073　49,G;82,A/G

YITCHB075　22,T/C;35,T/C;98,C/G

YITCHB076　13,T;34,C/G;91,T

YITCHB077　145,T;146,G

YITCHB079　85,A/G;123,G

YITCHB081　51,G;52,T/C;56,T;57,C;58,T;60,C;67,T;68,T;69,C;95,A/G;109,A/G;110,A;114,A/C;116,C;135,G

YITCHB082　131,T/C

YITCHB083　4,T/A;28,T/G;101,T/G;119,T/C

YITCHB084　52,T/G;58,T/A;90,A/G;91,A/G;100,C/G;133,A/C

YITCHB085　27,T/G;46,C;81,T;82,G

YITCHB086　115,G;155,T;168,A

YITCHB087　111,T

YITCHB089　38,A;52,A;53,C;64,A;89,C;178,T;184,C;196,C;197,A

YITCHB091　133,A/C;151,T/C

YITCHB092　118,A

YITCHB094　16,A/C;63,C/G;119,T/C

YITCHB095　98,A/G

YITCHB097　4,T/C;5,A/G;46,C/G;94,A/G

YITCHB098　65,G;95,T;128,G

YITCHB099　74,C;105,A;126,C;179,T;180,C

YITCHB100　12,T/C;15,A/G;80,A/G;126,A/C;153,A/C

YITCHB101　1,T/A

YITCHB102	27,A/C;32,T/G;33,T/G;52,A/G;56,T/C;57,C;59,A/T;65,T/C;111,T/C;116,A/G
YITCHB104	13,T/G;31,T/G;146,C/G
YITCHB105	36,A
YITCHB107	124,A/G;142,T/C
YITCHB108	69,T/G;127,A/C
YITCHB109	1,T;6,G;50,G;92,G
YITCHB112	28,T/C;80,A/G;123,T/C;154,A/T
YITCHB114	18,T/C;25,A/G;37,A/T;38,T/C;68,C;70,G;104,C
YITCHB116	29,–/T;104,T/C;147,T/G
YITCHB117	87,A/G;104,A/G;117,A/G;136,A/C;152,A;164,A/G
YITCHB120	93,T/C
YITCHB121	133,T;135,G;136,–;187,G
YITCHB123	27,T;39,A;75,G;133,C;138,T;168,A;175,T
YITCHB124	130,A
YITCHB126	19,G;43,T
YITCHB127	65,A;82,C;132,A
YITCHB128	7,C;127,A/G
YITCHB130	7,A/T;11,T/C;20,T/C;36,T/C;54,T/C
YITCHB132	46,A/C;61,A/C;93,A/C;132,A;161,T/C
YITCHB133	1,A/G
YITCHB134	14,T/C
YITCHB135	187,T;188,G
YITCHB136	64,A/C
YITCHB138	22,C;52,G
YITCHB141	39,C
YITCHB143	22,G;112,G
YITCHB145	6,A/G;8,A/G;20,A/C
YITCHB146	2,A/G;29,A/G
YITCHB150	57,C;58,T
YITCHB152	45,A/T;124,T/G;160,T/A
YITCHB154	4,T/C;75,T/C;87,T/C
YITCHB155	65,A/T;95,T;138,A/C
YITCHB157	31,T/C;58,T/A;69,A/G
YITCHB158	96,C
YITCHB159	7,G;11,T/C;12,A/G;21,T/C;38,T;42,T;160,A/G
YITCHB160	33,C;59,A;66,A/C
YITCHB161	31,A;38,T;117,T;176,A;188,T

YITCHB162   10,T/C;13,A/G;16,A/C;33,T;34,A/G;55,A/G;67,A/G;75,T/C;88,T/C

YITCHB163   41,G;82,T;90,C

YITCHB165   1,A;49,A/T;88,A/G

YITCHB168   63,T/C;109,A/G

YITCHB169   8,T/C;22,T;38,A/G;43,T/C;68,T/C;91,T/C;102,A/G;117,A/G;118,T/G;121,A/G;
127,T/C;142,A/G;171,A/C

YITCHB170   56,A

YITCHB171   39,T/C;87,A/T;96,T/C;119,A/C

YITCHB173   62,A/C;70,A/G

YITCHB177   25,T/C;41,T/C;55,A/G;65,A/C;78,T/C;100,T/C;107,A/G;125,T/C;126,A/G;
127,A/G

YITCHB179   2,C

YITCHB180   10,A/G;31,T/C;59,T/C;137,T/C;152,T/C

YITCHB186   19,A/G;44,C/G;46,A/G;57,A/T;75,T/C;82,T/C;86,A/C;93,A/G

YITCHB188   94,T/C

YITCHB189   49,A/G;61,A;88,A/C;115,T/C;147,G

YITCHB191   44,G

YITCHB192   45,T/A;138,T/C

YITCHB193   169,C

YITCHB195   44,T/C;53,T/C;81,T/C;88,A/G;108,A/G;111,T/C

YITCHB196   45,T/C

YITCHB197   72,A/G;121,–/T;122,–/T;123,–/T;167,G;174,A/G;189,A/C

YITCHB198   34,T/A;63,T/G;109,T/C

YITCHB199   123,T/C;155,C/G

YITCHB200   70,A/G;73,A/G;80,T/C;92,A/T;96,T/C;104,C/G;106,T/A

YITCHB201   112,G;132,T

YITCHB202   55,T;60,T;102,T;104,A;127,T;187,G;197,A

YITCHB203   125,T;154,A

YITCHB204   75,C

YITCHB205   31,A;36,G;46,A;74,G

YITCHB208   41,C;84,A

YITCHB209   1,T/C;32,T/C;34,T/C;94,T/C;149,T/C;166,A/G;175,T/C

YITCHB210   130,C;154,G

YITCHB211   113,T/C;115,A/G

YITCHB212   38,C/G;105,C/G

YITCHB215   71,A;72,A;132,C;162,A;177,G

YITCHB216   43,A

YITCHB217	22,C;28,T;68,T;80,G;81,C;85,C;87,C;120,C
YITCHB218	98,A/G;128,A/G
YITCHB219	24,G
YITCHB222	53,T/A
YITCHB226	61,C/G;127,T/C;136,T/C
YITCHB228	4,T/C;11,A/G;26,T/A;72,A/G
YITCHB229	45,G;46,T/C;80,T/C;96,C/G;162,T/G
YITCHB230	55,T/C;128,A/G
YITCHB232	47,A/G;54,A/G;86,C;108,T/C;147,A/C
YITCHB233	1,A/T;2,A/T;3,T/G;4,T/G;7,T/C;50,A;152,–/A
YITCHB235	120,C
YITCHB237	118,G;120,A;126,T/G;165,T;181,A
YITCHB238	89,T/G;108,G;166,A/G
YITCHB240	53,T/A;93,T/C;122,T/G;148,T/A
YITCHB242	22,T/C
YITCHB243	86,T;98,A;131,C;162,A
YITCHB245	144,A;200,C
YITCHB246	25,T/C
YITCHB247	23,G;109,A
YITCHB250	21,T/C;51,G;54,T/C;55,A/G;56,T/C;78,T/C;98,T/C;99,T/A;125,A/T
YITCHB251	65,A/G
YITCHB252	26,C;65,G;137,T;156,A
YITCHB253	21,A;26,T/G
YITCHB254	4,T/C;6,A/G;51,A/G;109,A/C
YITCHB255	5,G;9,C;22,G;25,C;37,G;79,A;86,G;88,G;89,G;116,C;135,T;187,A
YITCHB256	11,A/G
YITCHB257	47,A/T;68,T/C;72,A/G;87,A/G
YITCHB258	24,A/G;65,A/G;128,A/T
YITCHB259	90,A;118,A/G;149,T/C
YITCHB260	84,A/T;161,T/A
YITCHB262	117,C/G
YITCHB264	111,C
YITCHB265	97,C/G
YITCHB266	25,C;57,C;58,T;136,C;159,C
YITCHB267	42,A/T;102,T;140,T/C
YITCHB268	24,A/C;68,A/G;82,T/G;86,T/C;89,A/G;148,A/T;167,A/G;168,A/T
YITCHB269	53,A;60,A
YITCHB270	113,C

YITCHB001　　3,A/G;25,T/C;43,T/C;66,T/C;67,T/C;142,T/G

YITCHB002　　109,T/C;145,A/C;146,C/G

YITCHB003　　83,A/G;96,A/T

YITCHB004　　160,T/G

YITCHB006　　110,T;135,A/G

YITCHB008　　15,A/T;65,C

YITCHB011　　156,A/C

YITCHB014　　9,T/C

YITCHB016　　88,G

YITCHB019　　55,A/T

YITCHB022　　54,C;67,G;68,C

YITCHB024　　142,C/G

YITCHB026　　18,G

YITCHB027　　101,A/G

YITCHB031　　161,T

YITCHB033　　93,A

YITCHB034　　29,A

YITCHB035　　44,T/C;158,C/T/G

YITCHB036　　47,A/G;95,T/C;157,A/G

YITCHB038　　18,A/T;40,T/G;94,A/T;113,C/G;202,T;203,A;204,G

YITCHB039　　76,T/C;93,A/G;130,T/C;151,T/G;156,T/G

YITCHB040　　1,C

YITCHB042　　127,T/C;167,A/T

YITCHB045　　48,C

YITCHB048　　59,T/A;62,A/G;79,T/C

YITCHB050　　45,T/C;59,T/C;91,A/T;104,A/G

YITCHB051　　7,T/G;105,T/C

YITCHB052　　13,T/C;49,T/C;50,T/C;113,T/A;151,C/G;171,C/G

YITCHB054　　116,T/C

YITCHB057　　91,G;142,T;146,G

YITCHB058　　2,G;36,G;60,G;79,−;131,T

YITCHB061　　4,C/G;28,A/G;67,A/T;70,T/C;75,A/G;78,T/C;102,A/G;112,T/C;114,A/G;118,
　　　　　　　　A/G

YITCHB062	94,G;96,C
YITCHB063	85,T/C
YITCHB064	113,A/G
YITCHB066	10,A/G;30,T
YITCHB067	9,A/G;85,A/G;87,–/G
YITCHB072	19,T/C;35,A/G;59,T/C;61,T/G;71,A/G;79,C/G;80,T/C;81,A/G;82,A/G;88,T/C;89,A/G;91,A/G;97,A/T;100,A/G;103,A/C;109,A/G;121,T/C;125,T/C;128,C/G;130,A/G;137,A/G;141,A/G;150,T/G;166,A/T;169,A/G;172,A/G;175,T/G;182,T/A
YITCHB073	49,G
YITCHB075	22,T/C;35,T/C
YITCHB077	77,A/G;88,T/C;104,A/G;145,T/C
YITCHB079	123,A/G
YITCHB081	51,A/G;56,T;57,C;58,T;60,C;67,T;68,T;69,C;110,A/G;116,T/C;135,A/G
YITCHB082	52,A/G
YITCHB084	24,T/C;91,A/G;100,C/G;119,A/C
YITCHB085	27,T/G;46,C/G;81,T/A;82,G
YITCHB086	15,T/C;50,T/C;52,A/G;67,C/G;76,A/C;77,C/G;85,A/G;90,T/G;92,T/C;94,C/G;100,A/G;102,T/G;104,A/C;107,T/G;109,A/G;110,A/T;114,A/G;115,A/G;116,T/C;127,T/C;135,A/G;151,A/C;155,T/G;156,T/A;165,T/C;168,C/G
YITCHB094	16,A/C;36,C/G;63,A/G;70,T/C;99,A/G
YITCHB096	24,T/C
YITCHB099	74,T/C;105,A/G;126,T/C;179,T/A;180,T/C
YITCHB100	12,T/C
YITCHB102	57,A/C
YITCHB103	61,A/G;64,A/C;87,A/C;153,T/C
YITCHB104	146,C/G
YITCHB105	36,A/C
YITCHB107	18,A/T;48,A/G;142,T/C
YITCHB108	119,A/C;127,A/C
YITCHB109	1,T;6,G;26,T/C;50,A/G;83,A/T;92,A/G;93,T/C
YITCHB112	28,T/C;123,T/C;138,C/G
YITCHB114	18,T;38,C;68,C;70,G;104,C
YITCHB116	29,T
YITCHB117	152,A/G
YITCHB118	22,T;78,C;102,T
YITCHB119	56,C/G;119,A/G

YITCHB121	133,T/A;135,A/G;168,T/C;187,A/G
YITCHB123	87,T/G;138,T/C
YITCHB124	130,A/G;186,C/G
YITCHB126	43,T/C;112,T/C;154,T/C
YITCHB127	65,A;82,C;132,A
YITCHB128	7,T/C;127,A/G;135,C/G
YITCHB130	13,A;20,C;54,C;60,A
YITCHB131	32,C;135,G;184,C
YITCHB132	46,A/C;61,A/C;93,A/C;132,A/G;161,T/C
YITCHB134	72,T/C
YITCHB135	178,T/C
YITCHB137	110,C
YITCHB141	39,T/C
YITCHB142	30,T/G;121,T/C;131,C/G;153,C/G
YITCHB143	22,G
YITCHB145	6,A/G;8,A/G;20,A/C;76,A/C;77,C/G;83,A/G;86,T/C
YITCHB148	27,T/C;91,T/C
YITCHB151	19,A/T;33,A/G
YITCHB152	31,A/G
YITCHB154	1,T/A;4,T/C;87,T/C
YITCHB155	65,T/A;95,T/C;138,A/C
YITCHB156	82,T
YITCHB158	96,T/C
YITCHB159	7,A/G;25,A/G;38,T/C;42,T/C;92,C/G;160,A/G
YITCHB162	7,T/G;14,T/C;16,A/G;33,T;75,T/C;136,A/C
YITCHB165	1,A;10,T
YITCHB166	30,T/C
YITCHB167	12,A/G;33,C/G;36,A/G;64,A/C;146,A/G
YITCHB168	21,A/G;73,A/G
YITCHB169	22,T;107,A
YITCHB171	39,T/C;87,A/T;96,T/C;119,A/C
YITCHB177	28,T/G;30,A/G;42,C/G;55,T/G;95,T/G;127,A/G;135,T/G
YITCHB178	14,A/G;24,T/C;42,A/T;66,A/G;145,A/G
YITCHB181	56,A/G
YITCHB182	45,A/G
YITCHB183	53,A/G;59,T/G;80,A/G;115,T/C;155,T/C
YITCHB185	20,T/C;49,A/G;71,T/C;86,T/C;104,T/C;114,T/C;133,C/G;154,A/G

YITCHB186	19,A/G;46,A/G;47,A/G;57,T/A;75,T/C;82,T/C;86,A/C
YITCHB189	49,A/G;61,A/C;147,A/G
YITCHB191	1,T/C;44,G
YITCHB192	46,T;73,G
YITCHB193	169,T/C
YITCHB195	53,C;111,T
YITCHB197	72,A/G;121,−/T;122,−/T;123,−/T;167,C/G;174,A/G;189,A/C
YITCHB199	2,T/C;12,T/G;123,T/C;177,T/C
YITCHB201	132,T
YITCHB205	57,T
YITCHB208	41,T/C;84,T/A;107,T/C
YITCHB209	32,T;34,C;35,A;71,T;94,T;166,G;173,A;175,C
YITCHB214	15,T/C;155,A/C
YITCHB216	43,A/G
YITCHB217	84,A/C
YITCHB219	24,A/G;52,T/C;60,T/C;112,A/G
YITCHB223	11,T/C;54,A/G;189,T/C
YITCHB224	1,A;36,A;79,T;117,A;118,C
YITCHB227	120,T/C
YITCHB228	11,A/G;26,A/T
YITCHB229	45,C/G;80,T/G
YITCHB230	55,T/C;128,A/G
YITCHB232	86,T/C
YITCHB233	152,A
YITCHB234	53,−/C;123,A/G
YITCHB237	118,G;120,A;165,T;181,A
YITCHB238	75,T/A;76,A/G;108,C/G
YITCHB242	22,C
YITCHB243	86,T;98,A;131,C;162,A/G
YITCHB244	43,A/G;143,A/G
YITCHB245	144,A/G;200,A/C
YITCHB246	19,A/C;25,T/C;89,A/G
YITCHB247	23,G;109,A
YITCHB250	21,T/C;51,G;54,T/C;55,A/G;56,T/C;78,T/C;98,T/C;99,T/A;125,A/T
YITCHB251	65,A/G
YITCHB252	26,T/C;65,A/G;137,T/C;156,A/G
YITCHB253	21,A/T;26,T/G

YITCHB254   4,T/C;6,A/G;51,A/G;109,A/C
YITCHB255   5,A/G;9,T/C;22,A/G;25,T/C;37,T/G;79,A/G;86,A/G;88,A/G;89,A/G;116,T/C;
135,T/C;187,A/G
YITCHB264   8,T/A;51,T/C;111,T/C
YITCHB265   17,A/T;64,T/C;73,A/T;97,C/G;116,T/G
YITCHB266   25,A/C;57,A/C;58,A/T;136,T/C;159,T/C
YITCHB267   102,T/G
YITCHB269   60,A/C
YITCHB270   12,T/C;113,A/C

YITCHB001	25,T/C;43,T/C;66,T/C;67,T/C
YITCHB002	145,A;146,G
YITCHB003	83,A/G;96,A/T
YITCHB004	160,T
YITCHB007	67,A/G
YITCHB014	9,C
YITCHB015	47,A;69,G;85,G
YITCHB016	18,A/T;88,A/G
YITCHB017	63,A/C;132,A/G
YITCHB019	55,A/T
YITCHB021	54,A/C;123,A/G;129,T/C;130,A/G
YITCHB022	19,T/C;41,A/G;54,T/C;67,A/G;68,A/C;88,T/C
YITCHB023	26,A;38,T;64,C;65,A;121,A
YITCHB026	18,A/G
YITCHB027	67,A/G;101,A/G
YITCHB030	80,C/G;139,T/C;148,A/G
YITCHB031	88,T/C;125,T/C;161,T/G
YITCHB033	93,A
YITCHB034	29,A/C
YITCHB035	158,T/C
YITCHB036	95,T/C;157,A/G
YITCHB038	202,T;203,A;204,G
YITCHB039	76,T/C;93,A/G;130,T/C;151,T;156,T/G
YITCHB040	1,C;29,T/C;31,A/G;73,T/C;103,T/C;108,A/G;135,T/C
YITCHB042	60,A/G;110,T/C;114,A/G;127,T;146,T/C;167,T
YITCHB045	48,T/C
YITCHB047	130,A
YITCHB048	59,A/T;62,A/G;79,T/C
YITCHB049	59,T/C;75,T/C
YITCHB050	45,T;59,T;91,T;104,A/G;156,A/G
YITCHB051	7,T/G;26,A/G
YITCHB055	52,T
YITCHB056	60,A/T;124,T/G;125,T/G;147,A/G

YITCHB057   91,G;142,T;146,G

YITCHB058   2,A/G;36,A/G;60,A/G;131,T/C

YITCHB059   4,T/C;22,A/G;76,C/G;114,A/G;196,T/A

YITCHB061   4,C;28,A;67,A

YITCHB062   94,G;96,C

YITCHB064   113,A/G

YITCHB066   30,T/C

YITCHB067   9,A;85,A;87,G

YITCHB072   19,T/C;35,A/G;59,T/C;61,T/G;67,A/G;71,A/G;79,C/G;80,T/C;81,A/G;82,A/G;88,T/C;89,A/G;91,A/G;97,T/A;100,A/G;103,A/C;109,A/G;121,T/C;125,T/C;128,C/G;130,A/G;137,A/G;141,A/G;150,T/G;166,T/A;169,A/G;172,A/G;175,T/G;182,A/T

YITCHB073   49,G

YITCHB075   22,T/C;35,T/C;98,C/G

YITCHB076   13,T/C;91,T/C

YITCHB079   85,A/G;123,A/G

YITCHB081   51,A/G;56,T;57,C;58,T;60,C;67,T;68,T;69,C;110,A/G;116,T/C;135,A/G

YITCHB082   131,T/C

YITCHB083   4,T/A;28,T/G;101,T/G;119,T/C

YITCHB085   46,C;82,G

YITCHB089   38,A;52,A;53,C;64,A;89,C;178,T;184,C;196,C;197,A

YITCHB094   16,A/C;53,T/A;70,T/C

YITCHB096   24,T/C

YITCHB100   12,T/C

YITCHB102   16,T/C;21,T/G;24,T/G;27,T/A;32,T/G;33,T/G;56,T/C;57,A/C;59,A/T;65,T/C;83,A/G;107,A/G

YITCHB103   61,A/G;64,A/C;87,A/C;153,T/C

YITCHB104   146,C/G

YITCHB105   36,A

YITCHB108   127,A/C

YITCHB109   1,T;6,G;26,T/C;50,A/G;83,T/A;92,A/G;93,T/C

YITCHB112   28,T/C;123,T/C;154,A/T

YITCHB114   18,T;38,C;68,C;70,G;104,C

YITCHB115   112,A/G;128,T/C

YITCHB116   29,T

YITCHB117   152,A/G

YITCHB118   22,T/C;78,T/C;102,T/C

YITCHB124   130,A/G

YITCHB126	19,A/G;43,T/C
YITCHB128	7,T/C
YITCHB130	13,A/G;20,T/C;54,T/C;60,A/G
YITCHB132	46,A/C;61,A/C;93,A/C;132,A/G;161,T/C
YITCHB133	1,A/G
YITCHB135	187,T;188,G
YITCHB137	110,T/C
YITCHB138	22,A/C;52,A/G
YITCHB143	4,T/A;22,G
YITCHB148	27,T/C;91,T/C
YITCHB151	19,T/A;33,A/G
YITCHB154	4,T/C;87,T/C
YITCHB158	96,C
YITCHB159	7,A/G;11,T/C;38,T/C;42,T/C
YITCHB160	33,C/G;59,A/G;66,A/C
YITCHB162	33,T;75,T
YITCHB165	1,A;49,T
YITCHB167	12,G;33,C;36,G;64,C;146,G
YITCHB169	22,T;107,A/G
YITCHB171	39,T/C;87,A/T;96,T/C;119,A/C
YITCHB176	13,A/C;25,A/G;26,A/G;82,A/G;105,T/C
YITCHB177	28,T/G;30,A/G;42,C/G;55,T/G;95,T/G;127,A/G;135,T/G
YITCHB178	42,A/C;145,A/G;163,A/G
YITCHB181	56,A/G
YITCHB185	20,T/C;49,A/G;71,T/C;86,T/C;104,T/C;114,T/C;133,C/G;154,A/G
YITCHB186	19,A/G;46,A/G;47,A/G;57,A/T;75,T/C;82,T/C;86,A/C
YITCHB187	82,A/G;130,A/G
YITCHB189	49,A/G;61,A/C;147,G
YITCHB191	44,T/G
YITCHB193	169,T/C
YITCHB195	108,A
YITCHB197	72,A/G;121,-/T;122,-/T;123,-/T;167,C/G;174,A/G;189,A/C
YITCHB200	70,A/G;73,A/G;92,A/T;104,C/G;106,T/A
YITCHB201	112,A/G;132,-/T
YITCHB202	55,T/C;60,T/C;102,T/C;104,A/G;127,T/C;187,A/G;197,A/G
YITCHB203	125,T/C;154,A/G
YITCHB205	31,A/C;36,A/G;46,A/T;57,T/G;74,A/G

YITCHB208   41,T/C;84,T/A

YITCHB209   32,T/C;34,T/C;35,A/G;71,T/C;94,T/C;166,A/G;173,A/G;175,T/C

YITCHB210   130,A/C;154,A/G

YITCHB211   113,T;115,G

YITCHB215   3,T/A;6,T/G;9,A/G;22,A/G;54,T/C;63,A/T;71,A/T;72,T/C;81,A/G;96,A/G;121,
             T/C;137,A/G;163,T/G;177,A/G;186,A/G

YITCHB216   43,A/G

YITCHB219   24,A/G;60,T/C;112,A/G

YITCHB228   11,A/G;26,A/T;72,A/G

YITCHB230   55,C;110,T/C

YITCHB231   104,T/C;113,T/C

YITCHB232   47,A/G;54,A/G;86,C;108,T/C;147,A/C

YITCHB234   53,C

YITCHB237   118,A/G;120,A/C;165,T/A;181,A/C

YITCHB238   23,T/G

YITCHB240   53,A;93,T;148,A

YITCHB242   22,C

YITCHB243   86,T/C;98,A/G;131,C

YITCHB246   19,A/C;25,C;89,A

YITCHB247   23,G;33,C/G;109,A

YITCHB249   43,T/C

YITCHB250   21,T/C;51,G;54,T/C;55,A/G;56,T/C;78,T/C;98,T/C;99,T/A;125,A/T

YITCHB251   65,A/G

YITCHB252   26,T/C;65,A/G;126,T/G

YITCHB253   21,T/A

YITCHB254   51,A/G

YITCHB255   5,G;9,C;22,G;25,C;37,G;79,A;86,G;88,G;89,G;116,C;135,T;187,A

YITCHB256   16,C

YITCHB257   10,T/G;47,A/T;72,A/G;87,A/G

YITCHB258   24,A/G;191,T/C

YITCHB260   84,T/A;161,A/T

YITCHB261   17,T/C;74,A/G;119,T/G

YITCHB264   8,T/A;15,A/G;51,T/C;110,A/G;111,T/C

YITCHB265   64,T/C;73,T/A;97,C;116,T/G

YITCHB266   25,C;57,C;58,T;136,C;159,C

YITCHB269   60,A

YITCHB270   12,T

YITCHB001   25,T/C;43,T/C;66,T/C;67,T/C;81,T/C
YITCHB002   109,T/C;145,A/C;146,C/G
YITCHB003   83,G;96,A
YITCHB004   160,T/G
YITCHB007   67,A/G
YITCHB014   9,T/C
YITCHB016   88,G
YITCHB017   63,A/C;132,A/G
YITCHB019   55,A/T
YITCHB021   54,A/C;123,A/G;129,T/C;130,A/G
YITCHB022   54,C;67,G;68,C
YITCHB026   18,A/G
YITCHB027   101,A/G
YITCHB028   48,T/C;66,T/G;166,C/G
YITCHB030   80,C/G;139,T/C;148,A/G
YITCHB031   125,T/C;161,T/G
YITCHB033   93,A
YITCHB035   7,A/G;33,A/G;44,T/C;124,T/A;137,A/C;158,C/G
YITCHB039   76,T/C;93,A/G;151,T/G;156,T/G
YITCHB040   1,C;29,T/C;31,A/G;73,T/C;103,T/C;108,A/G;135,T/C
YITCHB042   17,A/G;99,T/C;127,T/C;137,T/C;154,T/C;167,A/T
YITCHB044   97,T/C
YITCHB045   48,C
YITCHB048   6,A/G;59,A/T;62,A/G;79,T/C;80,T/C;81,A/G
YITCHB049   41,C/G;53,T/C;75,T/C;99,A/C
YITCHB050   45,T/C;59,T/C;91,A/T;121,A/G
YITCHB051   7,T/G;54,T/C;105,T/C;144,A/C
YITCHB054   116,T/C
YITCHB055   52,A/T
YITCHB056   60,T/A;124,T/G;125,T/G;147,A/G
YITCHB057   91,A/G;142,T/C;146,T/G
YITCHB059   4,T/C;22,A/G;76,C/G;114,A/G;196,A/T
YITCHB061   4,C;28,A;67,A

YITCHB062   94,G;96,C
YITCHB064   113,A/G
YITCHB066   30,T/C
YITCHB067   9,A;85,A;87,G
YITCHB068   144,T/C;165,A/G
YITCHB071   98,T/C
YITCHB073   23,T/C;49,G;82,A/G
YITCHB075   22,T/C;35,T/C
YITCHB076   13,T/C;91,T/C
YITCHB079   85,A/G;123,A/G
YITCHB081   51,A/G;56,T;57,C;58,T;60,C;67,T;68,T;69,C;110,A/G;116,T/C;135,A/G
YITCHB082   52,A/G
YITCHB083   4,A/T;28,T/G;101,T/G;119,T/C
YITCHB085   46,C;82,G
YITCHB089   14,T/C
YITCHB092   118,A/G
YITCHB094   16,A/C;36,C/G;63,A/G;70,T/C;99,A/G
YITCHB096   24,T/C;87,T/C
YITCHB102   52,A/G;57,C
YITCHB104   13,T/G;31,T/G
YITCHB107   18,A/T;48,A/G;142,T/C
YITCHB108   73,A/C;127,A/C
YITCHB109   1,T;6,G;26,T/C;83,T/A;93,T/C
YITCHB110   66,A/G;144,A/G
YITCHB112   28,T/C;123,T/C;154,A/T
YITCHB114   18,T;38,C;68,C;70,G;104,C
YITCHB116   29,T
YITCHB117   152,A/G
YITCHB118   22,T;78,C;102,T
YITCHB121   133,T;135,G;136,–;187,G
YITCHB123   138,T/C
YITCHB124   130,A/G
YITCHB126   19,A/G;43,T/C
YITCHB127   65,A/G;82,A/C;132,A/C
YITCHB128   7,T/C;135,C/G
YITCHB130   13,A;20,C;54,C;60,A/G;82,T/C
YITCHB134   72,T/C

YITCHB135	128,T/C
YITCHB137	110,T/C
YITCHB141	39,T/C
YITCHB143	22,T/G
YITCHB145	6,A/G;8,A/G;20,A/C;76,A/C;77,C/G;83,A/G;86,T/C
YITCHB147	12,A/G;22,T/G;61,T/A;70,A/G;100,A/G
YITCHB148	27,T/C;91,T/C
YITCHB151	8,T/C;19,A;33,A/G;43,T/G
YITCHB152	31,A/G
YITCHB154	4,T/C;87,T/C
YITCHB155	65,T/A;95,T/C;138,A/C
YITCHB156	82,T/C
YITCHB157	69,A
YITCHB158	96,T/C
YITCHB159	7,A/G;25,A/G;38,T/C;42,T/C;92,C/G;160,A/G
YITCHB160	59,A/G;64,T/G
YITCHB161	31,C/G
YITCHB162	33,T;36,A/G;75,T/C;85,A/G;88,T/C;90,A/C;110,A/G;117,A/G
YITCHB167	12,A/G;33,C/G;36,A/G;64,A/C;146,A/G
YITCHB168	21,A/G
YITCHB169	22,T;79,T/C;107,A/G;117,A/G;118,T/G
YITCHB170	56,A/G
YITCHB171	39,T/C;87,A/T;96,T/C;119,A/C
YITCHB175	12,A/G
YITCHB177	28,T/G;30,A/G;42,C/G;55,T/G;95,T/G;127,A/G;135,T/G
YITCHB181	56,A/G
YITCHB182	45,A/G
YITCHB183	53,A/G;59,T/G;79,A/G;80,A/G;85,T/C;97,T/A/C;99,A/G;114,A/G;115,T/C;116,A/C;117,A/G;122,A/G;138,T/C;139,A/G;143,T/C;147,A/T;155,T/C;166,T/C
YITCHB186	19,A/G;46,A/G;47,A/G;57,A/T;75,T/C;82,T/C;86,A/C
YITCHB188	94,T/C
YITCHB189	49,A/G;61,A/C;147,A/G
YITCHB190	90,T/A
YITCHB191	44,G
YITCHB192	45,A/T;46,T/G;73,A/G
YITCHB193	169,T/C

YITCHB195   108,A
YITCHB197   72,G;121,T;122,T;123,T;167,G;174,G;189,C
YITCHB198   34,A/T;63,A/G;109,T/C
YITCHB200   70,A;73,G;92,T;104,G;106,A
YITCHB201   112,G;132,T
YITCHB202   55,T;60,T;102,T;104,A;127,T;187,G;197,A
YITCHB203   125,T/C;154,A/G
YITCHB205   31,A/C;36,A/G;46,T/A;74,A/G
YITCHB207   81,A/G
YITCHB208   41,C;84,A
YITCHB210   130,C;154,G
YITCHB211   113,T/C;115,A/G
YITCHB214   15,T/C;155,A/C
YITCHB215   3,A/T; 6,T/G; 9,A/G; 22,A/G; 54,T/C; 63,T/A; 71,T/A; 72,T/C; 81,A/G; 96,A/G;
             121,T/C;137,A/G;163,T/G;177,A/G;186,A/G
YITCHB217   84,A/C
YITCHB219   24,A/G;60,T/C;112,A/G
YITCHB220   17,A/G;58,C/G
YITCHB224   1,A;36,A;79,T;117,A;118,C
YITCHB225   24,A/G
YITCHB228   11,A/G;26,A/T;72,A/G
YITCHB229   45,C/G;80,T/G
YITCHB230   55,T/C;110,T/C;128,A/G
YITCHB232   86,T/C
YITCHB233   152,A
YITCHB234   53,C
YITCHB237   118,A/G;120,A/C;165,T/A;181,A/C
YITCHB238   23,T/G
YITCHB240   53,A;93,T;148,A
YITCHB242   22,C
YITCHB243   86,T;98,A;131,C
YITCHB246   2,A/G;19,A/C;25,C;89,A
YITCHB247   23,G;109,A
YITCHB248   50,A/G
YITCHB250   21,T/C;51,G;54,T/C;55,A/G;56,T/C;78,T/C;98,T/C;99,A/T;125,T/A
YITCHB251   65,A/G
YITCHB253   21,A/T

YITCHB254	51,A/G
YITCHB255	5,A/G;9,T/C;22,A/G;25,T/C;37,T/G;79,A/G;86,A/G;88,A/G;89,A/G;116,T/C; 135,T/C;187,A/G
YITCHB256	11,A
YITCHB257	68,T/C
YITCHB259	90,A/G
YITCHB260	84,A/T;161,T/A
YITCHB263	43,A/G
YITCHB264	8,T/A;51,T/C;111,T/C
YITCHB265	64,T/C;73,T/A;97,C/G;116,T/G
YITCHB266	25,A/C;57,A/C;58,A/T;136,T/C;159,T/C
YITCHB267	102,T/G
YITCHB269	60,A
YITCHB270	12,T

YITCHB001   3,A/G;25,T/C;66,T/C;142,T/G

YITCHB002   109,T/C;145,A/C;146,C/G

YITCHB003   83,A/G;96,T/A

YITCHB004   160,T

YITCHB006   110,T

YITCHB007   27,C/G;44,A/G;67,A/G;90,C/G;99,T/C

YITCHB008   15,T/A;65,C

YITCHB009   118,T/C;176,A/G;181,T/C;184,T/C;188,A/G

YITCHB012   94,A/G

YITCHB015   47,A/G;69,C/G;85,A/G

YITCHB019   55,T/A

YITCHB023   26,A;38,T;64,C;65,A;121,A

YITCHB024   142,C/G

YITCHB026   18,A/G

YITCHB027   22,T/C;101,A/G;121,A/C;122,T/G;123,T/G;124,A/C

YITCHB030   80,C;139,C;148,A

YITCHB031   125,C

YITCHB033   93,A

YITCHB035   44,T/C;158,C/G

YITCHB039   28,T/C;29,T/A;53,T/C;74,A/G;76,T/C;89,T/G;93,A/G;130,T/C;151,T/G;156,
             T/G

YITCHB040   1,C;29,T;31,A;73,C;103,T;108,G;135,T

YITCHB042   127,T;167,T

YITCHB044   97,T/C

YITCHB045   48,T/C

YITCHB047   130,A/G

YITCHB048   6,A/G;59,T/A;62,A/G;79,T/C;80,T/C;81,A/G

YITCHB050   45,T;59,T;91,T;104,G

YITCHB051   7,T/G;26,A/G

YITCHB052   13,T/C;49,T/C;50,T/C;113,T/A;151,C/G;171,C/G

YITCHB053   4,A/G;38,T/C;124,A/G

YITCHB054   116,T/C

YITCHB055   52,A/T

YITCHB057 91,A/G;142,T/C;146,T/G

YITCHB058 2,A/G;36,A/G;60,A/G;131,T/C

YITCHB061 4,C;28,A;67,A

YITCHB062 94,A/G;96,T/C

YITCHB064 113,A

YITCHB066 10,A/G;30,T/C

YITCHB067 9,A/G;85,A/G;87,–/G

YITCHB072 19,T;35,A/G;59,T;61,G;67,A/G;71,G;79,G;80,T;81,G;82,G;88,C;89,A;91,G;97,T;100,G;103,A;109,G;121,T;125,C;128,G;130,A/G;137,G;141,A;150,G;166,T;169,A;172,G;175,T/G;182,A

YITCHB073 49,G

YITCHB075 22,T/C;35,T/C

YITCHB076 13,T;82,A/T;91,T;109,A/C

YITCHB077 77,A/G;88,T/C;104,A/G;145,T/C;146,A/G

YITCHB081 51,A/G;56,T;57,C;58,T;60,C;67,T;68,T;69,C;110,A/G;116,T/C;135,A/G

YITCHB082 52,A/G

YITCHB084 58,A/T;91,A;100,C;119,A/C;149,A/G

YITCHB085 81,T;82,G

YITCHB086 15,T/C;50,T/C;52,A/G;67,C/G;76,A/C;77,C/G;85,A/G;90,T/G;92,T/C;94,C/G;100,A/G;102,T/G;104,A/C;107,T/G;109,A/G;110,T/A;114,A/G;115,A/G;116,T/C;127,T/C;135,A/G;151,A/C;155,T;156,A/T;165,T/C;168,C/G

YITCHB091 107,T/G;120,A/G

YITCHB093 95,T/G;107,T/G;132,A/G;166,T/G

YITCHB094 16,C;26,T/A;36,C/G;63,A/G;70,C;99,A/G

YITCHB097 46,C/G;144,A/G

YITCHB100 12,T/C

YITCHB102 16,T/C;21,T/G;24,T/G;27,A/T;32,T/G;33,T/G;56,T/C;57,A/C;59,T/A;65,T/C;83,A/G;107,A/G

YITCHB104 146,C/G

YITCHB105 36,A/C

YITCHB107 18,A/T;48,A/G;142,T/C

YITCHB108 119,A/C

YITCHB109 1,T;6,G;26,T/C;50,A/G;83,A/T;92,A/G;93,T/C

YITCHB112 28,T/C;35,A/C;36,T/C;103,A/G;122,T/G;123,T/C;129,A/G;142,T/C;162,T/C

YITCHB113 182,A/T;192,A/G

YITCHB114 18,T;38,C;68,C;70,G;104,C

YITCHB116 29,T

YITCHB117	152,A/G
YITCHB119	56,C/G;119,A/G
YITCHB121	133,T;135,G;136,–;187,G
YITCHB124	130,A/G;186,C/G
YITCHB127	65,A/G;82,A/C;132,A/C
YITCHB128	7,C;127,A/G;135,C/G
YITCHB130	13,A/G;20,T/C;54,T/C;60,A/G
YITCHB131	32,T/C;135,T/G;184,T/C
YITCHB132	27,–;46,A;61,A;93,C;132,A;161,T
YITCHB134	72,T/C
YITCHB135	178,T/C
YITCHB136	64,A/C
YITCHB137	110,T/C
YITCHB141	39,C
YITCHB142	30,T/G;121,T/C;131,C/G;153,C/G
YITCHB143	22,G
YITCHB145	6,A/G;8,A/G;20,A/C;76,A/C;77,C/G;83,A/G;86,T/C
YITCHB148	27,T/C;91,T/C
YITCHB151	19,A/T;33,A/G
YITCHB152	31,A/G
YITCHB154	1,A/T;4,T/C;87,T/C
YITCHB155	65,A/T;95,T/C;138,A/C
YITCHB156	82,T
YITCHB158	96,C
YITCHB159	7,A/G;11,T/C;38,T/C;42,T/C
YITCHB160	15,T/C;48,A/T;59,A/G
YITCHB162	7,T/G;16,A/G;33,T;75,T/C;136,A/C
YITCHB163	41,A/G;54,T/C;90,T/C
YITCHB165	1,A;69,T/C;118,A/G;120,T/A;126,T/C;127,T/G
YITCHB166	30,T/C
YITCHB168	21,A;62,–;73,A/G
YITCHB170	56,A/G
YITCHB171	39,T/C;87,A/T;96,T/C;119,A/C
YITCHB176	13,A/C;25,A/G;26,A/G;82,A/G;105,T/C
YITCHB177	28,T/G;30,A/G;42,C/G;55,T/G;95,T/G;127,A/G;135,T/G
YITCHB181	56,A
YITCHB182	45,A/G;50,T/C

YITCHB183	53,A;59,G;80,A;115,T;155,C
YITCHB185	74,T/C;104,T/C;122,T/C;133,C/G
YITCHB186	19,A/G;44,C/G;46,A/G;47,A/G;57,T/A;75,T/C;82,T/C;86,A/C
YITCHB187	130,G
YITCHB188	156,T/C
YITCHB189	49,A;147,G
YITCHB191	44,G
YITCHB192	46,T/G;73,A/G
YITCHB193	169,T/C
YITCHB196	44,T/C;101,T/C
YITCHB197	121,-/T;122,-/T;123,-/T;167,C/G
YITCHB199	2,T/C;12,T/G;123,T/C;177,T/C
YITCHB200	70,A/G;73,A/G;92,T/A;104,C/G;106,A/T
YITCHB201	112,A/G;132,-/T
YITCHB202	55,T/C;60,T/C;102,T/C;104,A/G;127,T/C;187,A/G;197,A/G
YITCHB208	18,T/A;41,C;84,A;107,T/C
YITCHB212	38,C/G;105,C/G
YITCHB214	15,T/C;155,A/C
YITCHB215	3,A/T;6,T/G;9,A/G;22,A/G;54,T/C;63,T/A;71,T/A;72,T/C;81,A/G;96,A/G;121,T/C;137,A/G;163,T/G;177,A/G;186,A/G
YITCHB216	43,A/G
YITCHB217	84,A/C
YITCHB219	24,A/G;52,T/C;60,T/C;112,A/G
YITCHB223	11,T/C;54,A/G;189,T/C
YITCHB224	1,A;36,A;79,T;117,A;118,C
YITCHB227	120,T/C
YITCHB228	11,G;26,T
YITCHB230	55,C
YITCHB232	86,T/C
YITCHB233	152,A
YITCHB234	53,C
YITCHB237	118,A/G;120,A/C;165,T/A;181,A/C
YITCHB238	75,A/T;76,A/G;108,C/G
YITCHB244	43,A/G;143,A/G
YITCHB245	200,A/C
YITCHB246	25,T/C;89,A/G
YITCHB247	23,T/G;33,C/G;109,A/G

YITCHB248	50,A/G
YITCHB249	43,T
YITCHB250	21,T/C;51,T/G;54,T/C;55,A/G;56,T/C;78,T/C;98,T/C;99,A/T;125,T/A
YITCHB251	65,A/G
YITCHB252	26,C;65,G;126,T
YITCHB253	21,A/T;26,T/G
YITCHB254	4,T/C;6,A/G;51,A/G;109,A/C
YITCHB255	5,A/G;9,T/C;22,A/G;25,T/C;37,T/G;79,A/G;86,A/G;88,A/G;89,A/G;116,T/C; 135,T/C;187,A/G
YITCHB256	16,T/C
YITCHB258	24,A/G;65,A/G;128,T/A
YITCHB263	26,A/G;36,T/C;43,G;93,T/C;104,T/C;144,A/G
YITCHB264	8,A/T;51,T/C
YITCHB265	64,T/C;73,A/T;97,C;116,T/G
YITCHB266	25,A/C;29,A/G;57,A/C;58,T/A;136,T/C;159,T/C
YITCHB267	102,T/G
YITCHB270	113,C

YITCHB001   25,T/C;43,T/C;66,T/C;67,T/C
YITCHB002   109,T
YITCHB003   83,A/G;96,T/A
YITCHB004   195,A/G
YITCHB007   27,C/G;44,A/G;90,C/G
YITCHB009   25,T;56,T;181,T;184,C;188,G
YITCHB011   156,A
YITCHB014   9,C
YITCHB015   47,A;69,G;85,G
YITCHB016   67,A/G;80,T/G;88,A/G;91,T/C
YITCHB021   54,A/C;123,A/G;129,T/C;130,A/G
YITCHB023   26,T/A;38,T/G;64,A/C;65,A/G;121,A/C
YITCHB026   18,G
YITCHB027   101,A/G
YITCHB028   48,T/C;66,T/G;166,C/G
YITCHB030   80,C/G;139,T/C;148,A/G
YITCHB031   125,T/C;161,T
YITCHB033   93,A
YITCHB034   29,A/C
YITCHB035   7,A/G;33,A/G;44,T/C;124,A/T;137,A/C;158,C/G
YITCHB036   95,T/C;157,A/G
YITCHB038   202,T;203,A;204,G
YITCHB039   76,T/C;93,A/G;151,T/G;156,T/G
YITCHB040   1,C
YITCHB042   167,A/T
YITCHB045   48,C
YITCHB047   130,A/G
YITCHB048   59,A/T;62,A/G;79,T/C
YITCHB049   27,A/G;41,C/G;75,T/C;92,T/G;96,T/C;99,A/C;131,T/G
YITCHB050   45,T/C;51,A/C;59,T/C;91,A/T;104,A/G
YITCHB051   7,T/G;105,T/C
YITCHB054   116,T/C
YITCHB057   91,G;142,T;146,G

YITCHB058	2,G;36,G;60,G;79,–;131,T
YITCHB061	4,C;28,A;67,A
YITCHB064	113,A/G
YITCHB065	97,A/G
YITCHB066	30,T/C
YITCHB067	9,A/G;85,A/G;87,–/G
YITCHB073	49,G
YITCHB075	22,C;35,T;98,C/G
YITCHB081	51,A/G;56,T;57,C;58,T;60,C;67,T;68,T;69,C;110,A/G;116,T/C;135,A/G
YITCHB082	52,A/G
YITCHB083	4,T/A;28,T/G;101,T/G;119,T/C
YITCHB084	91,A/G;100,C/G;119,A/C
YITCHB085	46,C;82,G
YITCHB086	15,T/C;50,T/C;52,A/G;67,C/G;74,A/G;76,A/C;77,C/G;85,A/G;90,T/G;92,T/C; 94,C/G;100,A/G;102,T/G;104,A/C;107,T/G;109,A/G;110,T/A;114,A/G;115,A/ G;116,T/C;127,T/C;135,A/G;151,A/C;155,T/G;156,A/T;165,T/C;168,A/C/G
YITCHB089	14,T/C
YITCHB092	118,A/G
YITCHB094	16,C;36,C/G;53,T/A;63,A/G;70,C;99,A/G
YITCHB096	24,T/C
YITCHB099	74,T/C;105,A/G;126,T/C;179,T/A;180,T/C
YITCHB100	12,T/C
YITCHB102	57,C
YITCHB104	13,T/G;31,T/G
YITCHB105	36,A
YITCHB107	18,T;48,G;142,T
YITCHB108	73,A/C;127,A/C
YITCHB109	1,T;6,G;26,T/C;83,A/T;93,T/C
YITCHB110	66,A/G;144,A/G
YITCHB112	35,A/C;36,T/C;103,A/G;122,T/G;123,T/C;129,A/G;142,T/C;154,A/T;162,T/C
YITCHB113	182,T/A;192,A/G
YITCHB114	18,T/C;25,A/G;38,T/C;68,T/C;70,C/G;104,T/C
YITCHB116	29,T
YITCHB117	152,A/G
YITCHB118	22,T;78,C;102,T
YITCHB119	98,A/T;119,A/G
YITCHB121	133,T/A;135,A/G;187,A/G

YITCHB123	138,T/C
YITCHB124	130,A/G
YITCHB126	19,A/G;43,T/C
YITCHB128	7,C;135,C/G
YITCHB131	32,T/C;135,T/G;184,T/C
YITCHB132	27,−;46,A;61,A;93,C;132,A;161,T
YITCHB134	72,T/C
YITCHB135	187,T;188,G
YITCHB136	64,A/C
YITCHB141	39,C
YITCHB143	22,G
YITCHB145	6,A/G;8,A/G;20,A/C;76,A/C;77,C/G;83,A/G;86,T/C
YITCHB147	12,A/G;22,T/G;61,A/T;70,A/G;100,A/G
YITCHB148	27,T/C;91,T/C
YITCHB149	87,T/C;112,T/A;135,A/G
YITCHB151	19,A;33,G
YITCHB152	31,A/G
YITCHB156	82,T
YITCHB158	96,T/C
YITCHB162	7,T/G;16,A/G;32,T/C;33,T;75,T/C;133,T/G;136,A/C
YITCHB167	12,A/G;33,C/G;36,A/G;64,A/C;146,A/G
YITCHB168	21,A/G
YITCHB169	22,T;79,T/C;107,A/G;117,A/G;118,T/G
YITCHB170	56,A/G
YITCHB171	39,T/C;87,T/A;96,T/C;119,A/C
YITCHB177	28,T/G;30,A/G;42,C/G;55,T/G;95,T/G;127,A/G;135,T/G
YITCHB181	56,A/G
YITCHB182	45,A/G
YITCHB183	12,A/G;59,T/G;80,A/G;155,T/C
YITCHB185	20,T/C;49,A/G;71,T/C;86,T/C;104,T/C;114,T/C;133,C/G;154,A/G
YITCHB186	19,A/G;46,A/G;47,A/G;57,A/T;75,T/C;82,T/C;86,A/C
YITCHB189	61,A;147,A/G
YITCHB190	90,A/T
YITCHB191	44,T/G
YITCHB192	45,A/T;46,T/G;73,A/G
YITCHB195	53,C;111,T
YITCHB197	72,A/G;121,−/T;122,−/T;123,−/T;167,C/G;174,A/G;189,A/C

YITCHB198	34,A/T;63,A/G;109,T/C
YITCHB200	70,A/G;73,A/G;92,A/T;104,C/G;106,T/A
YITCHB201	112,A/G;132,-/T
YITCHB202	55,T/C;60,T/C;102,T/C;104,A/G;127,T/C;187,A/G;197,A/G
YITCHB203	125,T/C;154,A/G
YITCHB205	31,A/C;36,A/G;46,A/T;57,T/G;74,A/G
YITCHB209	32,T/C;34,T/C;35,A/G;71,T/C;94,T/C;166,A/G;173,A/G;175,T/C
YITCHB210	130,A/C;154,A/G
YITCHB212	38,C/G;105,C/G
YITCHB214	15,T/C;155,A/C
YITCHB215	3,A/T;6,T/G;9,A/G;22,A/G;54,T/C;63,T/A;71,T/A;72,T/C;81,A/G;96,A/G; 121,T/C;137,A/G;163,T/G;177,A/G;186,A/G
YITCHB216	43,A/G
YITCHB217	84,A/C
YITCHB219	24,A/G;60,T/C;112,A/G
YITCHB220	17,G;58,G
YITCHB223	17,T/C;189,T/C
YITCHB224	1,A;36,A;79,T;117,A;118,C
YITCHB225	24,A/G
YITCHB228	11,A/G;26,T/A;72,A/G
YITCHB229	45,G;80,T
YITCHB230	55,T/C;128,A/G
YITCHB232	47,A/G;54,A/G;86,C;108,T/C;147,A/C
YITCHB233	152,A
YITCHB234	53,C
YITCHB237	118,A/G;120,A/C;165,T/A;181,A/C
YITCHB238	23,T/G
YITCHB240	53,A;93,T;148,A
YITCHB242	22,C
YITCHB243	86,T;98,A;131,C;162,A/G
YITCHB245	144,A/G;200,A/C
YITCHB246	19,A/C;25,T/C;89,A/G
YITCHB247	23,G;109,A
YITCHB250	51,G
YITCHB251	65,A/G
YITCHB252	26,T/C;65,A/G;137,T/C;156,A/G
YITCHB253	21,A/T;26,T/G

YITCHB254	51,A/G
YITCHB255	5,A/G;9,T/C;22,A/G;25,T/C;37,T/G;79,A/G;86,A/G;88,A/G;89,A/G;116,T/C;135,T/C;187,A/G
YITCHB256	11,A
YITCHB257	68,T/C
YITCHB259	90,A/G
YITCHB260	84,A/T;161,T/A
YITCHB263	43,A/G
YITCHB264	8,A/T;51,T/C;111,T/C
YITCHB266	25,C;57,C;58,T;136,C;159,C
YITCHB267	102,T/G
YITCHB270	113,C

YITCHB001   3,A/G;25,C;43,T/C;66,T;67,T/C;142,T/G

YITCHB002   109,T

YITCHB003   83,G;96,A

YITCHB004   160,T/G

YITCHB006   110,T/C

YITCHB007   67,A/G

YITCHB008   65,T/C

YITCHB009   118,T;176,G;181,T;184,C;188,G

YITCHB022   19,T/C;41,A/G;54,T/C;67,A/G;68,A/C;88,T/C

YITCHB023   26,A;38,T;64,C;65,A;121,A

YITCHB027   22,T/C;101,A/G;121,A/C;122,T/G;123,T/G;124,A/C

YITCHB030   80,C/G;139,T/C;148,A/G

YITCHB031   125,C

YITCHB033   93,A

YITCHB039   28,T/C;29,T/A;53,T/C;74,A/G;76,T/C;89,T/G;93,A/G;130,T/C;151,T/G;156,
             T/G

YITCHB040   1,C;29,T;31,A;73,C;103,T;108,G;135,T

YITCHB042   127,T;167,T

YITCHB045   48,T/C

YITCHB047   130,A/G

YITCHB048   6,A/G;59,A/T;62,A/G;79,T/C

YITCHB050   45,T;59,T;91,T;104,G

YITCHB051   7,T/G;26,A/G

YITCHB054   116,T/C

YITCHB055   52,T/A

YITCHB057   91,G;142,T;146,G

YITCHB061   4,C;28,A;67,A

YITCHB062   94,G;96,C

YITCHB064   113,A/G

YITCHB066   10,A/G;30,T

YITCHB067   9,A;85,A;87,G

YITCHB072   6,A/T;7,A/G;8,T/C;19,T;25,T/G;59,T/C;61,G;67,A/G;71,G;79,T/G;80,T/A;81,
             A/G;82,A/G;88,C;89,A;91,G;93,A/G;97,T/A;100,A/G;103,A/C;107,A/G;109,

G;113,T/G;118,T/C;119,T/G;121,T;125,C;128,C/G;130,A/T;137,G;141,A/G;
149,A/G;150,T/G;160,T/C;166,T/C;169,A;172,A/G;182,A/T

YITCHB073	49,G
YITCHB075	22,C;35,T;98,C/G
YITCHB077	77,A/G;88,T/C;104,A/G;145,T/C;146,A/G
YITCHB081	51,A/G;56,T;57,C;58,T;60,C;67,T;68,T;69,C;110,A/G;116,T/C;135,A/G
YITCHB082	52,A/G;93,T/C
YITCHB084	58,A/T;91,A;100,C;119,A/C;149,A/G
YITCHB085	81,T;82,G
YITCHB086	15,T/C;50,T/C;52,A/G;67,C/G;76,A/C;77,C/G;85,A/G;90,T/G;92,T/C;94,C/G; 100,A/G;102,T/G;104,A/C;107,T/G;109,A/G;110,T/A;114,A/G;115,A/G;116, T/C;127,T/C;135,A/G;151,A/C;155,T;156,A/T;165,T/C;168,C/G
YITCHB091	107,T/G;120,A/G
YITCHB092	118,A/G
YITCHB093	95,T/G;107,T/G;132,A/G;166,T/G
YITCHB094	16,C;26,A/T;36,C/G;63,A/G;70,C;99,A/G
YITCHB096	24,C
YITCHB102	16,T/C;21,T/G;24,T/G;27,A/T;32,T/G;33,T/G;56,T/C;57,A/C;59,T/A;65,T/C; 83,A/G;107,A/G
YITCHB104	146,C/G
YITCHB105	36,A/C
YITCHB107	18,A/T;48,A/G;142,T/C
YITCHB108	119,A/C
YITCHB109	1,T;6,G;50,A/G;92,A/G
YITCHB112	28,T/C;35,A/C;36,T/C;103,A/G;122,T/G;123,T/C;129,A/G;142,T/C;162,T/C
YITCHB113	182,T/A;192,A/G
YITCHB114	18,T;38,C;68,C;70,G;104,C
YITCHB116	29,T
YITCHB118	22,T/C;78,T/C;102,T/C
YITCHB119	56,C/G;119,A/G
YITCHB121	133,T;135,G;136,–;187,G
YITCHB124	130,A;186,C/G
YITCHB127	65,A;82,C;132,A
YITCHB128	7,T/C;33,T/C;169,A/G
YITCHB130	13,A/G;20,T/C;54,T/C;60,A/G
YITCHB132	46,A/C;61,A/C;93,A/C;132,A/G;161,T/C
YITCHB134	72,T/C

YITCHB136   64,A/C

YITCHB137   110,T/C

YITCHB138   22,A/C;52,A/G

YITCHB141   39,T/C

YITCHB143   22,T/G

YITCHB145   6,A/G;8,A/G;20,A/C;76,A/C;77,C/G;83,A/G;86,T/C

YITCHB148   27,T/C;91,T/C

YITCHB151   19,T/A;33,A/G

YITCHB152   31,A/G

YITCHB154   1,A/T;4,T/C;87,T/C

YITCHB156   82,T

YITCHB158   96,C

YITCHB159   7,A/G;25,A/G;38,T/C;42,T/C;92,C/G;160,A/G

YITCHB160   15,T/C;48,A/T;59,A/G

YITCHB162   7,T;16,G;33,T;136,C

YITCHB163   41,G;54,T;90,C

YITCHB165   1,A;69,T/C;118,A/G;120,T/A;126,T/C;127,T/G

YITCHB166   30,T/C

YITCHB168   21,A;62,−;73,A/G

YITCHB170   56,A/G

YITCHB171   39,T/C;87,A/T;96,T/C;119,A/C

YITCHB175   12,A/G

YITCHB176   13,A/C;25,A/G;26,A/G;82,A/G;105,T/C

YITCHB177   28,T/G;30,A/G;42,C/G;55,T/G;95,T/G;127,A/G;135,T/G

YITCHB178   14,A/G;24,T/C;42,A/T;66,A/G;145,A/G

YITCHB183   53,A/G;59,T/G;80,A/G;115,T/C;155,T/C

YITCHB185   20,T/C;49,A/G;71,T/C;86,T/C;104,T/C;114,T/C;133,C/G;154,A/G

YITCHB186   19,A/G;44,C/G;46,A/G;47,A/G;57,T/A;75,T/C;82,T/C;86,A/C

YITCHB189   61,A

YITCHB191   44,G

YITCHB193   169,T/C

YITCHB195   53,C;111,T

YITCHB196   44,T/C;101,T/C

YITCHB197   121,−/T;122,−/T;123,−/T;167,C/G

YITCHB199   2,T/C;12,T/G;123,T/C;177,T/C

YITCHB200   19,T/C

YITCHB201   132,T

YITCHB205   57,T

YITCHB207   81,A/G

YITCHB208   18,A/T;41,T/C;84,A/T;107,T/C

YITCHB209   32,T;34,C;35,A;71,T;94,T;166,G;173,A;175,C

YITCHB214   15,T/C;155,A/C

YITCHB216   43,A/G

YITCHB217   84,A/C

YITCHB219   24,A/G;60,T/C;112,A/G

YITCHB224   1,A;36,A;79,T;117,A;118,C

YITCHB227   120,T/C

YITCHB230   55,T/C;128,A/G

YITCHB233   152,A

YITCHB234   53,−/C;123,A/G

YITCHB237   118,G;120,A;165,T;181,A

YITCHB238   75,A/T;76,A/G;108,C/G

YITCHB242   22,T/C

YITCHB243   86,T/C;98,A/G;131,A/C

YITCHB246   19,A/C;25,C;89,A

YITCHB247   23,G;33,C/G;109,A

YITCHB249   43,T/C

YITCHB250   21,T/C;51,G;54,T/C;55,A/G;56,T/C;78,T/C;98,T/C;99,A/T;125,T/A

YITCHB251   65,G

YITCHB252   26,T/C;65,A/G;126,T/G

YITCHB253   21,T/A;26,T/G

YITCHB254   4,T/C;6,A/G;51,G;109,A/C

YITCHB255   5,G;9,C;22,G;25,C;37,G;79,A;86,G;88,G;89,G;116,C;135,T;187,A

YITCHB256   16,C

YITCHB258   24,A/G;65,A/G;128,T/A

YITCHB259   90,A

YITCHB260   84,A/T;161,T/A

YITCHB264   111,C

YITCHB265   17,A/T

YITCHB266   25,C;57,C;58,T;136,C;159,C

YITCHB267   102,T

YITCHB269   60,A

YITCHB270   12,T

YITCHB001   25,C;43,T/C;66,T;67,C;81,T/C
YITCHB002   145,A;146,G
YITCHB004   160,T
YITCHB006   110,T/C
YITCHB007   27,C/G;44,A/G;67,A/G;83,A/G;90,C/G
YITCHB011   156,A
YITCHB014   9,T/C
YITCHB016   88,G
YITCHB017   63,A/C;132,A/G
YITCHB019   55,T/A
YITCHB021   54,A/C;123,A/G;129,T/C;130,A/G
YITCHB022   54,C;67,G;68,C
YITCHB026   18,G
YITCHB027   67,A/G;101,A/G
YITCHB030   80,C/G;139,C;148,A
YITCHB031   88,T/C;125,C
YITCHB033   93,A
YITCHB034   29,A/C
YITCHB035   7,A/G;33,A/G;44,T/C;124,T/A;137,A/C;158,T/G
YITCHB036   95,T/C;157,A/G
YITCHB038   202,T;203,A;204,G
YITCHB039   151,T/G
YITCHB040   1,C;29,T/C;31,A/G;73,T/C;103,T/C;108,A/G;135,T/C
YITCHB042   60,A/G;110,T/C;114,A/G;127,T/C;146,T/C;167,A/T
YITCHB045   48,C
YITCHB047   130,A/G
YITCHB048   6,A/G;59,A/T;62,A/G;79,T/C
YITCHB049   59,T/C;75,T/C
YITCHB050   45,T/C;59,T/C;91,T/A;156,A/G
YITCHB051   7,T/G;105,T/C
YITCHB053   38,T/C;49,T/A;112,T/C;116,T/C;124,A/G
YITCHB054   116,T/C
YITCHB055   52,T

YITCHB056	60,T/A;124,T/G;125,T/G;147,A/G
YITCHB057	91,G;142,T;146,G
YITCHB058	2,A/G;36,A/G;60,A/G;131,T/C
YITCHB059	4,T/C;22,A/G;76,C/G;114,A/G;196,A/T
YITCHB061	4,C;28,A;67,A
YITCHB062	94,G;96,C
YITCHB064	113,A/G
YITCHB066	30,T/C
YITCHB067	9,A;85,A;87,G
YITCHB073	49,G
YITCHB075	22,T/C;35,T/C;98,C/G
YITCHB076	13,T/C;91,T/C
YITCHB079	123,A/G
YITCHB080	112,C/G
YITCHB081	51,A/G;56,T;57,C;58,T;60,C;67,T;68,T;69,C;110,A/G;116,T/C;135,A/G
YITCHB082	52,A/G
YITCHB084	58,T/A;91,A/G;100,C/G;149,A/G
YITCHB085	27,T/G;46,C;81,T/A;82,G
YITCHB086	115,A/G;155,T/G;168,A/G
YITCHB087	111,T/C
YITCHB089	38,A/G;52,A/G;53,T/C;64,A/C;89,T/C;178,T/C;184,T/C;196,T/C;197,A/G
YITCHB094	16,A/C;36,C/G;63,A/G;70,T/C;99,A/G
YITCHB096	24,T/C;87,T/C
YITCHB099	74,T/C;105,A/G;126,T/C;179,A/T;180,T/C
YITCHB102	16,T/C;21,T/G;24,T/G;27,T/A;32,T/G;33,T/G;52,A/G;56,T/C;57,A/C;59,A/T; 65,T/C;83,A/G;107,A/G
YITCHB103	61,A/G;64,A/C;87,A/C;153,T/C
YITCHB104	146,C/G
YITCHB105	36,A/C
YITCHB106	19,C;94,C
YITCHB107	18,T/A;48,A/G;142,T/C
YITCHB108	127,A/C
YITCHB109	1,T;6,G;26,T/C;50,A/G;83,T/A;92,A/G;93,T/C
YITCHB112	28,T/C;123,T/C;138,C/G
YITCHB113	188,T/C
YITCHB114	18,T;38,C;68,C;70,G;104,C
YITCHB115	112,A/G;128,T/C

YITCHB116   29,T

YITCHB118   22,T/C;78,T/C;102,T/C

YITCHB121   133,T;135,G;136,–;187,G

YITCHB124   130,A

YITCHB126   19,A/G;43,T/C

YITCHB127   65,A;82,C;132,A

YITCHB128   7,T/C

YITCHB130   13,A/G;20,T/C;54,T/C;82,T/C

YITCHB132   27,–;46,A;61,A;93,C;132,A;161,T

YITCHB134   72,T/C

YITCHB135   128,T/C

YITCHB136   4,A/C;64,A/C

YITCHB137   110,T/C

YITCHB143   4,T/A;22,G

YITCHB145   6,A/G;8,A/G;20,A/C;76,A/C;77,C/G;83,A/G;86,T/C

YITCHB149   87,T/C;112,A/T;135,A/G

YITCHB151   19,A;33,G

YITCHB152   31,A/G

YITCHB154   4,T/C;87,T/C

YITCHB156   82,T

YITCHB158   96,T/C

YITCHB159   7,A/G;25,A/G;38,T/C;42,T/C;92,C/G;160,A/G

YITCHB160   59,A;64,T

YITCHB161   31,C/G

YITCHB165   1,A;49,A/T

YITCHB168   21,A;62,–

YITCHB169   22,A/T

YITCHB171   39,T/C;87,T/A;96,T/C;119,A/C

YITCHB176   13,A/C;25,A/G;26,A/G;82,A/G;105,T/C

YITCHB177   28,T/G;30,A/G;55,A/G;95,T/G;107,A/G;125,T/C;127,A/G;135,T/G

YITCHB179   2,C/G

YITCHB183   12,A/G;53,A/G;59,T/G;79,A/G;80,A/G;85,T/C;97,T/C;99,A/G;115,T/C;116,A/C;117,A/G;138,T/C;143,T/C;155,T/C

YITCHB186   19,A/G;46,A/G;47,A/G;57,A/T;75,T/C;82,T/C;86,A/C

YITCHB187   82,A/G;130,A/G

YITCHB188   94,T/C

YITCHB189   49,A/G;61,A/C;147,G

YITCHB191	44,G
YITCHB192	45,T/A;46,T/G;73,A/G
YITCHB193	169,T/C
YITCHB195	108,A
YITCHB197	72,G;121,T;122,T;123,T;167,G;174,G;189,C
YITCHB198	34,A/T;63,A/G;109,T/C
YITCHB200	70,A/G;73,A/G;92,T/A;104,C/G;106,A/T
YITCHB201	112,A/G;132,−/T
YITCHB202	55,T/C;60,T/C;102,T/C;104,A/G;127,T/C;187,A/G;197,A/G
YITCHB203	125,T/C;154,A/G
YITCHB205	31,A/C;36,A/G;46,T/A;57,T/G;74,A/G
YITCHB207	81,A/G
YITCHB208	41,T/C;84,T/A
YITCHB210	130,C;154,G
YITCHB211	113,T/C;115,A/G
YITCHB214	15,T/C;155,A/C
YITCHB215	3,T/A;6,T/G;9,A/G;22,A/G;54,T/C;63,A/T;71,A/T;72,T/C;81,A/G;96,A/G;121,T/C;137,A/G;163,T/G;177,A/G;186,A/G
YITCHB216	43,A/G
YITCHB217	84,A/C
YITCHB219	24,A/G;60,T/C;112,A/G
YITCHB223	17,T/C;189,T/C
YITCHB224	1,A/G;36,A/G;79,T/C;117,−/A;118,T/C
YITCHB225	24,A/G
YITCHB228	11,A/G;26,T/A;72,A/G
YITCHB229	45,G;46,T/C;80,T/C;162,T/G
YITCHB230	55,T/C;128,A/G
YITCHB232	47,A/G;54,A/G;86,T/C;108,T/C;147,A/C
YITCHB233	152,A
YITCHB234	53,C
YITCHB237	118,A/G;120,A/C;165,T/A;181,A/C
YITCHB238	23,T/G
YITCHB240	53,A;93,T;148,A
YITCHB242	22,C
YITCHB243	86,T/C;98,A/G;131,C
YITCHB246	19,A/C;25,C;89,A
YITCHB247	23,G;33,C/G;109,A

YITCHB249 43,T/C

YITCHB250 21,T/C;51,G;54,T/C;55,A/G;56,T/C;78,T/C;98,T/C;99,A/T;125,T/A

YITCHB251 65,G

YITCHB252 26,T/C;65,A/G;126,T/G

YITCHB253 21,A/T

YITCHB254 51,A/G

YITCHB255 5,G;9,C;22,G;25,C;37,G;79,A;86,G;88,G;89,G;116,C;135,T;187,A

YITCHB256 16,C

YITCHB257 10,T/G;47,T/A;72,A/G;87,A/G

YITCHB258 24,A/G;191,T/C

YITCHB259 90,A

YITCHB260 84,T;161,A

YITCHB261 17,T/C;74,A/G;119,T/G

YITCHB263 22,T/G;93,T/C;144,A/G;181,A/G

YITCHB264 15,A/G;110,A/G;111,C

YITCHB265 97,C/G

YITCHB266 25,C;57,C;58,T;136,C;159,C

YITCHB267 102,T/G

YITCHB268 23,T/C;24,A/C;66,T/C;82,T/G;126,A/G;127,T/G;148,T/A;167,A/G

YITCHB269 60,A

YITCHB270 12,T

YITCHB001	25,T/C;66,T/C;67,T/C;81,T/C;142,T/G
YITCHB002	145,A;146,G
YITCHB004	160,T/G
YITCHB006	110,T/C
YITCHB007	27,C/G;44,A/G;67,A/G;83,A/G
YITCHB008	15,A/T;65,C
YITCHB011	156,A
YITCHB017	63,A/C;132,A/G
YITCHB019	1,A/G;22,A/G;31,T/C;32,T/C;38,A/G;51,T/C;55,A/T;70,A/G;93,A/G;94,A/G; 101,T/C;109,A/G;112,A/G;130,T/C;132,A/G;148,A/G
YITCHB023	26,A;28,C;38,T;52,C;57,A;65,A;67,A;72,G;115,T;130,G
YITCHB026	18,A/G
YITCHB027	101,A
YITCHB031	125,C;161,T
YITCHB033	93,A
YITCHB035	44,C;158,G
YITCHB036	57,T/A;67,T/C;72,T/C;95,T/C;157,A/G
YITCHB038	202,T;203,A;204,G
YITCHB039	28,T/C;29,T/A;53,T/C;74,A/G;76,T/C;89,T/G;93,A/G;130,T/C;151,T/G;156, T/G
YITCHB040	1,C
YITCHB042	60,A/G;110,T/C;114,A/G;127,T;146,T/C;167,T
YITCHB044	97,T/C
YITCHB045	48,C
YITCHB047	130,A/G
YITCHB048	59,A/T;62,A/G;79,T/C
YITCHB049	59,T/C;75,T/C
YITCHB050	45,T;59,T;91,T;104,A/G;156,A/G
YITCHB051	7,G;54,T/C;144,A/C
YITCHB053	38,T/C;49,T/A;112,T/C;116,T/C;124,A/G
YITCHB054	116,T/C
YITCHB055	52,T/A
YITCHB056	60,T/A;124,T/G;125,T/G;147,A/G

YITCHB057 25,A/G;91,G;136,T/C;142,T/C;146,T/G
YITCHB059 4,T/C;22,A/G;76,C/G;114,A/G;196,T/A
YITCHB061 4,C;28,A;67,A
YITCHB062 94,A/G;96,T/C
YITCHB064 113,A
YITCHB067 9,A/G;85,A/G;87,–/G
YITCHB068 144,T;165,A
YITCHB069 183,C/G
YITCHB071 92,T/G
YITCHB073 49,T/G
YITCHB074 98,A/G
YITCHB075 22,C;35,T;98,C/G
YITCHB076 13,T/C;91,T/C
YITCHB077 77,A;88,T;104,A;145,T;146,G
YITCHB079 123,A/G
YITCHB081 51,G;56,T;57,C;58,T;60,C;67,T;68,T;69,C;110,A;116,C;135,G
YITCHB083 4,A;28,G;101,T;119,T
YITCHB085 27,T/G;46,C/G;81,T;82,G
YITCHB086 115,G;155,T;168,A
YITCHB087 111,T
YITCHB089 38,A;52,A;53,C;64,A;89,C;178,T;184,C;196,C;197,A
YITCHB094 16,C;36,G;63,A;70,C;99,G
YITCHB097 31,T/C;46,G;144,A/G
YITCHB100 12,T/C
YITCHB104 13,T/G;31,T/G;146,C/G
YITCHB107 18,A/T;48,A/G;142,T/C
YITCHB108 73,A;127,A
YITCHB112 36,T/C;43,A/G;48,T/C;57,A/G;80,A/G;95,T/C;96,A/G;103,A/G;118,C/G;120,T/C;162,T/C
YITCHB113 182,T/A;188,T/C;192,A/G
YITCHB114 18,T/C;25,A/G;38,T/C;68,C;70,C/G;104,T/C
YITCHB116 29,–/T;147,T/G
YITCHB117 152,A/G
YITCHB121 133,T;135,G;136,–;168,T;187,G
YITCHB124 130,A
YITCHB126 43,T/C;145,T/A
YITCHB128 7,C;127,A/G;135,C/G

YITCHB130	13,A/G;20,T/C;54,T/C;82,T/C
YITCHB132	34,T/C;46,A/C;61,A/C;93,A/C;132,A;161,T/C
YITCHB134	72,T/C
YITCHB135	178,T/C
YITCHB136	64,A/C
YITCHB137	110,T/C
YITCHB138	22,A/C;52,A/G
YITCHB141	39,T/C
YITCHB142	30,T/G;121,T/C;131,C/G;153,C/G
YITCHB143	4,A/T;22,G
YITCHB145	6,A/G;8,A/G;20,A/C;76,A/C;77,C/G;83,A/G;86,T/C
YITCHB147	12,A/G;22,T/G;61,A/T;70,A/G;100,A
YITCHB148	17,A/C;27,T/C;91,T/C
YITCHB149	87,T/C;112,A/T;135,A/G
YITCHB151	8,T;19,A;43,G
YITCHB152	31,A/G
YITCHB154	1,T/A;62,T/C
YITCHB157	69,A
YITCHB158	96,C
YITCHB159	7,G;11,T;38,T;42,T
YITCHB160	33,C;59,A;66,A
YITCHB162	32,T/C;33,T;67,A/G;75,T/C;85,A/G;88,T/C;110,T/G;124,C/G;133,T/G
YITCHB163	41,A/G;54,T/C;90,T/C
YITCHB165	1,A;49,T/A
YITCHB166	62,A/G
YITCHB168	21,A/G;30,T/G;40,T/C;44,T/C;53,A/G;93,T/A;98,A/G;109,A/G;120,T/C
YITCHB169	22,T;107,A/G
YITCHB170	56,A
YITCHB171	39,T/C;87,A/T;96,T/C;119,A/C
YITCHB175	12,A/G
YITCHB176	13,A/C;25,A/G;26,A/G;82,A/G;105,T/C
YITCHB177	28,T/G;30,A/G;42,C/G;55,A/T/G;95,T/G;107,A/G;125,T/C;127,A/G;135,T/G
YITCHB179	2,C/G
YITCHB181	31,A/G
YITCHB182	50,T/C
YITCHB185	20,C;49,A;71,T;86,C;104,C;114,T;133,C;154,G
YITCHB186	19,A/G;44,C/G;46,A/G;57,T/A;75,T/C;82,T/C;86,A/C

YITCHB189 49,A;61,A;88,A;147,G

YITCHB191 1,T/C;44,G

YITCHB192 45,A

YITCHB193 169,T/C

YITCHB195 53,C;111,T

YITCHB197 72,A/G;121,−/T;122,−/T;123,−/T;167,G;174,A/G;189,A/C

YITCHB198 34,T;59,−;60,−;63,G;109,C

YITCHB199 2,T/C;12,T/G;77,C/G;123,C;177,T/C

YITCHB201 132,T

YITCHB202 55,T/C;60,T/C;88,T/C;102,T/C;104,A/G;115,T/A;144,A/G;187,A/G;197,A

YITCHB203 125,T;154,A

YITCHB208 41,T/C;84,A;107,T/C

YITCHB209 32,T;34,C;94,T;149,C;166,G;175,C

YITCHB210 130,A/C

YITCHB212 38,C/G;105,C/G

YITCHB214 15,T/C;155,A/C

YITCHB215 71,A;72,A

YITCHB216 43,A

YITCHB218 5,T/C;98,A/G;99,A/G;128,A/G

YITCHB219 24,A/G;60,T/C;112,A/G

YITCHB224 1,A/G;36,A/G;79,T/C;117,−/A;118,T/C

YITCHB225 24,G

YITCHB226 127,T/C

YITCHB228 11,A/G;26,T/A;72,A/G

YITCHB229 45,G;80,T

YITCHB230 55,T/C;79,A/C;128,A/G

YITCHB231 104,T/C

YITCHB232 86,T/C

YITCHB233 76,A;116,A;152,A

YITCHB234 53,C

YITCHB237 118,G;120,A;165,T;181,A

YITCHB240 80,A;93,T;148,A

YITCHB242 22,T/C

YITCHB244 43,G;143,A

YITCHB245 142,T/C;144,A/G;200,C

YITCHB246 2,A/G;25,T/C;89,A/G

YITCHB247 23,T/G;109,A/G

YITCHB248   50,A

YITCHB251   65,A/G

YITCHB253   21,A;26,T/G

YITCHB254   51,A/G

YITCHB255   5,A/G;9,T/C;22,A/G;25,T/C;37,T/G;86,A/G;89,A/G;116,T/C;128,C/G;155,T/C;
175,T/C;195,T/C

YITCHB256   11,A

YITCHB257   68,T/C

YITCHB258   24,A/G;191,T/C

YITCHB259   90,A

YITCHB260   84,A/T;161,T/A

YITCHB264   5,A/T;22,T/C;35,A/G;79,T/C;97,C/G;99,A/G;105,A/G;108,T/C;111,T/C;113,
A/G;114,T/C;132,T/C;137,A/G;144,T/C

YITCHB265   64,T;73,T;97,C;116,G

YITCHB266   25,C;37,T;57,C;58,T

YITCHB267   42,A/T;102,T/G

YITCHB268   23,T/C;24,C;44,A/G;66,T/C;82,T;86,T/C;123,A/G;126,A;127,T/G;137,T/C;
148,T;166,A/C;167,G

YITCHB269   60,A/C

YITCHB270   12,T/C;113,A/C

YITCHB001   25,T/C;43,T/C;66,T/C;67,T/C;142,T/G

YITCHB002   109,T/C;145,A/C;146,G

YITCHB004   160,T

YITCHB006   110,T/C

YITCHB007   67,A/G

YITCHB008   65,T/C

YITCHB011   156,A

YITCHB014   9,T/C

YITCHB015   47,A;69,G;85,G

YITCHB016   88,A/G

YITCHB019   55,A/T

YITCHB021   54,A/C;123,A/G;129,T/C;130,A/G

YITCHB023   26,A;28,T/C;38,T;52,A/C;57,A/G;64,A/C;65,A;67,A/G;72,T/G;115,T/A;121,A/C;130,A/G

YITCHB025   10,T/C

YITCHB027   6,A/G;101,A/G;124,T/C

YITCHB030   80,C/G;139,C;148,A

YITCHB031   125,C

YITCHB033   93,A

YITCHB035   7,A/G;33,A/G;44,T/C;124,T/A;137,A/C;158,T/G

YITCHB036   57,T/A;67,T/C;72,T/C;95,T/C;157,A/G

YITCHB039   76,T/C;93,A/G;151,T;156,T/G

YITCHB040   1,C

YITCHB042   127,T/C;167,A/T

YITCHB044   97,T/C

YITCHB045   48,C

YITCHB048   59,T/A;62,A/G

YITCHB049   59,T/C;75,T/C;85,A/G;137,T/C;138,C/G

YITCHB050   45,T/C;59,T/C;72,A/G

YITCHB053   38,T/C;49,T/A;112,T/C;116,T/C;124,A/G

YITCHB054   116,T/C

YITCHB057   91,A/G;142,T/C;146,T/G

YITCHB059   4,T/C;22,A/G;76,C/G;114,A/G;196,T/A

YITCHB061	4,C;28,A;67,A
YITCHB062	94,G;96,C;169,T
YITCHB065	67,T/C;79,A/C;80,T/G;97,A/G;178,A/G
YITCHB066	30,T
YITCHB067	9,A/G;85,A/G;87,-/G
YITCHB071	105,A/G
YITCHB072	19,T;35,A;59,T;61,G;71,G;79,G;80,T;81,G;82,G;88,C;89,A;91,G;97,T;100,G;103,A;109,G;121,T;125,C;128,G;130,G;137,G;141,A;150,G;166,T;169,A;172,G;175,T;182,A
YITCHB073	49,G
YITCHB075	22,T/C;35,T/C;98,C/G;115,T/A
YITCHB076	13,T/C;91,T/C
YITCHB077	77,A/G;88,T/C;104,A/G;145,T/C
YITCHB079	123,A/G
YITCHB081	10,A/G;51,A/G;56,T;57,C;58,T;60,C;67,T;68,T;69,C;110,A/G;116,T/C;135,A/G
YITCHB085	46,C;81,T;82,G
YITCHB089	38,A/G;52,A/G;53,T/C;64,A/C;89,T/C;178,T/C;184,T/C;196,T/C;197,A/G
YITCHB092	118,A/G
YITCHB093	95,T/G;107,T/G;132,A/G;166,T/G
YITCHB094	16,C;36,G;63,A;70,C;99,G
YITCHB096	24,C;87,T/C
YITCHB099	74,T/C;105,A/G;126,T/C;179,A/T;180,T/C
YITCHB102	57,A/C
YITCHB103	61,A/G;64,A/C;87,A/C;108,A/G;153,T/C
YITCHB104	146,C/G
YITCHB105	36,A
YITCHB106	19,C;94,C
YITCHB107	18,A/T;48,A/G;142,T/C
YITCHB108	73,A/C;127,A/C
YITCHB112	28,T/C;123,T/C
YITCHB113	182,T/A;192,A/G
YITCHB114	18,T/C;25,A/G;38,T/C;68,T/C;70,C/G;104,T/C
YITCHB116	29,-/T;147,T/G
YITCHB118	22,T/C;78,T/C;102,T/C
YITCHB122	51,T/C
YITCHB124	130,A

YITCHB126   19,A/G;43,T/C;145,A/T

YITCHB127   65,A;82,C;132,A

YITCHB130   13,A/G;20,T/C;54,T/C;60,A/G

YITCHB132   34,T/C;132,A/G

YITCHB133   1,A/G

YITCHB134   72,T/C

YITCHB135   178,T/C

YITCHB136   49,T/A;64,A/T;104,A/G

YITCHB137   110,T/C

YITCHB138   46,A/G;52,A/G

YITCHB141   39,T/C

YITCHB142   30,T/G;55,T/C;131,C/G;136,T/C;153,C/G;156,C/G

YITCHB143   22,T/G;112,C/G

YITCHB145   6,A;8,G;20,A;76,A;77,G;83,G;86,T

YITCHB147   12,A;22,G;61,T;70,A;100,A

YITCHB148   27,T/C;91,T/C

YITCHB151   19,A/T;43,T/G

YITCHB152   31,A/G

YITCHB154   62,T/C

YITCHB156   82,T/C

YITCHB157   32,T/C;69,A

YITCHB159   7,A/G;11,T/C;38,T/C;42,T/C

YITCHB160   59,A;64,T/G

YITCHB162   33,T;75,T

YITCHB165   1,A

YITCHB167   12,A/G;33,C/G;36,A/G;64,A/C;146,A/G

YITCHB168   21,A;62,–

YITCHB169   22,A/T;107,A/G

YITCHB170   56,A/G

YITCHB171   39,T/C;87,T/A;96,T/C;119,A/C

YITCHB176   13,A/C;25,A/G;26,A/G;82,A/G;105,T/C

YITCHB177   28,T/G;30,A/G;42,C/G;55,T/G;95,T/G;127,A/G;135,T/G

YITCHB181   56,A

YITCHB182   45,A/G

YITCHB183   79,A/G;85,T/C;97,T/C;99,A/G;116,A/C;117,A/G;138,T/C;143,T/C

YITCHB185   20,T/C;49,A/G;71,T/C;86,T/C;104,T/C;114,T/C;133,C/G;154,A/G

YITCHB186   19,A/G;44,C/G;46,A/G;47,A/G;57,A/T;75,T/C;82,T/C;86,A/C

YITCHB189	49,A;61,A/C;88,A/C;147,G
YITCHB192	46,T/G;73,A/G
YITCHB193	169,T/C
YITCHB197	121,-/T;122,-/T;123,-/T;167,C/G
YITCHB198	63,A/T
YITCHB199	77,C/G;123,T/C
YITCHB201	132,T
YITCHB202	55,T/C;60,T/C;88,T/C;102,T/C;104,A/G;115,T/A;144,A/G;187,A/G;197,A/G
YITCHB205	57,T
YITCHB209	32,T;34,C;35,A;71,T;94,T;166,G;173,A;175,C
YITCHB212	38,C/G;105,C/G
YITCHB214	15,T/C;155,A/C
YITCHB215	3,A/T; 6,T/G; 9,A/G; 22,A/G; 54,T/C; 63,T/A; 71,T/A; 72,T/C; 81,A/G; 96,A/G; 121,T/C;137,A/G;163,T/G;177,A/G;186,A/G
YITCHB216	43,A/G
YITCHB217	84,A/C
YITCHB219	24,A/G;60,T/C;112,A/G
YITCHB224	1,A/G;36,A/G;79,T/C;117,-/A;118,T/C
YITCHB225	24,A/G
YITCHB228	4,T/C;26,T/A;31,T/C
YITCHB229	38,A/G;45,C/G;80,T/G
YITCHB230	55,T/C;128,A/G
YITCHB232	86,C
YITCHB233	1,T/A;2,T/A;3,T/G;4,T/G;7,T/C;50,A/G;152,-/A
YITCHB234	53,-/C;123,A/G
YITCHB237	118,G;120,A;165,T;181,A
YITCHB238	83,T/C;95,A/G;108,C/G
YITCHB243	86,T/C;98,A/G;131,A/C
YITCHB244	43,A/G;143,A/G
YITCHB245	200,A/C
YITCHB246	19,A/C;25,T/C;89,A/G
YITCHB248	50,A/G
YITCHB250	21,T/C;51,T/G;54,T/C;55,A/G;56,T/C;78,T/C;98,T/C;99,A/T;125,T/A
YITCHB251	65,A/G
YITCHB254	51,A/G
YITCHB255	5,G;9,C;22,G;25,C;37,G;79,A;86,G;88,G;89,G;116,C;135,T;187,A
YITCHB258	83,A/C

YITCHB260   78,T/C;177,A/G;189,A/C
YITCHB261   103,A/G;119,T/G
YITCHB263   20,T/C;41,A/G;43,G;44,T/C;93,T/C;144,A/G;188,T/C
YITCHB264   8,A/T;51,T/C;72,T/C
YITCHB266   25,A/C;37,T/C;57,A/C;58,T/A
YITCHB268   82,T;167,G
YITCHB269   60,A
YITCHB270   12,T

YITCHB001   3,G;25,C;66,T;142,G
YITCHB002   109,T/C;145,A/C;146,C/G
YITCHB003   83,G;96,A
YITCHB004   160,T
YITCHB006   110,T;135,A/G
YITCHB007   27,C/G;44,A/G;67,A/G
YITCHB008   65,C
YITCHB009   118,T/C;176,A/G;181,T/C;184,T/C;188,A/G
YITCHB011   156,A
YITCHB019   55,A/T
YITCHB022   19,T;41,A;54,C;67,G;68,C;88,T
YITCHB024   142,C/G
YITCHB026   18,A/G
YITCHB027   22,T/C;101,A;121,A/C;122,T/G;123,T/G;124,A/C
YITCHB030   80,C/G;139,T/C;148,A/G
YITCHB033   93,A/C
YITCHB035   44,C;158,G
YITCHB036   47,A/G
YITCHB039   28,T/C;29,A/T;53,T/C;74,A/G;76,T/C;89,T/G;93,A/G;130,T;151,T;156,T/G
YITCHB042   127,T;167,T
YITCHB045   48,C
YITCHB048   6,A/G;59,A/T;62,A/G;79,T/C;80,T/C;81,A/G
YITCHB049   41,C/G;53,T/C;75,T/C;99,A/C
YITCHB050   45,T;59,T;91,T;104,A/G;121,A/G
YITCHB051   7,G;54,T/C;136,A/G
YITCHB053   4,A/G;38,T/C;124,A/G
YITCHB054   116,C
YITCHB057   91,G;142,T;146,G
YITCHB061   4,C;28,A;67,A
YITCHB062   94,G;96,C
YITCHB064   113,A
YITCHB066   10,G;30,T
YITCHB067   9,A/G;85,A/G;87,−/G

YITCHB072　6,T/A;7,A/G;8,T/C;19,T/C;25,T/G;59,T/C;61,T/G;67,A/G;71,A/G;79,T/C/G;80,A/T/C;81,A/G;82,A/G;88,T/C;89,A/G;91,A/G;93,A/G;97,A/T;100,A/G;103,A/C;107,A/G;109,A/G;113,T/G;118,T/C;119,T/G;121,T/C;125,T/C;128,C/G;130,T/A;137,A/G;141,A/G;149,A/G;150,T/G;160,T/C;166,T/C/A;169,A/G;172,A/G;182,T/A

YITCHB073　49,G

YITCHB074　98,A/G

YITCHB075　22,T/C;35,T/C;98,C/G

YITCHB076　13,T/C;82,A/T;91,T/C;109,A/C

YITCHB077　77,A;88,T;104,A;145,T;146,G

YITCHB079　123,A/G

YITCHB081　51,G;56,T;57,C;58,T;60,C;67,T;68,T;69,C;110,A;116,C;135,G

YITCHB082　52,A;93,T/C

YITCHB085　27,T/G;46,C/G;81,T;82,G

YITCHB086　15,T/C;50,T/C;52,A/G;67,C/G;76,A/C;77,C/G;85,A/G;90,T/G;92,T/C;94,C/G;100,A/G;102,T/G;104,A/C;107,T/G;109,A/G;110,A/T;114,A/G;115,A/G;116,T/C;127,T/C;135,A/G;151,A/C;155,T;156,T/A;165,T/C;168,C/G

YITCHB091　107,T/G;120,A/G

YITCHB092　118,A/G

YITCHB093　95,G;107,G;132,G;166,G

YITCHB094　16,A/C;26,A/T;70,T/C

YITCHB097　46,C/G;144,A/G

YITCHB099　74,T/C;105,A/G;126,T/C;179,A/T;180,T/C

YITCHB104　146,G

YITCHB105　36,A

YITCHB106　19,T/C;58,A/G;94,T/C;97,T/C

YITCHB107　18,A/T;48,A/G;142,T/C

YITCHB108　119,A/C

YITCHB112　35,A/C;36,T/C;103,A/G;122,T/G;123,T/C;129,A/G;138,C/G;142,T/C;162,T/C

YITCHB114　18,T;38,C;68,C;70,G;104,C

YITCHB116　29,T

YITCHB117　152,A/G

YITCHB123　87,T/G;138,T/C

YITCHB124　130,A;186,G

YITCHB126　43,T;112,T;154,C

YITCHB127　65,A;82,C;132,A

YITCHB130　13,A/G;20,T/C;54,T/C;60,A/G

YITCHB131	32,T/C;135,T/G;184,T/C
YITCHB132	27,−;46,A;61,A;93,C;132,A;161,T
YITCHB134	72,C
YITCHB136	64,C
YITCHB137	110,T/C
YITCHB138	22,C;52,G
YITCHB142	30,T;121,C;131,C;153,G
YITCHB143	22,G
YITCHB145	6,A;8,G;20,A;76,A;77,G;83,G;86,T
YITCHB150	57,C;58,T
YITCHB151	19,A/T;43,T/G
YITCHB152	31,A
YITCHB154	1,A/T;4,T/C
YITCHB156	82,T
YITCHB157	32,T/C;69,A
YITCHB158	96,C
YITCHB159	7,G;11,T/C;25,A/G;38,T;42,T;92,C/G;160,A/G
YITCHB160	15,T;48,A;59,A
YITCHB162	7,T/G;14,T/C;16,A/G;33,T;75,T/C;136,A/C
YITCHB163	41,A/G;54,T/C;90,T/C
YITCHB165	1,A;10,T/C;69,T/C;118,A/G;120,A/T;126,T/C;127,T/G
YITCHB166	30,T
YITCHB168	21,A;62,−;73,G
YITCHB170	23,A/C;56,A/G;60,A/G;65,A/G
YITCHB171	39,T/C;87,T/A;96,T/C;119,A/C
YITCHB175	12,A/G
YITCHB177	28,T/G;30,A/G;42,C/G;55,T/G;95,T/G;127,A/G;135,T/G
YITCHB178	14,A/G;24,T/C;42,A/T;66,A/G;145,A/G
YITCHB182	50,T/C
YITCHB183	53,A/G;59,T/G;79,A/G;80,A/G;85,T/C;97,A/T/C;99,A/G;114,A/G;115,T/C;116,A/C;117,A/G;122,A/G;138,T/C;139,A/G;143,T/C;147,A/T;155,T/C;166,T/C
YITCHB185	20,T/C;49,A/G;71,T/C;74,T/C;86,T/C;104,C;114,T/C;122,T/C;133,C;154,A/G
YITCHB186	19,A/G;44,C/G;46,A/G;47,A/G;57,T/A;75,T/C;82,T/C;86,A/C
YITCHB187	130,G
YITCHB189	49,A/G;61,A/C;147,A/G
YITCHB191	1,T/C;44,G

YITCHB193   169,C

YITCHB195   53,T/C;111,T/C

YITCHB196   44,T/C;101,T/C

YITCHB197   72,A/G;121,-/T;122,-/T;123,-/T;167,G;174,A/G;189,A/C

YITCHB198   34,A/T;63,A/G;109,T/C

YITCHB199   2,T/C;12,T/G;77,C/G;123,C;177,T/C

YITCHB200   19,T/C

YITCHB202   55,T/C;60,T/C;102,T/C;104,A/G;159,T/C;187,A/G;197,A/G

YITCHB205   31,A;36,G;46,A;74,G

YITCHB208   18,T/A;41,C;84,A;107,T/C

YITCHB209   32,T;34,C;35,A;71,T;94,T;166,G;173,A;175,C

YITCHB210   130,A/C

YITCHB212   38,C/G;105,C/G

YITCHB214   15,C;155,C

YITCHB216   43,A

YITCHB217   84,C

YITCHB219   24,A/G;52,T/C;112,A/G

YITCHB220   58,C/G

YITCHB223   11,T;54,A;189,C

YITCHB224   1,A;36,A;79,T;117,A;118,C

YITCHB225   24,G

YITCHB226   61,C/G;127,T/C

YITCHB227   120,T

YITCHB228   11,A/G;26,A/T

YITCHB229   45,C/G;46,T/C;80,C/G;162,T/G

YITCHB230   55,C

YITCHB232   86,T/C

YITCHB234   53,-/C;123,A/G

YITCHB235   120,C

YITCHB237   118,G;120,A;165,T;181,A

YITCHB238   75,A;76,A;108,G

YITCHB242   22,T/C

YITCHB243   86,T/C;98,A/G;131,A/C;162,A/G

YITCHB245   144,A/G;200,A/C

YITCHB246   25,T/C;89,A/G

YITCHB247   23,G;33,C/G;109,A

YITCHB249   43,T/C

YITCHB250	21,T/C;51,G;54,T/C;55,A/G;56,T/C;78,T/C;98,T/C;99,T/A;125,A/T
YITCHB251	65,A/G
YITCHB252	26,C;65,G;126,T/G;137,T/C;156,A/G
YITCHB253	21,A;26,G
YITCHB254	4,C;6,A;51,G;109,C
YITCHB255	5,G;9,C;22,G;25,C;37,G;79,A;86,G;88,G;89,G;116,C;135,T;187,A
YITCHB256	16,C
YITCHB258	24,G;65,A/G;128,A/T;191,T/C
YITCHB264	111,T/C
YITCHB265	17,T/A;97,C/G
YITCHB266	25,C;29,A/G;57,A/C;58,A/T;136,T/C;159,T/C
YITCHB268	82,T/G;167,A/G
YITCHB269	60,A
YITCHB270	12,T

YITCHB001   25,T/C;66,T/C

YITCHB002   109,T/C;145,A/C;146,C/G

YITCHB003   83,A/G;96,A/T

YITCHB006   110,T/C

YITCHB007   27,C/G;29,A/G;44,A/G;49,T/C;67,A/G;83,A/G;90,C/G;99,T/C

YITCHB008   65,T/C

YITCHB009   25,T/C;56,T/G;118,T/C;176,A/G;181,T;184,C;188,G

YITCHB011   156,A

YITCHB014   9,T/C

YITCHB016   88,G

YITCHB019   55,A

YITCHB021   54,A;123,A;129,T;130,G

YITCHB025   77,G

YITCHB026   18,G

YITCHB027   101,A;123,A/G

YITCHB028   48,T/C;66,T/G;166,C/G

YITCHB030   80,C;139,C;148,A

YITCHB031   88,T/C;125,C;161,T/G

YITCHB034   29,A

YITCHB035   7,A;33,G;44,C;124,T;137,C;158,G

YITCHB036   95,T;157,G

YITCHB037   37,A/G;63,G;76,A/C;82,A/T;90,–/A;91,–/T;100,T/G

YITCHB038   18,A/T;40,T/G;94,A/T;113,C/G;202,T;203,A;204,G

YITCHB039   28,T/C;29,T/A;53,T/C;74,A/G;76,T/C;89,T/G;93,A/G;130,T/C;151,T;156,T/G

YITCHB040   1,C;29,T/C;31,A/G;35,A/G;73,C;81,A/G;103,T/C;108,G;135,T/C

YITCHB042   60,A/G;110,T/C;114,A/G;127,T/C;146,T/C;167,A/T

YITCHB044   97,T/C

YITCHB045   48,C

YITCHB047   130,A/G

YITCHB048   6,A/G;59,T/A;62,A/G;79,T/C;80,T/C;81,A/G

YITCHB049   59,T/C;75,T/C

YITCHB050   45,T;59,T;91,T;156,G

YITCHB051   26,A/G;105,T/C

YITCHB053	38,T/C;49,A/T;112,T/C;116,T/C;124,A/G
YITCHB056	60,T;124,G;125,G;147,G
YITCHB057	25,A/G;91,G;136,T/C;142,T/C;146,T/G
YITCHB058	2,G;36,G;60,G;79,–;131,T
YITCHB061	4,C;28,A;67,A
YITCHB064	113,A/G
YITCHB066	10,G;30,T
YITCHB067	9,A/G;85,A/G;87,–/G
YITCHB068	144,T/C;165,A/G
YITCHB071	92,T/G;105,A/G
YITCHB072	8,T/C;19,T;53,A/T;59,T/C;61,G;67,A/G;68,T/C;71,G;79,C/G;80,T/A;81,G;82,A/G;88,C;89,A;91,G;97,T/A;100,A/G;103,A/C;109,A/G;119,A/G;121,T/C;125,C;128,C/G;130,A/T;132,A/T;137,G;141,A/G;149,A/T;150,T/G;153,T/C;160,T/C;161,A/G;166,T;169,A/G;172,A/G;182,A
YITCHB073	49,G
YITCHB074	58,T/C
YITCHB076	13,T/C;34,C/G;91,T/C
YITCHB077	77,A/G;88,T/C;104,A/G;145,T/C
YITCHB079	123,A/G
YITCHB080	112,C/G
YITCHB081	51,G;56,T;57,C;58,T;60,C;67,T;68,T;69,C;107,C/G;110,A;116,C;135,G
YITCHB082	52,A
YITCHB083	4,A/T;28,T/G;101,T/G;119,T/C
YITCHB084	24,T/C;91,A/G;100,C/G;119,A/C
YITCHB085	46,C/G;81,A/T;82,G
YITCHB086	15,T/C;50,T/C;52,A/G;67,C/G;74,A/G;76,A/C;77,C/G;85,A/G;90,T/G;92,T/C;94,C/G;100,A/G;102,T/G;104,A/C;107,T/G;109,A/G;110,A/T;114,A/G;115,G;116,T/C;127,T/C;135,A/G;151,A/C;155,T;156,T/A;165,T/C;168,A/C
YITCHB087	111,T
YITCHB089	14,T
YITCHB092	118,A/G
YITCHB094	16,C;26,T/A;36,C/G;63,A/G;70,C;99,A/G
YITCHB096	24,C;41,A/G
YITCHB099	74,T/C;105,A/G;126,T/C;179,T/A;180,T/C
YITCHB102	57,A/C
YITCHB103	61,A/G;64,A/C;87,A/C;108,A/G;153,T/C
YITCHB104	146,G

YITCHB105   36,A
YITCHB106   19,C;94,C
YITCHB107   18,T;48,G;142,T
YITCHB108   127,A/C
YITCHB109   1,T;6,G;26,T/C;50,A/G;83,T/A;92,A/G;93,T/C
YITCHB111   23,A/G
YITCHB112   36,T/C;57,A/G;96,A/G;103,A/G;120,T/C;123,T/C;162,T/C
YITCHB113   188,T/C
YITCHB114   18,T/C;25,A/G;38,T/C;68,T/C;70,C/G;104,T/C
YITCHB116   29,–/T;147,T/G
YITCHB118   22,T/C;78,T/C;102,T/C
YITCHB119   56,C/G;119,A
YITCHB123   27,T/A;39,A/G;49,A/G;56,A/G;66,A/G;69,T/C;75,A/G;104,A/G;125,T/C;135,A/G;138,T;175,T/G
YITCHB124   130,A/G
YITCHB126   19,G;43,T
YITCHB127   65,A;82,C;132,A
YITCHB128   7,T/C;127,A/G
YITCHB130   13,A/G;20,T/C;54,T/C;60,A/G
YITCHB131   32,C;86,T;135,A
YITCHB132   34,T/C;132,A/G
YITCHB133   1,A/G
YITCHB134   72,C
YITCHB136   64,A/C
YITCHB137   110,T/C
YITCHB143   4,A/T;22,G
YITCHB145   6,A;8,G;20,A;76,A;77,G;83,G;86,T
YITCHB146   3,T/G;29,A;40,C/G;44,T/C;75,T/G;103,A;134,A
YITCHB147   12,A/G;22,T/G;61,T/A;70,A/G;100,A
YITCHB148   27,T/C;91,T/C
YITCHB149   5,T/G;53,T/C;72,T/C;80,A/G;112,A/T;135,A/G
YITCHB151   15,T/C;19,T/C;58,A/G;90,A/G
YITCHB152   31,A/G
YITCHB154   4,T/C;200,T/G
YITCHB156   82,T/C
YITCHB158   96,T/C

YITCHB159   7,G;11,T/C;25,A/G;38,T;42,T;92,C/G;160,A/G

YITCHB160   15,T/C;33,C/G;59,A/G;66,A/C

YITCHB162   7,T/G;10,T/C;13,A/G;14,T/C;16,A/C/G;32,T/C;33,T;34,A/G;55,A/G;75,T/C; 133,T/G;136,A/C

YITCHB165   1,A;49,T/A

YITCHB167   12,A/G;33,C/G;36,A/G;64,A/C;146,A/G

YITCHB168   21,A;62,–

YITCHB169   22,T/A;107,A/G

YITCHB170   56,A/G

YITCHB171   39,T/C;87,T/A;96,T/C;119,A/C

YITCHB176   13,A;26,A;66,T;105,C

YITCHB177   28,T/G;30,A/G;42,C/G;55,T/G;95,T/G;127,A/G;135,T/G

YITCHB178   42,A/C;145,A/G;163,A/G

YITCHB181   31,A/G

YITCHB182   50,T/C

YITCHB183   59,G;122,A;155,C

YITCHB185   20,T/C;49,A/G;71,T/C;74,T/C;86,T/C;104,C;114,T/C;133,C;154,A/G

YITCHB186   19,A/G;44,C/G;46,A/G;47,A/G;57,A/T;75,T/C;82,T/C;86,A/C

YITCHB189   61,A;147,G

YITCHB191   44,G

YITCHB192   46,T;73,G

YITCHB195   53,C;111,T

YITCHB197   72,A/G;121,–/T;122,–/T;123,–/T;167,G;174,A/G;189,A/C

YITCHB198   34,A/T;63,A/G;109,T/C

YITCHB199   77,C/G;123,T/C

YITCHB201   103,A;132,T

YITCHB202   55,T/C;60,T/C;102,T/C;104,A/G;144,A/G;187,A/G;197,A

YITCHB203   125,T/C;154,A/G

YITCHB204   75,A/C

YITCHB205   31,A;36,G;46,A;74,G

YITCHB208   41,C;84,A

YITCHB209   32,T/C;34,T/C;35,A/G;71,T/C;94,T/C;166,A/G;173,A/G;175,T/C

YITCHB210   130,C;154,A/G

YITCHB211   113,T;115,G

YITCHB214   15,C;155,C

YITCHB215   3,A/T;6,T/G;9,A/G;22,A/G;54,T/C;63,T/A;71,T/A;72,T/C;81,A/G;96,A/G; 121,T/C;137,A/G;163,T/G;177,A/G;186,A/G

YITCHB216   43,A
YITCHB217   73,T/C;84,A/C;85,C/G;87,A/C
YITCHB219   24,A/G;60,T/C;112,A/G
YITCHB220   58,C/G
YITCHB222   74,T/G;145,A/G
YITCHB223   11,T;54,A;189,C
YITCHB224   117,A
YITCHB225   24,G
YITCHB226   127,T
YITCHB228   11,A/G;26,T/A;72,A/G
YITCHB229   45,C/G;46,T/C;80,C/G;162,T/G
YITCHB230   55,C;79,A/C;110,T/C
YITCHB231   104,T/C;113,T/C
YITCHB232   47,A/G;54,A/G;86,C;108,T/C;147,A/C
YITCHB233   76,A/G;116,A/G;152,−/A
YITCHB234   53,C
YITCHB237   118,A/G;120,A/C;165,T/A;181,A/C
YITCHB238   75,T/A;76,A/G;108,C/G
YITCHB240   80,A/G;93,T/C;148,A/T
YITCHB241   124,T
YITCHB242   22,T/C;67,T/C
YITCHB243   86,T/C;98,A/G;131,C
YITCHB245   200,A/C
YITCHB246   19,A/C;25,T/C;89,A/G
YITCHB247   23,T/G;109,A/G
YITCHB248   50,A/G
YITCHB250   1,T/C;13,A/G;14,T/C;21,T/C;51,T/G;52,A/G;54,T/C;55,A/G;56,T/C;63,T/C;
             78,T/C;81,T/C;83,A/G;90,A/G;94,T/C;97,T/C;98,T/C;99,A/T;125,T/A
YITCHB251   65,G
YITCHB253   21,A/T;26,T/G
YITCHB254   4,T/C;6,A/G;51,G;109,A/C
YITCHB255   5,G;9,C;22,G;25,C;37,G;79,A;86,G;88,G;89,G;116,C;135,T;187,A
YITCHB257   68,T/C
YITCHB258   24,G;65,A/G;128,T/A;191,T/C
YITCHB259   90,A
YITCHB260   84,T/A;161,A/T
YITCHB263   26,A/G;36,T/C;43,A/G;84,A/G;93,C;104,T/C;144,G;181,A/G

YITCHB264	5,T/A;22,T/C;35,A/G;79,T/C;97,C/G;99,A/G;105,A/G;108,T/C;111,T/C;113, A/G;114,T/C;132,T/C;137,A/G;144,T/C
YITCHB265	64,T/C;73,T/A;97,C;116,T/G
YITCHB266	25,C;57,C;58,T;136,C;159,C
YITCHB267	102,T;142,A/G
YITCHB268	24,C;25,A/G;46,T/C;59,C/G;71,A/G;78,A/G;80,A/G;82,T;86,C;126,A;148,T; 150,T/C;167,G
YITCHB269	60,A
YITCHB270	12,T

YITCHB001	25,T/C;66,T/C;67,T/C;81,T/C
YITCHB002	109,T
YITCHB003	83,A/G;96,A/T
YITCHB004	160,T/G;195,A/G
YITCHB007	27,C/G;44,A/G;67,A/G;90,C/G
YITCHB009	25,T;56,T;181,T;184,C;188,G
YITCHB011	156,A
YITCHB014	9,T/C
YITCHB016	67,A/G;80,T/G;88,G;91,T/C
YITCHB017	63,A;132,G
YITCHB019	55,T/A
YITCHB021	54,A;123,A;129,T;130,G
YITCHB022	54,T/C;67,A/G;68,A/C
YITCHB026	18,G
YITCHB027	101,A
YITCHB028	48,T/C;66,T/G;166,C/G
YITCHB030	80,C/G;139,T/C;148,A/G
YITCHB031	88,T/C;125,C;161,T/G
YITCHB033	93,A
YITCHB035	7,A/G;33,A/G;44,T/C;124,T/A;137,A/C;158,C/G
YITCHB036	95,T/C;157,A/G
YITCHB037	37,A/G;63,G;76,A/C;82,T/A;90,–/T;91,–/T;100,T/G
YITCHB038	18,T;40,T;94,T;113,C;202,T;203,A;204,G
YITCHB039	76,T/C;93,A/G;151,T;156,T/G
YITCHB042	17,A/G;99,T/C;127,T/C;137,T/C;154,T/C;167,T
YITCHB044	97,T/C
YITCHB045	48,C
YITCHB047	130,A/G
YITCHB048	6,A/G;59,A/T;62,A/G;79,T/C;80,T/C;81,A/G
YITCHB049	27,A/G;41,C;53,T/C;75,C;92,T/G;96,T/C;99,C;131,T/G
YITCHB050	45,T;51,A/C;59,T;91,T;104,A/G;121,A/G
YITCHB051	7,G;54,T/C;144,A/C
YITCHB055	52,A/T

YITCHB056	60,A/T;124,T/G;125,T/G;147,A/G
YITCHB057	91,G;142,T;146,G
YITCHB058	2,A/G;36,A/G;60,A/G;131,T/C
YITCHB059	4,T/C;22,A/G;76,C/G;114,A/G;196,A/T
YITCHB061	4,C;28,A;67,A
YITCHB062	94,A/G;96,T/C
YITCHB064	113,A
YITCHB065	97,A
YITCHB067	9,A/G;85,A/G;87,–/G
YITCHB068	144,T/C;165,A/G
YITCHB071	98,T/C
YITCHB072	19,T/C;35,A/G;59,T/C;61,T/G;67,A/G;71,A/G;79,C/G;80,T/C;81,A/G;82,A/G; 88,T/C;89,A/G;91,A/G;97,T/A;100,A/G;103,A/C;109,A/G;121,T/C;125,T/C; 128,C/G;130,A/G;137,A/G;141,A/G;150,T/G;166,T/A;169,A/G;172,A/G;175, T/G;182,A/T
YITCHB073	23,T/C;49,G;82,A/G
YITCHB074	98,A/G
YITCHB075	22,C;35,T;98,C/G
YITCHB076	13,T/C;91,T/C
YITCHB077	77,A/G;88,T/C;104,A/G;145,T/C
YITCHB079	85,A/G;123,A/G
YITCHB081	51,G;56,T;57,C;58,T;60,C;67,T;68,T;69,C;110,A;116,C;135,G
YITCHB082	52,A
YITCHB083	4,A;28,G;101,T;119,T
YITCHB084	91,A/G;100,C/G;119,A/C
YITCHB085	46,C;82,G
YITCHB086	15,T/C;50,T/C;52,A/G;67,C/G;74,A/G;76,A/C;77,C/G;85,A/G;90,T/G;92,T/C; 94,C/G;100,A/G;102,T/G;104,A/C;107,T/G;109,A/G;110,A/T;114,A/G;115,G; 116,T/C;127,T/C;135,A/G;151,A/C;155,T;156,T/A;165,T/C;168,A/C
YITCHB089	14,T/C;38,A/G;52,A/G;53,T/C;64,A/C;89,T/C;178,T/C;184,T/C;196,T/C;197, A/G
YITCHB092	118,A/G
YITCHB094	16,C;36,C/G;53,A/T;63,A/G;70,C;99,A/G
YITCHB096	24,C;87,T/C
YITCHB099	74,C;105,A;126,C;179,T;180,C
YITCHB102	52,A/G;57,C
YITCHB104	13,T/G;31,T/G;146,C/G

YITCHB105   36,A
YITCHB107   18,T/A;48,A/G;142,T/C
YITCHB108   73,A/C;127,A/C
YITCHB109   1,T;6,G;26,C;83,A;93,C
YITCHB110   66,A;144,G
YITCHB112   28,T/C;123,C;154,T/A
YITCHB113   182,T/A;192,A/G
YITCHB114   18,T;38,C;68,C;70,G;104,C
YITCHB115   112,A/G;128,T/C
YITCHB116   29,T
YITCHB117   152,A/G
YITCHB118   78,C
YITCHB119   98,A/T;119,A/G
YITCHB121   133,T;135,G;136,−;187,G
YITCHB123   138,T
YITCHB124   130,A
YITCHB126   19,G;43,T
YITCHB128   7,C
YITCHB130   13,A/G;20,T/C;54,T/C;82,T/C
YITCHB131   32,C;135,G;184,C
YITCHB132   27,−;46,A;61,A;93,C;132,A;161,T
YITCHB134   72,T/C
YITCHB135   128,T/C;187,T/C;188,C/G
YITCHB136   4,A/C;64,C
YITCHB137   110,T/C
YITCHB141   39,C
YITCHB142   2,T/C;28,T/C;30,T/G;46,A/G;102,T/C;150,C/G;152,A/G;153,C/G
YITCHB145   6,A/G;8,A/G;20,A/C;76,A/C;77,C/G;83,A/G;86,T/C
YITCHB147   12,A/G;22,T/G;61,T/A;70,A/G;100,A
YITCHB148   17,A/C;27,T/C;91,T/C
YITCHB149   87,T/C;112,A/T;135,A/G
YITCHB150   57,C;58,T
YITCHB151   8,T/C;15,T/C;19,A/C;43,T/G;58,A/G;90,A/G
YITCHB152   31,A
YITCHB154   4,T/C;87,T/C
YITCHB156   82,T
YITCHB158   96,T/C

YITCHB159	7,A/G;25,A/G;38,T/C;42,T/C;92,C/G;160,A/G
YITCHB161	31,C/G
YITCHB162	7,T/G;14,T/C;16,A/G;32,T/C;33,T;75,T/C;133,T/G;136,A/C
YITCHB163	41,G;54,T;90,C
YITCHB167	12,A/G;33,C/G;36,A/G;64,A/C;146,A/G
YITCHB168	21,A/G
YITCHB169	22,T;79,T/C;107,A/G;117,A/G;118,T/G
YITCHB170	56,A
YITCHB171	39,T/C;87,A/T;96,T/C;119,A/C
YITCHB175	12,A/G
YITCHB176	13,A/C;25,A/G;26,A/G;82,A/G;105,T/C
YITCHB177	28,T/G;30,A/G;42,C/G;55,T/G;95,T/G;127,A/G;135,T/G
YITCHB178	42,A/C;145,A/G;163,A/G
YITCHB181	56,A/G
YITCHB183	12,A/G;59,T/G;79,A/G;80,A/G;85,T/C;97,T/C;99,A/G;116,A/C;117,A/G;122,A/G;138,T/C;143,T/C;155,T/C
YITCHB185	20,C;49,A;71,T;86,C;104,C;114,T;133,C;154,G
YITCHB186	19,A/G;44,C/G;46,A/G;57,T/A;75,T/C;82,T/C;86,A/C
YITCHB187	82,A/G;130,A/G
YITCHB188	94,T/C
YITCHB189	49,A/G;61,A;88,A/C;147,G
YITCHB190	90,T
YITCHB191	44,G
YITCHB192	45,A
YITCHB193	169,T/C
YITCHB195	53,T/C;108,A/G;111,T/C
YITCHB197	72,G;121,T;122,T;123,T;167,G;174,G;189,C
YITCHB198	34,T;59,−;60,−;63,G;109,C
YITCHB199	77,C/G;123,T/C
YITCHB200	70,A/G;73,A/G;92,A/T;104,C/G;106,T/A
YITCHB201	112,G;132,T
YITCHB202	55,T;60,T;88,T/C;102,T;104,A;115,A/T;127,T/C;144,A/G;187,G;197,A
YITCHB203	125,T;154,A
YITCHB204	75,C
YITCHB205	31,A;36,G;46,A;74,G
YITCHB208	41,C;84,A
YITCHB209	32,T/C;34,T/C;94,T/C;149,T/C;166,A/G;175,T/C

YITCHB210   130,C;154,G
YITCHB211   113,T;115,G
YITCHB212   38,C/G;105,C/G
YITCHB214   15,C;155,C
YITCHB215   3,A/T;6,T/G;9,A/G;22,A/G;54,T/C;63,T/A;71,A;72,A/C;81,A/G;96,A/G;121,
             T/C;137,A/G;163,T/G;177,A/G;186,A/G
YITCHB216   43,A
YITCHB217   84,C
YITCHB219   24,A/G;60,T/C;112,A/G
YITCHB220   17,G;58,G
YITCHB223   17,T;189,C
YITCHB224   1,A/G;36,A/G;79,T/C;117,−/A;118,T/C
YITCHB225   24,A/G
YITCHB228   11,A/G;26,A/T;72,A/G
YITCHB229   45,C/G;80,T/G
YITCHB230   55,T/C;110,T/C;128,A/G
YITCHB232   47,A/G;54,A/G;86,C;108,T/C;147,A/C
YITCHB233   152,A
YITCHB234   53,C
YITCHB237   118,A/G;120,A/C;165,T/A;181,A/C
YITCHB238   23,T/G
YITCHB240   53,T/A;93,T/C;148,T/A
YITCHB242   22,T/C;65,A/G;94,T/C
YITCHB243   86,T;98,A;131,C;162,A
YITCHB245   144,A/G;200,A/C
YITCHB246   2,A/G;25,T/C;89,A/G
YITCHB247   23,G;109,A
YITCHB248   50,A/G
YITCHB250   21,T/C;51,G;54,T/C;55,A/G;56,T/C;78,T/C;98,T/C;99,T/A;125,A/T
YITCHB251   65,A/G
YITCHB252   26,C;65,G;137,T;156,A
YITCHB253   21,A;26,T/G
YITCHB254   51,A/G
YITCHB255   5,A/G;9,T/C;22,A/G;25,T/C;37,T/G;79,A/G;86,A/G;88,A/G;89,A/G;116,T/C;
             135,T/C;187,A/G
YITCHB256   11,A
YITCHB257   68,T

YITCHB259   90,A

YITCHB260   84,T;161,A

YITCHB263   84,A/G;93,T/C;144,A/G;181,A/G

YITCHB264   5,T/A;22,T/C;35,A/G;79,T/C;97,C/G;99,A/G;105,A/G;108,T/C;111,C;113,A/G;
114,T/C;132,T/C;137,A/G;144,T/C

YITCHB266   25,C;37,T/C;57,C;58,T;136,T/C;159,T/C

YITCHB267   102,T

YITCHB268   23,T/C;24,C;44,A/G;66,T/C;82,T;86,T/C;123,A/G;126,A;127,T/G;137,T/C;
148,T;166,A/C;167,G

YITCHB269   60,A/C

YITCHB270   12,T/C;113,A/C

YITCHB001   25,T/C;43,T/C;66,T/C;67,T/C
YITCHB002   145,A;146,G
YITCHB003   83,G;96,A
YITCHB004   160,T/G
YITCHB007   27,C/G;44,A/G;67,A/G;90,C/G
YITCHB014   9,C
YITCHB016   67,A;80,T;88,G;91,T
YITCHB021   54,A/C;123,A/G;129,T/C;130,A/G
YITCHB022   54,T/C;67,A/G;68,A/C
YITCHB028   48,T/C;66,T/G;166,C/G
YITCHB030   80,C/G;139,T/C;148,A/G
YITCHB031   125,T/C;161,T
YITCHB033   93,A
YITCHB035   158,T/C
YITCHB036   95,T/C;157,A/G
YITCHB037   37,A/G;63,A/G;76,A/C
YITCHB039   151,T/G
YITCHB040   1,C
YITCHB042   167,T/A
YITCHB044   97,T/C
YITCHB045   48,C
YITCHB047   130,A/G
YITCHB048   59,A/T;62,A/G
YITCHB049   27,A/G;41,C/G;75,T/C;92,T/G;96,T/C;99,A/C;131,T/G
YITCHB050   45,T/C;59,T/C;91,A/T;121,A/G
YITCHB051   7,T/G;54,T/C;105,T/C;144,A/C
YITCHB054   116,T/C
YITCHB057   91,G;142,T;146,G
YITCHB058   2,G;36,G;60,G;79,–;131,T
YITCHB061   4,C;28,A;67,A
YITCHB064   113,A/G
YITCHB066   30,T/C
YITCHB067   9,A/G;85,A/G;87,–/G

YITCHB072	19,T/C;35,A/G;59,T/C;61,T/G;67,A/G;71,A/G;79,C/G;80,T/C;81,A/G;82,A/G;88,T/C;89,A/G;91,A/G;97,T/A;100,A/G;103,A/C;109,A/G;121,T/C;125,T/C;128,C/G;130,A/G;137,A/G;141,A/G;150,T/G;166,T/A;169,A/G;172,A/G;175,T/G;182,A/T
YITCHB073	49,T/G
YITCHB075	22,T/C;35,T/C;98,C/G
YITCHB079	85,A/G;123,A/G
YITCHB081	51,A/G;56,T;57,C;58,T;60,C;67,T;68,T;69,C;110,A/G;116,T/C;135,A/G
YITCHB082	52,A/G
YITCHB083	4,T/A;28,T/G;101,T/G;119,T/C
YITCHB085	46,C;82,G
YITCHB087	111,T/C
YITCHB094	16,A/C;36,C/G;63,A/G;70,T/C;99,A/G
YITCHB096	24,T/C
YITCHB099	74,T/C;105,A/G;126,T/C;179,A/T;180,T/C
YITCHB102	52,A/G;57,A/C
YITCHB103	61,A/G;64,A/C;87,A/C;153,T/C
YITCHB104	13,T/G;31,T/G
YITCHB105	36,A
YITCHB107	18,T;48,G;142,T
YITCHB108	73,A/C;127,A/C
YITCHB109	1,T;6,G;26,C;83,A;93,C
YITCHB110	66,A/G;144,A/G
YITCHB112	35,A/C;36,T/C;103,A/G;122,T/G;123,T/C;129,A/G;142,T/C;154,A/T;162,T/C
YITCHB113	182,A/T;192,A/G
YITCHB114	18,T/C;25,A/G;38,T/C;68,T/C;70,C/G;104,T/C
YITCHB116	29,T
YITCHB118	22,T/C;78,T/C;102,T/C
YITCHB121	133,A/T;135,A/G;187,A/G
YITCHB124	130,A
YITCHB126	19,A/G;43,T/C
YITCHB127	65,A;82,C;132,A
YITCHB128	7,C;135,C/G
YITCHB130	13,A/G;20,T/C;54,T/C;82,T/C
YITCHB131	32,T/C;135,T/G;184,T/C
YITCHB132	46,A/C;61,A/C;93,A/C;132,A/G;161,T/C
YITCHB133	1,A/G

YITCHB134	72,C
YITCHB136	4,T/C;64,A/C
YITCHB137	110,T/C
YITCHB141	39,C
YITCHB143	4,A/T;22,T/G
YITCHB145	6,A/G;8,A/G;20,A/C;76,A/C;77,C/G;83,A/G;86,T/C
YITCHB151	19,A;33,G
YITCHB154	4,T/C;87,T/C
YITCHB156	82,T
YITCHB158	96,T/C
YITCHB159	7,A/G;11,T/C;38,T/C;42,T/C
YITCHB162	33,T;75,T
YITCHB165	1,A
YITCHB168	21,A;62,–
YITCHB169	22,A/T;79,T/C;117,A/G;118,T/G
YITCHB170	56,A/G
YITCHB171	39,T/C;87,T/A;96,T/C;119,A/C
YITCHB177	28,T/G;30,A/G;42,C/G;55,T/G;95,T/G;127,A/G;135,T/G
YITCHB178	42,A/C;145,A/G;163,A/G
YITCHB182	50,T/C
YITCHB183	12,A/G;53,A/G;59,G;80,A;115,T/C;155,C
YITCHB185	74,T/C;104,T/C;133,C/G
YITCHB186	19,A/G;44,C/G;46,A/G;47,A/G;57,A/T;75,T/C;82,T/C;86,A/C
YITCHB187	82,A/G;130,A/G
YITCHB188	94,T/C
YITCHB189	61,A;147,A/G
YITCHB190	90,A/T
YITCHB191	44,G
YITCHB195	53,C;111,T
YITCHB197	72,A/G;121,–/T;122,–/T;123,–/T;167,G;174,A/G;189,A/C
YITCHB198	34,A/T;63,A/G;109,T/C
YITCHB199	77,C/G;123,T/C
YITCHB201	132,T
YITCHB202	55,T/C;60,T/C;88,T/C;102,T/C;104,A/G;115,A/T;144,A/G;187,A/G;197,A/G
YITCHB203	125,T/C;154,A/G
YITCHB204	75,A/C
YITCHB205	31,A/C;36,A/G;46,T/A;57,T/G;74,A/G

YITCHB209	32,T/C;34,T/C;35,A/G;71,T/C;94,T/C;166,A/G;173,A/G;175,T/C
YITCHB210	130,A/C;154,A/G
YITCHB212	38,C/G;105,C/G
YITCHB214	15,T/C;155,A/C
YITCHB215	3,A/T; 6,T/G; 9,A/G; 22,A/G; 54,T/C; 63,T/A; 71,T/A; 72,T/C; 81,A/G; 96,A/G; 121,T/C;137,A/G;163,T/G;177,A/G;186,A/G
YITCHB216	43,A/G
YITCHB217	84,A/C
YITCHB219	24,A/G;60,T/C;112,A/G
YITCHB223	17,T/C;189,T/C
YITCHB228	11,A/G;26,T/A;72,A/G
YITCHB229	45,C/G;80,T/G
YITCHB230	55,T/C;128,A/G
YITCHB232	47,A/G;54,A/G;86,T/C;108,T/C;147,A/C
YITCHB233	152,A
YITCHB234	53,C
YITCHB237	118,G;120,A;165,T;181,A
YITCHB240	53,A;93,T;148,A
YITCHB242	22,T/C;65,A/G;94,T/C
YITCHB243	86,T;98,A;131,C
YITCHB244	43,A/G;143,A/G
YITCHB245	200,A/C
YITCHB246	19,A/C;25,T/C;89,A/G
YITCHB248	50,A/G
YITCHB250	21,T/C;50,T/C;51,T/G;54,T/C;55,A/G;56,T/C;78,T/C;81,T/C;83,A/G;90,A/G; 94,T/C;98,T/C;99,A/T;119,A/C;125,T/A
YITCHB251	65,A/G
YITCHB253	21,A/T
YITCHB254	51,A/G
YITCHB255	5,G;9,C;22,G;25,C;37,G;79,A;86,G;88,G;89,G;116,C;135,T;187,A
YITCHB257	68,T/C
YITCHB259	90,A/G
YITCHB260	84,T/A;161,A/T
YITCHB263	43,A/G;84,A/G;93,T/C;144,A/G;181,A/G
YITCHB264	5,T/A;8,T/A;22,T/C;35,A/G;51,T/C;79,T/C;97,C/G;99,A/G;105,A/G;108,T/C; 111,T/C;113,A/G;114,T/C;132,T/C;137,A/G;144,T/C
YITCHB265	64,T;73,T;97,C;116,G

YITCHB266   25,C;29,A/G;57,A/C;58,T/A;136,T/C;159,T/C
YITCHB267   102,T
YITCHB268   23,T/C;24,A/C;66,T/C;82,T/G;126,A/G;127,T/G;148,T/A;167,A/G
YITCHB269   60,A/C
YITCHB270   12,T/C;113,A/C

YITCHB001	25,T/C;43,T/C;66,T/C;67,T/C
YITCHB002	109,T/C;145,A/C;146,C/G
YITCHB004	160,T
YITCHB006	110,T/C
YITCHB007	27,C/G;44,A/G;90,C/G;99,T/C
YITCHB008	15,T/A;65,T/C
YITCHB011	156,A/C
YITCHB014	9,T/C
YITCHB015	47,A;69,G;85,G
YITCHB016	88,A/G
YITCHB019	55,T/A
YITCHB021	54,A/C;123,A/G;129,T/C;130,A/G
YITCHB022	19,T/C;41,A/G;54,T/C;67,A/G;68,A/C;88,T/C
YITCHB023	26,A;38,T;64,C;65,A;121,A
YITCHB026	18,G
YITCHB027	101,A/G
YITCHB028	48,T/C;66,T/G;166,C/G
YITCHB030	80,C/G;139,T/C;148,A/G
YITCHB031	125,C;161,T/G
YITCHB034	29,A
YITCHB035	158,T/C
YITCHB036	95,T;157,G
YITCHB038	202,T;203,A;204,G
YITCHB039	76,T/C;93,A/G;130,T/C;151,T;156,T/G
YITCHB040	1,C;29,T;31,A;73,C;103,T;108,G;135,T
YITCHB042	127,T/C;167,T
YITCHB044	97,T/C
YITCHB045	48,T/C
YITCHB047	130,A
YITCHB048	6,A/G;59,T/A;62,A/G;79,T/C
YITCHB049	27,A/G;41,C/G;75,T/C;92,T/G;96,T/C;99,A/C;131,T/G
YITCHB050	45,T;51,A/C;59,T;91,T;104,G
YITCHB051	7,T/G;26,A/G

YITCHB052   13,T/C;49,T/C;50,T/C;113,T/A;151,C/G;171,C/G

YITCHB056   60,A/T;124,T/G;125,T/G;147,A/G

YITCHB057   25,A/G;91,G;136,T/C;142,T/C;146,T/G

YITCHB061   4,C;28,A;67,A

YITCHB064   113,A/G

YITCHB066   30,T

YITCHB067   9,A;85,A;87,G

YITCHB068   144,T/C;165,A/G

YITCHB071   92,T/G

YITCHB072   19,T;35,A;59,T;61,G;71,G;79,G;80,T;81,G;82,G;88,C;89,A;91,G;97,T;100,G;103,A;109,G;121,T;125,C;128,G;130,G;137,G;141,A;150,G;166,T;169,A;172,G;175,T;182,A

YITCHB073   49,G

YITCHB075   22,C;35,T;98,C/G

YITCHB076   13,T/C;91,T/C

YITCHB077   77,A/G;88,T/C;104,A/G;145,T/C

YITCHB079   85,A/G;123,A/G

YITCHB081   51,A/G;56,T;57,C;58,T;60,C;67,T;68,T;69,C;110,A/G;116,T/C;135,A/G

YITCHB082   52,A/G

YITCHB084   58,A/T;91,A/G;100,C/G;149,A/G

YITCHB085   46,C;82,G

YITCHB086   115,A/G;155,T/G;168,A/G

YITCHB087   111,T/C

YITCHB089   38,A;52,A;53,C;64,A;89,C;178,T;184,C;196,C;197,A

YITCHB093   95,T/G;107,T/G;132,A/G;166,T/G

YITCHB094   16,A/C;36,C/G;63,A/G;70,T/C;99,A/G

YITCHB096   24,T/C

YITCHB099   74,T/C;105,A/G;126,T/C;179,T/A;180,T/C

YITCHB102   52,A/G;57,A/C

YITCHB103   61,A/G;64,A/C;87,A/C;153,T/C

YITCHB104   146,C/G

YITCHB107   18,T/A;48,A/G;142,T/C

YITCHB108   127,A/C

YITCHB109   1,T;6,G;26,T/C;83,T/A;93,T/C

YITCHB110   66,A/G;144,A/G

YITCHB112   28,T/C;123,C;154,A/T

YITCHB114   18,T/C;25,A/G;38,T/C;68,T/C;70,C/G;104,T/C

YITCHB115	112,A/G;128,T/C
YITCHB116	29,T
YITCHB117	152,A/G
YITCHB118	22,T;78,C;102,T
YITCHB121	133,T;135,G;136,−;168,T/C;187,G
YITCHB123	27,A/T;39,A/G;49,A/G;59,T/C;75,A/G;89,T/C;103,A/G;138,T/C;150,T/G;163, T/A;171,A/G;175,T/G;197,T/C
YITCHB124	130,A/G
YITCHB126	43,T/C
YITCHB127	65,A/G;82,A/C
YITCHB128	7,C;127,A/G;135,C/G
YITCHB130	13,A/G;20,T/C;54,T/C;60,A/G
YITCHB131	32,C;126,A;135,G;184,C
YITCHB132	46,A/C;61,A/C;93,A/C;132,A/G;161,T/C
YITCHB134	72,C
YITCHB137	110,C
YITCHB141	39,C
YITCHB143	22,G
YITCHB145	6,A/G;8,A/G;20,A/C;76,A/C;77,C/G;83,A/G;86,T/C
YITCHB147	100,A
YITCHB148	27,T/C;91,T/C
YITCHB151	8,T/C;19,A;33,A/G;43,T/G
YITCHB152	31,A/G
YITCHB154	4,T/C;87,T/C
YITCHB156	82,T/C
YITCHB157	69,A
YITCHB162	33,T;75,T
YITCHB165	1,A
YITCHB167	12,A/G;33,C/G;36,A/G;64,A/C;146,A/G
YITCHB168	21,A;62,−
YITCHB169	22,A/T;107,A/G
YITCHB171	39,T/C;87,T/A;96,T/C;119,A/C
YITCHB175	12,A/G
YITCHB177	28,T/G;30,A/G;42,C/G;55,T/G;95,T/G;127,A/G;135,T/G
YITCHB178	42,A/C;145,A/G;163,A/G
YITCHB181	56,A
YITCHB182	45,A/G;50,T/C

YITCHB183	53,A/G;59,T/G;79,A/G;80,A/G;115,T/C;122,A/G;155,C
YITCHB185	74,T/C;104,T/C;133,C/G
YITCHB186	19,A/G;46,A/G;47,A/G;57,A/T;75,T/C;82,T/C;86,A/C
YITCHB189	49,A/G;61,A;88,A/C;147,A/G
YITCHB190	90,A/T
YITCHB191	44,G
YITCHB192	45,A/T;46,T/G;73,A/G
YITCHB195	53,C;111,T
YITCHB197	72,G;121,T;122,T;123,T;167,G;174,G;189,C
YITCHB199	2,T/C;12,T/G;123,T/C;177,T/C
YITCHB200	19,T/C
YITCHB201	103,T/A;132,-/T
YITCHB202	55,T/C;60,T/C;88,T/C;102,T/C;104,A/G;115,T/A;144,A/G;187,A/G;197,A/G
YITCHB214	15,T/C;155,A/C
YITCHB215	3,A/T;6,T/G;9,A/G;22,A/G;54,T/C;63,T/A;71,T/A;72,T/A/C;81,A/G;96,A/G; 121,T/C;132,C/G;137,A/G;162,A/G;163,T/G;177,A/G;186,A/G
YITCHB216	43,A/G
YITCHB217	84,A/C
YITCHB219	24,A/G;60,T/C;112,A/G
YITCHB220	17,A/G;58,C/G
YITCHB224	1,A/G;36,A/G;79,T/C;117,-/A;118,T/C
YITCHB226	127,T/C
YITCHB228	11,A/G;26,T/A;72,A/G
YITCHB230	55,C;110,T/C
YITCHB232	86,T/C
YITCHB233	1,T/A;2,T/A;3,T/G;4,T/G;7,T/C;50,A/G;152,-/A
YITCHB234	53,C
YITCHB237	118,G;120,A;165,T;181,A
YITCHB242	22,T/C;65,A/G;94,T/C
YITCHB243	86,T;98,A;131,C
YITCHB246	2,A/G;19,A/C;25,C;89,A
YITCHB247	23,G;109,A
YITCHB248	50,A/G
YITCHB250	21,T/C;51,G;54,T/C;55,A/G;56,T/C;78,T/C;98,T/C;99,T/A;125,A/T
YITCHB251	65,A/G
YITCHB253	21,T/A
YITCHB254	51,A/G

YITCHB255 5,G;9,C;22,G;25,C;37,G;79,A;86,G;88,G;89,G;116,C;135,T;187,A

YITCHB256 16,C

YITCHB257 68,T/C

YITCHB259 90,A/G

YITCHB260 84,A/T;161,T/A

YITCHB263 84,A/G;93,T/C;144,A/G;181,A/G

YITCHB264 5,T/A;22,T/C;35,A/G;79,T/C;97,C/G;99,A/G;105,A/G;108,T/C;111,C;113,A/G; 114,T/C;132,T/C;137,A/G;144,T/C

YITCHB265 64,T/C;73,A/T;97,C/G;116,T/G

YITCHB266 25,C;37,T/C;57,C;58,T;136,T/C;159,T/C

YITCHB267 42,A/T;102,T/G

YITCHB269 60,A/C

YITCHB270 12,T/C;113,A/C

YITCHB001	25,C;43,T/C;66,T;67,C;81,T/C
YITCHB002	109,T/C;145,A/C;146,C/G
YITCHB003	83,A/G;96,T/A
YITCHB004	160,T
YITCHB006	110,T/C
YITCHB007	27,C/G;44,A/G;90,C/G
YITCHB008	15,A/T;65,T/C
YITCHB016	88,G
YITCHB019	55,T/A
YITCHB021	54,A/C;123,A/G;129,T/C;130,A/G
YITCHB022	19,T/C;41,A/G;54,T/C;67,A/G;68,A/C;88,T/C
YITCHB023	26,A;38,T;64,C;65,A;121,A
YITCHB025	10,T/C
YITCHB026	18,A/G
YITCHB030	80,C/G;139,T/C;148,A/G
YITCHB031	125,T/C;161,T
YITCHB033	93,A
YITCHB034	11,A/G;29,A/C;104,T/C
YITCHB036	95,T;157,G
YITCHB038	202,T;203,A;204,G
YITCHB039	151,T/G
YITCHB040	1,C;29,T;31,A;73,C;103,T;108,G;135,T
YITCHB042	127,T/C;167,T
YITCHB044	97,T/C
YITCHB045	48,T/C
YITCHB047	130,A
YITCHB048	6,A/G;59,T/A;62,A/G;79,T/C;80,T/C;81,A/G
YITCHB049	27,A/G;41,C/G;75,T/C;92,T/G;96,T/C;99,A/C;131,T/G
YITCHB050	45,T;59,T;91,T;104,A/G;121,A/G
YITCHB051	7,T/G;26,A/G;54,T/C;144,A/C
YITCHB055	52,T/A
YITCHB057	91,A/G;172,C/G
YITCHB059	4,T/C;22,A/G;76,C/G;114,A/G;196,A/T

YITCHB061	4,C;28,A;67,A
YITCHB062	94,A/G;96,T/C
YITCHB064	113,A
YITCHB067	9,A/G;85,A/G;87,−/G
YITCHB071	98,T/C
YITCHB072	19,T/C;35,A/G;59,T/C;61,T/G;71,A/G;79,C/G;80,T/C;81,A/G;82,A/G;88,T/C;89,A/G;91,A/G;97,A/T;100,A/G;103,A/C;109,A/G;121,T/C;125,T/C;128,C/G;130,A/G;137,A/G;141,A/G;150,T/G;166,A/T;169,A/G;172,A/G;175,T/G;182,T/A
YITCHB073	23,T/C;49,G;82,A/G
YITCHB076	13,T;91,T
YITCHB079	85,A/G;123,A/G
YITCHB081	51,A/G;56,T;57,C;58,T;60,C;67,T;68,T;69,C;110,A/G;116,T/C;135,A/G
YITCHB082	52,A/G
YITCHB083	4,A/T;28,T/G;101,T/G;119,T/C
YITCHB084	91,A/G;100,C/G;119,A/C
YITCHB085	46,C/G;81,T/A;82,G
YITCHB089	14,T
YITCHB094	16,C;36,G;63,A;70,C;99,G
YITCHB096	24,T/C
YITCHB102	52,A/G;57,C
YITCHB104	13,T/G;31,T/G
YITCHB107	18,T;48,G;142,T
YITCHB112	28,T/C;123,T/C;154,A/T
YITCHB114	18,T;38,C;68,C;70,G;104,C
YITCHB115	112,A/G;128,T/C
YITCHB116	29,T
YITCHB117	152,A/G
YITCHB121	133,T;135,G;136,−;187,G
YITCHB124	130,A/G
YITCHB126	43,T/C;145,T/A
YITCHB128	7,C;127,A/G;135,C/G
YITCHB130	13,A/G;20,T/C;54,T/C;82,T/C
YITCHB131	32,T/C;135,T/G;184,T/C
YITCHB132	46,A/C;61,A/C;93,A/C;132,A/G;161,T/C
YITCHB133	1,A/G
YITCHB134	72,C

YITCHB136   4,T/C;64,A/C

YITCHB137   110,T/C

YITCHB141   39,C

YITCHB142   30,T/G;121,T/C;131,C/G;153,C/G

YITCHB145   6,A;8,G;20,A;76,A;77,G;83,G;86,T

YITCHB148   27,T/C;91,T/C

YITCHB151   19,A/T;33,A/G

YITCHB154   4,T/C;87,T/C

YITCHB156   82,T/C

YITCHB160   59,A;64,T

YITCHB161   31,C/G

YITCHB162   33,T;75,T

YITCHB167   12,A/G;33,C/G;36,A/G;64,A/C;146,A/G

YITCHB168   21,A/G

YITCHB169   22,T;79,T/C;107,A/G;117,A/G;118,T/G

YITCHB171   39,T/C;87,A/T;96,T/C;119,A/C

YITCHB178   42,A/C;145,A/G;163,A/G

YITCHB181   56,A/G

YITCHB183   53,A/G;59,T/G;79,A/G;80,A/G;85,T/C;97,T/C/A;99,A/G;114,A/G;115,T/C;
116,A/C;117,A/G;122,A/G;138,T/C;139,A/G;143,T/C;147,A/T;155,T/C;166,T/
C

YITCHB185   20,T/C;49,A/G;71,T/C;86,T/C;104,T/C;114,T/C;133,C/G;154,A/G

YITCHB186   19,A/G;46,A/G;47,A/G;57,T/A;75,T/C;82,T/C;86,A/C

YITCHB187   82,A;130,G

YITCHB188   94,T/C

YITCHB189   49,A/G;61,A/C;147,G

YITCHB191   44,G

YITCHB192   46,T/G;73,A/G

YITCHB193   169,T/C

YITCHB195   108,A/G

YITCHB197   72,A/G;121,–/T;122,–/T;123,–/T;167,G;174,A/G;189,A/C

YITCHB199   77,C/G;123,T/C

YITCHB200   70,A/G;73,A/G;92,A/T;104,C/G;106,T/A

YITCHB201   112,G;132,T

YITCHB202   55,T;60,T;88,T/C;102,T;104,A;115,A/T;127,T/C;144,A/G;187,G;197,A

YITCHB203   125,T/C;154,A/G

YITCHB205   31,A/C;36,A/G;46,T/A;74,A/G

YITCHB208	41,C;84,A
YITCHB210	130,C;154,G
YITCHB211	113,T/C;115,A/G
YITCHB214	15,T/C;155,A/C
YITCHB215	3,A/T;6,T/G;9,A/G;22,A/G;54,T/C;63,T/A;71,T/A;72,T/C;81,A/G;96,A/G; 121,T/C;137,A/G;163,T/G;177,A/G;186,A/G
YITCHB216	43,A
YITCHB219	9,T;112,G
YITCHB220	58,G
YITCHB224	117,A
YITCHB226	127,T/C
YITCHB228	11,A/G;26,T/A;72,A/G
YITCHB229	45,G;80,T
YITCHB230	55,T/C;128,A/G
YITCHB232	86,T/C
YITCHB233	152,A
YITCHB234	53,C
YITCHB235	120,T/C
YITCHB237	118,G;120,A;165,T;181,A
YITCHB240	53,T/A;93,T/C;148,T/A
YITCHB242	65,A/G;94,T/C
YITCHB244	43,A/G;143,A/G
YITCHB245	200,A/C
YITCHB246	2,A/G;25,T/C;89,A/G
YITCHB248	50,A
YITCHB250	21,T/C;24,T/C;47,T/C;51,T/G;54,A/T/C;55,A/G;56,T/C;78,T/C;81,T/C;83,A/G; 88,T/C;98,T/C;99,A/T;125,T/A;126,C/G;131,T/C
YITCHB251	65,A/G
YITCHB253	21,T/A;26,T/G
YITCHB254	51,A/G
YITCHB256	11,A/G
YITCHB257	68,T/C
YITCHB258	24,A/G;191,T/C
YITCHB259	90,A
YITCHB260	84,T;161,A
YITCHB263	43,A/G;84,A/G;93,T/C;144,A/G;181,A/G
YITCHB264	5,T/A;8,T/A;22,T/C;35,A/G;51,T/C;79,T/C;97,C/G;99,A/G;105,A/G;108,T/C;

111,T/C;113,A/G;114,T/C;132,T/C;137,A/G;144,T/C

YITCHB265   64,T;73,T;97,C;116,G

YITCHB266   25,A/C;37,T/C;57,A/C;58,T/A

YITCHB268   23,T/C;24,A/C;66,T/C;82,T;126,A/G;127,T/G;148,A/T;167,G

YITCHB269   60,A

YITCHB270   12,T

YITCHB001   25,C;43,T/C;66,T;67,C;81,T/C

YITCHB002   109,T

YITCHB003   83,A/G;96,A/T

YITCHB004   160,T/G

YITCHB007   27,C/G;44,A/G;90,C/G

YITCHB014   9,T/C

YITCHB015   47,A;69,G;85,G

YITCHB016   67,A/G;80,T/G;88,A/G;91,T/C

YITCHB017   63,A/C;132,A/G

YITCHB021   54,A/C;123,A/G;129,T/C;130,A/G

YITCHB023   26,A/T;38,T/G;64,A/C;65,A/G;121,A/C

YITCHB025   10,T/C

YITCHB026   18,A/G

YITCHB028   48,T/C;66,T/G;166,C/G

YITCHB030   80,C/G;139,T/C;148,A/G

YITCHB031   125,T/C;161,T

YITCHB035   158,T/C

YITCHB036   95,T;157,G

YITCHB037   37,A/G;63,A/G;76,A/C

YITCHB039   76,T/C;93,A/G;151,T;156,T/G

YITCHB040   1,C

YITCHB042   167,A/T

YITCHB044   97,T/C

YITCHB045   48,C

YITCHB047   130,A/G

YITCHB048   59,A/T;62,A/G;79,T/C

YITCHB049   27,A/G;41,C/G;75,T/C;92,T/G;96,T/C;99,A/C;131,T/G

YITCHB050   45,T/C;59,T/C;91,T/A;121,A/G

YITCHB051   7,T/G;54,T/C;105,T/C;144,A/C

YITCHB054   116,T/C

YITCHB055   52,A/T

YITCHB057   91,G;142,T/C;146,T/G;172,C/G

YITCHB058   2,A/G;36,A/G;60,A/G;131,T/C

YITCHB059　4,T/C;22,A/G;76,C/G;114,A/G;196,T/A

YITCHB061　4,C/G;28,A/G;67,A/T;70,T/C;75,A/G;78,T/C;102,A/G;112,T/C;114,A/G;118,
　　　　　　A/G

YITCHB062　94,G;96,C

YITCHB064　113,A/G

YITCHB066　30,T/C

YITCHB067　9,A/G;85,A/G;87,−/G

YITCHB071　98,T/C

YITCHB072　19,T/C;35,A/G;59,T/C;61,T/G;71,A/G;79,C/G;80,T/C;81,A/G;82,A/G;88,T/C;
　　　　　　89,A/G;91,A/G;97,T/A;100,A/G;103,A/C;109,A/G;121,T/C;125,T/C;128,C/G;
　　　　　　130,A/G;137,A/G;141,A/G;150,T/G;166,T/A;169,A/G;172,A/G;175,T/G;182,
　　　　　　A/T

YITCHB073　23,T/C;49,G;82,A/G

YITCHB075　22,T/C;35,T/C

YITCHB076　13,T/C;91,T/C

YITCHB077　77,A/G;88,T/C;104,A/G;145,T/C

YITCHB079　85,A/G;123,A/G

YITCHB081　51,A/G;56,T;57,C;58,T;60,C;67,T;68,T;69,C;110,A/G;116,T/C;135,A/G

YITCHB082　52,A/G

YITCHB084　58,T/A;91,A/G;100,C/G;149,A/G

YITCHB085　46,C;82,G

YITCHB086　115,A/G;155,T/G;168,A/G

YITCHB087　111,T/C

YITCHB094　16,A/C;36,C/G;63,A/G;70,T/C;99,A/G

YITCHB096　24,T/C;87,T/C

YITCHB099　74,T/C;105,A/G;126,T/C;179,T/A;180,T/C

YITCHB100　12,T/C

YITCHB102　52,A/G;57,A/C

YITCHB103　61,A/G;64,A/C;87,A/C;153,T/C

YITCHB104　146,C/G

YITCHB105　36,A/C

YITCHB107　18,T;48,G;142,T

YITCHB108　73,A/C;127,A/C

YITCHB109　1,T;6,G;26,T/C;83,T/A;93,T/C

YITCHB112　28,T/C;123,C;154,A/T

YITCHB114　18,T/C;25,A/G;38,T/C;68,T/C;70,C/G;104,T/C

YITCHB115　112,A/G;128,T/C

YITCHB116	29,T
YITCHB117	152,A/G
YITCHB118	22,T/C;78,T/C;102,T/C
YITCHB119	98,A/T;119,A/G
YITCHB121	133,T/A;135,A/G;187,A/G
YITCHB124	130,A/G
YITCHB126	19,A/G;43,T/C
YITCHB128	7,C;135,C/G
YITCHB130	13,A/G;20,T/C;54,T/C;82,T/C
YITCHB132	27,–;46,A;61,A;93,C;132,A;161,T
YITCHB135	128,T/C
YITCHB136	4,A/C;64,A/C
YITCHB137	110,T/C
YITCHB141	39,C
YITCHB145	6,A/G;8,A/G;20,A/C;76,A/C;77,C/G;83,A/G;86,T/C
YITCHB147	100,A/G
YITCHB148	27,T/C;91,T/C
YITCHB151	8,T/C;19,A;33,A/G;43,T/G
YITCHB152	31,A/G
YITCHB154	4,T/C;87,T/C
YITCHB156	82,T
YITCHB158	96,T/C
YITCHB161	31,C/G
YITCHB162	14,T/C;33,T;75,T
YITCHB165	1,A;49,T/A
YITCHB167	12,A/G;33,C/G;36,A/G;64,A/C;146,A/G
YITCHB168	21,A;62,–
YITCHB169	22,T/A;107,A/G
YITCHB170	56,A/G
YITCHB171	39,T/C;87,A/T;96,T/C;119,A/C
YITCHB177	28,T/G;30,A/G;42,C/G;55,T/G;95,T/G;127,A/G;135,T/G
YITCHB178	42,A/C;145,A/G;163,A/G
YITCHB181	56,A
YITCHB182	45,A/G
YITCHB183	12,A/G;59,T/G;79,A/G;80,A/G;85,T/C;97,A/T/C;99,A/G;114,A/G;116,A/C; 117,A/G;122,A/G;138,T/C;139,A/G;143,T/C;147,T/A;155,T/C;166,T/C
YITCHB185	20,T/C;49,A/G;71,T/C;86,T/C;104,T/C;114,T/C;133,C/G;154,A/G

YITCHB186	19,A/G;44,C/G;46,A/G;47,A/G;57,A/T;75,T/C;82,T/C;86,A/C
YITCHB187	82,A;130,G
YITCHB188	94,T/C
YITCHB189	49,A/G;61,A/C;147,G
YITCHB190	90,T/A
YITCHB191	44,T/G
YITCHB195	108,A
YITCHB197	72,A/G;121,–/T;122,–/T;123,–/T;167,C/G;174,A/G;189,A/C
YITCHB199	30,A/C;38,T/C;46,T/G;123,T/C
YITCHB200	19,T/C
YITCHB201	132,T
YITCHB205	31,A/C;36,A/G;46,A/T;57,T/G;74,A/G
YITCHB208	41,T/C;84,T/A
YITCHB209	1,T/C;32,T;34,C;35,A/G;71,T/C;94,T;149,T/C;166,G;173,A/G;175,C
YITCHB212	38,C/G;105,C/G
YITCHB215	3,T/A;6,T/G;9,A/G;22,A/G;54,T/C;63,A/T;71,A/T;72,T/C;81,A/G;96,A/G;121, T/C;137,A/G;163,T/G;177,A/G;186,A/G
YITCHB216	43,A/G
YITCHB219	24,A/G;60,T/C;112,A/G
YITCHB220	58,C/G
YITCHB224	1,A/G;36,A/G;79,T/C;117,–/A;118,T/C
YITCHB226	127,T/C
YITCHB228	11,A/G;26,T/A;72,A/G
YITCHB229	45,G;80,T
YITCHB230	128,A
YITCHB232	47,A/G;54,A/G;86,C;108,T/C;147,A/C
YITCHB233	152,A
YITCHB234	53,C
YITCHB235	120,T/C
YITCHB237	118,G;120,A;165,T;181,A
YITCHB240	53,T/A;93,T/C;148,T/A
YITCHB242	22,T/C;65,A/G;94,T/C
YITCHB243	86,T;98,A;131,C
YITCHB244	43,A/G;143,A/G
YITCHB245	200,A/C
YITCHB246	19,A/C;25,T/C;89,A/G
YITCHB247	23,T/G;109,A/G

YITCHB248	50,A/G
YITCHB250	21,T/C;51,T/G;54,T/C;55,A/G;56,T/C;78,T/C;98,T/C;99,T/A;125,A/T
YITCHB251	65,A/G
YITCHB253	21,A/T
YITCHB255	5,G;9,C;22,G;25,C;37,G;79,A;86,G;88,G;89,G;116,C;135,T;187,A
YITCHB257	68,T/C
YITCHB259	90,A/G
YITCHB260	84,A/T;161,T/A
YITCHB263	43,A/G;84,A/G;93,T/C;144,A/G;181,A/G
YITCHB264	5,T/A;8,T/A;22,T/C;35,A/G;51,T/C;79,T/C;97,C/G;99,A/G;105,A/G;108,T/C;111,T/C;113,A/G;114,T/C;132,T/C;137,A/G;144,T/C
YITCHB265	64,T;73,T;97,C;116,G
YITCHB266	25,A/C;37,T/C;57,A/C;58,A/T
YITCHB269	60,A/C
YITCHB270	12,T/C;113,A/C

YITCHB001   25,T/C;66,T/C;67,T/C;81,T/C

YITCHB002   109,T

YITCHB004   160,T

YITCHB007   27,C/G;42,T/C;44,A/G;67,A/G;90,C/G

YITCHB014   9,T/C

YITCHB015   47,A;69,G;85,G

YITCHB016   88,A/G

YITCHB021   54,A/C;123,A/G;129,T/C;130,A/G

YITCHB022   19,T/C;41,A/G;54,T/C;67,A/G;68,A/C;88,T/C

YITCHB023   26,A;38,T;64,C;65,A;121,A

YITCHB025   10,T/C

YITCHB026   18,A/G

YITCHB030   80,C;139,C;148,A

YITCHB031   125,C;161,T/G

YITCHB033   93,A/C

YITCHB035   158,T/C

YITCHB036   95,T/C;157,A/G

YITCHB039   76,T/C;93,A/G;130,T/C;151,T;156,T/G

YITCHB040   1,C;29,T;31,A;73,C;103,T;108,G;135,T

YITCHB042   167,T/A

YITCHB044   97,T/C

YITCHB045   48,C

YITCHB047   130,A/G

YITCHB048   59,T/A;62,A/G;79,T/C

YITCHB049   27,A/G;41,C/G;75,T/C;92,T/G;96,T/C;99,A/C;131,T/G

YITCHB050   45,T/C;59,T/C;91,T/A;121,A/G

YITCHB051   7,T/G;54,T/C;105,T/C;144,A/C

YITCHB054   116,T/C

YITCHB056   60,A/T;124,T/G;125,T/G;147,A/G

YITCHB057   91,A/G;172,C/G

YITCHB059   4,T/C;22,A/G;76,C/G;114,A/G;196,A/T

YITCHB061   4,C;28,A;67,A

YITCHB062   94,A/G;96,T/C

YITCHB064	113,A
YITCHB067	87,G
YITCHB072	19,T;35,A;59,T;61,G;71,G;79,G;80,T;81,G;82,G;88,C;89,A;91,G;97,T;100,G;103,A;109,G;121,T;125,C;128,G;130,G;137,G;141,A;150,G;166,T;169,A;172,G;175,T;182,A
YITCHB073	49,T/G
YITCHB075	22,T/C;35,T/C;98,C/G
YITCHB076	13,T;91,T
YITCHB077	77,A/G;88,T/C;104,A/G;145,T/C
YITCHB079	85,A/G;123,A/G
YITCHB081	51,A/G;56,T;57,C;58,T;60,C;67,T;68,T;69,C;110,A/G;116,T/C;135,A/G
YITCHB082	52,A/G
YITCHB084	58,T/A;91,A;100,C;119,A/C;149,A/G
YITCHB085	46,C/G;81,T/A;82,G
YITCHB086	115,G;155,T;168,A
YITCHB087	111,T
YITCHB094	16,A/C;53,A/T;70,T/C
YITCHB096	24,C;87,T/C
YITCHB099	74,T/C;105,A/G;126,T/C;179,A/T;180,T/C
YITCHB100	12,T/C
YITCHB102	57,A/C
YITCHB103	61,A/G;64,A/C;87,A/C;153,T/C
YITCHB104	146,C/G
YITCHB105	36,A
YITCHB108	127,A/C
YITCHB112	35,A/C;36,T/C;103,A/G;122,T/G;123,T/C;129,A/G;142,T/C;154,A/T;162,T/C
YITCHB113	182,T/A;192,A/G
YITCHB114	18,T/C;25,A/G;38,T/C;68,T/C;70,C/G;104,T/C
YITCHB116	29,T
YITCHB121	133,A/T;135,A/G;187,A/G
YITCHB124	130,A
YITCHB126	43,T/C;145,A/T
YITCHB128	7,T/C
YITCHB130	13,A;20,C;54,C;60,A/G;82,T/C
YITCHB132	46,A/C;61,A/C;93,A/C;132,A/G;161,T/C
YITCHB134	72,T/C
YITCHB135	128,T/C

YITCHB136	4,A/C;64,A/C
YITCHB137	110,C
YITCHB141	39,T/C
YITCHB143	22,G
YITCHB145	6,A;8,G;20,A;76,A;77,G;83,G;86,T
YITCHB147	100,A
YITCHB148	27,T/C;91,T/C
YITCHB151	19,T/A;33,A/G
YITCHB154	4,T/C;87,T/C
YITCHB156	82,T/C
YITCHB157	69,A
YITCHB158	96,T/C
YITCHB160	59,A;64,T
YITCHB162	14,T/C;33,T;75,T
YITCHB165	1,A;49,A/T
YITCHB167	12,A/G;33,C/G;36,A/G;64,A/C;146,A/G
YITCHB168	21,A;62,–
YITCHB169	22,T/A;107,A/G
YITCHB170	56,A/G
YITCHB171	39,T/C;87,A/T;96,T/C;119,A/C
YITCHB177	28,T/G;30,A/G;42,C/G;55,T/G;95,T/G;127,A/G;135,T/G
YITCHB178	42,A/C;145,A/G;163,A/G
YITCHB181	56,A
YITCHB182	45,A/G
YITCHB183	12,A/G;53,A/G;59,G;80,A;115,T/C;155,C
YITCHB185	20,T/C;49,A/G;71,T/C;86,T/C;104,T/C;114,T/C;133,C/G;154,A/G
YITCHB186	19,A/G;44,C/G;46,A/G;47,A/G;57,T/A;75,T/C;82,T/C;86,A/C
YITCHB189	61,A;147,A/G
YITCHB190	90,A/T
YITCHB191	44,G
YITCHB192	45,A/T
YITCHB193	169,T/C
YITCHB195	108,A/G
YITCHB197	72,A/G;121,–/T;122,–/T;123,–/T;167,G;174,A/G;189,A/C
YITCHB199	30,A/C;38,T/C;46,T/G;123,T/C
YITCHB200	19,T/C
YITCHB201	132,T

YITCHB205	31,A/C;36,A/G;46,T/A;57,T/G;74,A/G
YITCHB208	41,T/C;84,A/T
YITCHB209	1,T/C;32,T;34,C;35,A/G;71,T/C;94,T;149,T/C;166,G;173,A/G;175,C
YITCHB211	113,T;115,G
YITCHB214	15,C;155,C
YITCHB215	3,A/T;6,T/G;9,A/G;22,A/G;54,T/C;63,T/A;71,T/A;72,T/C;81,A/G;96,A/G; 121,T/C;137,A/G;163,T/G;177,A/G;186,A/G
YITCHB216	43,A
YITCHB217	84,A/C
YITCHB219	24,A/G;60,T/C;112,A/G
YITCHB224	1,A/G;36,A/G;79,T/C;117,–/A;118,T/C
YITCHB225	24,G
YITCHB228	11,A/G;26,A/T;72,A/G
YITCHB229	45,C/G;80,T/G
YITCHB230	55,T/C;128,A/G
YITCHB232	47,A/G;54,A/G;86,C;108,T/C;147,A/C
YITCHB233	152,A
YITCHB234	53,C
YITCHB235	120,T/C
YITCHB240	53,A/T;93,T/C;148,A/T
YITCHB242	65,A/G;94,T/C
YITCHB244	43,G;143,A
YITCHB245	200,C
YITCHB248	50,A
YITCHB250	21,T/C;51,T/G;54,T/C;55,A/G;56,T/C;78,T/C;98,T/C;99,T/A;125,A/T
YITCHB251	65,A/G
YITCHB253	21,T/A
YITCHB254	51,A/G
YITCHB257	68,T/C
YITCHB258	24,A/G;191,T/C
YITCHB259	90,A
YITCHB260	84,T;161,A
YITCHB263	84,A/G;93,T/C;144,A/G;181,A/G
YITCHB264	5,A/T;22,T/C;35,A/G;79,T/C;97,C/G;99,A/G;105,A/G;108,T/C;111,C;113,A/G; 114,T/C;132,T/C;137,A/G;144,T/C
YITCHB265	64,T/C;73,T/A;97,C/G;116,T/G
YITCHB266	25,C;37,T/C;57,C;58,T;136,T/C;159,T/C

YITCHB268   23,T/C;24,A/C;66,T/C;82,T;126,A/G;127,T/G;148,A/T;167,G

YITCHB269   60,A/C

YITCHB270   12,T/C;113,A/C

YITCHB001   25,C;43,T/C;66,T;67,C;81,T/C

YITCHB002   109,T/C;145,A/C;146,C/G

YITCHB003   83,A/G;96,A/T

YITCHB004   160,T

YITCHB006   110,T/C

YITCHB007   27,C/G;44,A/G;90,C/G

YITCHB008   15,T/A;65,T/C

YITCHB014   9,C

YITCHB016   88,G

YITCHB019   55,T/A

YITCHB021   54,A/C;123,A/G;129,T/C;130,A/G

YITCHB022   19,T/C;41,A/G;54,C;67,G;68,C;88,T/C

YITCHB023   26,T/A;38,T/G;64,A/C;65,A/G;121,A/C

YITCHB025   10,T/C

YITCHB026   18,A/G

YITCHB028   48,T/C;66,T/G;166,C/G

YITCHB030   80,C/G;139,T/C;148,A/G

YITCHB031   125,T/C;161,T

YITCHB033   93,A

YITCHB034   11,A/G;29,A/C;104,T/C

YITCHB036   95,T;157,G

YITCHB038   202,T;203,A;204,G

YITCHB039   130,T/C;151,T/G

YITCHB040   1,C

YITCHB044   97,T/C

YITCHB045   48,C

YITCHB047   130,A/G

YITCHB048   6,A/G;59,A/T;62,A/G;79,T/C;80,T/C;81,A/G

YITCHB049   27,A/G;41,C/G;75,T/C;92,T/G;96,T/C;99,A/C;131,T/G

YITCHB050   45,T/C;51,A/C;59,T/C;91,A/T;104,A/G

YITCHB051   7,T/G;105,T/C

YITCHB055   52,T/A

YITCHB057   91,G;142,T;146,G

YITCHB058   2,G;36,G;60,G;79,−;131,T

YITCHB061   4,C;28,A;67,A

YITCHB064   113,A/G

YITCHB066   30,T/C

YITCHB067   9,A;85,A;87,G

YITCHB071   98,T/C

YITCHB072   19,T/C;35,A/G;59,T/C;61,T/G;71,A/G;79,C/G;80,T/C;81,A/G;82,A/G;88,T/C;
89,A/G;91,A/G;97,T/A;100,A/G;103,A/C;109,A/G;121,T/C;125,T/C;128,C/G;
130,A/G;137,A/G;141,A/G;150,T/G;166,T/A;169,A/G;172,A/G;175,T/G;182,
A/T

YITCHB073   49,T/G

YITCHB075   22,T/C;35,T/C

YITCHB079   85,A/G;123,A/G

YITCHB081   51,A/G;56,T;57,C;58,T;60,C;67,T;68,T;69,C;110,A/G;116,T/C;135,A/G

YITCHB082   52,A/G

YITCHB084   58,T/A;91,A/G;100,C/G;149,A/G

YITCHB085   46,C;82,G

YITCHB086   115,A/G;155,T/G;168,A/G

YITCHB087   111,T/C

YITCHB094   16,C;36,C/G;53,A/T;63,A/G;70,C;99,A/G

YITCHB096   24,T/C;87,T/C

YITCHB099   74,T/C;105,A/G;126,T/C;179,T/A;180,T/C

YITCHB100   12,T/C

YITCHB102   57,C

YITCHB104   146,C/G

YITCHB105   36,A/C

YITCHB108   73,A/C;127,A/C

YITCHB109   1,T;6,G;26,C;83,A;93,C

YITCHB112   28,T/C;35,A/C;36,T/C;103,A/G;122,T/G;123,T/C;129,A/G;142,T/C;154,T/A;
162,T/C

YITCHB113   182,A/T;192,A/G

YITCHB114   18,T;38,C;68,C;70,G;104,C

YITCHB116   29,T

YITCHB118   22,T;78,C;102,T

YITCHB119   98,A/T;119,A/G

YITCHB121   133,T;135,G;136,−;187,G

YITCHB124   130,A

YITCHB126	19,A/G;43,T/C
YITCHB128	7,T/C
YITCHB130	13,A;20,C;54,C;60,A/G;82,T/C
YITCHB132	46,A/C;61,A/C;93,A/C;132,A/G;161,T/C
YITCHB135	128,T/C
YITCHB137	110,T/C
YITCHB141	39,C
YITCHB143	22,G
YITCHB145	6,A/G;8,A/G;20,A/C;76,A/C;77,C/G;83,A/G;86,T/C
YITCHB147	100,A
YITCHB148	27,T/C;91,T/C
YITCHB151	8,T/C;19,T/A;43,T/G
YITCHB152	31,A/G
YITCHB154	4,T/C;87,T/C
YITCHB156	82,T/C
YITCHB157	69,A
YITCHB160	59,A;64,T
YITCHB161	31,C/G
YITCHB162	14,T;33,T;75,T
YITCHB165	1,A;49,T/A
YITCHB168	21,A;62,–
YITCHB169	22,T/A;79,T/C;117,A/G;118,T/G
YITCHB171	39,T/C;87,T/A;96,T/C;119,A/C
YITCHB177	28,T/G;30,A/G;42,C/G;55,T/G;95,T/G;127,A/G;135,T/G
YITCHB178	42,A/C;145,A/G;163,A/G
YITCHB181	56,A
YITCHB182	45,A/G
YITCHB183	59,T/G;80,A/G;115,T/C;155,T/C
YITCHB185	20,T/C;49,A/G;71,T/C;86,T/C;104,T/C;114,T/C;133,C/G;154,A/G
YITCHB186	19,A/G;46,A/G;47,A/G;57,A/T;75,T/C;82,T/C;86,A/C
YITCHB187	82,A/G;130,A/G
YITCHB189	49,A/G;61,A/C;147,G
YITCHB190	90,A/T
YITCHB191	44,T/G
YITCHB192	46,T/G;73,A/G
YITCHB193	169,T/C
YITCHB195	53,C;111,T

YITCHB197	72,G;121,T;122,T;123,T;167,G;174,G;189,C
YITCHB198	34,T/A;63,A/G;109,T/C
YITCHB199	30,A/C;38,T/C;46,T/G;123,T/C
YITCHB201	132,T
YITCHB202	55,T/C;60,T/C;88,T/C;102,T/C;104,A/G;115,A/T;144,A/G;187,A/G;197,A/G
YITCHB205	31,A/C;36,A/G;46,A/T;57,T/G;74,A/G
YITCHB208	41,T/C;84,A/T
YITCHB209	32,T/C;34,T/C;35,A/G;71,T/C;94,T/C;166,A/G;173,A/G;175,T/C
YITCHB210	130,A/C;154,A/G
YITCHB211	113,T;115,G
YITCHB214	15,C;155,C
YITCHB216	43,A
YITCHB217	84,A/C
YITCHB219	24,A/G;60,T/C;112,A/G
YITCHB223	17,T/C;189,T/C
YITCHB224	1,A;36,A;79,T;117,A;118,C
YITCHB225	24,A/G
YITCHB228	11,A/G;26,T/A;72,A/G
YITCHB229	45,G;80,T
YITCHB230	55,T/C;128,A/G
YITCHB232	86,C
YITCHB233	152,A
YITCHB234	53,C
YITCHB235	120,T/C
YITCHB240	53,A;93,T;148,A
YITCHB242	22,T/C;65,A/G;94,T/C
YITCHB243	86,T;98,A;131,C
YITCHB246	2,A/G;19,A/C;25,C;89,A
YITCHB247	23,G;109,A
YITCHB248	50,A/G
YITCHB250	21,T/C;51,G;54,T/C;55,A/G;56,T/C;78,T/C;98,T/C;99,T/A;125,A/T
YITCHB251	65,G
YITCHB253	21,T/A;26,T/G
YITCHB254	51,A/G
YITCHB255	5,A/G;9,T/C;22,A/G;25,T/C;37,T/G;79,A/G;86,A/G;88,A/G;89,A/G;116,T/C;135,T/C;187,A/G
YITCHB256	11,A

YITCHB257 68,T/C

YITCHB258 24,A/G;191,T/C

YITCHB259 90,A

YITCHB260 84,T;161,A

YITCHB263 84,A/G;93,T/C;144,A/G;181,A/G

YITCHB264 5,T/A;22,T/C;35,A/G;79,T/C;97,C/G;99,A/G;105,A/G;108,T/C;111,C;113,A/G;114,T/C;132,T/C;137,A/G;144,T/C

YITCHB265 64,T/C;73,A/T;97,C/G;116,T/G

YITCHB266 25,C;57,C;58,T;136,C;159,C

YITCHB268 82,T;167,G

YITCHB269 60,A/C

YITCHB270 12,T/C;113,A/C

YITCHB001	25,T/C;43,T/C;66,T/C;67,T/C
YITCHB002	109,T/C;145,A/C;146,C/G
YITCHB003	83,A/G;96,A/T
YITCHB006	110,T/C;135,A/G
YITCHB007	67,A/G
YITCHB008	65,T/C
YITCHB011	156,A
YITCHB016	88,G
YITCHB019	55,A/T
YITCHB021	54,A/C;123,A/G;129,T/C;130,A/G
YITCHB022	54,T/C;67,A/G;68,A/C
YITCHB023	26,T/A;28,T/C;38,T/G;52,A/C;57,A/G;65,A/G;67,A/G;72,T/G;115,A/T;130,A/G
YITCHB026	18,G
YITCHB028	48,T/C
YITCHB030	80,C;139,C;148,A
YITCHB031	125,C
YITCHB033	93,A/C
YITCHB035	44,T/C;158,C/G
YITCHB036	47,A/G
YITCHB037	63,A/G;82,T/A;100,T/G
YITCHB039	130,T/C;151,T/G
YITCHB040	1,C;29,T/C;31,A/G;73,T/C;103,T/C;108,A/G;135,T/C
YITCHB042	127,T/C;167,T/A
YITCHB045	48,C
YITCHB048	6,A/G;59,A/T;62,A/G;79,T/C
YITCHB053	38,T/C;49,A/T;112,T/C;116,T/C;124,A/G
YITCHB054	116,C
YITCHB055	52,A/T
YITCHB057	25,A/G;91,G;136,T/C;142,T/C;146,T/G
YITCHB059	4,T/C;22,A/G;76,C/G;114,A/G;196,A/T
YITCHB061	4,C;28,A;67,A
YITCHB062	94,G;96,C

YITCHB064	113,A/G
YITCHB066	10,A/G;30,T
YITCHB067	9,A;85,A;87,G
YITCHB072	2,C/G;6,A/T;7,A/G;8,T/C;19,T/C;25,T/G;59,T/C;61,T/G;64,A/G;65,C/G;67,A/G;71,A/G;79,C/T/G;80,A/T/C;81,A/G;82,A/G;88,T/C;89,A/G;91,A/G;93,A/G;97,A/T;100,A/G;103,A/C;107,A/G;109,A/G;113,T/G;118,T/C;119,T/G;121,T/C;122,T/C;125,T/C/G;126,T/G;128,C/G;130,A/T;137,A/G;141,A/G;149,A/G;150,T/G;160,T/C;166,A/T/C;169,A/G;172,A/G;182,T/A
YITCHB073	49,G
YITCHB075	22,C;35,T;98,C/G
YITCHB076	13,T/C;91,T/C
YITCHB077	77,A/G;88,T/C;104,A/G;145,T/C
YITCHB081	51,A/G;56,T;57,C;58,T;60,C;67,T;68,T;69,C;110,A/G;116,T/C;135,A/G
YITCHB082	52,A/G
YITCHB084	91,A;100,C;119,C
YITCHB085	46,C;82,G
YITCHB091	107,T/G;120,A/G
YITCHB094	16,A/C;36,C/G;63,A/G;70,T/C;99,A/G
YITCHB097	46,C/G;144,A/G
YITCHB102	16,T/C;21,T/G;24,T/G;27,A/T;32,T/G;33,T/G;56,T/C;57,A/C;59,T/A;65,T/C;83,A/G;107,A/G
YITCHB107	18,T/A;48,A/G;142,T/C
YITCHB108	127,A/C
YITCHB109	1,T;6,G
YITCHB112	123,T/C;138,C/G
YITCHB113	182,A/T;192,A/G
YITCHB114	18,T/C;25,A/G;38,T/C;68,T/C;70,C/G;104,T/C
YITCHB116	29,T
YITCHB117	152,A/G
YITCHB118	22,T/C;78,T/C;102,T/C
YITCHB121	133,A/T;135,A/G;168,T/C;187,A/G
YITCHB126	43,T/C;145,A/T
YITCHB127	65,A;82,C;132,A
YITCHB128	7,T/C;127,A/G
YITCHB132	27,–;46,A;61,A;93,C;132,A;161,T
YITCHB134	72,T/C
YITCHB136	64,A/C

YITCHB138	22,A/C;52,A/G
YITCHB141	39,C
YITCHB143	4,T/A;22,G
YITCHB145	6,A/G;8,A/G;20,A/C;76,A/C;77,C/G;83,A/G;86,T/C
YITCHB146	3,T/G;29,A/G;40,C/G;44,T/C;103,A/G;134,A/G
YITCHB147	100,A/G
YITCHB151	8,T/C;19,A;33,A/G;43,T/G
YITCHB154	1,A/T;4,T/C;87,T/C
YITCHB156	82,T/C
YITCHB158	96,C
YITCHB162	14,T;33,T;75,T
YITCHB163	41,G;54,T;90,C
YITCHB165	1,A
YITCHB168	21,A/G
YITCHB169	22,T/A;107,A/G
YITCHB171	39,T/C;87,A/T;96,T/C;119,A/C
YITCHB175	12,A/G
YITCHB176	13,A/C;25,A/G;26,A/G;82,A/G;105,T/C
YITCHB178	14,A/G;24,T/C;42,T/A;66,A/G;145,A/G
YITCHB185	20,T/C;49,A/G;71,T/C;86,T/C;104,T/C;114,T/C;133,C/G;154,A/G
YITCHB186	19,A/G;46,A/G;47,A/G;57,T/A;75,T/C;82,T/C;86,A/C
YITCHB189	49,A;61,A/C;88,A/C;147,G
YITCHB191	44,T/G
YITCHB192	46,T;73,G
YITCHB193	169,T/C
YITCHB195	53,C;111,T
YITCHB197	72,A/G;121,-/T;122,-/T;123,-/T;167,G;174,A/G;189,A/C
YITCHB199	77,C/G;123,T/C
YITCHB200	19,T/C
YITCHB201	103,A/T;132,-/T;194,T/C;195,A/G
YITCHB202	55,T/C;60,T/C;102,T/C;104,A/G;159,T/C;187,A/G;197,A/G
YITCHB205	57,T
YITCHB208	41,T/C;61,A/G;84,A/T
YITCHB209	32,T;34,C;35,A;71,T;94,T;166,G;173,A;175,C
YITCHB212	38,C/G;105,C/G
YITCHB214	15,T/C;155,A/C
YITCHB215	3,A/T;6,T/G;9,A/G;22,A/G;54,T/C;63,T/A;71,T/A;72,T/C;81,A/G;96,A/G;

121,T/C;137,A/G;163,T/G;177,A/G;186,A/G

YITCHB216　　43,A/G

YITCHB217　　84,A/C

YITCHB219　　24,A/G;60,T/C;112,A/G

YITCHB226　　61,C/G;127,T/C

YITCHB228　　11,A/G;26,T/A

YITCHB230　　55,C

YITCHB231　　104,T

YITCHB232　　86,T/C

YITCHB234　　53,-/C;123,A/G

YITCHB237　　118,G;120,A;165,T;181,A

YITCHB242　　22,T/C;65,A/G;94,T/C

YITCHB243　　86,T;98,A;131,C;162,A/G

YITCHB246　　19,A/C;25,C;89,A

YITCHB247　　23,G;33,C/G;109,A

YITCHB249　　43,T/C

YITCHB250　　21,T/C;51,G;54,T/C;55,A/G;56,T/C;78,T/C;98,T/C;99,A/T;125,T/A

YITCHB251　　65,A/G

YITCHB252　　26,T/C;65,A/G;137,T/C;156,A/G

YITCHB253　　21,T/A;26,T/G

YITCHB254　　4,T/C;6,A/G;51,A/G;109,A/C

YITCHB255　　5,G;9,C;22,G;25,C;37,G;79,A;86,G;88,G;89,G;116,C;135,T;187,A

YITCHB256　　16,C

YITCHB258　　24,A/G;191,T/C

YITCHB259　　90,A

YITCHB260　　84,T/A;161,A/T

YITCHB264　　111,C

YITCHB265　　17,A/T

YITCHB266　　25,C;57,C;58,T;136,C;159,C

YITCHB268　　24,A/C;78,A/G;82,T/G;86,T/C;126,A/G;148,T/A;167,A/G

YITCHB269　　60,A/C

YITCHB270　　12,T/C;113,A/C

YITCHB001   25,T/C;43,T/C;66,T/C;67,T/C;81,T/C
YITCHB002   109,T/C;145,A/C;146,C/G
YITCHB003   83,A/G;96,A/T
YITCHB004   160,T/G;195,A/G
YITCHB007   27,C/G;44,A/G;67,A/G;83,A/G;90,C/G;99,T/C
YITCHB014   9,T/C
YITCHB016   88,G
YITCHB019   55,T/A
YITCHB021   54,A/C;123,A/G;129,T/C;130,A/G
YITCHB022   54,C;67,G;68,C
YITCHB026   18,A/G
YITCHB027   101,A/G
YITCHB030   80,C/G;139,T/C;148,A/G
YITCHB031   125,T/C;161,T/G
YITCHB033   93,A
YITCHB034   29,A/C
YITCHB035   7,A/G;33,A/G;44,T/C;124,T/A;137,A/C;158,T/G
YITCHB036   95,T/C;157,A/G
YITCHB038   202,T;203,A;204,G
YITCHB039   76,T/C;93,A/G;130,T/C;151,T/G;156,T/G
YITCHB040   1,C;29,T;31,A;73,C;103,T;108,G;135,T
YITCHB042   127,T/C;167,T
YITCHB045   48,T/C
YITCHB047   130,A
YITCHB048   59,A/T;62,A/G;79,T/C;80,T/C;81,A/G
YITCHB049   27,A/G;41,C/G;75,T/C;92,T/G;96,T/C;99,A/C;131,T/G
YITCHB050   45,T;51,A/C;59,T;91,T;104,G
YITCHB051   7,T/G;26,A/G
YITCHB055   52,A/T
YITCHB057   91,A/G;142,T/C;146,T/G
YITCHB061   4,C;28,A;67,A
YITCHB064   113,A
YITCHB065   97,A/G

YITCHB067	9,A/G;85,A/G;87,-/G
YITCHB071	98,T/C
YITCHB072	19,T;35,A;59,T;61,G;71,G;79,G;80,T;81,G;82,G;88,C;89,A;91,G;97,T;100,G;103,A;109,G;121,T;125,C;128,G;130,G;137,G;141,A;150,G;166,T;169,A;172,G;175,T;182,A
YITCHB073	23,T/C;49,G;82,A/G
YITCHB075	22,T/C;35,T/C
YITCHB076	13,T/C;91,T/C
YITCHB077	77,A/G;88,T/C;104,A/G;145,T/C
YITCHB081	51,A/G;56,T;57,C;58,T;60,C;67,T;68,T;69,C;110,A/G;116,T/C;135,A/G
YITCHB082	52,A/G
YITCHB083	4,A/T;28,T/G;101,T/G;119,T/C
YITCHB084	91,A;100,C;119,C
YITCHB085	46,C/G;81,T/A;82,G
YITCHB086	15,T/C;50,T/C;52,A/G;67,C/G;74,A/G;76,A/C;77,C/G;85,A/G;90,T/G;92,T/C;94,C/G;100,A/G;102,T/G;104,A/C;107,T/G;109,A/G;110,T/A;114,A/G;115,G;116,T/C;127,T/C;135,A/G;151,A/C;155,T;156,A/T;165,T/C;168,A/C
YITCHB089	38,A;52,A;53,C;64,A;89,C;178,T;184,C;196,C;197,A
YITCHB096	24,C
YITCHB102	52,A/G;57,A/C
YITCHB103	61,A/G;64,A/C;87,A/C;153,T/C
YITCHB104	13,T/G;31,T/G
YITCHB105	36,A/C
YITCHB106	19,C;94,C
YITCHB107	18,A/T;48,A/G;142,T/C
YITCHB108	73,A/C;127,A
YITCHB109	1,T;6,G;26,T/C;83,T/A;93,T/C
YITCHB110	66,A/G;144,A/G
YITCHB112	35,A/C;36,T/C;103,A/G;122,T/G;123,T/C;129,A/G;142,T/C;154,T/A;162,T/C
YITCHB114	18,T/C;25,A/G;38,T/C;68,T/C;70,C/G;104,T/C
YITCHB115	112,A/G;128,T/C
YITCHB116	29,T
YITCHB118	22,T;78,C;102,T
YITCHB123	138,T/C
YITCHB124	130,A/G
YITCHB126	19,A/G;43,T/C
YITCHB128	7,T/C;135,C/G

YITCHB130   13,A;20,C;54,C;60,A/G;82,T/C
YITCHB132   46,A/C;61,A/C;93,A/C;132,A/G;161,T/C
YITCHB134   72,T/C
YITCHB135   128,T/C
YITCHB137   110,C
YITCHB138   46,A/G;52,A/G
YITCHB141   39,T/C
YITCHB143   4,T/A;22,T/G
YITCHB145   6,A/G;8,A/G;20,A/C;76,A/C;77,C/G;83,A/G;86,T/C
YITCHB147   100,A/G
YITCHB148   27,T/C;91,T/C
YITCHB151   8,T/C;19,A;33,A/G;43,T/G
YITCHB152   31,A/G
YITCHB154   4,T/C;87,T/C
YITCHB155   65,A/T;95,T/C;138,A/C
YITCHB156   82,T/C
YITCHB158   96,C
YITCHB162   7,T/G;16,A/G;33,T;75,T/C;136,A/C
YITCHB165   1,A;49,A/T
YITCHB167   12,A/G;33,C/G;36,A/G;64,A/C;146,A/G
YITCHB168   21,A;62,–
YITCHB169   22,T/A
YITCHB170   56,A/G
YITCHB171   39,T/C;87,A/T;96,T/C;119,A/C
YITCHB181   31,A/G;56,A/G
YITCHB182   45,A/G;50,T/C
YITCHB183   53,A/G;59,T/G;80,A/G;115,T/C;155,T/C
YITCHB185   20,T/C;49,A/G;71,T/C;86,T/C;104,T/C;114,T/C;133,C/G;154,A/G
YITCHB186   19,A/G;46,A/G;47,A/G;57,A/T;75,T/C;82,T/C;86,A/C
YITCHB187   82,A;130,G
YITCHB189   49,A/G;61,A/C;147,G
YITCHB191   44,T/G
YITCHB192   45,A/T;46,T/G;73,A/G
YITCHB193   169,T/C
YITCHB197   72,A/G;121,–/T;122,–/T;123,–/T;167,C/G;174,A/G;189,A/C
YITCHB199   2,T/C;12,T/G;123,T/C;177,T/C
YITCHB200   19,T/C;70,A/G;73,A/G;92,T/A;104,C/G;106,A/T

YITCHB201   112,A/G;132,-/T
YITCHB202   55,T;60,T;102,T;104,A;127,T;187,G;197,A
YITCHB205   31,A/C;36,A/G;46,A/T;74,A/G
YITCHB208   41,T/C;84,T/A
YITCHB209   32,T/C;34,T/C;35,A/G;71,T/C;94,T/C;166,A/G;173,A/G;175,T/C
YITCHB210   130,A/C
YITCHB214   15,C;155,C
YITCHB215   3,A/T;6,T/G;9,A/G;22,A/G;54,T/C;63,T/A;71,T/A;72,T/C;81,A/G;96,A/G;
             121,T/C;137,A/G;163,T/G;177,A/G;186,A/G
YITCHB216   43,A
YITCHB217   84,A/C
YITCHB219   24,A/G;60,T/C;112,A/G
YITCHB220   58,C/G
YITCHB223   17,T/C;189,T/C
YITCHB224   1,A/G;36,A/G;79,T/C;117,-/A;118,T/C
YITCHB228   11,A/G;26,T/A
YITCHB230   55,T/C;128,A/G
YITCHB232   47,A/G;54,A/G;86,T/C;108,T/C;147,A/C
YITCHB233   152,A
YITCHB234   53,-/C;123,A/G
YITCHB237   118,A/G;120,A/C;165,T/A;181,A/C
YITCHB238   23,T/G
YITCHB242   22,C
YITCHB243   86,T;98,A;131,C;162,A/G
YITCHB245   144,A/G;200,A/C
YITCHB246   19,A/C;25,T/C;89,A/G
YITCHB247   23,G;109,A
YITCHB250   21,T/C;51,G;54,T/C;55,A/G;56,T/C;78,T/C;98,T/C;99,T/A;125,A/T
YITCHB251   65,A/G
YITCHB252   26,T/C;65,A/G;137,T/C;156,A/G
YITCHB253   21,A/T;26,T/G
YITCHB254   51,A/G
YITCHB255   5,G;9,C;22,G;25,C;37,G;79,A;86,G;88,G;89,G;116,C;135,T;187,A
YITCHB256   11,A/G
YITCHB257   68,T/C
YITCHB259   90,A/G
YITCHB260   84,A/T;161,T/A

YITCHB263   43,A/G
YITCHB264   8,A/T;51,T/C;111,T/C
YITCHB265   64,T/C;73,T/A;97,C/G;116,T/G
YITCHB266   25,A/C;57,A/C;58,T/A;136,T/C;159,T/C
YITCHB267   102,T/G
YITCHB269   60,A
YITCHB270   12,T

YITCHB001	25,C;43,T/C;66,T;67,C;81,T/C
YITCHB002	109,T
YITCHB004	160,T/G;195,A/G
YITCHB006	110,T/C
YITCHB007	27,C/G;44,A/G;67,A/G;90,C/G
YITCHB008	15,T;65,C
YITCHB009	25,T/C;56,T/G;181,T/C;184,T/C;188,A/G
YITCHB011	156,A/C
YITCHB014	9,C
YITCHB015	47,A/G;69,C/G;85,A/G
YITCHB016	88,A/G
YITCHB017	63,A/C;132,A/G
YITCHB019	55,A/T
YITCHB021	54,A/C;123,A/G;129,T/C;130,A/G
YITCHB022	54,T/C;67,A/G;68,A/C
YITCHB023	26,T/A;38,T/G;64,A/C;65,A/G;121,A/C
YITCHB026	18,G
YITCHB027	101,A/G
YITCHB030	80,C/G;139,T/C;148,A/G
YITCHB031	88,T/C;125,T/C;161,T/G
YITCHB033	93,A
YITCHB035	7,A/G;33,A/G;44,T/C;124,T/A;137,A/C;158,C/G
YITCHB036	95,T/C;157,A/G
YITCHB039	151,T/G
YITCHB040	1,C;29,T;31,A;73,C;103,T;108,G;135,T
YITCHB042	17,A/G;99,T/C;127,T;137,T/C;154,T/C;167,T
YITCHB044	97,T/C
YITCHB045	48,T/C
YITCHB047	130,A/G
YITCHB048	6,A/G;59,A/T;62,A/G;79,T/C
YITCHB049	41,C/G;53,T/C;75,T/C;99,A/C
YITCHB050	45,T/C;59,T/C;91,A/T;104,A/G;121,A/G
YITCHB051	7,T/G;26,A/G;54,T/C;105,T/C;144,A/C

YITCHB054 116,T/C

YITCHB056 60,A/T;124,T/G;125,T/G;147,A/G

YITCHB057 91,G;142,T;146,G

YITCHB058 2,A/G;36,A/G;60,A/G;131,T/C

YITCHB059 4,T/C;22,A/G;76,C/G;114,A/G;196,T/A

YITCHB061 4,C;28,A;67,A

YITCHB062 94,G;96,C

YITCHB064 113,A/G

YITCHB066 30,T/C

YITCHB067 87,G

YITCHB068 144,T/C;165,A/G

YITCHB071 98,T/C

YITCHB072 19,T/C;35,A/G;59,T/C;61,T/G;71,A/G;79,C/G;80,T/C;81,A/G;82,A/G;88,T/C; 89,A/G;91,A/G;97,A/T;100,A/G;103,A/C;109,A/G;121,T/C;125,T/C;128,C/G; 130,A/G;137,A/G;141,A/G;150,T/G;166,A/T;169,A/G;172,A/G;175,T/G;182, T/A

YITCHB073 23,T/C;49,G;82,A/G

YITCHB075 22,C;35,T

YITCHB076 13,T/C;91,T/C

YITCHB077 77,A/G;88,T/C;104,A/G;145,T/C

YITCHB079 85,A/G;123,A/G

YITCHB081 51,A/G;56,T;57,C;58,T;60,C;67,T;68,T;69,C;110,A/G;116,T/C;135,A/G

YITCHB082 52,A/G

YITCHB083 4,T/A;28,T/G;101,T/G;119,T/C

YITCHB085 46,C;82,G

YITCHB089 38,A/G;52,A/G;53,T/C;64,A/C;89,T/C;178,T/C;184,T/C;196,T/C;197,A/G

YITCHB092 118,A/G

YITCHB094 16,A/C;36,C/G;63,A/G;70,T/C;99,A/G

YITCHB096 24,T/C

YITCHB099 74,T/C;105,A/G;126,T/C;179,T/A;180,T/C

YITCHB102 52,A/G;57,C

YITCHB107 18,A/T;48,A/G;142,T/C

YITCHB108 127,A/C

YITCHB109 1,T;6,G;26,T/C;83,A/T;93,T/C

YITCHB110 66,A/G;144,A/G

YITCHB112 28,T/C;123,T/C

YITCHB114 18,T;38,C;68,C;70,G;104,C

YITCHB116	29,T
YITCHB119	98,A/T;119,A/G
YITCHB121	133,T;135,G;136,–;187,G
YITCHB124	130,A
YITCHB127	65,A/G;82,A/C;132,A/C
YITCHB128	7,T/C;135,C/G
YITCHB131	32,T/C;135,T/G;184,T/C
YITCHB132	27,–;46,A;61,A;93,C;132,A;161,T
YITCHB134	72,T/C
YITCHB136	64,A/C
YITCHB141	39,C
YITCHB142	2,T/C;28,T/C;30,T/G;46,A/G;102,T/C;150,C/G;152,A/G;153,C/G
YITCHB143	22,T/G
YITCHB145	6,A;8,G;20,A;76,A;77,G;83,G;86,T
YITCHB148	17,A/C;27,T/C;91,T/C
YITCHB152	31,A/G
YITCHB154	4,T/C;87,T/C
YITCHB157	69,A
YITCHB162	14,T;33,T;75,T
YITCHB163	41,G;54,T;90,C
YITCHB167	12,G;33,C;36,G;64,C;146,G
YITCHB169	22,T;107,A
YITCHB170	56,A/G
YITCHB171	39,T/C;87,A/T;96,T/C;119,A/C
YITCHB177	28,T/G;30,A/G;42,C/G;55,T/G;95,T/G;127,A/G;135,T/G
YITCHB181	56,A/G
YITCHB182	45,A/G
YITCHB183	53,A/G;59,T/G;79,A/G;80,A/G;85,T/C;97,T/A/C;99,A/G;114,A/G;115,T/C;116,A/C;117,A/G;122,A/G;138,T/C;139,A/G;143,T/C;147,A/T;155,T/C;166,T/C
YITCHB185	20,T/C;49,A/G;71,T/C;86,T/C;104,T/C;114,T/C;133,C/G;154,A/G
YITCHB186	19,A/G;44,C/G;46,A/G;47,A/G;57,A/T;75,T/C;82,T/C;86,A/C
YITCHB189	49,A;147,G
YITCHB190	90,T/A
YITCHB191	44,T/G
YITCHB192	46,T;73,G
YITCHB193	169,T/C

YITCHB195   108,A
YITCHB197   72,G;121,T;122,T;123,T;167,G;174,G;189,C
YITCHB198   34,T/A;63,A/G;109,T/C
YITCHB199   77,C/G;123,T/C
YITCHB200   70,A/G;73,A/G;92,T/A;104,C/G;106,A/T
YITCHB201   112,G;132,T
YITCHB202   55,T;60,T;88,T/C;102,T;104,A;115,T/A;127,T/C;144,A/G;187,G;197,A
YITCHB208   41,C;84,A
YITCHB209   32,T/C;34,T/C;94,T/C;149,T/C;166,A/G;175,T/C
YITCHB214   15,T/C;155,A/C
YITCHB216   43,A/G
YITCHB217   84,A/C
YITCHB219   24,A/G;60,T/C;112,A/G
YITCHB223   17,T/C;189,T/C
YITCHB224   1,A/G;36,A/G;79,T/C;117,−/A;118,T/C
YITCHB228   11,A/G;26,T/A
YITCHB229   45,C/G;80,T/G
YITCHB230   55,T/C;110,T/C;128,A/G
YITCHB232   47,A/G;54,A/G;86,T/C;108,T/C;147,A/C
YITCHB233   152,A
YITCHB234   53,C
YITCHB237   118,A/G;120,A/C;165,T/A;181,A/C
YITCHB238   23,T/G
YITCHB242   22,T/C
YITCHB244   43,A/G;143,A/G
YITCHB245   144,A/G;200,C
YITCHB248   50,A/G
YITCHB250   21,T/C;51,T/G;54,T/C;55,A/G;56,T/C;78,T/C;98,T/C;99,A/T;125,T/A
YITCHB251   65,G
YITCHB252   26,C;65,G;137,T;156,A
YITCHB253   21,A/T;26,T/G
YITCHB255   5,A/G;9,T/C;22,A/G;25,T/C;37,T/G;79,A/G;86,A/G;88,A/G;89,A/G;116,T/C;135,T/C;187,A/G
YITCHB256   11,A/G
YITCHB257   68,T/C
YITCHB259   90,A/G
YITCHB260   84,T/A;161,A/T

YITCHB263	43,A/G;84,A/G;93,T/C;144,A/G;181,A/G
YITCHB264	5,T/A;8,T/A;22,T/C;35,A/G;51,T/C;79,T/C;97,C/G;99,A/G;105,A/G;108,T/C; 111,T/C;113,A/G;114,T/C;132,T/C;137,A/G;144,T/C
YITCHB265	64,T/C;73,T/A;97,C/G;116,T/G
YITCHB266	25,A/C;37,T/C;57,A/C;58,T/A;136,T/C;159,T/C
YITCHB268	82,T;167,G
YITCHB269	60,A
YITCHB270	12,T

YITCHB001   25,C;43,T/C;66,T;67,C;81,T/C

YITCHB002   109,T/C;145,A/C;146,C/G

YITCHB003   83,A/G;96,A/T

YITCHB004   160,T/G

YITCHB006   110,T/C

YITCHB007   27,C/G;44,A/G;90,C/G

YITCHB008   15,A/T;65,T/C

YITCHB014   9,T/C

YITCHB016   88,A/G

YITCHB017   63,A/C;132,A/G

YITCHB019   55,T/A

YITCHB021   54,A/C;123,A/G;129,T/C;130,A/G

YITCHB022   54,T/C;67,A/G;68,A/C

YITCHB026   18,A/G

YITCHB028   48,T/C;66,T/G;166,C/G

YITCHB030   80,C/G;139,T/C;148,A/G

YITCHB031   125,T/C;161,T/G

YITCHB033   93,A

YITCHB035   158,T/C

YITCHB039   76,T/C;93,A/G;151,T/G;156,T/G

YITCHB040   1,C;29,T;31,A;73,C;103,T;108,G;135,T

YITCHB042   127,T/C;167,T

YITCHB044   97,T/C

YITCHB045   48,T/C

YITCHB047   130,A

YITCHB048   6,A/G;59,A/T;62,A/G;79,T/C

YITCHB049   27,A/G;41,C/G;75,T/C;92,T/G;96,T/C;99,A/C;131,T/G

YITCHB050   45,T;51,A/C;59,T;91,T;104,G

YITCHB051   7,T/G;26,A/G

YITCHB055   52,T/A

YITCHB057   91,G;142,T;146,G

YITCHB058   2,G;36,G;60,G;79,–;131,T

YITCHB061   4,C;28,A;67,A

YITCHB064	113,A/G
YITCHB065	97,A/G
YITCHB066	30,T/C
YITCHB067	9,A/G;85,A/G;87,–/G
YITCHB071	98,T/C
YITCHB072	19,T;35,A;59,T;61,G;71,G;79,G;80,T;81,G;82,G;88,C;89,A;91,G;97,T;100,G;103,A;109,G;121,T;125,C;128,G;130,G;137,G;141,A;150,G;166,T;169,A;172,G;175,T;182,A
YITCHB073	23,T/C;49,G;82,A/G
YITCHB075	22,T/C;35,T/C;98,C/G
YITCHB081	51,A/G;56,T;57,C;58,T;60,C;67,T;68,T;69,C;110,A/G;116,T/C;135,A/G
YITCHB082	52,A/G
YITCHB083	4,T/A;28,T/G;101,T/G;119,T/C
YITCHB085	46,C;82,G
YITCHB089	38,A/G;52,A/G;53,T/C;64,A/C;89,T/C;178,T/C;184,T/C;196,T/C;197,A/G
YITCHB096	24,C
YITCHB102	57,A/C
YITCHB103	61,A/G;64,A/C;87,A/C;153,T/C
YITCHB104	146,C/G
YITCHB105	36,A
YITCHB106	19,T/C;94,T/C
YITCHB108	127,A/C
YITCHB110	66,A/G;144,A/G
YITCHB112	28,T/C;123,C;154,A/T
YITCHB114	18,T/C;25,A/G;38,T/C;68,T/C;70,C/G;104,T/C
YITCHB115	112,A/G;128,T/C
YITCHB116	29,T
YITCHB117	152,A/G
YITCHB124	130,A/G
YITCHB126	19,A/G;43,T/C
YITCHB128	7,T/C;135,C/G
YITCHB130	13,A/G;20,T/C;54,T/C;60,A/G
YITCHB131	32,C;135,G;184,C
YITCHB134	72,T/C
YITCHB137	110,T/C
YITCHB141	39,T/C
YITCHB143	22,T/G

YITCHB145 6,A/G;8,A/G;20,A/C;76,A/C;77,C/G;83,A/G;86,T/C

YITCHB147 100,A/G

YITCHB148 27,T/C;91,T/C

YITCHB151 19,A;33,G

YITCHB152 31,A/G

YITCHB154 4,T/C;87,T/C

YITCHB156 82,T

YITCHB158 96,T/C

YITCHB162 32,T/C;33,T;75,T/C;133,T/G

YITCHB167 12,A/G;33,C/G;36,A/G;64,A/C;146,A/G

YITCHB168 21,A/G

YITCHB169 22,T;79,T/C;107,A/G;117,A/G;118,T/G

YITCHB170 56,A/G

YITCHB171 39,T/C;87,T/A;96,T/C;119,A/C

YITCHB175 12,A/G

YITCHB177 28,T/G;30,A/G;55,T/G;95,T/G;127,A/G;135,T/G

YITCHB181 56,A

YITCHB182 45,A/G

YITCHB183 12,A/G;53,A/G;59,T/G;80,A/G;115,T/C;155,T/C

YITCHB185 20,T/C;49,A/G;71,T/C;86,T/C;104,T/C;114,T/C;133,C/G;154,A/G

YITCHB186 19,A/G;46,A/G;47,A/G;57,A/T;75,T/C;82,T/C;86,A/C

YITCHB189 49,A;147,G

YITCHB190 90,T/A

YITCHB191 44,T/G

YITCHB192 45,T/A;46,T/G;73,A/G

YITCHB195 53,C;111,T

YITCHB197 72,A/G;121,–/T;122,–/T;123,–/T;167,C/G;174,A/G;189,A/C

YITCHB198 34,T/A;63,A/G;109,T/C

YITCHB201 132,T

YITCHB202 55,T/C;60,T/C;88,T/C;102,T/C;104,A/G;115,T/A;144,A/G;187,A/G;197,A/G

YITCHB205 57,T

YITCHB209 32,T/C;34,T/C;35,A/G;71,T/C;94,T/C;149,T/C;166,A/G;173,A/G;175,T/C

YITCHB212 38,C/G;105,C/G

YITCHB214 15,T/C;155,A/C

YITCHB215 3,A/T;6,T/G;9,A/G;22,A/G;54,T/C;63,T/A;71,T/A;72,T/C;81,A/G;96,A/G;
121,T/C;137,A/G;163,T/G;177,A/G;186,A/G

YITCHB219 24,A/G;60,T/C;112,A/G

YITCHB220	17,A/G;58,C/G
YITCHB224	1,A;36,A;79,T;117,A;118,C
YITCHB225	24,A/G
YITCHB229	45,C/G;80,T/G
YITCHB230	55,T/C;128,A/G
YITCHB232	47,A/G;54,A/G;86,T/C;108,T/C;147,A/C
YITCHB233	152,A
YITCHB234	53,C
YITCHB237	118,A/G;120,A/C;165,A/T;181,A/C
YITCHB238	23,T/G
YITCHB240	53,A/T;93,T/C;148,A/T
YITCHB242	65,A/G;94,T/C
YITCHB244	43,A/G;143,A/G
YITCHB245	200,A/C
YITCHB246	2,A/G;25,T/C;89,A/G
YITCHB248	50,A
YITCHB250	21,T/C;51,T/G;54,T/C;55,A/G;56,T/C;78,T/C;98,T/C;99,T/A;125,A/T
YITCHB251	65,A/G
YITCHB253	21,T/A
YITCHB254	51,A/G
YITCHB256	11,A/G
YITCHB257	68,T/C
YITCHB259	90,A/G
YITCHB260	84,T/A;161,A/T
YITCHB263	43,A/G;84,A/G;93,T/C;144,A/G;181,A/G
YITCHB264	5,T/A;8,T/A;22,T/C;35,A/G;51,T/C;79,T/C;97,C/G;99,A/G;105,A/G;108,T/C;111,T/C;113,A/G;114,T/C;132,T/C;137,A/G;144,T/C
YITCHB265	64,T;73,T;97,C;116,G
YITCHB266	25,A/C;37,T/C;57,A/C;58,A/T
YITCHB267	42,A/T;102,T/G
YITCHB269	60,A/C
YITCHB270	12,T/C;113,A/C

YITCHB001   25,T/C;66,T/C;67,T/C;81,T/C

YITCHB002   109,T/C;145,A/C;146,C/G

YITCHB003   83,A/G;96,A/T

YITCHB004   195,A/G

YITCHB007   27,C/G;44,A/G;67,A/G;90,C/G

YITCHB011   156,A

YITCHB014   9,C

YITCHB015   47,A/G;69,C/G;85,A/G

YITCHB016   88,A/G

YITCHB017   63,A/C;132,A/G

YITCHB019   55,A/T

YITCHB021   54,A/C;123,A/G;129,T/C;130,A/G

YITCHB022   54,T/C;67,A/G;68,A/C

YITCHB023   26,A/T;38,T/G;64,A/C;65,A/G;121,A/C

YITCHB026   18,G

YITCHB031   88,T/C;125,T/C;161,T/G

YITCHB033   93,A

YITCHB039   76,T/C;93,A/G;151,T/G;156,T/G

YITCHB040   1,C

YITCHB042   167,T/A

YITCHB045   48,C

YITCHB047   4,T/C;49,C/G;61,A/G;63,A/T;112,T/C;130,A/G

YITCHB048   6,A/G;59,A/T;62,A/G;79,T/C

YITCHB049   27,A/G;41,C/G;75,T/C;92,T/G;96,T/C;99,A/C;131,T/G

YITCHB050   45,T/C;51,A/C;59,T/C;91,A/T;104,A/G

YITCHB051   7,T/G;105,T/C

YITCHB054   116,T/C

YITCHB055   52,T/A

YITCHB056   60,T/A;124,T/G;125,T/G;147,A/G

YITCHB057   91,G;142,T;146,G

YITCHB059   4,T/C;22,A/G;76,C/G;114,A/G;196,T/A

YITCHB061   4,C;28,A;67,A

YITCHB062   94,A/G;96,T/C

YITCHB064	113,A
YITCHB067	9,A/G;85,A/G;87,-/G
YITCHB071	98,T/C
YITCHB072	19,T/C;35,A/G;59,T/C;61,T/G;67,A/G;71,A/G;79,C/G;80,T/C;81,A/G;82,A/G; 88,T/C;89,A/G;91,A/G;97,T/A;100,A/G;103,A/C;109,A/G;121,T/C;125,T/C; 128,C/G;130,A/G;137,A/G;141,A/G;150,T/G;166,T/A;169,A/G;172,A/G;175, T/G;182,A/T
YITCHB073	23,T/C;49,G;82,A/G
YITCHB075	22,T/C;35,T/C;98,C/G
YITCHB076	13,T;91,T
YITCHB077	77,A/G;88,T/C;104,A/G;145,T/C
YITCHB081	51,A/G;56,T;57,C;58,T;60,C;67,T;68,T;69,C;110,A/G;116,T/C;135,A/G
YITCHB082	52,A/G
YITCHB083	4,T/A;28,T/G;101,T/G;119,T/C
YITCHB084	91,A/G;100,C/G;119,A/C
YITCHB085	46,C;82,G
YITCHB086	15,T/C;50,T/C;52,A/G;67,C/G;74,A/G;76,A/C;77,C/G;85,A/G;90,T/G;92,T/C; 94,C/G;100,A/G;102,T/G;104,A/C;107,T/G;109,A/G;110,T/A;114,A/G;115,A/ G;116,T/C;127,T/C;135,A/G;151,A/C;155,T/G;156,A/T;165,T/C;168,A/C/G
YITCHB089	14,T/C
YITCHB094	16,C;36,C/G;53,A/T;63,A/G;70,C;99,A/G
YITCHB096	24,T/C
YITCHB100	12,T/C
YITCHB102	57,C
YITCHB104	146,C/G
YITCHB105	36,A/C
YITCHB107	18,T;48,G;142,T
YITCHB108	73,A/C;127,A/C
YITCHB109	1,T;6,G;26,C;83,A;93,C
YITCHB112	28,T/C;123,T/C;154,T/A
YITCHB114	18,T;38,C;68,C;70,G;104,C
YITCHB116	29,T
YITCHB117	152,A/G
YITCHB118	22,T;78,C;102,T
YITCHB121	133,T;135,G;136,-;187,G
YITCHB124	130,A
YITCHB128	7,C;135,C/G

YITCHB131	32,T/C;135,T/G;184,T/C
YITCHB132	27,–;46,A;61,A;93,C;132,A;161,T
YITCHB136	64,A/C
YITCHB141	39,C
YITCHB142	2,T/C;28,T/C;30,T/G;46,A/G;102,T/C;150,C/G;152,A/G;153,C/G
YITCHB145	6,A/G;8,A/G;20,A/C;76,A/C;77,C/G;83,A/G;86,T/C
YITCHB147	12,A/G;22,T/G;61,T/A;70,A/G;100,A
YITCHB151	8,T/C;19,A;33,A/G;43,T/G
YITCHB152	31,A/G
YITCHB154	4,T/C;87,T/C
YITCHB156	82,T
YITCHB157	69,A
YITCHB158	96,T/C
YITCHB162	7,T/G;16,A/G;32,T/C;33,T;75,T/C;133,T/G;136,A/C
YITCHB165	1,A
YITCHB168	21,A;62,–
YITCHB169	22,T/A;79,T/C;117,A/G;118,T/G
YITCHB170	56,A/G
YITCHB171	39,T/C;87,A/T;96,T/C;119,A/C
YITCHB181	56,A/G
YITCHB182	45,A/G
YITCHB183	59,T/G;79,A/G;122,A/G;155,T/C
YITCHB185	20,T/C;49,A/G;71,T/C;86,T/C;104,T/C;114,T/C;133,C/G;154,A/G
YITCHB186	19,A/G;46,A/G;47,A/G;57,A/T;75,T/C;82,T/C;86,A/C
YITCHB189	49,A;61,A/C;88,A/C;147,G
YITCHB190	90,A/T
YITCHB191	44,T/G
YITCHB192	45,A/T;46,T/G;73,A/G
YITCHB193	169,T/C
YITCHB195	108,A/G
YITCHB197	72,A/G;121,–/T;122,–/T;123,–/T;167,C/G;174,A/G;189,A/C
YITCHB198	34,T/A;63,A/G;109,T/C
YITCHB200	70,A/G;73,A/G;92,A/T;104,C/G;106,T/A
YITCHB201	112,A/G;132,–/T
YITCHB202	55,T/C;60,T/C;102,T/C;104,A/G;127,T/C;187,A/G;197,A/G
YITCHB203	125,T/C;154,A/G
YITCHB205	31,A/C;36,A/G;46,A/T;57,T/G;74,A/G

YITCHB208	41,T/C;84,T/A
YITCHB209	32,T/C;34,T/C;35,A/G;71,T/C;94,T/C;166,A/G;173,A/G;175,T/C
YITCHB210	130,A/C;154,A/G
YITCHB211	113,T;115,G
YITCHB214	15,T/C;155,A/C
YITCHB215	3,A/T;6,T/G;9,A/G;22,A/G;54,T/C;63,T/A;71,A;72,A/C;81,A/G;96,A/G;121, T/C;137,A/G;163,T/G;177,A/G;186,A/G
YITCHB216	43,A/G
YITCHB217	84,A/C
YITCHB219	24,G;60,T/C;112,G
YITCHB220	17,A/G;58,G
YITCHB224	1,A/G;36,A/G;79,T/C;117,−/A;118,T/C
YITCHB225	24,G
YITCHB228	11,A/G;26,T/A;72,A/G
YITCHB229	45,C/G;80,T/G
YITCHB230	55,T/C;110,T/C;128,A/G
YITCHB232	47,A/G;54,A/G;86,C;108,T/C;147,A/C
YITCHB234	53,C
YITCHB240	53,A;93,T;148,A
YITCHB242	22,C
YITCHB243	86,T;98,A;131,C;162,A/G
YITCHB245	144,A/G;200,A/C
YITCHB246	19,A/C;25,T/C;89,A/G
YITCHB247	23,G;109,A
YITCHB250	21,T/C;51,G;54,T/C;55,A/G;56,T/C;78,T/C;98,T/C;99,T/A;125,A/T
YITCHB251	65,A/G
YITCHB252	26,T/C;65,A/G;137,T/C;156,A/G
YITCHB253	21,A/T;26,T/G
YITCHB254	51,G
YITCHB255	5,A/G;9,T/C;22,A/G;25,T/C;37,T/G;79,A/G;86,A/G;88,A/G;89,A/G;116,T/C; 135,T/C;187,A/G
YITCHB256	11,A
YITCHB257	68,T/C
YITCHB258	24,A/G;191,T/C
YITCHB259	90,A/G
YITCHB260	84,T/A;161,A/T
YITCHB263	43,A/G

YITCHB264   8,A/T;51,T/C;111,T/C
YITCHB265   64,T/C;73,T/A;97,C/G;116,T/G
YITCHB266   25,A/C;57,A/C;58,T/A;136,T/C;159,T/C
YITCHB268   82,T;167,G
YITCHB269   60,A/C
YITCHB270   12,T/C;113,A/C

YITCHB001 25,T/C;43,T/C;66,T/C;67,T/C

YITCHB002 145,A;146,G

YITCHB003 83,G;96,A

YITCHB004 160,T

YITCHB006 110,T;135,A/G

YITCHB007 67,A/G

YITCHB008 15,T/A;65,C

YITCHB011 156,A/C

YITCHB014 9,T/C

YITCHB015 47,A/G;69,C/G;85,A/G

YITCHB016 88,A/G

YITCHB019 55,T/A

YITCHB021 54,A/C;123,A/G;129,T/C;130,A/G

YITCHB023 26,A/T;28,T/C;38,T/G;52,A/C;57,A/G;65,A/G;67,A/G;72,T/G;115,T/A;130,A/G

YITCHB026 18,A/G

YITCHB030 80,C/G;139,T/C;148,A/G

YITCHB031 161,T

YITCHB035 7,A/G;33,A/G;44,T/C;124,A/T;137,A/C;158,T/G

YITCHB036 95,T/C;157,A/G

YITCHB039 28,T/C;29,A/T;53,T/C;74,A/G;76,T/C;89,T/G;93,A/G;130,T/C;151,T/G;156,T/G

YITCHB040 1,C;29,T;31,A;73,C;103,T;108,G;135,T

YITCHB042 127,T;167,T

YITCHB045 48,C

YITCHB048 6,A/G;59,A/T;62,A/G;79,T/C;80,T/C;81,A/G

YITCHB050 45,T/C;59,T/C;91,T/A;104,A/G

YITCHB051 7,T/G;105,T/C

YITCHB054 116,C

YITCHB056 60,T/A;124,T/G;125,T/G;147,A/G

YITCHB057 25,A/G;91,A/G;136,T/C

YITCHB058 2,A/G;36,A/G;60,A/G

YITCHB059 4,T/C;22,A/G;76,C/G;114,A/G;196,T/A

YITCHB061	4,C;28,A;67,A
YITCHB062	94,A/G;96,T/C
YITCHB064	113,A
YITCHB066	10,A/G;30,T/C
YITCHB067	9,A/G;85,A/G;87,–/G
YITCHB071	98,T/C
YITCHB073	23,T/C;49,G;82,A/G
YITCHB074	58,T/C
YITCHB075	22,C;35,T;98,C/G
YITCHB076	13,T;91,T
YITCHB081	51,A/G;56,T;57,C;58,T;60,C;67,T;68,T;69,C;110,A/G;116,T/C;135,A/G
YITCHB082	52,A/G
YITCHB084	91,A/G;100,C/G;119,A/C
YITCHB085	46,C;82,G
YITCHB086	115,A/G;155,T/G;168,A/G
YITCHB087	111,T/C
YITCHB089	14,T/C
YITCHB093	95,T/G;107,T/G;132,A/G;166,T/G
YITCHB094	16,A/C;36,C/G;63,A/G;70,T/C;99,A/G
YITCHB096	24,C;87,T/C
YITCHB102	57,A/C
YITCHB103	61,G;64,A;87,A;153,T
YITCHB105	36,A
YITCHB107	18,T;48,G;142,T
YITCHB112	10,T/C;28,T/C;56,T/G;60,A/G;123,T/C;137,A/C;154,A/T
YITCHB114	18,T/C;25,A/G;38,T/C;68,T/C;70,C/G;104,T/C
YITCHB116	29,T
YITCHB117	152,A/G
YITCHB118	22,T;78,C;102,T
YITCHB124	130,A
YITCHB130	13,A;20,C;54,C;60,A/G;82,T/C
YITCHB132	46,A/C;61,A/C;93,A/C;132,A/G;161,T/C
YITCHB134	72,C
YITCHB136	4,A/C;64,A/C
YITCHB137	110,C
YITCHB141	39,C
YITCHB143	22,G

YITCHB145	6,A;8,G;20,A;76,A;77,G;83,G;86,T
YITCHB148	27,T/C;91,T/C
YITCHB152	31,A/G
YITCHB154	1,A/T;4,T/C;87,T/C
YITCHB162	32,T/C;33,T;75,T/C;127,A/G
YITCHB165	1,A
YITCHB168	21,A/G
YITCHB169	22,T/A
YITCHB171	39,T/C;87,A/T;96,T/C;119,A/C
YITCHB175	12,A/G
YITCHB176	13,A/C;25,A/G;26,A/G;82,A/G;105,T/C
YITCHB177	28,T/G;30,A/G;95,T/G;127,A/G;135,T/G
YITCHB183	53,A/G;59,T/G;79,A/G;80,A/G;85,T/C;97,A/T/C;99,A/G;114,A/G;115,T/C;116,A/C;117,A/G;122,A/G;138,T/C;139,A/G;143,T/C;147,A/T;155,T/C;166,T/C
YITCHB184	7,T/C;12,A/G;15,C/G;16,A/G;20,T/C;34,A/G;48,T/C;69,T/C;70,C/G;102,A/G;118,A/G;126,A/G;127,T/C;131,T/A;139,T/C;165,A/C;170,T/C
YITCHB185	74,T/C;104,T/C;133,C/G
YITCHB186	19,A/G;46,A/G;47,A/G;57,T/A;75,T/C;82,T/C;86,A/C
YITCHB189	49,A/G;61,A;88,A/C;147,A/G
YITCHB191	44,T/G
YITCHB192	46,T/G;73,A/G
YITCHB195	53,T/C;111,T/C
YITCHB197	72,G;121,T;122,T;123,T;167,G;174,G;189,C
YITCHB198	34,T/A;63,A/G;109,T/C
YITCHB200	19,T/C
YITCHB201	103,A/T;132,-/T
YITCHB202	55,T/C;60,T/C;88,T/C;102,T/C;104,A/G;115,A/T;144,A/G;187,A/G;197,A/G
YITCHB205	57,T/G
YITCHB207	81,A/G
YITCHB209	32,T/C;34,T/C;35,A/G;71,T/C;94,T/C;166,A/G;173,A/G;175,T/C
YITCHB214	15,C;155,C
YITCHB215	71,A/T;72,A/T;132,C/G;162,A/G;177,A/G
YITCHB216	43,A
YITCHB217	84,A/C
YITCHB219	24,A/G;52,T/C;112,A/G
YITCHB224	1,A/G;36,A/G;79,T/C;117,-/A;118,T/C
YITCHB226	61,C/G;127,T/C

YITCHB228   11,G;26,T
YITCHB229   45,G;46,T/C;80,T/C;162,T/G
YITCHB230   55,C;79,A/C
YITCHB232   86,T/C
YITCHB233   152,A
YITCHB234   53,C
YITCHB235   120,T/C
YITCHB237   118,G;120,A;165,T;181,A
YITCHB238   108,C/G
YITCHB241   124,T/C
YITCHB242   22,C
YITCHB243   86,T;98,A;131,C
YITCHB245   142,T/C;144,A/G;200,A/C
YITCHB246   2,A/G;19,A/C;25,C;89,A
YITCHB247   23,G;109,A
YITCHB250   21,T/C;51,G;54,T/C;55,A/G;56,T/C;78,T/C;98,T/C;99,T/A;125,A/T
YITCHB251   65,A/G
YITCHB252   26,T/C;65,A/G;137,T/C;156,A/G
YITCHB253   21,A/T
YITCHB254   4,T/C;6,A/G;51,G;109,A/C
YITCHB255   5,G;9,C;22,G;25,C;37,G;79,A;86,G;88,G;89,G;116,C;135,T;187,A
YITCHB256   11,A
YITCHB257   68,T/C
YITCHB260   84,T/A;161,A/T
YITCHB263   26,A/G;36,T/C;43,A/G;93,T/C;104,T/C;144,A/G
YITCHB264   111,T/C
YITCHB265   64,T/C;73,T/A;97,C/G;116,T/G
YITCHB266   25,C;57,C;58,T;136,C;159,C
YITCHB267   102,T
YITCHB268   82,T;167,G
YITCHB269   60,A
YITCHB270   12,T

YITCHB002   109,T/C;145,A/C;146,C/G

YITCHB003   83,A/G;96,T/A

YITCHB004   160,T/G;195,A/G

YITCHB006   110,T/C

YITCHB007   27,C/G;44,A/G;67,A/G;90,C/G

YITCHB008   15,T;65,C

YITCHB011   156,A/C

YITCHB014   9,T/C

YITCHB015   47,A/G;69,C/G;85,A/G

YITCHB016   88,A/G

YITCHB019   55,A/T

YITCHB021   54,A/C;123,A/G;129,T/C;130,A/G

YITCHB022   54,T/C;67,A/G;68,A/C

YITCHB026   18,A/G

YITCHB027   101,A/G

YITCHB030   80,C/G;139,T/C;148,A/G

YITCHB031   88,T/C;125,T/C;161,T/G

YITCHB034   29,A

YITCHB035   7,A/G;33,A/G;44,T/C;124,T/A;137,A/C;158,C/G

YITCHB036   95,T/C;157,A/G

YITCHB038   202,T;203,A;204,G

YITCHB039   76,T/C;93,A/G;151,T/G;156,T/G

YITCHB040   1,C;29,T;31,A;73,C;103,T;108,G;135,T

YITCHB042   17,A/G;99,T/C;127,T;137,T/C;154,T/C;167,T

YITCHB044   97,T/C

YITCHB045   48,T/C

YITCHB047   130,A/G

YITCHB048   6,A/G;59,A/T;62,A/G;79,T/C

YITCHB049   41,C/G;53,T/C;75,T/C;99,A/C

YITCHB050   45,T;59,T;91,T;104,A/G;121,A/G

YITCHB051   7,T/G;26,A/G;54,T/C;144,A/C

YITCHB054   116,T/C

YITCHB055   52,T

YITCHB057   91,A/G;142,T/C;146,T/G

YITCHB061   4,C;28,A;67,A

YITCHB064   113,A

YITCHB067   87,G

YITCHB072   19,T;35,A;59,T;61,G;71,G;79,G;80,T;81,G;82,G;88,C;89,A;91,G;97,T;100,
G;103,A;109,G;121,T;125,C;128,G;130,G;137,G;141,A;150,G;166,T;169,A;
172,G;175,T;182,A

YITCHB073   23,T/C;49,G;82,A/G

YITCHB075   22,T/C;35,T/C

YITCHB076   13,T/C;91,T/C

YITCHB077   77,A/G;88,T/C;104,A/G;145,T/C

YITCHB079   85,A/G;123,A/G

YITCHB081   56,T;57,C;58,T;60,C;67,T;68,T;69,C

YITCHB082   52,A/G

YITCHB083   4,T/A;28,T/G;101,T/G;119,T/C

YITCHB085   46,C/G;81,A/T;82,G

YITCHB089   38,A/G;52,A/G;53,T/C;64,A/C;89,T/C;178,T/C;184,T/C;196,T/C;197,A/G

YITCHB092   118,A/G

YITCHB094   16,C;36,G;63,A;70,C;99,G

YITCHB096   24,C

YITCHB099   74,T/C;105,A/G;126,T/C;179,A/T;180,T/C

YITCHB102   52,A/G;57,C

YITCHB104   146,C/G

YITCHB107   18,A/T;48,A/G;142,T/C

YITCHB108   73,A/C;127,A/C

YITCHB109   1,T;6,G;26,C;83,A;93,C

YITCHB112   28,T/C;123,T/C;154,T/A

YITCHB114   18,T;38,C;68,C;70,G;104,C

YITCHB116   29,T

YITCHB121   133,T;135,G;136,–;187,G

YITCHB123   138,T/C

YITCHB124   130,A

YITCHB127   65,A;82,C;132,A

YITCHB128   7,T/C

YITCHB130   13,A/G;20,T/C;54,T/C;60,A/G

YITCHB131   32,C;135,G;184,C

YITCHB134   72,T/C

YITCHB137	110,T/C
YITCHB141	39,T/C
YITCHB142	2,T/C;28,T/C;30,T/G;46,A/G;102,T/C;150,C/G;152,A/G;153,C/G
YITCHB143	22,T/G
YITCHB145	6,A/G;8,A/G;20,A/C;76,A/C;77,C/G;83,A/G;86,T/C
YITCHB147	12,A/G;22,T/G;61,A/T;70,A/G;100,A/G
YITCHB148	27,T/C;91,T/C
YITCHB151	8,T/C;19,A;33,A/G;43,T/G
YITCHB152	31,A/G
YITCHB154	4,T/C;87,T/C
YITCHB156	82,T
YITCHB158	96,C
YITCHB159	7,A/G;25,A/G;38,T/C;42,T/C;92,C/G;160,A/G
YITCHB161	31,C/G
YITCHB162	14,T/C;33,T/C;36,A/G;75,T/C;90,A/C;110,A/G
YITCHB163	41,A/G;54,T/C;90,T/C
YITCHB165	1,A
YITCHB168	21,A;62,–
YITCHB169	22,T/A;107,A/G
YITCHB170	56,A/G
YITCHB171	39,T/C;87,A/T;96,T/C;119,A/C
YITCHB175	12,A/G
YITCHB177	55,T/G
YITCHB181	56,A/G
YITCHB182	45,A/G
YITCHB183	12,A/G;53,A/G;59,T/G;80,A/G;115,T/C;155,T/C
YITCHB184	50,A/G;52,T/C;70,C/G;77,A/G;85,T/C;87,A/G;139,T/C;160,A/C;175,T/C
YITCHB185	20,T/C;49,A/G;71,T/C;86,T/C;104,T/C;114,T/C;133,C/G;154,A/G
YITCHB186	19,A/G;44,C/G;46,A/G;47,A/G;57,T/A;75,T/C;82,T/C;86,A/C
YITCHB189	49,A/G;61,A/C;88,A/C;147,A/G
YITCHB190	90,T/A
YITCHB191	44,T/G
YITCHB192	45,A/T;46,T/G;73,A/G
YITCHB195	53,T/C;111,T/C
YITCHB197	72,A/G;121,–/T;122,–/T;123,–/T;167,C/G;174,A/G;189,A/C
YITCHB198	34,A/T;63,A/G;109,T/C
YITCHB201	112,A/G;132,–/T

YITCHB202	55,T/C;60,T/C;102,T/C;104,A/G;127,T/C;187,A/G;197,A/G
YITCHB205	31,A/C;36,A/G;46,T/A;57,T/G;74,A/G
YITCHB207	81,A/G
YITCHB209	32,T/C;34,T/C;35,A/G;71,T/C;94,T/C;166,A/G;173,A/G;175,T/C
YITCHB210	130,A/C;154,A/G
YITCHB211	113,T;115,G
YITCHB212	38,C/G;105,C/G
YITCHB214	15,T/C;155,A/C
YITCHB216	43,A/G
YITCHB217	84,A/C
YITCHB219	24,A/G;60,T/C;112,A/G
YITCHB220	17,A/G;58,C/G
YITCHB223	17,T/C;189,T/C
YITCHB224	1,A;36,A;79,T;117,A;118,C
YITCHB225	24,A/G
YITCHB228	11,A/G;26,T/A;72,A/G
YITCHB229	45,C/G;80,T/G
YITCHB230	55,T/C;128,A/G
YITCHB232	86,C
YITCHB233	152,A
YITCHB234	53,C
YITCHB237	118,A/G;120,A/C;165,A/T;181,A/C
YITCHB242	22,T/C
YITCHB243	86,T/C;98,A/G;131,A/C;162,A/G
YITCHB244	43,A/G;143,A/G
YITCHB245	144,A/G;200,C
YITCHB248	50,A/G
YITCHB250	21,T/C;51,T/G;54,T/C;55,A/G;56,T/C;78,T/C;98,T/C;99,T/A;125,A/T
YITCHB251	65,A/G
YITCHB252	26,C;65,G;137,T;156,A
YITCHB253	21,T/A;26,T/G
YITCHB254	51,A/G
YITCHB255	5,A/G;9,T/C;22,A/G;25,T/C;37,T/G;79,A/G;86,A/G;88,A/G;89,A/G;116,T/C;135,T/C;187,A/G
YITCHB256	11,A/G
YITCHB259	90,A
YITCHB260	84,T;161,A

YITCHB264 111,C

YITCHB266 25,C;57,C;58,T;136,C;159,C

YITCHB267 102,T

YITCHB268 24,A/C;44,A/G;82,T/G;86,T/C;123,A/G;126,A/G;137,T/C;148,T/A;166,A/C;
       167,A/G

YITCHB270 113,C

YITCHB001 25,T/C;43,T/C;66,T/C;67,T/C;81,T/C
YITCHB002 109,T/C;145,A/C;146,C/G
YITCHB003 83,A/G;96,T/A
YITCHB004 160,T/G;195,A/G
YITCHB006 110,T/C
YITCHB007 27,C/G;44,A/G;67,A/G;90,C/G
YITCHB008 15,A/T;65,T/C
YITCHB010 47,A/G;84,T/C;86,T/C;132,A/G
YITCHB011 156,A/C
YITCHB014 9,T/C
YITCHB015 47,A/G;69,C/G;85,A/G
YITCHB016 88,A/G
YITCHB017 63,A/C;132,A/G
YITCHB019 55,T/A
YITCHB021 54,A/C;123,A/G;129,T/C;130,A/G
YITCHB022 54,T/C;67,A/G;68,A/C
YITCHB026 18,A/G
YITCHB030 80,C/G;139,T/C;148,A/G
YITCHB031 125,C
YITCHB033 93,A
YITCHB035 7,A/G;33,A/G;44,T/C;124,A/T;137,A/C;158,T/C/G
YITCHB036 95,T/C;157,A/G
YITCHB039 76,T/C;93,A/G;151,T/G;156,T/G
YITCHB040 1,C
YITCHB042 17,A/G;99,T/C;127,T/C;137,T/C;154,T/C;167,T/A
YITCHB044 97,T/C
YITCHB045 48,C
YITCHB047 130,A/G
YITCHB048 59,A/T;62,A/G;79,T/C
YITCHB049 27,A/G;41,C/G;75,T/C;92,T/G;96,T/C;99,A/C;131,T/G
YITCHB050 45,T/C;51,A/C;59,T/C;91,A/T;104,A/G
YITCHB051 7,T/G;105,T/C
YITCHB054 116,T/C

YITCHB056	60,T/A;124,T/G;125,T/G;147,A/G
YITCHB057	91,G;142,T;146,G
YITCHB058	2,A/G;36,A/G;60,A/G;131,T/C
YITCHB059	4,T/C;22,A/G;76,C/G;114,A/G;196,T/A
YITCHB061	4,C;28,A;67,A
YITCHB062	94,G;96,C
YITCHB064	113,A/G
YITCHB065	97,A/G
YITCHB066	30,T/C
YITCHB067	87,G
YITCHB068	144,T/C;165,A/G
YITCHB071	98,T/C
YITCHB072	19,T;59,T;61,G;67,G;71,G;79,G;80,T;81,G;82,G;88,C;89,A;91,G;97,T;100, G;103,A;109,G;121,T;125,C;128,G;137,G;141,A;150,G;166,T;169,A;172,G; 182,A
YITCHB073	23,T/C;49,G;82,A/G
YITCHB075	22,T/C;35,T/C;98,C/G
YITCHB076	13,T/C;91,T/C
YITCHB081	51,A/G;56,T;57,C;58,T;60,C;67,T;68,T;69,C;110,A/G;116,T/C;135,A/G
YITCHB082	52,A/G
YITCHB083	4,A/T;28,T/G;101,T/G;119,T/C
YITCHB085	46,C;82,G
YITCHB089	38,A/G;52,A/G;53,T/C;64,A/C;89,T/C;178,T/C;184,T/C;196,T/C;197,A/G
YITCHB092	118,A/G
YITCHB094	16,C;36,G;63,A;70,C;99,G
YITCHB096	24,T/C
YITCHB099	74,T/C;105,A/G;126,T/C;179,A/T;180,T/C
YITCHB102	52,A/G;57,C
YITCHB104	146,C/G
YITCHB105	36,A/C
YITCHB106	19,T/C;94,T/C
YITCHB107	18,A/T;48,A/G;142,T/C
YITCHB108	73,A/C;127,A/C
YITCHB109	1,T;6,G;26,T/C;83,A/T;93,T/C
YITCHB112	28,T/C;123,C;154,A/T
YITCHB114	18,T/C;25,A/G;38,T/C;68,T/C;70,C/G;104,T/C
YITCHB116	29,T

YITCHB124   130,A

YITCHB127   65,A/G;82,A/C;132,A/C

YITCHB128   7,C;135,C/G

YITCHB131   32,T/C;135,T/G;184,T/C

YITCHB132   27,–;46,A;61,A;93,C;132,A;161,T

YITCHB134   72,T/C

YITCHB136   64,A/C

YITCHB141   39,T/C

YITCHB142   2,T/C;28,T/C;30,T/G;46,A/G;102,T/C;150,C/G;152,A/G;153,C/G

YITCHB145   6,A/G;8,A/G;20,A/C;76,A/C;77,C/G;83,A/G;86,T/C

YITCHB147   12,A/G;22,T/G;61,A/T;70,A/G;100,A

YITCHB148   27,T/C;91,T/C

YITCHB151   8,T/C;19,T/A;43,T/G

YITCHB152   31,A/G

YITCHB154   4,T/C;87,T/C

YITCHB156   82,T/C

YITCHB157   69,A

YITCHB162   32,T/C;33,T;75,T/C;133,T/G

YITCHB167   12,A/G;33,C/G;36,A/G;64,A/C;146,A/G

YITCHB168   21,A/G

YITCHB169   22,T;79,T/C;107,A/G;117,A/G;118,T/G

YITCHB170   56,A/G

YITCHB171   39,T/C;87,A/T;96,T/C;119,A/C

YITCHB176   13,A/C;25,A/G;26,A/G;82,A/G;105,T/C

YITCHB177   28,T/G;30,A/G;55,T/G;95,T/G;127,A/G;135,T/G

YITCHB183   59,T/G;79,A/G;97,T/A;114,A/G;116,A/C;122,A/G;138,T/C;139,A/G;147,A/T;
                       155,T/C;166,T/C

YITCHB185   20,T/C;49,A/G;71,T/C;86,T/C;104,T/C;114,T/C;133,C/G;154,A/G

YITCHB186   19,A/G;46,A/G;47,A/G;57,T/A;75,T/C;82,T/C;86,A/C

YITCHB187   82,A/G;130,A/G

YITCHB189   49,A/G;61,A/C;147,A/G

YITCHB190   90,T/A

YITCHB191   44,T/G

YITCHB192   45,T/A

YITCHB193   169,T/C

YITCHB195   108,A

YITCHB197   72,A/G;121,–/T;122,–/T;123,–/T;167,C/G;174,A/G;189,A/C

YITCHB198	34,A/T;63,A/G;109,T/C
YITCHB201	112,A/G;132,–/T
YITCHB202	55,T/C;60,T/C;102,T/C;104,A/G;127,T/C;187,A/G;197,A/G
YITCHB205	31,A/C;36,A/G;46,T/A;57,T/G;74,A/G
YITCHB208	41,T/C;84,T/A
YITCHB209	32,T/C;34,T/C;35,A/G;71,T/C;94,T/C;166,A/G;173,A/G;175,T/C
YITCHB210	130,A/C;154,A/G
YITCHB211	113,T;115,G
YITCHB215	3,T/A;6,T/G;9,A/G;22,A/G;54,T/C;63,A/T;71,A/T;72,T/C;81,A/G;96,A/G;121, T/C;137,A/G;163,T/G;177,A/G;186,A/G
YITCHB216	43,A
YITCHB217	84,A/C
YITCHB219	24,A/G;60,T/C;112,A/G
YITCHB220	58,C/G
YITCHB224	1,A/G;36,A/G;79,T/C;117,–/A;118,T/C
YITCHB225	24,A/G
YITCHB229	45,C/G;80,T/G
YITCHB230	55,T/C;110,T/C;128,A/G
YITCHB232	86,C
YITCHB233	152,A
YITCHB234	53,C
YITCHB237	118,A/G;120,A/C;165,T/A;181,A/C
YITCHB240	53,T/A;93,T/C;148,T/A
YITCHB242	22,T/C
YITCHB243	86,T/C;98,A/G;131,A/C;162,A/G
YITCHB244	43,A/G;143,A/G
YITCHB245	144,A/G;200,C
YITCHB248	50,A/G
YITCHB250	21,T/C;30,A/G;33,T/G;50,T/C;51,T/G;52,A/G;54,T/C;55,A/G;56,T/C;78,T/C; 81,T/C;83,A/G;90,A/G;94,T/C;98,T/C;99,A/T;119,A/C;125,T/A;130,T/G;131, T/C
YITCHB251	65,G
YITCHB252	26,C;65,G;137,T;156,A
YITCHB253	21,A/T;26,T/G
YITCHB254	51,A/G
YITCHB255	5,A/G;9,T/C;22,A/G;25,T/C;37,T/G;79,A/G;86,A/G;88,A/G;89,A/G;116,T/C; 135,T/C;187,A/G

YITCHB256   11,A/G

YITCHB257   68,T/C

YITCHB259   90,A/G

YITCHB263   43,G

YITCHB264   5,T/A;8,T/A;22,T/C;35,A/G;51,T/C;79,T/C;97,C/G;99,A/G;105,A/G;108,T/C;
111,T/C;113,A/G;114,T/C;132,T/C;137,A/G;144,T/C

YITCHB265   64,T;73,T;97,C;116,G

YITCHB266   25,A/C;37,T/C;57,A/C;58,T/A

YITCHB268   82,T;167,G

YITCHB269   60,A

YITCHB270   12,T

YITCHB001 25,T/C;43,T/C;66,T/C;67,T/C;81,T/C
YITCHB002 109,T/C;145,A/C;146,C/G
YITCHB003 83,A/G;96,T/A
YITCHB004 160,T/G
YITCHB006 110,T/C
YITCHB007 27,C/G;44,A/G;67,A/G;90,C/G
YITCHB008 15,T/A;65,T/C
YITCHB011 156,A/C
YITCHB014 9,T/C
YITCHB016 67,A;80,T;88,G;91,T
YITCHB021 54,A/C;123,A/G;129,T/C;130,A/G
YITCHB022 54,T/C;67,A/G;68,A/C
YITCHB026 18,A/G
YITCHB030 80,C/G;139,T/C;148,A/G
YITCHB031 88,T/C;125,T/C;161,T/G
YITCHB034 29,A
YITCHB035 158,T/C
YITCHB036 95,T;157,G
YITCHB038 18,T/A;40,T/G;94,T/A;113,C/G;202,T;203,A;204,G
YITCHB039 76,T;93,G;151,T;156,G
YITCHB040 1,C;29,T;31,A;73,C;103,T;108,G;135,T
YITCHB042 127,T/C;167,T
YITCHB045 48,T/C
YITCHB047 130,A
YITCHB048 6,A/G;59,A/T;62,A/G;79,T/C
YITCHB049 27,A/G;41,C/G;75,T/C;92,T/G;96,T/C;99,A/C;131,T/G
YITCHB050 45,T;51,A/C;59,T;91,T;104,G
YITCHB051 7,T/G;26,A/G
YITCHB055 52,T
YITCHB057 91,G;142,T;146,G
YITCHB058 2,A/G;36,A/G;60,A/G;131,T/C
YITCHB059 4,T/C;22,A/G;76,C/G;114,A/G;196,A/T
YITCHB061 4,C;28,A;67,A

YITCHB062	94,G;96,C
YITCHB064	113,A/G
YITCHB065	97,A/G
YITCHB066	30,T/C
YITCHB067	9,A/G;85,A/G;87,−/G
YITCHB071	98,T/C
YITCHB072	19,T/C;35,A/G;59,T/C;61,T/G;71,A/G;79,C/G;80,T/C;81,A/G;82,A/G;88,T/C;89,A/G;91,A/G;97,T/A;100,A/G;103,A/C;109,A/G;121,T/C;125,T/C;128,C/G;130,A/G;137,A/G;141,A/G;150,T/G;166,T/A;169,A/G;172,A/G;175,T/G;182,A/T
YITCHB073	23,T/C;49,G;82,A/G
YITCHB075	22,T/C;35,T/C
YITCHB076	13,T/C;91,T/C
YITCHB081	51,A/G;56,T;57,C;58,T;60,C;67,T;68,T;69,C;110,A/G;116,T/C;135,A/G
YITCHB082	52,A/G
YITCHB083	4,T/A;28,T/G;101,T/G;119,T/C
YITCHB084	91,A/G;100,C/G;119,A/C
YITCHB085	46,C;82,G
YITCHB089	38,A/G;52,A/G;53,T/C;64,A/C;89,T/C;178,T/C;184,T/C;196,T/C;197,A/G
YITCHB092	118,A/G
YITCHB094	16,A/C;36,C/G;63,A/G;70,T/C;99,A/G
YITCHB096	24,C
YITCHB099	74,T/C;105,A/G;126,T/C;179,A/T;180,T/C
YITCHB100	12,T/C
YITCHB102	57,A/C
YITCHB103	61,A/G;64,A/C;87,A/C;153,T/C
YITCHB104	146,C/G
YITCHB105	36,A/C
YITCHB108	127,A/C
YITCHB109	1,T;6,G;26,C;83,A;93,C
YITCHB110	66,A/G;144,A/G
YITCHB112	28,T/C;123,T/C;154,A/T
YITCHB114	18,T;38,C;68,C;70,G;104,C
YITCHB115	112,A/G;128,T/C
YITCHB116	29,T
YITCHB117	152,A/G
YITCHB118	22,T;78,C;102,T

YITCHB121	133,T;135,G;136,–;187,G
YITCHB124	130,A
YITCHB126	19,A/G;43,T/C
YITCHB127	65,A/G;82,A/C;132,A/C
YITCHB128	7,T/C;135,C/G
YITCHB130	13,A/G;20,T/C;54,T/C;60,A/G
YITCHB131	32,C;135,G;184,C
YITCHB134	72,T/C
YITCHB137	110,T/C
YITCHB141	39,C
YITCHB143	22,T/G
YITCHB145	6,A;8,G;20,A;76,A;77,G;83,G;86,T
YITCHB148	17,A/C;27,T/C;91,T/C
YITCHB152	31,A/G
YITCHB154	4,T/C;87,T/C
YITCHB157	69,A
YITCHB158	96,T/C
YITCHB159	7,A/G;25,A/G;38,T/C;42,T/C;92,C/G;160,A/G
YITCHB160	59,A/G;64,T/G
YITCHB161	31,C/G
YITCHB162	32,T/C;33,T;75,T/C;133,T/G
YITCHB165	1,A
YITCHB168	21,A;62,–
YITCHB169	22,A/T;79,T/C;117,A/G;118,T/G
YITCHB170	56,A/G
YITCHB171	39,T/C;87,A/T;96,T/C;119,A/C
YITCHB175	12,A/G
YITCHB177	55,T/G
YITCHB181	56,A
YITCHB182	45,A/G
YITCHB183	53,A/G;59,T/G;79,A/G;80,A/G;115,T/C;122,A/G;155,C
YITCHB185	20,T/C;49,A/G;71,T/C;86,T/C;104,T/C;114,T/C;133,C/G;154,A/G
YITCHB186	19,A/G;44,C/G;46,A/G;47,A/G;57,A/T;75,T/C;82,T/C;86,A/C
YITCHB187	82,A;130,G
YITCHB188	94,T/C
YITCHB189	49,A/G;61,A/C;147,G
YITCHB190	90,T/A

YITCHB191   44,T/G

YITCHB192   45,T/A;46,T/G;73,A/G

YITCHB195   108,A

YITCHB197   72,A/G;121,-/T;122,-/T;123,-/T;167,C/G;174,A/G;189,A/C

YITCHB198   34,T/A;63,A/G;109,T/C

YITCHB199   77,C/G;123,T/C

YITCHB200   70,A/G;73,A/G;92,A/T;104,C/G;106,T/A

YITCHB201   112,G;132,T

YITCHB202   55,T;60,T;88,T/C;102,T;104,A;115,A/T;127,T/C;144,A/G;187,G;197,A

YITCHB203   125,T/C;154,A/G

YITCHB208   41,C;84,A

YITCHB209   32,T/C;34,T/C;35,A/G;71,T/C;94,T/C;149,T/C;166,A/G;173,A/G;175,T/C

YITCHB212   38,C/G;105,C/G

YITCHB214   15,T/C;155,A/C

YITCHB215   3,T/A;6,T/G;9,A/G;22,A/G;54,T/C;63,A/T;71,A/T;72,T/C;81,A/G;96,A/G;121,
T/C;137,A/G;163,T/G;177,A/G;186,A/G

YITCHB216   43,A/G

YITCHB217   84,A/C

YITCHB219   24,A/G;60,T/C;112,A/G

YITCHB220   17,A/G;58,C/G

YITCHB223   17,T/C;189,T/C

YITCHB224   1,A/G;36,A/G;79,T/C;117,-/A;118,T/C

YITCHB225   24,A/G

YITCHB229   45,C/G;80,T/G

YITCHB230   55,C;110,T/C

YITCHB232   47,A/G;54,A/G;86,T/C;108,T/C;147,A/C

YITCHB233   152,A

YITCHB234   53,C

YITCHB237   118,A/G;120,A/C;165,A/T;181,A/C

YITCHB240   53,T/A;93,T/C;148,T/A

YITCHB242   22,C

YITCHB243   86,T;98,A;131,C;162,A/G

YITCHB245   144,A/G;200,A/C

YITCHB246   19,A/C;25,T/C;89,A/G

YITCHB247   23,G;109,A

YITCHB250   21,T/C;51,G;54,T/C;55,A/G;56,T/C;78,T/C;98,T/C;99,T/A;125,A/T

YITCHB251   65,A/G

YITCHB252	26,T/C;65,A/G;137,T/C;156,A/G
YITCHB253	21,T/A
YITCHB254	51,A/G
YITCHB255	5,G;9,C;22,G;25,C;37,G;79,A;86,G;88,G;89,G;116,C;135,T;187,A
YITCHB256	11,A
YITCHB257	68,T/C
YITCHB259	90,A
YITCHB260	84,T;161,A
YITCHB263	84,A/G;93,T/C;144,A/G;181,A/G
YITCHB264	5,T/A;22,T/C;35,A/G;79,T/C;97,C/G;99,A/G;105,A/G;108,T/C;111,C;113,A/G;114,T/C;132,T/C;137,A/G;144,T/C
YITCHB266	25,A/C;37,T/C;57,A/C;58,A/T;136,T/C;159,T/C
YITCHB268	82,T;167,G
YITCHB269	60,A
YITCHB270	12,T

YITCHB002   109,T/C;145,A/C;146,C/G

YITCHB003   83,A/G;96,T/A

YITCHB004   160,T/G;195,A/G

YITCHB006   110,T/C

YITCHB007   27,C/G;44,A/G;90,C/G;99,T/C

YITCHB008   15,A/T;65,T/C

YITCHB010   47,A/G;84,T/C;86,T/C;132,A/G

YITCHB011   156,A/C

YITCHB014   9,T/C

YITCHB016   67,A;80,T;88,G;91,T

YITCHB021   54,A/C;123,A/G;129,T/C;130,A/G

YITCHB022   54,T/C;67,A/G;68,A/C

YITCHB026   18,A/G

YITCHB028   48,T/C;66,T/G;166,C/G

YITCHB030   80,C;139,C;148,A

YITCHB031   125,T/C;161,T/G

YITCHB033   93,A

YITCHB034   29,A/C

YITCHB035   158,T/C

YITCHB036   95,T/C;157,A/G

YITCHB038   202,T;203,A;204,G

YITCHB039   151,T/G

YITCHB040   1,C;29,T;31,A;73,C;103,T;108,G;135,T

YITCHB042   127,T/C;167,T

YITCHB044   97,T/C

YITCHB045   48,T/C

YITCHB047   130,A

YITCHB048   6,A/G;59,A/T;62,A/G;79,T/C;80,T/C;81,A/G

YITCHB049   27,A/G;41,C/G;75,T/C;92,T/G;96,T/C;99,A/C;131,T/G

YITCHB050   45,T;51,A/C;59,T;91,T;104,G

YITCHB051   7,T/G;26,A/G

YITCHB057   91,A/G;142,T/C;146,T/G

YITCHB061   4,C;28,A;67,A

YITCHB064	113,A
YITCHB065	97,A/G
YITCHB067	87,G
YITCHB068	144,T/C;165,A/G
YITCHB071	98,T/C
YITCHB072	19,T;35,A;59,T;61,G;71,G;79,G;80,T;81,G;82,G;88,C;89,A;91,G;97,T;100,G;103,A;109,G;121,T;125,C;128,G;130,G;137,G;141,A;150,G;166,T;169,A;172,G;175,T;182,A
YITCHB073	23,T/C;49,G;82,A/G
YITCHB075	22,T/C;35,T/C;98,C/G
YITCHB076	13,T/C;91,T/C
YITCHB081	51,A/G;56,T;57,C;58,T;60,C;67,T;68,T;69,C;110,A/G;116,T/C;135,A/G
YITCHB082	52,A/G
YITCHB083	4,T/A;28,T/G;101,T/G;119,T/C
YITCHB084	91,A/G;100,C/G;119,A/C
YITCHB085	46,C/G;81,A/T;82,G
YITCHB086	15,T/C;50,T/C;52,A/G;67,C/G;74,A/G;76,A/C;77,C/G;85,A/G;90,T/G;92,T/C;94,C/G;100,A/G;102,T/G;104,A/C;107,T/G;109,A/G;110,T/A;114,A/G;115,A/G;116,T/C;127,T/C;135,A/G;151,A/C;155,T/G;156,A/T;165,T/C;168,A/C/G
YITCHB089	14,T/C
YITCHB094	16,A/C;36,C/G;63,A/G;70,T/C;99,A/G
YITCHB096	24,C
YITCHB099	74,T/C;105,A/G;126,T/C;179,T/A;180,T/C
YITCHB102	57,A/C
YITCHB103	61,A/G;64,A/C;87,A/C;153,T/C
YITCHB104	146,C/G
YITCHB105	36,A
YITCHB108	127,A/C
YITCHB109	1,T;6,G;26,T/C;83,T/A;93,T/C
YITCHB110	66,A/G;144,A/G
YITCHB112	35,A/C;36,T/C;103,A/G;122,T/G;123,T/C;129,A/G;142,T/C;154,A/T;162,T/C
YITCHB114	18,T/C;25,A/G;38,T/C;68,T/C;70,C/G;104,T/C
YITCHB115	112,A/G;128,T/C
YITCHB116	29,T
YITCHB123	138,T/C
YITCHB124	130,A
YITCHB126	19,A/G;43,T/C

YITCHB127	65,A;82,C;132,A
YITCHB128	7,T/C
YITCHB130	13,A/G;20,T/C;54,T/C;60,A/G
YITCHB131	32,C;135,G;184,C
YITCHB134	72,T/C
YITCHB136	64,A/C
YITCHB137	110,T/C
YITCHB141	39,T/C
YITCHB142	2,T/C;28,T/C;30,T/G;46,A/G;102,T/C;150,C/G;152,A/G;153,C/G
YITCHB143	22,T/G
YITCHB145	6,A;8,G;20,A;76,A;77,G;83,G;86,T
YITCHB148	17,A/C;27,T/C;91,T/C
YITCHB149	87,T/C;112,T/A;135,A/G
YITCHB152	31,A/G
YITCHB154	4,T/C;87,T/C
YITCHB156	82,T/C
YITCHB157	69,A
YITCHB160	59,A/G;64,T/G
YITCHB162	7,T/G;16,A/G;32,T/C;33,T;75,T/C;133,T/G;136,A/C
YITCHB167	12,A/G;33,C/G;36,A/G;64,A/C;146,A/G
YITCHB168	21,A/G
YITCHB169	22,T;79,T/C;107,A/G;117,A/G;118,T/G
YITCHB170	56,A/G
YITCHB171	39,T/C;87,A/T;96,T/C;119,A/C
YITCHB175	12,A/G
YITCHB177	55,T/G
YITCHB181	56,A
YITCHB182	45,A/G
YITCHB183	53,A/G;59,T/G;79,A/G;80,A/G;85,T/C;97,T/C;99,A/G;115,T/C;116,A/C;117, A/G;122,A/G;138,T/C;143,T/C;155,T/C
YITCHB185	20,T/C;49,A/G;71,T/C;86,T/C;104,T/C;114,T/C;133,C/G;154,A/G
YITCHB186	19,A/G;46,A/G;47,A/G;57,T/A;75,T/C;82,T/C;86,A/C
YITCHB187	82,A/G;130,A/G
YITCHB189	49,A/G;61,A/C;88,A/C;147,A/G
YITCHB190	90,A/T
YITCHB191	44,T/G
YITCHB192	45,T/A;46,T/G;73,A/G

YITCHB193	169,T/C
YITCHB197	72,A/G;121,–/T;122,–/T;123,–/T;167,C/G;174,A/G;189,A/C
YITCHB198	34,T/A;63,A/G;109,T/C
YITCHB199	77,C/G;123,T/C
YITCHB201	132,T
YITCHB202	55,T/C;60,T/C;88,T/C;102,T/C;104,A/G;115,A/T;144,A/G;187,A/G;197,A/G
YITCHB205	57,T
YITCHB209	32,T;34,C;35,A/G;71,T/C;94,T;149,T/C;166,G;173,A/G;175,C
YITCHB214	15,C;155,C
YITCHB215	3,A/T;6,T/G;9,A/G;22,A/G;54,T/C;63,T/A;71,T/A;72,T/C;81,A/G;96,A/G; 121,T/C;137,A/G;163,T/G;177,A/G;186,A/G
YITCHB216	43,A
YITCHB217	84,A/C
YITCHB219	24,A/G;60,T/C;112,A/G
YITCHB220	58,C/G
YITCHB224	117,A
YITCHB229	45,C/G;80,T/G
YITCHB230	55,T/C;110,T/C;128,A/G
YITCHB232	86,T/C
YITCHB233	152,A
YITCHB234	53,C
YITCHB237	118,A/G;120,A/C;165,T/A;181,A/C
YITCHB238	23,T/G
YITCHB240	53,T/A;93,T/C;148,T/A
YITCHB242	22,T/C
YITCHB244	43,A/G;143,A/G
YITCHB245	144,A/G;200,C
YITCHB248	50,A/G
YITCHB250	21,T/C;51,T/G;54,T/C;55,A/G;56,T/C;78,T/C;98,T/C;99,A/T;125,T/A
YITCHB251	65,A/G
YITCHB252	26,C;65,G;137,T;156,A
YITCHB253	21,T/A;26,T/G
YITCHB254	51,A/G
YITCHB255	5,A/G;9,T/C;22,A/G;25,T/C;37,T/G;79,A/G;86,A/G;88,A/G;89,A/G;116,T/C; 135,T/C;187,A/G
YITCHB256	11,A/G
YITCHB257	68,T/C

YITCHB259   90,A
YITCHB260   84,T;161,A
YITCHB263   43,A/G
YITCHB264   8,T/A;51,T/C;111,T/C
YITCHB266   25,C;57,C;58,T;136,C;159,C
YITCHB267   102,T
YITCHB268   82,T;167,G
YITCHB269   60,A/C
YITCHB270   12,T/C;113,A/C

YITCHB001   13,T/G;25,T/C;43,T/C;66,T/C;67,T/C;142,T/G
YITCHB002   109,T/C;145,A/C;146,C/G
YITCHB004   160,T
YITCHB006   110,T
YITCHB007   27,C/G;29,A/G;44,A/G;49,T/C;67,A/G;88,T/A;90,C/G
YITCHB008   15,T;65,C
YITCHB014   9,T/C
YITCHB022   54,C;67,A/G;68,A/C;88,T/C;98,A/G
YITCHB026   18,A/G
YITCHB028   48,T/C;166,C/G
YITCHB030   80,C/G;139,T/C;148,A/G
YITCHB031   125,C
YITCHB033   93,A
YITCHB035   33,A/G;34,T/G;44,T/C;154,T/C;158,C/G
YITCHB036   95,T/C;157,A/G
YITCHB038   202,T;203,A;204,G
YITCHB039   76,T/C;93,A/G;151,T/G;156,T/G
YITCHB040   1,C
YITCHB042   127,T/C;160,A/G;167,T/A
YITCHB044   97,T/C
YITCHB045   48,C
YITCHB048   59,A/T;62,A/G;79,T/C;80,T/C;81,A/G
YITCHB049   41,C/G;53,T/C;75,T/C;99,A/C
YITCHB050   45,T/C;59,T/C;70,C/G;91,A/T
YITCHB051   56,A/G;105,T/C
YITCHB053   10,T/C;19,T/C;63,−;81,T/C;103,A/G;109,T/C;111,T/C;112,C;116,T/C;124,G
YITCHB054   19,A/G;22,T/C;67,A/G;81,A/G;101,T/G;116,T/C
YITCHB056   98,T/C;124,T/G;147,A/G
YITCHB057   91,A/G;136,T/C
YITCHB059   122,A/C
YITCHB061   4,C;16,T/G;28,A;44,A/G;67,T/A
YITCHB064   113,A/G
YITCHB067   87,G

YITCHB071	5,A/G;8,A/G;10,A/G;18,A/G;54,T/C;56,A/G;80,A/G;83,T/C;84,T/C;90,A/T; 100,A/C;103,T/C;105,A/G;111,T/C
YITCHB072	19,T/C;35,A/G;59,T/C;61,T/G;71,A/G;79,C/G;80,T/C;81,A/G;82,A/G;88,T/C;89, A/G;91,A/G;97,T/A;100,A/G;103,A/C;109,A/G;121,T/C;125,T/C;128,C/G;130, A/G;137,A/G;141,A/G;150,T/G;166,T/A;169,A/G;172,A/G;175,T/G;182,A/T
YITCHB073	49,G
YITCHB075	22,T/C;35,T/C;98,C/G;115,A/T
YITCHB079	123,A/G
YITCHB081	56,T;57,C;58,T;60,C;67,T;68,T;69,C
YITCHB083	79,A/G
YITCHB084	27,T/C;58,A/T;91,A;100,C;119,A/C
YITCHB085	81,T;82,G
YITCHB086	155,T/G;168,A/G
YITCHB089	53,T/C;54,T/C;89,T/C;103,T/A;112,A/G;167,T/C;184,T/C;196,T/C
YITCHB090	86,T/C
YITCHB092	118,A/G
YITCHB094	16,A/C;36,C/G;63,A/G;70,T/C;99,A/G
YITCHB095	29,T/C
YITCHB096	24,C;48,A/G
YITCHB099	74,T/C;92,A/G;105,A/G;126,T/C;179,A/T;180,T/C
YITCHB100	12,T/C
YITCHB101	1,T/A;24,A/G
YITCHB102	57,C
YITCHB104	146,C/G
YITCHB107	18,T;48,A/G;142,T
YITCHB111	5,T;6,C;22,G;86,A
YITCHB112	28,T/C;123,T/C
YITCHB114	18,T;38,C;68,C;70,G;104,C
YITCHB116	29,T
YITCHB117	152,A/G
YITCHB119	119,A/G
YITCHB121	133,T/A;135,A/G;187,A/G
YITCHB123	27,T/A;39,A/G;75,A/G;99,C/G;102,T/C;138,T/C;150,A/G;175,T/G;198,A/G
YITCHB124	130,A
YITCHB126	19,A/G;43,T/C;109,A/G
YITCHB130	13,A;20,C;54,C;60,A/G;82,T/C
YITCHB134	72,T/C

YITCHB137	110,C
YITCHB138	52,A/G;94,A/G;101,A/G
YITCHB141	39,T/C;69,A/G
YITCHB143	22,G;116,A/G
YITCHB144	130,T/G
YITCHB145	6,A;8,G;20,A;76,A/C;77,C/G;83,A/G;86,T/C
YITCHB148	27,T/C;91,T/C
YITCHB149	5,T/G;53,T/C;80,A/G;88,A/G;112,T/A;135,A/G
YITCHB151	19,A/T;43,T/G
YITCHB154	4,T/C;87,T/C
YITCHB157	69,A
YITCHB158	96,T/C
YITCHB160	48,A/T;59,A/G
YITCHB162	10,T/C;13,A/G;16,A/C;33,T;34,A/G;55,A/G;75,T/C;107,A/C
YITCHB164	17,A/T;56,T/C
YITCHB165	1,A
YITCHB168	21,A;62,–
YITCHB171	39,T/C;87,T/A;96,T/C;119,A/C
YITCHB174	69,A/G;100,A/G;141,A/G
YITCHB181	56,A
YITCHB182	45,A/G;50,T/C
YITCHB183	53,A/G;59,T/G;79,A/G;80,A/G;86,A/G;87,A/G;97,T/C;112,A/G;114,A/G;115,T/C;116,A/C;117,A/G;121,T/C;122,A/G;138,A/T/C;139,A/G;147,A/T;151,T/G;155,C;167,T/G
YITCHB186	19,A/G;46,A/G;47,A/G;57,T/A;75,T/C;82,T/C;86,A/C
YITCHB189	49,A;61,A/C;88,A/C;147,G
YITCHB191	44,T/G
YITCHB192	46,T/G;73,A/G;138,T/C
YITCHB193	53,T/G;160,T/C;169,T/C
YITCHB197	72,A/G;121,–/T;122,–/T;123,–/T;167,C/G;174,A/G;189,A/C
YITCHB198	182,A/C
YITCHB199	5,A/G;50,A/C;123,T/C
YITCHB200	70,A/G;73,A/G;74,A/G;92,A/T;104,C/G;106,T/A
YITCHB201	112,G;132,T
YITCHB202	55,T;60,T;102,T;104,A;127,T;187,G;197,A
YITCHB208	41,C;84,A;102,A
YITCHB210	72,A;130,C;154,G

YITCHB212   38,C/G;105,C/G

YITCHB214   15,C;155,C

YITCHB215   3,T/A;6,T/G;9,A/G;22,A/G;54,T/C;63,A/T;71,A/T;72,T/C/A;81,A/G;96,A/G;
121,T/C;132,C/G;137,A/G;162,A/G;163,T/G;177,A/G;186,A/G

YITCHB216   43,A

YITCHB219   9,T;112,G

YITCHB220   17,A/G;58,G

YITCHB224   117,A

YITCHB226   126,A/G;127,T/C;156,C/G

YITCHB227   22,T/G;120,T/C

YITCHB228   11,A/G;26,A/T

YITCHB230   52,A/G;55,C;121,T/G;128,A/G

YITCHB232   86,T/C

YITCHB233   152,A

YITCHB234   53,C

YITCHB237   118,A/G;120,A/C;165,T/A;181,A/C

YITCHB238   83,T/C;95,A/G;108,C/G

YITCHB239   133,T/C

YITCHB240   53,A/T;93,T/C;148,A/T

YITCHB244   32,T/G;43,A/G;143,A/G;161,T/G

YITCHB245   144,A/G;200,C

YITCHB248   50,A

YITCHB249   65,T;66,A;140,T;141,G

YITCHB250   21,T/C;51,T/G;54,T/C;55,A/G;56,T/C;78,T/C;98,T/C;99,T/A;125,A/T

YITCHB251   65,A/G

YITCHB252   26,C;36,A;65,G;139,A

YITCHB254   6,A/G;51,G;109,A/C

YITCHB257   10,T/G;47,A/T;72,A/G;87,A/G

YITCHB258   84,A/G

YITCHB259   90,A

YITCHB260   84,T;161,A

YITCHB262   117,C/G

YITCHB264   111,C;113,A/G

YITCHB266   25,C;57,C;58,T;136,C;159,C

YITCHB267   102,T

YITCHB268   82,T;167,G

YITCHB270   113,C

YITCHB002   109,T/C;145,A/C;146,C/G

YITCHB003   83,A/G;96,A/T

YITCHB004   160,T

YITCHB006   110,T/C

YITCHB007   27,C/G;44,A/G;67,A/G;90,C/G

YITCHB008   15,T/A;65,T/C

YITCHB014   9,T/C

YITCHB016   88,G

YITCHB019   55,T/A

YITCHB021   54,A/C;123,A/G;129,T/C;130,A/G

YITCHB022   54,T/C;67,A/G;68,A/C

YITCHB026   18,A/G

YITCHB027   101,A/G

YITCHB030   80,C/G;139,T/C;148,A/G

YITCHB031   125,T/C;161,T/G

YITCHB033   93,A

YITCHB035   7,A/G;33,A/G;44,T/C;124,T/A;137,A/C;158,T/G

YITCHB039   76,T;93,G;151,T;156,G

YITCHB040   1,C;29,T;31,A;73,C;103,T;108,G;135,T

YITCHB042   127,T/C;167,T

YITCHB045   48,T/C

YITCHB047   130,A

YITCHB048   6,A/G;59,T/A;62,A/G;79,T/C

YITCHB049   27,A/G;41,C/G;75,T/C;92,T/G;96,T/C;99,A/C;131,T/G

YITCHB050   45,T;51,A/C;59,T;91,T;104,G

YITCHB051   7,T/G;26,A/G

YITCHB057   91,A/G;142,T/C;146,T/G

YITCHB061   4,C;28,A;67,A

YITCHB064   113,A

YITCHB067   9,A/G;85,A/G;87,–/G

YITCHB071   98,T/C

YITCHB072   19,T/C;35,A/G;59,T/C;61,T/G;71,A/G;79,C/G;80,T/C;81,A/G;82,A/G;88,T/C;
89,A/G;91,A/G;97,A/T;100,A/G;103,A/C;109,A/G;121,T/C;125,T/C;128,C/G;

	130,A/G;137,A/G;141,A/G;150,T/G;166,A/T;169,A/G;172,A/G;175,T/G;182,
	T/A
YITCHB073	23,T/C;49,G;82,A/G
YITCHB075	22,T/C;35,T/C
YITCHB076	13,T;91,T
YITCHB079	85,A/G;123,A/G
YITCHB081	51,A/G;56,T;57,C;58,T;60,C;67,T;68,T;69,C;110,A/G;116,T/C;135,A/G
YITCHB082	52,A/G
YITCHB083	4,T/A;28,T/G;101,T/G;119,T/C
YITCHB084	91,A/G;100,C/G;119,A/C
YITCHB085	46,C/G;81,A/T;82,G
YITCHB089	38,A/G;52,A/G;53,T/C;64,A/C;89,T/C;178,T/C;184,T/C;196,T/C;197,A/G
YITCHB092	118,A/G
YITCHB094	16,A/C;36,C/G;63,A/G;70,T/C;99,A/G
YITCHB096	24,T/C;87,T/C
YITCHB099	74,T/C;105,A/G;126,T/C;179,T/A;180,T/C
YITCHB102	52,A/G;57,A/C
YITCHB103	61,A/G;64,A/C;87,A/C;153,T/C
YITCHB107	18,A/T;48,A/G;142,T/C
YITCHB108	73,A/C;127,A/C
YITCHB112	28,T/C;123,T/C;154,A/T
YITCHB114	18,T;38,C;68,C;70,G;104,C
YITCHB116	29,T
YITCHB117	152,A/G
YITCHB118	22,T;78,C;102,T
YITCHB121	133,T;135,G;136,−;187,G
YITCHB124	130,A/G
YITCHB126	19,A/G;43,T/C
YITCHB127	65,A/G;82,A/C;132,A/C
YITCHB128	7,C;135,C/G
YITCHB130	13,A/G;20,T/C;54,T/C;82,T/C
YITCHB132	27,−;46,A;61,A;93,C;132,A;161,T
YITCHB134	72,T/C
YITCHB135	128,T/C
YITCHB137	110,T/C
YITCHB141	39,T/C
YITCHB143	22,T/G

YITCHB145	6,A/G;8,A/G;20,A/C;76,A/C;77,C/G;83,A/G;86,T/C
YITCHB148	17,A/C;27,T/C;91,T/C
YITCHB149	87,T/C;112,A/T;135,A/G
YITCHB151	19,A;33,G
YITCHB154	4,T/C;87,T/C
YITCHB156	82,T
YITCHB158	96,T/C
YITCHB159	7,A/G;25,A/G;38,T/C;42,T/C;92,C/G;160,A/G
YITCHB161	31,C/G
YITCHB162	33,T;75,T
YITCHB165	1,A
YITCHB168	21,A;62,–
YITCHB169	22,A/T;79,T/C;117,A/G;118,T/G
YITCHB170	56,A/G
YITCHB171	39,T/C;87,T/A;96,T/C;119,A/C
YITCHB175	12,A/G
YITCHB177	28,T/G;30,A/G;42,C/G;55,T/G;95,T/G;127,A/G;135,T/G
YITCHB181	56,A
YITCHB182	45,A/G
YITCHB183	12,A/G;53,A/G;59,T/G;80,A/G;115,T/C;155,T/C
YITCHB186	19,A/G;46,A/G;47,A/G;57,T/A;75,T/C;82,T/C;86,A/C
YITCHB189	49,A/G;61,A/C;88,A/C;147,A/G
YITCHB190	90,T/A
YITCHB191	44,T/G
YITCHB192	45,T/A;46,T/G;73,A/G
YITCHB193	169,T/C
YITCHB197	72,A/G;121,–/T;122,–/T;123,–/T;167,C/G;174,A/G;189,A/C
YITCHB198	34,A/T;63,A/G;109,T/C
YITCHB201	112,A/G;132,–/T
YITCHB202	55,T/C;60,T/C;102,T/C;104,A/G;127,T/C;187,A/G;197,A/G
YITCHB204	75,A/C
YITCHB205	31,A/C;36,A/G;46,A/T;57,T/G;74,A/G
YITCHB209	32,T/C;34,T/C;35,A/G;71,T/C;94,T/C;166,A/G;173,A/G;175,T/C
YITCHB211	113,T/C;115,A/G
YITCHB214	15,C;155,C
YITCHB215	3,A/T;6,T/G;9,A/G;22,A/G;54,T/C;63,T/A;71,T/A;72,T/C;81,A/G;96,A/G; 121,T/C;137,A/G;163,T/G;177,A/G;186,A/G

YITCHB216   43,A
YITCHB219   24,A/G;60,T/C;112,A/G
YITCHB224   117,A
YITCHB229   45,C/G;80,T/G
YITCHB230   55,T/C;128,A/G
YITCHB232   47,A/G;54,A/G;86,T/C;108,T/C;147,A/C
YITCHB233   152,A
YITCHB234   53,C
YITCHB237   118,A/G;120,A/C;165,T/A;181,A/C
YITCHB240   53,T/A;93,T/C;148,T/A
YITCHB242   22,C
YITCHB243   86,T;98,A;131,C;162,A/G
YITCHB245   144,A/G;200,A/C
YITCHB246   19,A/C;25,T/C;89,A/G
YITCHB247   23,G;109,A
YITCHB250   21,T/C;51,G;54,T/C;55,A/G;56,T/C;78,T/C;98,T/C;99,T/A;125,A/T
YITCHB251   65,A/G
YITCHB252   26,T/C;65,A/G;137,T/C;156,A/G
YITCHB253   21,A/T;26,T/G
YITCHB254   51,A/G
YITCHB255   5,G;9,C;22,G;25,C;37,G;79,A;86,G;88,G;89,G;116,C;135,T;187,A
YITCHB256   11,A/G
YITCHB257   68,T/C
YITCHB259   90,A/G
YITCHB260   84,A/T;161,T/A
YITCHB263   43,G
YITCHB264   8,A/T;51,T/C;111,T/C
YITCHB265   64,T/C;73,A/T;97,C/G;116,T/G
YITCHB266   25,A/C;57,A/C;58,A/T;136,T/C;159,T/C
YITCHB270   113,C

YITCHB001	25,T/C;66,T/C;81,T/C
YITCHB002	109,T/C;145,A/C;146,C/G
YITCHB003	83,G;94,A/C;96,A/T
YITCHB004	160,T/G
YITCHB006	110,T
YITCHB007	27,C/G;44,A/G;90,C/G
YITCHB008	15,T;65,C
YITCHB009	118,T/C;176,A/G;181,T/C;184,T/C;188,A/G
YITCHB011	71,A/C;90,A/G;142,A/G;147,A/G
YITCHB014	9,T/C
YITCHB015	47,A/G;69,C/G;85,A/G
YITCHB017	132,A/G
YITCHB021	23,T/C;54,A/C;123,A/G;129,T/C;130,A/G
YITCHB023	26,A;38,T;43,T/G;64,A/C;65,A;121,A/C
YITCHB028	48,T/C;166,C/G
YITCHB030	80,C/G;139,T/C;148,A
YITCHB031	87,A/G;125,C;191,T/C
YITCHB034	29,A
YITCHB036	74,T/G;95,T/C;157,G
YITCHB038	202,T;203,A;204,G
YITCHB039	151,T/G
YITCHB040	1,C;35,A
YITCHB042	17,A/G;99,T/C;127,T;137,T/C;154,T/C;167,T
YITCHB044	97,T/C
YITCHB047	130,A
YITCHB048	59,A/T;62,A/G;79,T/C;80,T/C;81,A/G
YITCHB049	59,T/C;75,T/C;138,C/G
YITCHB050	45,T;59,T;91,T;104,A/G;156,A/G
YITCHB051	26,A/G
YITCHB055	52,A/T
YITCHB056	58,T/C;77,A/T;90,A/G;124,T/G;147,A/G;157,T/G
YITCHB057	91,A/G;136,T/C
YITCHB059	22,A/G

YITCHB061   4,C/G;12,T/C;16,A/G;28,A/G;67,T/A;74,T/A;78,T/C;105,A/G;114,A/G

YITCHB064   113,A/G

YITCHB067   87,G

YITCHB071   105,A/G

YITCHB072   8,T/C;19,T;35,A/G;53,T/A;59,T/C;61,G;68,T/C;71,G;79,C/G;80,A/T;81,G; 82,A/G;88,C;89,A;91,G;97,A/T;100,A/G;103,A/C;109,A/G;119,A/G;121,T/C; 125,C;128,C/G;130,T/G;132,T/A;137,G;141,A/G;149,T/A;150,T/G;153,T/C; 160,T/C;161,A/G;166,T;169,A/G;172,A/G;175,T/G;182,A

YITCHB073   49,G

YITCHB075   22,T/C;35,T/C;98,C/G;115,A/T

YITCHB076   13,T;91,T

YITCHB077   77,A/G;88,T/C;104,A/G;144,T/G;145,T/C;146,A/G

YITCHB079   85,T/G;123,A/G

YITCHB081   51,A/G;56,T;57,C;58,T;60,C;67,T;68,T;69,C;77,T/C;101,T/A;110,A/G;116,T/ C;135,A/G

YITCHB082   76,A/C

YITCHB084   27,T/C;58,A/T;91,A/G;100,C/G

YITCHB085   46,C/G;81,A/T;82,G

YITCHB086   155,T/G

YITCHB089   38,A/G;52,A/G;53,T/C;64,A/C;89,T/C;178,T/C;184,T/C;196,T/C;197,A/G

YITCHB091   30,G;31,G

YITCHB092   118,A/G

YITCHB094   16,C;36,C/G;63,A/C;70,T/C;99,A/G;148,C/G

YITCHB095   29,T/C

YITCHB096   24,C

YITCHB099   74,T/C;105,A/G;126,T/C;179,A/T;180,T/C

YITCHB100   12,T/C

YITCHB101   1,T/A

YITCHB102   57,C

YITCHB103   61,A/G;64,A/C;87,A/C;153,T/C

YITCHB104   13,T/G;79,C/G;103,T/C;139,A/T

YITCHB106   19,T/C;94,T/C;153,A/G

YITCHB107   18,T;48,A/G;142,T

YITCHB108   127,A/C

YITCHB111   5,T;6,C;22,G;86,A

YITCHB112   28,T/C;123,T/C

YITCHB114   18,T;38,C;68,C;70,G;104,C

YITCHB116	29,–/T;147,T/G
YITCHB117	152,A/G
YITCHB119	21,A/T;119,A/G
YITCHB121	133,T;135,G;136,–;187,G
YITCHB122	51,T/C
YITCHB123	27,T/A;39,A/G;49,A/G;75,A/G;77,A/T;84,T/C;85,A/G;91,A/G;138,T/C;175,T/G
YITCHB124	104,C/G;130,A;131,T/C;139,A/T
YITCHB126	19,A/G;36,T/C;43,T/C;112,T/C;129,T/C;145,A/T;154,T/C
YITCHB128	7,T/C;127,A/G
YITCHB130	13,A;20,C;54,C;60,A
YITCHB132	132,A/G
YITCHB135	188,C/G
YITCHB137	110,T/C
YITCHB139	7,T/C;8,A/G;30,A/G;36,T/A;37,T/A;42,A/G;51,T/A
YITCHB141	39,T/C;69,A/G
YITCHB143	22,T/G
YITCHB145	6,A/G;8,A/G;20,A/C;76,A/C;77,C/G;83,A/G;86,T/C
YITCHB146	3,T/G;29,A/G;40,C/G;44,T/C;103,A/G;134,A/G
YITCHB149	5,T/G;53,T/C;80,A/G;88,A/G;112,T/A;135,A/G
YITCHB151	19,A;33,G
YITCHB152	45,A/T;160,T/A
YITCHB153	82,T/C;119,A/C
YITCHB154	4,T
YITCHB156	82,T
YITCHB158	96,C
YITCHB162	10,T/C;13,A/G;16,A/C;33,T;34,A/G;55,A/G;75,T/C
YITCHB163	41,G;90,C
YITCHB165	1,A;48,T;69,T;118,A;126,C;127,T
YITCHB167	12,G;33,C;36,G;64,C;146,G
YITCHB168	109,A/G
YITCHB169	22,T;107,A/G;117,A/G;118,T/G
YITCHB171	39,T/C;87,T/A;96,T/C;119,A/C
YITCHB173	45,C/G
YITCHB177	55,A/G;107,A/G;125,T/C;127,A/G
YITCHB180	10,A/G;31,T/C;59,T/C;137,T/C;152,T/C
YITCHB181	56,A

YITCHB182　45,A/G;50,T/C

YITCHB184　20,T/C;22,A/G;27,A/C;50,A/G;68,A/G;70,C/G;71,T/C;75,T/C;76,C/G;87,A/G;
95,T/C;102,A/G;116,A/C;118,A/G;119,T/C;132,T/C;139,T/C;160,T/C;166,T/C;
169,A/T;170,T/C

YITCHB186　19,A/G;46,A/G;47,A/G;57,T/A;75,T/C;82,T/C;86,A/C

YITCHB189　49,A/G;61,A;88,A/C;147,A/G

YITCHB192　46,T/G;73,A/G

YITCHB193　64,T/C;169,T/C

YITCHB194　61,A/G

YITCHB195　50,T/A;53,T/C;81,T/C;111,T/C

YITCHB196　44,T/C

YITCHB197　121,–/T;122,–/T;123,–/T;167,C/G

YITCHB198　182,A/C

YITCHB199　5,A/G;50,A/C;123,T/C

YITCHB200　19,T/C;70,A/G;73,A/G;92,T/A;104,C/G;106,A/T

YITCHB201　71,T/C;112,A/G;132,–/T

YITCHB202　55,T/C;60,T/C;102,T/C;104,A/G;127,T/C;187,A/G;197,A

YITCHB203　13,A/G;154,A/G

YITCHB205　31,A/C;36,A/G;46,A/T;74,A/G

YITCHB208　41,C;84,A

YITCHB209　1,T/C;32,T/C;34,T/C;94,T/C;149,T/C;166,A/G;175,T/C

YITCHB212　38,C/G;105,C/G

YITCHB214　15,C;155,C

YITCHB215　3,A/T;6,T/G;9,A/G;22,A/G;54,T/C;63,T/A;71,T/A;72,T/A/C;81,A/G;96,A/G;
121,T/C;132,C/G;137,A/G;162,A/G;163,T/G;177,A/G;186,A/G

YITCHB216　43,A

YITCHB218　98,A;128,G

YITCHB219　6,T/A;9,T/C;17,T/C;112,G;128,T/C

YITCHB220　17,A/G;58,G

YITCHB224　1,A;36,A;79,T/C;96,T/C;117,–/A;118,C

YITCHB226　126,A/G;127,T/C;156,C/G

YITCHB227　22,T/G;120,T/C

YITCHB230　55,T/C;128,A

YITCHB232　86,C

YITCHB233　50,A/G;152,–/A

YITCHB234　53,C

YITCHB237　118,A/G;120,A/C;126,T/G;165,T/A;181,A/C

YITCHB238   16,T/C;108,C/G;175,T/G
YITCHB239   6,C/G
YITCHB242   67,T/C
YITCHB243   86,T/C;98,A/G;131,A/C;162,A/G
YITCHB245   144,A/G;200,C
YITCHB246   130,T/C
YITCHB247   23,T/G;109,A/G
YITCHB248   50,A
YITCHB249   140,T;141,G
YITCHB250   21,T/C;51,T/G;54,T/C;55,A/G;56,T/C;78,T/C;98,T/C;99,A/T;125,T/A
YITCHB251   65,A/G
YITCHB252   26,C;36,A;65,G;139,A
YITCHB253   21,A/T;77,A/C
YITCHB254   4,T/C;6,A/G;51,A/G;109,A/C
YITCHB257   10,T/G;47,T/A;72,A/G;87,A/G;88,T/G
YITCHB258   24,A/G;191,T/C
YITCHB260   78,T/C;137,T/C;189,A/G
YITCHB262   117,C/G
YITCHB263   43,A/G;93,T/C;144,A/G;181,A/G
YITCHB264   111,C
YITCHB265   97,C/G
YITCHB266   25,C;57,C;58,T;136,C;159,C
YITCHB267   102,T
YITCHB268   24,A/C;68,A/G;82,T/G;86,T/C;89,A/G;122,T/C;148,T/A;167,A/G;168,T/A
YITCHB269   53,A/C;60,A/C
YITCHB270   113,C

YITCHB001 3,A/G;25,C;43,T/C;66,T;67,T/C;142,T/G
YITCHB002 145,A;146,G
YITCHB003 83,A/G;96,T/A
YITCHB004 160,T
YITCHB006 110,T/C;135,A/G
YITCHB007 67,A/G
YITCHB008 65,T/C
YITCHB011 156,A
YITCHB015 47,A/G;69,C/G;85,A/G
YITCHB022 19,T/C;41,A/G;54,T/C;67,A/G;68,A/C;88,T/C
YITCHB023 26,A;38,T;64,C;65,A;121,A
YITCHB024 142,C/G
YITCHB026 18,G
YITCHB027 101,A/G
YITCHB030 80,C/G;139,T/C;148,A/G
YITCHB031 161,T
YITCHB033 93,A
YITCHB034 29,A/C
YITCHB035 44,T/C;158,T/G
YITCHB036 47,A/G
YITCHB039 76,T/C;93,A/G;130,T/C;151,T;156,T/G
YITCHB040 1,C;29,T;31,A;73,C;103,T;108,G;135,T
YITCHB042 127,T;167,T
YITCHB044 97,T/C
YITCHB045 48,T/C
YITCHB047 130,A/G
YITCHB048 6,A/G;59,A/T;62,A/G;79,T/C
YITCHB049 41,C/G;53,T/C;75,T/C;99,A/C
YITCHB050 45,T;59,T;91,T;104,A/G;121,A/G
YITCHB051 7,T/G;26,A/G;54,T/C;136,A/G
YITCHB054 116,T/C
YITCHB055 52,T/A
YITCHB057 91,A/G;142,T/C;146,T/G

YITCHB061   4,C;28,A;67,A

YITCHB062   94,A/G;96,T/C

YITCHB063   85,T/C

YITCHB064   113,A

YITCHB066   10,A/G;30,T/C

YITCHB067   87,G

YITCHB072   19,T/C;59,T/C;61,T/G;67,A/G;71,A/G;79,C/G;80,T/C;81,A/G;82,A/G;88,T/C;
89,A/G;91,A/G;97,T/A;100,A/G;103,A/C;109,A/G;121,T/C;125,T/C;128,C/G;
137,A/G;141,A/G;150,T/G;166,T/A;169,A/G;172,A/G;182,A/T

YITCHB073   49,G

YITCHB076   13,T/C;91,T/C

YITCHB077   77,A/G;88,T/C;104,A/G;145,T/C;146,A/G

YITCHB079   123,A/G

YITCHB081   51,A/G;56,T;57,C;58,T;60,C;67,T;68,T;69,C;110,A/G;116,T/C;135,A/G

YITCHB082   52,A/G;93,T/C

YITCHB084   58,A/T;91,A/G;100,C/G;149,A/G

YITCHB085   46,C/G;81,A/T;82,G

YITCHB086   15,T/C;50,T/C;52,A/G;67,C/G;76,A/C;77,C/G;85,A/G;90,T/G;92,T/C;94,C/G;
100,A/G;102,T/G;104,A/C;107,T/G;109,A/G;110,A/T;114,A/G;115,A/G;116,
T/C;127,T/C;135,A/G;151,A/C;155,T/G;156,T/A;165,T/C;168,C/G

YITCHB091   107,T/G;120,A/G

YITCHB092   118,A/G

YITCHB094   16,A/C;26,T/A;70,T/C

YITCHB096   24,T/C

YITCHB097   46,C/G;144,A/G

YITCHB100   12,T/C

YITCHB103   61,A/G;64,A/C;87,A/C;153,T/C

YITCHB104   146,C/G

YITCHB105   36,A/C

YITCHB107   18,T/A;48,A/G;142,T/C

YITCHB108   119,A/C

YITCHB112   28,T/C;123,T/C;138,C/G

YITCHB113   182,T/A;192,A/G

YITCHB114   18,T;38,C;68,C;70,G;104,C

YITCHB116   29,T

YITCHB117   152,A/G

YITCHB124   130,A;186,C/G

YITCHB126   43,T/C;112,T/C;154,T/C

YITCHB127   65,A;82,C;132,A

YITCHB128   7,T/C;127,A/G

YITCHB130   13,A;20,C;54,C;60,A

YITCHB131   32,C;135,G;184,C

YITCHB132   46,A/C;61,A/C;93,A/C;132,A/G;161,T/C

YITCHB134   72,C

YITCHB135   178,T/C

YITCHB136   64,A/C

YITCHB137   110,C

YITCHB143   22,G

YITCHB145   6,A;8,G;20,A;76,A;77,G;83,G;86,T

YITCHB148   17,A/C;27,T/C;91,T/C

YITCHB151   19,A;33,A/G;43,T/G

YITCHB152   31,A/G

YITCHB154   4,T/C;87,T/C

YITCHB156   82,T

YITCHB157   32,T/C;69,A/G

YITCHB158   96,C

YITCHB159   7,A/G;11,T/C;38,T/C;42,T/C

YITCHB160   15,T/C;48,T/A;59,A/G

YITCHB162   7,T/G;10,T/C;14,T/C;16,A/G;32,T/C;33,T;73,A/G;75,T/C;77,A/G;136,A/C;
               140,T/A

YITCHB165   1,A;69,T/C;118,A/G;120,A/T;126,T/C;127,T/G

YITCHB166   30,T/C

YITCHB168   21,A;62,−;73,A/G

YITCHB171   39,T/C;87,T/A;96,T/C;119,A/C

YITCHB176   13,A/C;25,A/G;26,A/G;82,A/G;105,T/C

YITCHB177   28,T/G;30,A/G;42,C/G;55,T/G;95,T/G;127,A/G;135,T/G

YITCHB178   14,A/G;24,T/C;42,T/A;66,A/G;145,A/G

YITCHB183   53,A;59,G;80,A;115,T;155,C

YITCHB185   20,T/C;49,A/G;71,T/C;86,T/C;104,T/C;114,T/C;133,C/G;154,A/G

YITCHB186   19,A/G;46,A/G;47,A/G;57,T/A;75,T/C;82,T/C;86,A/C

YITCHB189   49,A;147,G

YITCHB191   44,G

YITCHB192   46,T;73,G

YITCHB193   169,T/C

YITCHB195	53,T/C;111,T/C
YITCHB196	44,T/C;101,T/C
YITCHB197	72,A/G;121,-/T;122,-/T;123,-/T;167,G;174,A/G;189,A/C
YITCHB198	34,T/A;63,A/G;109,T/C
YITCHB199	77,C/G;123,T/C
YITCHB200	19,T/C
YITCHB201	103,A/T;132,-/T;194,T/C;195,A/G
YITCHB202	55,T/C;60,T/C;102,T/C;104,A/G;159,T/C;187,A/G;197,A/G
YITCHB205	31,A/C;36,A/G;46,T/A;57,T/G;74,A/G
YITCHB208	41,T/C;84,A/T;107,T/C
YITCHB209	32,T;34,C;35,A;71,T;94,T;166,G;173,A;175,C
YITCHB210	130,A/C
YITCHB212	38,C/G;105,C/G
YITCHB214	15,C;155,C
YITCHB216	43,A
YITCHB217	84,A/C
YITCHB219	24,A/G;52,T/C;112,A/G
YITCHB224	1,A/G;36,A/G;79,T/C;117,-/A;118,T/C
YITCHB227	120,T/C
YITCHB228	11,A/G;26,A/T
YITCHB229	45,C/G;46,T/C;80,C/G;162,T/G
YITCHB230	55,C
YITCHB234	53,-/C;123,A/G
YITCHB235	120,T/C
YITCHB237	118,G;120,A;165,T;181,A
YITCHB238	108,C/G
YITCHB242	22,T/C
YITCHB243	86,T/C;98,A/G;131,A/C;162,A/G
YITCHB244	43,G;143,A
YITCHB245	144,A/G;200,C
YITCHB247	23,T/G;109,A/G
YITCHB248	50,A/G
YITCHB250	21,T/C;51,T/G;54,T/C;55,A/G;56,T/C;78,T/C;98,T/C;99,T/A;125,A/T
YITCHB251	65,A/G
YITCHB252	26,C;65,G;137,T;156,A
YITCHB253	21,T/A;26,T/G
YITCHB254	4,T/C;6,A/G;51,G;109,A/C

YITCHB255   5,G;9,C;22,G;25,C;37,G;79,A;86,G;88,G;89,G;116,C;135,T;187,A
YITCHB258   24,A/G;191,T/C
YITCHB259   90,A
YITCHB260   84,T/A;161,A/T
YITCHB264   111,C
YITCHB265   17,T/A
YITCHB266   25,C;57,C;58,T;136,C;159,C
YITCHB268   82,T;167,G
YITCHB269   60,A/C
YITCHB270   12,T/C;113,A/C

YITCHB001 25,T/C;43,T/C;66,T/C;67,T/C;81,T/C

YITCHB002 109,T/C;145,A/C;146,C/G

YITCHB003 32,T/A;83,A/G;96,T/A

YITCHB006 110,T

YITCHB007 67,A/G

YITCHB008 15,T;65,C

YITCHB014 9,T/C

YITCHB016 88,G

YITCHB017 132,A/G

YITCHB022 54,C;67,A/G;68,A/C;88,T/C;98,A/G

YITCHB025 10,T/C

YITCHB026 18,A/G

YITCHB028 48,T/C;125,T/C;166,C/G

YITCHB030 80,C/G;139,T/C;148,A/G

YITCHB031 125,T/C;161,T/G

YITCHB033 93,A/C

YITCHB035 33,A/G;34,T/G;44,T/C;56,T/C;154,T/C;158,C/G

YITCHB036 31,T/C;157,A/G

YITCHB039 76,T/C;93,A/G;151,T/G;156,T/G;165,A/T

YITCHB040 1,C;87,A/G;105,A/G

YITCHB042 60,A/G;110,T/C;114,A/G;127,T/C;146,T/C;154,T/C;167,T/A

YITCHB045 48,C

YITCHB047 23,T/C;27,T/C

YITCHB048 59,A/T;62,A/G;79,T/C

YITCHB049 29,T/G;41,C/G;53,T/C;75,T/C;89,T/C;99,A/C

YITCHB050 45,T/C;59,T/C;91,A/T;156,A/G

YITCHB051 105,T

YITCHB053 10,T/C;19,T/C;20,T/C;63,–;81,T/C;104,A/G;108,T/C;111,T/C;112,C;124,G;
129,T/C

YITCHB054 79,T/C;116,T/C

YITCHB056 16,A/G;58,T/C;77,A/T;124,T/G;147,A/G;157,A/G

YITCHB057 91,G;136,T/C;142,T/C;146,T/G

YITCHB059 79,A/C

YITCHB061	4,C/G;28,A/G;44,A/G;67,T/A;70,T/C;75,A/G;78,T/C;102,A/G;112,T/C;114,A/G;118,A/G
YITCHB065	67,T/C;79,A/C;80,T/G;97,A/G;178,A/G
YITCHB066	30,T/C
YITCHB067	9,A/G;85,A/G;87,-/G
YITCHB071	5,A/G;8,A/G;10,A/G;18,A/G;54,T/C;80,A/G;84,T/C;90,T/A;100,A/C;103,T/C;105,A/G;111,T/C
YITCHB072	19,T;35,A;59,T;61,G;71,G;79,G;80,T;81,G;82,G;88,C;89,A;91,G;97,T;100,G;103,A;109,G;121,T;125,C;128,G;130,G;137,G;141,A;150,G;166,T;169,A;172,G;175,T;182,A
YITCHB073	49,G;82,A/G
YITCHB075	22,T/C;35,T/C
YITCHB076	13,T/C;34,C/G;91,T/C
YITCHB079	123,A/G
YITCHB081	51,A/G;56,T;57,C;58,T;60,C;67,T;68,T;69,C;95,A/G;110,A/G;116,T/C;135,A/G
YITCHB085	81,T;82,G
YITCHB086	155,T;168,A
YITCHB091	133,A/C;151,T/C
YITCHB093	4,T/G;8,T/C;75,T/C;107,T/G;146,A/G;166,T/G
YITCHB094	16,C;36,C/G;53,A/T;63,A/G;70,C;99,A/G
YITCHB095	98,A/G
YITCHB096	24,C;68,A/G
YITCHB097	4,T/C;5,A/G;46,C/G;94,A/G
YITCHB099	74,T/C;105,A/G;126,T/C;179,T/A;180,T/C
YITCHB100	12,T/C;15,A/G;80,A/G;126,A/C;153,A/C
YITCHB101	1,A/T
YITCHB102	57,C
YITCHB103	87,A/C;133,A/G;153,T/C;172,A/G
YITCHB104	146,C/G
YITCHB106	19,T/C;94,T/C;153,A/G
YITCHB107	18,T;48,A/G;142,T
YITCHB108	127,A/C;139,A/C;153,A/G
YITCHB111	5,T/C;6,T/C;22,A/G;86,A/C
YITCHB114	25,G
YITCHB115	40,A/G;128,T/C
YITCHB116	29,-/T;147,T/G

YITCHB117   87,A/G;104,A/G;136,A/C;152,A/G;164,A/G

YITCHB118   22,T;78,C;102,T

YITCHB119   119,A/G

YITCHB120   93,T/C

YITCHB124   130,A;186,C/G

YITCHB126   43,T/C;112,T/C;127,T/A;154,T/C

YITCHB127   65,A;82,C;92,T/C;132,A/C

YITCHB128   7,T/C;71,A/G;128,T/G;135,C/G

YITCHB130   7,T/A;11,T/C;13,A/G;20,C;36,T/C;54,C;60,A/G;138,A/T

YITCHB131   32,C;71,G;101,T;135,G

YITCHB132   132,A/G

YITCHB134   72,T/C

YITCHB137   110,T/C

YITCHB143   22,T/G;112,C/G

YITCHB145   6,A;8,G;20,A;76,A/C;77,C/G;83,A/G;86,T/C

YITCHB146   3,T/G;29,A/G;40,C/G;44,T/C;103,A/G;134,A/G;143,A/C

YITCHB148   27,T/C;91,T/C

YITCHB151   19,A;33,G

YITCHB152   45,A/T;124,T/G;160,T/A

YITCHB158   96,C

YITCHB159   7,A/G;12,A/G;21,T/C;38,T/C;42,T/C;160,A/G

YITCHB160   48,A/T;59,A/G

YITCHB162   33,T;75,T/C

YITCHB163   41,A/G;90,T/C

YITCHB165   1,A

YITCHB168   21,A;62,–

YITCHB170   23,A/C;60,A/G;65,A/G

YITCHB171   39,T/C;87,A/T;96,T/C;119,A/C

YITCHB176   2,A/G;14,A/G;62,T/C;92,T/C;99,A/G;124,A/G;133,A/G;137,T/A;138,A/C;
139,A/G;141,A/C;142,T/G;143,C/G;144,A/T;147,T/G;148,T/C;155,A/C;156,
T/G;157,A/G;160,A/T;161,T/A;162,A/G;163,A/G;164,A/G;165,A/G;167,C/G;
168,A/T;169,A/G;170,C/G;171,A/G;172,T/C

YITCHB177   41,T/C;55,A/G;65,A/C;78,T/C;100,T/C;125,T/C;126,A/G;127,A/G

YITCHB181   56,A

YITCHB182   45,G

YITCHB184   7,T/C;12,A/G;15,C/G;16,A/G;20,T/C;22,A/G;34,A/G;48,T/C;50,A/G;68,A/G;
69,T/C;70,C/G;85,T/C;102,A/G;109,T/C;118,A/G;126,A/G;127,T/C;131,T/A;

	132,T/C;139,T/C;144,T/C;165,A/C;170,T/C
YITCHB185	20,T/C;62,T/C;86,T/C;104,T/C;124,A/G;133,C/G;154,A/G
YITCHB186	19,A/G;46,A/G;47,A/G;57,A/T;75,T/C;82,T/C;86,A/C;128,T/C
YITCHB189	49,A/G;61,A/C;88,A/C;147,A/G
YITCHB191	44,T/G
YITCHB193	169,T/C
YITCHB195	53,C;99,A;111,T
YITCHB196	44,T/C;101,T/C
YITCHB197	72,A/G;121,–/T;122,–/T;123,–/T;167,C/G;174,A/G;189,A/C
YITCHB198	182,A/C
YITCHB199	5,A/G;50,A/C;123,T/C
YITCHB200	70,A/G;73,A/G;74,C/G;92,A/T;104,C/G;106,T/A
YITCHB201	71,T/C;112,A/G;132,–/T
YITCHB202	31,T/C;55,T/C;60,T/C;72,T/C;99,T/C;102,T;104,A;114,T/C;127,T/C;181,T/C; 187,A/G;197,A
YITCHB205	31,A/C;36,A/G;46,A/T;74,A/G
YITCHB208	41,C;84,A
YITCHB209	1,T/C;32,T/C;34,T/C;94,T/C;149,T/C;166,A/G;175,T/C
YITCHB210	130,C;137,A;154,G
YITCHB211	83,A/G;113,T/C;115,A/G
YITCHB215	24,T/C;50,C/G;63,A/T;64,A/G;65,T/C;71,A/T;80,T/C;81,A/G;103,T/C;150,A/T; 163,T/G;170,A/G;186,T/G
YITCHB217	85,C/G
YITCHB219	24,A/G;60,T/C;112,A/G
YITCHB222	53,A/T
YITCHB224	1,A;36,A;79,T;117,A;118,C
YITCHB226	61,C/G;127,T/C
YITCHB227	22,T/G;120,T/C
YITCHB228	11,A/G;26,T/A
YITCHB229	45,C/G;80,T/G
YITCHB230	12,A/G;55,T/C;128,A
YITCHB232	86,T/C
YITCHB234	53,C
YITCHB237	118,A/G;120,A/C;165,A/T;181,A/C
YITCHB238	108,C/G;166,A/G
YITCHB239	133,T/C
YITCHB242	22,T/C

YITCHB243	86,T;98,A;131,C;162,A/G
YITCHB245	144,A/G;200,A/C
YITCHB246	19,A/C;25,C;89,A/G
YITCHB247	23,G;109,A
YITCHB250	21,T/C;50,T/C;51,G;54,T/C;55,A/G;56,T/C;78,T/C;81,T/C;83,A/G;90,A/G;94,T/C;98,T/C;99,A/T;119,A/C;125,T/A
YITCHB251	65,A/G
YITCHB252	26,T/C;36,A/C;65,A/G;139,A/G
YITCHB253	21,T/A
YITCHB254	4,T/C;6,A/G;51,A/G;109,A/C
YITCHB255	5,A/G;9,T/C;22,A/G;25,T/C;37,T/G;79,A/G;86,A/G;88,A/G;89,A/G;116,T/C;135,T/C;187,A/G
YITCHB258	131,A/G
YITCHB259	11,A/G;90,A;118,A/G;149,T/C;161,C/G
YITCHB260	84,T/A;161,A/T
YITCHB261	119,T/G
YITCHB262	117,C/G
YITCHB264	111,C
YITCHB265	97,C/G
YITCHB266	25,C;57,C;58,T;136,C;159,C
YITCHB267	102,T
YITCHB268	24,A/C;35,A/G;59,C/G;67,T/C;82,T;96,A/C;99,T/C;124,A/G;126,A/G;137,T/C;148,A/T;167,G
YITCHB270	113,C

YITCHB001　25,T/C;43,T/C;66,T/C;67,T/C;81,T/C

YITCHB002　109,T/C;145,A/C;146,C/G

YITCHB004　160,T

YITCHB006　110,T/C

YITCHB007　27,C/G;44,A/G;67,A/G;90,C/G

YITCHB008　15,A/T;65,T/C

YITCHB014　9,T/C

YITCHB016　67,A;80,T;88,G;91,T

YITCHB021　54,A/C;123,A/G;129,T/C;130,A/G

YITCHB022　54,T/C;67,A/G;68,A/C

YITCHB026　18,A/G

YITCHB030　80,C/G;139,T/C;148,A/G

YITCHB031　88,T/C;125,T/C;161,T/G

YITCHB034　29,A

YITCHB035　158,T/C

YITCHB036　95,T;157,G

YITCHB038　202,T;203,A;204,G

YITCHB039　76,T/C;93,A/G;151,T/G;156,T/G

YITCHB040　1,C;29,T/C;31,A/G;73,T/C;103,T/C;108,A/G;135,T/C

YITCHB042　127,T/C;167,T

YITCHB045　48,T/C

YITCHB047　130,A

YITCHB048　59,A/T;62,A/G;79,T/C

YITCHB049　27,A/G;41,C/G;75,T/C;92,T/G;96,T/C;99,A/C;131,T/G

YITCHB050　45,T;51,A/C;59,T;91,T;104,G

YITCHB051　7,T/G;26,A/G

YITCHB054　116,T/C

YITCHB056　60,T/A;124,T/G;125,T/G;147,A/G

YITCHB057　91,A/G;142,T/C;146,T/G

YITCHB059　4,T/C;22,A/G;76,C/G;114,A/G;196,A/T

YITCHB061　4,C;28,A;67,A

YITCHB062　94,A/G;96,T/C

YITCHB064　113,A

YITCHB067	9,A/G;85,A/G;87,–/G
YITCHB072	19,T/C;35,A/G;59,T/C;61,T/G;71,A/G;79,C/G;80,T/C;81,A/G;82,A/G;88,T/C;89,A/G;91,A/G;97,A/T;100,A/G;103,A/C;109,A/G;121,T/C;125,T/C;128,C/G;130,A/G;137,A/G;141,A/G;150,T/G;166,A/T;169,A/G;172,A/G;175,T/G;182,T/A
YITCHB073	49,G
YITCHB075	22,T/C;35,T/C;98,C/G
YITCHB076	13,T;91,T
YITCHB081	51,A/G;56,T;57,C;58,T;60,C;67,T;68,T;69,C;110,A/G;116,T/C;135,A/G
YITCHB082	52,A/G
YITCHB083	4,T/A;28,T/G;101,T/G;119,T/C
YITCHB084	91,A/G;100,C/G;119,A/C
YITCHB085	46,C;82,G
YITCHB086	15,T/C;50,T/C;52,A/G;67,C/G;74,A/G;76,A/C;77,C/G;85,A/G;90,T/G;92,T/C;94,C/G;100,A/G;102,T/G;104,A/C;107,T/G;109,A/G;110,T/A;114,A/G;115,A/G;116,T/C;127,T/C;135,A/G;151,A/C;155,T/G;156,A/T;165,T/C;168,A/C/G
YITCHB089	38,A;52,A;53,C;64,A;89,C;178,T;184,C;196,C;197,A
YITCHB092	118,A/G
YITCHB094	16,A/C;53,A/T;70,T/C
YITCHB096	24,C
YITCHB099	74,T/C;105,A/G;126,T/C;179,A/T;180,T/C
YITCHB100	12,T/C
YITCHB102	57,A/C
YITCHB103	61,A/G;64,A/C;87,A/C;153,T/C
YITCHB104	146,C/G
YITCHB107	18,A/T;48,A/G;142,T/C
YITCHB108	73,A/C;127,A/C
YITCHB109	1,T;6,G;26,C;83,A;93,C
YITCHB112	28,T/C;123,T/C;154,A/T
YITCHB113	182,T/A;192,A/G
YITCHB114	18,T;38,C;68,C;70,G;104,C
YITCHB116	29,T
YITCHB118	22,T;78,C;102,T
YITCHB121	133,T;135,G;136,–;187,G
YITCHB123	138,T/C
YITCHB124	130,A/G
YITCHB127	65,A/G;82,A/C;132,A/C

YITCHB128   7,T/C;135,C/G

YITCHB130   13,A/G;20,T/C;54,T/C;60,A/G

YITCHB131   32,C;135,G;184,C

YITCHB134   72,T/C

YITCHB137   110,T/C

YITCHB141   39,C

YITCHB142   2,T/C;28,T/C;30,T/G;46,A/G;102,T/C;150,C/G;152,A/G;153,C/G

YITCHB143   22,T/G

YITCHB145   6,A;8,G;20,A;76,A;77,G;83,G;86,T

YITCHB147   12,A;22,G;61,T;70,A;100,A

YITCHB148   27,T/C;91,T/C

YITCHB149   87,T/C;112,A/T;135,A/G

YITCHB152   31,A/G

YITCHB157   69,A

YITCHB158   96,T/C

YITCHB159   7,A/G;25,A/G;38,T/C;42,T/C;92,C/G;160,A/G

YITCHB160   59,A/G;64,T/G

YITCHB161   31,C/G

YITCHB162   7,T/G;16,A/G;32,T/C;33,T;75,T/C;133,T/G;136,A/C

YITCHB167   12,A/G;33,C/G;36,A/G;64,A/C;146,A/G

YITCHB168   21,A/G

YITCHB169   22,T;79,T/C;107,A/G;117,A/G;118,T/G

YITCHB170   56,A/G

YITCHB171   39,T/C;87,T/A;96,T/C;119,A/C

YITCHB176   13,A/C;25,A/G;26,A/G;82,A/G;105,T/C

YITCHB177   55,T/G

YITCHB181   56,A/G

YITCHB182   45,A/G

YITCHB183   12,A/G;59,T/G;79,A/G;80,A/G;85,T/C;97,T/C;99,A/G;116,A/C;117,A/G;138,
T/C;143,T/C;155,T/C

YITCHB185   20,T/C;49,A/G;71,T/C;86,T/C;104,T/C;114,T/C;133,C/G;154,A/G

YITCHB186   19,A/G;44,C/G;46,A/G;47,A/G;57,A/T;75,T/C;82,T/C;86,A/C

YITCHB189   49,A/G;61,A/C;88,A/C;147,A/G

YITCHB190   90,T/A

YITCHB191   44,T/G

YITCHB192   45,T/A;46,T/G;73,A/G

YITCHB193   169,T/C

YITCHB195	108,A/G
YITCHB197	72,A/G;121,–/T;122,–/T;123,–/T;167,C/G;174,A/G;189,A/C
YITCHB198	34,T/A;63,A/G;109,T/C
YITCHB201	112,A/G;132,–/T
YITCHB202	55,T/C;60,T/C;102,T/C;104,A/G;127,T/C;187,A/G;197,A/G
YITCHB205	31,A/C;36,A/G;46,A/T;57,T/G;74,A/G
YITCHB207	81,A/G
YITCHB208	41,T/C;84,A/T
YITCHB209	32,T/C;34,T/C;35,A/G;71,T/C;94,T/C;166,A/G;173,A/G;175,T/C
YITCHB210	130,A/C;154,A/G
YITCHB211	113,T/C;115,A/G
YITCHB214	15,C;155,C
YITCHB215	3,T/A;6,T/G;9,A/G;22,A/G;54,T/C;63,A/T;71,A/T;72,T/C;81,A/G;96,A/G;121, T/C;137,A/G;163,T/G;177,A/G;186,A/G
YITCHB216	43,A
YITCHB217	84,A/C
YITCHB219	24,A/G;60,T/C;112,A/G
YITCHB220	58,C/G
YITCHB224	117,A
YITCHB228	11,A/G;26,T/A;72,A/G
YITCHB229	45,C/G;80,T/G
YITCHB230	55,T/C;128,A/G
YITCHB232	47,A/G;54,A/G;86,T/C;108,T/C;147,A/C
YITCHB233	152,A
YITCHB234	53,C
YITCHB237	118,A/G;120,A/C;165,T/A;181,A/C
YITCHB242	22,C
YITCHB243	86,T;98,A;131,C;162,A/G
YITCHB245	144,A/G;200,A/C
YITCHB246	19,A/C;25,T/C;89,A/G
YITCHB247	23,G;109,A
YITCHB250	21,T/C;51,G;54,T/C;55,A/G;56,T/C;78,T/C;98,T/C;99,T/A;125,A/T
YITCHB251	65,A/G
YITCHB252	26,T/C;65,A/G;137,T/C;156,A/G
YITCHB253	21,A/T;26,T/G
YITCHB254	51,A/G
YITCHB255	5,G;9,C;22,G;25,C;37,G;79,A;86,G;88,G;89,G;116,C;135,T;187,A

YITCHB256   11,A

YITCHB257   68,T/C

YITCHB259   90,A/G

YITCHB260   84,A/T;161,T/A

YITCHB263   43,G

YITCHB264   5,T/A;8,T/A;22,T/C;35,A/G;51,T/C;79,T/C;97,C/G;99,A/G;105,A/G;108,T/C;
111,T/C;113,A/G;114,T/C;132,T/C;137,A/G;144,T/C

YITCHB265   64,T;73,T;97,C;116,G

YITCHB266   25,A/C;37,T/C;57,A/C;58,T/A

YITCHB267   42,T/A;102,T/G

YITCHB268   82,T;167,G

YITCHB269   60,A

YITCHB270   12,T

YITCHB001	3,A/G;25,T/C;66,T/C;142,T/G
YITCHB002	109,T/C;145,A/C;146,C/G
YITCHB003	83,G;96,A
YITCHB004	160,T/G
YITCHB006	110,T/C;135,A/G
YITCHB008	65,T/C
YITCHB011	156,A
YITCHB014	9,T/C
YITCHB015	47,A/G;69,C/G;85,A/G
YITCHB016	88,A/G
YITCHB019	55,A/T
YITCHB021	54,A/C;123,A/G;129,T/C;130,A/G
YITCHB022	54,T/C;67,A/G;68,A/C
YITCHB023	26,A/T;38,T/G;64,A/C;65,A/G;121,A/C
YITCHB026	18,A/G
YITCHB027	101,A/G
YITCHB030	80,C/G;139,T/C;148,A/G
YITCHB031	125,C
YITCHB033	93,A
YITCHB038	202,T;203,A;204,G
YITCHB039	28,T/C;29,T/A;53,T/C;74,A/G;76,T;89,T/G;93,G;130,T/C;151,T;156,G
YITCHB040	1,C
YITCHB042	60,A/G;110,T/C;114,A/G;127,T/C;146,T/C;167,T/A
YITCHB045	48,C
YITCHB047	130,A/G
YITCHB048	59,A/T;62,A/G;79,T/C
YITCHB049	59,T/C;75,T/C
YITCHB050	45,T/C;59,T/C;91,T/A;156,A/G
YITCHB051	7,T/G;105,T/C
YITCHB053	4,A/G;38,T/C;124,A/G
YITCHB054	116,C
YITCHB057	91,A/G;142,T/C;146,T/G
YITCHB058	2,A/G;36,A/G;60,A/G;131,T/C

YITCHB061	4,C;28,A;67,A
YITCHB062	94,A/G;96,T/C
YITCHB064	113,A
YITCHB066	10,A/G;30,T/C
YITCHB067	9,A;85,A;87,G
YITCHB068	144,T/C;165,A/G
YITCHB072	6,A/T;7,A/G;8,T/C;19,T/C;25,T/G;35,A/G;59,T/C;61,T/G;71,A/G;79,C/T/G; 80,T/C/A;81,A/G;82,A/G;88,T/C;89,A/G;91,A/G;93,A/G;97,A/T;100,A/G; 103,A/C;107,A/G;109,A/G;113,T/G;118,T/C;119,T/G;121,T/C;125,T/C;128,C/ G;130,A/T/G;137,A/G;141,A/G;149,A/G;150,T/G;160,T/C;166,A/T/C;169,A/ G;172,A/G;175,T/G;182,T/A
YITCHB073	49,G
YITCHB075	22,C;35,T;98,C/G
YITCHB076	13,T;82,T/A;91,T;109,A/C
YITCHB077	77,A/G;88,T/C;104,A/G;145,T/C;146,A/G
YITCHB079	123,A/G
YITCHB080	112,C/G
YITCHB081	51,A/G;56,T;57,C;58,T;60,C;67,T;68,T;69,C;110,A/G;116,T/C;135,A/G
YITCHB082	52,A/G
YITCHB084	58,T/A;91,A;100,C;119,A/C;149,A/G
YITCHB085	27,T/G;46,C/G;81,T;82,G
YITCHB086	115,G;155,T;168,A
YITCHB087	111,T
YITCHB089	38,A;52,A;53,C;64,A;89,C;178,T;184,C;196,C;197,A
YITCHB094	16,A/C;36,C/G;63,A/G;70,T/C;99,A/G
YITCHB099	74,T/C;105,A/G;126,T/C;179,A/T;180,T/C
YITCHB100	12,T/C
YITCHB102	16,T/C;21,T/G;24,T/G;27,T/A;32,T/G;33,T/G;56,T/C;57,A/C;59,A/T;65,T/C; 83,A/G;107,A/G
YITCHB104	146,C/G
YITCHB105	36,A
YITCHB107	18,A/T;48,A/G;142,T/C
YITCHB109	1,T;6,G;26,T/C;50,A/G;83,A/T;92,A/G;93,T/C
YITCHB112	123,T/C;138,C/G
YITCHB113	188,T/C
YITCHB114	18,T/C;25,A/G;38,T/C;68,T/C;70,C/G;104,T/C
YITCHB115	112,A/G;128,T/C

YITCHB116	29,T
YITCHB118	22,T/C;78,T/C;102,T/C
YITCHB121	133,T/A;135,A/G;187,A/G
YITCHB123	27,T/A;39,A/G;49,A/G;56,A/G;66,A/G;69,T/C;75,A/G;104,A/G;125,T/C;135,A/G;138,T/C;175,T/G
YITCHB124	130,A/G;186,C/G
YITCHB126	43,T/C;112,T/C;154,T/C
YITCHB127	65,A/G;82,A/C;132,A/C
YITCHB128	7,T/C
YITCHB132	27,−;46,A;61,A;93,C;132,A;161,T
YITCHB133	1,A/G
YITCHB134	72,T/C
YITCHB138	22,A/C;52,A/G
YITCHB143	22,G
YITCHB145	6,A;8,G;20,A;76,A;77,G;83,G;86,T
YITCHB148	27,T/C;91,T/C
YITCHB152	31,A/G
YITCHB154	1,A/T
YITCHB156	82,T/C
YITCHB157	69,A
YITCHB158	96,T/C
YITCHB159	7,A/G;25,A/G;38,T/C;42,T/C;92,C/G;160,A/G
YITCHB161	31,C/G
YITCHB162	33,T;75,T
YITCHB163	41,A/G;54,T/C;90,T/C
YITCHB165	1,A;69,T/C;118,A/G;120,A/T;126,T/C;127,T/G
YITCHB166	30,T/C
YITCHB168	21,A;62,−;73,A/G
YITCHB171	39,T/C;87,T/A;96,T/C;119,A/C
YITCHB175	12,A/G
YITCHB177	55,A/G;107,A/G;125,T/C;127,A/G
YITCHB178	42,A/C;145,A/G;163,A/G
YITCHB181	56,A
YITCHB182	45,A/G
YITCHB185	20,T/C;49,A/G;71,T/C;86,T/C;104,T/C;114,T/C;133,C/G;154,A/G
YITCHB186	19,A/G;46,A/G;47,A/G;57,T/A;75,T/C;82,T/C;86,A/C
YITCHB187	82,A/G;130,A/G

YITCHB189	61,A;147,A/G
YITCHB191	1,T/C;44,T/G
YITCHB192	46,T/G;73,A/G
YITCHB193	169,T/C
YITCHB197	121,−/T;122,−/T;123,−/T;167,C/G
YITCHB198	34,T/A;63,A/G;109,T/C
YITCHB200	19,T/C;70,A/G;73,A/G;92,A/T;104,C/G;106,T/A
YITCHB201	103,A/T;112,A/G;132,−/T
YITCHB202	55,T;60,T;88,T/C;102,T;104,A;115,A/T;127,T/C;144,A/G;187,G;197,A
YITCHB214	15,T/C;155,A/C
YITCHB215	3,T/A;6,T/G;9,A/G;22,A/G;54,T/C;63,A/T;71,A/T;72,T/C;81,A/G;96,A/G;121,T/C;137,A/G;163,T/G;177,A/G;186,A/G
YITCHB216	43,A/G
YITCHB217	84,A/C
YITCHB219	24,A/G;60,T/C;112,A/G
YITCHB224	1,A;36,A;79,T;117,A;118,C
YITCHB227	120,T/C
YITCHB228	11,A/G;26,A/T
YITCHB229	45,G;46,T/C;80,T/C;162,T/G
YITCHB230	128,A
YITCHB232	86,T/C
YITCHB233	1,T/A;2,T/A;3,T/G;4,T/G;7,T/C;50,A/G;152,−/A
YITCHB234	53,C
YITCHB237	118,A/G;120,A/C;165,T/A;181,A/C
YITCHB238	23,T/G
YITCHB242	22,T/C
YITCHB243	86,T/C;98,A/G;131,A/C
YITCHB246	19,A/C;25,C;89,A
YITCHB247	23,G;33,C/G;109,A
YITCHB249	43,T/C
YITCHB250	21,T/C;51,G;54,T/C;55,A/G;56,T/C;78,T/C;98,T/C;99,A/T;125,T/A
YITCHB251	65,A/G
YITCHB252	26,T/C;65,A/G;126,T/G
YITCHB253	21,A/T;26,T/G
YITCHB254	4,T/C;6,A/G;51,A/G;109,A/C
YITCHB255	5,A/G;9,T/C;22,A/G;25,T/C;37,T/G;79,A/G;86,A/G;88,A/G;89,A/G;116,T/C;135,T/C;187,A/G

YITCHB256	16,T/C
YITCHB258	24,A/G;65,A/G;128,A/T
YITCHB263	43,A/G
YITCHB264	8,A/T;51,T/C;111,T/C
YITCHB265	17,T/A;64,T/C;73,A/T;97,C/G;116,T/G
YITCHB266	25,A/C;57,A/C
YITCHB268	82,T/G;167,A/G
YITCHB270	113,C

YITCHB001   25,C;43,T/C;66,T;67,C;81,T/C
YITCHB002   109,T/C;145,A/C;146,C/G
YITCHB004   160,T
YITCHB006   35,T/C;110,T/C
YITCHB007   27,C/G;44,A/G;67,A/G;90,C/G
YITCHB008   15,T/A;65,C
YITCHB011   156,A/C
YITCHB014   9,T/C
YITCHB016   88,G
YITCHB019   55,T/A;106,A/G
YITCHB021   54,A/C;123,A/G;129,T/C;130,A/G
YITCHB022   54,C;67,G;68,C
YITCHB026   18,A/G
YITCHB030   80,C/G;139,T/C;148,A/G
YITCHB031   125,T/C;161,T
YITCHB033   93,A
YITCHB034   29,A/C
YITCHB035   44,T/C;158,T/C/G
YITCHB036   95,T/C;157,A/G
YITCHB038   202,T;203,A;204,G
YITCHB039   28,T/C;29,A/T;53,T/C;74,A/G;76,T/C;89,T/G;93,A/G;130,T/C;151,T/G;156,
             T/G
YITCHB040   1,C;29,T/C;31,A/G;73,T/C;103,T/C;108,A/G;135,T/C
YITCHB042   127,T/C;167,A/T
YITCHB044   97,T/C
YITCHB045   48,T/C
YITCHB047   130,A/G
YITCHB048   6,A/G;59,T/A;62,A/G;79,T/C
YITCHB050   45,T/C;59,T/C;91,A/T;104,A/G
YITCHB051   7,T/G;105,T/C
YITCHB054   116,C
YITCHB056   60,T/A;124,T/G;125,T/G;147,A/G
YITCHB057   91,G;142,T;146,G

YITCHB058	2,A/G;36,A/G;60,A/G;131,T/C
YITCHB059	4,T/C;22,A/G;76,C/G;114,A/G;196,T/A
YITCHB061	4,C;28,A;67,A
YITCHB064	113,A/G
YITCHB066	30,T/C
YITCHB067	9,A/G;85,A/G;87,−/G
YITCHB068	144,T/C;165,A/G
YITCHB072	19,T/C;35,A/G;59,T/C;61,T/G;71,A/G;79,C/G;80,T/C;81,A/G;82,A/G;88,T/C; 89,A/G;91,A/G;97,T/A;100,A/G;103,A/C;109,A/G;121,T/C;125,T/C;128,C/G; 130,A/G;137,A/G;141,A/G;150,T/G;166,T/A;169,A/G;172,A/G;175,T/G;182, A/T
YITCHB073	49,T/G
YITCHB075	22,T/C;35,T/C
YITCHB081	51,A/G;56,T;57,C;58,T;60,C;67,T;68,T;69,C;110,A/G;116,T/C;135,A/G
YITCHB082	131,T/C
YITCHB083	4,A/T;28,T/G;101,T/G;119,T/C
YITCHB084	91,A/G;100,C/G;119,A/C
YITCHB085	46,C/G;81,A/T;82,G;103,A/G
YITCHB086	155,T/G;168,A/G
YITCHB089	53,T/C;88,A/G;89,T/C;184,T/C
YITCHB092	118,A/G
YITCHB094	16,C;36,G;63,A;70,C;99,G
YITCHB096	24,C;87,T/C
YITCHB097	46,C/G;144,A/G
YITCHB100	12,T/C
YITCHB102	57,A/C
YITCHB104	146,C/G
YITCHB107	18,A/T;48,A/G;142,T/C
YITCHB108	127,A/C
YITCHB109	1,T;6,G;26,T/C;83,A/T/C;93,T/C;159,A/C
YITCHB112	28,T/C;123,T/C;154,T/A
YITCHB113	188,T/C
YITCHB114	18,T;38,C;68,C;70,G;104,C
YITCHB116	29,−/T;147,T/G
YITCHB121	133,T;135,G;136,−;187,G
YITCHB123	27,A/T;39,A/G;49,A/G;59,T/C;75,A/G;89,T/C;103,A/G;138,T/C;150,T/G;163, T/A;171,A/G;175,T/G;197,T/C

YITCHB124	130,A/G;186,C/G
YITCHB127	65,A/G;82,A/C;132,A/C
YITCHB128	7,T/C;11,T/G;126,A/C;128,T/G;135,C/G
YITCHB130	13,A;20,C;54,C;60,A/G;82,T/C
YITCHB134	72,T/C
YITCHB135	128,T/C
YITCHB137	110,C
YITCHB141	39,T/C
YITCHB143	22,T/G
YITCHB145	6,A;8,G;20,A;76,A;77,G;83,G;86,T
YITCHB146	3,T/G;29,A/G;40,C/G;44,T/C;103,A/G;134,A/G
YITCHB147	100,A
YITCHB148	27,T/C;91,T/C
YITCHB151	8,T/C;19,A/T;43,T/G
YITCHB154	1,T/A;4,T/C;87,T/C
YITCHB156	82,T/C
YITCHB157	69,A
YITCHB158	96,T/C
YITCHB160	33,C/G;59,A/G;66,A/C
YITCHB162	32,T/C;33,T;75,T/C;127,A/G
YITCHB163	41,A/G;54,T/C;90,T/C
YITCHB165	1,A
YITCHB167	12,A/G;33,C/G;36,A/G;64,A/C;146,A/G
YITCHB168	21,A;62,−
YITCHB169	22,A/T;107,A/G
YITCHB170	56,A/G
YITCHB171	39,T/C;87,A/T;96,T/C;119,A/C
YITCHB176	13,A/C;25,A/G;26,A/G;82,A/G;105,T/C
YITCHB181	56,A
YITCHB182	45,A/G
YITCHB183	53,A;59,G;80,A;115,T;155,C
YITCHB185	74,T/C;104,T/C;122,T/C;133,C/G
YITCHB186	19,A/G;46,A/G;47,A/G;57,T/A;75,T/C;82,T/C;86,A/C
YITCHB189	49,A;147,G
YITCHB191	1,T/C;44,T/G
YITCHB192	46,T/G;73,A/G
YITCHB195	53,C;111,T

YITCHB197	72,A/G;121,-/T;122,-/T;123,-/T;167,C/G;174,A/G;189,A/C
YITCHB198	34,T/A;63,A/G;109,T/C
YITCHB199	77,C/G;123,T/C
YITCHB200	70,A/G;73,A/G;92,T/A;104,C/G;106,A/T
YITCHB201	112,A/G;132,-/T
YITCHB202	55,T;60,T;102,T;104,A;127,T;187,G;197,A
YITCHB203	125,T/C;154,A/G
YITCHB208	84,A
YITCHB212	38,C/G;105,C/G
YITCHB214	15,T/C;155,A/C
YITCHB215	3,T/A;6,T/G;9,A/G;22,A/G;54,T/C;63,A/T;71,A/T;72,T/C;81,A/G;96,A/G;121,T/C;137,A/G;163,T/G;177,A/G;186,A/G
YITCHB216	43,A/G
YITCHB217	73,T/C;85,C/G;87,A/C
YITCHB219	24,A/G;52,T/C;60,T/C;112,A/G
YITCHB220	17,A/G;58,C/G
YITCHB223	17,T/C;189,T/C
YITCHB224	1,A/G;24,T/C;36,A/G;79,T/C;96,T/C;117,-/A;118,T/C
YITCHB226	127,T/C
YITCHB228	11,A/G;26,A/T
YITCHB229	45,G;80,T
YITCHB230	55,T/C;128,A/G
YITCHB231	104,T
YITCHB232	86,T/C
YITCHB233	152,A
YITCHB234	53,C
YITCHB237	118,A/G;120,A/C;165,A/T;181,A/C
YITCHB241	124,T
YITCHB242	22,T/C
YITCHB244	43,A/G;143,A/G
YITCHB245	200,A/C
YITCHB246	2,A/G;25,T/C;89,A/G
YITCHB248	50,A
YITCHB250	21,T/C;51,T/G;54,T/C;55,A/G;56,T/C;78,T/C;98,T/C;99,T/A;125,A/T
YITCHB251	65,A/G
YITCHB253	21,T/A
YITCHB254	51,A/G

YITCHB258   24,A/G;191,T/C
YITCHB259   90,A/G
YITCHB260   84,A/T;161,T/A
YITCHB263   22,T/G;43,A/G;93,T/C;144,A/G;181,A/G
YITCHB264   8,T/A;49,A/T;51,T/C;110,A/G;111,T/C
YITCHB265   64,T/C;73,T/A;97,C/G;116,T/G
YITCHB266   25,A/C;57,A/C;58,T/A;136,T/C;159,T/C
YITCHB267   102,T/G
YITCHB268   24,A/C;78,A/G;82,T;86,T/C;126,A/G;148,T/A;167,G
YITCHB269   53,A/C;60,A/C
YITCHB270   113,C

YITCHB001   3,A/G;25,C;43,T/C;66,T;67,T/C;142,T/G

YITCHB002   145,A;146,G

YITCHB003   83,G;96,A

YITCHB006   110,T/C

YITCHB007   67,A/G;99,T/C

YITCHB008   65,T/C

YITCHB010   4,A/C;42,A/G;62,T/C;65,A/C;84,T/C;86,T/C;132,A/G

YITCHB011   156,A

YITCHB014   9,T/C

YITCHB015   47,A/G;69,C/G;85,A/G

YITCHB019   55,A/T

YITCHB024   142,C/G

YITCHB026   18,G

YITCHB027   101,A/G

YITCHB030   80,C/G;139,T/C;148,A/G

YITCHB031   125,C

YITCHB034   29,A

YITCHB035   44,T/C;158,C/G

YITCHB036   47,A/G;95,T/C;157,A/G

YITCHB039   28,T/C;29,A/T;53,T/C;74,A/G;76,T/C;89,T/G;93,A/G;130,T/C;151,T/G;156,
             T/G

YITCHB040   1,C;29,T;31,A;73,C;103,T;108,G;135,T

YITCHB042   127,T/C;167,T/A

YITCHB045   48,C

YITCHB048   6,A/G;59,A/T;62,A/G;79,T/C

YITCHB050   45,T/C;59,T/C;91,T/A;104,A/G

YITCHB051   7,T/G;105,T/C

YITCHB053   4,A/G;38,T/C;124,A/G

YITCHB054   116,C

YITCHB057   91,G;142,T;146,G

YITCHB058   2,G;36,G;60,G;79,–;131,T

YITCHB061   4,C;28,A;67,A

YITCHB062   94,G;96,C

YITCHB063	85,T/C
YITCHB064	113,A/G
YITCHB066	10,A/G;30,T
YITCHB067	9,A/G;85,A/G;87,−/G
YITCHB072	19,T;59,T;61,G;67,G;71,G;79,G;80,T;81,G;82,G;88,C;89,A;91,G;97,T;100,G;103,A;109,G;121,T;125,C;128,G;137,G;141,A;150,G;166,T;169,A;172,G;182,A
YITCHB073	49,G
YITCHB074	98,A/G
YITCHB075	22,C;35,T;98,C/G
YITCHB076	13,T/C;82,A/T;91,T/C;109,A/C
YITCHB077	77,A/G;88,T/C;104,A/G;145,T/C;146,A/G
YITCHB079	123,A/G
YITCHB081	51,A/G;56,T;57,C;58,T;60,C;67,T;68,T;69,C;110,A/G;116,T/C;135,A/G
YITCHB082	52,A/G;93,T/C
YITCHB084	58,A/T;91,A;100,C;119,A/C;149,A/G
YITCHB085	46,C/G;81,A/T;82,G
YITCHB086	15,T/C;50,T/C;52,A/G;67,C/G;76,A/C;77,C/G;85,A/G;90,T/G;92,T/C;94,C/G;100,A/G;102,T/G;104,A/C;107,T/G;109,A/G;110,T/A;114,A/G;115,A/G;116,T/C;127,T/C;135,A/G;151,A/C;155,T/G;156,A/T;165,T/C;168,C/G
YITCHB091	107,T/G;120,A/G
YITCHB093	95,T/G;107,T/G;132,A/G;166,T/G
YITCHB094	16,C;26,A/T;36,C/G;63,A/G;70,C;99,A/G
YITCHB096	24,T/C
YITCHB097	46,C/G;144,A/G
YITCHB099	74,T/C;105,A/G;126,T/C;179,T/A;180,T/C
YITCHB100	12,T/C
YITCHB102	57,A/C
YITCHB104	146,C/G
YITCHB105	36,A/C
YITCHB107	18,T/A;48,A/G;142,T/C
YITCHB108	119,A/C;127,A/C
YITCHB112	28,T/C;35,A/C;36,T/C;103,A/G;122,T/G;123,T/C;129,A/G;142,T/C;162,T/C
YITCHB113	182,T/A;192,A/G
YITCHB114	18,T;38,C;68,C;70,G;104,C
YITCHB116	29,T
YITCHB117	152,A/G

YITCHB118	22,T;78,C;102,T
YITCHB119	56,C/G;119,A/G
YITCHB121	133,T;135,G;136,–;187,G
YITCHB124	130,A;186,C/G
YITCHB126	43,T/C;112,T/C;154,T/C
YITCHB127	65,A;82,C;132,A
YITCHB128	7,T/C;127,A/G
YITCHB130	13,A;20,C;54,C;60,A
YITCHB131	32,C;135,G;184,C
YITCHB132	46,A/C;61,A/C;93,A/C;132,A/G;161,T/C
YITCHB134	72,T/C
YITCHB135	178,T/C
YITCHB136	64,A/C
YITCHB137	110,C
YITCHB143	22,G
YITCHB145	6,A/G;8,A/G;20,A/C;76,A/C;77,C/G;83,A/G;86,T/C
YITCHB148	27,T/C;91,T/C
YITCHB151	19,A;33,A/G;43,T/G
YITCHB152	31,A/G
YITCHB154	4,T/C
YITCHB156	82,T
YITCHB157	32,T/C;69,A/G
YITCHB158	96,C
YITCHB159	7,A/G;25,A/G;38,T/C;42,T/C;92,C/G;160,A/G
YITCHB160	15,T/C;48,T/A;59,A/G
YITCHB162	7,T/G;10,T/C;14,T/C;16,A/G;32,T/C;33,T;73,A/G;75,T/C;77,A/G;136,A/C; 140,T/A
YITCHB165	1,A;10,T/C
YITCHB166	30,T/C
YITCHB168	21,A;62,–;73,A/G
YITCHB171	39,T/C;87,T/A;96,T/C;119,A/C
YITCHB177	28,T/G;30,A/G;42,C/G;55,T/G;95,T/G;127,A/G;135,T/G
YITCHB178	14,A/G;24,T/C;42,A/T;66,A/G;145,A/G
YITCHB183	53,A/G;59,T/G;79,A/G;80,A/G;97,T/A;103,T/C;106,A/G;114,A/G;115,T/C; 116,A/C;121,A/C;122,A/G;138,T/C;139,A/G;147,A/T;155,T/C;166,T/C
YITCHB185	20,T/C;49,A/G;71,T/C;86,T/C;104,T/C;114,T/C;133,C/G;154,A/G
YITCHB186	19,A/G;46,A/G;47,A/G;57,T/A;75,T/C;82,T/C;86,A/C

YITCHB189	49,A/G;61,A/C;147,A/G
YITCHB191	1,T/C;44,T/G
YITCHB192	46,T;73,G
YITCHB193	169,T/C
YITCHB196	44,T/C;101,T/C
YITCHB197	72,A/G;121,−/T;122,−/T;123,−/T;167,C/G;174,A/G;189,A/C
YITCHB198	34,T/A;63,A/G;109,T/C
YITCHB199	77,C/G;123,T/C
YITCHB200	19,T/C
YITCHB201	132,T
YITCHB205	57,T
YITCHB207	81,A/G
YITCHB208	41,T/C;84,A/T;107,T/C
YITCHB209	32,T;34,C;35,A;71,T;94,T;166,G;173,A;175,C
YITCHB214	15,C;155,C
YITCHB215	3,T/A;6,T/G;9,A/G;22,A/G;54,T/C;63,A/T;71,A/T;72,T/C;81,A/G;96,A/G;121, T/C;137,A/G;163,T/G;177,A/G;186,A/G
YITCHB216	43,A
YITCHB217	84,A/C
YITCHB219	52,T
YITCHB220	58,C/G
YITCHB224	1,A/G;36,A/G;79,T/C;117,−/A;118,T/C
YITCHB227	120,T/C
YITCHB228	11,A/G;26,A/T
YITCHB229	45,C/G;46,T/C;80,C/G;162,T/G
YITCHB230	55,T/C;128,A/G
YITCHB232	86,T/C
YITCHB233	152,A
YITCHB234	53,−/C;123,A/G
YITCHB237	118,A/G;120,A/C;165,A/T;181,A/C
YITCHB238	108,C/G
YITCHB242	22,C
YITCHB243	86,T;98,A;131,C;162,A/G
YITCHB244	43,A/G;143,A/G
YITCHB245	144,A/G;200,A/C
YITCHB246	19,A/C;25,T/C;89,A/G
YITCHB247	23,G;109,A

YITCHB250	21,T/C;51,G;54,T/C;55,A/G;56,T/C;78,T/C;98,T/C;99,A/T;125,T/A
YITCHB251	65,A/G
YITCHB252	26,T/C;65,A/G;137,T/C;156,A/G
YITCHB253	21,A/T;26,T/G
YITCHB254	4,T/C;6,A/G;51,G;109,A/C
YITCHB255	5,G;9,C;22,G;25,C;37,G;79,A;86,G;88,G;89,G;116,C;135,T;187,A
YITCHB258	24,A/G;191,T/C
YITCHB259	90,A
YITCHB260	84,T/A;161,A/T
YITCHB263	26,A/G;36,T/C;43,A/G;93,T/C;104,T/C;144,A/G
YITCHB264	111,T/C
YITCHB265	97,C/G
YITCHB266	25,C;57,C;58,T;136,C;159,C
YITCHB267	102,T
YITCHB269	60,A
YITCHB270	12,T

YITCHB001　25,T/C;66,T/C;67,T/C;81,T/C
YITCHB002　109,T
YITCHB003　83,A/G;96,T/A
YITCHB004　195,A
YITCHB007　27,C/G;44,A/G;67,A/G;90,C/G
YITCHB009　25,T;56,T;181,T;184,C;188,G
YITCHB011　156,A
YITCHB014　9,C
YITCHB016　67,A/G;80,T/G;88,G;91,T/C
YITCHB017　63,A;132,G
YITCHB019　55,A/T
YITCHB021　54,A;123,A;129,T;130,G
YITCHB022　54,T/C;67,A/G;68,A/C
YITCHB026　18,G
YITCHB027　101,A
YITCHB028　48,T/C;66,T/G;166,C/G
YITCHB030　80,C/G;139,T/C;148,A/G
YITCHB031　125,C;161,T
YITCHB033　93,A/C
YITCHB035　7,A;33,G;44,C;124,T;137,C;158,G
YITCHB036　95,T/C;157,A/G
YITCHB038　18,T;40,T;94,T;113,C;202,T;203,A;204,G
YITCHB039　76,T/C;93,A/G;151,T;156,T/G
YITCHB042　17,A/G;99,T/C;127,T/C;137,T/C;154,T/C;167,T
YITCHB044　97,T/C
YITCHB045　48,C
YITCHB048　6,A/G;59,A/T;62,A/G;79,T/C;80,T/C;81,A/G
YITCHB049　27,A/G;41,C;53,T/C;75,C;92,T/G;96,T/C;99,C;131,T/G
YITCHB050　45,T;51,A/C;59,T;91,T;104,A/G;121,A/G
YITCHB051　7,G;54,T/C;144,A/C
YITCHB055　52,A/T
YITCHB056　60,A/T;124,T/G;125,T/G;147,A/G
YITCHB057　91,G;142,T;146,G

YITCHB058	2,A/G;36,A/G;60,A/G;131,T/C
YITCHB059	4,T/C;22,A/G;76,C/G;114,A/G;196,T/A
YITCHB061	4,C/G;12,T/C;28,A;50,T/C;67,T/A
YITCHB062	94,A/G;96,T/C
YITCHB064	113,A
YITCHB067	9,A/G;85,A/G;87,–/G
YITCHB071	98,T/C
YITCHB072	2,C/G;19,T/C;35,A/G;59,T/C;61,T/G;64,A/G;65,C/G;67,A/G;71,A/G;79,C/G;80,A/T/C;81,A/G;82,A/G;88,T/C;89,A/G;91,A/G;97,A/T;100,A/G;103,A/C;109,A/G;118,T/C;121,T/C;122,T/C;125,T/C/G;126,T/G;128,C/G;130,T/A/G;137,A/G;141,A/G;150,T/G;160,T/C;166,T/A;169,A/G;172,A/G;175,T/G;182,A/T
YITCHB073	23,T/C;49,G;82,A/G
YITCHB075	22,C;35,T
YITCHB076	13,T/C;91,T/C
YITCHB077	77,A/G;88,T/C;104,A/G;145,T/C
YITCHB079	85,A/G;123,A/G
YITCHB081	51,G;56,T;57,C;58,T;60,C;67,T;68,T;69,C;110,A;116,C;135,G
YITCHB082	52,A
YITCHB083	4,A;28,G;101,T;119,T
YITCHB084	91,A/G;100,C/G;119,A/C
YITCHB085	46,C;82,G
YITCHB086	15,T/C;50,T/C;52,A/G;67,C/G;74,A/G;76,A/C;77,C/G;85,A/G;90,T/G;92,T/C;94,C/G;100,A/G;102,T/G;104,A/C;107,T/G;109,A/G;110,A/T;114,A/G;115,G;116,T/C;127,T/C;135,A/G;151,A/C;155,T;156,T/A;165,T/C;168,A/C
YITCHB089	14,T/C;38,A/G;52,A/G;53,T/C;64,A/C;89,T/C;178,T/C;184,T/C;196,T/C;197,A/G
YITCHB092	118,A/G
YITCHB094	16,C;36,C/G;53,A/T;63,A/G;70,C;99,A/G
YITCHB096	24,C;87,T/C
YITCHB099	74,C;105,A;126,C;179,T;180,C
YITCHB102	52,A/G;57,C
YITCHB104	13,T/G;31,T/G;146,C/G
YITCHB106	19,T/C;94,T/C
YITCHB107	18,A/T;48,A/G;142,T/C
YITCHB108	73,A/C;127,A/C
YITCHB109	1,T;6,G;26,C;83,A;93,C

YITCHB110	66,A;144,G
YITCHB112	28,T/C;123,C;154,A/T
YITCHB114	18,T;38,C;68,C;70,G;104,C
YITCHB115	112,A/G;128,T/C
YITCHB116	29,T
YITCHB117	152,A/G
YITCHB121	133,T;135,G;136,–;187,G
YITCHB123	138,T
YITCHB124	130,A
YITCHB126	19,G;43,T
YITCHB128	7,C
YITCHB130	13,A/G;20,T/C;54,T/C;82,T/C
YITCHB131	32,C;135,G;184,C
YITCHB132	27,–;46,A;61,A;93,C;132,A;161,T
YITCHB134	72,T/C
YITCHB135	128,T/C;187,T/C;188,C/G
YITCHB136	4,A/C;64,C
YITCHB137	110,T/C
YITCHB141	39,C
YITCHB142	2,T/C;28,T/C;30,T/G;46,A/G;102,T/C;150,C/G;152,A/G;153,C/G
YITCHB145	6,A/G;8,A/G;20,A/C;76,A/C;77,C/G;83,A/G;86,T/C
YITCHB147	12,A/G;22,T/G;61,T/A;70,A/G;100,A
YITCHB149	87,T/C;112,A/T;135,A/G
YITCHB150	57,C;58,T
YITCHB151	8,T;19,A;43,G
YITCHB152	31,A
YITCHB154	4,T/C;87,T/C
YITCHB157	69,A
YITCHB158	96,T/C
YITCHB159	7,A/G;25,A/G;38,T/C;42,T/C;92,C/G;160,A/G
YITCHB162	7,T/G;14,T/C;16,A/G;32,T/C;33,T;75,T/C;133,T/G;136,A/C
YITCHB163	41,G;54,T;90,C
YITCHB167	12,A/G;33,C/G;36,A/G;64,A/C;146,A/G
YITCHB168	21,A;62,–
YITCHB169	22,T;79,T/C;107,A/G;117,A/G;118,T/G
YITCHB170	56,A
YITCHB171	39,T/C;87,A/T;96,T/C;119,A/C

YITCHB175	12,A/G
YITCHB176	13,A/C;25,A/G;26,A/G;82,A/G;105,T/C
YITCHB177	28,T/G;30,A/G;42,C/G;55,T/G;95,T/G;127,A/G;135,T/G
YITCHB178	42,A/C;145,A/G;163,A/G
YITCHB181	56,A/G
YITCHB185	20,C;49,A;71,T;86,C;104,C;114,T;133,C;154,G
YITCHB186	19,A/G;44,C/G;46,A/G;57,T/A;75,T/C;82,T/C;86,A/C
YITCHB187	82,A/G;130,A/G
YITCHB189	49,A/G;61,A;88,A/C;147,G
YITCHB190	90,T
YITCHB191	44,G
YITCHB192	45,A
YITCHB193	169,T/C
YITCHB195	53,T/C;108,A/G;111,T/C
YITCHB197	72,G;121,T;122,T;123,T;167,G;174,G;189,C
YITCHB198	34,T;59,–;60,–;63,G;109,C
YITCHB199	77,C/G;123,T/C
YITCHB200	70,A/G;73,A/G;92,T/A;104,C/G;106,A/T
YITCHB201	112,G;132,T
YITCHB202	55,T;60,T;88,T/C;102,T;104,A;115,A/T;127,T/C;144,A/G;187,G;197,A
YITCHB203	125,T;154,A
YITCHB205	31,A;36,G;46,A;74,G
YITCHB207	81,A/G
YITCHB208	41,C;84,A
YITCHB209	32,T/C;34,T/C;94,T/C;149,T/C;166,A/G;175,T/C
YITCHB210	130,C;154,G
YITCHB211	113,T;115,G
YITCHB212	38,C/G;105,C/G
YITCHB214	15,C;155,C
YITCHB215	3,T/A;6,T/G;9,A/G;22,A/G;54,T/C;63,A/T;71,A;72,A/C;81,A/G;96,A/G;121,T/C;137,A/G;163,T/G;177,A/G;186,A/G
YITCHB216	43,A
YITCHB217	84,C
YITCHB219	24,A/G;60,T/C;112,A/G
YITCHB220	17,A/G;58,C/G
YITCHB223	17,T;189,C
YITCHB224	1,A/G;36,A/G;79,T/C;117,–/A;118,T/C

YITCHB225　24,A/G

YITCHB228　11,A/G;26,T/A;72,A/G

YITCHB230　55,T/C;110,T/C;128,A/G

YITCHB232　47,A/G;54,A/G;86,C;108,T/C;147,A/C

YITCHB233　152,A

YITCHB234　53,C

YITCHB237　118,A/G;120,A/C;165,T/A;181,A/C

YITCHB238　23,T/G

YITCHB240　53,A/T;93,T/C;148,A/T

YITCHB242　22,T/C;65,A/G;94,T/C

YITCHB243　86,T;98,A;131,C;162,A

YITCHB245　144,A/G;200,A/C

YITCHB246　2,A/G;25,T/C;89,A/G

YITCHB247　23,G;109,A

YITCHB248　50,A/G

YITCHB250　21,T/C;51,G;54,T/C;55,A/G;56,T/C;78,T/C;98,T/C;99,A/T;125,T/A

YITCHB251　65,G

YITCHB252　26,C;65,G;137,T;156,A

YITCHB253　21,A;26,T/G

YITCHB254　51,A/G

YITCHB255　5,A/G;9,T/C;22,A/G;25,T/C;37,T/G;79,A/G;86,A/G;88,A/G;89,A/G;116,T/C;
　　　　　　135,T/C;187,A/G

YITCHB256　11,A

YITCHB257　68,T

YITCHB258　24,G;191,T

YITCHB259　90,A

YITCHB260　84,T;161,A

YITCHB263　84,A/G;93,T/C;144,A/G;181,A/G

YITCHB264　5,A/T;22,T/C;35,A/G;79,T/C;97,C/G;99,A/G;105,A/G;108,T/C;111,C;113,A/G;
　　　　　　114,T/C;132,T/C;137,A/G;144,T/C

YITCHB266　25,C;37,T/C;57,C;58,T;136,T/C;159,T/C

YITCHB267　42,A;102,T

YITCHB268　23,T/C;24,C;44,A/G;66,T/C;82,T;86,T/C;123,A/G;126,A;127,T/G;137,T/C;
　　　　　　148,T;166,A/C;167,G

YITCHB269　60,A/C

YITCHB270　12,T/C;113,A/C

YITCHB001　　3,A/G;25,T/C;43,T/C;66,T/C;67,T/C;142,T/G

YITCHB002　　109,T/C;145,A/C;146,C/G

YITCHB003　　83,G;96,A

YITCHB004　　160,T/G

YITCHB006　　110,T/C;135,A/G

YITCHB007　　67,A/G

YITCHB008　　65,T/C

YITCHB011　　156,A/C

YITCHB014　　9,T/C

YITCHB015　　47,A/G;69,C/G;85,A/G

YITCHB019　　55,A/T

YITCHB023　　26,A;38,T;64,C;65,A;121,A

YITCHB024　　142,C/G

YITCHB026　　18,A/G

YITCHB027　　101,A/G

YITCHB030　　80,C/G;139,T/C;148,A/G

YITCHB031　　161,T

YITCHB034　　29,A

YITCHB035　　44,T/C;158,C/G

YITCHB036　　95,T;157,G

YITCHB038　　202,T;203,A;204,G

YITCHB039　　76,T/C;93,A/G;130,T/C;151,T/G;156,T/G

YITCHB040　　1,C

YITCHB042　　127,T/C;167,A/T

YITCHB045　　48,C

YITCHB048　　6,A/G;59,A/T;62,A/G;79,T/C;80,T/C;81,A/G

YITCHB049　　41,C/G;53,T/C;75,T/C;99,A/C

YITCHB050　　45,T/C;59,T/C;91,T/A;121,A/G

YITCHB051　　7,T/G;54,T/C;105,T/C;136,A/G

YITCHB054　　116,C

YITCHB057　　91,A/G;142,T/C;146,T/G

YITCHB061　　4,C;28,A;67,A

YITCHB062　　94,A/G;96,T/C

YITCHB063   85,T/C

YITCHB064   113,A

YITCHB066   10,A/G;30,T/C

YITCHB067   9,A;85,A;87,G

YITCHB072   19,T/C;59,T/C;61,T/G;67,A/G;71,A/G;79,C/G;80,T/C;81,A/G;82,A/G;88,T/C; 89,A/G;91,A/G;97,T/A;100,A/G;103,A/C;109,A/G;121,T/C;125,T/C;128,C/G; 137,A/G;141,A/G;150,T/G;166,T/A;169,A/G;172,A/G;182,A/T

YITCHB073   49,G

YITCHB075   22,T/C;35,T/C

YITCHB076   13,T/C;91,T/C

YITCHB077   77,A/G;88,T/C;104,A/G;145,T/C

YITCHB079   123,A/G

YITCHB081   51,A/G;56,T;57,C;58,T;60,C;67,T;68,T;69,C;110,A/G;116,T/C;135,A/G

YITCHB082   52,A/G;93,T/C

YITCHB085   46,C/G;81,A/T;82,G

YITCHB086   15,T/C;50,T/C;52,A/G;67,C/G;76,A/C;77,C/G;85,A/G;90,T/G;92,T/C;94,C/G; 100,A/G;102,T/G;104,A/C;107,T/G;109,A/G;110,T/A;114,A/G;115,A/G;116, T/C;127,T/C;135,A/G;151,A/C;155,T/G;156,A/T;165,T/C;168,C/G

YITCHB091   107,T/G;120,A/G

YITCHB094   16,A/C;36,C/G;63,A/G;70,T/C;99,A/G

YITCHB097   46,C/G;144,A/G

YITCHB102   16,T/C;21,T/G;24,T/G;27,T/A;32,T/G;33,T/G;56,T/C;57,A/C;59,A/T;65,T/C; 83,A/G;107,A/G

YITCHB104   146,C/G

YITCHB105   36,A/C

YITCHB107   18,T;48,G;142,T

YITCHB108   127,A/C

YITCHB112   28,T/C;123,T/C;138,C/G

YITCHB114   18,T;38,C;68,C;70,G;104,C

YITCHB116   29,T

YITCHB118   22,T/C;78,T/C;102,T/C

YITCHB119   56,C/G;119,A/G

YITCHB124   130,A;186,C/G

YITCHB126   43,T/C;112,T/C;154,T/C

YITCHB132   27,–;46,A;61,A;93,C;132,A;161,T

YITCHB134   72,T/C

YITCHB136   64,A/C

YITCHB138	22,A/C;52,A/G
YITCHB143	22,T/G
YITCHB145	6,A/G;8,A/G;20,A/C;76,A/C;77,C/G;83,A/G;86,T/C
YITCHB148	27,T/C;91,T/C
YITCHB151	19,A/T;33,A/G
YITCHB152	31,A/G
YITCHB154	1,A/T;4,T/C;87,T/C
YITCHB156	82,T
YITCHB158	96,C
YITCHB159	7,A/G;25,A/G;38,T/C;42,T/C;92,C/G;160,A/G
YITCHB160	15,T/C;48,A/T;59,A/G
YITCHB162	7,T/G;14,T/C;16,A/G;33,T;75,T/C;136,A/C
YITCHB165	1,A;10,T
YITCHB166	30,T/C
YITCHB167	12,G;33,C;36,G;64,C;146,G
YITCHB168	21,A/G;73,A/G
YITCHB169	22,T;107,A
YITCHB171	39,T/C;87,T/A;96,T/C;119,A/C
YITCHB175	12,A/G
YITCHB177	28,T/G;30,A/G;95,T/G;127,A/G;135,T/G
YITCHB182	50,T/C
YITCHB183	53,A/G;59,T/G;80,A/G;115,T/C;155,T/C
YITCHB185	74,T/C;104,T/C;122,T/C;133,C/G
YITCHB186	19,A/G;46,A/G;47,A/G;57,T/A;75,T/C;82,T/C;86,A/C
YITCHB187	130,A/G
YITCHB189	49,A/G;61,A/C;147,A/G
YITCHB191	1,T/C;44,T/G
YITCHB192	46,T/G;73,A/G
YITCHB193	169,T/C
YITCHB195	53,T/C;111,T/C
YITCHB196	44,T/C;101,T/C
YITCHB197	72,G;121,T;122,T;123,T;167,G;174,G;189,C
YITCHB199	77,C/G;123,T/C
YITCHB201	132,T
YITCHB205	57,T
YITCHB208	18,A/T;41,T/C;84,T/A
YITCHB209	32,T;34,C;35,A;71,T;94,T;166,G;173,A;175,C

YITCHB214　　15,T/C;155,A/C

YITCHB215　　3,T/A;6,T/G;9,A/G;22,A/G;54,T/C;63,A/T;71,A/T;72,T/C;81,A/G;96,A/G;121,
T/C;137,A/G;163,T/G;177,A/G;186,A/G

YITCHB216　　43,A/G

YITCHB217　　84,A/C

YITCHB219　　24,A/G;60,T/C;112,A/G

YITCHB220　　58,C/G

YITCHB224　　1,A;36,A;79,T;117,A;118,C

YITCHB225　　24,A/G

YITCHB226　　61,C/G;127,T/C

YITCHB227　　120,T/C

YITCHB228　　11,A/G;26,A/T

YITCHB229　　45,C/G;80,T/G

YITCHB230　　55,T/C;128,A/G

YITCHB232　　86,T/C

YITCHB233　　152,A

YITCHB234　　53,C

YITCHB237　　118,G;120,A;165,T;181,A

YITCHB238　　75,A/T;76,A/G;108,C/G

YITCHB242　　22,T/C

YITCHB243　　86,T/C;98,A/G;131,A/C

YITCHB246　　19,A/C;25,C;89,A

YITCHB247　　23,G;33,C/G;109,A

YITCHB249　　43,T/C

YITCHB250　　21,T/C;51,G;54,T/C;55,A/G;56,T/C;78,T/C;98,T/C;99,T/A;125,A/T

YITCHB251　　65,A/G

YITCHB252　　26,T/C;65,A/G;126,T/G

YITCHB253　　21,A/T;26,T/G

YITCHB254　　4,T/C;6,A/G;51,A/G;109,A/C

YITCHB255　　5,A/G;9,T/C;22,A/G;25,T/C;37,T/G;79,A/G;86,A/G;88,A/G;89,A/G;116,T/C;
135,T/C;187,A/G

YITCHB256　　16,C

YITCHB258　　24,A/G;65,A/G;128,A/T

YITCHB259　　90,A

YITCHB260　　84,A/T;161,T/A

YITCHB264　　111,C

YITCHB265　　17,A/T

YITCHB266   25,C;57,C;58,T;136,C;159,C
YITCHB267   102,T
YITCHB269   60,A/C
YITCHB270   12,T/C;113,A/C

YITCHB001   25,C;43,T/C;66,T;67,C;81,T/C

YITCHB002   109,T/C;145,A/C;146,C/G

YITCHB003   83,A/G;96,A/T

YITCHB014   9,T/C

YITCHB016   88,G

YITCHB019   55,A/T

YITCHB021   54,A/C;123,A/G;129,T/C;130,A/G

YITCHB022   54,C;67,G;68,C

YITCHB026   18,A/G

YITCHB027   101,A/G

YITCHB028   48,T/C;66,T/G;166,C/G

YITCHB030   80,C/G;139,T/C;148,A/G

YITCHB031   88,T/C;125,T/C;161,T/G

YITCHB033   93,A

YITCHB035   7,A/G;33,A/G;44,T/C;124,A/T;137,A/C;158,C/G

YITCHB036   95,T/C;157,A/G

YITCHB039   76,T/C;93,A/G;151,T/G;156,T/G

YITCHB040   1,C;29,T;31,A;73,C;103,T;108,G;135,T

YITCHB042   127,T;167,T

YITCHB044   97,T/C

YITCHB045   48,T/C

YITCHB047   130,A/G

YITCHB048   6,A/G;59,A/T;62,A/G;79,T/C

YITCHB049   41,C/G;53,T/C;75,T/C;99,A/C

YITCHB050   45,T;59,T;91,T;104,A/G;121,A/G

YITCHB051   7,T/G;26,A/G;54,T/C;144,A/C

YITCHB054   116,T/C

YITCHB055   52,T/A

YITCHB057   91,G;142,T;146,G

YITCHB058   2,A/G;36,A/G;60,A/G;131,T/C

YITCHB061   4,C/G;28,A/G;67,A/T;70,T/C;75,A/G;78,T/C;102,A/G;112,T/C;114,A/G;118,A/G

YITCHB062   94,G;96,C

YITCHB064   113,A/G

YITCHB066	30,T/C
YITCHB067	9,A;85,A;87,G
YITCHB071	98,T/C
YITCHB072	19,T/C;35,A/G;59,T/C;61,T/G;71,A/G;79,C/G;80,T/C;81,A/G;82,A/G;88,T/C;89,A/G;91,A/G;97,A/T;100,A/G;103,A/C;109,A/G;121,T/C;125,T/C;128,C/G;130,A/G;137,A/G;141,A/G;150,T/G;166,A/T;169,A/G;172,A/G;175,T/G;182,T/A
YITCHB073	23,T/C;49,G;82,A/G
YITCHB075	22,T/C;35,T/C;98,C/G
YITCHB076	13,T/C;91,T/C
YITCHB081	51,A/G;56,T;57,C;58,T;60,C;67,T;68,T;69,C;110,A/G;116,T/C;135,A/G
YITCHB082	52,A/G
YITCHB083	4,A/T;28,T/G;101,T/G;119,T/C
YITCHB085	46,C/G;81,A/T;82,G
YITCHB094	16,A/C;36,C/G;53,A/T;63,A/G;70,T/C;99,A/G
YITCHB096	24,T/C;87,T/C
YITCHB100	12,T/C
YITCHB102	52,A/G;57,C
YITCHB105	36,A
YITCHB107	18,A/T;48,A/G;142,T/C
YITCHB108	127,A/C
YITCHB112	28,T/C;123,C;154,T/A
YITCHB114	18,T/C;25,A/G;38,T/C;68,T/C;70,C/G;104,T/C
YITCHB116	29,T
YITCHB118	22,T;78,C;102,T
YITCHB121	133,T/A;135,A/G;187,A/G
YITCHB126	19,A/G;43,T/C
YITCHB128	7,C;135,G
YITCHB130	13,A/G;20,T/C;54,T/C;82,T/C
YITCHB132	27,−;46,A;61,A;93,C;132,A;161,T
YITCHB134	72,T/C
YITCHB135	128,T/C
YITCHB136	4,A/C;64,A/C
YITCHB137	110,T/C
YITCHB141	39,T/C
YITCHB143	22,T/G
YITCHB145	6,A/G;8,A/G;20,A/C;76,A/C;77,C/G;83,A/G;86,T/C
YITCHB148	17,A/C;27,T/C;91,T/C

YITCHB151　　8,T/C;19,A;33,A/G;43,T/G

YITCHB152　　31,A/G

YITCHB154　　4,T/C;87,T/C

YITCHB156　　82,T

YITCHB158　　96,T/C

YITCHB162　　14,T/C;33,T;75,T

YITCHB163　　41,A/G;54,T/C;90,T/C

YITCHB165　　1,A

YITCHB168　　21,A;62,−

YITCHB169　　22,T/A;107,A/G

YITCHB170　　23,A/C;56,A/G;60,A/G;65,A/G

YITCHB171　　39,T/C;87,T/A;96,T/C;119,A/C

YITCHB175　　12,A/G

YITCHB176　　13,A/C;25,A/G;26,A/G;82,A/G;105,T/C

YITCHB177　　28,T/G;30,A/G;42,C/G;55,T/G;95,T/G;127,A/G;135,T/G

YITCHB178　　42,A/C;145,A/G;163,A/G

YITCHB181　　56,A

YITCHB182　　45,A/G

YITCHB184　　7,T/C;8,T/C;20,T/C;31,T/G;49,A/G;50,A/G;70,C/G;71,T/C;77,A/G;87,A/G;
　　　　　　　102,A/G;107,T/C;126,A/G;139,T/C;148,T/A;149,T/C;152,A/G;174,C/G

YITCHB186　　19,A/G;44,C/G;46,A/G;47,A/G;57,T/A;75,T/C;82,T/C;86,A/C

YITCHB189　　49,A/G;61,A/C;88,A/C;147,A/G

YITCHB190　　90,T/A

YITCHB191　　44,T/G

YITCHB193　　169,T/C

YITCHB195　　108,A

YITCHB197　　72,A/G;121,−/T;122,−/T;123,−/T;167,C/G;174,A/G;189,A/C

YITCHB198　　34,A/T;63,A/G;109,T/C

YITCHB199　　77,C/G;123,T/C

YITCHB200　　70,A/G;73,A/G;92,T/A;104,C/G;106,A/T

YITCHB201　　112,G;132,T

YITCHB202　　55,T;60,T;88,T/C;102,T;104,A;115,T/A;127,T/C;144,A/G;187,G;197,A

YITCHB203　　125,T/C;154,A/G

YITCHB207　　81,A/G

YITCHB208　　41,C;84,A

YITCHB209　　32,T/C;34,T/C;94,T/C;149,T/C;166,A/G;175,T/C

YITCHB210　　130,C;154,G

YITCHB211	113,T/C;115,A/G
YITCHB214	15,T/C;155,A/C
YITCHB216	43,A/G
YITCHB217	84,A/C
YITCHB219	24,A/G;60,T/C;112,A/G
YITCHB224	117,A
YITCHB228	11,G;26,T
YITCHB229	45,C/G;80,T/G
YITCHB230	55,T/C;110,T/C;128,A/G
YITCHB232	86,T/C
YITCHB233	152,A
YITCHB234	53,C
YITCHB237	118,A/G;120,A/C;165,T/A;181,A/C
YITCHB238	23,T/G
YITCHB242	22,T/C;65,A/G;94,T/C
YITCHB243	86,T;98,A;131,C
YITCHB246	2,A/G;19,A/C;25,C;89,A
YITCHB247	23,G;109,A
YITCHB248	50,A/G
YITCHB250	21,T/C;50,T/C;51,G;54,T/C;55,A/G;56,T/C;78,T/C;81,T/C;83,A/G;90,A/G;94,T/C;98,T/C;99,A/T;119,A/C;125,T/A
YITCHB251	65,A/G
YITCHB253	21,A/T
YITCHB254	51,A/G
YITCHB255	5,A/G;9,T/C;22,A/G;25,T/C;37,T/G;79,A/G;86,A/G;88,A/G;89,A/G;116,T/C;135,T/C;187,A/G
YITCHB256	11,A/G
YITCHB257	68,T/C
YITCHB259	90,A/G
YITCHB260	84,A/T;161,T/A
YITCHB263	84,A/G;93,T/C;144,A/G;181,A/G
YITCHB264	5,T/A;22,T/C;35,A/G;79,T/C;97,C/G;99,A/G;105,A/G;108,T/C;111,C;113,A/G;114,T/C;132,T/C;137,A/G;144,T/C
YITCHB266	25,C;57,C;58,T;136,C;159,C
YITCHB267	102,T
YITCHB269	60,A
YITCHB270	12,T

YITCHB001   3,A/G;25,T/C;43,T/C;66,T/C;67,T/C;142,T/G

YITCHB002   109,T/C;145,A/C;146,C/G

YITCHB003   83,A/G;96,A/T

YITCHB004   160,T/G

YITCHB006   110,T/C

YITCHB007   67,A/G

YITCHB008   15,A/T;65,T/C

YITCHB009   25,T/C;56,T/G;181,T/C;184,T/C;188,A/G

YITCHB011   156,A/C

YITCHB014   9,T/C

YITCHB015   47,A/G;69,C/G;85,A/G

YITCHB016   88,A/G

YITCHB019   55,A/T

YITCHB021   54,A/C;123,A/G;129,T/C;130,A/G

YITCHB022   54,T/C;67,A/G;68,A/C

YITCHB023   26,A/T;28,T/C;38,T/G;52,A/C;57,A/G;64,A/C;65,A/G;67,A/G;72,T/G;115,T/A;
             121,A/C;130,A/G

YITCHB026   18,A/G

YITCHB028   48,T/C;66,T/G;166,C/G

YITCHB030   80,C/G;139,T/C;148,A/G

YITCHB031   125,T/C;161,T/G

YITCHB034   29,A

YITCHB035   44,T/C;158,T/G

YITCHB036   47,A/G;95,T/C;157,A/G

YITCHB038   18,A/T;40,T/G;94,A/T;113,C/G;202,T;203,A;204,G

YITCHB039   28,T/C;29,A/T;53,T/C;74,A/G;76,T;89,T/G;93,G;130,T/C;151,T;156,G

YITCHB040   1,C;29,T;31,A;73,C;103,T;108,G;135,T

YITCHB042   127,T;167,T

YITCHB044   97,T/C

YITCHB045   48,T/C

YITCHB047   130,A/G

YITCHB048   6,A/G;59,A/T;62,A/G;79,T/C

YITCHB050   45,T/C;59,T/C;91,A/T;104,A/G

YITCHB051	26,A
YITCHB053	38,T/C;49,A/T;112,T/C;116,T/C;124,A/G
YITCHB054	116,T/C
YITCHB056	60,T/A;124,T/G;125,T/G;147,A/G
YITCHB057	91,A/G;142,T/C;146,T/G
YITCHB058	2,G;36,G;60,G;79,–;131,T
YITCHB061	4,C;28,A;67,A
YITCHB062	94,G;96,C
YITCHB064	113,A/G
YITCHB066	30,T/C
YITCHB067	87,G
YITCHB072	2,C/G;19,T/C;59,T/C;61,T/G;64,A/G;65,C/G;67,A/G;71,A/G;79,C/G;80,A/T/C;81,A/G;82,A/G;88,T/C;89,A/G;91,A/G;97,A/T;100,A/G;103,A/C;109,A/G;118,T/C;121,T/C;122,T/C;125,T/C/G;126,T/G;128,C/G;130,T/A;137,A/G;141,A/G;150,T/G;160,T/C;166,T/A;169,A/G;172,A/G;182,A/T
YITCHB073	49,G
YITCHB075	22,T/C;35,T/C
YITCHB081	51,A/G;56,T;57,C;58,T;60,C;67,T;68,T;69,C;110,A/G;116,T/C;135,A/G
YITCHB082	52,A/G
YITCHB084	24,T/C
YITCHB085	27,T/G;46,C;81,A/T;82,G
YITCHB086	15,T/C;50,T/C;52,A/G;67,C/G;76,A/C;77,C/G;85,A/G;90,T/G;92,T/C;94,C/G;100,A/G;102,T/G;104,A/C;107,T/G;109,A/G;110,A/T;114,A/G;115,A/G;116,T/C;127,T/C;135,A/G;151,A/C;155,T/G;156,T/A;165,T/C;168,C/G
YITCHB096	24,T/C
YITCHB100	12,T/C
YITCHB102	52,A/G;57,A/C
YITCHB103	61,A/G;64,A/C;87,A/C;153,T/C
YITCHB105	36,A
YITCHB106	19,C;94,C
YITCHB107	18,A/T;48,A/G;142,T/C
YITCHB108	119,A/C;127,A/C
YITCHB110	66,A/G;144,A/G
YITCHB112	28,T/C;123,T/C;154,T/A
YITCHB114	18,T/C;25,A/G;38,T/C;68,T/C;70,C/G;104,T/C
YITCHB115	112,A/G;128,T/C
YITCHB116	29,T

YITCHB117	152,A/G
YITCHB118	22,T/C;78,T/C;102,T/C
YITCHB123	27,A/T;39,A/G;49,A/G;59,T/C;75,A/G;89,T/C;103,A/G;138,T/C;150,T/G;163,T/A;171,A/G;175,T/G;197,T/C
YITCHB124	130,A/G
YITCHB126	43,T/C;145,A/T
YITCHB127	65,A/G;82,A/C;132,A/C
YITCHB128	7,T/C;135,C/G
YITCHB130	13,A/G;20,T/C;54,T/C;60,A/G
YITCHB131	32,C;126,A;135,G;184,C
YITCHB134	72,T/C
YITCHB137	110,C
YITCHB141	39,T/C
YITCHB143	22,G
YITCHB145	6,A/G;8,A/G;20,A/C;76,A/C;77,C/G;83,A/G;86,T/C
YITCHB147	100,A
YITCHB148	27,T/C;91,T/C
YITCHB151	8,T/C;19,A/T;43,T/G
YITCHB152	31,A/G
YITCHB154	1,A/T;4,T/C;87,T/C
YITCHB156	82,T/C
YITCHB157	69,A
YITCHB158	96,T/C
YITCHB160	59,A/G;64,T/G
YITCHB162	7,T/G;14,T/C;16,A/G;33,T;75,T/C;136,A/C
YITCHB165	1,A;10,T/C
YITCHB166	30,T/C
YITCHB168	21,A;62,-
YITCHB171	39,T/C;87,T/A;96,T/C;119,A/C
YITCHB177	28,T/G;30,A/G;95,T/G;127,A/G;135,T/G
YITCHB181	56,A/G
YITCHB183	53,A;59,G;80,A;115,T;155,C
YITCHB185	74,T/C;104,T/C;122,T/C;133,C/G
YITCHB186	19,A/G;46,A/G;47,A/G;57,A/T;75,T/C;82,T/C;86,A/C
YITCHB189	49,A/G;61,A/C;88,A/C;147,A/G
YITCHB191	44,T/G
YITCHB192	46,T/G;73,A/G

YITCHB195	53,C;111,T
YITCHB197	72,A/G;121,–/T;122,–/T;123,–/T;167,C/G;174,A/G;189,A/C
YITCHB198	34,A/T;63,A/G;109,T/C
YITCHB199	5,A/G;50,A/C;123,T/C
YITCHB200	70,A/G;73,A/G;92,A/T;104,C/G;106,T/A
YITCHB201	112,A/G;132,–/T
YITCHB202	55,T/C;60,T/C;88,T/C;102,T/C;104,A/G;115,A/T;127,T/C;144,A/G;187,A/G; 197,A/G
YITCHB205	57,T
YITCHB208	41,T/C;61,A/G;84,T/A
YITCHB209	1,T/C;11,A/G;32,T;34,C;35,A/G;71,T/C;94,T;149,T/C;166,G;173,A/G;175,C
YITCHB214	15,T/C;155,A/C
YITCHB217	84,A/C
YITCHB219	24,A/G;60,T/C;112,A/G
YITCHB220	17,A/G;58,C/G
YITCHB223	17,T/C;189,T/C
YITCHB224	1,A/G;36,A/G;79,T/C;117,–/A;118,T/C
YITCHB228	11,A/G;26,T/A
YITCHB229	45,C/G;46,T/C;80,T/C/G;162,T/G
YITCHB230	55,C
YITCHB231	104,T/C
YITCHB232	86,T/C
YITCHB233	152,A
YITCHB234	53,C
YITCHB235	120,T/C
YITCHB237	118,A/G;120,A/C;165,A/T;181,A/C
YITCHB238	108,C/G
YITCHB241	124,T/C
YITCHB242	22,T/C
YITCHB244	43,A/G;143,A/G
YITCHB245	142,T/C;144,A/G;200,C
YITCHB246	2,A/G;25,T/C;89,A/G
YITCHB248	50,A/G
YITCHB250	21,T/C;51,T/G;54,T/C;55,A/G;56,T/C;78,T/C;98,T/C;99,T/A;125,A/T
YITCHB251	65,A/G
YITCHB252	26,C;65,G;137,T;156,A
YITCHB253	21,A/T

YITCHB254   4,T/C;6,A/G;51,A/G;109,A/C
YITCHB255   5,G;9,C;22,G;25,C;37,G;79,A;86,G;88,G;89,G;116,C;135,T;187,A
YITCHB256   16,T/C
YITCHB257   68,T/C
YITCHB259   90,A/G
YITCHB260   84,T/A;161,A/T
YITCHB263   22,T/G;43,A/G;93,T/C;144,A/G;181,A/G
YITCHB264   8,T/A;49,A/T;51,T/C;110,A/G
YITCHB265   64,T;73,T;97,C;116,G
YITCHB266   25,A/C;37,T/C;57,A/C;58,T/A
YITCHB267   102,T/G
YITCHB268   82,T;167,G
YITCHB270   12,T/C;113,A/C

YITCHB001   3,A/G;25,T/C;43,T/C;66,T/C;67,T/C;142,T/G

YITCHB002   109,T/C;145,A/C;146,C/G

YITCHB003   83,G;96,A

YITCHB004   160,T/G

YITCHB006   110,T/C;135,A/G

YITCHB007   29,A/G;42,T/C;49,T/C;67,A/G

YITCHB008   65,T/C

YITCHB011   156,A

YITCHB014   9,T/C

YITCHB015   47,A/G;69,C/G;85,A/G

YITCHB022   19,T/C;41,A/G;54,T/C;67,A/G;68,A/C;88,T/C

YITCHB023   26,A;38,T;64,C;65,A;121,A

YITCHB024   142,C/G

YITCHB026   18,A/G

YITCHB027   101,A/G

YITCHB030   80,C/G;139,T/C;148,A/G

YITCHB031   88,T/C;125,T/C;161,T/G

YITCHB033   93,A

YITCHB034   29,A/C

YITCHB035   158,T/C

YITCHB036   47,A/G

YITCHB038   18,T;40,T;94,T;113,C;202,T;203,A;204,G

YITCHB039   76,T/C;93,A/G;130,T/C;151,T;156,T/G

YITCHB040   1,C;29,T/C;31,A/G;73,T/C;103,T/C;108,A/G;135,T/C

YITCHB042   60,A/G;110,T/C;114,A/G;127,T;146,T/C;167,T

YITCHB044   97,T/C

YITCHB045   48,T/C

YITCHB047   130,A

YITCHB048   6,A/G;59,A/T;62,A/G;79,T/C

YITCHB049   59,T/C;75,T/C

YITCHB050   45,T;59,T;91,T;104,A/G;156,A/G

YITCHB051   7,T/G;26,A/G

YITCHB052   126,T/G;151,C/G

YITCHB055	52,A/T
YITCHB057	91,G;142,T;146,G
YITCHB058	2,G;36,G;60,G;79,–;131,T
YITCHB061	4,C;28,A;67,A
YITCHB062	94,G;96,C
YITCHB064	113,A/G
YITCHB066	10,A/G;30,T
YITCHB067	87,G
YITCHB068	144,T/C;165,A/G
YITCHB072	19,T;59,T;61,G;67,G;71,G;79,G;80,T;81,G;82,G;88,C;89,A;91,G;97,T;100,G;103,A;109,G;121,T;125,C;128,G;137,G;141,A;150,G;166,T;169,A;172,G;182,A
YITCHB073	49,G
YITCHB075	22,T/C;35,T/C;98,C/G
YITCHB076	13,T/C;82,A/T;91,T/C;109,A/C
YITCHB077	77,A/G;88,T/C;104,A/G;145,T/C;146,A/G
YITCHB079	123,A/G
YITCHB080	112,C/G
YITCHB081	51,A/G;56,T;57,C;58,T;60,C;67,T;68,T;69,C;110,A/G;116,T/C;135,A/G
YITCHB082	52,A/G
YITCHB084	58,T/A;91,A;100,C;119,A/C;149,A/G
YITCHB085	27,T/G;46,C/G;81,T;82,G
YITCHB086	115,G;155,T;168,A
YITCHB087	111,T
YITCHB089	38,A;52,A;53,C;64,A;89,C;178,T;184,C;196,C;197,A
YITCHB093	95,T/G;107,T/G;132,A/G;166,T/G
YITCHB094	16,A/C;36,C/G;63,A/G;70,T/C;99,A/G
YITCHB096	24,T/C
YITCHB099	74,T/C;105,A/G;126,T/C;179,A/T;180,T/C
YITCHB100	12,T/C
YITCHB102	57,A/C
YITCHB103	61,A/G;64,A/C;87,A/C;153,T/C
YITCHB104	146,C/G
YITCHB106	19,T/C;94,T/C
YITCHB108	127,A/C
YITCHB109	1,T;6,G;26,T/C;83,T/A;93,T/C
YITCHB112	28,T/C;123,T/C;138,C/G

YITCHB113	188,T/C
YITCHB114	18,T;38,C;68,C;70,G;104,C
YITCHB115	112,A/G;128,T/C
YITCHB116	29,T
YITCHB121	133,T;135,G;136,−;187,G
YITCHB124	130,A/G
YITCHB127	65,A/G;82,A/C;132,A/C
YITCHB128	7,T/C;135,C/G
YITCHB130	13,A/G;20,T/C;54,T/C;60,A/G
YITCHB132	46,A/C;61,A/C;93,A/C;132,A/G;161,T/C
YITCHB134	72,C
YITCHB137	110,T/C
YITCHB138	22,A/C;52,A/G
YITCHB141	39,T/C
YITCHB142	2,T/C;28,T/C;30,T/G;46,A/G;102,T/C;150,C/G;152,A/G;153,C/G
YITCHB143	22,T/G
YITCHB145	6,A/G;8,A/G;20,A/C;76,A/C;77,C/G;83,A/G;86,T/C
YITCHB148	27,T/C;91,T/C
YITCHB149	87,T/C;112,A/T;135,A/G
YITCHB152	31,A/G
YITCHB154	4,T/C;62,T/C;87,T/C
YITCHB157	69,A
YITCHB158	96,T/C
YITCHB159	7,A/G;25,A/G;38,T/C;42,T/C;92,C/G;160,A/G
YITCHB161	31,C/G
YITCHB162	33,T;75,T/C
YITCHB163	41,A/G;54,T/C;90,T/C
YITCHB165	1,A
YITCHB166	30,T/C
YITCHB168	21,A;62,−
YITCHB171	39,T/C;87,A/T;96,T/C;119,A/C
YITCHB175	12,A/G
YITCHB177	28,T/G;30,A/G;95,T/G;127,A/G;135,T/G
YITCHB181	56,A/G
YITCHB186	19,A/G;46,A/G;47,A/G;57,T/A;75,T/C;82,T/C;86,A/C
YITCHB187	82,A/G;130,A/G
YITCHB189	49,A/G;61,A/C;147,A/G

YITCHB191   1,T/C;44,G

YITCHB192   46,T/G;73,A/G

YITCHB197   72,A/G;121,–/T;122,–/T;123,–/T;167,G;174,A/G;189,A/C

YITCHB199   2,T/C;12,T/G;123,T/C;177,T/C

YITCHB201   132,T

YITCHB205   57,T/G

YITCHB208   41,T/C;84,T/A

YITCHB209   32,T/C;34,T/C;35,A/G;71,T/C;94,T/C;166,A/G;173,A/G;175,T/C

YITCHB214   15,C;155,C

YITCHB215   3,A/T; 6,T/G; 9,A/G; 22,A/G; 54,T/C; 63,T/A; 71,T/A; 72,T/C; 81,A/G; 96,A/G; 121,T/C;137,A/G;163,T/G;177,A/G;186,A/G

YITCHB216   43,A

YITCHB217   84,A/C

YITCHB219   9,T;112,G

YITCHB220   58,G

YITCHB223   11,T/C;54,A/G;189,T/C

YITCHB224   1,A/G;36,A/G;79,T/C;117,–/A;118,T/C

YITCHB227   120,T/C

YITCHB228   11,A/G;26,T/A

YITCHB229   45,C/G;46,T/C;80,C/G;162,T/G

YITCHB230   55,T/C;128,A/G

YITCHB232   47,A/G;54,A/G;86,C;108,T/C;147,A/C

YITCHB233   152,A

YITCHB234   53,–/C;123,A/G

YITCHB235   120,T/C

YITCHB237   118,A/G;120,A/C;165,T/A;181,A/C

YITCHB238   108,C/G

YITCHB242   22,T/C

YITCHB243   86,T/C;98,A/G;131,A/C;162,A/G

YITCHB244   43,A/G;143,A/G

YITCHB245   144,A/G;200,C

YITCHB248   50,A/G

YITCHB250   21,T/C;50,T/C;51,T/G;54,T/C;55,A/G;56,T/C;78,T/C;81,T/C;83,A/G;90,A/G; 94,T/C;98,T/C;99,A/T;119,A/C;125,T/A

YITCHB251   65,G

YITCHB252   26,C;65,G;137,T;156,A

YITCHB253   21,T/A;26,T/G

YITCHB254   4,T/C;6,A/G;51,A/G;109,A/C
YITCHB255   5,G;9,C;22,G;25,C;37,G;79,A;86,G;88,G;89,G;116,C;135,T;187,A
YITCHB256   11,A/G
YITCHB257   68,T/C
YITCHB263   43,A/G
YITCHB264   8,A/T;51,T/C;111,T/C
YITCHB265   17,A/T;64,T/C;73,T/A;97,C/G;116,T/G
YITCHB266   25,C;57,C;58,T;136,C;159,C
YITCHB267   102,T/G
YITCHB268   82,T/G;167,A/G
YITCHB270   113,C

YITCHB002   109,T/C;145,A/C;146,C/G

YITCHB003   83,A/G;96,T/A

YITCHB004   160,T/G

YITCHB006   110,T/C

YITCHB007   27,C/G;42,T/C;44,A/G;67,A/G;83,A/G;90,C/G

YITCHB011   156,A

YITCHB014   9,T/C

YITCHB015   47,A/G;69,C/G;85,A/G

YITCHB016   88,A/G

YITCHB017   63,A/C;132,A/G

YITCHB019   55,A/T

YITCHB021   54,A/C;123,A/G;129,T/C;130,A/G

YITCHB022   54,T/C;67,A/G;68,A/C

YITCHB023   26,T/A;38,T/G;64,A/C;65,A/G;121,A/C

YITCHB026   18,G

YITCHB027   101,A/G

YITCHB030   139,T/C;148,A/G

YITCHB031   88,T/C;125,T/C;161,T/G

YITCHB033   93,A

YITCHB039   76,T/C;93,A/G;130,T/C;151,T/G;156,T/G

YITCHB040   1,C

YITCHB042   60,A/G;110,T/C;114,A/G;127,T/C;146,T/C;167,T/A

YITCHB044   97,T/C

YITCHB045   48,T/C

YITCHB047   130,A

YITCHB048   59,A/T;62,A/G;79,T/C

YITCHB049   59,T/C;75,T/C

YITCHB050   45,T/C;59,T/C;91,T/A;104,A/G;156,A/G

YITCHB051   7,T/G;26,A/G;105,T/C

YITCHB053   38,T/C;49,T/A;112,T/C;116,T/C;124,A/G

YITCHB057   91,A/G;142,T/C;146,T/G

YITCHB061   4,C/G;28,A/G;67,A/T;70,T/C;75,A/G;78,T/C;102,A/G;112,T/C;114,A/G;118,
            A/G

YITCHB064	113,A
YITCHB067	9,A/G;85,A/G;87,–/G
YITCHB072	6,A/T;7,A/G;8,T/C;19,T/C;25,T/G;35,A/G;59,T/C;61,T/G;71,A/G;79,T/C/G;80,T/A/C;81,A/G;82,A/G;88,T/C;89,A/G;91,A/G;93,A/G;97,T/A;100,A/G;103,A/C;107,A/G;109,A/G;113,T/G;118,T/C;119,T/G;121,T/C;125,T/C;128,C/G;130,T/G/A;137,A/G;141,A/G;149,A/G;150,T/G;160,T/C;166,T/A/C;169,A/G;172,A/G;175,T/G;182,A/T
YITCHB073	49,G
YITCHB075	22,T/C;35,T/C;98,C/G
YITCHB076	13,T/C;91,T/C
YITCHB079	123,A/G
YITCHB080	112,C/G
YITCHB081	56,T;57,C;58,T;60,C;67,T;68,T;69,C
YITCHB082	52,A/G
YITCHB085	27,T/G;46,C/G;81,T/A;82,G
YITCHB086	115,A/G;155,T/G;168,A/G
YITCHB087	111,T/C
YITCHB089	38,A;52,A;53,C;64,A;89,C;178,T;184,C;196,C;197,A
YITCHB091	107,T/G;120,A/G
YITCHB094	16,A/C;36,C/G;63,A/G;70,T/C;99,A/G
YITCHB100	12,T/C
YITCHB102	57,A/C
YITCHB104	146,C/G
YITCHB105	36,A/C
YITCHB107	18,A/T;48,A/G;142,T/C
YITCHB108	119,A/C;127,A/C
YITCHB109	1,T;6,G;50,G;92,G
YITCHB112	28,T/C;123,T/C;138,C/G
YITCHB113	182,T/A;192,A/G
YITCHB114	18,T/C;25,A/G;38,T/C;68,T/C;70,C/G;104,T/C
YITCHB116	29,T
YITCHB124	130,A/G;186,C/G
YITCHB126	19,A/G;43,T/C
YITCHB127	65,A/G;82,A/C;132,A/C
YITCHB128	7,T/C;135,C/G
YITCHB130	13,A/G;20,T/C;54,T/C;60,A/G
YITCHB134	72,C

YITCHB137   110,T/C

YITCHB138   22,A/C;52,A/G

YITCHB142   2,T/C;28,T/C;30,T/G;46,A/G;102,T/C;150,C/G;152,A/G;153,C/G

YITCHB143   22,T/G

YITCHB145   6,A/G;8,A/G;20,A/C;76,A/C;77,C/G;83,A/G;86,T/C

YITCHB147   22,T/G;61,A/G;89,T/C

YITCHB148   27,T/C;91,T/C

YITCHB151   19,T/A;33,A/G

YITCHB152   31,A/G

YITCHB154   4,T/C;62,T/C;87,T/C

YITCHB156   82,T

YITCHB158   96,C

YITCHB159   7,A/G;25,A/G;38,T/C;42,T/C;92,C/G;160,A/G

YITCHB162   33,T;75,T/C

YITCHB163   26,T/C;41,A/G;46,T/C;61,A/G;63,A/G;75,C/G;90,T/C;91,A/G;92,A/G;112,T/G

YITCHB165   1,A;49,A/T

YITCHB167   12,A/G;33,C/G;36,A/G;64,A/C;146,A/G

YITCHB168   21,A;62,–

YITCHB169   22,A/T

YITCHB171   39,T/C;87,T/A;96,T/C;119,A/C

YITCHB175   12,A/G

YITCHB176   13,A/C;25,A/G;26,A/G;82,A/G;105,T/C

YITCHB177   28,T/G;30,A/G;95,T/G;127,A/G;135,T/G

YITCHB181   56,A

YITCHB182   45,A/G;50,T/C

YITCHB183   53,A/G;59,T/G;79,A/G;80,A/G;85,T/C;97,T/C;99,A/G;115,T/C;116,A/C;117,A/G;138,T/C;143,T/C;155,T/C

YITCHB185   74,T/C;104,T/C;122,T/C;133,C/G

YITCHB186   19,A/G;46,A/G;47,A/G;57,T/A;75,T/C;82,T/C;86,A/C

YITCHB187   130,G

YITCHB189   49,A/G;61,A/C;147,A/G

YITCHB191   1,T/C;44,G

YITCHB192   46,T;73,G

YITCHB193   169,T/C

YITCHB195   53,T/C;111,T/C

YITCHB197   72,A/G;121,–/T;122,–/T;123,–/T;167,C/G;174,A/G;189,A/C

YITCHB198	34,T/A;63,A/G;109,T/C
YITCHB200	19,T/C;70,A/G;73,A/G;92,A/T;104,C/G;106,T/A
YITCHB201	103,A/T;112,A/G;132,–/T
YITCHB202	55,T;60,T;88,T/C;102,T;104,A;115,T/A;127,T/C;144,A/G;187,G;197,A
YITCHB208	41,C;84,A
YITCHB214	15,T/C;155,A/C
YITCHB216	43,A/G
YITCHB217	84,A/C
YITCHB219	24,A/G;60,T/C;112,A/G
YITCHB224	117,A
YITCHB225	24,A/G
YITCHB226	61,C/G;127,T/C
YITCHB228	11,G;26,T
YITCHB229	45,G;46,T/C;80,T/C;162,T/G
YITCHB230	55,T/C;128,A/G
YITCHB232	86,T/C
YITCHB233	152,A
YITCHB234	53,–/C;123,A/G
YITCHB235	120,T/C
YITCHB237	118,A/G;120,A/C;165,T/A;181,A/C
YITCHB238	23,T/G
YITCHB244	43,A/G;143,A/G
YITCHB245	200,A/C
YITCHB246	25,T/C;89,A/G
YITCHB248	50,A/G
YITCHB249	43,T
YITCHB250	21,T/C;50,T/C;51,T/G;54,T/C;55,A/G;56,T/C;78,T/C;81,T/C;83,A/G;90,A/G; 94,T/C;98,T/C;99,A/T;119,A/C;125,T/A
YITCHB251	65,A/G
YITCHB252	26,C;65,G;126,T
YITCHB253	21,A/T;26,T/G
YITCHB254	51,A/G
YITCHB255	5,A/G;9,T/C;22,A/G;25,T/C;37,T/G;79,A/G;86,A/G;88,A/G;89,A/G;116,T/C; 135,T/C;187,A/G
YITCHB256	16,T/C
YITCHB258	24,A/G;65,A/G;128,A/T
YITCHB263	43,A/G

YITCHB264   8,T/A;51,T/C;111,T/C

YITCHB265   17,A/T;64,T/C;73,T/A;97,C/G;116,T/G

YITCHB266   25,A/C;57,A/C;58,A/T;136,T/C;159,T/C

YITCHB268   82,T/G;167,A/G

YITCHB269   53,A/C;60,A

YITCHB270   12,T/C;113,A/C

YITCHB002   109,T/C;145,A/C;146,C/G

YITCHB003   83,A/G;96,A/T

YITCHB004   160,T

YITCHB006   110,T

YITCHB007   67,A/G;83,A/G

YITCHB008   15,T;65,C

YITCHB011   156,A/C

YITCHB014   9,T/C

YITCHB016   18,T;88,G

YITCHB017   63,A/C;132,A/G

YITCHB019   55,T/A

YITCHB021   54,A/C;123,A/G;129,T/C;130,A/G

YITCHB022   19,T/C;41,A/G;54,C;67,G;68,C;88,T/C

YITCHB023   26,A/T;38,T/G;64,A/C;65,A/G;121,A/C

YITCHB026   18,A/G

YITCHB027   67,A/G;101,A/G

YITCHB030   80,C/G;139,C;148,A

YITCHB031   88,T/C;125,T/C;161,T/G

YITCHB033   93,A/C

YITCHB035   7,A/G;33,A/G;44,T/C;124,T/A;137,A/C;158,C/G

YITCHB036   95,T/C;157,A/G

YITCHB037   37,A/G;63,A/G;76,A/C

YITCHB038   18,T;40,T;94,T;113,C;202,T;203,A;204,G

YITCHB039   76,T/C;93,A/G;130,T/C;151,T;156,T/G

YITCHB040   1,C

YITCHB042   17,A/G;99,T/C;127,T/C;137,T/C;154,T/C;167,A/T

YITCHB045   48,C

YITCHB048   6,A/G;59,A/T;62,A/G;79,T/C;80,T/C;81,A/G

YITCHB049   41,C/G;53,T/C;75,T/C;99,A/C

YITCHB050   45,T/C;59,T/C;91,T/A;121,A/G

YITCHB051   7,T/G;54,T/C;105,T/C;144,A/C

YITCHB054   116,T/C

YITCHB055   52,T/A

YITCHB057	91,A/G;142,T/C;146,T/G
YITCHB058	2,A/G;36,A/G;60,A/G;131,T/C
YITCHB061	4,C;28,A;67,A
YITCHB064	113,A
YITCHB067	9,A;85,A;87,G
YITCHB072	19,T;59,T;61,G;67,G;71,G;79,G;80,T;81,G;82,G;88,C;89,A;91,G;97,T;100,G;103,A;109,G;121,T;125,C;128,G;137,G;141,A;150,G;166,T;169,A;172,G;182,A
YITCHB073	49,G
YITCHB074	98,A/G
YITCHB075	22,T/C;35,T/C
YITCHB076	13,T/C;91,T/C
YITCHB079	85,A/G;123,A/G
YITCHB081	51,A/G;56,T;57,C;58,T;60,C;67,T;68,T;69,C;110,A/G;116,T/C;135,A/G
YITCHB082	131,T/C
YITCHB083	4,A/T;28,T/G;101,T/G;119,T/C
YITCHB085	46,C;82,G
YITCHB089	38,A/G;52,A/G;53,T/C;64,A/C;89,T/C;178,T/C;184,T/C;196,T/C;197,A/G
YITCHB092	118,A/G
YITCHB094	16,A/C;36,C/G;63,A/G;70,T/C;99,A/G
YITCHB099	74,T/C;105,A/G;126,T/C;179,T/A;180,T/C
YITCHB102	16,T/C;21,T/G;24,T/G;27,T/A;32,T/G;33,T/G;52,A/G;56,T/C;57,C;59,A/T;65,T/C;83,A/G;107,A/G
YITCHB104	13,T/G;31,T/G
YITCHB105	36,A
YITCHB107	18,T;48,G;142,T
YITCHB108	127,A
YITCHB109	1,T;6,G;26,C;83,A;93,C
YITCHB112	123,T/C;138,C/G
YITCHB113	188,T/C
YITCHB114	18,T/C;25,A/G;38,T/C;68,T/C;70,C/G;104,T/C
YITCHB116	29,T
YITCHB117	152,A/G
YITCHB118	22,T/C;78,T/C;102,T/C
YITCHB119	98,T/A;119,A/G
YITCHB121	133,T/A;135,A/G;187,A/G
YITCHB123	27,T/A;39,A/G;49,A/G;56,A/G;66,A/G;69,T/C;75,A/G;104,A/G;125,T/C;135,

A/G;138,T/C;175,T/G

YITCHB124	130,A/G
YITCHB126	19,A/G;43,T/C
YITCHB128	7,C;135,C/G
YITCHB132	27,−;46,A;61,A;93,C;132,A;161,T
YITCHB133	1,A/G
YITCHB134	72,T/C
YITCHB138	22,A/C;52,A/G
YITCHB141	39,T/C
YITCHB142	2,T/C;28,T/C;30,T/G;46,A/G;102,T/C;150,C/G;152,A/G;153,C/G
YITCHB143	4,T/A;22,T/G
YITCHB145	6,A/G;8,A/G;20,A/C;76,A/C;77,C/G;83,A/G;86,T/C
YITCHB148	17,A/C;27,T/C;91,T/C
YITCHB149	87,T/C;112,A/T;135,A/G
YITCHB152	31,A/G
YITCHB154	4,T/C;87,T/C
YITCHB157	69,A
YITCHB158	96,C
YITCHB159	7,A/G;25,A/G;38,T/C;42,T/C;92,C/G;160,A/G
YITCHB161	31,C/G
YITCHB163	26,C;41,G;46,T;61,A;63,G;75,G;90,C;91,G;92,G;112,G
YITCHB165	1,A;49,T
YITCHB167	12,G;33,C;36,G;64,C;146,G
YITCHB169	22,T;107,A/G
YITCHB170	56,A/G
YITCHB171	39,T/C;87,T/A;96,T/C;119,A/C
YITCHB176	13,A/C;25,A/G;26,A/G;82,A/G;105,T/C
YITCHB177	28,T/G;30,A/G;55,A/G;95,T/G;107,A/G;125,T/C;127,A/G;135,T/G
YITCHB179	2,C/G
YITCHB186	19,A/G;44,C/G;46,A/G;47,A/G;57,T/A;75,T/C;82,T/C;86,A/C
YITCHB187	130,G
YITCHB189	49,A/G;61,A/C;147,G
YITCHB190	90,A/T
YITCHB191	44,G
YITCHB192	45,A/T
YITCHB195	53,T/C;111,T/C
YITCHB197	72,G;121,T;122,T;123,T;167,G;174,G;189,C

YITCHB198   34,A/T;63,A/G;109,T/C

YITCHB200   19,T/C;70,A/G;73,A/G;92,T/A;104,C/G;106,A/T

YITCHB201   103,A/T;112,A/G;132,–/T

YITCHB202   55,T;60,T;88,T/C;102,T;104,A;115,A/T;127,T/C;144,A/G;187,G;197,A

YITCHB208   41,C;84,A

YITCHB215   3,A/T;6,T/G;9,A/G;22,A/G;54,T/C;63,T/A;71,T/A;72,T/C;81,A/G;96,A/G;
121,T/C;137,A/G;163,T/G;177,A/G;186,A/G

YITCHB216   43,A/G

YITCHB219   24,A/G;60,T/C;112,A/G

YITCHB220   58,C/G

YITCHB223   11,T/C;54,A/G;189,T/C

YITCHB224   1,A/G;36,A/G;79,T/C;117,–/A;118,T/C

YITCHB226   127,T/C

YITCHB228   11,A/G;26,A/T;72,A/G

YITCHB229   45,C/G;46,T/C;80,C/G;162,T/G

YITCHB230   55,T/C;110,T/C;128,A/G

YITCHB231   104,T/C;113,T/C

YITCHB232   47,A/G;54,A/G;86,C;108,T/C;147,A/C

YITCHB233   152,A

YITCHB234   53,C

YITCHB237   118,A/G;120,A/C;165,T/A;181,A/C

YITCHB238   23,T/G

YITCHB242   22,C

YITCHB243   86,T/C;98,A/G;131,C

YITCHB246   19,A/C;25,C;89,A

YITCHB247   23,G;33,C/G;109,A

YITCHB249   43,T/C

YITCHB250   21,T/C;51,G;54,T/C;55,A/G;56,T/C;78,T/C;98,T/C;99,A/T;125,T/A

YITCHB251   65,A/G

YITCHB252   26,T/C;65,A/G;126,T/G

YITCHB253   21,T/A

YITCHB255   5,A/G;9,T/C;22,A/G;25,T/C;37,T/G;79,A/G;86,A/G;88,A/G;89,A/G;116,T/C;
135,T/C;187,A/G

YITCHB256   16,C

YITCHB257   10,T/G;47,A/T;72,A/G;87,A/G

YITCHB258   24,A/G;191,T/C

YITCHB260   84,A/T;161,T/A

YITCHB261	17,T/C;74,A/G;119,T/G
YITCHB263	22,T/G;93,T/C;144,A/G;181,A/G
YITCHB264	15,A/G;110,A/G;111,C
YITCHB265	97,C/G
YITCHB266	25,C;57,C;58,T;136,C;159,C
YITCHB268	23,T/C;24,A/C;66,T/C;82,T/G;126,A/G;127,T/G;148,A/T;167,A/G
YITCHB269	53,A/C;60,A
YITCHB270	12,T/C;113,A/C

YITCHB001　25,T/C;43,T/C;66,T/C;67,T/C

YITCHB002　109,T/C;145,A/C;146,C/G

YITCHB004　160,T

YITCHB006　110,T/C

YITCHB007　27,C/G;44,A/G;67,A/G;90,C/G

YITCHB008　15,T;65,C

YITCHB011　156,A/C

YITCHB014　9,T/C

YITCHB016　67,A;80,T;88,G;91,T

YITCHB021　54,A/C;123,A/G;129,T/C;130,A/G

YITCHB022　54,T/C;67,A/G;68,A/C

YITCHB026　18,A/G

YITCHB030　80,C/G;139,T/C;148,A/G

YITCHB031　88,T/C;125,T/C;161,T/G

YITCHB033　93,A

YITCHB036　95,T/C;157,A/G

YITCHB039　76,T/C;93,A/G;151,T/G;156,T/G

YITCHB040　1,C

YITCHB042　167,A/T

YITCHB045　48,C

YITCHB047　130,A/G

YITCHB048　59,A/T;62,A/G

YITCHB049　27,A/G;41,C/G;75,T/C;92,T/G;96,T/C;99,A/C;131,T/G

YITCHB050　45,T/C;51,A/C;59,T/C;91,T/A;104,A/G

YITCHB051　7,T/G;105,T/C

YITCHB054　116,T/C

YITCHB057　91,G;142,T;146,G

YITCHB058　2,A/G;36,A/G;60,A/G;131,T/C

YITCHB059　4,T/C;22,A/G;76,C/G;114,A/G;196,T/A

YITCHB061　4,C;28,A;67,A

YITCHB062　94,G;96,C

YITCHB064　113,A/G

YITCHB066　30,T/C

YITCHB067	9,A/G;85,A/G;87,-/G
YITCHB073	49,G
YITCHB075	22,T/C;35,T/C
YITCHB076	13,T/C;91,T/C
YITCHB077	77,A/G;88,T/C;104,A/G;145,T/C
YITCHB081	51,A/G;56,T;57,C;58,T;60,C;67,T;68,T;69,C;110,A/G;116,T/C;135,A/G
YITCHB082	52,A/G
YITCHB083	4,A/T;28,T/G;101,T/G;119,T/C
YITCHB084	91,A/G;100,C/G;119,A/C
YITCHB085	46,C;82,G
YITCHB086	74,A/G;115,A/G;155,T/G;168,A/G
YITCHB089	38,A/G;52,A/G;53,T/C;64,A/C;89,T/C;178,T/C;184,T/C;196,T/C;197,A/G
YITCHB092	118,A/G
YITCHB094	16,A/C;36,C/G;63,A/G;70,T/C;99,A/G
YITCHB096	24,C;87,T/C
YITCHB099	74,T/C;105,A/G;126,T/C;179,T/A;180,T/C
YITCHB102	57,C
YITCHB104	146,C/G
YITCHB105	36,A/C
YITCHB107	18,T/A;48,A/G;142,T/C
YITCHB108	127,A/C
YITCHB109	1,T;6,G;26,T/C;83,T/A;93,T/C
YITCHB110	66,A/G;144,A/G
YITCHB112	28,T/C;123,T/C;154,A/T
YITCHB114	18,T;38,C;68,C;70,G;104,C
YITCHB115	112,A/G;128,T/C
YITCHB116	29,T
YITCHB118	22,T;78,C;102,T
YITCHB121	133,T;135,G;136,-;187,G
YITCHB123	138,T/C
YITCHB124	130,A/G
YITCHB126	19,A/G;43,T/C
YITCHB127	65,A/G;82,A/C;132,A/C
YITCHB128	7,T/C;135,C/G
YITCHB130	13,A;20,C;54,C;60,A/G;82,T/C
YITCHB132	46,A/C;61,A/C;93,A/C;132,A/G;161,T/C
YITCHB134	72,T/C

YITCHB135   128,T/C
YITCHB137   110,C
YITCHB141   39,C
YITCHB143   22,T/G
YITCHB145   6,A/G;8,A/G;20,A/C;76,A/C;77,C/G;83,A/G;86,T/C
YITCHB147   12,A/G;22,T/G;61,T/A;70,A/G;100,A
YITCHB148   27,T/C;91,T/C
YITCHB151   8,T/C;19,T/A;43,T/G
YITCHB152   31,A/G
YITCHB154   4,T/C;87,T/C
YITCHB155   65,T/A;95,T/C;138,A/C
YITCHB157   69,A
YITCHB158   96,T/C
YITCHB159   7,A/G;25,A/G;38,T/C;42,T/C;92,C/G;160,A/G
YITCHB160   59,A;64,T
YITCHB161   31,C/G
YITCHB162   7,T/G;14,T/C;16,A/G;32,T/C;33,T;75,T/C;133,T/G;136,A/C
YITCHB163   41,G;54,T;90,C
YITCHB167   12,G;33,C;36,G;64,C;146,G
YITCHB169   22,T;107,A
YITCHB170   56,A/G
YITCHB171   39,T/C;87,A/T;96,T/C;119,A/C
YITCHB175   12,A/G
YITCHB177   28,T/G;30,A/G;42,C/G;55,T/G;95,T/G;127,A/G;135,T/G
YITCHB183   12,A/G;53,A/G;59,G;80,A;115,T/C;155,C
YITCHB186   19,A/G;44,C/G;46,A/G;47,A/G;57,T/A;75,T/C;82,T/C;86,A/C
YITCHB189   49,A/G;61,A/C;147,A/G
YITCHB190   90,T/A
YITCHB191   44,T/G
YITCHB192   45,T/A
YITCHB193   169,T/C
YITCHB195   108,A
YITCHB197   72,A/G;121,–/T;122,–/T;123,–/T;167,C/G;174,A/G;189,A/C
YITCHB198   34,A/T;63,A/G;109,T/C
YITCHB199   77,C/G;123,T/C
YITCHB200   70,A/G;73,A/G;92,T/A;104,C/G;106,A/T
YITCHB201   112,G;132,T
YITCHB202   55,T;60,T;88,T/C;102,T;104,A;115,T/A;127,T/C;144,A/G;187,G;197,A

YITCHB208	41,C;84,A
YITCHB209	32,T/C;34,T/C;94,T/C;149,T/C;166,A/G;175,T/C
YITCHB212	38,C/G;105,C/G
YITCHB214	15,T/C;155,A/C
YITCHB215	3,T/A;6,T/G;9,A/G;22,A/G;54,T/C;63,A/T;71,A/T;72,T/C;81,A/G;96,A/G;121, T/C;137,A/G;163,T/G;177,A/G;186,A/G
YITCHB216	43,A/G
YITCHB217	84,A/C
YITCHB219	24,A/G;60,T/C;112,A/G
YITCHB224	1,A/G;36,A/G;79,T/C;117,−/A;118,T/C
YITCHB228	11,A/G;26,T/A;72,A/G
YITCHB229	45,C/G;80,T/G
YITCHB230	55,T/C;128,A/G
YITCHB232	47,A/G;54,A/G;86,T/C;108,T/C;147,A/C
YITCHB233	152,A
YITCHB234	53,C
YITCHB240	53,A;93,T;148,A
YITCHB242	22,C
YITCHB243	86,T;98,A;131,C;162,A/G
YITCHB245	144,A/G;200,A/C
YITCHB246	19,A/C;25,T/C;89,A/G
YITCHB247	23,G;109,A
YITCHB250	21,T/C;51,G;54,T/C;55,A/G;56,T/C;78,T/C;98,T/C;99,T/A;125,A/T
YITCHB251	65,G
YITCHB252	26,T/C;65,A/G;137,T/C;156,A/G
YITCHB253	21,T/A;26,T/G
YITCHB255	5,A/G;9,T/C;22,A/G;25,T/C;37,T/G;79,A/G;86,A/G;88,A/G;89,A/G;116,T/C; 135,T/C;187,A/G
YITCHB256	11,A
YITCHB257	68,T/C
YITCHB259	90,A/G
YITCHB260	84,T/A;161,A/T
YITCHB264	111,C
YITCHB266	25,C;57,C;58,T;136,C;159,C
YITCHB267	102,T
YITCHB268	82,T;167,G
YITCHB269	60,A/C
YITCHB270	12,T/C;113,A/C

YITCHB001   25,T/C;43,T/C;66,T/C;67,T/C

YITCHB002   109,T/C;145,A/C;146,C/G

YITCHB003   83,A/G;96,A/T

YITCHB004   160,T

YITCHB006   110,T;135,A/G

YITCHB007   67,A/G

YITCHB008   15,A/T;65,C

YITCHB010   47,A/G;84,T/C;86,T/C;132,A/G

YITCHB011   156,A/C

YITCHB014   9,T/C

YITCHB015   47,A/G;69,C/G;85,A/G

YITCHB016   88,A/G

YITCHB017   63,A/C;132,A/G

YITCHB019   55,T/A

YITCHB021   54,A/C;123,A/G;129,T/C;130,A/G

YITCHB022   54,T/C;67,A/G;68,A/C

YITCHB023   26,T/A;38,T/G;64,A/C;65,A/G;121,A/C

YITCHB026   18,A/G

YITCHB030   80,C/G;139,T/C;148,A/G

YITCHB031   161,T

YITCHB033   93,A

YITCHB039   76,T/C;93,A/G;130,T/C;151,T/G;156,T/G

YITCHB040   1,C;29,T/C;31,A/G;73,T/C;103,T/C;108,A/G;135,T/C

YITCHB042   127,T/C;167,T/A

YITCHB045   48,C

YITCHB048   6,A/G;59,A/T;62,A/G;79,T/C

YITCHB050   45,T/C;59,T/C;91,A/T;104,A/G

YITCHB051   7,T/G;105,T/C

YITCHB053   38,T/C;49,A/T;112,T/C;116,T/C;124,A/G

YITCHB054   116,T/C

YITCHB055   52,T/A

YITCHB057   91,A/G;142,T/C;146,T/G

YITCHB061   4,C;28,A;67,A

YITCHB062	94,A/G;96,T/C
YITCHB064	113,A
YITCHB066	10,A/G;30,T/C
YITCHB067	9,A/G;85,A/G;87,-/G
YITCHB072	19,T/C;59,T/C;61,T/G;67,A/G;71,A/G;79,C/G;80,T/C;81,A/G;82,A/G;88,T/C; 89,A/G;91,A/G;97,A/T;100,A/G;103,A/C;109,A/G;121,T/C;125,T/C;128,C/G; 137,A/G;141,A/G;150,T/G;166,A/T;169,A/G;172,A/G;182,T/A
YITCHB073	49,G
YITCHB075	22,T/C;35,T/C;98,C/G
YITCHB076	13,T/C;91,T/C
YITCHB079	123,A/G
YITCHB080	112,C/G
YITCHB081	56,T;57,C;58,T;60,C;67,T;68,T;69,C
YITCHB082	52,A/G
YITCHB084	58,A/T;91,A/G;100,C/G;119,A/C;149,A/G
YITCHB085	27,T/G;46,C/G;81,T/A;82,G
YITCHB086	115,A/G;155,T/G;168,A/G
YITCHB087	111,T/C
YITCHB089	38,A/G;52,A/G;53,T/C;64,A/C;89,T/C;178,T/C;184,T/C;196,T/C;197,A/G
YITCHB091	107,T/G;120,A/G
YITCHB094	16,A/C;36,C/G;63,A/G;70,T/C;99,A/G
YITCHB100	12,T/C
YITCHB102	57,C
YITCHB104	146,C/G
YITCHB105	36,A/C
YITCHB107	18,A/T;48,A/G;142,T/C
YITCHB108	119,A/C;127,A/C
YITCHB109	1,T;6,G;26,T/C;83,A/T;93,T/C
YITCHB112	28,T/C;123,T/C
YITCHB114	18,T;38,C;68,C;70,G;104,C
YITCHB116	29,T
YITCHB118	22,T;78,C;102,T
YITCHB126	19,A/G;43,T/C
YITCHB127	65,A/G;82,A/C;132,A/C
YITCHB128	7,T/C;135,C/G
YITCHB130	13,A/G;20,T/C;54,T/C;60,A/G
YITCHB131	32,T/C;135,T/G;184,T/C

YITCHB132 27,–;46,A;61,A;93,C;132,A;161,T
YITCHB134 72,T/C
YITCHB135 178,T/C
YITCHB137 110,T/C
YITCHB141 39,C
YITCHB142 2,T/C;28,T/C;30,T/G;46,A/G;102,T/C;150,C/G;152,A/G;153,C/G
YITCHB143 22,T/G
YITCHB145 6,A/G;8,A/G;20,A/C;76,A/C;77,C/G;83,A/G;86,T/C
YITCHB148 27,T/C;91,T/C
YITCHB149 87,T/C;112,T/A;135,A/G
YITCHB151 19,A;33,G
YITCHB152 31,A/G
YITCHB154 1,A/T;87,T/C
YITCHB156 82,T
YITCHB158 96,T/C
YITCHB159 7,A/G;25,A/G;38,T/C;42,T/C;92,C/G;160,A/G
YITCHB160 15,T/C;48,T/A;59,A/G;64,T/G
YITCHB162 33,T;75,T
YITCHB165 1,A;49,T
YITCHB167 12,G;33,C;36,G;64,C;146,G
YITCHB169 22,T;107,A/G
YITCHB171 39,T/C;87,A/T;96,T/C;119,A/C
YITCHB177 28,T/G;30,A/G;95,T/G;127,A/G;135,T/G
YITCHB181 56,A/G
YITCHB183 53,A/G;59,T/G;79,A/G;80,A/G;85,T/C;97,T/C;99,A/G;115,T/C;116,A/C;117,A/G;138,T/C;143,T/C;155,T/C
YITCHB185 20,T/C;49,A/G;71,T/C;86,T/C;104,T/C;114,T/C;133,C/G;154,A/G
YITCHB186 19,A/G;46,A/G;47,A/G;57,A/T;75,T/C;82,T/C;86,A/C
YITCHB189 49,A/G;61,A/C;147,A/G
YITCHB191 44,T/G
YITCHB192 45,A/T
YITCHB197 72,G;121,T;122,T;123,T;167,G;174,G;189,C
YITCHB200 70,A/G;73,A/G;92,A/T;104,C/G;106,T/A
YITCHB201 112,A/G;132,–/T
YITCHB202 55,T/C;60,T/C;102,T/C;104,A/G;127,T/C;187,A/G;197,A/G
YITCHB208 41,C;84,A
YITCHB214 15,T/C;155,A/C
YITCHB215 3,A/T;6,T/G;9,A/G;22,A/G;54,T/C;63,T/A;71,T/A;72,T/C;81,A/G;96,A/G;

	121,T/C;137,A/G;163,T/G;177,A/G;186,A/G
YITCHB216	43,A/G
YITCHB217	84,A/C
YITCHB219	24,A/G;60,T/C;112,A/G
YITCHB223	11,T/C;54,A/G;189,T/C
YITCHB224	1,A/G;36,A/G;79,T/C;117,−/A;118,T/C
YITCHB226	61,C/G;127,T/C
YITCHB228	11,A/G;26,A/T
YITCHB229	45,C/G;46,T/C;80,C/T/G;162,T/G
YITCHB230	55,T/C;128,A/G
YITCHB232	86,T/C
YITCHB233	1,T/A;2,T/A;3,T/G;4,T/G;7,T/C;50,A/G;152,−/A
YITCHB234	53,C
YITCHB235	120,T/C
YITCHB237	118,A/G;120,A/C;165,T/A;181,A/C
YITCHB238	108,C/G
YITCHB242	22,C
YITCHB243	86,T;98,A;131,C;162,A/G
YITCHB245	144,A/G;200,A/C
YITCHB246	19,A/C;25,T/C;89,A/G
YITCHB247	23,G;109,A
YITCHB250	21,T/C;51,G;54,T/C;55,A/G;56,T/C;78,T/C;98,T/C;99,T/A;125,A/T
YITCHB251	65,A/G
YITCHB252	26,T/C;65,A/G;137,T/C;156,A/G
YITCHB253	21,T/A;26,T/G
YITCHB254	4,T/C;6,A/G;51,A/G;109,A/C
YITCHB255	5,A/G;9,T/C;22,A/G;25,T/C;37,T/G;79,A/G;86,A/G;88,A/G;89,A/G;116,T/C;
	135,T/C;187,A/G
YITCHB256	11,A
YITCHB257	68,T/C
YITCHB258	24,A/G;65,A/G;128,A/T
YITCHB259	90,A
YITCHB260	84,A/T;161,T/A
YITCHB264	111,C
YITCHB265	17,T/A
YITCHB266	25,C;57,C;58,T;136,C;159,C
YITCHB269	53,A/C;60,A
YITCHB270	12,T/C;113,A/C

YITCHB002   109,T/C;145,A/C;146,C/G
YITCHB004   160,T
YITCHB006   110,T/C
YITCHB007   67,A/G
YITCHB008   15,T/A;65,T/C
YITCHB014   9,T/C
YITCHB016   67,A;80,T;88,G;91,T
YITCHB017   63,A/C;132,A/G
YITCHB021   54,A/C;123,A/G;129,T/C;130,A/G
YITCHB022   54,T/C;67,A/G;68,A/C
YITCHB026   18,A/G
YITCHB027   101,A/G
YITCHB028   48,T/C;66,T/G;166,C/G
YITCHB030   80,C/G;139,T/C;148,A/G
YITCHB031   125,T/C;161,T
YITCHB033   93,A
YITCHB035   7,A/G;33,A/G;44,T/C;124,A/T;137,A/C;158,T/G
YITCHB036   95,T/C;157,A/G
YITCHB038   202,T;203,A;204,G
YITCHB039   76,T;93,G;151,T;156,G
YITCHB040   1,C;29,T;31,A;73,C;103,T;108,G;135,T
YITCHB042   17,A/G;99,T/C;127,T;137,T/C;154,T/C;167,T
YITCHB044   97,T/C
YITCHB045   48,T/C
YITCHB047   130,A/G
YITCHB048   6,A/G;59,T/A;62,A/G;79,T/C;80,T/C;81,A/G
YITCHB049   41,C/G;53,T/C;75,T/C;99,A/C
YITCHB050   45,T;59,T;91,T;104,A/G;121,A/G
YITCHB051   7,T/G;26,A/G;54,T/C;144,A/C
YITCHB054   116,T/C
YITCHB055   52,T/A
YITCHB057   91,A/G;142,T/C;146,T/G
YITCHB061   4,C;28,A;67,A

YITCHB064	113,A
YITCHB067	87,G
YITCHB071	98,T/C
YITCHB072	19,T/C;35,A/G;59,T/C;61,T/G;71,A/G;79,C/G;80,T/C;81,A/G;82,A/G;88,T/C; 89,A/G;91,A/G;97,T/A;100,A/G;103,A/C;109,A/G;121,T/C;125,T/C;128,C/G; 130,A/G;137,A/G;141,A/G;150,T/G;166,T/A;169,A/G;172,A/G;175,T/G;182, A/T
YITCHB073	23,T/C;49,G;82,A/G
YITCHB075	22,T/C;35,T/C
YITCHB076	13,T/C;91,T/C
YITCHB077	77,A/G;88,T/C;104,A/G;145,T/C
YITCHB079	85,A/G;123,A/G
YITCHB081	51,A/G;56,T;57,C;58,T;60,C;67,T;68,T;69,C;110,A/G;116,T/C;135,A/G
YITCHB082	52,A/G
YITCHB083	4,A/T;28,T/G;101,T/G;119,T/C
YITCHB085	46,C/G;81,T/A;82,G
YITCHB094	16,A/C;36,C/G;63,A/G;70,T/C;99,A/G
YITCHB096	24,C;87,T/C
YITCHB102	52,A/G;57,A/C
YITCHB103	61,A/G;64,A/C;87,A/C;153,T/C
YITCHB104	13,T/G;31,T/G
YITCHB106	19,C;94,C
YITCHB107	18,T/A;48,A/G;142,T/C
YITCHB108	127,A/C
YITCHB114	18,T/C;25,A/G;38,T/C;68,T/C;70,C/G;104,T/C
YITCHB116	29,T
YITCHB123	138,T/C
YITCHB124	130,A/G
YITCHB128	7,T/C
YITCHB130	13,A/G;20,T/C;54,T/C;60,A/G
YITCHB134	72,T/C
YITCHB137	110,T/C
YITCHB145	6,A/G;8,A/G;20,A/C;76,A/C;77,C/G;83,A/G;86,T/C
YITCHB147	100,A/G
YITCHB148	27,T/C;91,T/C
YITCHB151	8,T/C;19,A;33,A/G;43,T/G
YITCHB154	4,T/C;87,T/C

YITCHB156   82,T
YITCHB158   96,T/C
YITCHB162   33,T;75,T
YITCHB163   41,A/G;54,T/C;90,T/C
YITCHB165   1,A
YITCHB168   21,A;62,–
YITCHB169   22,T/A;107,A/G
YITCHB170   56,A/G
YITCHB171   39,T/C;87,T/A;96,T/C;119,A/C
YITCHB181   56,A
YITCHB182   45,A/G
YITCHB185   20,T/C;49,A/G;71,T/C;86,T/C;104,T/C;114,T/C;133,C/G;154,A/G
YITCHB186   19,A/G;46,A/G;47,A/G;57,T/A;75,T/C;82,T/C;86,A/C
YITCHB189   49,A/G;61,A/C;147,A/G
YITCHB190   90,A/T
YITCHB191   44,T/G
YITCHB197   72,A/G;121,–/T;122,–/T;123,–/T;167,C/G;174,A/G;189,A/C
YITCHB198   34,A/T;63,A/G;109,T/C
YITCHB199   77,C/G;123,T/C
YITCHB200   70,A/G;73,A/G;92,T/A;104,C/G;106,A/T
YITCHB202   55,T;60,T;102,T;104,A;127,T;187,G;197,A
YITCHB212   38,C/G;105,C/G
YITCHB214   15,C;155,C
YITCHB215   3,A/T;6,T/G;9,A/G;22,A/G;54,T/C;63,T/A;71,T/A;72,T/C;81,A/G;96,A/G;
             121,T/C;137,A/G;163,T/G;177,A/G;186,A/G
YITCHB216   43,A
YITCHB217   84,A/C
YITCHB219   9,T/C;24,A/G;112,A/G
YITCHB220   17,A/G;58,G
YITCHB224   117,A
YITCHB228   11,A/G;26,A/T;72,A/G
YITCHB230   55,T/C;128,A/G
YITCHB232   47,A/G;54,A/G;86,T/C;108,T/C;147,A/C
YITCHB234   53,C
YITCHB237   118,A/G;120,A/C;165,T/A;181,A/C
YITCHB238   23,T/G
YITCHB242   22,T/C

YITCHB243   86,T/C;98,A/G;131,A/C;162,A/G
YITCHB245   144,A/G;200,C
YITCHB248   50,A/G
YITCHB250   21,T/C;51,T/G;54,T/C;55,A/G;56,T/C;78,T/C;98,T/C;99,A/T;125,T/A
YITCHB251   65,A/G
YITCHB252   26,C;65,G;137,T;156,A
YITCHB253   21,A/T;26,T/G
YITCHB254   51,A/G
YITCHB255   5,G;9,C;22,G;25,C;37,G;79,A;86,G;88,G;89,G;116,C;135,T;187,A
YITCHB256   11,A/G
YITCHB257   68,T/C
YITCHB259   90,A
YITCHB260   84,T;161,A
YITCHB264   111,C
YITCHB266   25,C;57,C;58,T;136,C;159,C
YITCHB267   102,T
YITCHB270   113,C

YITCHB001   25,T/C;43,T/C;66,T/C;67,T/C

YITCHB002   109,T/C;145,A/C;146,C/G

YITCHB003   83,A/G;96,T/A

YITCHB006   110,T/C

YITCHB007   27,C/G;44,A/G;67,A/G;90,C/G

YITCHB008   15,A/T;65,T/C

YITCHB014   9,T/C

YITCHB016   67,A;80,T;88,G;91,T

YITCHB021   54,A/C;123,A/G;129,T/C;130,A/G

YITCHB026   18,A/G

YITCHB027   101,A/G

YITCHB028   48,T/C;66,T/G;166,C/G

YITCHB030   80,C/G;139,T/C;148,A/G

YITCHB031   125,T/C;161,T/G

YITCHB034   29,A/C

YITCHB035   158,T/C

YITCHB036   95,T;157,G

YITCHB039   76,T/C;93,A/G;151,T/G;156,T/G

YITCHB040   1,C;29,T/C;31,A/G;73,T/C;103,T/C;108,A/G;135,T/C

YITCHB042   60,A/G;110,T/C;114,A/G;127,T;146,T/C;167,T

YITCHB044   97,T/C

YITCHB045   48,T/C

YITCHB047   130,A

YITCHB048   59,T/A;62,A/G;79,T/C

YITCHB049   59,T/C;75,T/C

YITCHB050   45,T;59,T;91,T;104,A/G;156,A/G

YITCHB051   7,T/G;26,A/G

YITCHB054   116,T/C

YITCHB055   52,A/T

YITCHB056   60,T/A;124,T/G;125,T/G;147,A/G

YITCHB057   91,A/G;142,T/C;146,T/G

YITCHB061   4,C/G;28,A/G;67,A/T;70,T/C;75,A/G;78,T/C;102,A/G;112,T/C;114,A/G;118,
A/G

YITCHB064	113,A
YITCHB067	9,A/G;85,A/G;87,–/G
YITCHB071	92,T/G
YITCHB072	19,T/C;59,T/C;61,T/G;67,A/G;71,A/G;79,C/G;80,T/C;81,A/G;82,A/G;88,T/C; 89,A/G;91,A/G;97,T/A;100,A/G;103,A/C;109,A/G;121,T/C;125,T/C;128,C/G; 137,A/G;141,A/G;150,T/G;166,T/A;169,A/G;172,A/G;182,A/T
YITCHB073	49,G
YITCHB075	22,T/C;35,T/C;98,C/G
YITCHB077	77,A/G;88,T/C;104,A/G;145,T/C
YITCHB079	123,A/G
YITCHB081	51,A/G;56,T;57,C;58,T;60,C;67,T;68,T;69,C;110,A/G;116,T/C;135,A/G
YITCHB083	4,T/A;28,T/G;101,T/G;119,T/C
YITCHB085	46,C/G;81,T/A;82,G
YITCHB092	118,A/G
YITCHB094	16,A/C;36,C/G;63,A/G;70,T/C;99,A/G
YITCHB097	46,C/G;144,A/G
YITCHB100	12,T/C
YITCHB103	61,A/G;64,A/C;87,A/C;153,T/C
YITCHB104	13,T/G;31,T/G
YITCHB107	18,A/T;48,A/G;142,T/C
YITCHB108	127,A/C
YITCHB112	28,T/C;123,C;154,A/T
YITCHB114	25,G;68,T/C
YITCHB116	29,T
YITCHB124	130,A/G
YITCHB128	7,C;135,G
YITCHB130	13,A;20,C;54,C;60,A/G;82,T/C
YITCHB134	72,T/C
YITCHB136	64,A/C
YITCHB137	110,T/C
YITCHB141	39,C
YITCHB142	2,T/C;28,T/C;30,T/G;46,A/G;102,T/C;150,C/G;152,A/G;153,C/G
YITCHB143	22,T/G
YITCHB145	6,A/G;8,A/G;20,A/C;76,A/C;77,C/G;83,A/G;86,T/C
YITCHB148	27,T/C;91,T/C
YITCHB151	8,T/C;19,A;33,A/G;43,T/G
YITCHB152	31,A/G

YITCHB154	1,T/A
YITCHB156	82,T
YITCHB157	69,A
YITCHB158	96,T/C
YITCHB160	33,C/G;59,A/G;64,T/G;66,A/C
YITCHB162	33,T;75,T
YITCHB163	41,A/G;54,T/C;90,T/C
YITCHB165	1,A;49,A/T
YITCHB167	12,A/G;33,C/G;36,A/G;64,A/C;146,A/G
YITCHB168	21,A;62,–
YITCHB169	22,T/A;107,A/G
YITCHB170	56,A/G
YITCHB171	39,T/C;87,T/A;96,T/C;119,A/C
YITCHB175	12,A/G
YITCHB183	53,A/G;59,T/G;79,A/G;80,A/G;85,T/C;97,T/A/C;99,A/G;114,A/G;115,T/C;116,A/C;117,A/G;122,A/G;138,T/C;139,A/G;143,T/C;147,A/T;155,T/C;166,T/C
YITCHB185	20,T/C;49,A/G;71,T/C;86,T/C;104,T/C;114,T/C;133,C/G;154,A/G
YITCHB186	19,A/G;46,A/G;47,A/G;57,T/A;75,T/C;82,T/C;86,A/C
YITCHB189	49,A/G;61,A/C;88,A/C;147,A/G
YITCHB191	44,T/G
YITCHB195	53,T/C;111,T/C
YITCHB197	72,A/G;121,–/T;122,–/T;123,–/T;167,C/G;174,A/G;189,A/C
YITCHB199	2,T/C;12,T/G;123,T/C;177,T/C
YITCHB200	19,T/C;70,A/G;73,A/G;92,A/T;104,C/G;106,T/A
YITCHB201	103,T/A;112,A/G;132,–/T
YITCHB202	55,T;60,T;88,T/C;102,T;104,A;115,A/T;127,T/C;144,A/G;187,G;197,A
YITCHB208	41,C;84,A
YITCHB215	3,A/T;6,T/G;9,A/G;22,A/G;54,T/C;63,T/A;71,T/A;72,T/C;81,A/G;96,A/G;121,T/C;137,A/G;163,T/G;177,A/G;186,A/G
YITCHB216	43,A/G
YITCHB219	9,T/C;24,A/G;60,T/C;112,A/G
YITCHB224	117,A
YITCHB225	24,A/G
YITCHB226	61,C/G;127,T/C
YITCHB229	45,C/G;80,T/G
YITCHB230	55,T/C;79,A/C;128,A/G

YITCHB232   86,T/C

YITCHB233   152,A

YITCHB234   53,C

YITCHB237   118,A/G;120,A/C;165,T/A;181,A/C

YITCHB242   22,T/C;65,A/G;94,T/C

YITCHB245   200,A/C

YITCHB246   2,A/G;25,T/C;89,A/G

YITCHB248   50,A

YITCHB250   21,T/C;50,T/C;51,T/G;54,T/C;55,A/G;56,T/C;78,T/C;81,T/C;83,A/G;90,A/G;
             94,T/C;98,T/C;99,T/A;119,A/C;125,A/T

YITCHB251   65,A/G

YITCHB253   21,T/A

YITCHB254   51,A/G

YITCHB258   24,A/G;191,T/C

YITCHB263   43,G

YITCHB264   5,T/A;8,T/A;22,T/C;35,A/G;51,T/C;63,A/G;79,T/C;97,C/G;99,A/G;105,A/G;
             108,T/C;111,T/C;113,A/G;114,T/C;132,T/C;137,A/G;144,T/C

YITCHB265   64,T;73,T;97,C;116,G

YITCHB266   25,A/C;29,A/G;57,A/C;58,T/A;136,T/C;159,T/C

YITCHB268   24,A/C;44,A/G;82,T/G;86,T/C;123,A/G;126,A/G;137,T/C;148,T/A;166,A/C;
             167,A/G

YITCHB269   60,A/C

YITCHB270   12,T/C;113,A/C

YITCHB001   25,T/C;43,T/C;66,T/C;67,T/C

YITCHB002   109,T/C;145,A/C;146,C/G

YITCHB003   83,A/G;96,T/A

YITCHB004   160,T/G

YITCHB007   27,C/G;44,A/G;90,C/G

YITCHB014   9,T/C

YITCHB015   47,A/G;69,C/G;85,A/G

YITCHB016   88,A/G

YITCHB017   63,A/C;132,A/G

YITCHB019   55,T/A

YITCHB021   54,A/C;123,A/G;129,T/C;130,A/G

YITCHB022   54,T/C;67,A/G;68,A/C

YITCHB023   20,T/C;26,A/T;38,T/G;64,A/C;65,A/G;121,A/C

YITCHB024   46,T/C

YITCHB026   18,A/G

YITCHB027   22,T/C;101,A/G;121,A/C;122,T/G;123,T/G;124,A/C

YITCHB031   125,T/C;161,T

YITCHB033   93,A

YITCHB034   29,A/C

YITCHB035   158,T/C

YITCHB036   95,T/C;157,A/G

YITCHB038   202,T;203,A;204,G

YITCHB039   76,T/C;93,A/G;130,T/C;151,T;156,T/G

YITCHB040   1,C;90,A

YITCHB042   127,T/C;167,T

YITCHB045   48,C

YITCHB046   14,T/A;24,A/G;56,T/C;58,T/C;92,T/C;106,T/C

YITCHB047   10,C

YITCHB048   6,A/G;59,A/T;62,A/G;79,T/C

YITCHB049   27,A/G;41,C/G;59,T/C;75,C;92,T/G;96,T/C;99,A/C;131,T/G;138,C/G

YITCHB050   45,T;51,A/C;59,T;91,T;104,A/G

YITCHB051   7,T/G

YITCHB052   151,C/G

YITCHB053　4,A/G;124,A/G

YITCHB056　60,A/T;124,T/G;125,T/G;147,A/G

YITCHB057　91,G;142,T;146,G

YITCHB058　2,A/G;36,A/G;60,A/G;131,T/C

YITCHB059　4,T/C;22,A/G;76,C/G;114,A/G;196,A/T

YITCHB061　4,C;28,A;67,A

YITCHB062　94,G;96,C

YITCHB064　113,A/G

YITCHB066　30,T/C

YITCHB067　87,G

YITCHB071　5,A/G;10,A/G;18,A/G;54,T/C;80,A/G;90,T/A;100,A/C;103,T/C;111,T/C

YITCHB072　8,T/C;19,T;20,C/G;23,T/C;25,T/G;35,A/G;52,T/G;53,A/T;54,A/T;59,T/C;61,
A/G;67,A/G;68,T/C;70,A/G;71,G;77,T/G;79,T/C/G;80,T/A/C;81,G;82,A/G;
88,C;89,A;91,A/G;93,A/G;97,T/A;98,A/G;100,A/G;103,A/C;109,A/G;118,T/C;
119,A/G;120,A/G;121,T/C;125,C;127,A/G;128,C/G;130,A/T/G;132,A/T;134,
T/C;137,G;141,A/G;149,A/T;150,T/G;153,T/C;160,T/C;161,A/G;166,T/C;169,
A/G;172,A/G;175,T/G;182,A/T

YITCHB073　49,G

YITCHB075　22,T/C;35,T/C;98,C/G

YITCHB076　13,T/C;91,T/C

YITCHB081　51,A/G;56,T;57,C;58,T;60,C;67,T;68,T;69,C;110,A/G;116,T/C;135,A/G

YITCHB082　52,A/G

YITCHB083　4,T/A;28,T/G;101,T/G;119,T/C

YITCHB084　91,A;100,C;119,C

YITCHB085　46,C/G;81,T/A;82,G

YITCHB086　15,T/C;50,T/C;52,A/G;67,C/G;74,A/G;76,A/C;77,C/G;85,A/G;90,T/G;92,T/C;
94,C/G;100,A/G;102,T/G;104,A/C;107,T/G;109,A/G;110,T/A;114,A/G;115,G;
116,T/C;127,T/C;135,A/G;151,A/C;155,T;156,A/T;165,T/C;168,A/C

YITCHB087　111,T

YITCHB089　14,T/C;38,A/G;52,A/G;53,T/C;64,A/C;89,T/C;178,T/C;184,T/C;196,T/C;197,
A/G

YITCHB091　133,A/C;151,T/C

YITCHB092　118,A/G

YITCHB094　16,A/C;36,C/G;53,A/T;63,A/G;70,T/C;99,A/G

YITCHB099　74,T/C;105,A/G;126,T/C;179,T/A;180,T/C

YITCHB102　57,A/C

YITCHB103　61,A/G;64,A/C;87,A/C;153,T/C

YITCHB104   13,T/G;31,T/G

YITCHB105   36,A

YITCHB106   19,C;94,C

YITCHB107   18,A/T;48,A/G;142,T/C

YITCHB108   73,A/C;127,A/C

YITCHB109   1,T;6,G;26,T/C;83,T/A;93,T/C

YITCHB110   66,A/G;144,A/G

YITCHB112   28,T/C;123,C;154,T/A

YITCHB114   18,T/C;25,A/G;38,T/C;68,T/C;70,C/G;104,T/C

YITCHB115   112,A/G;128,T/C

YITCHB116   29,T

YITCHB117   87,A/G;104,A/G;117,A/G;136,A/C;152,A;164,A/G

YITCHB119   98,T/A;119,A/G

YITCHB124   130,A/G

YITCHB127   65,A;82,C;132,A/C;136,T/C;171,A/C

YITCHB128   7,C;135,C/G

YITCHB131   32,T/C;135,T/G;184,T/C

YITCHB132   27,−;46,A;61,A;93,C;132,A;161,T

YITCHB133   1,A/G;23,T/C;28,A/G;70,A/G;82,A/G;83,T/C;102,T/C;111,T/A;117,T/C;120,
             T/C;121,A/G;124,T/G;125,T/C;135,T/G;145,T/C

YITCHB134   14,T/C;72,T/C

YITCHB135   187,T;188,G

YITCHB138   22,C;52,G

YITCHB141   39,C

YITCHB142   2,T/C;28,T/C;30,T/G;46,A/G;102,T/C;150,C/G;152,A/G;153,C/G

YITCHB143   22,T/G;112,C/G

YITCHB145   6,A/G;8,A/G;20,A/C;76,A/C;77,C/G;83,A/G;86,T/C

YITCHB148   27,T/C;91,T/C

YITCHB149   87,T/C;112,T/A;135,A/G

YITCHB151   19,A;33,G

YITCHB152   31,A/G

YITCHB154   4,T/C;87,T/C

YITCHB156   82,T

YITCHB158   96,C

YITCHB159   7,A/G;11,T/C;25,A/G;38,T/C;42,T/C;92,C/G;160,A/G

YITCHB160   33,C/G;59,A;64,T/G;66,A/C

YITCHB161   31,C/G

YITCHB162	33,T;67,A;88,C
YITCHB163	41,G;54,T;90,C
YITCHB164	17,A;56,C
YITCHB165	1,A;49,T
YITCHB167	12,A/G;33,C/G;36,A/G;64,A/C;146,A/G
YITCHB168	21,A/G
YITCHB169	8,T/C;22,T;38,A/G;43,T/C;68,T/C;79,T/C;91,T/C;102,A/G;117,A/G;118,T/G; 121,A/G;127,T/C;142,A/G;171,A/C
YITCHB170	56,A/G
YITCHB171	39,T/C;87,T/A;96,T/C;119,A/C
YITCHB177	25,T/C;28,T/G;30,A/G;41,T/C;42,C/G;55,T/A/G;65,A/C;78,T/C;95,T/G;100, T/C;125,T/C;126,A/G;127,A/G;135,T/G
YITCHB178	42,C;145,G;163,A
YITCHB181	56,A
YITCHB183	12,A/G;29,A/G;52,A/G;59,T/G;80,A/G;97,T/C;112,A/G;114,A/G;138,T/C; 141,A/G;155,T/C;179,A/G
YITCHB185	20,C;49,A;71,T;86,C;104,C;114,T;133,C;154,G
YITCHB186	19,A/G;46,A/G;47,A/G;57,T/A;75,T/C;82,T/C;86,A/C
YITCHB187	82,A;130,G
YITCHB188	94,T/C
YITCHB189	49,A/G;61,A/C;88,A/C;115,T/C;147,G
YITCHB190	90,A/T
YITCHB191	44,T/G
YITCHB192	45,T/A
YITCHB193	169,T/C
YITCHB195	108,A
YITCHB197	72,A/G;121,-/T;122,-/T;123,-/T;167,C/G;174,A/G;189,A/C
YITCHB198	34,T/A;63,A/G;109,T/C
YITCHB200	70,A/G;73,A/G;92,A/T;104,C/G;106,T/A
YITCHB202	55,T;60,T;88,T;102,T;104,A;115,T;144,A;187,G;197,A
YITCHB203	125,T;154,A
YITCHB204	75,C
YITCHB208	41,C;84,A
YITCHB209	1,T/C;32,T;34,C;94,T;149,C;166,G;175,C
YITCHB210	130,C;154,G
YITCHB212	38,C/G;105,C/G
YITCHB214	15,C;155,C

YITCHB215	3,A/T; 6, T/G; 9,A/G; 22,A/G; 54,T/C; 63, T/A; 71, T/A; 72, T/C; 81,A/G; 96,A/G; 121,T/C;137,A/G;163,T/G;177,A/G;186,A/G
YITCHB216	43,A
YITCHB217	84,C
YITCHB218	98,A/G;128,A/G
YITCHB219	24,A/G
YITCHB220	17,G;58,G
YITCHB222	53,A/T
YITCHB223	3,A/G;17,T/C;86,T/C;132,A/G;189,C
YITCHB224	1,A/G;30,A/G;36,A/G;43,A/C;117,–/A;118,T/C
YITCHB228	4,T/C;26,A/T
YITCHB230	55,T/C;128,A/G
YITCHB232	47,A/G;54,A/G;86,C;108,T/C;147,A/C
YITCHB233	50,A;152,A
YITCHB234	53,–/C;71,A/C;80,T/C;123,A/G;138,T/A;148,A/G
YITCHB235	120,T/C
YITCHB237	118,A/G;120,A/C;126,T/G;165,T/A;181,A/C
YITCHB238	23,T/G;108,C/G
YITCHB240	53,A;93,T;148,A
YITCHB242	22,C
YITCHB243	86,T;98,A;131,C;162,A
YITCHB245	144,A;200,C
YITCHB247	23,G;109,A
YITCHB250	51,G
YITCHB251	65,A/G
YITCHB252	26,C;65,G;137,T;156,A
YITCHB253	21,A;26,G
YITCHB254	4,T/C;6,A/G;51,A/G;109,A/C
YITCHB255	5,G;9,C;22,G;25,C;37,G;79,A;86,G;88,G;89,G;116,C;135,T;187,A
YITCHB256	11,A
YITCHB257	68,T
YITCHB258	24,G;65,G;128,A
YITCHB259	90,A
YITCHB260	84,T;161,A
YITCHB263	84,A/G;93,T/C;144,A/G;181,A/G
YITCHB264	5,T/A;22,T/C;35,A/G;79,T/C;97,C/G;99,A/G;105,A/G;108,T/C;111,C;113,A/G; 114,T/C;132,T/C;137,A/G;144,T/C

YITCHB265 64,T/C;73,T/A;97,C/G;116,T/G

YITCHB266 25,A/C;37,T/C;57,A/C;58,A/T;136,T/C;159,T/C

YITCHB269 53,A/C;60,A/C

YITCHB270 113,C

YITCHB001	25,T/C;43,T/C;66,T/C;67,T/C
YITCHB002	109,T
YITCHB003	83,A/G;96,T/A
YITCHB006	110,T/C
YITCHB007	27,C/G;44,A/G;67,A/G;90,C/G
YITCHB008	15,T/A;65,T/C
YITCHB011	156,A/C
YITCHB014	9,C
YITCHB016	88,G
YITCHB019	55,A/T
YITCHB021	54,A/C;123,A/G;129,T/C;130,A/G
YITCHB022	54,C;67,G;68,C
YITCHB026	18,A/G
YITCHB028	48,T/C;66,T/G;166,C/G
YITCHB030	80,C/G;139,T/C;148,A/G
YITCHB031	125,T/C;161,T/G
YITCHB033	93,A
YITCHB034	29,A/C
YITCHB035	158,T/C
YITCHB036	95,T/C;157,A/G
YITCHB039	76,T/C;93,A/G;151,T;156,T/G
YITCHB040	1,C
YITCHB042	17,A/G;99,T/C;127,T/C;137,T/C;154,T/C;167,T/A
YITCHB045	48,C
YITCHB048	6,A/G;59,T/A;62,A/G;79,T/C;80,T/C;81,A/G
YITCHB049	41,C/G;53,T/C;75,T/C;99,A/C
YITCHB050	45,T/C;59,T/C;91,T/A;121,A/G
YITCHB051	7,T/G;54,T/C;105,T/C;144,A/C
YITCHB054	116,T/C
YITCHB055	52,T/A
YITCHB056	60,T/A;124,T/G;125,T/G;147,A/G
YITCHB057	91,A/G;142,T/C;146,T/G
YITCHB058	2,A/G;36,A/G;60,A/G;131,T/C

YITCHB059   4,T/C;22,A/G;76,C/G;114,A/G;196,A/T

YITCHB061   4,C/G;28,A/G;67,T/A;70,T/C;75,A/G;78,T/C;102,A/G;112,T/C;114,A/G;118,
              A/G

YITCHB064   113,A/G

YITCHB065   97,A/G

YITCHB066   30,T/C

YITCHB067   9,A/G;85,A/G;87,-/G

YITCHB071   98,T/C

YITCHB072   19,T/C;59,T/C;61,T/G;67,A/G;71,A/G;79,C/G;80,T/C;81,A/G;82,A/G;88,T/C;
              89,A/G;91,A/G;97,T/A;100,A/G;103,A/C;109,A/G;121,T/C;125,T/C;128,C/G;
              137,A/G;141,A/G;150,T/G;166,T/A;169,A/G;172,A/G;182,A/T

YITCHB073   23,T/C;49,G;82,A/G

YITCHB075   22,C;35,T

YITCHB081   51,A/G;56,T;57,C;58,T;60,C;67,T;68,T;69,C;110,A/G;116,T/C;135,A/G

YITCHB082   52,A/G

YITCHB083   4,A/T;28,T/G;101,T/G;119,T/C

YITCHB085   46,C;82,G

YITCHB089   38,A/G;52,A/G;53,T/C;64,A/C;89,T/C;178,T/C;184,T/C;196,T/C;197,A/G

YITCHB092   118,A/G

YITCHB094   16,A/C;36,C/G;63,A/G;70,T/C;99,A/G

YITCHB096   24,T/C

YITCHB099   74,T/C;105,A/G;126,T/C;179,T/A;180,T/C

YITCHB100   12,T/C

YITCHB102   57,A/C

YITCHB103   61,A/G;64,A/C;87,A/C;153,T/C

YITCHB104   13,T/G;31,T/G

YITCHB105   36,A/C

YITCHB108   73,A/C;127,A

YITCHB109   1,T;6,G;26,T/C;83,A/T;93,T/C

YITCHB112   35,A/C;36,T/C;103,A/G;122,T/G;123,T/C;129,A/G;142,T/C;154,A/T;162,T/C

YITCHB113   182,A/T;192,A/G

YITCHB114   18,T/C;25,A/G;38,T/C;68,T/C;70,C/G;104,T/C

YITCHB116   29,T

YITCHB117   152,A/G

YITCHB118   22,T;78,C;102,T

YITCHB119   98,T/A;119,A/G

YITCHB121   133,A/T;135,A/G;187,A/G

YITCHB124   130,A/G

YITCHB127   65,A/G;82,A/C;132,A/C

YITCHB128   7,T/C

YITCHB130   13,A/G;20,T/C;54,T/C;60,A/G

YITCHB131   32,C;135,G;184,C

YITCHB132   46,A/C;61,A/C;93,A/C;132,A/G;161,T/C

YITCHB134   72,T/C

YITCHB136   64,A/C

YITCHB137   110,T/C

YITCHB141   39,C

YITCHB142   2,T/C;28,T/C;30,T/G;46,A/G;102,T/C;150,C/G;152,A/G;153,C/G

YITCHB143   22,T/G

YITCHB145   6,A/G;8,A/G;20,A/C;76,A/C;77,C/G;83,A/G;86,T/C

YITCHB147   100,A/G

YITCHB148   27,T/C;91,T/C

YITCHB151   8,T/C;19,A;33,A/G;43,T/G

YITCHB152   31,A/G

YITCHB156   82,T

YITCHB158   96,T/C

YITCHB162   14,T/C;33,T;75,T

YITCHB163   41,A/G;54,T/C;90,T/C

YITCHB165   1,A

YITCHB168   21,A;62,-

YITCHB169   22,T/A;107,A/G

YITCHB170   56,A/G

YITCHB171   39,T/C;87,T/A;96,T/C;119,A/C

YITCHB175   12,A/G

YITCHB177   28,T/G;30,A/G;42,C/G;55,T/G;95,T/G;127,A/G;135,T/G

YITCHB181   56,A/G

YITCHB183   53,A/G;59,T/G;79,A/G;80,A/G;85,T/C;97,T/C;99,A/G;115,T/C;116,A/C;117,
A/G;122,A/G;138,T/C;143,T/C;155,T/C

YITCHB186   19,A/G;46,A/G;47,A/G;57,T/A;75,T/C;82,T/C;86,A/C

YITCHB187   82,A/G;130,A/G

YITCHB188   94,T/C

YITCHB189   49,A/G;61,A/C;147,G

YITCHB190   90,A/T

YITCHB191   44,T/G

YITCHB192	45,T/A;46,T/G;73,A/G
YITCHB195	53,C;111,T
YITCHB197	72,A/G;121,−/T;122,−/T;123,−/T;167,C/G;174,A/G;189,A/C
YITCHB198	34,T/A;63,A/G;109,T/C
YITCHB199	77,C/G;123,T/C
YITCHB201	132,T
YITCHB202	55,T/C;60,T/C;88,T/C;102,T/C;104,A/G;115,A/T;144,A/G;187,A/G;197,A/G
YITCHB205	57,T
YITCHB207	81,A/G
YITCHB209	32,T;34,C;35,A/G;71,T/C;94,T;149,T/C;166,G;173,A/G;175,C
YITCHB212	38,C/G;105,C/G
YITCHB214	15,T/C;155,A/C
YITCHB216	43,A/G
YITCHB217	84,A/C
YITCHB219	24,A/G;60,T/C;112,A/G
YITCHB223	17,T/C;189,T/C
YITCHB224	1,A/G;36,A/G;79,T/C;117,−/A;118,T/C
YITCHB228	11,A/G;26,T/A;72,A/G
YITCHB229	45,C/G;80,T/G
YITCHB230	55,C;110,T/C
YITCHB232	86,T/C
YITCHB233	152,A
YITCHB234	53,C
YITCHB237	118,A/G;120,A/C;165,T/A;181,A/C
YITCHB238	23,T/G
YITCHB240	53,A/T;93,T/C;148,A/T
YITCHB242	22,C
YITCHB243	86,T;98,A;131,C;162,A/G
YITCHB245	144,A/G;200,A/C
YITCHB246	19,A/C;25,T/C;89,A/G
YITCHB247	23,G;109,A
YITCHB250	21,T/C;51,G;54,T/C;55,A/G;56,T/C;78,T/C;98,T/C;99,T/A;125,A/T
YITCHB251	65,A/G
YITCHB252	26,T/C;65,A/G;137,T/C;156,A/G
YITCHB253	21,A/T;26,T/G
YITCHB255	5,G;9,C;22,G;25,C;37,G;79,A;86,G;88,G;89,G;116,C;135,T;187,A
YITCHB256	11,A/G

YITCHB257   68,T/C

YITCHB259   90,A/G

YITCHB260   84,T/A;161,A/T

YITCHB263   43,A/G

YITCHB264   8,A/T;51,T/C;111,T/C

YITCHB266   25,C;57,C;58,T;136,C;159,C

YITCHB267   102,T/G

YITCHB268   24,A/C;44,A/G;82,T/G;86,T/C;123,A/G;126,A/G;137,T/C;148,T/A;166,A/C;
             167,A/G

YITCHB269   60,A/C

YITCHB270   12,T/C;113,A/C

YITCHB002	109,T
YITCHB003	83,A/G;96,T/A
YITCHB004	195,A/G
YITCHB007	67,A/G
YITCHB014	9,T/C
YITCHB015	47,A;69,G;85,G
YITCHB016	67,A/G;80,T/G;88,A/G;91,T/C
YITCHB017	63,A/C;132,A/G
YITCHB021	54,A/C;123,A/G;129,T/C;130,A/G
YITCHB023	26,T/A;38,T/G;64,A/C;65,A/G;121,A/C
YITCHB026	18,A/G
YITCHB027	101,A/G
YITCHB028	48,T/C;66,T/G;166,C/G
YITCHB030	80,C;139,C;148,A
YITCHB031	125,C;161,T/G
YITCHB033	93,A
YITCHB035	7,A/G;33,A/G;44,T/C;124,A/T;137,A/C;158,C/G
YITCHB039	76,T/C;93,A/G;151,T/G;156,T/G
YITCHB040	1,C;29,T;31,A;73,C;103,T;108,G;135,T
YITCHB042	127,T/C;167,T
YITCHB045	48,T/C
YITCHB047	130,A
YITCHB048	59,T/A;62,A/G;79,T/C
YITCHB049	27,A/G;41,C/G;75,T/C;92,T/G;96,T/C;99,A/C;131,T/G
YITCHB050	45,T;51,A/C;59,T;91,T;104,G
YITCHB051	7,T/G;26,A/G
YITCHB055	52,A/T
YITCHB057	91,A/G;142,T/C;146,T/G
YITCHB061	4,C/G;28,A/G;67,T/A;70,T/C;75,A/G;78,T/C;102,A/G;112,T/C;114,A/G;118, A/G
YITCHB064	113,A
YITCHB067	9,A/G;85,A/G;87,–/G
YITCHB073	49,G

YITCHB074	98,A/G
YITCHB075	22,T/C;35,T/C
YITCHB079	85,A/G;123,A/G
YITCHB081	51,A/G;56,T;57,C;58,T;60,C;67,T;68,T;69,C;110,A/G;116,T/C;135,A/G
YITCHB082	52,A/G
YITCHB083	4,A/T;28,T/G;101,T/G;119,T/C
YITCHB085	46,C/G;81,A/T;82,G
YITCHB086	15,T/C;50,T/C;52,A/G;67,C/G;74,A/G;76,A/C;77,C/G;85,A/G;90,T/G;92,T/C;94,C/G;100,A/G;102,T/G;104,A/C;107,T/G;109,A/G;110,T/A;114,A/G;115,G;116,T/C;127,T/C;135,A/G;151,A/C;155,T;156,A/T;165,T/C;168,A/C
YITCHB092	118,A/G
YITCHB094	16,C;36,G;63,A;70,C;99,G
YITCHB096	24,C
YITCHB102	52,A/G;57,C
YITCHB104	13,T/G;31,T/G
YITCHB107	18,T;48,G;142,T
YITCHB108	73,A/C;127,A/C
YITCHB112	28,T/C;123,T/C;154,T/A
YITCHB114	18,T;38,C;68,C;70,G;104,C
YITCHB116	29,T
YITCHB117	152,A/G
YITCHB118	22,T;78,C;102,T
YITCHB124	130,A/G
YITCHB130	13,A/G;20,T/C;54,T/C;60,A/G
YITCHB131	32,C;135,G;184,C
YITCHB132	46,A/C;61,A/C;93,A/C;132,A/G;161,T/C
YITCHB134	72,C
YITCHB136	64,A/C
YITCHB137	110,T/C
YITCHB141	39,C
YITCHB142	2,T/C;28,T/C;30,T/G;46,A/G;102,T/C;150,C/G;152,A/G;153,C/G
YITCHB143	22,T/G
YITCHB145	6,A/G;8,A/G;20,A/C;76,A/C;77,C/G;83,A/G;86,T/C
YITCHB147	12,A/G;22,T/G;61,A/T;70,A/G;100,A/G
YITCHB148	17,A/C;27,T/C;91,T/C
YITCHB151	19,A;33,G
YITCHB152	31,A/G

YITCHB154	4,T/C;87,T/C
YITCHB158	96,C
YITCHB159	7,A/G;25,A/G;38,T/C;42,T/C;92,C/G;160,A/G
YITCHB162	7,T/G;16,A/G;32,T/C;33,T;75,T/C;85,A/G;88,T/C;117,A/G;133,T/G;136,A/C
YITCHB168	21,A/G
YITCHB169	22,T;79,T/C;107,A/G;117,A/G;118,T/G
YITCHB170	56,A/G
YITCHB171	39,T/C;87,A/T;96,T/C;119,A/C
YITCHB175	12,A/G
YITCHB181	56,A/G
YITCHB182	45,A/G
YITCHB185	20,T/C;49,A/G;71,T/C;86,T/C;104,T/C;114,T/C;133,C/G;154,A/G
YITCHB186	19,A/G;46,A/G;47,A/G;57,A/T;75,T/C;82,T/C;86,A/C
YITCHB189	49,A/G;61,A/C;147,G
YITCHB190	90,A/T
YITCHB191	44,T/G
YITCHB195	53,T/C;111,T/C
YITCHB197	72,G;121,T;122,T;123,T;167,G;174,G;189,C
YITCHB198	34,A/T;63,A/G;109,T/C
YITCHB199	77,C/G;123,T/C
YITCHB201	132,T
YITCHB202	55,T/C;60,T/C;88,T/C;102,T/C;104,A/G;115,A/T;144,A/G;187,A/G;197,A/G
YITCHB203	125,T/C;154,A/G
YITCHB205	57,T
YITCHB209	32,T;34,C;35,A/G;71,T/C;94,T;149,T/C;166,G;173,A/G;175,C
YITCHB212	38,C/G;105,C/G
YITCHB214	15,C;155,C
YITCHB215	3,T;6,T;9,A;22,A;50,–;51,–;52,–;53,–;54,C;63,A;71,A;72,C;81,G;96,A;121,T; 137,A;163,G;177,G;186,A
YITCHB216	43,A
YITCHB217	84,A/C
YITCHB219	24,A/G;112,A/G
YITCHB220	17,A/G;58,G
YITCHB225	24,A/G
YITCHB228	11,A/G;26,T/A;72,A/G
YITCHB229	45,C/G;80,T/G
YITCHB230	55,T/C;110,T/C;128,A/G

YITCHB232	86,C
YITCHB233	152,A
YITCHB234	53,C
YITCHB237	118,A/G;120,A/C;165,A/T;181,A/C
YITCHB238	23,T/G
YITCHB240	53,A;93,T;148,A
YITCHB242	22,C
YITCHB243	86,T;98,A;131,C;162,A/G
YITCHB245	144,A/G;200,A/C
YITCHB246	19,A/C;25,T/C;89,A/G
YITCHB247	23,G;109,A
YITCHB250	21,T/C;51,G;54,T/C;55,A/G;56,T/C;78,T/C;98,T/C;99,T/A;125,A/T
YITCHB251	65,A/G
YITCHB252	26,T/C;65,A/G;137,T/C;156,A/G
YITCHB253	21,T/A;26,T/G
YITCHB254	51,A/G
YITCHB255	5,A/G;9,T/C;22,A/G;25,T/C;37,T/G;79,A/G;86,A/G;88,A/G;89,A/G;116,T/C;135,T/C;187,A/G
YITCHB256	11,A
YITCHB257	68,T/C
YITCHB259	90,A
YITCHB260	84,T;161,A
YITCHB264	5,A/T;8,A/T;22,T/C;35,A/G;51,T/C;79,T/C;97,C/G;99,A/G;105,A/G;108,T/C;111,T/C;113,A/G;114,T/C;132,T/C;137,A/G;144,T/C
YITCHB265	64,T;73,T;97,C;116,G
YITCHB266	25,A/C;37,T/C;57,A/C;58,T/A
YITCHB268	23,T/C;24,A/C;66,T/C;82,T/G;126,A/G;127,T/G;148,T/A;167,A/G
YITCHB269	60,A/C
YITCHB270	12,T/C;113,A/C

YITCHB001   25,C;43,T/C;66,T;67,C;81,T/C

YITCHB002   109,T/C;145,A/C;146,C/G

YITCHB003   83,G;96,A

YITCHB007   27,C/G;44,A/G;67,A/G;90,C/G

YITCHB010   47,A/G;84,T/C;86,T/C;132,A/G

YITCHB011   156,A

YITCHB014   9,T/C

YITCHB015   47,A;69,G;85,G

YITCHB016   67,A/G;80,T/G;88,A/G;91,T/C

YITCHB021   54,A/C;123,A/G;129,T/C;130,A/G

YITCHB023   26,A/T;38,T/G;64,A/C;65,A/G;121,A/C

YITCHB026   18,A/G

YITCHB027   101,A/G

YITCHB028   48,T/C;66,T/G;166,C/G

YITCHB030   80,C/G;139,T/C;148,A/G

YITCHB031   125,T/C;161,T/G

YITCHB033   93,A

YITCHB035   158,T/C

YITCHB036   95,T/C;157,A/G

YITCHB038   202,T;203,A;204,G

YITCHB039   76,T/C;93,A/G;151,T/G;156,T/G

YITCHB040   1,C

YITCHB042   167,A/T

YITCHB045   48,C

YITCHB047   130,A/G

YITCHB048   59,A/T;62,A/G;79,T/C

YITCHB049   27,A/G;41,C/G;75,T/C;92,T/G;96,T/C;99,A/C;131,T/G

YITCHB050   45,T/C;51,A/C;59,T/C;91,T/A;104,A/G

YITCHB051   7,T/G;26,A/G;105,T/C

YITCHB054   116,T/C

YITCHB055   52,A/T

YITCHB057   91,G;142,T;146,G

YITCHB058   2,A/G;36,A/G;60,A/G;131,T/C

YITCHB059   4,T/C;22,A/G;76,C/G;114,A/G;196,T/A

YITCHB061   4,C/G;12,T/C;28,A;50,T/C;67,A/T

YITCHB062   94,G;96,C

YITCHB064   113,A/G

YITCHB065   97,A/G

YITCHB066   30,T/C

YITCHB067   9,A/G;85,A/G;87,-/G

YITCHB068   144,T/C;165,A/G

YITCHB071   98,T/C

YITCHB072   19,T/C;59,T/C;61,T/G;67,A/G;71,A/G;79,C/G;80,T/C;81,A/G;82,A/G;88,T/C;
89,A/G;91,A/G;97,T/A;100,A/G;103,A/C;109,A/G;121,T/C;125,T/C;128,C/G;
137,A/G;141,A/G;150,T/G;166,T/A;169,A/G;172,A/G;182,A/T

YITCHB073   49,G

YITCHB075   22,C;35,T;98,C/G

YITCHB077   77,A/G;88,T/C;104,A/G;145,T/C

YITCHB081   51,A/G;56,T;57,C;58,T;60,C;67,T;68,T;69,C;110,A/G;116,T/C;135,A/G

YITCHB082   52,A/G

YITCHB083   4,T/A;28,T/G;101,T/G;119,T/C

YITCHB084   91,A/G;100,C/G;119,A/C

YITCHB085   46,C;82,G

YITCHB089   38,A/G;52,A/G;53,T/C;64,A/C;89,T/C;178,T/C;184,T/C;196,T/C;197,A/G

YITCHB096   24,T/C;87,T/C

YITCHB099   74,T/C;105,A/G;126,T/C;179,T/A;180,T/C

YITCHB100   12,T/C

YITCHB102   57,A/C

YITCHB103   61,A/G;64,A/C;87,A/C;153,T/C

YITCHB105   36,A/C

YITCHB106   19,T/C;94,T/C

YITCHB108   73,A/C;127,A/C

YITCHB109   1,T;6,G;26,T/C;83,T/A;93,T/C

YITCHB110   66,A/G;144,A/G

YITCHB112   35,A/C;36,T/C;103,A/G;122,T/G;123,T/C;129,A/G;142,T/C;154,A/T;162,T/C

YITCHB114   18,T/C;25,A/G;38,T/C;68,T/C;70,C/G;104,T/C

YITCHB116   29,T

YITCHB118   22,T;78,C;102,T

YITCHB121   133,A/T;135,A/G;187,A/G

YITCHB123   138,T/C

YITCHB124	130,A/G
YITCHB126	19,A/G;43,T/C
YITCHB127	65,A/G;82,A/C;132,A/C
YITCHB130	13,A/G;20,T/C;54,T/C;82,T/C
YITCHB132	27,–;46,A;61,A;93,C;132,A;161,T
YITCHB134	72,T/C
YITCHB135	128,T/C
YITCHB137	110,T/C
YITCHB141	39,T/C
YITCHB143	22,T/G
YITCHB145	6,A/G;8,A/G;20,A/C;76,A/C;77,C/G;83,A/G;86,T/C
YITCHB147	100,A/G
YITCHB148	27,T/C;91,T/C
YITCHB151	8,T/C;19,A;33,A/G;43,T/G
YITCHB152	31,A/G
YITCHB154	4,T/C;87,T/C
YITCHB156	82,T
YITCHB158	96,T/C
YITCHB162	14,T/C;33,T;75,T
YITCHB163	41,A/G;54,T/C;90,T/C
YITCHB165	1,A
YITCHB168	21,A;62,–
YITCHB169	22,T/A;107,A/G
YITCHB170	56,A/G
YITCHB171	39,T/C;87,A/T;96,T/C;119,A/C
YITCHB177	28,T/G;30,A/G;42,C/G;95,T/G;127,A/G;135,T/G
YITCHB185	20,T/C;49,A/G;71,T/C;86,T/C;104,T/C;114,T/C;133,C/G;154,A/G
YITCHB186	19,A/G;46,A/G;47,A/G;57,T/A;75,T/C;82,T/C;86,A/C
YITCHB189	49,A/G;61,A/C;147,A/G
YITCHB190	90,T/A
YITCHB191	44,T/G
YITCHB192	45,T/A;46,T/G;73,A/G
YITCHB193	169,T/C
YITCHB195	108,A
YITCHB197	72,A/G;121,–/T;122,–/T;123,–/T;167,C/G;174,A/G;189,A/C
YITCHB198	34,A/T;63,A/G;109,T/C
YITCHB200	70,A;73,G;92,T;104,G;106,A

YITCHB201	112,G;132,T
YITCHB202	55,T;60,T;102,T;104,A;127,T;187,G;197,A
YITCHB203	125,T/C;154,A/G
YITCHB205	31,A/C;36,A/G;46,A/T;74,A/G
YITCHB208	41,C;84,A
YITCHB210	130,C;154,G
YITCHB211	113,T/C;115,A/G
YITCHB214	15,C;155,C
YITCHB215	3,T/A;6,T/G;9,A/G;22,A/G;54,T/C;63,A/T;71,A/T;72,T/C;81,A/G;96,A/G;121, T/C;137,A/G;163,T/G;177,A/G;186,A/G
YITCHB216	43,A
YITCHB217	84,A/C
YITCHB219	24,A/G;112,A/G
YITCHB220	17,A/G;58,G
YITCHB223	17,T/C;189,T/C
YITCHB224	1,A/G;36,A/G;79,T/C;117,−/A;118,T/C
YITCHB225	24,A/G
YITCHB228	11,A/G;26,T/A
YITCHB229	45,C/G;80,T/G
YITCHB230	55,T/C;110,T/C;128,A/G
YITCHB232	86,T/C
YITCHB233	152,A
YITCHB234	53,C
YITCHB237	118,A/G;120,A/C;165,A/T;181,A/C
YITCHB240	53,A;93,T;148,A
YITCHB242	22,C
YITCHB243	86,T;98,A;131,C;162,A/G
YITCHB245	144,A/G;200,A/C
YITCHB246	19,A/C;25,T/C;89,A/G
YITCHB247	23,G;109,A
YITCHB250	21,T/C;30,A/G;33,T/G;51,G;52,A/G;54,T/C;55,A/G;56,T/C;78,T/C;81,T/C; 83,A/G;90,A/G;98,T/C;99,T/A;125,A/T;130,T/G;131,T/C
YITCHB251	65,A/G
YITCHB252	26,T/C;65,A/G;137,T/C;156,A/G
YITCHB253	21,T/A;26,T/G
YITCHB254	51,A/G
YITCHB255	5,G;9,C;22,G;25,C;37,G;79,A;86,G;88,G;89,G;116,C;135,T;187,A

YITCHB256   11,A/G
YITCHB257   68,T/C
YITCHB259   90,A
YITCHB260   84,T;161,A
YITCHB264   111,C
YITCHB265   64,T/C;73,A/T;97,C/G;116,T/G
YITCHB266   25,A/C;37,T/C;57,A/C;58,T/A;136,T/C;159,T/C
YITCHB270   113,C

YITCHB001　25,C;43,T/C;66,T;67,T/C

YITCHB002　109,T/C;145,A/C;146,C/G

YITCHB004　160,T/G

YITCHB007　27,C/G;44,A/G;67,A/G;90,C/G

YITCHB014　9,T/C

YITCHB016　18,T;88,G

YITCHB019　55,A/T

YITCHB021　54,A/C;123,A/G;129,T/C;130,A/G

YITCHB022　54,C;67,G;68,C

YITCHB026　18,A/G

YITCHB030　80,C/G;139,T/C;148,A/G

YITCHB031　88,T/C;125,T/C;161,T/G

YITCHB034　29,A

YITCHB036　95,T/C;157,A/G

YITCHB039　76,T/C;93,A/G;151,T/G;156,T/G

YITCHB040　1,C

YITCHB042　17,A/G;99,T/C;127,T/C;137,T/C;154,T/C;167,T/A

YITCHB045　48,C

YITCHB048　6,A/G;59,A/T;62,A/G;79,T/C

YITCHB049　41,C/G;53,T/C;75,T/C;99,A/C

YITCHB050　45,T/C;59,T/C;91,A/T;121,A/G

YITCHB051　7,T/G;54,T/C;105,T/C;144,A/C

YITCHB054　116,C

YITCHB056　60,T/A;124,T/G;125,T/G;147,A/G

YITCHB057　91,G;142,T;146,G

YITCHB058　2,G;36,G;60,G;79,−;131,T

YITCHB061　4,C/G;12,T/C;28,A/G;50,T/C;67,T/A;70,T/C;75,A/G;78,T/C;102,A/G;112,T/C;
114,A/G;118,A/G

YITCHB062　94,G;96,C

YITCHB064　113,A/G

YITCHB066　10,A/G;30,T

YITCHB067　9,A/G;85,A/G;87,−/G

YITCHB072　19,T;35,A;59,T;61,G;71,G;79,G;80,T;81,G;82,G;88,C;89,A;91,G;97,T;100,

	G;103,A;109,G;121,T;125,C;128,G;130,G;137,G;141,A;150,G;166,T;169,A;
	172,G;175,T;182,A
YITCHB073	49,G
YITCHB075	22,T/C;35,T/C
YITCHB079	123,A/G
YITCHB081	51,A/G;56,T;57,C;58,T;60,C;67,T;68,T;69,C;110,A/G;116,T/C;135,A/G
YITCHB083	4,A/T;28,T/G;101,T/G;119,T/C
YITCHB084	91,A/G;100,C/G;119,A/C
YITCHB085	27,T/G;46,C/G;81,T;82,G
YITCHB086	115,G;155,T;168,A
YITCHB087	111,T
YITCHB089	38,A/G;52,A/G;53,T/C;64,A/C;89,T/C;178,T/C;184,T/C;196,T/C;197,A/G
YITCHB094	16,C;36,G;63,A;70,C;99,G
YITCHB096	24,T/C
YITCHB097	46,C/G;144,A/G
YITCHB100	12,T/C
YITCHB102	57,A/C
YITCHB107	18,T/A;48,A/G;142,T/C
YITCHB108	127,A/C
YITCHB109	1,T;6,G;26,T/C;83,A/T;93,T/C
YITCHB112	8,T/C;20,A/G;28,T/C;69,A/G;123,T/C;148,A/G;162,T/C;164,T/C
YITCHB113	188,T/C
YITCHB114	18,T/C;25,A/G;38,T/C;68,T/C;70,C/G;104,T/C
YITCHB115	112,A/G;128,T/C
YITCHB116	29,T
YITCHB117	152,A/G
YITCHB118	22,T;78,C;102,T
YITCHB119	98,T/A;119,A/G
YITCHB124	130,A/G
YITCHB128	7,C;135,G
YITCHB131	32,T/C;135,T/G;184,T/C
YITCHB132	27,-;46,A;61,A;93,C;132,A;161,T
YITCHB134	72,T/C
YITCHB137	110,T/C
YITCHB141	39,T/C
YITCHB142	30,T/G;121,T/C;131,C/G;153,C/G
YITCHB143	22,T/G

YITCHB145　6,A/G;8,A/G;20,A/C;76,A/C;77,C/G;83,A/G;86,T/C

YITCHB147　12,A/G;22,T/G;61,A/T;70,A/G;100,A/G

YITCHB148　27,T/C;91,T/C

YITCHB149　87,T/C;112,A/T;135,A/G

YITCHB151　19,T/A;33,A/G

YITCHB152　31,A/G

YITCHB154　200,T/G

YITCHB156　82,T

YITCHB158　96,C

YITCHB159　7,A/G;25,A/G;38,T/C;42,T/C;92,C/G;160,A/G

YITCHB160　33,C/G;59,A/G;64,T/G;66,A/C

YITCHB162　14,T/C;33,T;67,A/G;75,T/C;88,T/C

YITCHB163　41,A/G;54,T/C;90,T/C

YITCHB165　1,A

YITCHB168　21,A;62,–

YITCHB169　22,A/T;107,A/G

YITCHB171　39,T/C;87,T/A;96,T/C;119,A/C

YITCHB177　28,T/G;30,A/G;42,C/G;55,T/G;95,T/G;127,A/G;135,T/G

YITCHB181　31,A/G;56,A/G

YITCHB182　45,A/G;50,T/C

YITCHB183　12,A/G;59,T/G;79,A/G;80,A/G;85,T/C;97,T/C;99,A/G;116,A/C;117,A/G;138,
　　　　　T/C;143,T/C;155,T/C

YITCHB184　7,T/C;12,A/G;15,C/G;16,A/G;20,T/C;34,A/G;48,T/C;69,T/C;70,C/G;102,A/G;
　　　　　118,A/G;126,A/G;127,T/C;131,A/T;139,T/C;156,A/G;165,A/C;170,T/C

YITCHB185　20,T/C;49,A/G;71,T/C;86,T/C;104,T/C;114,T/C;133,C/G;154,A/G

YITCHB186　19,A/G;46,A/G;47,A/G;57,A/T;75,T/C;82,T/C;86,A/C

YITCHB189　49,A;61,A/C;88,A/C;147,G

YITCHB190　90,A/T

YITCHB191　1,T/C;44,T/G

YITCHB192　46,T;73,G

YITCHB195　53,C;111,T

YITCHB197　72,A/G;121,–/T;122,–/T;123,–/T;167,C/G;174,A/G;189,A/C

YITCHB198　34,T/A;63,A/G;109,T/C

YITCHB199　77,C/G;123,T/C

YITCHB200　19,T/C;70,A/G;73,A/G;92,A/T;104,C/G;106,T/A

YITCHB201　103,T/A;112,A/G;132,–/T

YITCHB202　55,T/C;60,T/C;88,T/C;102,T/C;104,A/G;115,A/T;127,T/C;144,A/G;187,A/G;
　　　　　197,A/G

YITCHB214	15,T/C;155,A/C
YITCHB215	3,A/T;6,T/G;9,A/G;22,A/G;54,T/C;63,T/A;71,A/T;72,A/T/C;81,A/G;96,A/G; 121,T/C;132,C/G;137,A/G;162,A/G;163,T/G;177,A/G;186,A/G
YITCHB216	43,A
YITCHB219	9,T;112,G
YITCHB220	58,G
YITCHB223	11,T/C;54,A/G;189,T/C
YITCHB224	117,A
YITCHB228	11,A/G;26,T/A;72,A/G
YITCHB230	128,A
YITCHB231	104,T/C;113,T/C
YITCHB232	47,A/G;54,A/G;86,C;108,T/C;147,A/C
YITCHB233	1,A/T;2,A/T;3,T/G;4,T/G;7,T/C;50,A/G;152,–/A
YITCHB234	53,C
YITCHB237	118,G;120,A;165,T;181,A
YITCHB241	124,T/C
YITCHB242	22,C
YITCHB243	86,T;98,A;131,C;162,A/G
YITCHB245	144,A/G;200,A/C
YITCHB246	19,A/C;25,T/C;89,A/G
YITCHB247	23,G;109,A
YITCHB250	51,G
YITCHB251	65,A/G
YITCHB252	26,T/C;65,A/G;137,T/C;156,A/G
YITCHB253	21,A/T;26,T/G
YITCHB254	51,A/G
YITCHB255	5,A/G;9,T/C;22,A/G;25,T/C;37,T/G;79,A/G;86,A/G;88,A/G;89,A/G;116,T/C; 135,T/C;187,A/G
YITCHB256	11,A
YITCHB257	68,T/C
YITCHB259	90,A/G
YITCHB260	84,T/A;161,A/T
YITCHB264	111,C
YITCHB266	25,C;57,C;58,T;136,C;159,C
YITCHB267	102,T
YITCHB268	23,T/C;24,A/C;66,T/C;82,T/G;126,A/G;127,T/G;148,A/T;167,A/G
YITCHB269	60,A/C
YITCHB270	12,T/C;113,A/C

YITCHB001   66,T/C;81,T/C

YITCHB002   109,T;146,C/G

YITCHB003   83,A/G;96,T/A

YITCHB008   15,T/A;65,T/C

YITCHB014   9,T/C

YITCHB016   88,G

YITCHB017   63,A/C;132,G

YITCHB019   55,A

YITCHB021   54,A;123,A;129,T;130,G

YITCHB022   54,C;67,A/G;68,A/C;88,T/C;98,A/G

YITCHB025   10,T/C

YITCHB026   18,G

YITCHB027   101,A/G

YITCHB030   148,A/G

YITCHB031   88,T/C;125,C

YITCHB033   93,A

YITCHB036   31,T/C;157,A/G

YITCHB039   151,T

YITCHB040   1,C

YITCHB042   167,T

YITCHB043   59,T/A

YITCHB044   97,T/C

YITCHB045   48,C

YITCHB047   10,C/G;130,A/G

YITCHB048   59,A/T;62,A/G;79,T/C;80,T/C;81,A/G

YITCHB049   27,A/G;29,T/G;41,C;53,T/C;75,C;89,T/C;92,T/G;96,T/C;99,C;131,T/G

YITCHB050   45,T;51,A/C;59,T;91,T;104,A/G

YITCHB051   7,G

YITCHB053   13,T/C;24,A/G;37,A/C;66,T/C;105,T/C;112,T/C;115,A/G;119,T/C;124,A/G;
             152,A/C;157,A/G

YITCHB056   89,T/C;98,T/C;124,T/G;147,A/G

YITCHB057   91,G;142,T;146,G

YITCHB059   4,T/C;22,A/G;114,A/G;156,T/C;162,T/C;196,T/A

YITCHB061   4,C;28,A;44,A/G;67,A/T

YITCHB064   113,A

YITCHB067   9,A/G;85,A/G;87,–/G

YITCHB071   5,A/G;10,A/G;18,A/G;37,T/C;54,T/C;64,T/C;80,A/G;90,A/T;96,A/G;98,T/C;
100,A/C;103,T/C;105,A/G;111,T/C

YITCHB072   2,C/G;19,T;59,T/C;61,G;64,A/G;65,C/G;67,G;71,G;79,C/G;80,A/T;81,G;82,
A/G;88,C;89,A;91,G;97,A/T;100,A/G;103,A/C;109,G;118,T/C;121,T;122,T/C;
125,C/G;126,T/G;128,C/G;130,T/A;137,G;141,A/G;150,T/G;160,T/C;166,T;
169,A/G;172,A/G;182,A

YITCHB073   23,T/C;49,G;82,A/G

YITCHB079   123,A/G

YITCHB081   10,A/G;51,G;56,T;57,C;58,T;60,C;67,T;68,T;69,C;110,A;116,C;135,G

YITCHB082   52,A

YITCHB083   4,T/A;28,T/G;101,T/G;119,T/C

YITCHB085   46,C;82,G

YITCHB086   15,T/C;50,T/C;52,A/G;67,C/G;74,A/G;76,A/C;77,C/G;85,A/G;90,T/G;92,T/C;
94,C/G;100,A/G;102,T/G;104,A/C;107,T/G;109,A/G;110,A/T;114,A/G;115,G;
116,T/C;127,T/C;135,A/G;151,A/C;155,T;156,T/A;165,T/C;168,A/C

YITCHB089   14,T

YITCHB090   38,T/G

YITCHB092   60,A/C

YITCHB094   16,C;30,T/C;53,T/A;63,C/G;70,T/C

YITCHB096   24,T/C

YITCHB097   4,T/C;5,A/G;46,C/G;94,A/G

YITCHB099   74,C;105,A;126,C;179,T;180,C

YITCHB101   1,A/T

YITCHB102   57,C

YITCHB104   13,G;31,T

YITCHB107   18,T/A;142,T/C

YITCHB108   69,T/G;127,A/C

YITCHB111   5,T/C;6,T/C;22,A/G;86,A/C

YITCHB112   28,T/C;123,C;154,T/A

YITCHB114   18,T;38,C;68,C;70,G;104,C

YITCHB115   112,A;128,T

YITCHB118   78,C

YITCHB126   19,A/G;43,T;112,T/C;154,C

YITCHB128   7,C

YITCHB130	13,A/G;20,T/C;54,T/C;82,T/C
YITCHB131	32,C;135,G;184,T/C
YITCHB132	46,A/C;61,A/C;93,A/C;132,A;161,T/C
YITCHB134	72,T/C
YITCHB136	64,C
YITCHB139	30,A/G;36,A/T;37,A/T
YITCHB142	2,T;28,T;30,T;46,A;102,C;150,G;152,A;153,G
YITCHB145	6,A/G;8,A/G;20,A/C;76,A/C;77,C/G;83,A/G;86,T/C
YITCHB146	3,T/G;29,A/G;40,C/G;44,T/C;103,A/G;134,A/G
YITCHB147	12,A/G;22,T/G;61,T/A;70,A/G;100,A
YITCHB149	1,T/C;4,A/G;5,T/G;53,T/C;77,T/C;112,A/T;135,A/G
YITCHB150	57,C;58,T
YITCHB151	8,T/C;19,A;43,T/G
YITCHB154	4,T/C
YITCHB156	82,T
YITCHB157	31,T/C;58,A/T;69,A
YITCHB160	48,T/A;59,A/G
YITCHB162	14,T/C;32,T/C;33,T;75,T/C;133,T/G
YITCHB163	40,A/G;41,G;54,T/C;90,C
YITCHB168	21,A/G;30,T/G;40,T/C;53,A/G;63,T/C;93,T/A;98,A/G;109,A/G;120,T/C
YITCHB169	22,T;107,A
YITCHB171	39,T/C;87,A/T;96,T/C;119,A/C
YITCHB175	12,G
YITCHB180	1,A/G;10,G;11,T/C;31,T/C;36,A/G;59,T;71,A/T;76,T/G;78,T/C;85,C/G;129,T/C;137,T/C;147,T/C;152,C;156,A/G;170,A/G;186,T/C
YITCHB183	12,A/G;59,T/G;79,A/G;80,A/G;85,T/C;97,A/T/C;99,A/G;114,A/G;116,A/C;117,A/G;122,A/G;138,T/C;139,A/G;143,T/C;147,A/T;155,T/C;166,T/C
YITCHB185	20,C;49,A/G;64,A/G;71,T/C;86,C;104,C;114,T/C;133,C;154,G
YITCHB186	19,A/G;46,A/G;57,T/A;75,T/C;82,T/C;86,A/C;93,A/G
YITCHB189	61,A;147,G
YITCHB190	90,T/A
YITCHB191	44,G
YITCHB193	169,T/C
YITCHB195	53,C;81,T/C;111,T
YITCHB196	45,T/C
YITCHB197	72,A/G;121,−/T;122,−/T;123,−/T;167,G;174,A/G;189,A/C
YITCHB198	34,T;59,−;60,−;63,G;109,C

YITCHB199	44,T/G;77,C/G;123,C
YITCHB200	74,C/G
YITCHB202	55,T/C;60,T/C;88,T/C;102,T/C;104,A/G;115,A/T;144,A/G;187,A/G;197,A
YITCHB203	13,A/G;125,T/C;154,A
YITCHB209	1,T/C;32,T;34,C;94,T;149,C;166,G;175,C
YITCHB211	113,T;115,G
YITCHB212	38,G;105,C
YITCHB214	15,C;155,C
YITCHB215	49,T/C;71,A;72,A;132,C/G;177,A/G
YITCHB216	43,A
YITCHB217	84,A/C;85,C/G;90,A/T
YITCHB219	24,A/G;112,A/G
YITCHB220	17,G;58,G
YITCHB225	24,G
YITCHB227	78,T/G
YITCHB228	11,A/G;26,T/A;62,T/G;72,A/G
YITCHB230	12,A/G;55,T/C;128,A
YITCHB232	47,A/G;54,A/G;86,C;108,T/C;147,A/C
YITCHB234	53,C
YITCHB237	118,A/G;120,A/C;165,A/T;181,A/C
YITCHB238	23,T/G;108,C/G
YITCHB240	53,T/A;61,A/G;93,T;148,A
YITCHB242	22,T/C
YITCHB243	86,T;98,A;131,C;162,A
YITCHB245	144,A/G;200,A/C
YITCHB246	2,A/G;25,T/C;53,T/C;89,A/G
YITCHB247	23,G;109,A
YITCHB248	50,A
YITCHB249	140,T;141,G
YITCHB250	21,T/C;51,G;54,T/C;55,A/G;56,T/C;78,T/C;98,T/C;99,A/T;125,T/A
YITCHB251	65,A/G
YITCHB253	21,A
YITCHB254	4,T/C;6,A/G;51,G;109,A/C
YITCHB256	11,A/G
YITCHB257	68,T
YITCHB258	11,A/G;83,A/C
YITCHB259	90,A

YITCHB260	84,T;161,A
YITCHB262	112,A/C;114,A/G;117,C/G
YITCHB264	5,T/A;22,T/C;35,A/G;79,T/C;97,C/G;99,A/G;105,A/G;108,T/C;110,A/G;111,T/C;113,A/G;114,T/C;132,T;137,A/G;144,T/C
YITCHB265	64,T/C;73,T/A;97,C/G;116,T/G
YITCHB266	25,C;37,T/C;57,C;58,T
YITCHB268	24,C;44,A/G;68,A/G;82,T;86,C;89,A/G;123,A/G;126,A/G;137,T/C;148,T;166,A/C;167,G
YITCHB269	60,A
YITCHB270	12,T

YITCHB001	3,A/G;25,T/C;66,T/C;142,T/G
YITCHB002	109,T/C;145,A/C;146,C/G
YITCHB003	83,A/G;96,T/A
YITCHB004	160,T
YITCHB007	67,A/G
YITCHB014	9,T/C
YITCHB015	44,A/G;47,A;69,G;85,A/G;120,C/G
YITCHB016	67,A;80,T;88,G;91,T
YITCHB017	45,A/G;63,A/C;132,G
YITCHB021	12,T/G;13,T/A;15,T/G;17,A/G;18,T/A;20,A/T;22,A/T;23,T/C;54,A/C;77,T/C; 123,A/G;129,T/C;130,A/G
YITCHB022	19,T/C;20,A/G;30,A/G;41,A/G;49,A/G;54,T/C;67,A/G;68,A/C
YITCHB023	20,T/C;26,A/T;38,T/G;65,A/G
YITCHB024	46,T/C
YITCHB026	18,G
YITCHB027	6,A/G;22,T/C;38,T/C;101,A;121,A/C;122,T/G;123,T/G;124,A/C
YITCHB028	48,T/C;66,T/G;166,C/G
YITCHB030	80,C;139,C;148,A
YITCHB031	125,C;161,T
YITCHB033	93,A
YITCHB037	63,A/G;82,A/T;100,T/G
YITCHB039	28,T/C;29,A/T;53,T/C;74,A/G;76,T/C;89,T/G;93,A/G;130,T/C;151,T;156,T/G
YITCHB040	1,C
YITCHB042	17,A/G;99,T/C;127,T/C;137,T/C;154,T/C;167,T
YITCHB044	97,T/C
YITCHB045	48,C
YITCHB047	4,T/C;49,C/G;61,A/G;63,A/T;112,T/C;130,A/G
YITCHB048	6,A/G;59,T/A;62,A/G;79,T/C;80,T/C;81,A/G
YITCHB049	27,A/G;41,C;53,T/C;75,C;92,T/G;96,T/C;99,C;131,T/G
YITCHB050	45,T;51,A/C;59,T;91,T;104,A/G;121,A/G
YITCHB051	7,G;54,T/C;144,A/C
YITCHB055	52,T/A
YITCHB057	91,G;142,T;146,G

YITCHB058	2,G;36,G;60,G;79,–;131,T
YITCHB061	4,C/G;12,T/C;28,A/G;50,T/C;67,T/A;70,T/C;75,A/G;78,T/C;102,A/G;112,T/C; 114,A/G;118,A/G
YITCHB062	94,A/G;96,T/C
YITCHB064	113,A
YITCHB065	67,T/C;79,A/C;80,T/G;97,A;178,A/G
YITCHB066	10,A/G;30,T/C
YITCHB067	9,A/G;85,A/G;87,–/G
YITCHB068	144,T;165,A
YITCHB071	5,A/G;10,A/G;18,A/G;54,T/C;80,A/G;90,A/T;98,T/C;100,A/C;103,T/C;105,A/ G;111,T/C
YITCHB072	2,C/G;19,T/C;59,T/C;61,T/G;64,A/G;65,C/G;67,A/G;71,A/G;79,C/G;80,A/T/ C;81,A/G;82,A/G;88,T/C;89,A/G;91,A/G;97,A/T;100,A/G;103,A/C;109,A/G; 118,T/C;121,T/C;122,T/C;125,T/C/G;126,T/G;128,C/G;130,A/T;137,A/G;141, A/G;150,T/G;160,T/C;166,A/T;169,A/G;172,A/G;182,T/A
YITCHB073	23,T/C;49,G;82,G
YITCHB075	22,T/C;35,T/C;98,C/G
YITCHB076	13,T/C;82,T/A;91,T/C;109,A/C
YITCHB077	77,A;88,T;104,A;145,T
YITCHB079	123,A/G
YITCHB081	51,G;56,T;57,C;58,T;60,C;67,T;68,T;69,C;110,A;116,C;135,G
YITCHB082	52,A/G
YITCHB083	4,T/A;28,T/G;101,T/G;119,T/C
YITCHB084	52,T/G;58,A/T;90,A/G;91,A/G;100,C/G;119,A/C;133,A/C
YITCHB085	46,C;82,G
YITCHB086	15,T/C;50,T/C;52,A/G;67,C/G;74,A/G;76,A/C;77,C/G;85,A/G;90,T/G;92,T/C; 94,C/G;100,A/G;102,T/G;104,A/C;107,T/G;109,A/G;110,T/A;114,A/G;115,A/ G;116,T/C;127,T/C;135,A/G;151,A/C;155,T;156,A/T;165,T/C;168,A/C
YITCHB089	14,T/C;38,A/G;52,A/G;53,T/C;64,A/C;89,T/C;178,T/C;184,T/C;196,T/C;197, A/G
YITCHB091	107,T/G;120,A/G
YITCHB092	118,A
YITCHB094	16,A/C;53,T/A;70,T/C
YITCHB096	24,C
YITCHB099	74,C;105,A;126,C;179,T;180,C
YITCHB100	12,T/C
YITCHB102	57,A/C

YITCHB104	13,T/G;31,T/G;146,C/G
YITCHB105	36,A
YITCHB107	18,A/T;48,A/G;142,T/C
YITCHB108	73,A/C;127,A/C
YITCHB109	1,T;6,G;26,C;83,A;93,C
YITCHB110	66,A/G;144,A/G
YITCHB112	35,A/C;36,T/C;103,A/G;122,T/G;123,T/C;129,A/G;142,T/C;154,T/A;162,T/C
YITCHB113	182,T;192,A
YITCHB114	18,T;38,C;68,C;70,G;104,C
YITCHB116	29,T
YITCHB117	87,A/G;104,A/G;117,A/G;136,A/C;152,A/G;164,A/G
YITCHB121	133,T;135,G;136,−;187,G
YITCHB123	87,T/G;138,T
YITCHB124	130,A
YITCHB126	19,G;43,T
YITCHB128	7,T/C;169,A/G
YITCHB131	32,T/C;135,T/G;184,T/C
YITCHB132	27,−;46,A;61,A;93,C;132,A;161,T
YITCHB134	72,T/C
YITCHB135	187,T;188,G
YITCHB136	64,C
YITCHB138	22,C;52,G
YITCHB141	39,C
YITCHB142	2,T/C;28,T/C;30,T/G;46,A/G;102,T/C;150,C/G;152,A/G;153,C/G
YITCHB145	6,A/G;8,A/G;20,A/C;76,A/C;77,C/G;83,A/G;86,T/C
YITCHB147	12,A/G;22,T/G;61,T/A;70,A/G;100,A/G
YITCHB148	17,A/C;27,T/C;91,T/C
YITCHB149	87,T/C;112,T/A;135,A/G
YITCHB150	57,C;58,T
YITCHB151	15,T/C;19,T/C;58,A/G;90,A/G
YITCHB152	31,A/G
YITCHB154	4,T/C;87,T/C
YITCHB158	96,T/C
YITCHB159	7,A/G;25,A/G;38,T/C;42,T/C;92,C/G;160,A/G
YITCHB160	15,T/C;48,A/T;59,A/G
YITCHB162	7,T/G;14,T/C;16,A/G;32,T/C;33,T;75,T/C;133,T/G;136,A/C
YITCHB163	41,G;54,T;90,C

YITCHB164	17,A;56,C
YITCHB165	1,A;10,T
YITCHB166	30,T/C
YITCHB167	12,A/G;33,C/G;36,A/G;64,A/C;146,A/G
YITCHB168	21,A/G;73,A/G
YITCHB169	22,T;107,A
YITCHB170	56,A
YITCHB171	39,T/C;87,T/A;96,T/C;119,A/C
YITCHB175	12,A/G
YITCHB176	13,A;25,A;26,A;82,A;105,C
YITCHB177	28,T/G;30,A/G;42,C/G;55,T/G;95,T/G;127,A/G;135,T/G
YITCHB178	14,A/G;24,T/C;42,A/T;66,A/G;145,A/G
YITCHB185	20,C;49,A;71,T;86,C;104,C;114,T;133,C;154,G
YITCHB186	19,A/G;44,C/G;46,A/G;57,T/A;75,T/C;82,T/C;86,A/C
YITCHB188	94,T/C
YITCHB189	61,A;147,G
YITCHB190	90,A/T
YITCHB191	44,G
YITCHB192	45,A/T;138,T/C
YITCHB193	169,T/C
YITCHB195	53,T/C;111,T/C
YITCHB196	44,T/C;101,T/C
YITCHB197	72,G;121,T;122,T;123,T;167,G;174,G;189,C
YITCHB198	34,A/T;63,A/G;109,T/C
YITCHB199	77,C/G;123,T/C
YITCHB200	70,A/G;73,A/G;92,T/A;104,C/G;106,A/T
YITCHB201	112,G;132,T
YITCHB202	55,T;60,T;88,T/C;102,T;104,A;115,T/A;127,T/C;144,A/G;187,G;197,A
YITCHB203	125,T;154,A
YITCHB204	75,C
YITCHB205	31,A;36,G;46,A;74,G
YITCHB208	41,C;84,A
YITCHB209	32,T/C;34,T/C;94,T/C;149,T/C;166,A/G;175,T/C
YITCHB210	130,C;154,G
YITCHB212	38,G;105,C
YITCHB214	15,C;155,C
YITCHB215	3,A/T;6,T/G;9,A/G;22,A/G;54,T/C;63,T/A;71,A;72,A/C;81,A/G;96,A/G;121,

T/C;137,A/G;163,T/G;177,A/G;186,A/G

YITCHB216   43,A

YITCHB217   84,C

YITCHB219   24,A/G;60,T/C;112,A/G

YITCHB222   53,T/A

YITCHB224   117,A

YITCHB226   61,C/G;127,T/C

YITCHB228   4,T/C;11,A/G;26,A/T;72,A/G

YITCHB229   45,C/G;80,T/G

YITCHB230   55,T/C;110,T/C;128,A/G

YITCHB232   47,A/G;54,A/G;86,C;108,T/C;147,A/C

YITCHB233   50,A/G;152,–/A

YITCHB234   53,C

YITCHB237   118,A/G;120,A/C;165,T/A;181,A/C

YITCHB238   23,T/G;89,T/G;108,C/G;166,A/G

YITCHB240   53,T/A;93,T/C;148,T/A

YITCHB242   22,T/C;65,A/G;94,T/C

YITCHB243   86,T;98,A;131,C;162,A

YITCHB244   43,A/G;143,A/G

YITCHB245   144,A/G;200,A/C

YITCHB246   2,A/G;25,T/C;89,A/G

YITCHB247   23,G;109,A

YITCHB248   50,A/G

YITCHB250   21,T/C;24,T/C;47,T/C;51,G;54,T/C/A;55,A/G;56,T/C;78,T/C;81,T/C;83,A/G; 88,T/C;98,T/C;99,T/A;125,A/T;126,C/G;131,T/C

YITCHB251   65,G

YITCHB252   26,C;65,G;137,T;156,A

YITCHB253   21,A;26,T/G

YITCHB255   5,A/G;9,T/C;22,A/G;25,T/C;37,T/G;79,A/G;86,A/G;88,A/G;89,A/G;116,T/C; 135,T/C;187,A/G

YITCHB256   11,A

YITCHB257   68,T/C

YITCHB258   24,A/G;191,T/C

YITCHB259   90,A

YITCHB260   84,T;161,A

YITCHB264   5,A/T;22,T/C;35,A/G;79,T/C;97,C/G;99,A/G;105,A/G;108,T/C;111,C;113,A/G; 114,T/C;132,T/C;137,A/G;144,T/C

YITCHB266   25,C;57,C;58,T;136,C;159,C
YITCHB267   102,T
YITCHB268   23,T/C;24,A/C;66,T/C;82,T/G;126,A/G;127,T/G;148,T/A;167,A/G
YITCHB269   53,A/C;60,A
YITCHB270   12,T/C;113,A/C

YITCHB001	25,C;66,T;81,T
YITCHB002	109,T
YITCHB003	83,A/G
YITCHB004	43,A/T;160,T/G;195,A/G
YITCHB007	27,C/G;44,A/G;90,C/G
YITCHB008	15,A/T;65,T/C
YITCHB009	25,T/C;56,T/G;118,T/C;176,A/G;181,T;184,C;188,G
YITCHB010	47,A;84,C;86,C;132,G
YITCHB011	71,A/C;90,A/G;142,A/G;147,A/G;156,A/C
YITCHB013	2,T;64,C;108,C
YITCHB014	9,C
YITCHB016	67,A;80,T;88,G;91,T
YITCHB017	132,G
YITCHB018	82,T/C;116,T/C
YITCHB021	54,A;123,A;129,T;130,G
YITCHB023	2,A/G;26,A/T;28,T/C;38,T/G;52,A/C;57,A/G;65,A/G;67,A/G;72,T/G;115,T/A; 130,A/G
YITCHB026	18,G
YITCHB027	32,T/G
YITCHB028	48,T/C;166,C/G
YITCHB030	148,A/G
YITCHB031	88,C;125,C
YITCHB033	66,A/T;93,A/C
YITCHB035	7,A/G;33,G;34,T/G;44,C;124,A/T;137,A/C;154,T/C;158,G
YITCHB036	57,T/A;67,T/C;95,T/C;131,T/C;157,A/G
YITCHB037	37,A;63,G;90,A;91,T
YITCHB039	76,T/C;93,A/G;105,C/G;151,T;156,T/G
YITCHB040	1,C
YITCHB042	17,A/G;99,T/C;127,T;137,T/C;154,T/C;167,T
YITCHB047	88,T/G
YITCHB048	79,T/C
YITCHB049	41,C;53,T;75,C;99,C
YITCHB050	45,T;59,T;91,T;121,A/G;156,A/G

YITCHB051　7,T/G;54,T/C;144,A/C

YITCHB053　13,T/C;37,A/C;66,T/C;69,A/T;95,A/C;104,A/G;105,A/T/C;107,A/G;108,T/C;
112,T/C;115,A/G;119,T/C;124,A/G;148,T/C;152,A/C;154,A/G

YITCHB054　19,A/G;22,T/C;67,A/G;101,T/G

YITCHB056　13,A/G;58,T/C;60,A/T;77,A/T;90,A/G;98,T/C;124,G;125,T/G;147,G;157,T/G

YITCHB057　91,G;136,T/C;142,T/C;146,T/G

YITCHB059　4,T/C;21,T/C;22,A/G;76,C/G;114,A;178,T/G;196,A

YITCHB061　4,C/G;28,A/G;44,A/G;55,A/G;67,T/A;78,T/C;85,A/G;93,T/C

YITCHB062　94,G;96,C

YITCHB064　113,A/G

YITCHB067　87,G

YITCHB070　37,T;124,T;142,C;150,T

YITCHB071　5,A/G;8,A/G;10,A/G;18,A/G;33,A/G;54,T/C;80,A/G;83,T/C;84,T/C;90,T/A;
100,A/C;103,T/C;105,A/G;111,T/C

YITCHB072　19,T;59,T;61,G;67,G;71,G;79,G;80,T;81,G;82,G;88,C;89,A;91,G;97,T;100,
G;103,A;109,G;121,T;125,C;128,G;137,G;141,A;150,G;166,T;169,A;172,G;
182,A

YITCHB073　15,A/C;49,G

YITCHB075　22,C;35,T;98,C;115,A

YITCHB076　13,T;91,T

YITCHB077　77,A/G;88,T/C;104,A/G;145,T/C;146,A/G

YITCHB079　85,A/T;123,G

YITCHB080　9,A/G;20,T/C;58,T/C;90,T/C;91,T/C;93,T/C;134,A/C;144,T/G

YITCHB081　51,G;56,T;57,C;58,T;60,C;67,T;68,T;69,C;110,A;116,C;135,G

YITCHB082　52,A

YITCHB083　4,A/T;28,T/G;37,A/G;45,T/C;101,T/G;119,T/C

YITCHB084　27,T/C;58,A/T;91,A/G;100,C/G

YITCHB085　46,C;81,T;82,G

YITCHB086　115,A/G;155,T;168,A/G

YITCHB089　38,A/G;52,A/G;53,C;54,T/C;64,A/C;89,C;103,T/A;112,A/G;167,T/C;178,T/C;
184,C;196,C;197,A/G

YITCHB092　118,A/G

YITCHB093　95,T/G;107,T/G;166,T/G

YITCHB094　16,C;36,C/G;53,A/T;63,A/G;70,C;99,A/G

YITCHB095　59,A/G

YITCHB096　24,C;26,T/G;87,T/C

YITCHB098　65,G;95,T

YITCHB099	74,C;105,A;126,C;179,T;180,C
YITCHB101	1,T/A
YITCHB102	7,A/G;27,A/C;32,T/G;52,A/G;57,C;59,A/T;65,T/C;111,T/C;116,A/G
YITCHB104	13,T/G;31,T/G;146,C/G
YITCHB106	19,C;94,C;105,A/G;153,A
YITCHB107	18,T;48,A/G;142,T
YITCHB108	73,A/C;127,A;153,A/G
YITCHB110	66,A/G;72,A/T;144,A/G
YITCHB112	28,T/C;123,T/C;154,A/T;164,T/C
YITCHB114	18,T/C;25,A/G;38,T/C;68,C;70,C/G;104,T/C
YITCHB116	29,T
YITCHB117	152,A
YITCHB121	32,T;133,T;135,G;136,−;187,G
YITCHB122	46,T
YITCHB123	27,A/T;39,A/G;75,A/G;99,C/G;102,T/C;138,T;150,A/G;163,T/G;168,T/G;175,T/G
YITCHB124	69,T/A;71,A/C;86,T/C;96,A/G;130,A
YITCHB126	43,T
YITCHB127	1,G;65,A;82,C;101,A;112,T
YITCHB128	7,C;135,C/G
YITCHB130	20,T/C;36,T/C;54,T/C;98,A/G;126,A/C;131,T/C;161,T/C
YITCHB131	12,T/C;32,C;96,T/G;130,T/G;135,G;150,A/G;184,T/C;185,A/G
YITCHB132	46,A/C;61,A/C;93,A/C;132,A;161,T/C
YITCHB134	72,T/C
YITCHB136	64,C
YITCHB138	52,G
YITCHB139	7,T;8,G;30,G;36,T;37,T;42,G;51,T
YITCHB141	39,C;69,A/G
YITCHB142	2,T;28,T;30,T;46,A;102,C;150,G;152,A;153,G
YITCHB143	22,G;116,G
YITCHB144	7,A/T;130,T/G
YITCHB145	6,A/G;8,A/G;20,A/C;76,A/C;77,C/G;83,A/G;86,T/C
YITCHB146	29,A/G;40,C/G;44,T/C;46,C/G;84,T/C;103,A/G;134,A/G
YITCHB147	12,A/G;22,T/G;61,T/A;70,A/G;100,A
YITCHB149	5,T/G;14,A/G;53,T/C;80,A/G;112,T/A
YITCHB150	57,C;58,T
YITCHB151	8,T;19,A;43,G

YITCHB152　31,A/G;45,T/A;160,A/T

YITCHB153　82,T/C;119,A/C

YITCHB154　4,T/C;54,C/G;87,T/C;200,T/G

YITCHB157　58,A/T;69,A/G

YITCHB158　96,C

YITCHB159　7,G;25,A;38,T;42,T;92,G;160,G

YITCHB160　59,A/G;64,T/G

YITCHB161　31,A/G;38,T/G;111,T/C;117,T/C;176,A/G;188,T/A

YITCHB162　10,T/C;13,A/G;16,A/C;32,T/C;33,T;34,A/G;36,A/G;42,A/G;55,A/G;75,T/C;
127,A/G;133,A/G

YITCHB165　1,A;30,A;88,A

YITCHB168　21,A/G;30,T/G;40,T/C;44,T/C;53,A/G;93,T/A;98,A/G;100,A/G;109,A/G;120,
T/C

YITCHB169　22,T;79,C;117,A;118,T

YITCHB170　23,A/C;56,A/G;60,A/G;65,A/G

YITCHB171　9,T/C;29,T/C;31,A/G;39,T;87,A/T;94,A/G;95,T/C;96,C;109,A/G;118,C/G

YITCHB173　5,T/A;19,A/C;23,A/G;25,T/C;28,T/C;40,T/G;43,T/C;45,C/G;48,T/C;61,T/C;
62,A/T/C;70,A/G;80,T/C;88,T/C;91,T/C;92,T/G

YITCHB175　12,G

YITCHB176　14,A/G;36,A/G;61,T/C;80,T/C;98,A/G;99,A/G;105,T/C;106,T/A;122,T/C;133,
A/G

YITCHB177　28,T/G;30,A/G;42,C/G;55,T/G;95,T/G;127,A/G;135,T/G

YITCHB180　10,G;31,C;59,T;137,T;152,C

YITCHB182　50,T/C

YITCHB183　12,A/G;29,A/G;52,A/G;59,T/G;79,A/G;80,A/G;85,T/C;97,T/C;103,T/C;112,A/
G;114,A/G;116,A/C;121,A/C;125,T/C;138,T/C;155,C;159,A/G;162,T/G

YITCHB184　21,A/G;39,A/G;50,A/G;68,A/G;70,C/G;73,A/G;91,T/C;102,A/G;112,T/C;118,
A/G;137,T/C;139,T/C;172,T/G;173,A/C;174,A/G;175,T/C;176,C/G

YITCHB185　20,C;49,A;71,T;86,C;104,C;114,T;133,C;154,G

YITCHB186　19,G;46,A;57,T;75,T;82,T;86,C

YITCHB188　94,T/C

YITCHB189　49,A/G;61,A;88,A/C;147,G

YITCHB190　90,A/T;120,A/G

YITCHB191　44,G

YITCHB192　45,T/A;46,T/G;73,A/G

YITCHB193　169,T/C

YITCHB194　101,C/G;128,T/C

YITCHB195	108,A
YITCHB197	72,A/G;121,–/T;122,–/T;123,–/T;132,A/G;153,T/C;167,G;174,A/G;189,A/C
YITCHB198	34,A/T;63,A/G;109,T/C;182,A/C
YITCHB199	5,A/G;50,A/C;123,T/C
YITCHB201	103,A;132,T;195,G
YITCHB202	31,T/C;55,T/C;60,T/C;72,T/C;88,T/C;99,T/C;102,T;104,A;114,T/C;115,A/T;144,A/G;181,T/C;187,A/G;197,A
YITCHB203	13,A/G;125,T/C;154,A
YITCHB205	31,A;36,G;46,A;74,G
YITCHB207	81,A/G
YITCHB208	41,C;84,A
YITCHB209	1,T/C;32,T;34,C;94,T;149,C;166,G;175,C
YITCHB210	130,C;154,G
YITCHB211	113,T;115,G
YITCHB212	38,G;105,C
YITCHB214	15,C;155,C
YITCHB215	71,A;72,A;132,C/G;162,A/G;177,A/G
YITCHB216	43,A
YITCHB217	84,A/C;85,C/G;90,A/T
YITCHB219	24,A/G;112,A/G
YITCHB220	17,G;58,G
YITCHB223	3,A;86,T;92,A;132,A;189,C
YITCHB224	1,A;36,A;117,A;118,C
YITCHB225	24,G
YITCHB226	61,C/G;126,A/G;127,T/C;156,C/G
YITCHB227	78,T/G
YITCHB229	19,A/C;45,G;80,T;96,A/G;155,A/G
YITCHB230	55,T/C;128,A
YITCHB232	47,A/G;54,A/G;86,C;108,T/C;147,A/C
YITCHB233	152,A
YITCHB234	53,C
YITCHB237	118,A/G;120,A/C;126,T/G;165,A/T;181,A/C
YITCHB238	83,T/C;95,A/G;108,C/G;166,A/G
YITCHB239	133,T/C
YITCHB240	53,A/T;61,A/G;73,T/C;93,T;148,A
YITCHB242	22,C;67,T/C
YITCHB243	86,T;98,A;131,C;162,A

YITCHB245　144,A;200,C

YITCHB246　130,T/C

YITCHB247　23,G;30,T;109,A

YITCHB249　140,T;141,G

YITCHB250　21,T/C;51,G;52,A/G;54,T/C;55,A/G;56,T/C;78,T/C;81,T/C;83,A/G;90,A/G;
98,T/C;99,T/A;125,A/T;133,A/G

YITCHB251　65,A/G

YITCHB252　26,C;36,A/C;65,G;137,T/C;139,A/G;156,A/G

YITCHB253　21,A;26,T/G;77,A/C

YITCHB254　4,T/C;6,A/G;51,G;109,A/C

YITCHB255　5,G;9,C;22,G;25,C;37,G;79,A;86,G;88,A/G;89,G;100,T/C;116,C;135,T/C;
168,T/C;187,A

YITCHB256　11,A/G

YITCHB257　10,T/G;47,A/T;68,T/C;72,A/G;87,A/G

YITCHB258　24,A/G;65,A/G;83,A/C;128,T/A;191,T/C

YITCHB259　90,A

YITCHB260　84,T;161,A

YITCHB262　117,C/G

YITCHB263　43,A/G;84,A/G;93,T/C;144,A/G;181,A/G

YITCHB264　5,A/T;22,T/C;35,A/G;79,T/C;97,C/G;99,A/G;105,A/G;108,T/C;110,A/G;111,
T/C;113,A/G;114,T/C;132,T/C;137,A/G;144,T/C

YITCHB265　64,T/C;73,T/A;97,C;116,T/G

YITCHB267　102,T

YITCHB268　24,C;25,A;59,G;71,A;80,A;82,T;86,C;126,A;148,T;167,G

YITCHB270　61,T/C;113,C;134,T/C

YITCHB001   25,C;66,T;67,T/C;81,T/C;142,T/G

YITCHB002   109,T

YITCHB003   83,A/G;96,T/A

YITCHB004   43,A/T;160,T

YITCHB007   67,A/G

YITCHB009   118,T;176,G;181,T;184,C;188,G

YITCHB013   2,T/A;64,T/C;108,T/C

YITCHB014   9,C

YITCHB016   67,A;80,T;88,G;91,T

YITCHB017   63,A/C;132,G

YITCHB018   82,T/C;116,T/C

YITCHB019   1,A/G;22,A/G;31,T/C;32,T/C;38,A/G;51,T/C;55,T/A;70,A/G;93,A/G;94,A/G;
101,T/C;109,A/G;112,A/G;130,T/C;132,A/G;148,A/G

YITCHB021   54,A;123,A;129,T;130,G

YITCHB023   26,A/T;28,T/C;38,T/G;52,A/C;57,A/G;65,A/G;67,A/G;72,T/G;115,T/A;130,A/
G

YITCHB026   18,G

YITCHB027   32,T/G;101,A/G

YITCHB028   48,T/C;166,C/G

YITCHB030   148,A/G

YITCHB031   88,C;125,C

YITCHB033   66,T/A

YITCHB035   7,A/G;33,G;34,T/G;44,C;124,T/A;137,A/C;154,T/C;158,G

YITCHB036   95,T;157,G

YITCHB037   37,A;63,G;76,A;90,A;91,T

YITCHB039   151,T

YITCHB040   1,C

YITCHB042   127,T/C;167,T

YITCHB045   48,C

YITCHB047   4,T/C;49,C/G;61,A/G;63,A/T;112,T/C;130,A/G

YITCHB048   59,T/A;62,A/G;79,T/C;80,T/C;81,A/G

YITCHB049   27,A;41,C;75,C;92,T;96,T;99,C;131,T

YITCHB050   45,T;51,A/C;59,T;91,T;104,A/G;156,A/G

YITCHB051　　7,T/G

YITCHB053　　13,T/C;37,A/C;66,T/C;69,A/T;95,A/C;104,A/G;105,T/C/A;107,A/G;108,T/C;
112,T/C;115,A/G;119,T/C;124,A/G;148,T/C;152,A/C;154,A/G

YITCHB054　　19,A;22,T;67,A;101,T

YITCHB056　　60,T/A;98,T/C;124,G;125,T/G;147,G

YITCHB057　　91,G;136,T/C;142,T/C;146,T/G

YITCHB059　　4,T/C;22,A;76,C/G;114,A/G;196,T/A

YITCHB061　　4,C/G;28,A/G;44,A/G;55,A/G;67,T/A;70,T/C;75,A/G;78,T/C;85,A/G;93,T/C;
102,A/G;112,T/C;118,A/G

YITCHB062　　94,G;96,C

YITCHB064　　113,A/G

YITCHB065　　97,A

YITCHB067　　87,G

YITCHB068　　144,T/C;165,A/G

YITCHB069　　171,C/G

YITCHB071　　5,A/G;10,A/G;18,A/G;54,T/C;80,A/G;83,T/C;90,T/A;98,T/C;100,A/C;103,T/C;
105,A/G;111,T/C

YITCHB072　　19,T/C;23,T/C;35,A/G;59,T/C;61,G;71,A/G;79,C/G;80,T/C;81,A/G;82,A/G;
88,T/C;89,A/G;91,A/G;97,T/A;100,A/G;103,A/C;107,A/G;109,A/G;121,T/C;
125,T/C;128,C/G;130,A/G;137,A/G;141,A/G;150,T/G;166,T/A;169,A/G;172,
A/G;173,T/C;175,T/G;182,A/T

YITCHB073　　23,T/C;49,G;82,A/G

YITCHB075　　22,C;35,T;98,C/G;115,T/A

YITCHB076　　13,T;91,T

YITCHB077　　77,A/G;88,T/C;104,A/G;145,T;146,A/G

YITCHB079　　85,T/G;123,A/G

YITCHB081　　51,G;56,T;57,C;58,T;60,C;67,T;68,T;69,C;110,A;116,C;135,G

YITCHB082　　52,A

YITCHB083　　4,A/T;28,T/G;37,A/G;101,T/G;119,T/C

YITCHB084　　27,T/C;58,A/T;91,A/G;100,C/G

YITCHB086　　115,G;155,T;168,A

YITCHB087　　3,T;13,C;64,G;84,T;111,T;120,C

YITCHB089　　38,A;52,A;53,C;64,A;89,C;178,T;184,C;196,C;197,A

YITCHB092　　118,A/G

YITCHB093　　95,T/G;107,T/G;166,T/G

YITCHB094　　16,C;36,G;63,A;70,C;99,G

YITCHB096　　24,C;26,T/G;87,T/C

YITCHB098	65,A/G;95,T/C
YITCHB099	74,C;105,A;126,C;179,T;180,C
YITCHB100	12,T/C;15,A/G;51,A/G;80,A/G;121,T/C;126,A/C;153,A/C
YITCHB101	1,A/T
YITCHB102	27,A/C;32,T/G;52,A/G;57,C;59,T/A;65,T/C;111,T/C;116,A/G
YITCHB104	13,T/G;31,T/G;146,C/G
YITCHB106	19,C;94,C;153,A
YITCHB107	18,T;48,A/G;142,T
YITCHB108	73,A/C;127,A;153,A/G
YITCHB109	1,T;6,G;26,C;83,A;93,C
YITCHB110	66,A/G;72,A/T;144,A/G
YITCHB112	35,A/C;36,T/C;103,A/G;122,T/G;123,T/C;129,A/G;142,T/C;154,T/A;162,T/C;164,T/C
YITCHB113	182,A/T;192,A/G
YITCHB114	18,T/C;25,A/G;38,T/C;68,C;70,C/G;104,T/C
YITCHB115	128,T/C
YITCHB116	29,T
YITCHB119	21,A/T;98,A/T;119,A
YITCHB121	32,T/G;133,T;135,G;136,-;187,G
YITCHB122	3,A/C;46,T
YITCHB123	27,T/A;39,A/G;75,A/G;99,C/G;102,T/C;138,T;150,A/G;162,A/G;168,T/G;175,T/G
YITCHB124	69,A/T;71,A/C;86,T/C;96,A/G;130,A
YITCHB126	43,T
YITCHB127	1,A/G;65,A;82,C;101,A/T;112,T/C;136,T/C;171,A/C
YITCHB128	7,C
YITCHB130	13,A/G;20,C;36,T/C;54,C;82,T/C;98,A/G;126,A/C;131,T/C;161,T/C
YITCHB131	12,T;32,C;96,G;130,T;135,G;150,A;185,G
YITCHB132	46,A/C;61,A/C;93,A/C;132,A;161,T/C
YITCHB134	72,T/C
YITCHB136	64,C
YITCHB138	52,G
YITCHB141	39,C;69,A/G
YITCHB142	2,T;28,T;30,T;46,A;102,C;150,G;152,A;153,G
YITCHB143	22,T/G;116,A/G
YITCHB144	130,T/G
YITCHB145	6,A;8,G;20,A;76,A/C;77,C/G;83,A/G;86,T/C

YITCHB146   29,A/G;82,T/C;103,A/G;134,A/G
YITCHB149   5,T/G;14,A/G;53,T/C;80,A/G;87,T/C;112,T;135,G
YITCHB150   57,C;58,T
YITCHB151   15,T;19,C;58,A;90,A
YITCHB152   31,A/G;45,A/T;160,T/A
YITCHB155   65,A/T;95,T;138,A;165,A/T
YITCHB157   58,A/T;69,A/G
YITCHB158   96,C
YITCHB159   7,G;25,A;38,T;42,T;92,G;160,G
YITCHB161   31,A/G;38,T/G;111,T/C;117,T/C;176,A/G;188,A/T
YITCHB162   10,T/C;13,A/G;14,T/C;16,A/C;32,T/C;33,T;34,A/G;36,A/G;42,A/G;55,A/G;
             75,T/C;127,A/G;133,T/G/A
YITCHB163   41,A/G;54,T/C;90,T/C
YITCHB165   1,A;48,T;118,A;126,C;127,T
YITCHB168   21,A/G;30,T/G;40,T/C;44,T/C;53,A/G;63,T/C;93,A/T;98,A/G;109,A/G;120,T/
             C
YITCHB169   22,T;107,A
YITCHB170   23,A/C;56,A/G;60,A/G;65,A/G
YITCHB171   39,T/C;87,T/A;96,T/C;119,A/C
YITCHB173   62,A/C;70,A/G
YITCHB175   12,G
YITCHB177   28,T/G;30,A/G;42,C/G;55,T/G;95,T/G;127,A/G;135,T/G
YITCHB180   10,A/G;31,T/C;59,T/C;137,T/C;152,T/C
YITCHB181   56,A
YITCHB182   50,T/C
YITCHB183   29,A/G;52,A/G;59,G;97,T/C;112,A/G;114,A/G;122,A/G;138,T/C;155,C
YITCHB184   7,T/C;20,T/C;22,A/G;38,A/G;44,T/C;50,A/G;57,C/G;67,A/G;68,A/G;70,C/G;
             85,A/C;86,A/G;91,T/C;102,A/G;103,A/G;118,T/A/G;122,A/G;127,T/C;132,T/
             C;139,T/C;165,A/C;169,A/T;170,T/C/A;172,T/C;173,A/T;174,A/G;175,C/G;
             178,A/T/C;179,T/C;180,A/T;182,T/A;183,T/G;184,C/G
YITCHB185   20,C;49,A;71,T;86,C;104,C;114,T;133,C;154,G
YITCHB186   19,A/G;25,C/G;44,C/G;46,A/G;49,A/G;54,A/G;57,A/T;74,T/C;75,T/C;82,T/C;
             86,A/C;104,A/G;108,T/G
YITCHB187   82,A;130,G
YITCHB188   94,T/C
YITCHB189   49,A/G;61,A;88,A/C;147,G
YITCHB190   90,T/A;120,A/G

YITCHB191	44,G
YITCHB192	45,T/A;46,T/G;73,A/G
YITCHB193	169,T/C
YITCHB194	101,C/G;128,T/C
YITCHB195	53,T/C;99,A/G;108,A/G;111,T/C
YITCHB197	72,A/G;121,–/T;122,–/T;123,–/T;153,T/C;167,G;174,A/G;189,A/C
YITCHB198	34,T/A;63,A/G;109,T/C;182,A/C
YITCHB199	5,A/G;50,A/C;77,C/G;123,C
YITCHB201	71,T;132,T
YITCHB202	55,T/C;60,T/C;88,T/C;102,T/C;104,A/G;115,A/T;144,A/G;187,A/G;197,A
YITCHB203	13,A/G;125,T/C;154,A
YITCHB205	31,A;36,G;46,A;74,G
YITCHB208	41,C;84,A
YITCHB209	19,A/G;21,A/T;22,T/C;28,T/C;29,A/C;32,T/C;34,C;36,A/G;47,T/A;94,T/C;123,A/G;132,T/C;149,C;166,G;175,C
YITCHB211	106,T;115,G
YITCHB212	38,G;105,C
YITCHB214	15,C;155,C
YITCHB215	3,A/T;6,T/G;9,A/G;22,A/G;54,T/C;63,T/A;71,A;72,A/C;81,A/G;96,A/G;121,T/C;132,C/G;137,A/G;162,A/G;163,T/G;177,G;186,A/G
YITCHB216	43,A
YITCHB217	22,T/C;28,T/C;68,T/C;80,A/G;81,T/C;84,A/C;85,C/G;87,A/C;90,T/A;120,A/C
YITCHB218	98,A/G;128,A/G
YITCHB219	24,A/G;60,T/C;112,A/G
YITCHB220	17,A/G;58,C/G
YITCHB223	3,A/G;17,T/C;86,T/C;92,A/G;132,A/G;189,C
YITCHB224	1,A/G;36,A/G;117,–/A;118,T/C
YITCHB226	126,A/G;127,T/C;156,C/G
YITCHB227	78,T/G
YITCHB228	11,A/G;26,T/A;72,A/G
YITCHB229	19,A/C;45,C/G;80,T/G;96,A/G;155,A/G
YITCHB230	55,C;110,T/C;128,A/G
YITCHB232	86,C
YITCHB233	50,A;152,A
YITCHB234	53,C
YITCHB237	118,G;120,A;126,T/G;165,T;181,A
YITCHB238	108,C/G;166,A/G

YITCHB239　　133,T/C

YITCHB240　　53,A/T;61,A/G;93,T;148,A

YITCHB242　　22,C;67,T/C

YITCHB243　　86,T;98,A;131,C;162,A

YITCHB245　　144,A;200,C

YITCHB246　　130,T/C

YITCHB247　　23,G;30,T/C;109,A

YITCHB249　　140,T;141,G

YITCHB250　　21,T/C;24,T/C;30,A/G;33,T/G;45,T/C;47,T/C;51,G;52,A/G;54,T/C/A;55,A/G;
56,T/C;78,T/C;81,T/C;83,A/G;88,T/C;90,A/G;98,T/C;99,A/T;125,T/A;126,C/
G;130,T/G;131,T/C

YITCHB251　　65,G

YITCHB252　　26,C;36,A/C;65,G;137,T/C;139,A/G;156,A/G

YITCHB253　　21,A;26,T/G;77,A/C

YITCHB254　　4,T/C;6,A/G;51,A/G;109,A/C

YITCHB255　　5,G;9,C;22,G;25,C;37,G;79,A;86,G;88,G;89,G;116,C;135,T;187,A

YITCHB256　　11,A/G

YITCHB257　　10,T/G;47,A/T;68,T/C;72,A/G;87,A/G

YITCHB258　　24,A/G;83,A/C;191,T/C

YITCHB259　　90,A

YITCHB260　　78,T/C;84,T/A;148,A/T;161,A/T;163,T/G

YITCHB262　　117,C/G

YITCHB263　　43,A/G;84,A/G;93,T/C;144,A/G;181,A/G

YITCHB264　　5,T/A;22,T/C;35,A/G;79,T/C;97,C/G;99,A/G;105,A/G;108,T/C;110,A/G;111,
T/C;113,A/G;114,T/C;132,T/C;137,A/G;144,T/C

YITCHB265　　64,T/C;73,T/A;97,C;116,T/G

YITCHB266　　25,C;37,T;57,C;58,T

YITCHB267　　102,T

YITCHB268　　23,T/C;24,C;66,T/C;68,A/G;82,T;86,T/C;89,A/G;126,A;127,T/G;148,T;167,G

YITCHB269　　53,A/C;60,A/C

YITCHB270　　113,C

YITCHB001　25,T/C;43,T/C;66,T/C;67,T/C;81,T/C

YITCHB002　109,T/C;145,A/C;146,C/G

YITCHB003　83,G;96,A

YITCHB007　67,A/G

YITCHB011　156,A

YITCHB014　9,T/C

YITCHB016　67,A;80,T;88,G;91,T

YITCHB017　63,A/C;132,A/G

YITCHB021　54,A/C;123,A/G;129,T/C;130,A/G

YITCHB022　54,C;67,G;68,C

YITCHB026　18,A/G

YITCHB027　101,A/G

YITCHB028　48,T/C;66,T/G;166,C/G

YITCHB030　80,C/G;139,T/C;148,A/G

YITCHB031　125,T/C;161,T/G

YITCHB033　93,A

YITCHB036　95,T/C;157,A/G

YITCHB039　76,T/C;93,A/G;151,T/G;156,T/G

YITCHB040　1,C;29,T/C;31,A/G;73,T/C;103,T/C;108,A/G;135,T/C

YITCHB042　17,A/G;99,T/C;127,T/C;137,T/C;154,T/C;167,T/A

YITCHB045　48,T/C

YITCHB047　130,A/G

YITCHB048　6,A/G;59,A/T;62,A/G;79,T/C

YITCHB049　41,C/G;53,T/C;75,T/C;99,A/C

YITCHB050　45,T;59,T;91,T;104,A/G;121,A/G

YITCHB051　26,A

YITCHB055　52,A/T

YITCHB056　60,T/A;124,T/G;125,T/G;147,A/G

YITCHB057　91,A/G;142,T/C;146,T/G

YITCHB059　4,T/C;22,A/G;76,C/G;114,A/G;196,T/A

YITCHB061　4,C/G;28,A/G;67,T/A;70,T/C;75,A/G;78,T/C;102,A/G;112,T/C;114,A/G;118,
　　　　　　A/G

YITCHB064　113,A

YITCHB067	9,A/G;85,A/G;87,−/G
YITCHB073	49,G
YITCHB075	22,T/C;35,T/C
YITCHB076	13,T;91,T
YITCHB079	85,A/G;123,A/G
YITCHB082	52,A/G
YITCHB083	4,T/A;28,T/G;101,T/G;119,T/C
YITCHB085	46,C/G;81,A/T;82,G
YITCHB094	16,A/C;36,C/G;53,A/T;63,A/G;70,T/C;99,A/G
YITCHB096	24,T/C
YITCHB102	57,C
YITCHB107	18,A/T;48,A/G;142,T/C
YITCHB108	127,A/C
YITCHB112	28,T/C;123,C;154,A/T
YITCHB114	18,T/C;25,A/G;38,T/C;68,T/C;70,C/G;104,T/C
YITCHB115	112,A/G;128,T/C
YITCHB116	29,T
YITCHB117	152,A/G
YITCHB118	22,T;78,C;102,T
YITCHB124	130,A
YITCHB126	19,A/G;43,T/C
YITCHB132	27,−;46,A;61,A;93,C;132,A;161,T
YITCHB134	72,T/C
YITCHB141	39,T/C
YITCHB143	22,T/G
YITCHB145	6,A/G;8,A/G;20,A/C;76,A/C;77,C/G;83,A/G;86,T/C
YITCHB151	19,A;33,G
YITCHB154	4,T/C;87,T/C
YITCHB156	82,T
YITCHB158	96,C
YITCHB159	7,A/G;25,A/G;38,T/C;42,T/C;92,C/G;160,A/G
YITCHB162	33,T;75,T
YITCHB165	1,A
YITCHB168	21,A;62,−
YITCHB169	22,T/A;79,T/C;117,A/G;118,T/G
YITCHB170	56,A/G
YITCHB171	39,T/C;87,T/A;96,T/C;119,A/C

YITCHB175	12,A/G
YITCHB181	56,A/G
YITCHB182	45,A/G
YITCHB183	53,A/G;59,G;80,A/G;115,T/C;122,A/G;155,C
YITCHB185	20,T/C;49,A/G;71,T/C;86,T/C;104,T/C;114,T/C;133,C/G;154,A/G
YITCHB186	19,A/G;44,C/G;46,A/G;47,A/G;57,T/A;75,T/C;82,T/C;86,A/C
YITCHB189	49,A/G;61,A/C;147,G
YITCHB190	90,T/A
YITCHB191	44,T/G
YITCHB193	169,T/C
YITCHB197	72,A/G;121,–/T;122,–/T;123,–/T;167,C/G;174,A/G;189,A/C
YITCHB198	34,T/A;63,A/G;109,T/C
YITCHB201	112,A/G;132,–/T
YITCHB202	55,T/C;60,T/C;102,T/C;104,A/G;127,T/C;187,A/G;197,A/G
YITCHB207	81,A/G
YITCHB208	41,T/C;84,A/T
YITCHB209	32,T;34,C;35,A;71,T;94,T;166,G;173,A;175,C
YITCHB210	130,A/C;154,A/G
YITCHB211	113,T/C;115,A/G
YITCHB214	15,C;155,C
YITCHB215	3,A/T;6,T/G;9,A/G;22,A/G;54,T/C;63,T/A;71,T/A;72,T/C;81,A/G;96,A/G;121,T/C;137,A/G;163,T/G;177,A/G;186,A/G
YITCHB216	43,A
YITCHB219	24,A/G;112,A/G
YITCHB229	45,C/G;80,T/G
YITCHB230	55,C;110,T/C
YITCHB232	86,C
YITCHB234	53,C
YITCHB237	118,A/G;120,A/C;165,T/A;181,A/C
YITCHB238	23,T/G
YITCHB242	22,C
YITCHB243	86,T;98,A;131,C;162,A/G
YITCHB245	144,A/G;200,A/C
YITCHB246	19,A/C;25,T/C;89,A/G
YITCHB247	23,G;109,A
YITCHB250	51,G
YITCHB251	65,A/G

YITCHB252   26,T/C;65,A/G;137,T/C;156,A/G

YITCHB253   21,T/A;26,T/G

YITCHB254   51,A/G

YITCHB255   5,A/G;9,T/C;22,A/G;25,T/C;37,T/G;79,A/G;86,A/G;88,A/G;89,A/G;116,T/C;
135,T/C;187,A/G

YITCHB256   11,A/G

YITCHB257   68,T/C

YITCHB259   90,A/G

YITCHB260   84,A/T;161,T/A

YITCHB264   8,A/T;51,T/C;111,T/C

YITCHB266   25,C;57,C;58,T;136,C;159,C

YITCHB269   60,A/C

YITCHB270   12,T/C;113,A/C

YITCHB001   25,C;66,T;81,T/C;142,T/G

YITCHB002   145,A;146,G

YITCHB003   32,A/T;83,A/G;96,T/A

YITCHB007   88,T/A

YITCHB008   15,T;65,C

YITCHB009   11,T/C;184,T/C

YITCHB011   156,A

YITCHB014   9,C

YITCHB015   44,A;47,A;69,G;120,C

YITCHB017   45,A;132,G

YITCHB021   13,A/T;54,A/C;67,A/G;123,A/G;129,T/C;130,A/G

YITCHB022   54,C;88,T

YITCHB023   26,A;28,C;38,T;52,C;57,A;65,A;67,A;72,G;115,T;130,G

YITCHB024   58,C/G;142,C

YITCHB025   10,T/C

YITCHB028   48,C;125,T;166,C

YITCHB030   148,A

YITCHB031   125,C

YITCHB035   33,G;34,T;44,C;153,A;154,T;158,G

YITCHB037   63,G;81,A;90,A;91,T

YITCHB039   20,T/C;33,T/C;76,T/C;89,C/G;93,A/G;105,T/G;151,T;156,T/G

YITCHB040   1,C

YITCHB042   127,T;167,T/C

YITCHB047   12,T/C;23,T;24,A/G;26,T/C;27,T/C;49,C/G;61,A/G;112,T/C

YITCHB048   32,A/G;59,A/T;62,A/G;79,T/C;80,T/C;81,A/G

YITCHB049   29,T/G;41,C;53,T/C;75,C;89,T/C;92,T/G;99,C;131,T/G

YITCHB050   45,T;59,T;79,T/C;91,A/T;156,A/G

YITCHB051   24,T/C

YITCHB052   112,T/C;151,C

YITCHB053   5,T/C;63,−;75,A/G;81,T/C;83,A/G;95,T/C;108,T/C;110,A/C;112,C;114,A/T; 120,T/A;124,G;157,A/G

YITCHB054   19,A/G;22,T/C;67,A/G;101,T/G

YITCHB055   29,A

YITCHB056 89,C;98,T;124,G;147,G
YITCHB057 91,G;136,T
YITCHB059 4,T;22,A;114,A;135,G;196,A
YITCHB061 4,C;28,A;44,A
YITCHB065 67,C;79,A;80,T;97,A
YITCHB066 15,A
YITCHB067 8,T/C;87,-/G
YITCHB071 5,A/G;10,A/G;18,A/G;54,T/C;80,A/G;83,T/C;90,T/A;100,A/C;103,T/C;105,A/G;111,T/C
YITCHB073 49,G
YITCHB074 58,T/C;83,T/G;84,A/T
YITCHB075 3,A/G;22,T/C;35,T/C;98,C/G
YITCHB077 52,T/C;140,A/G;145,T;146,G
YITCHB079 123,G
YITCHB081 10,A;51,G;56,T;57,C;58,T;60,C;67,T;68,T;69,C;110,A;116,C;135,G
YITCHB084 27,T/C;58,T/A;91,A;100,C;119,A/C
YITCHB085 46,C/G;81,T;82,G
YITCHB086 155,T;165,T/C;168,A
YITCHB091 133,A/C;151,T/C
YITCHB094 16,C;30,T/C;53,T/A;63,C/G;70,T/C
YITCHB095 98,A
YITCHB096 12,T/A;24,C;42,C/G;48,A/G;54,A/G;65,A/G
YITCHB097 4,T;5,A;46,G
YITCHB098 65,G;95,T
YITCHB099 74,C;105,A;126,C;179,T;180,C
YITCHB101 1,T;45,T/C
YITCHB102 27,C;32,T;54,A/G;57,C;59,A;65,C;111,T;116,A
YITCHB103 61,A/G
YITCHB104 13,G;31,T
YITCHB106 19,C;94,C;153,A
YITCHB107 18,T;142,T
YITCHB108 127,A
YITCHB114 25,G;37,A;68,C;70,G;104,C;123,T
YITCHB115 128,T
YITCHB116 29,T;147,G
YITCHB121 108,A/G;133,T;135,G;136,-;187,G
YITCHB123 27,T;39,A;75,G;99,C/G;102,T/C;138,T;150,A/G;162,A/G;168,A/T;175,T

YITCHB124	130,A;186,C/G
YITCHB126	43,T;127,A
YITCHB128	7,C;122,A/G;127,A/G
YITCHB130	7,A/T;11,T/C;20,C;36,T;54,C;138,T/A
YITCHB131	32,C;135,G
YITCHB132	132,A
YITCHB135	188,C/G
YITCHB136	64,C
YITCHB138	13,A;52,G;94,G;101,A
YITCHB139	30,A/G;36,A/T;37,A/T
YITCHB141	39,C;69,A
YITCHB142	30,T;150,G;152,A;153,G
YITCHB143	22,G
YITCHB144	130,G
YITCHB146	3,G;29,A;40,C;44,T;103,A;134,A;143,A/C
YITCHB149	5,G;14,A/G;53,C;80,A;112,T;135,G
YITCHB150	57,C;58,T;59,C
YITCHB152	45,A;124,T;160,T
YITCHB154	4,T/C
YITCHB157	31,T;58,T;69,A
YITCHB159	7,G;38,T;42,T;127,A;145,C;150,A;160,G;167,A/G
YITCHB160	59,A
YITCHB162	33,T
YITCHB163	41,G;82,T/C;90,C
YITCHB165	1,A;48,T/C;88,A/G;118,A/G;126,T/C;127,T/G
YITCHB168	63,C;109,G
YITCHB173	5,T/A;19,A/C;23,A/G;25,T/C;28,T/C;40,T/G;42,T/C;43,T/C;45,A/G;48,T/C;62,T/C;63,A/G;64,T/C;67,T/C;70,A/G;76,A/G;84,T/C;91,T/C;92,T/G
YITCHB180	10,A/G;31,T/C;59,T/C;137,T/C;152,T/C
YITCHB182	50,C
YITCHB185	20,C;53,A/C;64,A/G;86,C;104,C;133,C;154,A/G
YITCHB186	19,G;46,A;57,T;75,T;82,T;86,C;125,−;126,−;128,T
YITCHB189	49,A;61,A;88,A;147,G
YITCHB191	44,G
YITCHB192	46,T/G;73,A/G;138,T/C
YITCHB193	169,C
YITCHB195	44,T/C;51,T/C;53,C;88,A/G;99,A/G;111,T

YITCHB197   121,T;122,T;123,T;167,G

YITCHB198   63,T

YITCHB199   5,A/G;44,T/G;50,A/C;123,C;158,T/C

YITCHB200   12,T/A;74,C/G

YITCHB201   71,T/C;103,A/T;132,-/T;195,A/G

YITCHB202   188,A;197,A

YITCHB203   13,A/G;148,T/C;154,A

YITCHB208   33,T/C;41,C;44,T/C;75,T/C;84,A

YITCHB209   1,T;32,T;34,C;94,T;149,C;166,G;175,C

YITCHB210   57,T;110,C;130,C;154,G

YITCHB211   113,T/C;115,A/G

YITCHB212   38,G;105,C

YITCHB215   3,A/G;24,T/C;49,T/C;50,C/G;63,T/A;64,A/G;65,T/C;71,A;72,A/T;80,T/C;81,
A/G;103,T/C;132,C/G;150,T/A;163,T/G;170,A/G;177,A/G;186,T/G

YITCHB217   22,T/C;28,T/C;68,T/C;80,A/G;81,T/C;85,C;87,A/C;120,A/C

YITCHB218   98,A;128,G

YITCHB219   6,T;17,T;27,A;112,G;128,T

YITCHB222   53,T

YITCHB223   3,A;86,T;132,A;189,C

YITCHB226   126,A/G;127,T;156,C/G

YITCHB227   22,T/G;120,T/C

YITCHB228   26,A/T;62,T/G

YITCHB229   19,A/C;45,G;80,T;96,A/C;155,A/G

YITCHB230   52,A/G;55,C;121,T/G;128,A/G

YITCHB232   86,C

YITCHB233   50,A;152,A

YITCHB238   108,G

YITCHB240   53,T/A;61,A/G;69,A/T;93,T;148,A

YITCHB242   67,T/C

YITCHB243   86,T;98,A;131,C;162,A

YITCHB245   144,A;200,C

YITCHB246   53,T/C;149,T/C

YITCHB247   23,G;109,A

YITCHB248   29,C;90,T

YITCHB249   140,T;141,G

YITCHB250   21,T/C;51,G;54,A/C;65,A/G;78,C;81,T/C;83,G;88,T/C;90,A/G;94,T/C;98,T;
117,A/G;119,A/C;125,T/A

YITCHB251   65,A/G

YITCHB252   26,C;36,A;65,G;139,A

YITCHB253   21,A

YITCHB254   4,C;6,A;51,G;109,C

YITCHB257   47,A;72,G;87,A

YITCHB258   11,A/G;83,A/C;131,A/G

YITCHB260   43,T

YITCHB261   119,G

YITCHB262   117,C

YITCHB264   8,A/T;110,A/G;111,T/C

YITCHB265   97,C

YITCHB267   102,T

YITCHB268   24,C;59,C/G;67,T/C;78,A/G;82,T;86,T/C;96,A/C;99,T/C;124,A/G;126,A;137,
T/C;148,T;167,G

YITCHB269   53,A;60,A

YITCHB270   113,C

YITCHB001   142,T/G

YITCHB002   145,A;146,G

YITCHB003   83,A/G;96,A/T

YITCHB004   160,T/G

YITCHB006   110,T/C

YITCHB008   15,T;65,C

YITCHB009   25,T/C;56,T/G;181,T/C;184,T/C;188,A/G

YITCHB011   156,A

YITCHB016   67,A;80,T;88,G;91,T

YITCHB019   1,A/G;22,A/G;31,T/C;32,T/C;38,A/G;51,T/C;55,A/T;70,A/G;93,A/G;94,A/G;
101,T/C;109,A/G;112,A/G;130,T/C;132,A/G;148,A/G

YITCHB021   54,A/C;123,A/G;129,T/C;130,A/G

YITCHB023   26,A;28,T/C;38,T;52,A/C;57,A/G;64,A/C;65,A;67,A/G;72,T/G;115,A/T;121,
A/C;130,A/G

YITCHB026   18,A/G

YITCHB027   101,A

YITCHB028   48,T/C;66,T/G;166,C/G

YITCHB030   80,C/G;139,T/C;148,A/G

YITCHB031   125,C;161,T/G

YITCHB033   93,A

YITCHB035   44,T/C;158,C/G

YITCHB037   63,G;82,T;90,T;91,T;100,G;123,–;124,–

YITCHB039   28,T/C;29,A/T;53,T/C;74,A/G;76,T/C;89,T/G;93,A/G;130,T/C;151,T;156,T/G

YITCHB040   1,C

YITCHB042   60,G;110,C;114,A;127,T;146,T;167,T

YITCHB044   97,T/C

YITCHB045   48,C

YITCHB047   130,A

YITCHB048   59,A/T;62,A/G;79,T/C

YITCHB049   41,C/G;59,T/C;75,C;92,T/G;96,T/C;99,A/C;131,T/G

YITCHB050   45,T/C;59,T/C;91,A/T;156,A/G

YITCHB051   7,T/G

YITCHB054   116,T/C

YITCHB055	52,T/A
YITCHB056	60,T/A;124,T/G;125,T/G;147,A/G
YITCHB057	91,G;142,T;146,G
YITCHB058	2,A/G;36,A/G;60,A/G;131,T/C
YITCHB059	4,T/C;22,A/G;76,C/G;114,A/G;196,A/T
YITCHB061	4,C;28,A;67,A
YITCHB064	113,A
YITCHB067	9,A;85,A;87,G
YITCHB071	92,T/G
YITCHB073	49,G
YITCHB075	22,C;35,T;98,C
YITCHB077	77,A;88,T;104,A;145,T;146,G
YITCHB079	123,A/G
YITCHB081	51,G;56,T;57,C;58,T;60,C;67,T;68,T;69,C;110,A;116,C;135,G
YITCHB082	52,A/G
YITCHB083	4,A;28,G;101,T;119,T
YITCHB085	46,C/G;81,T/A;82,G
YITCHB086	15,T/C;50,T/C;52,A/G;67,C/G;74,A/G;76,A/C;77,C/G;85,A/G;90,T/G;92,T/C;94,C/G;100,A/G;102,T/G;104,A/C;107,T/G;109,A/G;110,A/T;114,A/G;115,G;116,T/C;127,T/C;135,A/G;151,A/C;155,T;156,T/A;165,T/C;168,A/C
YITCHB089	14,T/C;38,A/G;52,A/G;53,T/C;64,A/C;89,T/C;178,T/C;184,T/C;196,T/C;197,A/G
YITCHB092	118,A/G
YITCHB093	95,T/G;107,T/G;132,A/G;166,T/G
YITCHB094	16,C;36,G;63,A;70,C;99,G
YITCHB096	24,T/C
YITCHB097	31,T/C;46,G;144,A/G
YITCHB099	74,C;105,A;126,C;179,T;180,C
YITCHB100	12,T/C
YITCHB104	13,T/G;31,T/G;146,C/G
YITCHB107	18,T/A;48,A/G;142,T/C
YITCHB108	73,A/C;127,A
YITCHB112	28,T/C;36,T/C;57,A/G;96,A/G;103,A/G;120,T/C;123,T/C;154,A/T;162,T/C
YITCHB113	182,A/T;192,A/G
YITCHB114	18,T/C;25,A/G;38,T/C;68,C;70,C/G;104,T/C
YITCHB116	29,T
YITCHB117	152,A

YITCHB118	78,C
YITCHB121	133,T;135,G;136,–;168,T;187,G
YITCHB123	27,A/T;39,A/G;49,A/G;59,T/C;75,A/G;89,T/C;103,A/G;138,T/C;150,T/G;163,T/A;171,A/G;175,T/G;197,T/C
YITCHB124	130,A
YITCHB128	7,C;127,A/G;135,C/G
YITCHB130	13,A/G;20,T/C;54,T/C;82,T/C
YITCHB131	32,C;126,A;135,G;184,C
YITCHB132	34,T/C;46,A/C;61,A/C;93,A/C;132,A;161,T/C
YITCHB134	72,T/C
YITCHB135	178,T/C
YITCHB136	64,A/C
YITCHB137	110,C
YITCHB138	46,A/G;52,A/G
YITCHB141	39,T/C
YITCHB142	2,T/C;28,T/C;30,T;46,A/G;102,T/C;121,T/C;131,C/G;150,C/G;152,A/G;153,G
YITCHB143	22,T/G
YITCHB145	6,A/G;8,A/G;20,A/C;76,A/C;77,C/G;83,A/G;86,T/C
YITCHB147	100,A
YITCHB150	57,C;58,T
YITCHB151	8,T;19,A;43,G
YITCHB152	31,A
YITCHB154	1,A/T
YITCHB156	82,T/C
YITCHB157	69,A
YITCHB158	96,T/C
YITCHB159	7,A/G;11,T/C;38,T/C;42,T/C
YITCHB160	33,C/G;59,A/G;66,A/C
YITCHB162	7,T/G;16,A/G;33,T;67,A/G;88,T/C;136,A/C
YITCHB163	41,A/G;54,T/C;90,T/C
YITCHB165	1,A;49,T
YITCHB167	12,G;33,C;36,G;64,C;146,G
YITCHB169	22,T;107,A
YITCHB170	56,A
YITCHB171	39,T/C;87,T/A;96,T/C;119,A/C
YITCHB175	12,A/G

YITCHB176	13,A/C;25,A/G;26,A/G;82,A/G;105,T/C
YITCHB177	28,T/G;30,A/G;42,C/G;55,T/G;95,T/G;127,A/G;135,T/G
YITCHB182	50,T/C
YITCHB185	20,T/C;49,A/G;71,T/C;74,T/C;86,T/C;104,C;114,T/C;133,C;154,A/G
YITCHB186	19,A/G;46,A/G;57,A/T;75,T/C;82,T/C;86,A/C
YITCHB189	49,A/G;61,A;88,A/C;147,G
YITCHB191	44,G
YITCHB192	45,A/T;46,T/G;73,A/G
YITCHB195	53,C;111,T
YITCHB197	72,G;121,T;122,T;123,T;167,G;174,G;189,C
YITCHB198	34,T/A;63,A/G;109,T/C
YITCHB199	2,T;12,T;123,C;177,C
YITCHB200	19,T/C
YITCHB201	103,A/T;132,−/T
YITCHB202	55,T/C;60,T/C;88,T/C;102,T/C;104,A/G;115,T/A;144,A/G;187,A/G;197,A
YITCHB203	125,T/C;154,A/G
YITCHB208	41,T/C;84,A
YITCHB214	15,T/C;155,A/C
YITCHB215	71,A;72,A
YITCHB216	43,A
YITCHB217	84,C
YITCHB219	24,A/G;112,A/G
YITCHB220	17,G;58,G
YITCHB224	117,A
YITCHB225	24,G
YITCHB226	61,C/G;127,T/C
YITCHB228	11,A/G;26,A/T;72,A/G
YITCHB229	45,C/G;80,T/G
YITCHB230	55,T/C;79,A/C;128,A/G
YITCHB231	104,T/C
YITCHB232	86,T/C
YITCHB233	76,A/G;116,A/G;152,−/A
YITCHB234	53,C
YITCHB237	118,A/G;120,A/C;165,T/A;181,A/C
YITCHB238	75,T/A;76,A/G;108,C/G
YITCHB242	22,T/C;65,A/G;94,T/C
YITCHB244	43,A/G;143,A/G

YITCHB245   142,T/C;144,A/G;200,A/C

YITCHB246   2,A;25,C;89,A

YITCHB247   23,G;109,A

YITCHB248   50,A

YITCHB250   21,T/C;51,T/G;54,T/C;55,A/G;56,T/C;78,T/C;98,T/C;99,A/T;125,T/A

YITCHB251   65,A/G

YITCHB253   21,A;26,T/G

YITCHB254   4,T/C;6,A/G;51,G;109,A/C

YITCHB256   11,A

YITCHB258   24,G;191,T

YITCHB259   90,A

YITCHB260   84,T;161,A

YITCHB263   84,A;93,C;144,G;146,A/G;181,G

YITCHB264   5,T;22,T;35,A;63,A/G;79,T;97,G;99,G;105,A;108,T;111,C;113,A;114,C;132,T;
137,G;144,C

YITCHB265   64,T;73,T;97,C;116,G

YITCHB266   25,C;29,A/G;37,T/C;57,A/C;58,T/A

YITCHB267   42,A;102,T

YITCHB268   24,C;44,A;82,T;86,C;123,G;126,A;137,T;148,T;166,C;167,G

YITCHB269   60,A

YITCHB270   12,T

YITCHB001   142,T/G

YITCHB002   109,T/C;145,A/C;146,C/G

YITCHB003   83,A/G;96,T/A

YITCHB006   110,T/C

YITCHB007   67,A/G

YITCHB008   15,T/A;65,C

YITCHB009   25,T;56,T;181,T;184,C;188,G

YITCHB011   156,A

YITCHB017   63,A/C;132,A/G

YITCHB019   1,A/G;22,A/G;31,T/C;32,T/C;38,A/G;51,T/C;55,T/A;70,A/G;93,A/G;94,A/G; 101,T/C;109,A/G;112,A/G;130,T/C;132,A/G;148,A/G

YITCHB022   19,T/C;41,A/G;54,T/C;67,A/G;68,A/C;88,T/C

YITCHB023   26,A;28,T/C;38,T;52,A/C;57,A/G;64,A/C;65,A;67,A/G;72,T/G;115,A/T;121, A/C;130,A/G

YITCHB027   101,A

YITCHB028   48,C;66,T;166,C

YITCHB030   80,C;139,C;148,A

YITCHB031   88,T/C;125,C;161,T/G

YITCHB033   93,A/C

YITCHB035   44,T/C;158,C/G

YITCHB036   57,T/A;67,T/C;72,T/C;95,T/C;157,A/G

YITCHB039   28,T/C;29,A/T;53,T/C;74,A/G;76,T/C;89,T/G;93,A/G;130,T/C;151,T;156,T/G

YITCHB040   1,C

YITCHB042   60,G;110,C;114,A;127,T;146,T;167,T

YITCHB044   97,T/C

YITCHB045   48,C

YITCHB047   130,A/G

YITCHB048   6,A/G;59,A/T;62,A/G;79,T/C;80,T/C;81,A/G

YITCHB049   41,C/G;75,T/C;92,T/G;96,T/C;99,A/C;131,T/G

YITCHB050   45,T/C;59,T/C;91,T/A;121,A/G

YITCHB054   116,T/C

YITCHB055   52,T/A

YITCHB056   60,A/T;124,T/G;125,T/G;147,A/G

YITCHB057   91,G;142,T;146,G

YITCHB059   4,T/C;22,A/G;76,C/G;114,A/G;196,A/T

YITCHB061   4,C/G;28,A/G;67,A/T;70,T/C;75,A/G;78,T/C;102,A/G;112,T/C;114,A/G;118,
A/G

YITCHB064   113,A

YITCHB067   9,A/G;85,A/G;87,–/G

YITCHB071   92,T

YITCHB072   19,T/C;35,A/G;59,T/C;61,T/G;71,A/G;79,C/G;80,T/C;81,A/G;82,A/G;88,T/C;
89,A/G;91,A/G;97,A/T;100,A/G;103,A/C;109,A/G;121,T/C;125,T/C;128,C/G;
130,A/G;137,A/G;141,A/G;150,T/G;166,A/T;169,A/G;172,A/G;175,T/G;182,
T/A

YITCHB073   49,G

YITCHB075   22,T/C;35,T/C;98,C/G

YITCHB076   13,T/C;34,C/G;82,A/T;91,T/C;109,A/C

YITCHB077   77,A;88,T;104,A;145,T;146,G

YITCHB079   123,G

YITCHB080   9,A/G;20,T/C;58,T/C;90,T/C;91,T/C;93,T/C;134,A/C;144,T/G

YITCHB081   51,A/G;56,T;57,C;58,T;60,C;67,T;68,T;69,C;110,A/G;116,T/C;135,A/G

YITCHB082   52,A/G

YITCHB083   4,A;28,G;101,T;119,T

YITCHB084   58,T/A;91,A;100,C;119,A/C;149,A/G

YITCHB085   46,C/G;81,T/A;82,G

YITCHB087   111,T

YITCHB089   38,A;52,A;53,C;64,A;89,C;178,T;184,C;196,C;197,A

YITCHB092   118,A

YITCHB094   16,C;26,A/T;36,C/G;63,A/G;70,C;99,A/G

YITCHB096   24,T/C;87,T/C

YITCHB099   74,C;105,A;126,C;179,T;180,C

YITCHB100   12,T/C

YITCHB102   57,A/C

YITCHB104   13,T/G;31,T/G;146,C/G

YITCHB107   18,T;48,G;142,T

YITCHB108   73,A/C;127,A

YITCHB110   66,A;144,G

YITCHB112   28,T/C;123,C;154,T/A

YITCHB113   182,T/A;192,A/G

YITCHB114   18,T/C;25,A/G;38,T/C;68,C;70,C/G;104,T/C

YITCHB116	29,T
YITCHB117	152,A/G
YITCHB121	133,T;135,G;136,–;168,T;187,G
YITCHB123	87,T/G;138,T/C
YITCHB126	43,T
YITCHB128	7,C;135,C/G
YITCHB130	13,A;20,C;54,C;82,T
YITCHB134	72,T/C
YITCHB135	128,T/C;178,T/C
YITCHB136	4,A/C;64,C
YITCHB137	110,C
YITCHB141	39,C
YITCHB142	2,T;28,T;30,T;46,A;102,C;150,G;152,A;153,G
YITCHB143	4,T/A;22,G
YITCHB145	6,A/G;8,A/G;20,A/C;76,A/C;77,C/G;83,A/G;86,T/C
YITCHB146	29,A/G;40,C/G;44,T/C;84,T/C;103,A/G;134,A/G
YITCHB147	12,A/G;22,T/G;56,T/C;61,A/T;70,A/C/G;100,A/G
YITCHB148	27,T/C;91,T/C
YITCHB150	57,C;58,T
YITCHB151	8,T;19,A;43,G
YITCHB152	31,A
YITCHB154	1,A/T;4,T/C;87,T/C
YITCHB156	82,T/C
YITCHB157	69,A
YITCHB158	13,T/C;18,A/G;94,A/G;96,C;106,T/C
YITCHB159	7,G;11,T;38,T;42,T
YITCHB160	33,C/G;59,A;64,T/G;66,A/C
YITCHB163	41,G;54,T;90,C
YITCHB165	1,A;49,T
YITCHB167	12,G;33,C;36,G;64,C;146,G
YITCHB169	22,T;107,A/G
YITCHB170	23,A/C;56,A/G;60,A/G;65,A/G
YITCHB171	39,T/C;87,T/A;96,T/C;119,A/C
YITCHB175	12,G
YITCHB177	28,T/G;30,A/G;42,C/G;55,T/G;95,T/G;127,A/G;135,T/G
YITCHB178	42,A/C;145,A/G;163,A/G
YITCHB182	50,T/C

YITCHB184	20,T/C;21,A/G;38,C/G;44,T/C;50,A/G;52,T/C;57,A/G;68,A/G;70,T/C/G;77,A/G;79,T/C;85,T/C;86,A/G;87,A/G;94,T/C;102,A/G;103,A/G;105,A/C;116,T/C;118,A/G;122,T/G;132,T/C;134,T/C;136,A/G;139,T/C;152,T/G;153,T/C;155,A/T;160,A/C;165,A/C;170,T/C;175,T/C
YITCHB186	3,A/G;5,A/C;10,T/C;19,A/G;22,T/C;25,C/G;46,A/G;47,A/G;57,A/T;75,T/C;82,T/C;86,A/C
YITCHB189	49,A/G;61,A;88,A/C;147,G
YITCHB190	90,A/T
YITCHB191	1,T/C;44,G
YITCHB192	45,A
YITCHB195	53,C;111,T
YITCHB197	72,G;121,T;122,T;123,T;167,G;174,G;189,C
YITCHB198	34,A/T;63,A/G;109,T/C
YITCHB199	2,T/C;12,T/G;123,T/C;177,T/C
YITCHB200	19,T/C
YITCHB201	103,A;132,T
YITCHB202	51,A/G;55,T;60,T;88,T/C;102,T;104,A;115,T/A;144,A;187,G;197,A
YITCHB203	125,T/C;154,A/G
YITCHB208	41,C;84,A
YITCHB209	32,T/C;34,T/C;94,T/C;149,T/C;166,A/G;175,T/C
YITCHB210	130,C
YITCHB211	113,T/C;115,A/G
YITCHB214	15,T/C;155,A/C
YITCHB215	3,T;6,T;9,A;22,A;50,–;51,–;52,–;53,–;54,C;63,A;71,A;72,C;81,G;96,A;121,T;137,A;163,G;177,G;186,A
YITCHB216	43,A/G
YITCHB219	24,A/G;60,T/C;112,A/G
YITCHB225	24,G
YITCHB228	11,A/G;26,T/A;72,A/G
YITCHB229	45,C/G;80,T/G
YITCHB230	55,T/C;79,A/C;128,A/G
YITCHB231	104,T
YITCHB232	86,T/C
YITCHB233	76,A;116,A;152,A
YITCHB234	53,C;123,A
YITCHB237	118,G;120,A;165,T;181,A
YITCHB238	75,T/A;76,A/G;108,C/G

YITCHB241   124,T

YITCHB242   22,T/C;65,A/G;94,T/C

YITCHB244   32,T/G;43,A/G;143,A/G;161,T/G

YITCHB245   142,T/C;144,A;200,C

YITCHB246   2,A/G;25,T/C;89,A/G

YITCHB247   23,G;109,A

YITCHB248   50,A/G

YITCHB250   21,T/C;30,A/G;33,T/G;50,T/C;51,T/G;52,A/G;54,T/C;55,A/G;56,T/C;78,T/C; 81,T/C;83,A/G;90,A/G;94,T/C;98,T/C;99,A/T;119,A/C;125,T/A;130,T/G;131, T/C

YITCHB251   65,A/G

YITCHB252   26,C;65,G;137,T;156,A

YITCHB253   21,A/T;26,T/G

YITCHB254   51,A/G

YITCHB255   5,A/G;9,T/C;22,A/G;25,T/C;37,T/G;79,A/G;86,A/G;88,A/G;89,A/G;116,T/C; 135,T/C;187,A/G

YITCHB256   16,C

YITCHB259   90,A

YITCHB260   84,T;161,A

YITCHB264   5,A/T;15,A/G;22,T/C;35,A/G;79,T/C;97,C/G;99,A/G;105,A/G;108,T/C;110,A/ G;111,C;113,A/G;114,T/C;132,T/C;137,A/G;144,T/C

YITCHB265   64,T;73,T;97,C;116,G

YITCHB266   25,C;37,T/C;57,A/C;58,T/A

YITCHB268   24,C;44,A;82,T;86,C;123,G;126,A;137,T;148,T;166,C;167,G

YITCHB269   60,A

YITCHB270   12,T/C;113,A/C

YITCHB001	142,T/G
YITCHB002	145,A;146,G
YITCHB004	160,T
YITCHB006	110,T
YITCHB007	67,A/G
YITCHB008	15,T;65,C
YITCHB009	25,T;56,T;181,T;184,C;188,G
YITCHB011	156,A
YITCHB012	94,A
YITCHB016	67,A;80,T;88,G;91,T
YITCHB019	55,A/T
YITCHB021	54,A/C;123,A/G;129,T/C;130,A/G
YITCHB023	26,T/A;28,T/C;38,T/G;52,A/C;57,A/G;65,A/G;67,A/G;72,T/G;115,A/T;130,A/G
YITCHB026	18,G
YITCHB027	101,A
YITCHB030	80,C/G;139,T/C;148,A/G
YITCHB031	125,C;161,T/G
YITCHB033	93,A
YITCHB034	29,A/C
YITCHB035	7,A/G;33,A/G;44,T/C;124,A/T;137,A/C;158,C/G
YITCHB036	57,A/T;67,T/C;72,T/C;95,T/C;157,A/G
YITCHB039	28,T/C;29,T/A;53,T/C;74,A/G;76,T/C;89,T/G;93,A/G;130,T/C;151,T;156,T/G
YITCHB040	1,C
YITCHB042	127,T/C;167,T
YITCHB044	97,T/C
YITCHB045	48,C
YITCHB047	4,T/C;49,C/G;61,A/G;63,A/T;112,T/C;130,A/G
YITCHB048	59,A/T;62,A/G;79,T/C;80,T/C;81,A/G
YITCHB049	27,A/G;41,C/G;75,T/C;92,T/G;96,T/C;99,A/C;131,T/G
YITCHB050	45,T;51,A/C;59,T;91,T;104,G
YITCHB051	7,G;54,T/C;144,A/C
YITCHB057	91,G;142,T;146,G

YITCHB058	2,G;36,G;60,G;79,-;131,T
YITCHB061	4,C;28,A;67,A
YITCHB064	113,A
YITCHB065	97,A
YITCHB066	10,A/G;30,T/C
YITCHB067	9,A;85,A;87,G
YITCHB071	105,A/G
YITCHB072	2,C/G;19,T/C;35,A/G;59,T/C;61,A/T/G;64,A/G;65,C/G;67,A/G;71,A/G;79,C/G;80,A/T/C;81,A/G;82,A/G;88,T/C;89,A/G;91,A/G;97,A/T;100,A/G;103,A/C;109,A/G;118,T/C;121,T/A/C;122,T/C;125,T/C/G;126,T/G;127,A/G;128,C/G;130,T/A/G;134,T/C;137,A/G;141,A/G;150,T/G;160,T/C;166,T/A;169,A/G;172,A/G;175,T/G;182,A/T
YITCHB073	49,G
YITCHB074	58,T/C
YITCHB077	77,A;88,T;104,A;145,T
YITCHB081	51,G;56,T;57,C;58,T;60,C;67,T;68,T;69,C;110,A;116,C;135,G
YITCHB082	52,A
YITCHB083	4,A/T;28,T/G;101,T/G;119,T/C
YITCHB085	46,C;82,G
YITCHB086	15,T/C;50,T/C;52,A/G;67,C/G;74,A/G;76,A/C;77,C/G;85,A/G;90,T/G;92,T/C;94,C/G;100,A/G;102,T/G;104,A/C;107,T/G;109,A/G;110,A/T;114,A/G;115,G;116,T/C;127,T/C;135,A/G;151,A/C;155,T;156,T/A;165,T/C;168,A/C
YITCHB089	14,T
YITCHB092	118,A/G
YITCHB094	16,C;36,G;63,A;70,C;99,G
YITCHB097	31,T/C;46,C/G
YITCHB099	74,C;105,A;126,C;179,T;180,C
YITCHB100	12,T/C;115,T/C
YITCHB102	16,T/C;21,T/G;24,T/G;27,A/T;32,T/G;33,T/G;52,A/G;56,T/C;57,C;59,T/A;65,T/C;83,A/G;107,A/G
YITCHB104	146,G
YITCHB107	18,T;48,G;142,T
YITCHB108	73,A/C;127,A
YITCHB110	66,A;144,G
YITCHB112	35,A/C;36,T/C;103,A/G;122,T/G;123,T/C;129,A/G;142,T/C;154,T/A;162,T/C
YITCHB114	18,T/C;25,A/G;38,T/C;68,T/C;70,C/G;104,T/C
YITCHB116	29,-/T;147,T/G

YITCHB117	152,A/G
YITCHB123	27,A/T;39,A/G;49,A/G;59,T/C;75,A/G;89,T/C;103,A/G;138,T;150,T/G;163,T/A;171,A/G;175,T/G;197,T/C
YITCHB124	130,A
YITCHB126	43,T/C
YITCHB127	65,A;82,C;132,A
YITCHB128	7,C;135,C/G
YITCHB130	13,A/G;20,T/C;54,T/C;82,T/C
YITCHB131	32,C;135,G;184,C
YITCHB132	27,–;46,A;61,A;93,C;132,A;161,T
YITCHB133	1,A/G
YITCHB134	72,T/C
YITCHB135	187,T;188,G
YITCHB136	64,A/C
YITCHB142	2,T/C;28,T/C;30,T/G;46,A/G;102,T/C;150,C/G;152,A/G;153,C/G
YITCHB143	22,G
YITCHB145	6,A;8,G;20,A;76,A;77,G;83,G;86,T
YITCHB146	3,T/G;29,A/G;40,C/G;44,T/C;103,A/G;134,A/G
YITCHB150	57,C;58,T
YITCHB151	19,A/T;43,T/G
YITCHB152	31,A/G
YITCHB154	1,A/T
YITCHB156	82,T
YITCHB158	96,C
YITCHB159	7,G;11,T;38,T;42,T
YITCHB160	33,C;59,A;66,A
YITCHB162	7,T/G;16,A/G;32,T/C;33,T;75,T/C;133,T/G;136,A/C
YITCHB163	41,A/G;54,T/C;90,T/C
YITCHB165	1,A;49,T/A
YITCHB166	62,A/G
YITCHB167	12,A/G;33,C/G;36,A/G;64,C;130,A/G;146,A/G
YITCHB168	21,A/G
YITCHB169	22,T;107,A/G
YITCHB171	39,T/C;87,A/T;96,T/C;119,A/C
YITCHB175	12,A/G、
YITCHB177	28,T/G;30,A/G;42,C/G;55,T/G;95,T/G;127,A/G;135,T/G
YITCHB178	42,A/C;145,A/G;163,A/G

YITCHB182	50,T/C
YITCHB185	20,T/C;49,A/G;71,T/C;86,T/C;104,T/C;114,T/C;133,C/G;154,A/G
YITCHB186	19,A/G;46,A/G;47,A/G;57,A/T;75,T/C;82,T/C;86,A/C
YITCHB189	49,A/G;61,A;88,A/C;147,A/G
YITCHB190	90,T
YITCHB191	44,G
YITCHB192	45,A/T;46,T/G;73,A/G
YITCHB193	169,T/C
YITCHB195	53,C;111,T
YITCHB197	72,A/G;121,–/T;122,–/T;123,–/T;167,G;174,A/G;189,A/C
YITCHB198	34,T;59,–;60,–;63,G;109,C
YITCHB199	2,T;12,T;123,C;177,C
YITCHB200	19,C
YITCHB201	103,T/A;132,–/T
YITCHB202	55,T;60,T;88,T/C;102,T;104,A;115,A/T;144,A/G;187,G;196,T/C;197,A
YITCHB208	41,C;84,A
YITCHB209	32,T;34,C;35,A;71,T;94,T;166,G;173,A;175,C
YITCHB210	130,C
YITCHB214	15,C;155,C
YITCHB215	3,A/T;6,T/G;9,A/G;22,A/G;54,T/C;63,T/A;71,A/T;72,A/T/C;81,A/G;96,A/G;121,T/C;132,C/G;137,A/G;162,A/G;163,T/G;177,A/G;186,A/G
YITCHB216	43,A
YITCHB217	84,A/C
YITCHB220	17,G;58,G
YITCHB225	24,A/G
YITCHB228	11,A/G;26,T/A;72,A/G
YITCHB229	45,G;80,T
YITCHB230	55,C;110,T/C
YITCHB231	104,T/C
YITCHB232	86,C
YITCHB233	1,T/A;2,T/A;3,T/G;4,T/G;7,T/C;50,A/G;152,–/A
YITCHB237	118,A/G;120,A/C;165,T/A;181,A/C
YITCHB240	53,T/A;93,T/C;148,T/A
YITCHB241	124,T
YITCHB242	65,G;94,C
YITCHB243	86,T;98,A;131,C;162,A
YITCHB245	200,A/C

YITCHB246	2,A/G;25,C;89,A
YITCHB247	23,G;33,C/G;109,A
YITCHB248	50,A/G
YITCHB249	43,T
YITCHB250	21,T/C;51,G;54,T/C;55,A/G;56,T/C;78,T/C;98,T/C;99,A/T;125,T/A
YITCHB251	65,A/G
YITCHB252	26,C;65,G;126,T
YITCHB253	21,A
YITCHB254	4,C;6,A;51,G;109,C
YITCHB255	5,G;9,C;22,G;25,C;37,G;79,A;86,G;88,G;89,G;116,C;135,T;187,A
YITCHB257	68,T/C
YITCHB259	90,A
YITCHB260	84,T/A;161,A/T
YITCHB264	5,T/A;22,T/C;35,A/G;79,T/C;97,C/G;99,A/G;105,A/G;108,T/C;111,T/C;113,A/G;114,T/C;132,T/C;137,A/G;144,T/C
YITCHB265	64,T/C;73,T/A;97,C/G;116,T/G
YITCHB266	25,C;37,T/C;57,C;58,T;136,T/C;159,T/C
YITCHB268	24,A/C;78,A/G;82,T;86,T/C;126,A/G;148,A/T;167,G
YITCHB269	53,A/C;60,A
YITCHB270	12,T/C;113,A/C

YITCHB001 25,T/C;43,T/C;66,T/C;67,T/C

YITCHB002 145,A;146,G

YITCHB003 83,A/G;96,T/A;145,A/C

YITCHB004 160,T

YITCHB007 67,A/G

YITCHB008 15,T/A;65,T/C

YITCHB011 156,A

YITCHB016 88,A/G

YITCHB017 132,G

YITCHB019 55,A/T

YITCHB021 54,A/C;123,A/G;129,T/C;130,A/G

YITCHB023 26,A;28,T/C;38,T;52,A/C;57,A/G;64,A/C;65,A;67,A/G;72,T/G;115,A/T;121,A/C;130,A/G

YITCHB025 77,G

YITCHB026 18,G

YITCHB027 6,G;38,T;101,A

YITCHB028 48,T/C

YITCHB030 80,C/G;139,C;148,A

YITCHB031 125,C;161,T/G

YITCHB033 93,A

YITCHB034 29,A/C

YITCHB035 7,A/G;33,A/G;44,C;124,T/A;137,A/C;158,G

YITCHB036 95,T/C;157,A/G

YITCHB037 63,G;82,T;90,T;91,T;100,G;123,–;124,–

YITCHB039 28,T/C;29,A/T;53,T/C;74,A/G;76,T/C;89,T/G;93,A/G;130,T;151,T;156,T/G

YITCHB042 60,A/G;110,T/C;114,A/G;127,T;146,T/C;167,T

YITCHB045 48,C

YITCHB048 6,A/G;59,A/T;62,A/G;79,T/C;80,T/C;81,A/G

YITCHB050 45,T;59,T;91,T;104,A/G;121,A/G

YITCHB053 38,T/C;49,A/T;112,T/C;116,T/C;124,A/G

YITCHB054 116,C

YITCHB055 52,T/A

YITCHB057 91,G;142,T;146,G

YITCHB061　　4,C/G;12,T/C;28,A;50,T/C;67,A/T

YITCHB064　　113,A

YITCHB066　　10,A/G;30,T/C

YITCHB067　　9,A/G;85,A/G;87,–/G

YITCHB071　　98,T/C

YITCHB072　　19,T;59,T;61,G;67,G;71,G;79,G;80,T;81,G;82,G;88,C;89,A;91,G;97,T;100, G;103,A;109,G;121,T;125,C;128,G;137,G;141,A;150,G;166,T;169,A;172,G; 182,A

YITCHB073　　23,T/C;49,G;82,A/G

YITCHB074　　58,T/C

YITCHB075　　22,T/C;35,T/C;98,C/G

YITCHB077　　77,A;88,T;104,A;145,T

YITCHB081　　51,G;56,T;57,C;58,T;60,C;67,T;68,T;69,C;110,A;116,C;135,G

YITCHB082　　52,A

YITCHB084　　24,T/C;91,A/G;100,C/G;119,A/C

YITCHB085　　46,C;82,G

YITCHB086　　115,G;155,T;168,A

YITCHB087　　111,T

YITCHB089　　14,T/C

YITCHB093　　95,G;107,G;132,G;166,G

YITCHB094　　16,A/C;36,C/G;63,A/G;70,T/C;99,A/G

YITCHB096　　24,C;87,T

YITCHB097　　46,C/G;144,A/G

YITCHB099　　74,T/C;105,A/G;126,T/C;179,A/T;180,T/C

YITCHB100　　12,T/C

YITCHB102　　16,T/C;21,T/G;24,T/G;27,A/T;32,T/G;33,T/G;56,T/C;57,A/C;59,T/A;65,T/C; 83,A/G;107,A/G

YITCHB103　　108,A/G

YITCHB104　　146,C/G

YITCHB105　　36,A/C

YITCHB107　　18,T/A;48,A/G;142,T/C

YITCHB108　　73,A/C;127,A/C

YITCHB109　　1,T;6,G

YITCHB112　　28,T/C;123,C;154,A/T

YITCHB114　　18,T;38,C;68,C;70,G;104,C

YITCHB115　　112,A/G;128,T/C

YITCHB116　　29,T

YITCHB117	152,A
YITCHB123	27,A/T;39,A/G;49,A/G;59,T/C;75,A/G;89,T/C;103,A/G;138,T/C;150,T/G;163, T/A;171,A/G;175,T/G;197,T/C
YITCHB124	130,A;186,C/G
YITCHB126	43,T;112,T;154,C
YITCHB128	7,C;11,T/G;126,A/C;127,A/G;128,T/G;135,C/G
YITCHB130	13,A/G;20,T/C;54,T/C;82,T/C
YITCHB132	27,–;46,A;61,A;93,C;132,A;161,T
YITCHB134	72,C
YITCHB136	4,A/C;64,C
YITCHB137	110,T/C
YITCHB138	22,C;52,G
YITCHB141	39,C
YITCHB143	4,T/A;22,G
YITCHB145	6,A;8,G;20,A;76,A;77,G;83,G;86,T
YITCHB146	3,T/G;29,A/G;40,C/G;44,T/C;103,A/G;134,A/G
YITCHB147	100,A
YITCHB150	57,C;58,T
YITCHB151	8,T/C;15,T/C;19,A/C;43,T/G;58,A/G;90,A/G
YITCHB152	31,A
YITCHB154	1,T/A;4,T/C;87,T/C
YITCHB158	13,T/C;18,A/G;94,A/G;96,C;106,T/C
YITCHB159	7,G;25,A;38,T;42,T;92,G;160,G
YITCHB160	33,C;59,A;66,A
YITCHB161	24,A/G;31,A/C;38,T/G;149,A/C;175,C/G;176,A/G;188,T/A
YITCHB162	14,T/C;33,T;75,T/C
YITCHB165	1,A;10,T
YITCHB166	30,T/C
YITCHB168	21,A/G;73,A/G
YITCHB169	22,T
YITCHB171	39,T/C;87,T/A;96,T/C;119,A/C
YITCHB175	12,G
YITCHB177	28,T/G;30,A/G;42,C/G;55,T/G;95,T/G;127,A/G;135,T/G
YITCHB178	14,A/G;24,T/C;42,A/T;66,A/G;145,A/G
YITCHB185	20,T/C;49,A/G;71,T/C;74,T/C;86,T/C;104,C;114,T/C;133,C;154,A/G
YITCHB186	19,A/G;46,A/G;57,A/T;75,T/C;82,T/C;86,A/C
YITCHB189	49,A;61,A/C;88,A/C;147,G

YITCHB191   44,G

YITCHB192   46,T;73,G

YITCHB195   53,C;111,T

YITCHB197   72,G;121,T;122,T;123,T;167,G;174,G;189,C

YITCHB199   5,A/G;50,A/C;77,C/G;123,C

YITCHB200   19,T/C

YITCHB202   55,T;60,T;88,T/C;102,T;104,A;115,T/A;144,A/G;159,T/C;187,G;197,A

YITCHB208   41,C;84,A

YITCHB209   1,T;11,G;32,T;34,C;94,T;149,C;166,G;175,C

YITCHB212   38,C/G;105,C/G

YITCHB214   15,C;155,C

YITCHB215   3,A/T;6,T/G;9,A/G;22,A/G;54,T/C;63,T/A;71,A;72,A/C;81,A/G;96,A/G;121,
             T/C;132,C/G;137,A/G;162,A/G;163,T/G;177,A/G;186,A/G

YITCHB216   43,A

YITCHB217   29,T/C;84,A/C;85,C/G

YITCHB219   24,A/G;52,T/C;112,A/G

YITCHB226   61,C/G;127,T/C

YITCHB228   11,G;26,T;72,A/G

YITCHB229   45,C/G;80,T/G

YITCHB230   55,C;79,A/C

YITCHB231   104,T

YITCHB232   86,C

YITCHB234   53,C

YITCHB237   118,G;120,A;165,T;181,A

YITCHB238   108,C/G

YITCHB242   22,T/C;65,A/G;94,T/C

YITCHB243   86,T/C;98,A/G;131,C;162,A/G

YITCHB245   200,A/C

YITCHB246   25,T/C;89,A/G

YITCHB247   23,G;33,C/G;109,A

YITCHB249   43,T/C

YITCHB250   21,T/C;51,G;54,T/C;55,A/G;56,T/C;78,T/C;98,T/C;99,A/T;125,T/A

YITCHB251   65,A/G

YITCHB252   26,C;65,G;137,T;156,A

YITCHB253   21,A;26,T/G

YITCHB254   4,T/C;6,A/G;51,A/G;109,A/C

YITCHB255   5,G;9,C;22,G;25,C;37,G;79,A;86,G;88,G;89,G;116,C;135,T;187,A

YITCHB256   11,A
YITCHB257   68,T/C
YITCHB258   24,G;65,A/G;128,T/A;191,T/C
YITCHB260   84,A/T;161,T/A
YITCHB264   111,T/C
YITCHB265   17,A/T;64,T/C;73,T/A;97,C/G;116,T/G
YITCHB266   25,C;29,A/G;57,A/C
YITCHB268   24,A/C;78,A/G;82,T;86,T/C;126,A/G;148,T/A;167,G
YITCHB269   60,A
YITCHB270   12,T

YITCHB001 25,T/C;66,T/C;67,T/C;81,T/C

YITCHB002 109,T

YITCHB003 83,A/G;96,T/A

YITCHB004 160,T/G;195,A/G

YITCHB007 27,C/G;44,A/G;67,A/G;90,C/G

YITCHB009 25,T;56,T;181,T;184,C;188,G

YITCHB011 156,A

YITCHB014 9,T/C

YITCHB016 67,A/G;80,T/G;88,G;91,T/C

YITCHB017 63,A/C;132,G

YITCHB019 55,T/A

YITCHB021 54,A;123,A;129,T;130,G

YITCHB022 54,T/C;67,A/G;68,A/C

YITCHB026 18,G

YITCHB027 6,A/G;38,T/C;101,A

YITCHB028 48,T/C;66,T/G;166,C/G

YITCHB030 80,C/G;139,T/C;148,A/G

YITCHB031 88,T/C;125,C;161,T/G

YITCHB033 93,A/C

YITCHB035 7,A/G;33,A/G;44,T/C;124,A/T;137,A/C;158,C/G

YITCHB036 95,T/C;157,A/G

YITCHB037 37,A/G;63,G;76,A/C;82,A/T;90,–/A;91,–/T;100,T/G

YITCHB038 18,T;40,T;94,T;113,C;202,T;203,A;204,G

YITCHB039 76,T/C;93,A/G;151,T;156,T/G

YITCHB042 17,A/G;99,T/C;127,T/C;137,T/C;154,T/C;167,T

YITCHB044 97,T/C

YITCHB045 48,C

YITCHB047 4,T/C;49,C/G;61,A/G;63,A/T;112,T/C;130,A/G

YITCHB048 6,A/G;59,T/A;62,A/G;79,T/C;80,T/C;81,A/G

YITCHB049 27,A/G;41,C;53,T/C;75,C;92,T/G;96,T/C;99,C;131,T/G

YITCHB050 45,T;51,A/C;59,T;91,T;104,A/G;121,A/G

YITCHB051 7,G;54,T/C;144,A/C

YITCHB055 52,A/T

YITCHB056	60,T/A;124,T/G;125,T/G;147,A/G
YITCHB057	91,G;142,T;146,G
YITCHB058	2,A/G;36,A/G;60,A/G;131,T/C
YITCHB059	4,T/C;22,A/G;76,C/G;114,A/G;196,T/A
YITCHB061	4,C;28,A;67,A
YITCHB062	94,A/G;96,T/C
YITCHB064	113,A
YITCHB065	97,A
YITCHB067	9,A/G;85,A/G;87,−/G
YITCHB071	98,T/C
YITCHB072	2,C/G;19,T/C;35,A/G;59,T/C;61,T/G;64,A/G;65,C/G;67,A/G;71,A/G;79,C/G; 80,T/A/C;81,A/G;82,A/G;88,T/C;89,A/G;91,A/G;97,T/A;100,A/G;103,A/C; 109,A/G;118,T/C;121,T/C;122,T/C;125,T/C/G;126,T/G;128,C/G;130,A/T/G; 137,A/G;141,A/G;150,T/G;160,T/C;166,T/A;169,A/G;172,A/G;175,T/G;182, A/T
YITCHB073	23,T/C;49,G;82,A/G
YITCHB075	22,C;35,T;98,C/G
YITCHB076	13,T/C;91,T/C
YITCHB077	77,A/G;88,T/C;104,A/G;145,T/C
YITCHB079	85,A/G;123,A/G
YITCHB081	51,G;56,T;57,C;58,T;60,C;67,T;68,T;69,C;110,A;116,C;135,G
YITCHB082	52,A
YITCHB083	4,A;28,G;101,T;119,T
YITCHB084	91,A/G;100,C/G;119,A/C
YITCHB085	46,C;82,G
YITCHB086	15,T/C;50,T/C;52,A/G;67,C/G;74,A/G;76,A/C;77,C/G;85,A/G;90,T/G;92,T/C; 94,C/G;100,A/G;102,T/G;104,A/C;107,T/G;109,A/G;110,T/A;114,A/G;115,G; 116,T/C;127,T/C;135,A/G;151,A/C;155,T;156,A/T;165,T/C;168,A/C
YITCHB089	14,T/C;38,A/G;52,A/G;53,T/C;64,A/C;89,T/C;178,T/C;184,T/C;196,T/C;197, A/G
YITCHB092	118,A/G
YITCHB094	16,C;36,C/G;53,T/A;63,A/G;70,C;99,A/G
YITCHB096	24,C;87,T/C
YITCHB099	74,C;105,A;126,C;179,T;180,C
YITCHB102	52,A/G;57,C
YITCHB104	13,T/G;31,T/G;146,C/G
YITCHB105	36,A

YITCHB107   18,A/T;48,A/G;142,T/C

YITCHB108   73,A/C;127,A/C

YITCHB109   1,T;6,G;26,C;83,A;93,C

YITCHB110   66,A;144,G

YITCHB112   28,T/C;35,A/C;36,T/C;103,A/G;122,T/G;123,T/C;129,A/G;142,T/C;154,T/A;
             162,T/C

YITCHB113   182,A/T;192,A/G

YITCHB114   18,T;38,C;68,C;70,G;104,C

YITCHB115   112,A/G;128,T/C

YITCHB116   29,T

YITCHB117   152,A/G

YITCHB119   98,A/T;119,A/G

YITCHB121   133,T;135,G;136,–;187,G

YITCHB123   138,T

YITCHB124   130,A

YITCHB126   19,G;43,T

YITCHB128   7,C

YITCHB130   13,A/G;20,T/C;54,T/C;82,T/C

YITCHB131   32,C;135,G;184,C

YITCHB132   27,–;46,A;61,A;93,C;132,A;161,T

YITCHB134   72,T/C

YITCHB135   128,T/C;187,T/C;188,C/G

YITCHB136   4,A/C;64,C

YITCHB137   110,T/C

YITCHB141   39,C

YITCHB142   2,T/C;28,T/C;30,T/G;46,A/G;102,T/C;150,C/G;152,A/G;153,C/G

YITCHB145   6,A/G;8,A/G;20,A/C;76,A/C;77,C/G;83,A/G;86,T/C

YITCHB147   12,A/G;22,T/G;61,T/A;70,A/G;100,A

YITCHB148   17,A/C;27,T/C;91,T/C

YITCHB149   87,T/C;112,T/A;135,A/G

YITCHB150   57,C;58,T

YITCHB151   8,T/C;15,T/C;19,A/C;43,T/G;58,A/G;90,A/G

YITCHB152   31,A

YITCHB154   4,T/C;87,T/C

YITCHB156   82,T

YITCHB157   69,A

YITCHB158   96,T/C

YITCHB159	7,A/G;25,A/G;38,T/C;42,T/C;92,C/G;160,A/G
YITCHB161	31,C/G
YITCHB162	7,T/G;14,T/C;16,A/G;32,T/C;33,T;75,T/C;133,T/G;136,A/C
YITCHB163	41,G;54,T;90,C
YITCHB167	12,A/G;33,C/G;36,A/G;64,A/C;146,A/G
YITCHB168	21,A/G
YITCHB169	22,T;79,T/C;107,A/G;117,A/G;118,T/G
YITCHB170	56,A
YITCHB171	39,T/C;87,A/T;96,T/C;119,A/C
YITCHB175	12,A/G
YITCHB176	13,A/C;25,A/G;26,A/G;82,A/G;105,T/C
YITCHB177	28,T/G;30,A/G;42,C/G;55,T/G;95,T/G;127,A/G;135,T/G
YITCHB178	42,A/C;145,A/G;163,A/G
YITCHB181	56,A/G
YITCHB183	12,A/G;59,T/G;79,A/G;80,A/G;85,T/C;97,T/A/C;99,A/G;114,A/G;116,A/C;117,A/G;122,A/G;138,T/C;139,A/G;143,T/C;147,A/T;155,T/C;166,T/C
YITCHB185	20,C;49,A;71,T;86,C;104,C;114,T;133,C;154,G
YITCHB186	19,A/G;44,C/G;46,A/G;57,A/T;75,T/C;82,T/C;86,A/C
YITCHB187	82,A/G;130,A/G
YITCHB188	94,T/C
YITCHB189	49,A/G;61,A;88,A/C;147,G
YITCHB190	90,T
YITCHB191	44,G
YITCHB192	45,A
YITCHB193	169,T/C
YITCHB195	53,T/C;108,A/G;111,T/C
YITCHB197	72,G;121,T;122,T;123,T;167,G;174,G;189,C
YITCHB198	34,T;59,−;60,−;63,G;109,C
YITCHB199	77,C/G;123,T/C
YITCHB200	70,A/G;73,A/G;92,A/T;104,C/G;106,T/A
YITCHB201	112,G;132,T
YITCHB202	55,T;60,T;88,T/C;102,T;104,A;115,A/T;127,T/C;144,A/G;187,G;197,A
YITCHB203	125,T;154,A
YITCHB204	75,C
YITCHB205	31,A;36,G;46,A;74,G
YITCHB208	41,C;84,A
YITCHB209	32,T/C;34,T/C;94,T/C;149,T/C;166,A/G;175,T/C

YITCHB210   130,C;154,G

YITCHB211   113,T;115,G

YITCHB212   38,C/G;105,C/G

YITCHB214   15,C;155,C

YITCHB215   3,A/T;6,T/G;9,A/G;22,A/G;54,T/C;63,T/A;71,A;72,A/C;81,A/G;96,A/G;121,
T/C;137,A/G;163,T/G;177,A/G;186,A/G

YITCHB216   43,A

YITCHB217   84,C

YITCHB219   24,A/G;60,T/C;112,A/G

YITCHB220   17,A/G;58,C/G

YITCHB223   17,T;189,C

YITCHB224   1,A/G;36,A/G;79,T/C;117,–/A;118,T/C

YITCHB225   24,A/G

YITCHB228   11,A/G;26,T/A;72,A/G

YITCHB229   45,C/G;80,T/G

YITCHB230   55,T/C;110,T/C;128,A/G

YITCHB232   47,A/G;54,A/G;86,C;108,T/C;147,A/C

YITCHB233   152,A

YITCHB234   53,C

YITCHB237   118,A/G;120,A/C;165,T/A;181,A/C

YITCHB238   23,T/G

YITCHB240   53,T/A;93,T/C;148,T/A

YITCHB242   22,T/C;65,A/G;94,T/C

YITCHB243   86,T;98,A;131,C;162,A

YITCHB245   144,A/G;200,A/C

YITCHB246   2,A/G;25,T/C;89,A/G

YITCHB247   23,G;109,A

YITCHB248   50,A/G

YITCHB250   21,T/C;51,G;54,T/C;55,A/G;56,T/C;78,T/C;98,T/C;99,T/A;125,A/T

YITCHB251   65,G

YITCHB252   26,C;65,G;137,T;156,A

YITCHB253   21,A;26,T/G

YITCHB254   51,A/G

YITCHB255   5,A/G;9,T/C;22,A/G;25,T/C;37,T/G;79,A/G;86,A/G;88,A/G;89,A/G;116,T/C;
135,T/C;187,A/G

YITCHB256   11,A

YITCHB257   68,T

YITCHB258	24,A/G;191,T/C
YITCHB259	90,A
YITCHB260	84,T;161,A
YITCHB263	84,A/G;93,T/C;144,A/G;181,A/G
YITCHB264	5,T/A;22,T/C;35,A/G;79,T/C;97,C/G;99,A/G;105,A/G;108,T/C;111,C;113,A/G; 114,T/C;132,T/C;137,A/G;144,T/C
YITCHB265	64,T/C;73,A/T;97,C/G;116,T/G
YITCHB266	25,C;37,T/C;57,C;58,T;136,T/C;159,T/C
YITCHB267	102,T
YITCHB268	23,T/C;24,C;44,A/G;66,T/C;82,T;86,T/C;123,A/G;126,A;127,T/G;137,T/C; 148,T;166,A/C;167,G
YITCHB269	60,A/C
YITCHB270	12,T/C;113,A/C

YITCHB001   25,T/C;66,T/C
YITCHB002   109,T
YITCHB003   83,A/G;96,T/A
YITCHB007   27,C/G;44,A/G;67,A/G;90,C/G
YITCHB009   25,T;56,T;181,T;184,C;188,G
YITCHB010   47,A/G;84,T/C;86,T/C;132,A/G
YITCHB011   156,A
YITCHB014   9,T/C
YITCHB016   88,G
YITCHB019   55,A/T
YITCHB021   54,A/C;123,A/G;129,T/C;130,A/G
YITCHB022   54,C;67,G;68,C
YITCHB023   26,A/T;38,T/G;64,A/C;65,A/G;121,A/C
YITCHB026   18,G
YITCHB028   48,T/C;66,T/G;166,C/G
YITCHB030   80,C;139,C;148,A
YITCHB031   125,T/C;161,T
YITCHB033   93,A
YITCHB034   29,A/C
YITCHB035   44,T/C;158,T/G
YITCHB036   95,T/C;157,A/G
YITCHB037   63,A/G;82,A/T;100,T/G
YITCHB039   76,T/C;93,A/G;151,T;156,T/G
YITCHB040   1,C;29,T;31,A;73,C;103,T;108,G;135,T
YITCHB042   127,T/C;167,T
YITCHB044   97,T/C
YITCHB045   48,T/C
YITCHB047   130,A
YITCHB048   6,A/G;59,A/T;62,A/G;79,T/C;80,T/C;81,A/G
YITCHB049   27,A/G;41,C/G;75,T/C;92,T/G;96,T/C;99,A/C;131,T/G
YITCHB050   45,T;51,A/C;59,T;91,T;104,G
YITCHB051   7,T/G;26,A/G
YITCHB056   60,T/A;124,T/G;125,T/G;147,A/G

YITCHB057	91,A/G;142,T/C;146,T/G
YITCHB059	4,T/C;22,A/G;76,C/G;114,A/G;196,T/A
YITCHB061	4,C;28,A;67,A
YITCHB064	113,A
YITCHB067	87,G
YITCHB072	19,T/C;35,A/G;59,T/C;61,T/G;67,A/G;71,A/G;79,C/G;80,T/C;81,A/G;82,A/G; 88,T/C;89,A/G;91,A/G;97,T/A;100,A/G;103,A/C;109,A/G;121,T/C;125,T/C; 128,C/G;130,A/G;137,A/G;141,A/G;150,T/G;166,T/A;169,A/G;172,A/G;175, T/G;182,A/T
YITCHB073	49,G
YITCHB075	22,T/C;35,T/C
YITCHB076	13,T;82,A/T;91,T;109,A/C
YITCHB079	123,A/G
YITCHB081	51,A/G;56,T;57,C;58,T;60,C;67,T;68,T;69,C;110,A/G;116,T/C;135,A/G
YITCHB083	4,A/T;28,T/G;101,T/G;119,T/C
YITCHB084	58,A/T;91,A/G;100,C/G;149,A/G
YITCHB085	46,C;82,G
YITCHB089	38,A;52,A;53,C;64,A;89,C;178,T;184,C;196,C;197,A
YITCHB092	118,A/G
YITCHB094	16,A/C;36,C/G;63,A/G;70,T/C;99,A/G
YITCHB096	24,T/C
YITCHB099	74,T/C;105,A/G;126,T/C;179,A/T;180,T/C
YITCHB100	12,T/C
YITCHB103	61,G;64,A;87,A;153,T
YITCHB105	36,A
YITCHB106	19,C;94,C
YITCHB109	1,T;6,G;26,T/C;83,T/A;93,T/C
YITCHB112	35,A/C;36,T/C;103,A/G;122,T/G;123,T/C;129,A/G;142,T/C;154,A/T;162,T/C
YITCHB113	182,A/T;192,A/G
YITCHB114	18,T/C;25,A/G;38,T/C;68,T/C;70,C/G;104,T/C
YITCHB115	112,A/G;128,T/C
YITCHB116	29,T
YITCHB121	133,A/T;135,A/G;187,A/G
YITCHB123	138,T/C
YITCHB124	130,A
YITCHB128	7,T/C;135,C/G
YITCHB130	13,A/G;20,T/C;54,T/C;60,A/G

YITCHB132   46,A/C;61,A/C;93,A/C;132,A/G;161,T/C

YITCHB133   1,A/G;23,T/C;28,A/G;70,A/G;82,A/G;83,T/C;102,T/C;111,T/A;117,T/C;120,
T/C;121,A/G;124,T/G;125,T/C;135,T/G;145,T/C

YITCHB134   72,C

YITCHB137   110,T/C

YITCHB138   22,A/C;52,A/G

YITCHB141   39,C

YITCHB142   30,T/G;121,T/C;131,C/G;153,C/G

YITCHB143   22,G

YITCHB145   6,A;8,G;20,A;76,A;77,G;83,G;86,T

YITCHB146   3,T/G;29,A/G;40,C/G;44,T/C;103,A/G;134,A/G

YITCHB147   12,A/G;22,T/G;61,T/A;70,A/G;100,A

YITCHB148   27,T/C;91,T/C

YITCHB151   8,T/C;19,T/A;43,T/G

YITCHB152   31,A/G

YITCHB156   82,T/C

YITCHB157   69,A

YITCHB158   96,T/C

YITCHB159   7,A/G;11,T/C;38,T/C;42,T/C

YITCHB160   33,C/G;59,A;64,T/G;66,A/C

YITCHB162   14,T/C;32,T/C;33,T;67,A/G;75,T/C;88,T/C;133,T/G

YITCHB163   41,A/G;54,T/C;90,T/C

YITCHB165   1,A

YITCHB167   12,A/G;33,C/G;36,A/G;64,A/C;146,A/G

YITCHB168   21,A;62,-

YITCHB169   22,T/A;107,A/G

YITCHB170   56,A/G

YITCHB171   39,T/C;87,T/A;96,T/C;119,A/C

YITCHB176   13,A/C;25,A/G;26,A/G;82,A/G;105,T/C

YITCHB177   28,T/G;30,A/G;42,C/G;55,T/G;95,T/G;127,A/G;135,T/G

YITCHB181   56,A/G

YITCHB182   45,A/G

YITCHB183   53,A;59,G;80,A;115,T;155,C

YITCHB185   20,T/C;49,A/G;71,T/C;86,T/C;104,T/C;114,T/C;133,C/G;154,A/G

YITCHB186   3,A/G;5,A/C;10,T/C;19,A/G;22,T/C;25,C/G;46,A/G;47,A/G;57,T/A;75,T/C;
82,T/C;86,A/C

YITCHB188   94,T/C

YITCHB189	49,A/G;61,A/C;147,G
YITCHB191	44,T/G
YITCHB192	46,T;73,G
YITCHB195	53,T/C;111,T/C
YITCHB197	72,G;121,T;122,T;123,T;167,G;174,G;189,C
YITCHB198	34,A/T;63,A/G;109,T/C
YITCHB199	77,C/G;123,T/C
YITCHB201	132,T
YITCHB202	197,A/G
YITCHB203	125,T/C;154,A/G
YITCHB205	57,T
YITCHB208	84,T/A
YITCHB209	1,T/C;11,A/G;32,T;34,C;35,A/G;71,T/C;94,T;149,T/C;166,G;173,A/G;175,C
YITCHB214	15,C;155,C
YITCHB216	43,A
YITCHB217	84,A/C
YITCHB219	24,A/G;60,T/C;112,A/G
YITCHB224	1,A/G;36,A/G;79,T/C;117,–/A;118,T/C
YITCHB225	24,G
YITCHB228	11,A/G;26,A/T;72,A/G
YITCHB229	45,C/G
YITCHB230	55,T/C;128,A/G
YITCHB231	104,T
YITCHB233	76,A/G;116,A/G;152,–/A
YITCHB234	53,C
YITCHB237	118,G;120,A;165,T;181,A
YITCHB240	53,A;93,T;148,A
YITCHB242	22,C
YITCHB243	86,T/C;98,A/G;131,A/C;162,A/G
YITCHB244	43,A/G;143,A/G
YITCHB245	144,A/G;200,C
YITCHB247	23,T/G;109,A/G
YITCHB248	50,A/G
YITCHB250	21,T/C;30,A/G;33,T/G;50,T/C;51,T/G;52,A/G;54,T/C;55,A/G;56,T/C;63,A/C;78,T/C;81,T/C;83,A/G;90,A/G;94,T/C;98,T/C;99,A/T;119,A/C;125,T/A;130,T/G;131,T/C
YITCHB251	65,A/G

YITCHB252   26,C;65,G;137,T;156,A

YITCHB253   21,A/T;26,T/G

YITCHB254   51,G

YITCHB255   5,G;9,C;22,G;25,C;37,G;79,A;86,G;88,G;89,G;116,C;135,T;187,A

YITCHB256   16,T/C

YITCHB258   24,A/G;65,A/G;128,T/A

YITCHB259   90,A/G

YITCHB260   84,T/A;161,A/T

YITCHB264   111,C

YITCHB266   25,C;57,C;58,T;136,C;159,C

YITCHB267   102,T

YITCHB268   24,A/C;78,A/G;82,T;86,T/C;126,A/G;148,T/A;167,G

YITCHB270   113,C

YITCHB001   142,T/G

YITCHB002   109,T/C;145,A/C;146,G

YITCHB004   160,T/G

YITCHB007   67,A/G

YITCHB008   15,T/A;65,T/C

YITCHB009   25,T;56,T;181,T;184,C;188,G

YITCHB016   88,G

YITCHB017   45,A/G;132,A/G

YITCHB019   55,A

YITCHB020   3,A/G;7,C/G;28,T/C;43,A;63,A/G;95,A/G;131,G;133,A/C;134,T/A;137,A/C;138,T/C;140,T/C;141,A/G;142,T/C;149,C

YITCHB021   54,A/C;123,A/G;129,T/C;130,A/G

YITCHB023   26,A;28,C;38,T;52,C;57,A;65,A;67,A;72,G;115,T;130,G

YITCHB026   18,A/G

YITCHB027   6,A/G;101,A;124,T/C

YITCHB028   48,T/C;66,T/G;166,C/G

YITCHB030   80,C/G;139,T/C;148,A/G

YITCHB031   88,T/C;125,C

YITCHB034   11,A/G;16,A/C;95,A/C;104,T/C

YITCHB035   7,A/G;33,A/G;44,T/C;124,A/T;137,A/C;158,C/G

YITCHB036   95,T/C;157,A/G

YITCHB037   37,A/G;63,G;76,A/C;82,A/T;90,-/A;91,-/T;100,T/G

YITCHB039   151,T/G

YITCHB040   1,C

YITCHB042   60,G;110,C;114,A;127,T;146,T;167,T

YITCHB044   97,T/C

YITCHB045   48,C

YITCHB047   130,A

YITCHB048   6,A/G;59,A/T;62,A/G;79,T/C

YITCHB049   59,T;75,C

YITCHB050   45,T;51,A/C;59,T;91,T;104,A/G;156,A/G

YITCHB051   7,G;54,T/C;144,A/C

YITCHB053   38,T/C;49,A/T;112,T/C;116,T/C;124,A/G

YITCHB054   116,T/C

YITCHB055   52,T/A

YITCHB057   91,A/G;142,T/C;146,T/G

YITCHB058   2,G;36,G;60,G;79,–;131,T

YITCHB059   4,T/C;22,A/G;76,C/G;114,A/G;196,A/T

YITCHB061   4,C/G;12,T/C;28,A/G;50,T/C;67,T/A;70,T/C;75,A/G;78,T/C;102,A/G;112,T/C; 114,A/G;118,A/G

YITCHB062   94,A/G;96,T/C;169,T/C

YITCHB064   113,A/G

YITCHB065   97,A

YITCHB066   30,T/C

YITCHB067   9,A/G;85,A/G;87,–/G

YITCHB071   92,T/G

YITCHB072   19,T/C;35,A/G;59,T/C;61,T/G;71,A/G;79,C/G;80,T/C;81,A/G;82,A/G;88,T/C; 89,A/G;91,A/G;97,T/A;100,A/G;103,A/C;109,A/G;121,T/C;125,T/C;128,C/G; 130,A/G;137,A/G;141,A/G;150,T/G;166,T/A;169,A/G;172,A/G;175,T/G;182, A/T

YITCHB073   49,G

YITCHB074   98,A/G

YITCHB075   22,C;35,T;98,C;115,A/T

YITCHB076   13,T/C;91,T/C

YITCHB077   77,A/G;88,T/C;104,A/G;145,T/C

YITCHB079   123,A/G

YITCHB080   9,A/G;20,T/C;58,T/C;90,T/C;91,T/C;93,T/C;112,C/G;134,A/C;144,T/G

YITCHB081   51,G;56,T;57,C;58,T;60,C;67,T;68,T;69,C;110,A;116,C;135,G

YITCHB082   52,A

YITCHB083   4,A;28,G;101,T;119,T

YITCHB084   58,A/T;91,A;100,C;119,A/C;149,A/G

YITCHB085   27,T/G;46,C;81,A/T;82,G

YITCHB086   15,T/C;50,T/C;52,A/G;67,C/G;74,A/G;76,A/C;77,C/G;85,A/G;90,T/G;92,T/C; 94,C/G;100,A/G;102,T/G;104,A/C;107,T/G;109,A/G;110,T/A;114,A/G;115,G; 116,T/C;127,T/C;135,A/G;151,A/C;155,T;156,A/T;165,T/C;168,A/C

YITCHB087   111,T

YITCHB089   38,A;52,A;53,C;64,A;89,C;178,T;184,C;196,C;197,A

YITCHB092   118,A

YITCHB094   16,A/C;36,C/G;63,A/G;70,T/C;99,A/G

YITCHB096   24,C;87,T/C

YITCHB097   46,C/G;144,A/G

YITCHB099   74,C;105,A;126,C;179,T;180,C

YITCHB102   57,A/C

YITCHB103   108,A/G

YITCHB104   13,T/G;31,T/G;146,C/G

YITCHB105   36,A/C

YITCHB106   19,C;94,C

YITCHB107   18,A/T;48,A/G;142,T/C

YITCHB108   127,A;153,A/G;172,T/C

YITCHB110   66,A;144,G

YITCHB112   28,T/C;123,C;154,A/T

YITCHB114   18,T;38,C;68,C;70,G;104,C

YITCHB116   29,T

YITCHB117   152,A/G

YITCHB122   51,T/C

YITCHB123   27,T;39,A;49,A;59,T;75,G;89,T;103,A;138,T;150,T;163,A;171,A;175,T;197,T

YITCHB124   130,A

YITCHB126   19,A/G;43,T/C;145,T/A

YITCHB128   7,C;127,A/G

YITCHB130   13,A/G;20,T/C;54,T/C;82,T/C

YITCHB131   32,C;126,A;135,G;184,C

YITCHB132   27,−;46,A;61,A;93,C;132,A;161,T

YITCHB133   23,T/C;28,A/G;70,A/G;82,A/G;83,T/C;102,T/C;111,A/T;117,T/C;120,T/C;
             121,A/G;124,T/G;125,T/C;135,T/G;145,T/C

YITCHB134   72,T/C

YITCHB135   128,T/C

YITCHB136   4,A/C;64,A/C

YITCHB137   110,C

YITCHB138   46,A/G;52,G;94,A/G;101,A/G

YITCHB142   30,T/G;121,T/C;131,C/G;153,C/G

YITCHB143   22,T/G

YITCHB144   130,T/G

YITCHB145   6,A/G;8,A/G;20,A/C;76,A/C;77,C/G;83,A/G;86,T/C

YITCHB147   12,A/G;22,T/G;61,T/A;70,A/G;100,A

YITCHB148   17,A/C;27,T/C;91,T/C

YITCHB150   57,C;58,T

YITCHB151   8,T/C;19,T/A;43,T/G

YITCHB152	31,A/G
YITCHB154	1,A/T
YITCHB159	7,A/G;33,A/G;38,T/C;42,T/C;109,C/G;160,A/G
YITCHB160	59,A/G
YITCHB162	7,T/G;14,T/C;16,A/G;33,T;36,A/G;67,A/G;75,T/C;88,T/C;90,A/C;110,A/G;136,A/C
YITCHB163	41,G;54,T;90,C
YITCHB165	1,A;49,T
YITCHB167	12,G;33,C;36,G;64,C;146,G
YITCHB169	22,T;107,A/G
YITCHB170	56,A
YITCHB171	39,T/C;87,A/T;96,T/C;119,A/C
YITCHB175	12,A/G
YITCHB178	42,A/C;145,A/G;163,A/G
YITCHB181	56,A
YITCHB182	50,T/C
YITCHB184	7,T/C;12,A/G;15,C/G;16,A/G;20,T/C;34,A/G;48,T/C;69,T/C;70,C/G;102,A/G;118,A/G;126,A/G;127,T/C;131,T/A;139,T/C;165,A/C;170,T/C
YITCHB185	20,T/C;49,A/G;71,T/C;74,T/C;86,T/C;104,C;114,T/C;133,C;154,A/G
YITCHB186	19,A/G;44,C/G;46,A/G;57,A/T;75,T/C;82,T/C;86,A/C
YITCHB188	94,T/C
YITCHB189	49,A/G;61,A;88,A/C;147,G
YITCHB191	44,G
YITCHB193	169,T/C
YITCHB195	53,C;111,T
YITCHB197	72,G;121,T;122,T;123,T;167,G;174,G;189,C
YITCHB198	34,T;59,–;60,–;63,G;109,C
YITCHB199	2,T/C;12,T/G;77,C/G;123,C;177,T/C
YITCHB200	19,T/C
YITCHB201	103,A;132,T
YITCHB202	55,T;60,T;88,T;102,T;104,A;115,T;144,A;187,G;197,A
YITCHB208	41,C;84,A
YITCHB209	32,T/C;34,T/C;35,A/G;71,T/C;94,T/C;166,A/G;173,A/G;175,T/C
YITCHB214	15,T/C;155,A/C
YITCHB215	3,A/T;6,T/G;9,A/G;22,A/G;54,T/C;63,T/A;71,A;72,A/C;81,A/G;96,A/G;121,T/C;137,A/G;163,T/G;177,A/G;186,A/G
YITCHB216	43,A

YITCHB217	84,C
YITCHB218	98,A;128,G
YITCHB219	24,A/G;60,T/C;112,A/G
YITCHB223	11,T/C;17,T/C;54,A/G;189,C
YITCHB224	117,A
YITCHB225	24,A/G
YITCHB226	61,C/G;127,T/C
YITCHB228	4,T/C;11,A/G;26,T/A;31,T/C;72,A/G
YITCHB229	45,G;46,T/C;80,T/C;162,T/G
YITCHB230	55,T/C;79,A/C;128,A/G
YITCHB232	86,C
YITCHB234	53,C;123,A
YITCHB237	118,G;120,A;165,T;181,A
YITCHB238	23,T/G;75,T/A;76,A/G;108,C/G
YITCHB242	22,T/C;65,A/G;94,T/C
YITCHB243	86,T;98,A;131,C;162,A
YITCHB245	144,A/G;200,A/C
YITCHB246	2,A/G;25,T/C;89,A/G
YITCHB247	23,G;109,A
YITCHB248	50,A/G
YITCHB250	21,T/C;50,T/C;51,G;54,T/C;55,A/G;56,T/C;78,T/C;81,T/C;83,A/G;90,A/G; 94,T/C;98,T/C;99,A/T;119,A/C;125,T/A
YITCHB251	65,A/G
YITCHB252	26,C;65,G;137,T;156,A
YITCHB253	21,A;26,T/G
YITCHB254	51,A/G
YITCHB255	5,G;9,C;22,G;25,C;37,G;79,A;86,G;88,G;89,G;116,C;135,T;187,A
YITCHB256	11,A
YITCHB257	68,T/C
YITCHB258	24,G;65,A/G;128,T/A;191,T/C
YITCHB260	84,T;161,A
YITCHB261	17,T/C;74,A/G;119,T/G
YITCHB263	22,T/G;84,A/G;93,C;144,G;146,A/G;181,G
YITCHB264	5,T/A;15,A/G;22,T/C;35,A/G;63,A/G;79,T/C;97,C/G;99,A/G;105,A/G;108,T/ C;110,A/G;111,C;113,A/G;114,T/C;132,T/C;137,A/G;144,T/C
YITCHB265	64,T/C;73,A/T;97,C;116,T/G
YITCHB266	25,C;57,C;58,T;136,C;159,C

YITCHB267　　42,T/A;102,T/G

YITCHB268　　24,A/C;44,A/G;82,T/G;86,T/C;123,A/G;126,A/G;137,T/C;148,A/T;166,A/C;
　　　　　　　167,A/G

YITCHB269　　60,A

YITCHB270　　12,T

YITCHB001   142,T/G

YITCHB002   145,A;146,G

YITCHB003   83,A/G;96,A/T

YITCHB007   67,A/G

YITCHB008   15,A/T;65,T/C

YITCHB016   88,G

YITCHB017   63,A/C;132,A/G

YITCHB019   55,A

YITCHB021   54,A/C;123,A/G;129,T/C;130,A/G

YITCHB023   26,A;28,C;38,T;52,C;57,A;65,A;67,A;72,G;115,T;130,G

YITCHB026   18,G

YITCHB027   6,A/G;101,A;124,T/C

YITCHB031   88,T/C;125,C

YITCHB033   93,A

YITCHB035   7,A/G;33,A/G;44,T/C;124,T/A;137,A/C;158,C/G

YITCHB036   57,T/A;67,T/C;72,T/C;95,T/C;157,A/G

YITCHB037   63,G;82,T;90,T;91,T;100,G;123,–;124,–

YITCHB039   28,T/C;29,T/A;53,T/C;74,A/G;76,T/C;89,T/G;93,A/G;130,T/C;151,T/G;156,
T/G

YITCHB040   1,C

YITCHB042   17,A/G;60,A/G;99,T/C;110,T/C;114,A/G;127,T;137,T/C;146,T/C;154,T/C;
167,T

YITCHB044   97,T/C

YITCHB045   48,C

YITCHB047   130,A/G

YITCHB048   59,A/T;62,A/G;79,T/C;80,T/C;81,A/G

YITCHB049   41,C/G;53,T/C;59,T/C;75,C;99,A/C

YITCHB050   45,T;59,T;91,T;121,A/G;156,A/G

YITCHB051   7,G;54,T/C;144,A/C

YITCHB055   52,T/A

YITCHB056   60,A/T;124,T/G;125,T/G;147,A/G

YITCHB057   91,G;142,T;146,G

YITCHB058   2,A/G;36,A/G;60,A/G;131,T/C

YITCHB059   4,T/C;22,A/G;76,C/G;114,A/G;196,T/A

YITCHB061   4,C;28,A;67,A

YITCHB064   113,A

YITCHB067   9,A/G;85,A/G;87,–/G

YITCHB071   92,T/G;105,A/G

YITCHB072   2,C/G;19,T/C;35,A/G;59,T/C;61,T/G;64,A/G;65,C/G;67,A/G;71,A/G;79,C/G;
80,A/T/C;81,A/G;82,A/G;88,T/C;89,A/G;91,A/G;97,A/T;100,A/G;103,A/C;
109,A/G;118,T/C;121,T/C;122,T/C;125,T/C/G;126,T/G;128,C/G;130,A/T/G;
137,A/G;141,A/G;150,T/G;160,T/C;166,A/T;169,A/G;172,A/G;175,T/G;182,
T/A

YITCHB073   49,G

YITCHB075   22,C;35,T;98,C/G

YITCHB076   13,T/C;82,A/T;91,T/C;109,A/C

YITCHB077   77,A/G;88,T/C;104,A/G;145,T/C;146,A/G

YITCHB079   123,A/G

YITCHB081   51,G;56,T;57,C;58,T;60,C;67,T;68,T;69,C;110,A;116,C;135,G

YITCHB082   52,A

YITCHB083   4,T/A;28,T/G;101,T/G;119,T/C

YITCHB084   91,A/G;100,C/G;119,A/C

YITCHB085   46,C;82,G

YITCHB086   15,T/C;50,T/C;52,A/G;67,C/G;74,A/G;76,A/C;77,C/G;85,A/G;90,T/G;92,T/C;
94,C/G;100,A/G;102,T/G;104,A/C;107,T/G;109,A/G;110,T/A;114,A/G;115,A/
G;116,T/C;127,T/C;135,A/G;151,A/C;155,T;156,A/T;165,T/C;168,G/A/C

YITCHB087   111,T

YITCHB089   14,T/C;38,A/G;52,A/G;53,T/C;64,A/C;89,T/C;178,T/C;184,T/C;196,T/C;197,
A/G

YITCHB092   118,A/G

YITCHB094   16,A/C;36,C/G;63,A/G;70,T/C;99,A/G

YITCHB096   24,T/C;87,T/C

YITCHB097   46,C/G;144,A/G

YITCHB099   74,C;105,A;126,C;179,T;180,C

YITCHB100   12,T/C

YITCHB102   52,A/G;57,A/C

YITCHB104   13,T/G;31,T/G;146,C/G

YITCHB106   19,C;94,C

YITCHB108   127,A/C

YITCHB110   66,A;144,G

YITCHB112 28,T/C;36,T/C;57,A/G;96,A/G;103,A/G;120,T/C;123,T/C;154,A/T;162,T/C

YITCHB113 182,A/T;192,A/G

YITCHB114 18,T/C;25,A/G;38,T/C;68,C;70,C/G;104,T/C

YITCHB116 29,T

YITCHB117 152,A

YITCHB121 133,T;135,G;136,–;168,T/C;187,G

YITCHB124 130,A

YITCHB126 19,A/G;43,T;145,T/A

YITCHB127 65,A/G;82,A/C;132,A/C

YITCHB128 7,C;135,G

YITCHB130 7,T/A;11,T/C;13,A/G;20,C;36,T/C;54,C;82,T/C;141,A/G

YITCHB132 34,T/C;132,A

YITCHB133 23,T/C;28,A/G;70,A/G;82,A/G;83,T/C;102,T/C;111,T/A;117,T/C;120,T/C;121,A/G;124,T/G;125,T/C;135,T/G;145,T/C

YITCHB134 72,T/C

YITCHB135 103,C/G;128,T/C;178,T/C

YITCHB136 64,C

YITCHB137 110,C

YITCHB138 46,A;52,G

YITCHB141 39,C

YITCHB142 2,T/C;28,T/C;30,T/G;46,A/G;102,T/C;150,C/G;152,A/G;153,C/G

YITCHB143 22,T/G

YITCHB145 6,A/G;8,A/G;20,A/C;76,A/C;77,C/G;83,A/G;86,T/C

YITCHB146 29,A/G;75,T/G;103,A/G;134,A/G

YITCHB147 100,A

YITCHB148 17,A/C;27,T/C;91,T/C

YITCHB150 57,C;58,T

YITCHB151 8,T/C;19,A/T;43,T/G

YITCHB152 31,A/G

YITCHB154 1,T/A

YITCHB157 69,A

YITCHB159 7,A/G;33,A/G;38,T/C;42,T/C;109,C/G;160,A/G

YITCHB160 33,C/G;59,A/G;66,A/C

YITCHB162 7,T;16,G;33,T;136,C

YITCHB165 1,A;49,T

YITCHB167 12,G;33,C;36,G;64,C;146,G

YITCHB169 22,T;107,A/G

YITCHB170	56,A
YITCHB171	39,T/C;87,T/A;96,T/C;119,A/C
YITCHB176	13,A/C;25,A/G;26,A/G;82,A/G;105,T/C
YITCHB177	28,T/G;30,A/G;42,C/G;55,T/G/A;95,T/G;107,A/G;125,T/C;127,A/G;135,T/G
YITCHB178	42,A/C;145,A/G;163,A/G
YITCHB179	2,C
YITCHB182	50,T/C
YITCHB184	14,A/G;15,T/G;16,A/G;20,T/C;21,A/T/G;22,T/G;34,C/G;44,T/C;50,A/G;68,A/G;70,C/G;71,T/C;85,T/C;102,A/G;107,T/C;118,A/G;139,T/C;152,A/G;160,T/C;165,A/C
YITCHB185	74,T/C;104,T/C;133,C/G
YITCHB186	19,A/G;44,C/G;46,A/G;57,T/A;75,T/C;82,T/C;86,A/C
YITCHB187	130,A/G
YITCHB189	61,A;147,G
YITCHB191	44,G
YITCHB192	46,T;73,G
YITCHB193	169,T/C
YITCHB195	53,C;111,T
YITCHB197	72,G;121,T;122,T;123,T;167,G;174,G;189,C
YITCHB198	34,T/A;63,A/G;109,T/C
YITCHB199	2,T/C;12,T/G;123,T/C;177,T/C
YITCHB200	19,C
YITCHB201	103,A;132,T
YITCHB202	55,T;60,T;88,T;102,T;104,A;115,T;144,A;187,G;197,A
YITCHB208	41,C;84,A
YITCHB215	3,A/T;6,T/G;9,A/G;22,A/G;54,T/C;63,T/A;71,A;72,A/C;81,A/G;96,A/G;121,T/C;137,A/G;163,T/G;177,A/G;186,A/G
YITCHB216	43,A
YITCHB219	9,T;112,G
YITCHB220	58,G
YITCHB223	11,T;54,A;189,C
YITCHB224	117,A
YITCHB225	24,G
YITCHB226	61,C/G;127,T/C
YITCHB228	11,A/G;26,T/A;72,A/G
YITCHB229	45,C/G;46,T/C;80,C/G;162,T/G
YITCHB230	55,T/C;79,A/C;128,A/G

YITCHB232	86,C
YITCHB234	53,C
YITCHB237	118,G;120,A;165,T;181,A
YITCHB238	23,T/G
YITCHB242	22,T/C;65,A/G;94,T/C
YITCHB243	86,T;98,A;131,C;162,A
YITCHB245	144,A/G;200,A/C
YITCHB246	2,A/G;25,T/C;89,A/G
YITCHB247	23,G;109,A
YITCHB248	50,A/G
YITCHB250	21,T/C;51,G;54,T/C;55,A/G;56,T/C;78,T/C;98,T/C;99,A/T;125,T/A
YITCHB251	65,A/G
YITCHB252	26,C;65,G;137,T;156,A
YITCHB253	21,A;26,T/G
YITCHB254	4,T/C;6,A/G;51,G;109,A/C
YITCHB255	5,G;9,C;22,G;25,C;37,G;79,A;86,G;88,G;89,G;116,C;135,T;187,A
YITCHB256	11,A/G
YITCHB258	24,A/G;191,T/C
YITCHB259	90,A
YITCHB260	78,T/C;84,T/A;161,A/T;177,A/G;189,A/C
YITCHB261	103,A/G;119,T/G
YITCHB264	5,A/T;8,A/T;22,T/C;35,A/G;51,T/C;79,T/C;97,C/G;99,A/G;105,A/G;108,T/C;111,T/C;113,A/G;114,T/C;132,T/C;137,A/G;144,T/C
YITCHB265	64,T;73,T;97,C;116,G
YITCHB266	25,A/C;37,T/C;57,A/C;58,T/A
YITCHB267	42,A;102,T
YITCHB268	24,C;44,A;82,T;86,C;123,G;126,A;137,T;148,T;166,C;167,G
YITCHB269	60,A
YITCHB270	12,T

YITCHB001　142,G

YITCHB002　109,T/C;145,A/C;146,G

YITCHB003　83,A/G;96,T/A

YITCHB006　110,T/C

YITCHB007　67,A/G

YITCHB008　15,A/T;65,C

YITCHB009　25,T;56,T;181,T;184,C;188,G

YITCHB011　156,A

YITCHB016　88,G

YITCHB017　63,A/C;132,A/G

YITCHB019　55,A

YITCHB020　28,T;43,A;63,A;95,A;131,G;133,A;134,T;137,C;138,C;140,T;141,G;142,C;
149,C

YITCHB021　54,A/C;123,A/G;129,T/C;130,A/G

YITCHB023　26,A;28,C;38,T;52,C;57,A;65,A;67,A;72,G;115,T;130,G

YITCHB026　18,A/G

YITCHB027　67,A/G;101,A

YITCHB031　88,T/C;125,C;161,T/G

YITCHB035　7,A/G;33,A/G;44,C;124,T/A;137,A/C;158,G

YITCHB036　95,T/C;157,A/G

YITCHB037　37,A/G;63,G;76,A/C;82,A/T;90,-/A;91,-/T;100,T/G

YITCHB039　151,T/G

YITCHB040　1,C

YITCHB042　60,G;110,C;114,A;127,T;146,T;167,T

YITCHB044　97,T/C

YITCHB045　48,C

YITCHB047　130,A

YITCHB048　59,A/T;62,A/G;79,T/C

YITCHB049　59,T;75,C

YITCHB050　45,T;51,A/C;59,T;91,T;104,A/G;156,A/G

YITCHB051　7,G;54,T/C;144,A/C

YITCHB053　38,T/C;49,A/T;112,T/C;116,T/C;124,A/G

YITCHB054　116,T/C

YITCHB057	91,A/G;142,T/C;146,T/G
YITCHB059	4,T;22,A;76,C;114,A;196,A
YITCHB061	4,C;28,A;67,A
YITCHB062	94,A/G;96,T/C;169,T/C
YITCHB064	113,A/G
YITCHB066	30,T/C
YITCHB067	9,A;85,A;87,G
YITCHB068	144,T;165,A
YITCHB072	19,T/C;35,A/G;59,T/C;61,T/G;71,A/G;79,C/G;80,T/C;81,A/G;82,A/G;88,T/C;89,A/G;91,A/G;97,A/T;100,A/G;103,A/C;109,A/G;121,T/C;125,T/C;128,C/G;130,A/G;137,A/G;141,A/G;150,T/G;166,A/T;169,A/G;172,A/G;175,T/G;182,T/A
YITCHB073	49,G
YITCHB074	98,A/G
YITCHB075	22,C;35,T;98,C;115,T/A
YITCHB076	13,T;82,A/T;91,T;109,A/C
YITCHB077	77,A;88,T;104,A;145,T;146,G
YITCHB079	123,A/G
YITCHB080	9,A/G;20,T/C;58,T/C;90,T/C;91,T/C;93,T/C;112,C/G;134,A/C;144,T/G
YITCHB081	51,G;56,T;57,C;58,T;60,C;67,T;68,T;69,C;110,A;116,C;135,G
YITCHB082	52,A
YITCHB083	4,A;28,G;101,T;119,T
YITCHB085	27,T/G;46,C;81,T/A;82,G
YITCHB086	15,T/C;50,T/C;52,A/G;67,C/G;74,A/G;76,A/C;77,C/G;85,A/G;90,T/G;92,T/C;94,C/G;100,A/G;102,T/G;104,A/C;107,T/G;109,A/G;110,T/A;114,A/G;115,G;116,T/C;127,T/C;135,A/G;151,A/C;155,T;156,A/T;165,T/C;168,A/C
YITCHB087	111,T
YITCHB089	14,T/C;38,A/G;52,A/G;53,T/C;64,A/C;89,T/C;178,T/C;184,T/C;196,T/C;197,A/G
YITCHB092	118,A/G
YITCHB093	95,T/G;107,T/G;132,A/G;166,T/G
YITCHB094	16,A/C;36,C/G;63,A/G;70,T/C;99,A/G
YITCHB096	24,C;87,T/C
YITCHB097	31,T/C;46,C/G
YITCHB099	74,C;105,A;126,C;179,T;180,C
YITCHB100	12,T/C
YITCHB102	52,A/G;57,A/C

YITCHB104	146,G
YITCHB106	19,C;58,A/G;94,C;97,T/C
YITCHB107	18,T/A;48,A/G;142,T/C
YITCHB108	127,A/C
YITCHB112	28,T/C;36,T/C;57,A/G;96,A/G;103,A/G;120,T/C;123,T/C;154,T/A;162,T/C
YITCHB114	18,T;38,C;68,C;70,G;104,C
YITCHB115	112,A/G;128,T/C
YITCHB116	29,T
YITCHB117	152,A
YITCHB118	22,T;78,C;102,T
YITCHB123	27,T;39,A;49,A;59,T;75,G;89,T;103,A;138,T;150,T;163,A;171,A;175,T;197,T
YITCHB124	130,A
YITCHB126	43,T/C
YITCHB127	65,A/G;82,A/C;132,A/C
YITCHB128	7,C;127,A/G
YITCHB130	13,A/G;20,T/C;54,T/C;82,T/C
YITCHB131	32,C;126,A;135,G;184,C
YITCHB132	27,–;46,A;61,A;93,C;132,A;161,T
YITCHB136	4,A/C;64,A/C
YITCHB137	110,C
YITCHB138	46,A;52,G
YITCHB142	2,T/C;28,T/C;30,T/G;46,A/G;102,T/C;150,C/G;152,A/G;153,C/G
YITCHB143	22,G
YITCHB145	6,A/G;8,A/G;20,A/C;76,A/C;77,C/G;83,A/G;86,T/C
YITCHB146	29,A/G;75,T/G;103,A/G;134,A/G
YITCHB147	100,A
YITCHB148	17,A/C;27,T/C;91,T/C
YITCHB150	57,C;58,T
YITCHB151	8,T/C;19,T/A;43,T/G
YITCHB152	31,A/G
YITCHB156	82,T
YITCHB157	69,A
YITCHB158	96,C
YITCHB159	7,G;11,T/C;33,A/G;38,T;42,T;109,C/G;160,A/G
YITCHB160	33,C/G;59,A;66,A/C
YITCHB162	7,T/G;14,T/C;16,A/G;33,T;75,T/C;136,A/C
YITCHB163	41,A/G;54,T/C;90,T/C

YITCHB165	1,A;10,T
YITCHB166	30,T/C
YITCHB168	21,A/G;73,A/G
YITCHB169	22,T;107,A
YITCHB170	56,A
YITCHB171	39,T/C;87,T/A;96,T/C;119,A/C
YITCHB176	13,A;25,A;26,A;82,A;105,C
YITCHB177	28,T/G;30,A/G;42,C/G;55,T/G/A;95,T/G;107,A/G;125,T/C;127,A/G;135,T/G
YITCHB178	42,A/C;145,A/G;163,A/G
YITCHB179	2,C
YITCHB182	50,T/C
YITCHB185	74,T/C;104,T/C;133,C/G
YITCHB186	19,A/G;44,C/G;46,A/G;57,T/A;75,T/C;82,T/C;86,A/C
YITCHB187	130,A/G
YITCHB189	49,A/G;61,A;88,A/C;147,G
YITCHB191	44,T/G
YITCHB192	45,A
YITCHB193	155,A/T;169,T/C
YITCHB195	53,C;111,T
YITCHB197	72,A/G;121,−/T;122,−/T;123,−/T;167,G;174,A/G;189,A/C
YITCHB198	34,T;59,−;60,−;63,G;109,C
YITCHB199	2,T/C;12,T/G;77,C/G;123,C;177,T/C
YITCHB200	19,T/C
YITCHB201	103,A;132,T
YITCHB202	55,T;60,T;88,T;102,T;104,A;115,T;144,A;187,G;197,A
YITCHB208	41,C;84,A
YITCHB209	32,T/C;34,T/C;35,A/G;71,T/C;94,T/C;166,A/G;173,A/G;175,T/C
YITCHB212	38,C/G;105,C/G
YITCHB215	71,A;72,A
YITCHB216	43,A
YITCHB219	9,T;112,G
YITCHB220	58,G
YITCHB223	11,T;54,A;189,C
YITCHB224	117,A
YITCHB225	24,A/G
YITCHB228	11,A/G;26,T/A;72,A/G
YITCHB229	45,G;46,T/C;80,T/C;162,T/G

YITCHB230   128,A

YITCHB232   86,C

YITCHB233   152,A

YITCHB234   53,C

YITCHB237   118,A/G;120,A/C;165,A/T;181,A/C

YITCHB238   23,T/G;75,T/A;76,A/G;108,C/G

YITCHB242   22,T/C;65,A/G;94,T/C

YITCHB243   86,T;98,A;131,C;162,A

YITCHB246   2,A/G;19,A/C;25,C;89,A

YITCHB247   23,G;109,A

YITCHB248   50,A/G

YITCHB250   18,A/G;21,T/C;51,G;54,T/C;55,A/G;56,T/C;78,T/C;81,T/C;83,A/G;88,T/C;98,T/C;99,A/T;125,T/A;126,T/G

YITCHB251   65,A/G

YITCHB253   21,T/A

YITCHB254   4,T/C;6,A/G;51,A/G;109,A/C

YITCHB255   5,A/G;9,T/C;22,A/G;25,T/C;37,T/G;79,A/G;86,A/G;88,A/G;89,A/G;116,T/C;128,C/G;135,T/C;155,T/C;175,T/C;187,A/G;195,T/C

YITCHB256   11,A/G

YITCHB258   24,A/G;191,T/C

YITCHB259   90,A

YITCHB260   84,T;161,A

YITCHB261   17,T/C;74,A/G;119,T/G

YITCHB263   22,T/G;84,A/G;93,C;144,G;181,G

YITCHB264   5,T/A;15,A/G;22,T/C;35,A/G;79,T/C;97,C/G;99,A/G;105,A/G;108,T/C;110,A/G;111,C;113,A/G;114,T/C;132,T/C;137,A/G;144,T/C

YITCHB265   64,T/C;73,A/T;97,C;116,T/G

YITCHB266   25,C;57,C;58,T;136,C;159,C

YITCHB268   24,C;44,A;82,T;86,C;123,G;126,A;137,T;148,T;166,C;167,G

YITCHB269   60,A

YITCHB270   12,T

YITCHB001	25,T/C;43,T/C;66,T/C;67,T/C
YITCHB002	109,T
YITCHB004	160,T
YITCHB006	110,T
YITCHB007	67,A/G
YITCHB009	11,A
YITCHB011	156,A
YITCHB014	9,T/C
YITCHB016	88,A/G
YITCHB017	63,A/C;132,A/G
YITCHB019	55,A
YITCHB020	28,T/C;43,T/A;63,A/G;95,A/G;131,T/G;133,A/C;134,A/T;137,A/C;138,T/C; 140,T/C;141,A/G;142,T/C;149,T/C
YITCHB023	26,A;28,T/C;38,T;52,A/C;57,A/G;64,A/C;65,A;67,A/G;72,T/G;115,A/T;121, A/C;130,A/G
YITCHB025	10,T
YITCHB026	18,G
YITCHB027	67,A;101,A
YITCHB031	88,C;125,C
YITCHB033	93,A/C
YITCHB034	29,A/C
YITCHB035	7,A/G;33,A/G;44,T/C;124,T/A;137,A/C;158,C/G
YITCHB037	63,G;82,T;90,T;91,T;100,G;123,–;124,–
YITCHB039	151,T
YITCHB040	1,C
YITCHB042	60,A/G;110,T/C;114,A/G;127,T;146,T/C;167,T
YITCHB045	48,C
YITCHB047	130,A/G
YITCHB048	6,A/G;59,T/A;62,A/G;79,T/C;80,T/C;81,A/G
YITCHB049	41,C/G;53,T/C;59,T/C;75,C;99,A/C
YITCHB050	45,T;59,T;91,T;121,A/G;156,A/G
YITCHB051	7,T/G;54,T/C;105,T/C;136,A/G
YITCHB052	13,C;49,T;50,C;113,T;151,C;171,C

YITCHB053   4,A/G;38,T/C;124,A/G

YITCHB054   116,C

YITCHB057   91,G;142,T/C;146,T/G;172,C/G

YITCHB058   2,A/G;36,A/G;60,A/G;131,T/C

YITCHB059   4,T/C;22,A/G;76,C/G;114,A/G;196,T/A

YITCHB061   4,C;28,A;67,A

YITCHB062   94,A/G;96,T/C

YITCHB064   113,A

YITCHB067   9,A/G;85,A/G;87,−/G

YITCHB072   19,T/C;35,A/G;59,T/C;61,T/G;71,A/G;79,C/G;80,T/C;81,A/G;82,A/G;88,T/C;
89,A/G;91,A/G;97,A/T;100,A/G;103,A/C;109,A/G;121,T/C;125,T/C;128,C/G;
130,A/G;137,A/G;141,A/G;150,T/G;166,A/T;169,A/G;172,A/G;175,T/G;182,
T/A

YITCHB073   49,T/G

YITCHB074   98,A/G

YITCHB075   22,T/C;35,T/C;98,C/G

YITCHB076   13,T/C;91,T/C

YITCHB077   77,A/G;88,T/C;104,A/G;145,T/C

YITCHB079   123,A/G

YITCHB080   9,A/G;20,T/C;58,T/C;90,T/C;91,T/C;93,T/C;112,C/G;134,A/C;144,T/G

YITCHB081   51,G;56,T;57,C;58,T;60,C;67,T;68,T;69,C;110,A;116,C;135,G

YITCHB082   52,A/G

YITCHB084   58,T/A;91,A/G;100,C/G;149,A/G

YITCHB085   27,T/G;46,C;81,A/T;82,G

YITCHB086   115,A/G;155,T/G;168,A/G

YITCHB087   111,T

YITCHB089   38,A;52,A;53,C;64,A;89,C;178,T;184,C;196,C;197,A

YITCHB091   107,T/G;120,A/G

YITCHB093   95,T/G;107,T/G;132,A/G;166,T/G

YITCHB094   16,C;36,C/G;53,A/T;63,A/G;70,C;99,A/G

YITCHB096   24,T/C

YITCHB099   74,C;105,A;126,C;179,T;180,C

YITCHB102   57,A/C

YITCHB104   13,T/G;31,T/G;34,C/G;146,C/G

YITCHB107   18,T/A;48,A/G;142,T/C

YITCHB108   127,A/C

YITCHB109   1,T;6,G;50,G;92,G

YITCHB112	35,A/C;36,T;57,A/G;96,A/G;103,A;120,T/C;122,T/G;129,A/G;142,T/C;162,T
YITCHB113	182,T;192,A
YITCHB114	18,T;38,C;68,C;70,G;104,C
YITCHB116	29,-/T;147,T/G
YITCHB117	152,A/G
YITCHB118	22,T;78,C;102,T
YITCHB119	56,C/G;98,A/T;119,A
YITCHB121	133,T;135,G;136,-;187,G
YITCHB123	27,T;39,A;49,A;56,A;66,A;69,T;75,G;104,A;125,T;135,G;138,T;175,T
YITCHB124	130,A/G
YITCHB126	43,T/C;145,A/T
YITCHB127	65,A;82,C;132,A
YITCHB128	7,C
YITCHB130	13,A/G;20,T/C;54,T/C;82,T/C
YITCHB131	32,C;135,G;184,C
YITCHB132	46,A/C;61,A/C;93,A/C;132,A/G;161,T/C
YITCHB133	1,A/G
YITCHB136	4,A/C;64,C
YITCHB139	8,A/G;10,T/C;30,A/G;36,T/A;37,T/A;47,C/G;120,T/C
YITCHB142	30,T/G;121,T/C;131,C/G;153,C/G
YITCHB143	22,G
YITCHB145	6,A;8,G;20,A
YITCHB147	12,A;22,G;61,T;70,A;100,A
YITCHB148	27,T/C;91,T/C
YITCHB149	87,T/C;112,A/T;135,A/G
YITCHB150	57,C;58,T
YITCHB151	15,T/C;19,A/C;43,T/G;58,A/G;90,A/G
YITCHB152	31,A
YITCHB154	1,A/T;4,T/C;87,T/C
YITCHB155	65,T;95,T;138,A
YITCHB156	82,T
YITCHB158	96,C
YITCHB159	7,G;11,T/C;25,A/G;38,T;42,T;92,C/G;160,A/G
YITCHB160	15,T;48,A;59,A
YITCHB161	31,G
YITCHB162	10,C;13,A;16,C;33,T;34,A;55,A;75,T
YITCHB163	41,G;54,T;90,C

YITCHB165	1,A;49,A/T;69,T/C;118,A/G;120,T/A;126,T/C;127,T/G
YITCHB166	30,T/C
YITCHB167	12,A/G;33,C/G;36,A/G;64,A/C;146,A/G
YITCHB168	21,A/G;73,A/G
YITCHB169	22,T;107,A
YITCHB171	14,A/C;39,T/C;87,A/T;96,T/C;119,A/C
YITCHB176	13,A/C;25,A/G;26,A/G;82,A/G;105,T/C
YITCHB177	28,T/G;30,A/G;42,C/G;55,T/G;95,T/G;127,A/G;135,T/G
YITCHB178	42,A/C;145,A/G;163,A/G
YITCHB181	56,A
YITCHB183	53,A;59,G;80,A;115,T;155,C
YITCHB184	14,A/C;22,A/G;50,A/G;70,C/G;82,C/G;85,T/C;102,A/G;121,A/T;139,T/C;154,A/G;172,T/C
YITCHB185	20,C;49,A;71,T;86,C;104,C;114,T;133,C;154,G
YITCHB186	19,A/G;46,A/G;47,A/G;57,A/T;75,T/C;82,T/C;86,A/C
YITCHB187	130,A/G
YITCHB189	49,A/G;61,A/C;147,G
YITCHB190	90,T/A
YITCHB191	1,T/C;44,G
YITCHB192	46,T/G;73,A/G
YITCHB193	169,C
YITCHB195	53,T/C;108,A/G;111,T/C
YITCHB196	44,T/C;101,T/C
YITCHB197	72,G;121,T;122,T;123,T;167,G;174,G;189,C
YITCHB198	34,A/T;63,A/G;109,T/C
YITCHB199	77,C;123,C
YITCHB201	103,A;132,T
YITCHB202	55,T;60,T;88,T;102,T;104,A;115,T;144,A;187,G;197,A
YITCHB203	125,T/C;154,A/G
YITCHB208	41,C;84,A
YITCHB209	1,T/C;11,A/G;32,T;34,C;35,A/G;71,T/C;94,T;149,T/C;166,G;173,A/G;175,C
YITCHB210	130,A/C;154,A/G
YITCHB211	113,T;115,G
YITCHB216	43,A/G
YITCHB219	24,A/G;60,T/C;112,A/G
YITCHB224	1,A/G;36,A/G;79,T/C;117,-/A;118,T/C
YITCHB227	120,T/C

YITCHB228　　11,G;26,T

YITCHB229　　45,C/G;46,T/C;80,C/G;162,T/G

YITCHB230　　55,C

YITCHB231　　104,T

YITCHB233　　1,A/T;2,A/T;3,T/G;4,T/G;7,T/C;50,A/G;152,–/A

YITCHB234　　53,–/C;123,A/G

YITCHB237　　118,G;120,A;165,T;181,A

YITCHB242　　22,T/C;67,T/C

YITCHB243　　86,T/C;98,A/G;131,C;162,A/G

YITCHB244　　32,T/G;161,T/G

YITCHB245　　200,C

YITCHB246　　25,T/C;89,A/G

YITCHB247　　23,G;109,A

YITCHB250　　21,T/C;50,T/C;51,T/G;54,T/C;55,A/G;56,T/C;78,T/C;81,T/C;83,A/G;90,A/G;
　　　　　　　94,T/C;98,T/C;99,A/T;119,A/C;125,T/A

YITCHB251　　65,A/G

YITCHB253　　21,A/T

YITCHB254　　4,C;6,A;51,G;109,C

YITCHB255　　5,A/G;9,T/C;22,A/G;25,T/C;37,T/G;79,A/G;86,A/G;88,A/G;89,A/G;116,T/C;
　　　　　　　135,T/C;187,A/G

YITCHB256　　16,C

YITCHB257　　10,T/G;47,T/A;72,A/G;87,A/G

YITCHB258　　24,G;65,A/G;128,T/A;191,T/C

YITCHB259　　90,A

YITCHB261　　17,C;74,A;119,G

YITCHB263　　26,A/G;36,T/C;43,G;93,T/C;104,T/C;144,A/G

YITCHB264　　8,T/A;51,T/C

YITCHB265　　64,T/C;73,A/T;97,C;116,T/G

YITCHB266　　25,A/C

YITCHB267　　102,T/G

YITCHB268　　82,T/G;167,A/G

YITCHB269　　60,A

YITCHB270　　12,T/C;113,A/C

YITCHB001   25,T/C;43,T/C;66,T;67,T/C;81,T/C
YITCHB002   109,T;146,C/G
YITCHB003   83,A/G;96,T/A
YITCHB004   172,A/G
YITCHB008   15,T/A;65,T/C
YITCHB009   11,T;184,C
YITCHB017   45,A/G;132,A/G
YITCHB019   55,A/T;106,A/G
YITCHB022   19,T/C;20,A/G;30,A/G;41,A/G;49,A/G;54,C;67,G;68,C
YITCHB023   20,T/C;26,T/A;38,T/G;65,A/G
YITCHB024   46,T/C
YITCHB026   18,A/G
YITCHB028   48,T/C;72,A/G;125,T/C;166,C/G
YITCHB030   80,C/G;139,T/C;148,A
YITCHB031   88,T/C;125,C
YITCHB033   93,A/C
YITCHB035   7,A/G;33,A/G;44,T/C;124,T/A;137,A/C;158,C/G
YITCHB036   95,T/C;157,A/G
YITCHB037   37,A/G;63,A/G;76,A/C
YITCHB038   18,T;40,T;94,T;113,C;202,T;203,A;204,G
YITCHB039   76,T/C;93,A/G;151,T;156,T/G
YITCHB040   1,C
YITCHB042   17,A/G;99,T/C;127,T/C;137,T/C;154,T/C;167,T/A
YITCHB045   48,C
YITCHB048   59,A/T;62,A/G;79,T/C
YITCHB049   41,C/G;53,T/C;75,T/C;99,A/C
YITCHB050   45,T/C;59,T/C;91,T/A;121,A/G
YITCHB051   7,T/G;54,T/C;105,T/C;144,A/C
YITCHB054   116,T/C
YITCHB056   124,T/G;147,A/G;157,T/G;196,A/G
YITCHB057   91,G;136,T/C;142,T/C;146,T/G
YITCHB058   2,G;36,G;60,G;79,-;131,T
YITCHB059   22,A/G

YITCHB061	4,C/G;12,T/C;28,A;50,T/C;67,T/A
YITCHB065	67,T/C;79,A/C;80,T/G;97,A/G;178,A/G
YITCHB066	30,T
YITCHB067	9,A/G;85,A/G;87,−/G
YITCHB071	5,A/G;10,A/G;18,A/G;54,T/C;80,A/G;90,T/A;100,A/C;103,T/C;111,T/C
YITCHB072	8,T/C;19,T/C;25,T/G;35,A/G;52,T/G;53,A/T;59,T/C;61,G;67,A/G;68,T/C;71,A/G;77,T/G;79,C/G;80,T/A/C;81,A/G;82,A/G;88,T/C;89,A/G;91,A/G;97,T/A;100,A/G;103,A/C;109,A/G;119,A/G;121,T/C;125,T/C;128,C/G;130,A/T/G;132,A/T;133,T/C;137,A/G;141,A/G;149,A/T;150,T/G;153,T/C;160,T/C;161,A/G;166,T/A;169,A/G;172,A/G;175,T/G;177,T/C;182,A/T
YITCHB073	49,G
YITCHB075	22,C;35,T;98,C/G
YITCHB076	13,T/C;34,C/G;91,T/C
YITCHB079	123,A/G
YITCHB081	51,A/G;52,T/C;56,T;57,C;58,T;60,C;67,T;68,T;69,C;95,A/G;109,A/G;110,A/G;114,A/C;116,T/C;135,A/G
YITCHB084	52,T/G;58,A/T;90,A/G;91,A;100,C;119,A/C;133,A/C
YITCHB085	46,C/G;81,T;82,G
YITCHB086	155,T;168,A
YITCHB091	133,A/C;151,T/C
YITCHB092	118,A/G
YITCHB094	16,A/C;36,C/G;63,A/G;70,T/C;99,A/G
YITCHB096	24,T/C
YITCHB099	74,T/C;105,A/G;126,T/C;179,T/A;180,T/C
YITCHB100	12,T/C;15,A/G;80,A/G;126,A/C;153,A/C
YITCHB102	27,A/C;32,T/G;52,A/G;57,C;59,A/T;65,T/C;111,T/C;116,A/G
YITCHB104	146,C/G
YITCHB105	36,A
YITCHB107	18,A/T;48,A/G;142,T/C
YITCHB108	69,T/G;127,A/C
YITCHB109	1,T;6,G
YITCHB112	80,A
YITCHB114	25,G;37,T/A;68,T/C;70,C/G;104,T/C
YITCHB116	29,−/T;104,T/C;147,T/G
YITCHB117	87,A/G;104,A/G;117,A/G;136,A/C;152,A/G;164,A/G
YITCHB118	22,T;78,C;102,T
YITCHB119	9,A/C;119,A/G

YITCHB120   93,T/C

YITCHB121   133,T/A;135,A/G;187,A/G

YITCHB124   130,A/G

YITCHB127   65,A/G;82,A/C;132,A/C

YITCHB128   7,C;127,A/G;135,C/G

YITCHB130   13,A/G;20,T/C;54,T/C;60,A/G

YITCHB132   46,A/C;61,A/C;93,A/C;132,A/G;161,T/C

YITCHB133   1,A/G

YITCHB134   14,T/C;72,T/C

YITCHB137   110,T/C

YITCHB138   22,A/C;52,A/G

YITCHB143   22,G

YITCHB148   27,T/C;91,T/C

YITCHB151   19,A/T;33,A/G

YITCHB154   75,T/C

YITCHB156   82,T/C

YITCHB158   96,C

YITCHB159   7,A/G;11,T/C;38,T/C;42,T/C

YITCHB160   33,C/G;59,A/G;66,A/C

YITCHB162   10,T/C;13,A/G;16,A/C;33,T;34,A/G;55,A/G;67,A/G;75,T/C;88,T/C

YITCHB165   1,A;49,A/T

YITCHB167   12,A/G;33,C/G;36,A/G;64,A/C;146,A/G

YITCHB168   21,A;62,−

YITCHB169   8,T/C;22,T/A;38,A/G;43,T/C;68,T/C;91,T/C;102,A/G;117,A/G;118,T/G;121,
A/G;127,T/C;142,A/G;171,A/C

YITCHB170   56,A/G

YITCHB171   39,T/C;87,A/T;96,T/C;119,A/C

YITCHB176   13,A/C;25,A/G;26,A/G;82,A/G;105,T/C

YITCHB177   25,T/C;41,T/C;55,A/G;65,A/C;78,T/C;100,T/C;125,T/C;126,A/G;127,A/G

YITCHB181   56,A

YITCHB182   45,G

YITCHB183   12,A/G;53,A/G;59,G;80,A;115,T/C;155,C

YITCHB184   20,T/C;44,T/C;50,A/G;70,C/G;71,T/C;83,T/C;88,A/G;107,T/C;134,T/G;139,
T/C

YITCHB186   19,A/G;44,C/G;46,A/G;47,A/G;57,A/T;75,T/C;82,T/C;86,A/C

YITCHB188   94,T/C

YITCHB189   49,A/G;61,A/C;147,G

YITCHB191   44,T/G

YITCHB192   45,A/T

YITCHB193   169,T/C

YITCHB195   44,T/C;53,C;81,T/C;88,A/G;111,T

YITCHB196   45,T/C

YITCHB197   72,A/G;121,–/T;122,–/T;123,–/T;167,G;174,A/G;189,A/C

YITCHB198   34,T/A;63,A/G;109,T/C

YITCHB199   123,T/C;155,C/G

YITCHB200   80,T/C;96,T/C

YITCHB201   132,T

YITCHB205   57,T

YITCHB208   41,T/C;84,T/A

YITCHB209   1,T/C;32,T;34,C;35,A/G;71,T/C;94,T;149,T/C;166,G;173,A/G;175,C

YITCHB212   38,C/G;105,C/G

YITCHB218   98,A;128,G

YITCHB219   24,A/G;60,T/C;112,A/G

YITCHB222   53,A/T

YITCHB223   3,A/G;86,T/C;132,A/G;189,T/C

YITCHB224   1,A;30,A/G;36,A;43,A/C;79,T/C;117,–/A;118,C

YITCHB226   61,C/G;127,T/C;136,T/C

YITCHB228   4,T/C;26,T/A

YITCHB229   45,G;46,T/C;80,T/C;162,T/G

YITCHB230   55,T/C;128,A/G

YITCHB232   47,A/G;54,A/G;86,T/C;108,T/C;147,A/C

YITCHB233   50,A/G;152,–/A

YITCHB234   53,C

YITCHB235   120,T/C

YITCHB237   118,G;120,A;165,T;181,A

YITCHB238   108,C/G

YITCHB240   122,G

YITCHB242   22,T/C

YITCHB243   86,T;98,A;131,C;162,A/G

YITCHB245   144,A/G;200,A/C

YITCHB246   19,A/C;25,C;89,A/G

YITCHB247   23,G;109,A

YITCHB250   21,T/C;51,G;54,T/C;55,A/G;56,T/C;78,T/C;98,T/C;99,A/T;125,T/A

YITCHB251   65,A/G

YITCHB253	21,A/T
YITCHB254	4,T/C;6,A/G;51,A/G;109,A/C
YITCHB255	5,A/G;9,T/C;22,A/G;25,T/C;37,T/G;79,A/G;86,A/G;88,A/G;89,A/G;116,T/C;
	135,T/C;187,A/G
YITCHB257	68,T/C
YITCHB258	24,A/G;65,A/G;128,A/T
YITCHB259	90,A/G
YITCHB260	84,A/T;161,T/A
YITCHB263	43,A/G
YITCHB264	8,A/T;51,T/C;111,T/C
YITCHB265	64,T/C;73,T/A;97,C/G;116,T/G
YITCHB266	25,A/C;57,A/C;58,T/A;136,T/C;159,T/C
YITCHB267	102,T/G
YITCHB269	53,A/C;60,A/C
YITCHB270	113,C

YITCHB001	25,T/C;43,T/C;66,T;67,T/C;81,T/C
YITCHB002	109,T;146,C/G
YITCHB003	83,A/G;96,A/T
YITCHB004	160,T/G;172,A/G
YITCHB006	110,T
YITCHB007	67,A/G
YITCHB008	15,T;65,C
YITCHB009	11,T/C;184,T/C
YITCHB014	9,T/C
YITCHB015	44,A/G;47,A;69,G;85,A/G;120,C/G
YITCHB017	45,A/G;132,A/G
YITCHB019	55,A/T;106,A/G
YITCHB022	19,T/C;20,A/G;30,A/G;41,A/G;49,A/G;54,T/C;67,A/G;68,A/C
YITCHB023	20,T;26,A;38,T;65,A
YITCHB024	46,T/C
YITCHB026	18,G
YITCHB027	22,T/C;101,A/G;121,A/C;122,T/G;123,T/G;124,A/C
YITCHB030	80,C/G;139,T/C;148,A/G
YITCHB031	88,T/C;125,C
YITCHB033	93,A/C
YITCHB035	7,A/G;33,A/G;44,T/C;124,T/A;137,A/C;158,C/G
YITCHB036	95,T/C;157,A/G
YITCHB037	37,A/G;63,A/G;76,A/C
YITCHB039	151,T/G
YITCHB040	1,C;90,A/G
YITCHB042	127,T/C;167,T/A
YITCHB045	48,C
YITCHB046	14,A/T;24,A/G;56,T/C;58,T/C;92,T/C;106,T/C
YITCHB047	10,C/G
YITCHB048	59,A/T;62,A/G;79,T/C
YITCHB049	59,T/C;75,T/C;138,C/G
YITCHB050	45,T/C;59,T/C;91,A/T
YITCHB053	4,A/G;124,A/G

YITCHB055   52,A/T

YITCHB056   124,T/G;147,A/G;157,T/G;196,A/G

YITCHB057   91,G;136,T/C;142,T/C;146,T/G

YITCHB059   22,A/G

YITCHB061   4,C/G;28,A/G;67,T/A;70,T/C;75,A/G;78,T/C;102,A/G;112,T/C;114,A/G;118, A/G

YITCHB066   30,T

YITCHB067   9,A/G;85,A/G;87,−/G

YITCHB071   5,A/G;10,A/G;18,A/G;54,T/C;80,A/G;90,A/T;100,A/C;103,T/C;105,A/G;111, T/C

YITCHB072   19,T/C;20,C/G;23,T/C;54,T/A;59,T/C;61,A/T/G;67,A/G;70,A/G;71,A/G;79, T/C/G;80,T/C;81,A/G;82,A/G;88,T/C;89,A/G;91,A/G;93,A/G;97,T/A;98,A/G; 100,A/G;103,A/C;109,A/G;118,T/C;120,A/G;121,T/C;125,T/C;127,A/G;128, C/G;130,T/A;134,T/C;137,A/G;141,A/G;150,T/G;153,T/C;160,T/C;166,A/T/C; 169,A/G;172,A/G;182,T/A

YITCHB073   49,G;82,A/G

YITCHB075   22,C;35,T;98,C/G

YITCHB076   13,T/C;34,C/G;91,T/C

YITCHB079   123,A/G

YITCHB081   51,A/G;52,T/C;56,T;57,C;58,T;60,C;67,T;68,T;69,C;95,A/G;109,A/G;110,A/G; 114,A/C;116,T/C;135,A/G

YITCHB084   52,T/G;58,A/T;90,A/G;91,A/G;100,C/G;133,A/C

YITCHB086   155,T/G;168,A/G

YITCHB092   118,A/G

YITCHB096   24,T/C;41,A/G;49,T/G

YITCHB100   12,T/C

YITCHB102   27,A/C;32,T/G;52,A/G;57,A/C;59,T/A;65,T/C;111,T/C;116,A/G

YITCHB103   61,A/G;64,A/C;87,A/C;153,T/C

YITCHB104   13,T/G;31,T/G

YITCHB105   36,A

YITCHB107   18,A/T;48,A/G;142,T/C

YITCHB108   127,A/C

YITCHB112   80,A

YITCHB114   25,G;37,A/T;68,T/C;70,C/G;104,T/C

YITCHB115   112,A/G;128,T/C

YITCHB116   29,−/T;104,T/C;147,T/G

YITCHB117   87,A/G;104,A/G;117,A/G;136,A/C;152,A/G;164,A/G

YITCHB118   22,T;78,C;102,T

YITCHB119   9,A/C;119,A/G

YITCHB120   93,T/C

YITCHB121   133,A/T;135,A/G;187,A/G

YITCHB124   130,A

YITCHB126   19,A/G;43,T/C

YITCHB128   7,T/C;127,A/G

YITCHB130   7,T/A;11,T/C;20,T/C;36,T/C;54,T/C

YITCHB132   46,A/C;61,A/C;93,A/C;132,A;161,T/C

YITCHB134   14,T/C;72,T/C

YITCHB136   64,A/C

YITCHB138   22,A/C;52,A/G

YITCHB141   39,C

YITCHB145   6,A;8,G;20,A;76,A/C;77,C/G;83,A/G;86,T/C

YITCHB146   2,A/G;29,A/G

YITCHB152   45,T/A;124,T/G;160,A/T

YITCHB154   4,T/C;87,T/C

YITCHB157   69,A

YITCHB158   96,T/C

YITCHB159   7,A/G;11,T/C;38,T/C;42,T/C

YITCHB160   33,C/G;59,A/G;66,A/C

YITCHB162   10,T/C;13,A/G;16,A/C;33,T;34,A/G;55,A/G;67,A/G;75,T/C;88,T/C

YITCHB163   41,A/G;82,T/C;90,T/C

YITCHB164   17,A;56,C

YITCHB165   1,A;88,A/G

YITCHB166   40,A/G;63,A/T;100,A/T;142,C/G;150,T/C

YITCHB168   21,A/G;63,T/C;109,A/G

YITCHB169   8,T/C;22,A/T;38,A/G;43,T/C;68,T/C;91,T/C;102,A/G;117,A/G;118,T/G;121,
A/G;127,T/C;142,A/G;171,A/C

YITCHB171   39,T/C;87,T/A;96,T/C;119,A/C

YITCHB173   5,T/A;19,A/C;23,T/G;28,T/C;40,T/G;48,T/C

YITCHB177   28,T/G;30,A/G;55,A/G;95,T/G;107,A/G;125,T/C;127,A/G;135,T/G

YITCHB179   2,C/G

YITCHB184   7,T/C;12,A/G;16,A/G;20,T/C;34,A/G;48,T/C;50,A/G;57,A/G;68,A/G;69,T/C;
70,C/G;71,T/C;95,T/C;102,A/G;118,A/G;121,A/G;126,A/G;139,T/C;149,T/C;
165,A/C;170,T/C

YITCHB186   19,A/G;44,C/G;46,A/G;47,A/G;57,T/A;75,T/C;82,T/C;86,A/C

YITCHB187   130,A/G

YITCHB189   49,A/G;61,A;88,A/C;115,T/C;147,A/G

YITCHB191   44,G

YITCHB193   169,T/C

YITCHB195   44,T/C;53,C;81,T/C;88,A/G;111,T

YITCHB196   45,T/C

YITCHB197   72,A/G;121,-/T;122,-/T;123,-/T;167,G;174,A/G;189,A/C

YITCHB198   63,A/T

YITCHB199   123,T/C;155,C/G

YITCHB200   70,A/G;73,A/G;80,T/C;92,A/T;96,T/C;104,C/G;106,T/A

YITCHB201   132,T

YITCHB205   57,T

YITCHB208   41,T/C;84,T/A

YITCHB209   1,T/C;32,T;34,C;35,A/G;71,T/C;94,T;149,T/C;166,G;173,A/G;175,C

YITCHB212   38,C/G;105,C/G

YITCHB219   24,A/G;60,T/C;112,A/G

YITCHB220   5,T/G;17,A/G;53,A/G;58,C/G;133,T/C;191,A/G

YITCHB222   53,T/A

YITCHB223   3,A/G;86,T/C;132,A/G;189,T/C

YITCHB224   1,A;30,A/G;36,A;43,A/C;79,T/C;117,-/A;118,C

YITCHB228   4,T/C;26,T/A

YITCHB229   45,G;80,T;96,C/G

YITCHB230   128,A

YITCHB232   47,A/G;54,A/G;86,C;108,T/C;147,A/C

YITCHB233   50,A/G;152,-/A

YITCHB234   53,-/C;71,A/C;80,T/C;123,A/G;138,A/T;148,A/G

YITCHB237   118,A/G;120,A/C;126,T/G;165,T/A;181,A/C

YITCHB238   89,T/G;108,C/G;166,A/G

YITCHB240   122,T/G

YITCHB242   22,T/C

YITCHB243   86,T;98,A;131,C;162,A/G

YITCHB245   144,A/G;200,A/C

YITCHB246   19,A/C;25,C;89,A/G

YITCHB247   23,G;109,A

YITCHB249   140,T;141,G

YITCHB250   18,C/G;21,T/C;51,G;52,A/G;54,A/T/C;55,A/G;56,T/C;65,A/G;70,A/G;78,T/C;
                 83,A/G;88,T/C;90,A/G;94,T/C;98,T/C;99,A/T;117,A/G;125,A/T

YITCHB251   65,A/G

YITCHB253   21,T/A

YITCHB254   4,T/C;6,A/G;51,A/G;109,A/C

YITCHB255   5,G;9,C;22,G;25,C;37,G;79,A;86,G;88,G;89,G;116,C;135,T;187,A

YITCHB257   47,T/A;72,A/G;87,A/G

YITCHB259   90,A

YITCHB260   84,T/A;161,A/T

YITCHB264   111,C

YITCHB265   97,C/G

YITCHB266   25,C;57,C;58,T;136,C;159,C

YITCHB268   24,A/C;68,A/G;82,T;86,T/C;89,A/G;148,T/A;167,G;168,T/A

YITCHB269   53,A/C;60,A

YITCHB270   12,T/C;113,A/C

YITCHB001	25,T/C;43,T/C;66,T/C;67,T/C
YITCHB002	145,A;146,G
YITCHB003	83,G;96,A
YITCHB006	110,T/C;135,A/G
YITCHB007	67,A/G
YITCHB008	65,T/C
YITCHB011	156,A
YITCHB016	88,G
YITCHB017	132,A/G
YITCHB019	55,A/T
YITCHB021	54,A/C;123,A/G;129,T/C;130,A/G
YITCHB023	26,T/A;38,T/G;64,A/C;65,A/G;121,A/C
YITCHB026	18,A/G
YITCHB030	80,C;139,C;148,A
YITCHB031	125,C
YITCHB033	93,A
YITCHB034	29,A/C
YITCHB035	7,A/G;33,A/G;44,T/C;124,T/A;137,A/C;158,C/G
YITCHB036	95,T/C;157,A/G
YITCHB039	130,T/C;151,T/G
YITCHB040	1,C
YITCHB042	60,A/G;110,T/C;114,A/G;127,T/C;146,T/C;167,A/T
YITCHB044	97,T/C
YITCHB045	48,C
YITCHB048	6,A/G;59,A/T;62,A/G;79,T/C
YITCHB050	45,T/C;59,T/C;91,T/A;121,A/G
YITCHB054	116,T/C
YITCHB055	52,T/A
YITCHB057	91,G;142,T;146,G
YITCHB058	2,G;36,G;60,G;79,–;131,T
YITCHB061	4,C/G;28,A/G;67,T/A;70,T/C;75,A/G;78,T/C;102,A/G;112,T/C;114,A/G;118, A/G
YITCHB064	113,A/G

YITCHB066	30,T/C
YITCHB067	87,G
YITCHB072	6,A/T;7,A/G;8,T/C;19,T/C;25,T/G;35,A/G;59,T/C;61,T/G;71,A/G;79,T/C/G; 80,A/T/C;81,A/G;82,A/G;88,T/C;89,A/G;91,A/G;93,A/G;97,A/T;100,A/G;103, A/C;107,A/G;109,A/G;113,T/G;118,T/C;119,T/G;121,T/C;125,T/C;128,C/G; 130,A/T/G;137,A/G;141,A/G;149,A/G;150,T/G;160,T/C;166,A/T/C;169,A/G; 172,A/G;175,T/G;182,T/A
YITCHB073	49,G
YITCHB075	22,T/C;35,T/C
YITCHB077	77,A/G;88,T/C;104,A/G;145,T/C
YITCHB081	51,A/G;56,T;57,C;58,T;60,C;67,T;68,T;69,C;110,A/G;116,T/C;135,A/G
YITCHB082	52,A/G
YITCHB085	46,C/G;81,A/T;82,G
YITCHB086	115,G;155,T;168,A
YITCHB087	111,T
YITCHB092	118,A/G
YITCHB094	16,C;26,T/A;36,C/G;63,A/G;70,C;99,A/G
YITCHB096	24,T/C;87,T/C
YITCHB099	74,T/C;105,A/G;126,T/C;179,A/T;180,T/C
YITCHB102	57,C
YITCHB103	61,A/G;64,A/C;87,A/C;153,T/C
YITCHB104	146,C/G
YITCHB105	36,A/C
YITCHB106	19,C;94,C
YITCHB107	18,T/A;48,A/G;142,T/C
YITCHB108	127,A/C
YITCHB112	28,T/C;123,T/C;154,A/T
YITCHB114	18,T;38,C;68,C;70,G;104,C
YITCHB116	29,T
YITCHB118	22,T/C;78,T/C;102,T/C
YITCHB121	133,A/T;135,A/G;168,T/C;187,A/G
YITCHB123	27,T/A;39,A/G;49,A/G;59,T/C;75,A/G;89,T/C;103,A/G;138,T/C;150,T/G;163, A/T;171,A/G;175,T/G;197,T/C
YITCHB124	130,A
YITCHB127	65,A/G;82,A/C;132,A/C
YITCHB128	7,T/C;11,T/G;126,A/C;128,T/G;135,C/G
YITCHB130	13,A/G;20,T/C;54,T/C;82,T/C

YITCHB132   27,–;46,A;61,A;93,C;132,A;161,T

YITCHB134   72,T/C

YITCHB136   4,A/C;64,A/C

YITCHB137   110,T/C

YITCHB141   39,C

YITCHB143   22,G

YITCHB145   6,A;8,G;20,A;76,A;77,G;83,G;86,T

YITCHB148   27,T/C;91,T/C

YITCHB154   1,A/T;4,T/C;87,T/C

YITCHB157   69,A

YITCHB158   13,T/C;18,A/G;94,A/G;96,T/C;106,T/C

YITCHB160   59,A;64,T

YITCHB162   14,T/C;32,T/C;33,T;75,T/C;127,A/G

YITCHB163   41,A/G;54,T/C;90,T/C

YITCHB165   1,A

YITCHB168   21,A/G

YITCHB169   22,T/A;107,A/G

YITCHB171   39,T/C;87,T/A;96,T/C;119,A/C

YITCHB175   12,A/G

YITCHB176   13,A/C;25,A/G;26,A/G;82,A/G;105,T/C

YITCHB177   28,T/G;30,A/G;95,T/G;127,A/G;135,T/G

YITCHB178   42,A/C;145,A/G;163,A/G

YITCHB181   56,A

YITCHB182   45,A/G

YITCHB183   53,A/G;59,T/G;80,A/G;115,T/C;155,T/C

YITCHB186   19,A/G;46,A/G;47,A/G;57,T/A;75,T/C;82,T/C;86,A/C

YITCHB189   49,A/G;61,A/C;147,A/G

YITCHB191   44,T/G

YITCHB195   53,C;111,T

YITCHB196   44,T/C;101,T/C

YITCHB197   72,A/G;121,–/T;122,–/T;123,–/T;167,C/G;174,A/G;189,A/C

YITCHB198   34,T/A;63,A/G;109,T/C

YITCHB200   19,T/C;70,A/G;73,A/G;92,T/A;104,C/G;106,A/T

YITCHB201   112,A/G;132,–/T

YITCHB202   55,T;60,T;102,T;104,A;127,T/C;144,A/G;187,G;197,A

YITCHB203   125,T/C;154,A/G

YITCHB209   32,T/C;34,T/C;94,T/C;149,T/C;166,A/G;175,T/C

YITCHB210	130,A/C
YITCHB214	15,T/C;155,A/C
YITCHB215	3,A/T;6,T/G;9,A/G;22,A/G;54,T/C;63,T/A;71,T/A;72,T/A/C;81,A/G;96,A/G; 121,T/C;132,C/G;137,A/G;162,A/G;163,T/G;177,A/G;186,A/G
YITCHB216	43,A/G
YITCHB217	73,T/C;85,C/G;87,A/C
YITCHB219	24,A/G;52,T/C;60,T/C;112,A/G
YITCHB226	61,C/G;127,T/C
YITCHB228	11,G;26,T
YITCHB229	45,C/G;80,T/G
YITCHB230	55,C;79,A/C
YITCHB232	86,T/C
YITCHB233	152,A
YITCHB234	53,C
YITCHB237	118,A/G;120,A/C;165,T/A;181,A/C
YITCHB238	108,C/G
YITCHB241	124,T
YITCHB242	22,T/C
YITCHB245	142,T/C;144,A/G;200,C
YITCHB246	2,A/G;25,T/C;89,A/G
YITCHB247	23,T/G;109,A/G
YITCHB248	50,A/G
YITCHB250	21,T/C;30,A/G;33,T/G;50,T/C;51,T/G;52,A/G;54,T/C;55,A/G;56,T/C;78,T/C; 81,T/C;83,A/G;90,A/G;94,T/C;98,T/C;99,A/T;119,A/C;125,T/A;130,T/G;131, T/C
YITCHB251	65,A/G
YITCHB252	26,C;65,G;137,T;156,A
YITCHB253	21,A/T
YITCHB255	5,A/G;9,T/C;22,A/G;25,T/C;37,T/G;74,T/C;79,A/G;86,A/G;88,A/G;89,A/G; 116,T/C;135,T/C;187,A/G
YITCHB256	11,A/G
YITCHB257	68,T/C
YITCHB260	84,T/A;161,A/T
YITCHB263	26,A/G;36,T/C;43,G;93,T/C;104,T/C;144,A/G
YITCHB264	8,A/T;51,T/C
YITCHB265	64,T/C;73,T/A;97,C/G;116,T/G
YITCHB266	25,C;29,A/G;57,A/C;58,T/A;136,T/C;159,T/C

YITCHB268   82,T;167,G
YITCHB269   60,A/C
YITCHB270   12,T/C;113,A/C

YITCHB002   145,A;146,G
YITCHB003   83,A/G;96,T/A
YITCHB004   160,T/G
YITCHB006   110,T
YITCHB007   67,A/G
YITCHB008   15,T;65,C
YITCHB009   11,A/C
YITCHB011   156,A
YITCHB016   88,G
YITCHB019   55,A
YITCHB022   19,T/C;30,A/G;41,A/G;49,A/G;54,T/C;67,A/G;68,A/C;98,A/G
YITCHB023   26,A;28,C;38,T;52,C;57,A;65,A;67,A;72,G;115,T;130,G
YITCHB025   77,T/G
YITCHB026   18,G
YITCHB027   67,A/G;101,A
YITCHB028   48,C;66,T/G;166,C
YITCHB030   80,C/G;139,C;148,A
YITCHB031   125,C
YITCHB033   93,A
YITCHB035   44,T/C;158,C/G
YITCHB037   63,G;82,T;90,T;91,T;100,G;123,–;124,–
YITCHB038   202,T;203,A;204,G
YITCHB039   130,T/C;151,T
YITCHB040   1,C
YITCHB042   60,A/G;110,T/C;114,A/G;127,T/C;146,T/C;167,T
YITCHB044   97,T/C
YITCHB045   48,C
YITCHB047   130,A
YITCHB048   6,A/G;59,A/T;62,A/G;79,T/C;80,T/C;81,A/G
YITCHB049   41,C/G;59,T/C;75,C;92,T/G;96,T/C;99,A/C;131,T/G
YITCHB050   45,T/C;59,T/C;91,T/A;156,A/G
YITCHB052   13,T/C;49,T/C;50,T/C;113,A/T;151,C/G;171,C/G
YITCHB054   116,T/C

YITCHB057	91,A/G;142,T/C;146,T/G
YITCHB058	2,G;36,G;60,G;79,–;131,T/C
YITCHB059	4,T/C;22,A/G;76,C/G;114,A/G;196,A/T
YITCHB061	4,C/G;28,A/G;67,T/A;70,T/C;75,A/G;78,T/C;102,A/G;112,T/C;114,A/G;118, A/G
YITCHB062	94,A/G;96,T/C
YITCHB064	113,A
YITCHB067	9,A;85,A;87,G
YITCHB072	2,C/G;19,T/C;35,A/G;59,T/C;61,T/G;64,A/G;65,C/G;67,A/G;71,A/G;79,C/G; 80,T/A/C;81,A/G;82,A/G;88,T/C;89,A/G;91,A/G;97,T/A;100,A/G;103,A/C;109, A/G;118,T/C;121,T/C;122,T/C;125,C/T/G;126,T/G;128,C/G;130,T/G/A;137,A/ G;141,A/G;150,T/G;160,T/C;166,T/A;169,A/G;172,A/G;175,T/G;182,A/T
YITCHB073	49,T/G
YITCHB074	98,A/G
YITCHB075	22,T/C;35,T/C;98,C/G
YITCHB077	77,A;88,T;104,A;145,T;146,G
YITCHB079	123,A/G
YITCHB080	9,A/G;20,T/C;58,T/C;90,T/C;91,T/C;93,T/C;134,A/C;144,T/G
YITCHB081	51,G;56,T;57,C;58,T;60,C;67,T;68,T;69,C;110,A;116,C;135,G
YITCHB083	4,T/A;28,T/G;101,T/G;119,T/C
YITCHB084	58,T/A;91,A/G;100,C/G;149,A/G
YITCHB085	46,C/G;81,A/T;82,G
YITCHB089	38,A/G;52,A/G;53,C;64,A/C;88,A/G;89,C;178,T/C;184,C;196,T/C;197,A/G
YITCHB091	107,T/G;120,A/G
YITCHB092	118,A/G
YITCHB093	95,T/G;107,T/G;132,A/G;166,T/G
YITCHB094	16,C;36,G;63,A;70,C;99,G
YITCHB096	24,T/C
YITCHB097	46,C/G;144,A/G
YITCHB099	74,C;105,A;126,C;179,T;180,C
YITCHB100	12,T/C
YITCHB104	13,T/G;31,T/G
YITCHB107	18,T;48,G;142,T
YITCHB108	73,A/C;127,A
YITCHB109	1,T;6,G;83,C;159,A
YITCHB112	36,T;57,A;96,G;103,A;120,T;162,T
YITCHB113	182,T;192,A

YITCHB114	18,T/C;25,A/G;38,T/C;68,C;70,C/G;104,T/C
YITCHB116	29,–/T;147,T/G
YITCHB117	152,A/G
YITCHB118	22,T/C;78,C;102,T/C
YITCHB119	119,A/G
YITCHB121	133,T;135,G;136,–;168,T/C;187,G
YITCHB123	27,A/T;39,A/G;49,A/G;56,A/G;66,A/G;69,T/C;75,A/G;104,A/G;125,T/C;135,A/G;138,T/C;175,T/G
YITCHB124	130,A
YITCHB126	43,T;145,T/A
YITCHB127	65,A/G;82,A/C;132,A/C
YITCHB128	7,C;127,A/G
YITCHB131	32,C;126,A;135,G;184,C
YITCHB132	46,A/C;61,A/C;93,A/C;132,A/G;161,T/C
YITCHB133	1,A/G
YITCHB134	72,T/C
YITCHB136	64,A/C
YITCHB137	110,T/C
YITCHB138	46,A/G;52,A/G
YITCHB139	8,A/G;10,T/C;30,A/G;36,T/A;37,T/A;47,C/G;120,T/C
YITCHB141	39,C
YITCHB142	2,T/C;28,T/C;30,T/G;46,A/G;102,T/C;150,C/G;152,A/G;153,C/G
YITCHB143	22,G
YITCHB145	6,A/G;8,A/G;20,A/C;76,A/C;77,C/G;83,A/G;86,T/C
YITCHB146	3,T/G;29,A/G;40,C/G;44,T/C;103,A/G;134,A/G
YITCHB147	100,A/G
YITCHB150	57,C;58,T
YITCHB151	8,T/C;19,T/A;43,T/G
YITCHB152	31,A/G
YITCHB155	95,T/C
YITCHB156	82,T
YITCHB158	96,T/C
YITCHB159	7,G;11,T;38,T;42,T
YITCHB160	33,C/G;59,A;64,T/G;66,A/C
YITCHB163	41,A/G;54,T/C;90,T/C
YITCHB165	1,A;49,T
YITCHB167	12,G;33,C;36,G;64,C;146,G

YITCHB169   22,T;107,A

YITCHB170   23,A/C;56,A/G;60,A/G;65,A/G

YITCHB171   39,T/C;87,A/T;96,T/C;119,A/C

YITCHB175   12,G

YITCHB176   13,A/C;25,A/G;26,A/G;82,A/G;105,T/C

YITCHB177   28,T/G;30,A/G;42,C/G;55,T/G;95,T/G;127,A/G;135,T/G

YITCHB178   42,C;145,G;163,A

YITCHB181   56,A

YITCHB182   50,T/C

YITCHB183   53,A/G;59,T/G;79,A/G;80,A/G;85,T/C;97,T/C/A;99,A/G;114,A/G;115,T/C;116, A/C;117,A/G;122,A/G;138,T/C;139,A/G;143,T/C;147,A/T;155,T/C;166,T/C

YITCHB185   20,T/C;49,A/G;71,T/C;74,T/C;86,T/C;104,C;114,T/C;133,C;154,A/G

YITCHB186   3,A/G;5,A/C;10,T/C;19,A/G;22,T/C;25,C/G;46,A/G;57,A/T;75,T/C;82,T/C; 86,A/C

YITCHB188   156,T/C

YITCHB189   49,A;61,A/C;88,A/C;147,G

YITCHB191   44,T/G

YITCHB192   46,T/G;73,A/G

YITCHB195   53,C;111,T

YITCHB197   72,A/G;121,-/T;122,-/T;123,-/T;167,C/G;174,A/G;189,A/C

YITCHB198   34,A/T;63,A/G;109,T/C

YITCHB199   2,T/C;12,T/G;77,C/G;123,C;177,T/C

YITCHB200   74,A/G

YITCHB201   103,A/T;132,-/T;194,T/C;195,A/G

YITCHB202   55,T/C;60,T/C;102,T/C;104,A/G;159,T/C;187,A/G;197,A

YITCHB203   125,T;154,A

YITCHB205   31,A;36,G;46,A;74,G

YITCHB208   41,C;84,A

YITCHB209   2,A/G;34,T/C;35,A/G;123,A/G;132,T/C;149,T/C;151,A/G;157,T/C;166,A/G; 175,T/C

YITCHB210   130,A/C;154,A/G

YITCHB216   43,A

YITCHB217   84,A/C

YITCHB219   24,A/G;112,A/G

YITCHB220   17,A/G;58,G

YITCHB224   117,A

YITCHB225   24,G

YITCHB226	127,T/C
YITCHB228	11,A/G;26,T/A;72,A/G
YITCHB229	45,G;46,T/C;80,T/C;162,T/G
YITCHB230	55,T/C;110,T/C;128,A/G
YITCHB231	104,T
YITCHB232	86,T/C
YITCHB233	76,A;116,A;152,A
YITCHB234	53,C
YITCHB237	118,G;120,A;165,T;181,A
YITCHB238	75,T/A;76,A/G;108,C/G
YITCHB241	124,T
YITCHB242	65,A/G;67,T/C;94,T/C
YITCHB243	86,T;98,A;131,C;162,A
YITCHB244	32,T/G;161,T/G
YITCHB245	200,A/C
YITCHB246	2,A/G;25,C;89,A
YITCHB247	23,G;109,A
YITCHB248	50,A/G
YITCHB250	21,T/C;30,A/G;33,T/G;51,T/G;52,A/G;54,T/C;55,A/G;56,T/C;78,T/C;81,T/C;83,A/G;90,A/G;98,T/C;99,A/T;125,T/A;130,T/G;131,T/C
YITCHB251	65,A/G
YITCHB253	21,A/T
YITCHB254	4,C;6,A;51,G;109,C
YITCHB255	5,G;9,C;22,G;25,C;37,G;79,A;86,G;88,G;89,G;116,C;135,T;187,A
YITCHB256	11,A/G;16,T/C
YITCHB258	24,G;65,A/G;128,A/T;191,T/C
YITCHB259	90,A
YITCHB260	84,A/T;161,T/A
YITCHB263	26,A/G;36,T/C;43,A/G;84,A/G;93,C;104,T/C;144,G;146,A/G;181,A/G
YITCHB264	5,T/A;22,T/C;35,A/G;63,A/G;79,T/C;97,C/G;99,A/G;105,A/G;108,T/C;111,T/C;113,A/G;114,T/C;132,T/C;137,A/G;144,T/C
YITCHB265	64,T/C;73,T/A;97,C;116,T/G
YITCHB266	25,C;29,A/G
YITCHB267	102,T
YITCHB268	24,C;44,A/G;78,A/G;82,T;86,C;123,A/G;126,A;137,T/C;148,T;166,A/C;167,G
YITCHB269	60,A
YITCHB270	12,T

YITCHB001   3,A/G;25,T/C;66,T;81,T/C;142,T/G

YITCHB002   109,T/C;145,A/C;146,G

YITCHB003   83,A/G;96,T/A

YITCHB006   110,T/C

YITCHB007   67,A/G

YITCHB008   65,T/C

YITCHB009   118,T;176,G;181,T;184,C;188,G

YITCHB017   45,A/G;132,A/G

YITCHB019   55,T/A;106,A/G

YITCHB023   20,T/C;26,A;38,T;64,A/C;65,A;121,A/C

YITCHB024   46,T/C

YITCHB025   30,A/G;77,T/G

YITCHB027   22,T/C;101,A;121,A/C;122,T/G;123,T/G;124,A/C

YITCHB030   80,C/G;139,T/C;148,A/G

YITCHB031   88,C;125,C

YITCHB033   93,A/C

YITCHB039   28,T/C;29,A/T;53,T/C;74,A/G;76,T/C;89,T/G;93,A/G;130,T/C;151,T;156,T/G

YITCHB040   1,C

YITCHB042   17,A/G;99,T/C;127,T;137,T/C;154,T/C;167,T

YITCHB045   48,C

YITCHB048   6,A/G;59,A/T;62,A/G;79,T/C;80,T/C;81,A/G

YITCHB049   41,C/G;53,T/C;75,T/C;99,A/C

YITCHB050   45,T;59,T;91,T;104,A/G;121,A/G

YITCHB051   7,G;54,T/C;144,A/C

YITCHB053   4,A/G;38,T/C;124,A/G

YITCHB054   116,T/C

YITCHB056   124,T/G;147,A/G;157,T/G;196,A/G

YITCHB057   91,G;136,T/C;142,T/C;146,T/G

YITCHB061   4,C/G;28,A/G;67,A/T;70,T/C;75,A/G;78,T/C;102,A/G;112,T/C;114,A/G;118,A/G

YITCHB063   85,T/C

YITCHB064   113,A/G

YITCHB066   10,G;30,T

YITCHB067	87,G
YITCHB071	5,A/G;10,A/G;18,A/G;54,T/C;80,A/G;90,A/T;100,A/C;103,T/C;105,A/G;111,T/C
YITCHB072	8,T/C;19,T/C;53,T/A;59,T/C;61,T/G;67,A/G;68,T/C;71,A/G;79,C/G;80,A/T/C;81,A/G;82,A/G;88,T/C;89,A/G;91,A/G;97,A/T;100,A/G;103,A/C;109,A/G;119,A/G;121,T/C;125,T/C;128,C/G;130,T/A;132,T/A;137,A/G;141,A/G;149,T/A;150,T/G;153,T/C;160,T/C;161,A/G;166,T/A;169,A/G;172,A/G;182,A/T
YITCHB073	49,G;82,A/G
YITCHB074	98,A/G
YITCHB075	22,T/C;35,T/C;98,C/G
YITCHB076	13,T;34,C/G;82,T/A;91,T;109,A/C
YITCHB077	77,A/G;88,T/C;104,A/G;145,T;146,A/G
YITCHB079	123,A/G
YITCHB081	51,G;52,T/C;56,T;57,C;58,T;60,C;67,T;68,T;69,C;95,A/G;109,A/G;110,A;114,A/C;116,C;135,G
YITCHB082	52,A/G
YITCHB085	27,T/G;46,C;81,T;82,G
YITCHB086	15,T/C;50,T/C;52,A/G;67,C/G;76,A/C;77,C/G;85,A/G;90,T/G;92,T/C;94,C/G;100,A/G;102,T/G;104,A/C;107,T/G;109,A/G;110,T/A;114,A/G;115,A/G;116,T/C;127,T/C;135,A/G;151,A/C;155,T;156,A/T;165,T/C;168,A/C/G
YITCHB091	107,T/G;120,A/G
YITCHB092	118,A
YITCHB094	16,A/C;63,C/G;119,T/C
YITCHB096	24,C;41,A/G;49,T/G
YITCHB097	4,T/C;5,A/G;46,C/G;94,A/G
YITCHB098	65,G;95,T;128,G
YITCHB101	1,A/T
YITCHB102	27,A/C;32,T/G;57,A/C;59,A/T;65,T/C;111,T/C;116,A/G
YITCHB104	146,G
YITCHB105	36,A
YITCHB107	18,T/A;48,A/G;124,A/G;142,T
YITCHB108	69,T/G;127,A/C
YITCHB112	35,A/C;36,T/C;80,A/G;103,A/G;122,T/G;129,A/G;142,T/C;162,T/C
YITCHB114	18,T/C;25,A/G;37,T/A;38,T/C;68,C;70,G;104,C
YITCHB116	29,−/T;104,T/C;147,T/G
YITCHB117	87,A/G;104,A/G;117,A/G;136,A/C;152,A;164,A/G
YITCHB119	56,C/G;119,A/G

YITCHB120	93,T/C
YITCHB121	133,T;135,G;136,–;187,G
YITCHB123	27,T;39,A;75,G;133,C;138,T;168,A;175,T
YITCHB126	19,A/G;43,T;112,T/C;154,T/C
YITCHB128	7,T/C;33,T/C;169,A/G
YITCHB130	7,T/A;11,T/C;20,T/C;36,T/C;54,T/C
YITCHB132	46,A/C;61,A/C;93,A/C;132,A;161,T/C
YITCHB134	72,T/C
YITCHB136	64,C
YITCHB138	22,C;52,G
YITCHB143	22,G
YITCHB145	6,A/G;8,A/G;20,A/C;76,A/C;77,C/G;83,A/G;86,T/C
YITCHB148	27,T/C;91,T/C
YITCHB150	57,C;58,T
YITCHB154	4,T/C;75,T/C
YITCHB156	82,T/C
YITCHB157	69,A
YITCHB158	96,C
YITCHB159	7,G;11,T/C;25,A/G;38,T;42,T;92,C/G;160,A/G
YITCHB160	15,T/C;33,C/G;48,A/T;59,A;66,A/C
YITCHB162	7,T/G;10,T/C;16,A/G;32,T/C;33,T;73,A/G;77,A/G;136,A/C;140,T/A
YITCHB163	41,G;54,T/C;82,T/C;90,C
YITCHB164	17,A;56,C
YITCHB165	1,A;10,T/C;88,A/G
YITCHB166	30,T/C;40,A/G;63,A/T;100,A/T;142,C/G;150,T/C
YITCHB168	21,A/G;63,T/C;73,A/G;109,A/G
YITCHB171	39,T/C;87,T/A;96,T/C;119,A/C
YITCHB173	62,A/C;70,A/G
YITCHB175	12,A/G
YITCHB176	13,A;25,A;26,A;82,A;105,C
YITCHB178	14,A/G;24,T/C;42,A/T;66,A/G;145,A/G
YITCHB179	2,C/G
YITCHB180	10,G;31,C;59,T;137,T;152,C
YITCHB183	12,A/G; 53,A/G; 59,T/G; 79,A/G; 80,A/G; 85,T/C; 97,A/T/C; 99,A/G; 114,A/G; 115,T/C;116,A/C;117,A/G;122,A/G;138,T/C;139,A/G;143,T/C;147,T/A;155,T/C;166,T/C
YITCHB184	10,A/T;20,T/C;21,A/G;22,A/G;30,A/T;39,A/G;47,A/G;50,A/G;57,A/G;68,A/

G;70,T/C/G;71,T/C;76,A/G;85,T/C;94,A/C;102,A/C/G;107,T/C;109,A/C;125,
A/G;126,A/G;132,T/C;139,T/C;152,A/G;161,T/A;170,T/C;174,C/G;176,A/C;
178,A/C

YITCHB185	20,T/C;49,A/G;71,T/C;86,T/C;104,T/C;114,T/C;133,C/G;154,A/G
YITCHB186	19,A/G;44,C/G;46,A/G;57,T/A;75,T/C;82,T/C;86,A/C;93,A/G
YITCHB189	61,A;147,A/G
YITCHB191	1,T/C;44,G
YITCHB193	169,C
YITCHB195	53,T/C;81,T/C;111,T/C
YITCHB196	44,T/C;101,T/C
YITCHB197	72,G;121,T;122,T;123,T;167,G;174,G;189,C
YITCHB198	63,A/T
YITCHB199	2,T/C;12,T/G;123,T/C;177,T/C
YITCHB200	70,A/G;73,A/G;92,A/T;104,C/G;106,T/A
YITCHB201	112,A/G;132,-/T
YITCHB202	55,T/C;60,T/C;102,T/C;104,A/G;127,T/C;187,A/G;197,A/G
YITCHB203	125,T/C;154,A/G
YITCHB205	31,A;36,G;46,A;74,G
YITCHB208	41,C;84,A
YITCHB209	2,A/G;34,T/C;35,A/G;123,A/G;132,T/C;149,T/C;151,A/G;157,T/C;166,A/G; 175,T/C
YITCHB210	130,A/C;154,A/G
YITCHB212	38,C/G;105,C/G
YITCHB214	15,C;155,C
YITCHB215	71,A;72,A;132,C;162,A;177,G
YITCHB216	43,A
YITCHB217	22,T/C;28,T/C;68,T/C;80,A/G;81,T/C;84,A/C;85,C/G;87,A/C;120,A/C
YITCHB219	24,A/G;52,T/C;112,A/G
YITCHB222	53,A/T
YITCHB226	61,C;127,T;136,T/C
YITCHB227	120,T/C
YITCHB228	4,T/C;11,A/G;26,T/A
YITCHB229	45,C/G;80,T/G;96,C/G
YITCHB230	55,T/C;128,A/G
YITCHB232	47,A/G;54,A/G;86,T/C;108,T/C;147,A/C
YITCHB234	53,-/C;71,A/C;80,T/C;123,A/G;138,A/T;148,A/G
YITCHB237	118,G;120,A;165,T;181,A

YITCHB238   75,A/T;76,A/G;89,T/G;108,G;166,A/G
YITCHB240   53,T/A;93,T/C;148,T/A
YITCHB242   22,C
YITCHB243   86,T;98,A;131,C;162,A
YITCHB244   43,A/G;143,A/G
YITCHB245   144,A;200,C
YITCHB247   23,G;109,A
YITCHB250   21,T/C;51,G;54,T/C;55,A/G;56,T/C;78,T/C;98,T/C;99,A/T;125,T/A
YITCHB251   65,A/G
YITCHB252   26,C;65,G;137,T;156,A
YITCHB253   21,A;26,G
YITCHB254   4,T/C;6,A/G;51,A/G;109,A/C
YITCHB255   5,G;9,C;22,G;25,C;37,G;79,A;86,G;88,G;89,G;116,C;135,T;187,A
YITCHB256   11,A
YITCHB257   68,T/C
YITCHB258   24,G;65,A/G;128,A/T;191,T/C
YITCHB259   90,A
YITCHB260   84,A/T;161,T/A
YITCHB262   117,C/G
YITCHB263   26,A/G;36,T/C;43,A/G;93,T/C;104,T/C;144,A/G
YITCHB264   111,T/C
YITCHB265   97,C/G
YITCHB266   25,C;29,A/G;57,A/C;58,T/A;136,T/C;159,T/C
YITCHB269   53,A/C;60,A
YITCHB270   12,T/C;113,A/C

YITCHB002   109,T/C;145,A/C;146,C/G

YITCHB003   83,A/G;96,A/T

YITCHB004   160,T

YITCHB006   110,T/C

YITCHB007   67,A/G

YITCHB009   11,A

YITCHB011   156,A

YITCHB014   9,T/C

YITCHB016   67,A;80,T;88,G;91,T

YITCHB017   132,A/G

YITCHB019   1,A/G;22,A/G;31,T/C;32,T/C;38,A/G;51,T/C;55,T/A;70,A/G;93,A/G;94,A/G;
101,T/C;109,A/G;112,A/G;130,T/C;132,A/G;148,A/G

YITCHB021   54,A/C;123,A/G;129,T/C;130,A/G

YITCHB023   26,A/T;28,T/C;38,T/G;52,A/C;57,A/G;65,A/G;67,A/G;72,T/G;115,T/A;130,A/
G

YITCHB026   18,G

YITCHB027   101,A

YITCHB028   48,T/C;66,T/G;166,C/G

YITCHB030   80,C/G;139,T/C;148,A/G

YITCHB031   88,T/C;125,C;161,T/G

YITCHB033   93,A

YITCHB035   44,T/C;158,C/G

YITCHB037   63,G;82,T;90,T;91,T;100,G;123,−;124,−

YITCHB039   76,T/C;93,A/G;130,T/C;151,T;156,T/G

YITCHB040   1,C

YITCHB042   17,A/G;60,A/G;99,T/C;110,T/C;114,A/G;127,T;137,T/C;146,T/C;154,T/C;
167,T

YITCHB045   48,C

YITCHB047   130,A/G

YITCHB048   6,A/G;59,A/T;62,A/G;79,T/C;80,T/C;81,A/G

YITCHB049   41,C/G;53,T/C;59,T/C;75,C;99,A/C

YITCHB050   45,T;59,T;91,T;121,A/G;156,A/G

YITCHB051   7,T/G;54,T/C;105,T/C;144,A/C

YITCHB053   38,T/C;49,T/A;112,T/C;116,T/C;124,A/G

YITCHB054   116,T/C

YITCHB055   52,T/A

YITCHB057   91,G;142,T/C;146,T/G;172,C/G

YITCHB059   4,T/C;22,A/G;76,C/G;114,A/G;196,A/T

YITCHB061   4,C;28,A;67,A

YITCHB062   94,A/G;96,T/C

YITCHB064   113,A

YITCHB067   9,A/G;85,A/G;87,-/G

YITCHB072   19,T/C;35,A/G;59,T/C;61,T/G;71,A/G;79,C/G;80,T/C;81,A/G;82,A/G;88,T/C;
89,A/G;91,A/G;97,A/T;100,A/G;103,A/C;109,A/G;121,T/C;125,T/C;128,C/G;
130,A/G;137,A/G;141,A/G;150,T/G;166,A/T;169,A/G;172,A/G;175,T/G;182,
T/A

YITCHB073   49,T/G

YITCHB074   98,A/G

YITCHB077   77,A;88,T;104,A;145,T

YITCHB081   51,G;56,T;57,C;58,T;60,C;67,T;68,T;69,C;110,A;116,C;135,G

YITCHB082   52,A/G

YITCHB083   4,T/A;28,T/G;101,T/G;119,T/C

YITCHB084   91,A/G;100,C/G;119,A/C

YITCHB085   27,T/G;46,C;81,A/T;82,G

YITCHB086   15,T/C;50,T/C;52,A/G;67,C/G;74,A/G;76,A/C;77,C/G;85,A/G;90,T/G;92,T/C;
94,C/G;100,A/G;102,T/G;104,A/C;107,T/G;109,A/G;110,A/T;114,A/G;115,G;
116,T/C;127,T/C;135,A/G;151,A/C;155,T;156,T/A;165,T/C;168,A/C

YITCHB087   111,T

YITCHB089   14,T/C;38,A/G;52,A/G;53,T/C;64,A/C;89,T/C;178,T/C;184,T/C;196,T/C;197,
A/G

YITCHB094   16,C;36,C/G;53,A/T;63,A/G;70,C;99,A/G

YITCHB096   24,T/C;87,T/C

YITCHB099   74,C;105,A;126,C;179,T;180,C

YITCHB100   12,T/C

YITCHB102   57,A/C

YITCHB103   61,A/G;64,A/C;87,A/C;153,T/C

YITCHB104   13,G;31,T;34,C/G

YITCHB105   36,A/C

YITCHB107   18,T;48,G;142,T

YITCHB108   73,A/C;127,A

YITCHB112	28,T/C;36,T/C;103,A/G;109,A/G;120,T/C;123,T/C;138,C/G;154,A/T;162,T/C
YITCHB114	18,T;38,C;68,C;70,G;104,C
YITCHB116	29,T
YITCHB118	22,T;78,C;102,T
YITCHB119	98,T;119,A
YITCHB126	43,T;145,T/A
YITCHB128	7,C;127,A/G
YITCHB130	13,A/G;20,T/C;54,T/C;82,T/C
YITCHB132	34,T/C;46,A/C;61,A/C;93,A/C;132,A;161,T/C
YITCHB134	72,C
YITCHB136	4,A/C;64,A/C
YITCHB137	110,T/C
YITCHB142	2,T;28,T;30,T;46,A;102,C;150,G;152,A;153,G
YITCHB143	22,G
YITCHB145	6,A/G;8,A/G;20,A/C;76,A/C;77,C/G;83,A/G;86,T/C
YITCHB147	12,A/G;22,T/G;61,T/A;70,A/G;100,A
YITCHB150	57,C;58,T
YITCHB151	8,T/C;19,A;43,G
YITCHB152	31,A
YITCHB154	1,A/T;4,T/C;87,T/C
YITCHB156	82,T
YITCHB158	96,T/C
YITCHB159	7,A/G;11,T/C;38,T/C;42,T/C
YITCHB162	7,T/G;10,T/C;13,A/G;14,T/C;16,G/A/C;33,T/C;34,A/G;36,A/G;55,A/G;75,T/C; 90,A/C;110,A/G;136,A/C
YITCHB163	41,G;54,T;90,C
YITCHB165	1,A;49,T
YITCHB167	12,G;33,C;36,G;64,C;146,G
YITCHB169	22,T;107,A
YITCHB170	56,A/G
YITCHB171	39,T/C;87,A/T;96,T/C;119,A/C
YITCHB181	56,A/G
YITCHB183	12,A/G;59,G;80,A/G;155,C
YITCHB184	7,T/C;8,T/C;12,A/G;20,T/C;21,A/G;22,A/G;31,T/G;44,T/C;49,A/G;50,A/G; 68,A/G;70,C/G;71,T/C;83,T/C;88,A/G;102,A/G;107,T/C;115,A/C;126,A/G; 130,A/C;132,T/C;134,T/G;139,T/C;152,A/G;156,A/G;170,T/C;174,C/G;175, T/C;178,T/C

YITCHB185	20,T/C;49,A/G;71,T/C;74,T/C;86,T/C;104,C;114,T/C;122,T/C;133,C;154,A/G
YITCHB186	19,A/G;46,A/G;57,A/T;75,T/C;82,T/C;86,A/C
YITCHB189	49,A/G;61,A/C;147,G
YITCHB190	90,T
YITCHB191	44,T/G
YITCHB192	45,T/A;46,T/G;73,A/G
YITCHB193	169,T/C
YITCHB195	53,C;111,T
YITCHB197	72,A/G;121,–/T;122,–/T;123,–/T;167,C/G;174,A/G;189,A/C
YITCHB198	34,T/A;63,A/G;109,T/C
YITCHB199	77,C;123,C
YITCHB200	74,A/G
YITCHB202	55,T;60,T;88,T/C;102,T;104,A;115,A/T;144,A/G;159,T/C;187,G;197,A
YITCHB203	125,T;154,A
YITCHB205	31,A;36,G;46,A;74,G
YITCHB208	41,C;84,A
YITCHB209	32,T/C;34,T/C;94,T/C;149,T/C;166,A/G;175,T/C
YITCHB210	130,C;154,G
YITCHB212	38,C/G;105,C/G
YITCHB214	15,T/C;155,A/C
YITCHB215	3,T;6,T;9,A;22,A;50,–;51,–;52,–;53,–;54,C;63,A;71,A;72,C;81,G;96,A;121,T;137,A;163,G;177,G;186,A
YITCHB216	43,A/G
YITCHB217	84,A/C
YITCHB219	24,A/G;60,T/C;112,A/G
YITCHB224	117,A
YITCHB226	127,T/C
YITCHB228	11,A/G;26,T/A;72,A/G
YITCHB229	45,G;46,T/C;80,T/C;162,T/G
YITCHB230	55,T/C;110,T/C;128,A/G
YITCHB231	104,T/C
YITCHB232	47,A/G;54,A/G;86,C;108,T/C;147,A/C
YITCHB233	152,A
YITCHB234	53,–/C;123,A/G
YITCHB237	118,G;120,A;165,T;181,A
YITCHB238	75,A/T;76,A/G;108,C/G
YITCHB240	53,T/A;93,T/C;148,T/A

YITCHB241	124,T/C
YITCHB242	22,T/C;67,T/C
YITCHB243	86,T;98,A;131,C;162,A
YITCHB245	144,A/G;200,C
YITCHB246	25,T/C;89,A/G
YITCHB247	23,G;109,A
YITCHB250	21,T/C;30,A/G;33,T/G;50,T/C;51,T/G;52,A/G;54,T/C;55,A/G;56,T/C;78,T/C;81,T/C;83,A/G;90,A/G;94,T/C;98,T/C;99,A/T;119,A/C;125,T/A;130,T/G;131,T/C
YITCHB251	65,A/G
YITCHB252	26,C;65,G;137,T;156,A
YITCHB253	21,T/A;26,T/G
YITCHB254	4,T/C;6,A/G;51,A/G;109,A/C
YITCHB255	5,G;9,C;22,G;25,C;37,G;79,A;86,G;88,G;89,G;116,C;135,T;187,A
YITCHB256	11,A/G;16,T/C
YITCHB257	68,T/C
YITCHB258	24,G;65,A/G;128,T/A;191,T/C
YITCHB259	90,A/G
YITCHB260	84,A/T;161,T/A
YITCHB264	5,T/A;15,A/G;22,T/C;35,A/G;79,T/C;97,C/G;99,A/G;105,A/G;108,T/C;110,A/G;111,C;113,A/G;114,T/C;132,T/C;137,A/G;144,T/C
YITCHB265	64,T/C;73,A/T;97,C;116,T/G
YITCHB266	25,C;37,T/C;57,A/C;58,T/A
YITCHB268	24,A/C;44,A/G;82,T;86,T/C;123,A/G;126,A/G;137,T/C;148,A/T;166,A/C;167,G
YITCHB269	60,A/C
YITCHB270	12,T/C;113,A/C

YITCHB001   25,C;43,T/C;66,T;67,T/C
YITCHB002   145,A;146,G
YITCHB003   83,A/G;96,T/A
YITCHB006   110,T/C
YITCHB007   67,A/G
YITCHB008   65,T/C
YITCHB016   67,A/G;80,T/G;88,A/G;91,T/C
YITCHB022   54,C;67,G;68,C
YITCHB026   18,A/G;39,A/T
YITCHB027   67,A/G;101,A/G
YITCHB028   48,T/C;66,T/G;166,C/G
YITCHB030   80,C/G;139,T/C;148,A/G
YITCHB031   88,T/C;125,C
YITCHB035   44,T/C;158,T/G
YITCHB036   95,T/C;157,A/G
YITCHB039   130,T/C;151,T/G
YITCHB040   1,C
YITCHB042   60,A/G;110,T/C;114,A/G;127,T/C;146,T/C;167,A/T
YITCHB044   97,T/C
YITCHB045   48,C
YITCHB047   130,A/G
YITCHB048   59,T/A;62,A/G
YITCHB049   59,T/C;75,T/C
YITCHB050   45,T/C;59,T/C;91,T/A;156,A/G
YITCHB051   7,T/G;105,T/C
YITCHB054   116,C
YITCHB057   91,G;142,T;146,G
YITCHB061   4,C;28,A;67,A
YITCHB062   94,G;96,C
YITCHB064   113,A/G
YITCHB066   30,T/C
YITCHB067   87,G
YITCHB072   19,T/C;35,A/G;59,T/C;61,T/G;67,A/G;71,A/G;79,C/G;80,T/C;81,A/G;82,A/G;

88,T/C;89,A/G;91,A/G;97,T/A;100,A/G;103,A/C;109,A/G;121,T/C;125,T/C;
128,C/G;130,A/G;137,A/G;141,A/G;150,T/G;166,T/A;169,A/G;172,A/G;175,
T/G;182,A/T

YITCHB073	49,G
YITCHB076	116,A/G
YITCHB077	77,A/G;88,T/C;104,A/G;145,T/C
YITCHB079	123,A/G
YITCHB081	51,A/G;56,T;57,C;58,T;60,C;67,T;68,T;69,C;110,A/G;116,T/C;135,A/G
YITCHB082	52,A/G;93,T/C
YITCHB085	46,C/G;81,A/T;82,G
YITCHB089	38,A/G;52,A/G;53,T/C;64,A/C;89,T/C;178,T/C;184,T/C;196,T/C;197,A/G
YITCHB091	107,T/G;120,A/G
YITCHB092	118,A/G
YITCHB094	16,A/C;36,C/G;63,A/G;70,T/C;99,A/G
YITCHB099	74,T/C;105,A/G;126,T/C;179,T/A;180,T/C
YITCHB100	12,T/C
YITCHB102	57,A/C
YITCHB103	61,G;64,A;87,A;153,T
YITCHB104	146,C/G
YITCHB105	36,A
YITCHB107	18,T/A;48,A/G;142,T/C
YITCHB108	127,A
YITCHB109	1,T;6,G;26,C;83,A;93,C
YITCHB112	28,T/C;123,T/C
YITCHB114	18,T/C;25,A/G;38,T/C;68,T/C;70,C/G;104,T/C
YITCHB116	29,–/T;147,T/G
YITCHB118	78,T/C;105,A/G;111,A/G;120,A/G
YITCHB123	27,T/A;39,A/G;49,A/G;56,A/G;66,A/G;69,T/C;75,A/G;104,A/G;125,T/C;135, A/G;138,T/C;175,T/G
YITCHB124	130,A
YITCHB130	13,A/G;20,T/C;54,T/C;60,A/G
YITCHB132	34,T/C;46,A/C;61,A/C;93,A/C;132,A;161,T/C
YITCHB136	4,T/C;64,A/C
YITCHB138	22,A/C;52,A/G
YITCHB145	6,A/G;8,A/G;20,A/C;76,A/C;77,C/G;83,A/G;86,T/C
YITCHB147	100,A/G
YITCHB148	27,T/C;91,T/C

YITCHB151   8,T/C;19,A;33,A/G;43,T/G

YITCHB154   4,T/C;87,T/C

YITCHB156   82,T

YITCHB158   96,T/C

YITCHB160   33,C/G;59,A/G;66,A/C

YITCHB162   14,T/C;33,T;75,T/C;85,A/G;88,T/C;110,T/G;124,C/G

YITCHB163   41,G;54,T;90,C

YITCHB167   12,G;33,C;36,G;64,C;146,G

YITCHB169   22,T;107,A

YITCHB171   39,T/C;87,T/A;96,T/C;119,A/C

YITCHB181   56,A/G

YITCHB182   45,A/G

YITCHB183   59,T/G;155,T/C

YITCHB184   10,A/T;15,A/G;20,T/C;21,A/G;27,A/C;30,A/T;31,C/G;47,A/G;50,A/G;57,A/G;
             68,A/G;70,C/G;71,T/C;76,C/G;77,A/G;83,C/G;85,T/C;87,A/G;94,A/C;102,T/
             A/G;118,A/G;122,C/G;125,A/G;126,A/G;139,T/C;148,T/A;149,T/C;160,T/C;
             165,A/C;166,T/C;169,A/T;176,A/C;178,A/C

YITCHB185   74,T/C;104,T/C;133,C/G

YITCHB186   19,A/G;44,C/G;46,A/G;47,A/G;57,T/A;75,T/C;82,T/C;86,A/C

YITCHB189   49,A/G;61,A;88,A/C;147,A/G

YITCHB191   1,T/C;44,G

YITCHB195   53,C;111,T

YITCHB197   72,A/G;121,-/T;122,-/T;123,-/T;167,C/G;174,A/G;189,A/C

YITCHB198   34,T/A;63,A/G;109,T/C

YITCHB199   77,C/G;123,T/C

YITCHB200   19,T/C

YITCHB201   132,T

YITCHB202   55,T/C;60,T/C;102,T/C;104,A/G;144,A/G;187,A/G;197,A/G

YITCHB205   57,T

YITCHB208   18,A/T;41,T/C;84,T/A

YITCHB209   2,A/G;32,T/C;34,C;35,A;71,T/C;94,T/C;123,A/G;132,T/C;149,T/C;151,A/G;
             157,T/C;166,G;173,A/G;175,C

YITCHB214   15,T/C;155,A/C

YITCHB215   3,T/A;6,T/G;9,A/G;22,A/G;54,T/C;63,A/T;71,A/T;72,T/C;81,A/G;96,A/G;121,
             T/C;137,A/G;163,T/G;177,A/G;186,A/G

YITCHB216   43,A/G

YITCHB217   84,A/C

YITCHB219	24,A/G;52,T/C;60,T/C;112,A/G
YITCHB224	1,A;36,A;79,T;117,A;118,C
YITCHB228	11,A/G;26,A/T;72,A/G
YITCHB229	45,G;80,T
YITCHB230	55,T/C;110,T/C;128,A/G
YITCHB231	104,T/C
YITCHB232	86,C
YITCHB234	53,–/C;123,A/G
YITCHB237	118,G;120,A;165,T;181,A
YITCHB242	22,T/C
YITCHB243	131,A/C
YITCHB245	200,C
YITCHB247	23,T/G;109,A/G
YITCHB248	50,A/G
YITCHB250	1,T/C;13,A/G;14,T/C;21,T/C;51,T/G;52,A/G;54,T/C;55,A/G;56,T/C;63,T/C;78,T/C;81,T/C;83,A/G;90,A/G;94,T/C;97,T/C;98,T/C;99,T/A;125,A/T
YITCHB251	65,A/G
YITCHB253	21,A/T
YITCHB254	4,T/C;6,A/G;51,A/G;109,A/C
YITCHB255	5,G;9,C;22,G;25,C;37,G;79,A;86,G;88,G;89,G;116,C;135,T;187,A
YITCHB258	24,A/G;65,A/G;128,T/A
YITCHB264	8,A/T;51,T/C;111,T/C
YITCHB265	64,T/C;73,A/T;97,C/G;116,T/G
YITCHB266	25,A/C;57,A/C;58,T/A;136,T/C;159,T/C
YITCHB268	24,A/C;44,A/G;82,T/G;86,T/C;123,A/G;126,A/G;137,T/C;148,A/T;166,A/C;167,A/G
YITCHB269	53,A/C;60,A
YITCHB270	12,T/C;113,A/C

YITCHB001   25,T/C;66,T;67,T/C;81,T

YITCHB002   109,T/C;145,A/C;146,G

YITCHB003   83,A/G;96,T/A

YITCHB004   160,T/G;172,A/G

YITCHB007   67,A/G

YITCHB008   15,T/A;65,T/C

YITCHB009   11,T;184,C

YITCHB013   2,T;64,C;108,C

YITCHB014   9,T/C

YITCHB016   88,G

YITCHB017   45,A/G;63,A/C;132,G

YITCHB019   55,A;106,A/G

YITCHB022   19,T/C;20,A/G;30,A/G;41,A/G;49,A/G;54,C;67,G;68,C

YITCHB023   20,T/C;26,A/T;38,T/G;65,A/G

YITCHB024   46,T/C

YITCHB025   30,A/G;77,T/G

YITCHB026   18,G

YITCHB027   22,T;101,A;121,C;122,T;123,T;124,A

YITCHB028   48,T/C;72,A/G;125,T/C;166,C/G

YITCHB030   148,A/G

YITCHB031   87,A/G;88,T/C;125,C

YITCHB035   7,A/G;11,T/G;33,A/G;44,C;45,A/G;124,A/T;137,A/C;158,G

YITCHB039   130,T/C;151,T

YITCHB040   1,C;90,A/G

YITCHB042   17,A/G;99,T/C;127,T;137,T/C;154,T/C;167,T

YITCHB045   48,C

YITCHB046   14,A/T;24,A/G;56,T/C;58,T/C;92,T/C;106,T/C

YITCHB047   10,C/G

YITCHB048   32,A/G;59,T/A;62,A/G;79,T/C;80,T/C;81,A/G

YITCHB049   41,C/G;53,T/C;59,T/C;75,C;99,A/C;138,C/G

YITCHB050   45,T;59,T;91,T;121,A/G

YITCHB051   7,T/G;54,T/C;144,A/C

YITCHB053   4,A/G;124,A/G

YITCHB055	52,A/T
YITCHB056	60,T/A;124,G;125,T/G;147,G;157,T/G;196,A/G
YITCHB057	91,G;136,T/C;142,T/C;146,T/G
YITCHB058	2,A/G;11,A/G;36,A/G;60,A/G;106,A/G;139,T/C
YITCHB059	4,T/C;22,A;76,C/G;114,A/G;196,T/A
YITCHB061	4,C;28,A;67,A
YITCHB062	4,A/G;6,T/C;94,G;96,C;165,A/G
YITCHB064	113,A/G
YITCHB067	87,G
YITCHB071	5,A/G;10,A/G;18,A/G;54,T/C;80,A/G;90,A/T;100,A/C;103,T/C;105,A/G;111, T/C
YITCHB072	8,T/C;19,T;20,C/G;23,T/C;53,A/T;54,A/T;59,T/C;61,A/G;67,A/G;68,T/C;70, A/G;71,G;79,T/C/G;80,T/A/C;81,G;82,A/G;88,C;89,A;91,A/G;93,A/G;97,T/A; 98,A/G;100,A/G;103,A/C;109,A/G;118,T/C;119,A/G;120,A/G;121,T/C;125,C; 127,A/G;128,C/G;130,A/T;132,A/T;134,T/C;137,G;141,A/G;149,A/T;150,T/G; 153,T/C;160,T/C;161,A/G;166,T/C;169,A/G;172,A/G;182,A/T
YITCHB073	49,G;82,A/G
YITCHB075	22,T/C;35,T/C;98,C/G
YITCHB076	13,T;34,C/G;91,T
YITCHB079	85,A/G;123,G
YITCHB081	51,G;52,T/C;56,T;57,C;58,T;60,C;67,T;68,T;69,C;95,A/G;109,A/G;110,A; 114,A/C;116,C;135,G
YITCHB082	131,T/C
YITCHB083	4,T/A;28,T/G;101,T/G;119,T/C
YITCHB085	27,T/G;46,C;81,T;82,G
YITCHB086	115,G;155,T;168,A
YITCHB087	111,T
YITCHB089	38,A;52,A;53,C;64,A;89,C;178,T;184,C;196,C;197,A
YITCHB091	133,A/C;151,T/C
YITCHB092	118,A
YITCHB094	16,A/C;63,C/G;119,T/C
YITCHB095	98,A/G
YITCHB096	24,T/C;41,A/G;49,T/G
YITCHB097	4,T/C;5,A/G;46,C/G;94,A/G
YITCHB098	65,G;95,T;128,G
YITCHB099	74,C;105,A;126,C;179,T;180,C
YITCHB101	1,A/T

YITCHB102   27,A/C;32,T/G;33,T/G;52,A/G;56,T/C;57,C;59,A/T;65,T/C;111,T/C;116,A/G

YITCHB104   13,T/G;31,T/G;146,C/G

YITCHB105   36,A

YITCHB107   124,A/G;142,T/C

YITCHB108   69,T/G;127,A/C

YITCHB109   1,T;6,G;50,G;92,G

YITCHB112   28,T/C;80,A/G;123,T/C;154,A/T

YITCHB114   18,T/C;25,A/G;37,T/A;38,T/C;68,C;70,G;104,C

YITCHB116   29,–/T;104,T/C;147,T/G

YITCHB117   87,A/G;104,A/G;117,A/G;136,A/C;152,A;164,A/G

YITCHB119   9,A/C;119,A/G

YITCHB120   93,T/C

YITCHB121   133,T;135,G;136,–;187,G

YITCHB123   27,T;39,A;75,G;133,C;138,T;168,A;175,T

YITCHB124   130,A

YITCHB126   19,G;43,T

YITCHB127   65,A;82,C;132,A

YITCHB128   7,C;127,A/G

YITCHB130   7,T/A;11,T/C;20,T/C;36,T/C;54,T/C

YITCHB132   46,A/C;61,A/C;93,A/C;132,A;161,T/C

YITCHB133   1,A/G

YITCHB134   14,T/C

YITCHB136   64,A/C

YITCHB138   22,C;52,G

YITCHB141   39,C

YITCHB143   22,G;112,G

YITCHB145   6,A/G;8,A/G;20,A/C

YITCHB146   2,A/G;29,A/G

YITCHB149   5,T/G;18,A/G;53,T/C;112,A/T;135,A/G;136,A/G

YITCHB150   57,C;58,T

YITCHB154   4,T/C;75,T/C;87,T/C

YITCHB157   31,T/C;58,A/T;69,A/G

YITCHB158   96,C

YITCHB159   7,G;11,T/C;12,A/G;21,T/C;38,T;42,T;160,A/G

YITCHB160   33,C;59,A;66,A/C

YITCHB162   10,T/C;13,A/G;16,A/C;33,T;34,A/G;55,A/G;67,A/G;75,T/C;88,T/C

YITCHB163   26,T/C;41,G;46,T/C;61,A/G;63,A/G;75,C/G;82,T/C;90,C;91,A/G;92,A/G;112,

T/G

YITCHB164	17,A;56,C
YITCHB165	1,A;49,T/A;88,A/G
YITCHB166	40,A/G;63,A/T;100,A/T;142,C/G;150,T/C
YITCHB168	63,T/C;109,A/G
YITCHB169	8,T/C;22,T;38,A/G;43,T/C;68,T/C;91,T/C;102,A/G;117,A/G;118,T/G;121,A/G; 127,T/C;142,A/G;171,A/C
YITCHB171	39,T/C;87,T/A;96,T/C;119,A/C
YITCHB176	13,A;25,A;26,A;82,A;105,C
YITCHB177	25,T/C;41,T/C;55,A/G;65,A/C;78,T/C;100,T/C;107,A/G;125,T/C;126,A/G; 127,A/G
YITCHB179	2,C
YITCHB180	10,A/G;31,T/C;59,T/C;137,T/C;152,T/C
YITCHB184	20,T/C;22,A/G;39,A/G;50,A/G;57,A/G;68,A/G;70,C/G;85,A/C;86,A/G;102,A/ G;103,A/G;118,T/A;139,T/C
YITCHB186	19,A/G;44,C/G;46,A/G;57,A/T;75,T/C;82,T/C;86,A/C;93,A/G
YITCHB187	130,G
YITCHB189	49,A/G;61,A;88,A/C;115,T/C;147,G
YITCHB191	44,G
YITCHB192	45,A/T;138,T/C
YITCHB193	169,C
YITCHB195	44,T/C;53,T/C;81,T/C;88,A/G;108,A/G;111,T/C
YITCHB196	45,T/C
YITCHB197	72,A/G;121,-/T;122,-/T;123,-/T;167,G;174,A/G;189,A/C
YITCHB198	34,T/A;63,T/G;109,T/C
YITCHB199	123,T/C;155,C/G
YITCHB200	70,A/G;73,A/G;80,T/C;92,T/A;96,T/C;104,C/G;106,A/T
YITCHB201	112,G;132,T
YITCHB202	55,T;60,T;102,T;104,A;127,T;187,G;197,A
YITCHB203	125,T;154,A
YITCHB204	75,C
YITCHB205	31,A;36,G;46,A;74,G
YITCHB208	41,C;84,A
YITCHB209	1,T/C;32,T/C;34,T/C;94,T/C;149,T/C;166,A/G;175,T/C
YITCHB210	130,C;154,G
YITCHB211	113,T/C;115,A/G
YITCHB212	38,C/G;105,C/G

YITCHB215 71,A;72,A;132,C;162,A;177,G

YITCHB216 43,A

YITCHB217 22,C;28,T;68,T;80,G;81,C;85,C;87,C;120,C

YITCHB218 98,A/G;128,A/G

YITCHB219 24,G

YITCHB222 53,A/T

YITCHB224 1,A/G;30,A/G;36,A/G;43,A/C;117,–/A;118,T/C

YITCHB226 61,C/G;127,T/C;136,T/C

YITCHB228 4,T/C;11,A/G;26,T/A;72,A/G

YITCHB229 45,G;46,T/C;80,T/C;96,C/G;162,T/G

YITCHB230 55,T/C;128,A/G

YITCHB232 47,A/G;54,A/G;86,C;108,T/C;147,A/C

YITCHB233 1,A/T;2,A/T;3,T/G;4,T/G;7,T/C;50,A;152,–/A

YITCHB234 53,C;71,A;80,C;123,A;138,A;139,–;140,–;141,–;142,–;143,–;144,–;145,–;146,–;148,G

YITCHB235 120,C

YITCHB237 118,G;120,A;126,T/G;165,T;181,A

YITCHB238 89,T/G;108,G;166,A/G

YITCHB240 53,T/A;93,T/C;122,T/G;148,T/A

YITCHB242 22,T/C

YITCHB243 86,T;98,A;131,C;162,A

YITCHB245 144,A;200,C

YITCHB246 25,T/C

YITCHB247 23,G;109,A

YITCHB250 1,T/C;18,G/A/C;19,A/G;21,T/C;51,G;52,A/G;53,T/C;54,T/C/A;55,A/G;56,T/C;65,A/G;70,A/G;78,T/C;81,T/C;83,A/G;88,T/C;90,A/G;94,T/C;96,A/G;98,T/C;99,A/T;100,A/T;117,A/G;119,A/C;125,T/A;126,T/G;142,T/C

YITCHB251 65,A/G

YITCHB252 26,C;65,G;137,T;156,A

YITCHB253 21,A;26,T/G

YITCHB254 4,T/C;6,A/G;51,A/G;109,A/C

YITCHB255 5,G;9,C;22,G;25,C;37,G;79,A;86,G;88,G;89,G;116,C;135,T;187,A

YITCHB256 11,A/G

YITCHB257 47,T/A;68,T/C;72,A/G;87,A/G

YITCHB258 24,A/G;65,A/G;128,A/T

YITCHB259 90,A;118,A/G;149,T/C

YITCHB260 84,T/A;161,A/T

YITCHB262   117,C/G

YITCHB265   97,C/G

YITCHB266   25,C;57,C;58,T;136,C;159,C

YITCHB268   24,A/C;68,A/G;82,T/G;86,T/C;89,A/G;148,A/T;167,A/G;168,A/T

YITCHB269   53,A;60,A

YITCHB270   113,C

YITCHB001   3,A/G;25,C;66,T;67,T/C;81,T/C;142,T/G

YITCHB002   109,T/C;145,A/C;146,C/G

YITCHB003   83,A/G;96,A/T

YITCHB004   160,T

YITCHB006   110,T/C

YITCHB007   67,A/G

YITCHB008   65,T/C

YITCHB009   118,T;176,G;181,T;184,C;188,G

YITCHB010   47,A/G;84,T/C;86,T/C;132,A/G

YITCHB016   18,T;88,G

YITCHB017   63,A/C;132,A/G

YITCHB019   55,A

YITCHB021   54,A/C;123,A/G;129,T/C;130,A/G

YITCHB022   19,T;41,A;54,C;67,G;68,C;88,T

YITCHB023   26,A;38,T;64,A/C;65,A;67,A/G;121,A/C

YITCHB024   142,C/G

YITCHB026   18,A/G

YITCHB027   22,T/C;67,A/G;101,A;121,A/C;122,T/G;123,T/G;124,A/C

YITCHB030   139,T/C;148,A/G

YITCHB031   88,C;125,C

YITCHB034   29,A

YITCHB035   7,A/G;33,A/G;44,C;124,T/A;137,A/C;158,G

YITCHB036   47,A/G;95,T/C;157,A/G

YITCHB037   37,A/G;63,G;76,A/C;82,T/A;90,−/T;91,−/T;100,T/G

YITCHB038   18,T;40,T;94,T;113,C;202,T;203,A;204,G

YITCHB039   28,T/C;29,A/T;53,T/C;74,A/G;76,T/C;89,T/G;93,A/G;130,T;151,T;156,T/G

YITCHB040   1,C

YITCHB042   60,A/G;110,T/C;114,A/G;127,T;146,T/C;167,T

YITCHB045   48,C

YITCHB047   130,A/G

YITCHB048   6,A/G;59,A/T;62,A/G;79,T/C;80,T/C;81,A/G

YITCHB049   59,T/C;75,T/C

YITCHB050   45,T;59,T;91,T;104,A/G;156,A/G

YITCHB051　7,G

YITCHB052　13,T/C;49,T/C;50,T/C;113,T/A;126,T/G;151,C;171,C/G

YITCHB053　4,A/G;38,T/C;49,T/A;112,T/C;116,T/C;124,A/G

YITCHB054　116,T/C

YITCHB055　52,A/T

YITCHB057　91,G;142,T;146,G

YITCHB058　2,G;36,G;60,G;79,−;131,T

YITCHB061　4,C/G;28,A/G;67,A/T;70,T/C;75,A/G;78,T/C;102,A/G;112,T/C;114,A/G;118, A/G

YITCHB062　94,A/G;96,T/C

YITCHB064　113,A

YITCHB066　10,A/G;30,T/C

YITCHB067　9,A/G;85,A/G;87,−/G

YITCHB072　2,C/G;8,T/C;19,T/C;53,A/T;59,T/C;61,T/G;64,A/G;65,C/G;67,A/G;68,T/C; 71,A/G;79,C/G;80,A/T/C;81,A/G;82,A/G;88,T/C;89,A/G;91,A/G;97,A/T;100, A/G;103,A/C;109,A/G;118,T/C;119,A/G;121,T/C;122,T/C;125,T/C/G;126,T/G; 128,C/G;130,A/T;132,A/T;137,A/G;141,A/G;149,A/T;150,T/G;153,T/C;160,T/ C;161,A/G;166,A/T;169,A/G;172,A/G;182,T/A

YITCHB073　49,G

YITCHB075　22,C;35,T;98,C/G

YITCHB076　13,T/C;82,T/A;91,T/C;109,A/C

YITCHB077　77,A/G;88,T/C;104,A/G;145,T/C

YITCHB079　85,A/G;123,G

YITCHB080　9,A/G;20,T/C;58,T/C;90,T/C;91,T/C;93,T/C;134,A/C;144,T/G

YITCHB081　51,G;56,T;57,C;58,T;60,C;67,T;68,T;69,C;110,A;116,C;135,G

YITCHB082　52,A/G;93,T/C;131,T/C

YITCHB083　4,T/A;28,T/G;101,T/G;119,T/C

YITCHB084　58,A/T;91,A/G;100,C/G;149,A/G

YITCHB085　27,T/G;46,C/G;81,T;82,G

YITCHB086　15,T/C;50,T/C;52,A/G;67,C/G;76,A/C;77,C/G;85,A/G;90,T/G;92,T/C;94,C/G; 100,A/G;102,T/G;104,A/C;107,T/G;109,A/G;110,T/A;114,A/G;115,A/G;116, T/C;127,T/C;135,A/G;151,A/C;155,T;156,A/T;165,T/C;168,A/C/G

YITCHB087　111,T/C

YITCHB089　38,A;52,A;53,C;64,A;89,C;178,T;184,C;196,C;197,A

YITCHB091　107,T/G;120,A/G

YITCHB092　118,A/G

YITCHB093　95,T/G;107,T/G;132,A/G;166,T/G

YITCHB094   16,A/C;26,T/A;70,T/C

YITCHB096   24,C;87,T

YITCHB097   46,C/G;144,A/G

YITCHB099   74,C;105,A;126,C;179,T;180,C

YITCHB100   12,T/C

YITCHB102   16,T/C;21,T/G;24,T/G;27,A/T;32,T/G;33,T/G;52,A/G;56,T/C;57,A/C;59,T/A;65,T/C;83,A/G;107,A/G

YITCHB104   146,G

YITCHB105   36,A

YITCHB106   19,C;58,A/G;94,C;97,T/C

YITCHB107   18,A/T;48,A/G;142,T/C

YITCHB108   127,A/C

YITCHB109   1,T;6,G;50,G;92,G

YITCHB110   66,A/G;144,A/G

YITCHB112   28,T/C;35,A/C;36,T/C;103,A/G;122,T/G;123,T/C;129,A/G;142,T/C;154,A/T;162,T/C

YITCHB113   182,A/T;192,A/G

YITCHB114   18,T;38,C;68,C;70,G;104,C

YITCHB115   112,A/G;128,T/C

YITCHB116   29,T

YITCHB117   152,A

YITCHB119   56,C/G;119,A/G

YITCHB121   133,T;135,G;136,–;187,G

YITCHB123   87,G;138,T

YITCHB124   130,A;186,C/G

YITCHB126   19,A/G;43,T;112,T/C;154,T/C

YITCHB127   65,A;82,C;132,A/C;136,T/C;171,A/C

YITCHB128   7,T/C;33,T/C;169,A/G

YITCHB130   13,A/G;20,T/C;54,T/C;82,T/C

YITCHB132   27,–;46,A;61,A;93,C;132,A;161,T

YITCHB134   72,T/C

YITCHB135   128,T/C

YITCHB136   4,A/C;64,C

YITCHB137   110,T/C

YITCHB138   22,C;52,G

YITCHB141   39,C

YITCHB143   22,G

YITCHB145	6,A/G;8,A/G;20,A/C;76,A/C;77,C/G;83,A/G;86,T/C
YITCHB148	27,T/C;91,T/C
YITCHB150	57,C;58,T
YITCHB152	31,A/G
YITCHB154	4,T/C;87,T/C
YITCHB155	65,T;95,T;138,A
YITCHB156	82,T/C
YITCHB158	96,C
YITCHB159	7,G;25,A;38,T;42,T;92,G;160,G
YITCHB160	15,T;48,A;59,A
YITCHB161	31,G
YITCHB162	7,T/G;10,T/C;14,T/C;16,A/G;32,T/C;33,T;73,A/G;75,T/C;77,A/G;136,A/C; 140,T/A
YITCHB165	1,A;10,T/C;49,T/A
YITCHB166	30,T/C
YITCHB167	12,A/G;33,C/G;36,A/G;64,A/C;146,A/G
YITCHB168	21,A/G;73,A/G
YITCHB169	22,T
YITCHB170	56,A/G
YITCHB171	39,T/C;87,T/A;96,T/C;119,A/C
YITCHB175	12,A/G
YITCHB176	13,A;25,A;26,A;82,A;105,C
YITCHB177	28,T/G;30,A/G;42,C/G;55,A/T/G;95,T/G;107,A/G;125,T/C;127,A/G;135,T/G
YITCHB178	14,A/G;24,T/C;42,A/T;66,A/G;145,A/G
YITCHB179	2,C/G
YITCHB185	20,T/C;49,A/G;71,T/C;86,T/C;104,T/C;114,T/C;133,C/G;154,A/G
YITCHB186	19,A/G;44,C/G;46,A/G;47,A/G;57,T/A;75,T/C;82,T/C;86,A/C
YITCHB187	130,G
YITCHB189	61,A;147,A/G
YITCHB191	44,G
YITCHB192	45,T/A
YITCHB193	169,T/C
YITCHB195	53,T/C;111,T/C
YITCHB197	72,A/G;121,-/T;122,-/T;123,-/T;167,G;174,A/G;189,A/C
YITCHB198	34,T;59,-;60,-;63,G;109,C
YITCHB199	77,C/G;123,T/C
YITCHB200	19,C

YITCHB201	103,A;132,T
YITCHB202	55,T;60,T;88,T/C;102,T;104,A;115,A/T;144,A/G;159,T/C;187,G;197,A
YITCHB205	31,A/C;36,A/G;46,A/T;74,A/G
YITCHB208	41,C;84,A;107,T/C
YITCHB209	32,T/C;34,T/C;35,A/G;71,T/C;94,T/C;166,A/G;173,A/G;175,T/C
YITCHB210	130,C
YITCHB212	38,C/G;105,C/G
YITCHB214	15,T/C;155,A/C
YITCHB216	43,A
YITCHB217	84,C
YITCHB219	24,A/G;52,T/C;112,A/G
YITCHB220	58,C/G
YITCHB223	11,T;54,A;189,C
YITCHB224	1,A/G;36,A/G;79,T/C;117,–/A;118,T/C
YITCHB225	24,G
YITCHB226	61,C/G;127,T
YITCHB227	120,T/C
YITCHB228	11,A/G;26,T/A;72,A/G
YITCHB229	45,G;46,C;80,C;162,G
YITCHB230	55,T/C;128,A/G
YITCHB232	47,A/G;54,A/G;86,T/C;108,T/C;147,A/C
YITCHB234	53,C
YITCHB235	120,C
YITCHB237	118,G;120,A;165,T;181,A
YITCHB238	108,G
YITCHB242	22,T/C
YITCHB243	86,T/C;98,A/G;131,A/C;162,A/G
YITCHB245	144,A/G;200,A/C
YITCHB246	25,T/C;89,A/G
YITCHB247	23,G;33,C/G;109,A
YITCHB249	43,T/C
YITCHB250	21,T/C;51,G;54,T/C;55,A/G;56,T/C;78,T/C;98,T/C;99,T/A;125,A/T
YITCHB251	65,A/G
YITCHB252	26,C;65,G;126,T/G;137,T/C;156,A/G
YITCHB253	21,A;26,G
YITCHB254	4,T/C;6,A/G;51,G;109,A/C
YITCHB255	5,G;9,C;22,G;25,C;37,G;79,A;86,G;88,G;89,G;116,C;135,T;187,A

YITCHB256   11,A

YITCHB257   68,T/C

YITCHB258   24,G;65,A/G;128,A/T;191,T/C

YITCHB260   84,A/T;161,T/A

YITCHB261   17,C;74,A;119,G

YITCHB263   22,T/G;26,A/G;36,T/C;43,A/G;93,C;104,T/C;144,G;181,A/G

YITCHB264   15,A/G;110,A/G;111,T/C

YITCHB265   97,C

YITCHB266   25,C;57,C;58,T;136,C;159,C

YITCHB267   102,T/G

YITCHB269   60,A

YITCHB270   12,T

YITCHB001　25,T/C;66,T/C;67,T/C;81,T/C

YITCHB002　109,T

YITCHB003　83,A/G;96,T/A

YITCHB004　160,T/G;195,A/G

YITCHB007　27,C/G;44,A/G;67,A/G;90,C/G

YITCHB009　25,T;56,T;181,T;184,C;188,G

YITCHB010　47,A/G;84,T/C;86,T/C;132,A/G

YITCHB011　156,A

YITCHB014　9,T/C

YITCHB016　67,A/G;80,T/G;88,G;91,T/C

YITCHB017　63,A/C;132,G

YITCHB019　1,A/G;22,A/G;31,T/C;32,T/C;38,A/G;51,T/C;55,A/T;70,A/G;93,A/G;94,A/G;
101,T/C;109,A/G;112,A/G;130,T/C;132,A/G;148,A/G

YITCHB021　54,A;123,A;129,T;130,G

YITCHB022　54,T/C;67,A/G;68,A/C

YITCHB026　18,G

YITCHB027　101,A

YITCHB028　48,T/C;66,T/G;166,C/G

YITCHB030　80,C/G;139,T/C;148,A/G

YITCHB031　88,T/C;125,C;161,T/G

YITCHB033　93,A/C

YITCHB035　7,A/G;33,A/G;44,T/C;124,T/A;137,A/C;158,C/G

YITCHB036　95,T/C;157,A/G

YITCHB037　37,A/G;63,G;76,A/C;82,A/T;90,−/A;91,−/T;100,T/G

YITCHB039　76,T/C;93,A/G;151,T;156,T/G

YITCHB042　17,A/G;99,T/C;127,T/C;137,T/C;154,T/C;167,T

YITCHB044　97,T/C

YITCHB045　48,C

YITCHB047　130,A/G

YITCHB048　6,A/G;59,A/T;62,A/G;79,T/C;80,T/C;81,A/G

YITCHB049　27,A/G;41,C;53,T/C;75,C;92,T/G;96,T/C;99,C;131,T/G

YITCHB050　45,T;51,A/C;59,T;91,T;104,A/G;121,A/G

YITCHB051　7,G;54,T/C;144,A/C

YITCHB055	52,T/A
YITCHB056	60,T/A;124,T/G;125,T/G;147,A/G
YITCHB057	91,G;142,T;146,G
YITCHB058	2,A/G;36,A/G;60,A/G;131,T/C
YITCHB059	4,T/C;22,A/G;76,C/G;114,A/G;196,T/A
YITCHB061	4,C;28,A;67,A
YITCHB062	94,A/G;96,T/C
YITCHB064	113,A
YITCHB067	9,A/G;85,A/G;87,–/G
YITCHB071	98,T/C
YITCHB072	2,C/G;19,T/C;35,A/G;59,T/C;61,T/G;64,A/G;65,C/G;67,A/G;71,A/G;79,C/G;80,T/A/C;81,A/G;82,A/G;88,T/C;89,A/G;91,A/G;97,T/A;100,A/G;103,A/C;109,A/G;118,T/C;121,T/C;122,T/C;125,C/T/G;126,T/G;128,C/G;130,T/G/A;137,A/G;141,A/G;150,T/G;160,T/C;166,T/A;169,A/G;172,A/G;175,T/G;182,A/T
YITCHB073	23,T/C;49,G;82,A/G
YITCHB074	98,A/G
YITCHB075	22,C;35,T;98,C/G
YITCHB076	13,T/C;91,T/C
YITCHB077	77,A/G;88,T/C;104,A/G;145,T/C
YITCHB079	85,A/G;123,A/G
YITCHB081	51,G;56,T;57,C;58,T;60,C;67,T;68,T;69,C;110,A;116,C;135,G
YITCHB082	52,A
YITCHB083	4,A;28,G;101,T;119,T
YITCHB084	91,A/G;100,C/G;119,A/C
YITCHB085	46,C;82,G
YITCHB086	15,T/C;50,T/C;52,A/G;67,C/G;74,A/G;76,A/C;77,C/G;85,A/G;90,T/G;92,T/C;94,C/G;100,A/G;102,T/G;104,A/C;107,T/G;109,A/G;110,T/A;114,A/G;115,G;116,T/C;127,T/C;135,A/G;151,A/C;155,T;156,A/T;165,T/C;168,A/C
YITCHB089	14,T/C;38,A/G;52,A/G;53,T/C;64,A/C;89,T/C;178,T/C;184,T/C;196,T/C;197,A/G
YITCHB092	118,A/G
YITCHB094	16,C;36,C/G;53,T/A;63,A/G;70,C;99,A/G
YITCHB096	24,C;87,T/C
YITCHB099	74,C;105,A;126,C;179,T;180,C
YITCHB102	52,A/G;57,C
YITCHB104	13,T/G;31,T/G;146,C/G

YITCHB105   36,A

YITCHB107   18,A/T;48,A/G;142,T/C

YITCHB108   73,A/C;127,A/C

YITCHB109   1,T;6,G;26,C;83,A;93,C

YITCHB110   66,A;144,G

YITCHB112   28,T/C;123,C;154,A/T

YITCHB113   182,A/T;192,A/G

YITCHB114   18,T;38,C;68,C;70,G;104,C

YITCHB115   112,A/G;128,T/C

YITCHB116   29,T

YITCHB117   152,A/G

YITCHB119   98,A/T;119,A/G

YITCHB121   133,T;135,G;136,–;187,G

YITCHB123   138,T

YITCHB124   130,A

YITCHB126   19,A/G;43,T;145,T/A

YITCHB128   7,C

YITCHB130   13,A/G;20,T/C;54,T/C;82,T/C

YITCHB131   32,C;135,G;184,C

YITCHB132   27,–;46,A;61,A;93,C;132,A;161,T

YITCHB134   72,T/C

YITCHB135   128,T/C;187,T/C;188,C/G

YITCHB136   4,A/C;64,C

YITCHB137   110,T/C

YITCHB141   39,C

YITCHB142   2,T/C;28,T/C;30,T/G;46,A/G;102,T/C;150,C/G;152,A/G;153,C/G

YITCHB145   6,A/G;8,A/G;20,A/C;76,A/C;77,C/G;83,A/G;86,T/C

YITCHB148   17,A/C;27,T/C;91,T/C

YITCHB149   87,T/C;112,T/A;135,A/G

YITCHB150   57,C;58,T

YITCHB151   8,T/C;15,T/C;19,A/C;43,T/G;58,A/G;90,A/G

YITCHB152   31,A

YITCHB154   4,T/C;87,T/C

YITCHB156   82,T

YITCHB157   69,A

YITCHB158   96,T/C

YITCHB159   7,A/G;25,A/G;38,T/C;42,T/C;92,C/G;160,A/G

YITCHB161	31,C/G
YITCHB162	7,T/G;14,T/C;16,A/G;32,T/C;33,T;75,T/C;133,T/G;136,A/C
YITCHB163	41,G;54,T;90,C
YITCHB167	12,A/G;33,C/G;36,A/G;64,A/C;146,A/G
YITCHB168	21,A/G
YITCHB169	22,T;79,T/C;107,A/G;117,A/G;118,T/G
YITCHB170	56,A
YITCHB171	39,T/C;87,A/T;96,T/C;119,A/C
YITCHB175	12,A/G
YITCHB176	13,A/C;25,A/G;26,A/G;82,A/G;105,T/C
YITCHB177	28,T/G;30,A/G;42,C/G;55,T/G;95,T/G;127,A/G;135,T/G
YITCHB178	42,A/C;145,A/G;163,A/G
YITCHB181	56,A/G
YITCHB183	12,A/G;59,T/G;79,A/G;80,A/G;85,T/C;97,T/A/C;99,A/G;114,A/G;116,A/C;117,A/G;122,A/G;138,T/C;139,A/G;143,T/C;147,A/T;155,T/C;166,T/C
YITCHB185	20,C;49,A;71,T;86,C;104,C;114,T;133,C;154,G
YITCHB186	19,A/G;44,C/G;46,A/G;57,T/A;75,T/C;82,T/C;86,A/C
YITCHB187	82,A/G;130,A/G
YITCHB188	94,T/C
YITCHB189	49,A/G;61,A;88,A/C;147,G
YITCHB190	90,T
YITCHB191	44,G
YITCHB192	45,A
YITCHB193	169,T/C
YITCHB195	53,T/C;108,A/G;111,T/C
YITCHB197	72,G;121,T;122,T;123,T;167,G;174,G;189,C
YITCHB198	34,T;59,−;60,−;63,G;109,C
YITCHB199	77,C/G;123,T/C
YITCHB200	70,A/G;73,A/G;92,A/T;104,C/G;106,T/A
YITCHB201	112,G;132,T
YITCHB202	55,T;60,T;88,T/C;102,T;104,A;115,T/A;127,T/C;144,A/G;187,G;197,A
YITCHB203	125,T;154,A
YITCHB204	75,C
YITCHB205	31,A;36,G;46,A;74,G
YITCHB208	41,C;84,A
YITCHB209	32,T/C;34,T/C;94,T/C;149,T/C;166,A/G;175,T/C
YITCHB210	130,C;154,G

YITCHB211	113,T;115,G
YITCHB212	38,C/G;105,C/G
YITCHB214	15,C;155,C
YITCHB215	3,A/T;6,T/G;9,A/G;22,A/G;54,T/C;63,T/A;71,A;72,A/C;81,A/G;96,A/G;121, T/C;137,A/G;163,T/G;177,A/G;186,A/G
YITCHB216	43,A
YITCHB217	84,C
YITCHB219	24,A/G;60,T/C;112,A/G
YITCHB220	17,A/G;58,C/G
YITCHB223	17,T;189,C
YITCHB224	1,A/G;36,A/G;79,T/C;117,−/A;118,T/C
YITCHB225	24,A/G
YITCHB228	11,A/G;26,A/T;72,A/G
YITCHB229	45,C/G;80,T/G
YITCHB230	55,T/C;110,T/C;128,A/G
YITCHB232	47,A/G;54,A/G;86,C;108,T/C;147,A/C
YITCHB233	152,A
YITCHB234	53,C
YITCHB237	118,A/G;120,A/C;165,A/T;181,A/C
YITCHB238	23,T/G
YITCHB240	53,T/A;93,T/C;148,T/A
YITCHB242	22,T/C;65,A/G;94,T/C
YITCHB243	86,T;98,A;131,C;162,A
YITCHB245	144,A/G;200,A/C
YITCHB246	2,A/G;25,T/C;89,A/G
YITCHB247	23,G;109,A
YITCHB248	50,A/G
YITCHB250	21,T/C;51,G;54,T/C;55,A/G;56,T/C;78,T/C;98,T/C;99,A/T;125,T/A
YITCHB251	65,G
YITCHB252	26,C;65,G;137,T;156,A
YITCHB253	21,A;26,T/G
YITCHB254	51,A/G
YITCHB255	5,A/G;9,T/C;22,A/G;25,T/C;37,T/G;79,A/G;86,A/G;88,A/G;89,A/G;116,T/C; 135,T/C;187,A/G
YITCHB256	11,A
YITCHB257	68,T
YITCHB258	24,A/G;191,T/C

YITCHB259   90,A

YITCHB260   84,T;161,A

YITCHB263   84,A/G;93,T/C;144,A/G;181,A/G

YITCHB264   5,A/T;22,T/C;35,A/G;79,T/C;97,C/G;99,A/G;105,A/G;108,T/C;111,C;113,A/G;
114,T/C;132,T/C;137,A/G;144,T/C

YITCHB265   64,T/C;73,T/A;97,C/G;116,T/G

YITCHB266   25,C;37,T/C;57,C;58,T;136,T/C;159,T/C

YITCHB268   23,T/C;24,C;44,A/G;66,T/C;82,T;86,T/C;123,A/G;126,A;127,T/G;137,T/C;
148,T;166,A/C;167,G

YITCHB269   60,A/C

YITCHB270   12,T/C;113,A/C

YITCHB001	3,G;25,C;66,T;142,G
YITCHB002	109,T/C;145,A/C;146,C/G
YITCHB003	83,G;96,A
YITCHB004	160,T
YITCHB006	110,T;135,A/G
YITCHB007	27,C/G;44,A/G;67,A/G
YITCHB008	65,C
YITCHB009	118,T/C;176,A/G;181,T/C;184,T/C;188,A/G
YITCHB011	156,A
YITCHB019	55,A/T
YITCHB022	19,T;41,A;54,C;67,G;68,C;88,T
YITCHB023	26,A;38,T;64,C;65,A;121,A
YITCHB024	142,C/G
YITCHB026	18,A/G
YITCHB027	22,T/C;101,A;121,A/C;122,T/G;123,T/G;124,A/C
YITCHB030	80,C/G;139,T/C;148,A/G
YITCHB033	93,A/C
YITCHB035	44,C;158,G
YITCHB036	47,A/G
YITCHB038	18,T;40,T;94,T;113,C;202,T;203,A;204,G
YITCHB039	28,T/C;29,T/A;53,T/C;74,A/G;76,T/C;89,T/G;93,A/G;130,T;151,T;156,T/G
YITCHB042	127,T;167,T
YITCHB045	48,C
YITCHB048	6,A/G;59,A/T;62,A/G;79,T/C;80,T/C;81,A/G
YITCHB049	41,C/G;53,T/C;75,T/C;99,A/C
YITCHB050	45,T;59,T;91,T;104,A/G;121,A/G
YITCHB051	7,G;54,T/C;136,A/G
YITCHB052	13,C;49,T;50,C;113,T;151,C;171,C
YITCHB053	38,T/C
YITCHB054	116,C
YITCHB057	91,G;142,T;146,G
YITCHB058	2,G;36,G;60,G;79,–;131,T
YITCHB061	4,C;28,A;67,A

YITCHB062   94,G;96,C

YITCHB063   85,T/C

YITCHB064   113,A

YITCHB066   10,G;30,T

YITCHB067   9,A/G;85,A/G;87,–/G

YITCHB072   19,T/C;59,T/C;61,T/G;67,A/G;71,A/G;79,C/G;80,T/C;81,A/G;82,A/G;88,T/C;
             89,A/G;91,A/G;97,T/A;100,A/G;103,A/C;109,A/G;121,T/C;125,T/C;128,C/G;
             137,A/G;141,A/G;150,T/G;166,T/A;169,A/G;172,A/G;182,A/T

YITCHB073   49,G

YITCHB074   98,A/G

YITCHB075   22,T/C;35,T/C;98,C/G

YITCHB077   77,A;88,T;104,A;145,T;146,G

YITCHB079   123,A/G

YITCHB081   51,G;56,T;57,C;58,T;60,C;67,T;68,T;69,C;110,A;116,C;135,G

YITCHB082   52,A;93,T/C

YITCHB084   24,T/C;58,T/A;91,A/G;100,C/G;149,A/G

YITCHB085   27,T/G;46,C/G;81,T;82,G

YITCHB086   15,T/C;50,T/C;52,A/G;67,C/G;76,A/C;77,C/G;85,A/G;90,T/G;92,T/C;94,C/G;
             100,A/G;102,T/G;104,A/C;107,T/G;109,A/G;110,A/T;114,A/G;115,A/G;116,
             T/C;127,T/C;135,A/G;151,A/C;155,T;156,T/A;165,T/C;168,C/G

YITCHB091   107,T/G;120,A/G

YITCHB092   118,A/G

YITCHB094   16,A/C;26,T/A;70,T/C

YITCHB097   46,C/G;144,A/G

YITCHB099   74,T/C;105,A/G;126,T/C;179,T/A;180,T/C

YITCHB104   146,G

YITCHB105   36,A

YITCHB106   19,T/C;58,A/G;94,T/C;97,T/C

YITCHB107   18,T/A;48,A/G;142,T/C

YITCHB108   119,A/C

YITCHB109   1,T;6,G;50,A/G;83,T/C;92,A/G;159,A/C

YITCHB112   35,A/C;36,T/C;103,A/G;122,T/G;123,T/C;129,A/G;138,C/G;142,T/C;162,T/C

YITCHB113   182,T;192,A

YITCHB114   18,T;38,C;68,C;70,G;104,C

YITCHB116   29,T

YITCHB117   152,A/G

YITCHB119   56,C/G;119,A/G

YITCHB121	133,T;135,G;136,–;168,T/C;187,G
YITCHB124	130,A;186,G
YITCHB126	43,T;112,T;154,C
YITCHB127	65,A;82,C;132,A
YITCHB128	7,T/C;127,A/G;169,A/G
YITCHB130	13,A/G;20,T/C;54,T/C;60,A/G
YITCHB131	32,T/C;135,T/G;184,T/C
YITCHB132	27,–;46,A;61,A;93,C;132,A;161,T
YITCHB134	72,C
YITCHB135	178,T/C
YITCHB136	64,C
YITCHB137	110,T/C
YITCHB138	22,C;52,G
YITCHB141	39,C
YITCHB142	30,T;121,C;131,C;153,G
YITCHB143	22,G
YITCHB145	6,A;8,G;20,A;76,A;77,G;83,G;86,T
YITCHB150	57,C;58,T
YITCHB151	19,A/T;43,T/G
YITCHB152	31,A
YITCHB154	1,T/A;4,T/C
YITCHB155	65,T;95,T;138,A
YITCHB156	82,T
YITCHB157	32,T/C;69,A
YITCHB158	96,C
YITCHB159	7,G;11,T/C;25,A/G;38,T;42,T;92,C/G;160,A/G
YITCHB160	15,T;48,A;59,A
YITCHB162	7,T/G;10,T/C;14,T/C;16,A/G;32,T/C;33,T;73,A/G;75,T/C;77,A/G;136,A/C;140,T/A
YITCHB163	41,A/G;54,T/C;90,T/C
YITCHB165	1,A;10,T/C;69,T/C;118,A/G;120,T/A;126,T/C;127,T/G
YITCHB166	30,T
YITCHB168	21,A;62,–;73,G
YITCHB170	56,A/G
YITCHB171	39,T/C;87,A/T;96,T/C;119,A/C
YITCHB173	5,T/A;19,A/C;23,T/G;28,T/C;40,T/G;48,T/C
YITCHB175	12,A/G

YITCHB177	28,T/G;30,A/G;42,C/G;55,T/G;95,T/G;127,A/G;135,T/G
YITCHB178	14,A/G;24,T/C;42,T/A;66,A/G;145,A/G
YITCHB182	50,T/C
YITCHB183	53,A;59,G;80,A;115,T;155,C
YITCHB185	20,T/C;49,A/G;71,T/C;74,T/C;86,T/C;104,C;114,T/C;122,T/C;133,C;154,A/G
YITCHB186	19,A/G;44,C/G;46,A/G;47,A/G;57,A/T;75,T/C;82,T/C;86,A/C
YITCHB188	156,T/C
YITCHB189	49,A/G;61,A/C;147,A/G
YITCHB191	1,T/C;44,G
YITCHB192	46,T/G;73,A/G
YITCHB193	169,C
YITCHB195	53,T/C;111,T/C
YITCHB196	44,T/C;101,T/C
YITCHB197	72,A/G;121,-/T;122,-/T;123,-/T;167,G;174,A/G;189,A/C
YITCHB198	34,T/A;63,A/G;109,T/C
YITCHB199	2,T/C;12,T/G;77,C/G;123,C;177,T/C
YITCHB200	19,T/C
YITCHB201	103,T/A;132,-/T;194,T/C;195,A/G
YITCHB202	55,T/C;60,T/C;102,T/C;104,A/G;159,T/C;187,A/G;197,A/G
YITCHB205	31,A;36,G;46,A;74,G
YITCHB208	18,T/A;41,C;84,A;107,T/C
YITCHB209	2,A/G;32,T/C;34,C;35,A;71,T/C;94,T/C;123,A/G;132,T/C;149,T/C;151,A/G; 157,T/C;166,G;173,A/G;175,C
YITCHB210	130,A/C
YITCHB212	38,C/G;105,C/G
YITCHB214	15,C;155,C
YITCHB215	3,A/G;16,T/G;50,C/G;63,T/A;64,A/G;71,T/A;80,T/C;81,A/G;103,T/C;150,T/A; 163,T/G;170,A/G;186,T/G
YITCHB216	43,A
YITCHB217	84,C
YITCHB219	24,A/G;52,T/C;112,A/G
YITCHB220	58,C/G
YITCHB223	11,T;54,A;189,C
YITCHB224	1,A;36,A;79,T;117,A;118,C
YITCHB225	24,G
YITCHB226	61,C/G;127,T/C
YITCHB227	120,T

YITCHB228	11,A/G;26,T/A
YITCHB229	45,C/G;46,T/C;80,C/G;162,T/G
YITCHB230	55,C
YITCHB232	86,T/C
YITCHB234	53,−/C;123,A/G
YITCHB235	120,C
YITCHB237	118,G;120,A;165,T;181,A
YITCHB238	75,A;76,A;108,G
YITCHB242	22,T/C
YITCHB243	86,T/C;98,A/G;131,A/C;162,A/G
YITCHB244	43,A/G;143,A/G
YITCHB245	144,A/G;200,A/C
YITCHB246	25,T/C;89,A/G
YITCHB247	23,G;33,C/G;109,A
YITCHB249	43,T/C
YITCHB250	21,T/C;51,G;54,T/C;55,A/G;56,T/C;78,T/C;98,T/C;99,A/T;125,T/A
YITCHB251	65,A/G
YITCHB252	26,C;65,G;126,T/G;137,T/C;156,A/G
YITCHB253	21,A;26,G
YITCHB254	4,C;6,A;51,G;109,C
YITCHB255	5,G;9,C;22,G;25,C;37,G;79,A;86,G;88,G;89,G;116,C;135,T;187,A
YITCHB256	16,C
YITCHB258	24,G;65,A/G;128,A/T;191,T/C
YITCHB263	26,A/G;36,T/C;43,A/G;93,T/C;104,T/C;144,A/G
YITCHB264	111,T/C
YITCHB265	17,T/A;97,C/G
YITCHB266	25,C;29,A/G;57,A/C;58,A/T;136,T/C;159,T/C
YITCHB267	42,A;102,T
YITCHB268	82,T/G;167,A/G
YITCHB269	60,A
YITCHB270	12,T

YITCHB001   25,T/C;43,T/C;66,T/C;67,T/C

YITCHB002   109,T/C;145,A/C;146,C/G

YITCHB003   83,A/G;96,T/A

YITCHB006   110,T/C

YITCHB007   67,A/G

YITCHB008   15,A/T;65,T/C

YITCHB014   9,T/C

YITCHB015   47,A/G;69,C/G;85,A/G

YITCHB022   54,T/C;67,A/G;68,A/C

YITCHB023   26,A/T;38,T/G;64,A/C;65,A/G;121,A/C

YITCHB026   18,A/G

YITCHB030   80,C/G;139,T/C;148,A/G

YITCHB031   125,T/C;161,T/G

YITCHB033   93,A

YITCHB034   29,A/C

YITCHB035   158,T/C

YITCHB036   95,T/C;157,A/G

YITCHB039   76,T/C;93,A/G;151,T/G;156,T/G

YITCHB040   1,C;29,T/C;31,A/G;73,T/C;103,T/C;108,A/G;135,T/C

YITCHB042   127,T/C;167,T/A

YITCHB044   97,T/C

YITCHB045   48,T/C

YITCHB047   130,A/G

YITCHB048   59,A/T;62,A/G;79,T/C

YITCHB050   45,T/C;59,T/C;91,A/T;104,A/G

YITCHB051   26,A/G;105,T/C

YITCHB054   116,T/C

YITCHB055   52,T/A

YITCHB057   91,A/G;142,T/C;146,T/G

YITCHB061   4,C;28,A;67,A

YITCHB064   113,A/G

YITCHB066   30,T/C

YITCHB067   9,A/G;85,A/G;87,−/G

YITCHB072	19,T/C;35,A/G;59,T/C;61,T/G;67,A/G;71,A/G;79,C/G;80,T/C;81,A/G;82,A/G; 88,T/C;89,A/G;91,A/G;97,T/A;100,A/G;103,A/C;109,A/G;121,T/C;125,T/C; 128,C/G;130,A/G;137,A/G;141,A/G;150,T/G;166,T/A;169,A/G;172,A/G;175, T/G;182,A/T
YITCHB073	49,G
YITCHB075	22,T/C;35,T/C
YITCHB076	13,T/C;91,T/C
YITCHB081	56,T;57,C;58,T;60,C;67,T;68,T;69,C
YITCHB085	46,C/G;81,A/T;82,G
YITCHB094	16,A/C;36,C/G;63,A/G;70,T/C;99,A/G
YITCHB096	24,T/C
YITCHB102	57,A/C
YITCHB103	61,A/G;64,A/C;87,A/C;153,T/C
YITCHB107	18,T/A;48,A/G;142,T/C
YITCHB108	127,A/C
YITCHB112	28,T/C;123,T/C
YITCHB114	18,T/C;25,A/G;38,T/C;68,T/C;70,C/G;104,T/C
YITCHB116	29,T
YITCHB118	22,T/C;78,T/C;102,T/C
YITCHB121	133,A/T;135,A/G;187,A/G
YITCHB127	65,A/G;82,A/C;132,A/C
YITCHB128	7,T/C;135,C/G
YITCHB130	13,A/G;20,T/C;54,T/C;60,A/G
YITCHB132	46,A/C;61,A/C;93,A/C;132,A/G;161,T/C
YITCHB134	72,T/C
YITCHB137	110,T/C
YITCHB143	22,T/G
YITCHB145	6,A/G;8,A/G;20,A/C;76,A/C;77,C/G;83,A/G;86,T/C
YITCHB148	27,T/C;91,T/C
YITCHB151	19,A/T;33,A/G
YITCHB154	4,T/C;87,T/C
YITCHB158	96,T/C
YITCHB160	59,A/G;64,T/G
YITCHB162	33,T;36,A/G;75,T/C;90,A/C;110,A/G
YITCHB165	1,A
YITCHB168	21,A/G
YITCHB169	22,T/A;107,A/G

YITCHB171	39,T/C;87,T/A;96,T/C;119,A/C
YITCHB181	56,A/G
YITCHB182	45,A/G
YITCHB183	53,A/G;59,T/G;80,A/G;115,T/C;155,T/C
YITCHB184	7,T/C;12,A/G;15,C/G;16,A/G;20,T/C;34,A/G;48,T/C;69,T/C;70,C/G;102,A/G; 118,A/G;126,A/G;127,T/C;131,T/A;139,T/C;165,A/C;170,T/C
YITCHB186	19,A/G;46,A/G;47,A/G;57,T/A;75,T/C;82,T/C;86,A/C
YITCHB189	49,A/G;61,A/C;147,A/G
YITCHB191	44,T/G
YITCHB197	72,A/G;121,−/T;122,−/T;123,−/T;167,C/G;174,A/G;189,A/C
YITCHB200	70,A/G;73,A/G;92,A/T;104,C/G;106,T/A
YITCHB201	112,A/G;132,−/T
YITCHB202	55,T/C;60,T/C;102,T/C;104,A/G;127,T/C;187,A/G;197,A/G
YITCHB205	57,T/G
YITCHB207	81,A/G
YITCHB209	32,T/C;34,T/C;35,A/G;71,T/C;94,T/C;166,A/G;173,A/G;175,T/C
YITCHB214	15,T/C;155,A/C
YITCHB215	3,A/T;6,T/G;9,A/G;22,A/G;54,T/C;63,T/A;71,T/A;72,T/C;81,A/G;96,A/G; 121,T/C;137,A/G;163,T/G;177,A/G;186,A/G
YITCHB216	43,A/G
YITCHB219	24,A/G;60,T/C;112,A/G
YITCHB224	1,A/G;36,A/G;79,T/C;117,−/A;118,T/C
YITCHB228	11,A/G;26,A/T
YITCHB229	45,C/G;80,T/G
YITCHB230	55,T/C;128,A/G
YITCHB232	86,T/C
YITCHB233	152,A
YITCHB234	53,C
YITCHB242	22,T/C
YITCHB243	86,T/C;98,A/G;131,A/C
YITCHB245	200,A/C
YITCHB246	19,A/C;25,T/C;89,A/G
YITCHB247	23,T/G;109,A/G
YITCHB248	50,A/G
YITCHB250	21,T/C;50,T/C;51,T/G;54,T/C;55,A/G;56,T/C;78,T/C;81,T/C;83,A/G;90,A/G; 94,T/C;98,T/C;99,A/T;119,A/C;125,T/A
YITCHB251	65,A/G

YITCHB254	51,A/G
YITCHB255	5,A/G;9,T/C;22,A/G;25,T/C;37,T/G;79,A/G;86,A/G;88,A/G;89,A/G;116,T/C;
	135,T/C;187,A/G
YITCHB259	90,A/G
YITCHB260	84,T/A;161,A/T
YITCHB264	8,T/A;51,T/C;111,T/C
YITCHB265	64,T/C;73,T/A;97,C/G;116,T/G
YITCHB266	25,A/C;57,A/C;58,A/T;136,T/C;159,T/C
YITCHB267	102,T/G
YITCHB268	82,T/G;167,A/G
YITCHB269	60,A/C
YITCHB270	12,T/C;113,A/C

YITCHB001   3,G;25,C;66,T;142,G

YITCHB002   109,T/C;145,A/C;146,C/G

YITCHB003   83,G;96,A

YITCHB006   110,T;135,A/G

YITCHB007   27,C/G;44,A/G;67,A/G

YITCHB008   65,C

YITCHB009   118,T/C;176,A/G;181,T/C;184,T/C;188,A/G

YITCHB011   156,A

YITCHB019   55,T/A

YITCHB022   19,T;41,A;54,C;67,G;68,C;88,T

YITCHB024   142,C/G

YITCHB026   18,A/G

YITCHB027   22,T/C;101,A;121,A/C;122,T/G;123,T/G;124,A/C

YITCHB030   80,C/G;139,T/C;148,A/G

YITCHB033   93,A/C

YITCHB035   44,C;158,G

YITCHB036   47,A/G

YITCHB039   28,T/C;29,T/A;53,T/C;74,A/G;76,T/C;89,T/G;93,A/G;130,T;151,T;156,T/G

YITCHB042   127,T;167,T

YITCHB045   48,C

YITCHB048   6,A/G;59,A/T;62,A/G;79,T/C

YITCHB049   41,C/G;53,T/C;75,T/C;99,A/C

YITCHB050   45,T;59,T;91,T;104,A/G;121,A/G

YITCHB051   7,G;54,T/C;136,A/G

YITCHB053   4,A/G;38,T/C;124,A/G

YITCHB054   116,C

YITCHB057   91,G;142,T;146,G

YITCHB061   4,C;28,A;67,A

YITCHB062   94,G;96,C

YITCHB063   85,T/C

YITCHB064   113,A

YITCHB066   10,G;30,T

YITCHB067   9,A/G;85,A/G;87,–/G

YITCHB072	6,T/A;7,A/G;8,T/C;19,T/C;25,T/G;61,T/G;71,A/G;79,T/C;80,A/C;88,T/C;89, A/G;91,A/G;93,A/G;107,A/G;109,A/G;113,T/G;118,T/C;119,T/G;121,T/C; 125,T/C;130,T/A;137,A/G;149,A/G;160,T/C;166,A/C;169,A/G
YITCHB073	49,G
YITCHB074	98,A/G
YITCHB075	22,T/C;35,T/C;98,C/G
YITCHB077	77,A;88,T;104,A;145,T;146,G
YITCHB079	123,A/G
YITCHB081	51,G;56,T;57,C;58,T;60,C;67,T;68,T;69,C;110,A;116,C;135,G
YITCHB082	52,A;93,T/C
YITCHB085	27,T/G;46,C/G;81,T;82,G
YITCHB086	15,T/C;50,T/C;52,A/G;67,C/G;76,A/C;77,C/G;85,A/G;90,T/G;92,T/C;94,C/G; 100,A/G;102,T/G;104,A/C;107,T/G;109,A/G;110,T/A;114,A/G;115,A/G;116, T/C;127,T/C;135,A/G;151,A/C;155,T;156,A/T;165,T/C;168,C/G
YITCHB091	107,T/G;120,A/G
YITCHB092	118,A/G
YITCHB093	95,G;107,G;132,G;166,G
YITCHB094	16,A/C;26,T/A;70,T/C
YITCHB097	46,C/G;144,A/G
YITCHB104	146,G
YITCHB105	36,A
YITCHB107	18,T/A;48,A/G;142,T/C
YITCHB108	119,A/C
YITCHB109	1,T;6,G;50,G;92,G
YITCHB112	35,A/C;36,T/C;103,A/G;122,T/G;123,T/C;129,A/G;138,C/G;142,T/C;162,T/C
YITCHB113	182,T;192,A
YITCHB114	18,T;38,C;68,C;70,G;104,C
YITCHB116	29,T
YITCHB117	152,A/G
YITCHB123	87,T/G;138,T/C
YITCHB124	130,A;186,G
YITCHB126	43,T;112,T;154,C
YITCHB127	65,A;82,C;132,A
YITCHB128	7,T/C;33,T/C;127,A/G;169,A/G
YITCHB130	13,A/G;20,T/C;54,T/C;60,A/G
YITCHB131	32,T/C;135,T/G;184,T/C
YITCHB132	27,−;46,A;61,A;93,C;132,A;161,T

YITCHB134	72,C
YITCHB136	64,C
YITCHB137	110,T/C
YITCHB138	22,C;52,G
YITCHB142	30,T;121,C;131,C;153,G
YITCHB143	22,G
YITCHB145	6,A;8,G;20,A;76,A;77,G;83,G;86,T
YITCHB148	17,A/C;27,T/C;91,T/C
YITCHB150	57,C;58,T
YITCHB151	19,T/A;43,T/G
YITCHB152	31,A
YITCHB154	1,A/T;4,T/C
YITCHB156	82,T
YITCHB157	32,T/C;69,A
YITCHB158	96,C
YITCHB159	7,G;11,T/C;25,A/G;38,T;42,T;92,C/G;160,A/G
YITCHB160	15,T;48,A;59,A
YITCHB162	7,T/G;14,T/C;16,A/G;33,T;75,T/C;136,A/C
YITCHB163	41,A/G;54,T/C;90,T/C
YITCHB165	1,A;10,T/C;69,T/C;118,A/G;120,A/T;126,T/C;127,T/G
YITCHB166	30,T
YITCHB168	21,A;62,–;73,G
YITCHB170	56,A/G
YITCHB171	39,T/C;87,A/T;96,T/C;119,A/C
YITCHB175	12,A/G
YITCHB178	14,A/G;24,T/C;42,T/A;66,A/G;145,A/G
YITCHB182	50,T/C
YITCHB183	53,A;59,G;80,A;115,T;155,C
YITCHB185	20,T/C;49,A/G;71,T/C;74,T/C;86,T/C;104,C;114,T/C;122,T/C;133,C;154,A/G
YITCHB186	19,A/G;44,C/G;46,A/G;47,A/G;57,T/A;75,T/C;82,T/C;86,A/C
YITCHB187	130,G
YITCHB189	49,A/G;61,A/C;147,A/G
YITCHB191	1,T/C;44,G
YITCHB193	169,C
YITCHB195	53,T/C;111,T/C
YITCHB196	44,T/C;101,T/C
YITCHB197	72,A/G;121,–/T;122,–/T;123,–/T;167,G;174,A/G;189,A/C

YITCHB198   34,A/T;63,A/G;109,T/C

YITCHB199   2,T/C;12,T/G;77,C/G;123,C;177,T/C

YITCHB200   19,T/C

YITCHB201   103,A/T;132,-/T;194,T/C;195,A/G

YITCHB202   55,T/C;60,T/C;102,T/C;104,A/G;159,T/C;187,A/G;197,A/G

YITCHB205   31,A;36,G;46,A;74,G

YITCHB208   18,A/T;41,C;84,A;107,T/C

YITCHB209   32,T;34,C;35,A;71,T;94,T;166,G;173,A;175,C

YITCHB210   130,A/C

YITCHB212   38,C/G;105,C/G

YITCHB214   15,C;155,C

YITCHB216   43,A

YITCHB217   84,C

YITCHB219   24,A/G;52,T/C;112,A/G

YITCHB223   11,T;54,A;189,C

YITCHB224   1,A;36,A;79,T;117,A;118,C

YITCHB225   24,G

YITCHB226   61,C/G;127,T/C

YITCHB227   120,T

YITCHB228   11,A/G;26,T/A

YITCHB229   45,C/G;46,T/C;80,C/G;162,T/G

YITCHB230   55,C

YITCHB232   86,T/C

YITCHB234   53,-/C;123,A/G

YITCHB237   118,G;120,A;165,T;181,A

YITCHB238   75,A;76,A;108,G

YITCHB242   22,T/C

YITCHB243   86,T/C;98,A/G;131,A/C;162,A/G

YITCHB245   144,A/G;200,A/C

YITCHB246   25,T/C;89,A/G

YITCHB247   23,G;33,C/G;109,A

YITCHB249   43,T/C

YITCHB250   21,T/C;51,G;54,T/C;55,A/G;56,T/C;78,T/C;98,T/C;99,T/A;125,A/T

YITCHB251   65,A/G

YITCHB252   26,C;65,G;126,T/G;137,T/C;156,A/G

YITCHB253   21,A;26,G

YITCHB254   4,C;6,A;51,G;109,C

YITCHB255	5,G;9,C;22,G;25,C;37,G;79,A;86,G;88,G;89,G;116,C;135,T;187,A
YITCHB256	16,C
YITCHB258	24,G;65,A/G;128,T/A;191,T/C
YITCHB264	111,T/C
YITCHB265	17,T/A;97,C/G
YITCHB266	25,C;29,A/G;57,A/C;58,A/T;136,T/C;159,T/C
YITCHB268	82,T/G;167,A/G
YITCHB269	60,A
YITCHB270	12,T

YITCHB001   3,A/G;25,C;66,T;67,T/C;81,T/C;142,T/G

YITCHB002   109,T

YITCHB003   83,G;96,A

YITCHB006   110,T/C

YITCHB007   67,A/G

YITCHB008   65,T/C

YITCHB016   67,A;80,T;88,G;91,T

YITCHB017   63,A/C;132,A/G

YITCHB019   55,T/A

YITCHB021   54,A/C;123,A/G;129,T/C;130,A/G

YITCHB023   26,T/A;38,T/G;65,A/G;67,A/G

YITCHB024   142,C/G

YITCHB026   18,G

YITCHB027   22,T/C;101,A;121,A/C;122,T/G;123,T/G;124,A/C

YITCHB030   80,C;139,C;148,A

YITCHB033   93,A/C

YITCHB035   7,A/G;33,A/G;44,C;124,A/T;137,A/C;158,G

YITCHB039   76,T/C;93,A/G;130,T/C;151,T;156,T/G

YITCHB042   17,A/G;99,T/C;127,T;137,T/C;154,T/C;167,T

YITCHB044   97,T/C

YITCHB045   48,C

YITCHB048   6,A/G;59,A/T;62,A/G;79,T/C;80,T/C;81,A/G

YITCHB049   41,C;53,T;75,C;99,C

YITCHB050   45,T;59,T;91,T;121,G

YITCHB051   7,G;54,T;136,A/G;144,A/C

YITCHB053   4,A/G;38,T/C;124,A/G

YITCHB054   116,T/C

YITCHB057   91,G;142,T;146,G

YITCHB061   4,C;28,A;67,A

YITCHB062   94,A/G;96,T/C

YITCHB064   113,A

YITCHB066   10,A/G;30,T/C

YITCHB067   9,A;85,A;87,G

YITCHB073	49,G
YITCHB074	98,A
YITCHB075	22,C;35,T;98,C/G
YITCHB076	13,T/C;91,T/C
YITCHB077	77,A;88,T;104,A;145,T
YITCHB079	85,A/G;123,G
YITCHB081	51,G;56,T;57,C;58,T;60,C;67,T;68,T;69,C;110,A;116,C;135,G
YITCHB082	52,A;93,T/C
YITCHB083	4,A/T;28,T/G;101,T/G;119,T/C
YITCHB085	46,C/G;81,A/T;82,G
YITCHB086	15,T/C;50,T/C;52,A/G;67,C/G;76,A/C;77,C/G;85,A/G;90,T/G;92,T/C;94,C/G;100,A/G;102,T/G;104,A/C;107,T/G;109,A/G;110,T/A;114,A/G;115,A/G;116,T/C;127,T/C;135,A/G;151,A/C;155,T;156,A/T;165,T/C;168,C/G
YITCHB089	38,A;52,A;53,C;64,A;89,C;178,T;184,C;196,C;197,A
YITCHB092	118,A/G
YITCHB094	16,C;26,T/A;36,C/G;63,A/G;70,C;99,A/G
YITCHB096	24,C
YITCHB097	46,C/G;144,A/G
YITCHB102	16,T/C;21,T/G;24,T/G;27,A/T;32,T/G;33,T/G;52,A/G;56,T/C;57,A/C;59,T/A;65,T/C;83,A/G;107,A/G
YITCHB104	146,G
YITCHB107	18,T/A;48,A/G;142,T/C
YITCHB108	73,A/C;119,A/C;127,A/C
YITCHB112	35,A/C;36,T/C;103,A/G;122,T/G;123,T/C;129,A/G;142,T/C;154,A/T;162,T/C
YITCHB113	182,T;192,A
YITCHB114	18,T;38,C;68,C;70,G;104,C
YITCHB116	29,T
YITCHB117	152,A/G
YITCHB121	133,T;135,G;136,–;187,G
YITCHB123	138,T
YITCHB126	43,T;112,T;154,C
YITCHB131	32,T/C;135,T/G;184,T/C
YITCHB132	27,–;46,A;61,A;93,C;132,A;161,T
YITCHB134	72,T/C
YITCHB136	64,C
YITCHB138	22,C;52,G
YITCHB141	39,C

YITCHB142   2,T;28,T;30,T;46,A;102,C;150,G;152,A;153,G

YITCHB143   22,T/G

YITCHB145   6,A/G;8,A/G;20,A/C;76,A/C;77,C/G;83,A/G;86,T/C

YITCHB147   12,A/G;22,T/G;61,A/T;70,A/G;100,A

YITCHB148   27,T/C;91,T/C

YITCHB150   57,C;58,T

YITCHB151   8,T/C;19,T/A;43,T/G

YITCHB152   31,A

YITCHB154   4,T/C

YITCHB158   96,C

YITCHB159   7,G;25,A;38,T;42,T;92,G;160,G

YITCHB160   15,T;48,A;59,A

YITCHB162   7,T/G;14,T/C;16,A/G;32,T/C;33,T;75,T/C;133,T/G;136,A/C

YITCHB163   41,A/G;54,T/C;90,T/C

YITCHB165   1,A;10,T

YITCHB166   30,T/C

YITCHB168   21,A/G;73,A/G

YITCHB169   22,T;107,A

YITCHB170   56,A

YITCHB171   39,T/C;87,A/T;96,T/C;119,A/C

YITCHB176   13,A/C;25,A/G;26,A/G;82,A/G;105,T/C

YITCHB177   28,T/G;30,A/G;42,C/G;55,T/G;95,T/G;127,A/G;135,T/G

YITCHB178   14,A/G;24,T/C;42,A/T;66,A/G;145,A/G

YITCHB184   7,T/C;12,A/G;15,C/G;16,A/G;20,T/C;22,A/G;34,A/G;48,T/C;50,A/G;68,A/G;
             69,T/C;70,C/G;102,A/G;118,A/G;126,A/G;127,T/C;131,A/T;132,T/C;139,T/C;
             165,A/C;170,T/C

YITCHB185   20,C;49,A;71,T;86,C;104,C;114,T;133,C;154,G

YITCHB186   19,A/G;44,C/G;46,A/G;57,A/T;75,T/C;82,T/C;86,A/C

YITCHB187   82,A;130,G

YITCHB189   61,A;147,A/G

YITCHB190   90,A/T

YITCHB191   1,T/C;44,G

YITCHB193   169,C

YITCHB195   53,C;111,T

YITCHB196   44,T/C;101,T/C

YITCHB197   72,G;121,T;122,T;123,T;167,G;174,G;189,C

YITCHB198   34,A/T;63,A/G;109,T/C

YITCHB199	77,C/G;123,T/C
YITCHB200	19,T/C;70,A/G;73,A/G;92,T/A;104,C/G;106,A/T
YITCHB201	103,T/A;112,A/G;132,-/T;194,T/C;195,A/G
YITCHB202	55,T;60,T;102,T;104,A;127,T/C;159,T/C;187,G;197,A
YITCHB205	31,A;36,G;46,A;74,G
YITCHB208	41,C;84,A;107,T/C
YITCHB209	32,T/C;34,T/C;35,A/G;71,T/C;94,T/C;166,A/G;173,A/G;175,T/C
YITCHB210	130,C;154,A/G
YITCHB211	113,T/C;115,A/G
YITCHB214	15,C;155,C
YITCHB216	43,A
YITCHB217	84,C
YITCHB219	24,A/G;52,T/C;60,T/C;112,A/G
YITCHB224	1,A;36,A;79,T;117,A;118,C
YITCHB225	24,G
YITCHB227	120,T/C
YITCHB228	11,A/G;26,A/T;72,A/G
YITCHB229	45,C/G;80,T/G
YITCHB230	55,C;110,T/C
YITCHB232	86,C
YITCHB237	118,A/G;120,A/C;165,T/A;181,A/C
YITCHB238	75,T/A;76,A/G;108,C/G
YITCHB242	65,A/G;94,T/C
YITCHB246	2,A/G;25,C;89,A
YITCHB247	23,G;33,C/G;109,A
YITCHB248	50,A/G
YITCHB249	43,T
YITCHB250	21,T/C;51,G;54,T/C;55,A/G;56,T/C;78,T/C;98,T/C;99,A/T;125,T/A
YITCHB251	65,A/G
YITCHB252	26,C;65,G;126,T
YITCHB253	21,A;26,T/G
YITCHB254	4,T/C;6,A/G;51,G;109,A/C
YITCHB255	5,G;9,C;22,G;25,C;37,G;79,A;86,G;88,G;89,G;116,C;135,T;187,A
YITCHB256	11,A/G;16,T/C
YITCHB257	68,T/C
YITCHB258	24,A/G;191,T/C
YITCHB260	84,A/T;161,T/A

YITCHB264　5,T/A;22,T/C;35,A/G;79,T/C;97,C/G;99,A/G;105,A/G;108,T/C;111,C;113,A/G;
114,T/C;132,T/C;137,A/G;144,T/C

YITCHB265　17,T/A;64,T/C;73,A/T;97,C/G;116,T/G

YITCHB266　25,C;37,T/C;57,C;58,T/A

YITCHB267　42,A;102,T

YITCHB268　24,A/C;44,A/G;82,T/G;86,T/C;123,A/G;126,A/G;137,T/C;148,T/A;166,A/C;
167,A/G

YITCHB270　113,C

YITCHB001	3,A/G;25,T/C;66,T/C;142,T/G
YITCHB002	109,T/C;145,A/C;146,C/G
YITCHB003	83,A/G;96,T/A
YITCHB004	160,T
YITCHB006	110,T
YITCHB008	15,T;65,C
YITCHB009	11,A/C
YITCHB011	156,A
YITCHB016	67,A;80,T;88,G;91,T
YITCHB017	132,A/G
YITCHB019	1,A/G;22,A/G;31,T/C;32,T/C;38,A/G;51,T/C;55,A/T;70,A/G;93,A/G;94,A/G; 101,T/C;109,A/G;112,A/G;130,T/C;132,A/G;148,A/G
YITCHB021	54,A;123,A;129,T;130,G
YITCHB022	54,T/C;67,A/G;68,A/C
YITCHB023	26,A;38,T;64,C;65,A;121,A
YITCHB026	18,A/G
YITCHB027	101,A
YITCHB028	48,C;66,T/G;166,C
YITCHB030	80,C/G;139,C;148,A
YITCHB031	125,C;161,T/G
YITCHB034	29,A
YITCHB035	7,A/G;33,A/G;44,C;124,T/A;137,A/C;158,G
YITCHB036	95,T;157,G
YITCHB037	63,G;82,T;90,T;91,T;100,G;123,−;124,−
YITCHB039	28,C;29,T;53,T;74,A;76,T;89,T;93,G;130,T;151,T;156,G
YITCHB040	1,C
YITCHB042	167,T
YITCHB044	97,T/C
YITCHB045	48,C
YITCHB047	130,A
YITCHB048	59,A/T;62,A/G;79,T/C;80,T/C;81,A/G
YITCHB049	27,A/G;41,C;53,T/C;75,C;92,T/G;96,T/C;99,C;131,T/G
YITCHB050	45,T;51,A/C;59,T;91,T;104,A/G;121,A/G

YITCHB051　7,G;54,T/C;136,A/G

YITCHB053　38,T/C

YITCHB054　116,C

YITCHB057　25,A/G;91,G;136,T/C;142,T/C;146,T/G

YITCHB058　2,G;36,G;60,G;79,–;131,T

YITCHB059　196,T/A

YITCHB061　4,C;28,A;67,A

YITCHB064　113,A

YITCHB066　10,A/G;30,T/C

YITCHB067　9,A/G;85,A/G;87,–/G

YITCHB071　5,A/G;10,A/G;18,A/G;54,T/C;80,A/G;90,T/A;98,T/C;100,A/C;103,T/C;111,T/
C

YITCHB072　2,C/G;11,A/G;19,T/C;20,A/G;35,A/G;59,T/C;61,T/G;64,A/G;65,C/G;67,A/G;
71,A/G;79,C/G;80,A/T/C;81,A/G;82,A/G;85,A/G;88,T/C;89,A/G;91,A/G;94,
A/G;97,T/A;100,A/G;103,A/C;105,T/C;109,A/G;118,T/C;121,T/C;122,T/C;
125,T/C/G;126,T/G;127,A/G;128,C/G;130,T/A/G;135,A/G;137,A/G;139,T/C;
141,A/G;150,T/G;160,T/C;166,T/A;169,A/G;172,A/G;175,T/G;182,T/A

YITCHB073　23,T/C;49,T/G;82,A/G

YITCHB074　98,A/G

YITCHB075　22,T/C;35,T/C;98,C/G

YITCHB076　13,T/C;82,A/T;91,T/C;109,A/C

YITCHB077　77,A;88,T;104,A;145,T

YITCHB079　85,A/G;123,A/G

YITCHB081　51,G;56,T;57,C;58,T;60,C;67,T;68,T;69,C;110,A;116,C;135,G

YITCHB082　52,A/G

YITCHB083　4,A/T;28,T/G;101,T/G;119,T/C

YITCHB084　24,T/C;91,A/G;100,C/G;119,A/C

YITCHB085　27,T/G;46,C;81,A/T;82,G

YITCHB086　15,T/C;50,T/C;52,A/G;67,C/G;74,A/G;76,A/C;77,C/G;85,A/G;90,T/G;92,T/C;
94,C/G;100,A/G;102,T/G;104,A/C;107,T/G;109,A/G;110,T/A;114,A/G;115,G;
116,T/C;127,T/C;135,A/G;151,A/C;155,T;156,A/T;165,T/C;168,A/C

YITCHB087　111,T

YITCHB089　14,T/C;53,T/C;88,A/G;89,T/C;184,T/C

YITCHB092　118,A

YITCHB093　95,T/G;107,T/G;132,A/G;166,T/G

YITCHB094　16,C;36,G;63,A;70,C;99,G

YITCHB096　24,T/C

YITCHB099	74,C;105,A;126,C;179,T;180,C
YITCHB100	12,T/C
YITCHB102	52,A/G;57,A/C
YITCHB103	61,A/G;64,A/C;87,A/C;153,T/C
YITCHB107	18,T;48,G;142,T
YITCHB108	73,A/C;127,A
YITCHB112	28,T/C;36,T/C;57,A/G;96,A/G;103,A/G;120,T/C;123,T/C;154,A/T;162,T/C
YITCHB114	18,T;38,C;68,C;70,G;104,C
YITCHB116	29,–/T;147,T/G
YITCHB121	133,T;135,G;136,–;168,T/C;187,G
YITCHB123	27,A/T;39,A/G;49,A/G;59,T/C;75,A/G;87,T/G;89,T/C;103,A/G;138,T;150,T/G; 163,T/A;171,A/G;175,T/G;197,T/C
YITCHB124	130,A
YITCHB128	7,C;127,A/G
YITCHB131	32,C;135,G;184,C
YITCHB132	46,A/C;61,A/C;93,A/C;132,A/G;161,T/C
YITCHB133	1,A/G
YITCHB134	72,T/C
YITCHB135	187,T;188,G
YITCHB136	64,C
YITCHB139	8,A/G;10,T/C;30,A/G;36,T/A;37,T/A;47,C/G;120,T/C
YITCHB142	2,T/C;28,T/C;30,T;46,A/G;102,T/C;121,T/C;131,C/G;150,C/G;152,A/G;153, G
YITCHB143	4,A/T;22,T/G
YITCHB145	6,A/G;8,A/G;20,A/C;76,A/C;77,C/G;83,A/G;86,T/C
YITCHB147	12,A/G;22,T/G;61,T/A;70,A/G;100,A
YITCHB150	57,C;58,T
YITCHB151	8,T;19,A;43,G
YITCHB152	31,A/G;92,A/T
YITCHB157	69,A
YITCHB158	96,T/C
YITCHB161	31,C/G
YITCHB162	7,T/G;16,A/G;32,T/C;33,T;67,A/G;88,T/C;133,T/G;136,A/C
YITCHB163	41,A/G;54,T/C;90,T/C
YITCHB165	1,A;49,T
YITCHB167	12,G;33,C;36,G;64,C;146,G
YITCHB169	22,T;107,A

YITCHB171   39,T/C;87,T/A;96,T/C;119,A/C

YITCHB175   12,A/G

YITCHB176   13,A/C;25,A/G;26,A/G;82,A/G;105,T/C

YITCHB177   28,T/G;30,A/G;42,C/G;55,T/G;95,T/G;127,A/G;135,T/G

YITCHB178   42,A/C;145,A/G;163,A/G

YITCHB181   56,A/G

YITCHB183   53,A/G;59,T/G;79,A/G;80,A/G;85,T/C;97,T/C;99,A/G;115,T/C;116,A/C;117,
             A/G;122,A/G;138,T/C;143,T/C;155,T/C

YITCHB184   12,A/G;20,T/C;21,A/G;22,A/G;38,A/G;50,A/G;68,A/G;70,C/G;71,T/C;85,T/C;
             89,T/C;102,A/G;115,A/C;122,A/G;130,A/C;132,T/C;139,T/C;156,A/G;170,T/
             C;175,T/C;178,T/C;182,T/A

YITCHB185   20,C;49,A;71,T;86,C;104,C;114,T;133,C;154,G

YITCHB186   5,A/C;9,A/G;19,A/G;25,C/G;46,A/G;47,A/G;48,T/A;49,A/G;54,A/G;57,T/A;
             74,T/C;75,T/C;82,T/C;85,T/C;86,A/C/G;88,C/G;104,A/G;108,T/G

YITCHB189   49,A;61,A;88,A;147,G

YITCHB190   90,T

YITCHB191   44,G

YITCHB192   46,T;73,G

YITCHB195   53,C;111,T

YITCHB196   13,A/G;46,T/A

YITCHB197   72,G;121,T;122,T;123,T;167,G;174,G;189,C

YITCHB198   34,A/T;63,A/G;109,T/C

YITCHB199   77,C;123,C

YITCHB200   74,A/G

YITCHB201   103,A;132,T;194,T;195,G

YITCHB202   55,T;60,T;88,T/C;102,T;104,A;115,T/A;144,A/G;159,T/C;187,G;197,A

YITCHB203   125,T/C;154,A/G

YITCHB208   41,C;84,A

YITCHB209   32,T;34,C;35,A/G;71,T/C;94,T;149,T/C;166,G;173,A/G;175,C

YITCHB210   130,C

YITCHB212   38,C/G;105,C/G

YITCHB214   15,T/C;155,A/C

YITCHB215   3,A/T;6,T/G;9,A/G;22,A/G;54,T/C;63,T/A;71,T/A;72,T/A/C;81,A/G;96,A/G;
             121,T/C;132,C/G;137,A/G;162,A/G;163,T/G;177,A/G;186,A/G

YITCHB217   29,T/C;85,C/G

YITCHB219   24,A/G;60,T/C;112,A/G

YITCHB224   1,A;36,A;79,T;117,A;118,C

YITCHB225	24,G
YITCHB226	127,T/C
YITCHB228	11,A/G;26,A/T;72,A/G
YITCHB229	45,G;46,T/C;80,T/C;162,T/G
YITCHB230	55,C;79,A/C
YITCHB231	104,T/C
YITCHB232	86,T/C
YITCHB233	152,A
YITCHB234	53,C
YITCHB241	124,T
YITCHB242	65,G;94,C
YITCHB244	43,A/G;143,A/G
YITCHB245	144,A/G;200,A/C
YITCHB246	2,A/G;25,T/C;89,A/G
YITCHB247	23,G;109,A
YITCHB248	50,A/G
YITCHB250	21,T/C;50,T/C;51,G;54,T/C;55,A/G;56,T/C;78,T/C;81,T/C;83,A/G;90,A/G;94,T/C;98,T/C;99,A/T;119,A/C;125,T/A
YITCHB251	65,A/G
YITCHB252	26,C;65,G;137,T;156,A
YITCHB253	21,A;26,T/G
YITCHB254	51,G
YITCHB255	5,G;9,C;22,G;25,C;37,G;79,A;86,G;88,G;89,G;116,C;135,T;187,A
YITCHB256	11,A
YITCHB257	68,T/C
YITCHB258	24,A/G;65,A/G;128,A/T
YITCHB259	90,A/G
YITCHB260	84,T/A;161,A/T
YITCHB264	5,T/A;8,T/A;22,T/C;35,A/G;51,T/C;79,T/C;97,C/G;99,A/G;105,A/G;108,T/C;111,T/C;113,A/G;114,T/C;132,T/C;137,A/G;144,T/C
YITCHB265	64,T/C;73,T/A;97,C;116,T/G
YITCHB266	25,C;37,T/C;57,A/C;58,A/T
YITCHB268	24,A/C;44,A/G;82,T;86,T/C;123,A/G;126,A/G;137,T/C;148,A/T;166,A/C;167,G
YITCHB269	53,A/C;60,A/C
YITCHB270	113,C

YITCHB001	25,T/C;66,T/C;67,T/C;81,T/C
YITCHB002	109,T/C;145,A/C;146,C/G
YITCHB003	83,A/G;96,A/T
YITCHB004	160,T
YITCHB006	110,T/C
YITCHB007	67,A/G
YITCHB010	47,A/G;84,T/C;86,T/C;132,A/G
YITCHB011	156,A
YITCHB014	9,T/C
YITCHB016	18,T/A;88,G
YITCHB017	63,A;132,G
YITCHB019	55,A
YITCHB021	54,A;123,A;129,T;130,G
YITCHB022	19,T/C;41,A/G;54,C;67,G;68,C;88,T/C
YITCHB023	26,A/T;38,T/G;64,A/C;65,A/G;121,A/C
YITCHB026	18,G
YITCHB027	67,A;101,A
YITCHB030	139,T/C;148,A/G
YITCHB031	88,C;125,C
YITCHB033	93,A/C
YITCHB035	7,A/G;33,A/G;44,T/C;124,A/T;137,A/C;158,C/G
YITCHB036	95,T/C;157,A/G
YITCHB037	37,A/G;63,G;76,A/C;82,A/T;90,–/A;91,–/T;100,T/G
YITCHB038	18,T/A;40,T/G;94,T/A;113,C/G;202,T;203,A;204,G
YITCHB039	130,T/C;151,T
YITCHB040	1,C
YITCHB042	17,A/G;60,A/G;99,T/C;110,T/C;114,A/G;127,T;137,T/C;146,T/C;154,T/C;167,T
YITCHB045	48,C
YITCHB047	130,A/G
YITCHB048	6,A/G;59,T/A;62,A/G;79,T/C;80,T/C;81,A/G
YITCHB049	41,C/G;53,T/C;59,T/C;75,C;99,A/C
YITCHB050	45,T;59,T;91,T;121,A/G;156,A/G

YITCHB051   7,G;54,T/C;144,A/C

YITCHB052   126,T/G;151,C/G

YITCHB053   38,T/C;49,T/A;112,T/C;116,T/C;124,A/G

YITCHB055   52,A/T

YITCHB056   60,T/A;124,T/G;125,T/G;147,A/G

YITCHB057   91,G;142,T;146,G

YITCHB058   2,A/G;36,A/G;60,A/G;131,T/C

YITCHB059   4,T/C;22,A/G;76,C/G;114,A/G;196,T/A

YITCHB061   4,C;28,A;67,A

YITCHB062   94,A/G;96,T/C

YITCHB064   113,A

YITCHB067   9,A/G;85,A/G;87,-/G

YITCHB068   144,T/C;165,A/G

YITCHB072   8,T/C;19,T/C;35,A/G;53,T/A;59,T/C;61,T/G;67,A/G;68,T/C;71,A/G;79,C/G;
80,A/T/C;81,A/G;82,A/G;88,T/C;89,A/G;91,A/G;97,A/T;100,A/G;103,A/C;
109,A/G;119,A/G;121,T/C;125,T/C;128,C/G;130,T/A/G;132,T/A;137,A/G;
141,A/G;149,T/A;150,T/G;153,T/C;160,T/C;161,A/G;166,T/A;169,A/G;172,
A/G;175,T/G;182,A/T

YITCHB073   49,G

YITCHB074   98,A/G

YITCHB075   22,C;35,T;98,C/G

YITCHB076   13,T/C;91,T/C

YITCHB077   77,A/G;88,T/C;104,A/G;145,T/C

YITCHB079   85,A/G;123,G

YITCHB080   112,C/G

YITCHB081   51,G;56,T;57,C;58,T;60,C;67,T;68,T;69,C;110,A;116,C;135,G

YITCHB082   52,A/G;131,T/C

YITCHB083   4,A;28,G;101,T;119,T

YITCHB084   58,A/T;91,A/G;100,C/G;149,A/G

YITCHB085   27,T/G;46,C;81,A/T;82,G

YITCHB086   115,G;155,T;168,A

YITCHB087   111,T

YITCHB089   38,A;52,A;53,C;64,A;89,C;178,T;184,C;196,C;197,A

YITCHB092   118,A/G

YITCHB094   16,A/C;53,A/T;70,T/C

YITCHB096   24,T/C;87,T/C

YITCHB099   74,C;105,A;126,C;179,T;180,C

YITCHB100	12,T/C
YITCHB102	16,T/C;21,T/G;24,T/G;27,A/T;32,T/G;33,T/G;52,A/G;56,T/C;57,C;59,T/A;65, T/C;83,A/G;107,A/G
YITCHB104	13,T/G;31,T/G;146,C/G
YITCHB105	36,A
YITCHB107	18,A/T;48,A/G;142,T/C
YITCHB108	127,A/C
YITCHB109	1,T;6,G;26,T/C;50,A/G;83,A/T;92,A/G;93,T/C
YITCHB110	66,A/G;144,A/G
YITCHB112	28,T/C;123,T/C;138,C/G;154,T/A
YITCHB113	188,T/C
YITCHB114	18,T;38,C;68,C;70,G;104,C
YITCHB115	112,A/G;128,T/C
YITCHB116	29,T
YITCHB117	152,A/G
YITCHB119	98,A/T;119,A/G
YITCHB121	133,T;135,G;136,–;187,G
YITCHB123	27,T;39,A;49,A;56,A;66,A;69,T;75,G;104,A;125,T;135,G;138,T;175,T
YITCHB124	130,A
YITCHB126	19,G;43,T
YITCHB128	7,C
YITCHB130	13,A/G;20,T/C;54,T/C;82,T/C
YITCHB132	27,–;46,A;61,A;93,C;132,A;161,T
YITCHB133	1,A/G
YITCHB135	128,T/C;187,T/C;188,C/G
YITCHB136	4,A/C;64,A/C
YITCHB137	110,T/C
YITCHB138	22,C;52,G
YITCHB141	39,C
YITCHB142	2,T/C;28,T/C;30,T/G;46,A/G;102,T/C;150,C/G;152,A/G;153,C/G
YITCHB143	4,T;22,G;82,–
YITCHB145	6,A/G;8,A/G;20,A/C;76,A/C;77,C/G;83,A/G;86,T/C
YITCHB148	17,A/C;27,T/C;91,T/C
YITCHB149	87,T/C;112,T/A;135,A/G
YITCHB150	57,C;58,T
YITCHB151	15,T/C;19,T/C;58,A/G;90,A/G
YITCHB152	31,A/G

YITCHB154	4,T/C;62,T/C;87,T/C
YITCHB155	65,A/T;95,T;138,A/C
YITCHB158	96,C
YITCHB159	7,G;11,T/C;25,A/G;38,T;42,T;92,C/G;160,A/G
YITCHB160	33,C;59,A;66,A
YITCHB161	31,G
YITCHB162	14,T/C;33,T;75,T/C
YITCHB163	41,G;54,T;90,C
YITCHB165	1,A;49,T
YITCHB167	12,G;33,C;36,G;64,C;146,G
YITCHB169	22,T;107,A/G
YITCHB170	56,A/G
YITCHB171	39,T/C;87,A/T;96,T/C;119,A/C
YITCHB176	13,A;25,A;26,A;82,A;105,C
YITCHB177	28,T/G;30,A/G;42,C/G;55,A/T/G;95,T/G;107,A/G;125,T/C;127,A/G;135,T/G
YITCHB178	42,A/C;145,A/G;163,A/G
YITCHB179	2,C/G
YITCHB181	56,A/G
YITCHB185	20,T/C;49,A/G;71,T/C;86,T/C;104,T/C;114,T/C;133,C/G;154,A/G
YITCHB186	19,A/G;44,C/G;46,A/G;57,A/T;75,T/C;82,T/C;86,A/C
YITCHB187	82,A/G;130,G
YITCHB188	94,T/C
YITCHB189	61,A;147,G
YITCHB190	90,A/T
YITCHB191	44,G
YITCHB192	45,A
YITCHB193	169,T/C
YITCHB195	53,T/C;108,A/G;111,T/C
YITCHB197	72,G;121,T;122,T;123,T;167,G;174,G;189,C
YITCHB198	34,T/A;63,A/G;109,T/C
YITCHB200	19,T/C;70,A/G;73,A/G;92,T/A;104,C/G;106,A/T
YITCHB201	103,T/A;112,A/G;132,–/T
YITCHB202	55,T;60,T;88,T/C;102,T;104,A;115,T/A;127,T/C;144,A/G;187,G;197,A
YITCHB203	125,T/C;154,A/G
YITCHB204	75,A/C
YITCHB205	31,A/C;36,A/G;46,T/A;74,A/G
YITCHB208	41,C;84,A

YITCHB210	130,C;154,G
YITCHB211	113,T/C;115,A/G
YITCHB215	3,T/A;6,T/G;9,A/G;22,A/G;54,T/C;63,A/T;71,A/T;72,T/C;81,A/G;96,A/G;121, T/C;137,A/G;163,T/G;177,A/G;186,A/G
YITCHB216	43,A
YITCHB217	84,C
YITCHB219	24,A/G;60,T/C;112,A/G
YITCHB220	58,C/G
YITCHB223	11,T/C;17,T/C;54,A/G;189,C
YITCHB224	117,A
YITCHB225	24,A/G
YITCHB226	127,T/C
YITCHB228	11,A/G;26,A/T;72,A/G
YITCHB229	45,C/G;46,T/C;80,C/G;162,T/G
YITCHB230	55,T/C;110,T/C;128,A/G
YITCHB231	104,T/C;113,T/C
YITCHB232	47,A;54,G;86,C;108,T;147,C
YITCHB233	1,A;2,A;3,G;4,T;7,C;50,A;152,A
YITCHB234	53,C
YITCHB235	120,T/C
YITCHB237	118,G;120,A;165,T;181,A
YITCHB238	23,T/G;108,C/G
YITCHB240	53,A;93,T;148,A
YITCHB242	22,C
YITCHB243	86,T/C;98,A/G;131,C;162,A/G
YITCHB245	144,A/G;200,A/C
YITCHB246	25,T/C;89,A/G
YITCHB247	23,G;33,C/G;109,A
YITCHB249	43,T/C
YITCHB250	21,T/C;51,G;54,T/C;55,A/G;56,T/C;78,T/C;98,T/C;99,T/A;125,A/T
YITCHB251	65,A/G
YITCHB252	26,C;65,G;126,T/G;137,T/C;156,A/G
YITCHB253	21,A;26,T/G
YITCHB254	51,A/G
YITCHB255	5,A/G;9,T/C;22,A/G;25,T/C;37,T/G;79,A/G;86,A/G;88,A/G;89,A/G;116,T/C; 135,T/C;187,A/G
YITCHB256	11,A/G;16,T/C

YITCHB257 10,T/G;47,T/A;68,T/C;72,A/G;87,A/G

YITCHB258 24,G;65,A/G;128,T/A;191,T/C

YITCHB259 90,A

YITCHB260 84,T;161,A

YITCHB261 17,T/C;74,A/G;119,T/G

YITCHB263 22,T/G;93,T/C;144,A/G;181,A/G

YITCHB264 15,A/G;110,A/G;111,C

YITCHB265 97,C/G

YITCHB266 25,C;57,C;58,T;136,C;159,C

YITCHB267 102,T/G

YITCHB268 23,T/C;24,A/C;66,T/C;82,T/G;126,A/G;127,T/G;148,A/T;167,A/G

YITCHB269 53,A/C;60,A

YITCHB270 12,T/C;113,A/C

YITCHB001　　25,C;43,T/C;66,T;67,C;81,T/C
YITCHB002　　145,A;146,G
YITCHB003　　83,A/G;96,T/A
YITCHB007　　67,A/G
YITCHB009　　25,T;56,T;181,T;184,C;188,G
YITCHB010　　47,A/G;84,T/C;86,T/C;132,A/G
YITCHB011　　156,A
YITCHB015　　47,A/G;69,C/G;85,A/G
YITCHB016　　88,A/G
YITCHB019　　55,A/T
YITCHB021　　54,A/C;123,A/G;129,T/C;130,A/G
YITCHB022　　54,T/C;67,A/G;68,A/C
YITCHB023　　26,A/T;38,T/G;64,A/C;65,A/G;121,A/C
YITCHB026　　18,G
YITCHB028　　48,T/C
YITCHB030　　80,C;139,C;148,A
YITCHB031　　88,T/C;125,C
YITCHB033　　93,A
YITCHB037　　63,A/G;82,T/A;100,T/G
YITCHB039　　76,T/C;93,A/G;151,T/G;156,T/G
YITCHB040　　1,C;29,T/C;31,A/G;73,T/C;103,T/C;108,A/G;135,T/C
YITCHB042　　60,A/G;110,T/C;114,A/G;127,T;146,T/C;167,T
YITCHB044　　97,T/C
YITCHB045　　48,T/C
YITCHB047　　130,A/G
YITCHB048　　6,A/G;59,A/T;62,A/G;79,T/C;80,T/C;81,A/G
YITCHB049　　41,C/G;53,T/C;75,T/C;99,A/C
YITCHB050　　45,T;51,A/C;59,T;91,T;104,G
YITCHB051　　26,A/G
YITCHB054　　116,T/C
YITCHB055　　52,T/A
YITCHB056　　60,A/T;124,T/G;125,T/G;147,A/G
YITCHB057　　91,G;142,T;146,G

YITCHB058	2,A/G;36,A/G;60,A/G;131,T/C
YITCHB059	4,T/C;22,A/G;76,C/G;114,A/G;196,T/A
YITCHB061	4,C;28,A;67,A
YITCHB064	113,A/G
YITCHB066	30,T/C
YITCHB067	9,A;85,A;87,G
YITCHB068	144,T/C;165,A/G
YITCHB072	2,C/G;19,T/C;35,A/G;59,T/C;61,T/G;64,A/G;65,C/G;67,A/G;71,A/G;79,C/G; 80,A/T/C;81,A/G;82,A/G;88,T/C;89,A/G;91,A/G;97,A/T;100,A/G;103,A/C; 109,A/G;118,T/C;121,T/C;122,T/C;125,T/C/G;126,T/G;128,C/G;130,A/T/G; 137,A/G;141,A/G;150,T/G;160,T/C;166,A/T;169,A/G;172,A/G;175,T/G;182, T/A
YITCHB073	49,G
YITCHB075	22,C;35,T;98,C/G
YITCHB076	13,T/C;82,T/A;91,T/C;109,A/C
YITCHB077	77,A/G;88,T/C;104,A/G;145,T/C;146,A/G
YITCHB079	123,A/G
YITCHB081	51,A/G;56,T;57,C;58,T;60,C;67,T;68,T;69,C;110,A/G;116,T/C;135,A/G
YITCHB083	4,T/A;28,T/G;101,T/G;119,T/C
YITCHB084	58,A/T;91,A/G;100,C/G;149,A/G
YITCHB085	46,C/G;81,T/A;82,G
YITCHB092	118,A/G
YITCHB094	16,C;36,G;63,A;70,C;99,G
YITCHB096	24,C
YITCHB097	46,C/G;144,A/G
YITCHB099	74,T/C;105,A/G;126,T/C;179,A/T;180,T/C
YITCHB100	12,T/C
YITCHB102	57,A/C
YITCHB107	18,A/T;48,A/G;142,T/C
YITCHB108	127,A/C
YITCHB112	28,T/C;36,T/C;57,A/G;96,A/G;103,A/G;120,T/C;123,T/C;162,T/C
YITCHB113	182,A/T;192,A/G
YITCHB114	18,T/C;25,A/G;38,T/C;68,C;70,C/G;104,T/C
YITCHB116	29,T
YITCHB118	22,T/C;78,C;102,T/C
YITCHB121	133,T;135,G;136,–;168,T/C;187,G
YITCHB124	130,A/G;186,C/G

YITCHB127	65,A;82,C;132,A
YITCHB128	7,T/C;135,C/G
YITCHB130	13,A/G;20,T/C;54,T/C;60,A/G
YITCHB131	32,C;135,G;184,C
YITCHB132	46,A/C;61,A/C;93,A/C;132,A/G;161,T/C
YITCHB137	110,C
YITCHB141	39,T/C
YITCHB142	30,T/G;121,T/C;131,C/G;153,C/G
YITCHB143	22,G
YITCHB145	6,A;8,G;20,A;76,A;77,G;83,G;86,T
YITCHB146	3,T/G;29,A/G;40,C/G;44,T/C;103,A/G;134,A/G
YITCHB147	100,A
YITCHB148	27,T/C;91,T/C
YITCHB151	8,T/C;19,A/T;43,T/G
YITCHB152	31,A/G
YITCHB154	200,T
YITCHB156	82,T/C
YITCHB158	96,T/C
YITCHB159	7,A/G;11,T/C;38,T/C;42,T/C
YITCHB160	33,C/G;59,A;64,T/G;66,A/C
YITCHB162	14,T/C;33,T;67,A/G;75,T/C;88,T/C
YITCHB163	41,A/G;54,T/C;90,T/C
YITCHB165	1,A
YITCHB167	12,A/G;33,C/G;36,A/G;64,A/C;146,A/G
YITCHB168	21,A/G
YITCHB169	22,T/A;107,A/G
YITCHB170	56,A/G
YITCHB171	39,T/C;87,A/T;96,T/C;119,A/C
YITCHB176	13,A/C;25,A/G;26,A/G;82,A/G;105,T/C
YITCHB177	28,T/G;30,A/G;95,T/G;127,A/G;135,T/G
YITCHB181	56,A/G
YITCHB183	53,A/G;59,T/G;79,A/G;80,A/G;85,T/C;97,T/C;99,A/G;115,T/C;116,A/C;117,A/G;138,T/C;143,T/C;155,T/C
YITCHB185	74,T/C;104,T/C;122,T/C;133,C/G
YITCHB186	3,A/G;5,A/C;10,T/C;19,A/G;22,T/C;25,C/G;46,A/G;47,A/G;57,A/T;75,T/C;82,T/C;86,A/C
YITCHB189	49,A/G;61,A;88,A/C;147,A/G

YITCHB191	44,T/G
YITCHB192	46,T/G;73,A/G
YITCHB195	53,C;111,T
YITCHB197	72,A/G;121,−/T;122,−/T;123,−/T;167,C/G;174,A/G;189,A/C
YITCHB198	34,A/T;63,A/G;109,T/C
YITCHB199	77,C/G;123,T/C
YITCHB201	132,T
YITCHB202	55,T/C;60,T/C;88,T/C;102,T/C;104,A/G;115,T/A;144,A/G;187,A/G;197,A/G
YITCHB205	31,A/C;36,A/G;46,A/T;57,T/G;74,A/G
YITCHB209	1,T/C;11,A/G;32,T;34,C;35,A/G;71,T/C;94,T;149,T/C;166,G;173,A/G;175,C
YITCHB214	15,C;155,C
YITCHB215	3,T;6,T;9,A;22,A;50,−;51,−;52,−;53,−;54,C;63,A;71,A;72,C;81,G;96,A;121,T;137,A;163,G;177,G;186,A
YITCHB216	43,A
YITCHB217	29,T/C;85,C/G
YITCHB220	58,G
YITCHB223	11,T/C;54,A/G;189,T/C
YITCHB224	117,A
YITCHB229	45,G;80,T/G
YITCHB230	55,T/C;128,A/G
YITCHB231	104,T
YITCHB233	152,A
YITCHB234	53,C
YITCHB237	118,G;120,A;165,T;181,A
YITCHB241	124,T/C
YITCHB242	22,C
YITCHB243	86,T;98,A;131,C
YITCHB246	2,A/G;19,A/C;25,C;89,A
YITCHB247	23,G;109,A
YITCHB248	50,A/G
YITCHB250	21,T/C;51,G;54,T/C;55,A/G;56,T/C;78,T/C;98,T/C;99,T/A;125,A/T
YITCHB251	65,G
YITCHB253	21,T/A
YITCHB254	51,G
YITCHB255	5,A/G;9,T/C;22,A/G;25,T/C;37,T/G;79,A/G;86,A/G;88,A/G;89,A/G;116,T/C;135,T/C;187,A/G
YITCHB256	16,C

YITCHB258   24,A/G;191,T/C

YITCHB259   90,A/G

YITCHB263   43,A/G;84,A/G;93,T/C;144,A/G;181,A/G

YITCHB264   5,T/A;8,T/A;22,T/C;35,A/G;51,T/C;79,T/C;97,C/G;99,A/G;105,A/G;108,T/C; 111,T/C;113,A/G;114,T/C;132,T/C;137,A/G;144,T/C

YITCHB265   64,T;73,T;97,C;116,G

YITCHB266   25,A/C;37,T/C;57,A/C;58,T/A

YITCHB267   42,A/T;102,T/G

YITCHB268   24,A/C;78,A/G;82,T;86,T/C;126,A/G;148,T/A;167,G

YITCHB269   53,A/C;60,A/C

YITCHB270   113,C

YITCHB001   25,C;66,T;67,T/C;81,T/C

YITCHB002   145,A;146,G

YITCHB003   83,A/G;96,T/A

YITCHB004   160,T/G

YITCHB006   35,T/C

YITCHB007   67,A/G

YITCHB008   65,T/C

YITCHB009   25,T;56,T;181,T;184,C;188,G

YITCHB011   156,A

YITCHB015   47,A/G;69,C/G;85,A/G

YITCHB016   88,A/G

YITCHB019   55,T/A;106,A/G

YITCHB021   54,A/C;123,A/G;129,T/C;130,A/G

YITCHB022   54,T/C;67,A/G;68,A/C

YITCHB023   26,A/T;28,T/C;38,T/G;52,A/C;57,A/G;65,A/G;67,A/G;72,T/G;115,T/A;130,A/
             G

YITCHB025   10,T

YITCHB026   18,G

YITCHB028   48,C;66,T/G;166,C/G

YITCHB030   80,C;139,C;148,A

YITCHB031   88,T/C;125,C

YITCHB034   29,A

YITCHB036   95,T;157,G

YITCHB037   63,A/G;82,T/A;100,T/G

YITCHB039   151,T/G

YITCHB040   1,C

YITCHB042   60,G;110,C;114,A;127,T;146,T;167,T

YITCHB044   97,T/C

YITCHB045   48,C

YITCHB048   6,A/G;32,A/G;59,A/T;62,A/G;79,T/C;80,T/C;81,A/G

YITCHB049   41,C/G;53,T/C;75,T/C;99,A/C

YITCHB050   45,T;51,A/C;59,T;91,T;104,A/G;121,A/G

YITCHB051   7,T/G

YITCHB054	116,C
YITCHB055	52,T/A
YITCHB056	60,A/T;124,T/G;125,T/G;147,A/G
YITCHB057	91,G;142,T;146,G
YITCHB059	4,T;22,A;76,C;114,A;196,A
YITCHB061	4,C;28,A;67,A
YITCHB062	94,A/G;96,T/C
YITCHB064	113,A
YITCHB067	9,A/G;85,A/G;87,–/G
YITCHB071	5,A/G;10,A/G;18,A/G;54,T/C;80,A/G;90,A/T;100,A/C;103,T/C;105,A/G;111, T/C
YITCHB072	19,T/C;59,T/C;61,T/G;67,A/G;71,A/G;79,C/G;80,T/C;81,A/G;82,A/G;88,T/C; 89,A/G;91,A/G;97,A/T;100,A/G;103,A/C;109,A/G;121,T/C;125,T/C;128,C/G; 137,A/G;141,A/G;150,T/G;166,A/T;169,A/G;172,A/G;182,T/A
YITCHB073	49,T/G
YITCHB075	22,T/C;35,T/C;98,C/G
YITCHB076	13,T/C;82,A/T;91,T/C;109,A/C
YITCHB077	77,A;88,T;104,A;145,T
YITCHB079	123,G
YITCHB081	51,A/G;56,T;57,C;58,T;60,C;67,T;68,T;69,C;110,A/G;116,T/C;135,A/G
YITCHB082	52,A/G
YITCHB083	4,A;28,G;101,T;119,T
YITCHB084	58,T;91,A;100,C;149,G
YITCHB085	81,T;82,G
YITCHB086	115,G;155,T;168,A
YITCHB087	111,T
YITCHB089	53,C;88,G;89,C;184,C
YITCHB092	118,A/G
YITCHB094	16,C;36,C/G;53,T/A;63,A/G;70,C;99,A/G
YITCHB097	46,G;144,G
YITCHB099	74,C;105,A;126,C;179,T;180,C
YITCHB103	61,A/G;64,A/C;87,A/C;153,T/C
YITCHB107	18,A/T;48,A/G;142,T/C
YITCHB108	127,A/C
YITCHB112	28,T/C;36,T/C;57,A/G;96,A/G;103,A/G;120,T/C;123,T/C;162,T/C
YITCHB114	18,T;38,C;68,C;70,G;104,C
YITCHB116	29,T

YITCHB123	138,T/C
YITCHB124	130,A/G;186,C/G
YITCHB132	27,−;46,A;61,A;93,C;132,A;161,T
YITCHB133	1,A
YITCHB134	72,T/C
YITCHB135	187,T;188,G
YITCHB138	22,C;52,G
YITCHB141	39,C
YITCHB142	30,T;121,C;131,C;153,G
YITCHB143	4,T;22,G
YITCHB145	6,A;8,G;20,A;76,A/C;77,C/G;83,A/G;86,T/C
YITCHB146	3,G;29,A;40,C;44,T;103,A;134,A
YITCHB147	100,A
YITCHB148	27,C;91,C
YITCHB150	57,C;58,T
YITCHB151	8,T/C;19,T/A;43,T/G
YITCHB154	1,A/T;200,T/G
YITCHB157	69,A
YITCHB160	33,C/G;59,A/G;66,A/C
YITCHB162	14,T/C;32,T/C;33,T;67,A/G;75,T/C;88,T/C;127,A/G
YITCHB163	41,G;54,T;90,C
YITCHB165	1,A;49,T
YITCHB167	12,A/G;33,C/G;36,A/G;64,C;130,A/G;146,A/G
YITCHB168	21,A/G;30,T/G;40,T/C;44,T/C;53,A/G;93,T/A;98,A/G;109,A/G;120,T/C
YITCHB169	22,T;107,A/G
YITCHB171	39,T/C;87,T/A;96,T/C;119,A/C
YITCHB173	5,T/A;19,A/C;23,T/G;28,T/C;40,T/G;48,T/C
YITCHB175	12,G
YITCHB177	28,T/G;30,A/G;42,C/G;55,T/G/A;95,T/G;107,A/G;125,T/C;127,A/G;135,T/G
YITCHB178	42,C;93,T/G;145,G;163,A
YITCHB181	31,A/G;56,A/G
YITCHB182	50,T/C
YITCHB184	2,T/C;7,T/C;12,A/G;14,A/G;15,C/G;16,A/G;20,T/C;21,T/G/A;22,A/G;34,A/G;44,T/C;48,T/C;50,A/G;57,A/G;68,A/G;69,T/C;70,C/T/G;71,T/C;85,T/C;86,A/G;87,A/G;102,A/G;105,A/C;107,T/C;109,T/C;118,A/G;126,A/G;127,T/C;131,T/A;132,T/C;139,T/C;152,A/G;160,T/C;165,A/C;170,T/C;175,C/G
YITCHB185	20,T/C;49,A/G;71,T/C;74,T/C;86,T/C;104,C;114,T/C;122,T/C;133,C;154,A/G

YITCHB186	3,A/G;5,A/C;10,T/C;19,A/G;22,T/C;25,C/G;46,A/G;57,T/A;75,T/C;82,T/C; 86,A/C
YITCHB187	130,G
YITCHB189	49,A/G;61,A;88,A/C;147,G
YITCHB190	90,T/A
YITCHB191	44,G
YITCHB192	46,T;73,G
YITCHB195	53,C;111,T
YITCHB196	44,C;101,C
YITCHB197	72,G;121,T;122,T;123,T;167,G;174,G;189,C
YITCHB198	34,T;59,–;60,–;63,G;109,C
YITCHB199	2,T/C;12,T/G;77,C/G;123,C;177,T/C
YITCHB200	19,T/C
YITCHB201	132,T
YITCHB202	55,T/C;60,T/C;102,T/C;104,A/G;144,A/G;187,A/G;197,A
YITCHB203	125,T;154,A
YITCHB208	41,T/C;84,A
YITCHB209	2,A/G;32,T/C;34,C;35,A/G;94,T/C;123,A/G;132,T/C;149,C;151,A/G;157,T/C; 166,G;175,C
YITCHB210	130,A/C
YITCHB211	113,T/C;115,A/G
YITCHB212	38,C/G;105,C/G
YITCHB215	3,T/A;6,T/G;9,A/G;22,A/G;54,T/C;63,A/T;71,A;72,A/C;81,A/G;96,A/G;121, T/C;132,C/G;137,A/G;162,A/G;163,T/G;177,G;186,A/G
YITCHB216	43,A
YITCHB217	29,T/C;73,T/C;85,C;87,A/C
YITCHB220	58,G
YITCHB222	74,T/G;145,A/G
YITCHB224	1,A/G;36,A/G;79,T/C;117,–/A;118,T/C
YITCHB225	24,G
YITCHB226	61,C/G;127,T
YITCHB227	120,T/C
YITCHB228	11,G;26,T
YITCHB229	45,C/G;80,T/G
YITCHB230	55,T/C;79,A/C;128,A/G
YITCHB231	104,T
YITCHB232	86,T/C

YITCHB233	152,A
YITCHB234	53,-/C;123,A/G
YITCHB235	120,T/C
YITCHB237	118,A/G;120,A/C;165,T/A;181,A/C
YITCHB238	75,T/A;76,A/G;108,C/G
YITCHB241	124,T
YITCHB242	22,T/C
YITCHB244	43,A/G;143,A/G
YITCHB245	200,A/C
YITCHB246	2,A/G;25,T/C;89,A/G
YITCHB247	23,T/G;109,A/G
YITCHB248	50,A
YITCHB250	16,C/G;21,T/C;30,A/G;33,T/G;50,T/C;51,T/G;52,A/G;53,T/C;54,A/T/C;55,A/G;56,T/C;78,T/C;81,T/C;83,A/G;87,T/G;88,T/C;90,A/G;94,T/C;98,T/C;99,T/A;119,A/C;125,A/T;130,T/G;131,T/C
YITCHB251	65,A/G
YITCHB252	26,C;65,G;137,T;156,A
YITCHB253	21,A
YITCHB254	51,A/G
YITCHB256	16,T/C
YITCHB260	40,A/C;72,A/G;135,A/G;151,T/C
YITCHB261	17,T/C;119,T/G
YITCHB263	22,T;36,A/C;93,C;144,G;181,G
YITCHB264	5,A/T;15,A/G;22,T/C;35,A/G;63,A/G;79,T/C;97,C/G;99,A/G;105,A/G;108,T/C;110,A/G;111,C;113,A/G;114,T/C;132,T/C;137,A/G;144,T/C
YITCHB265	64,T;73,T;97,C;116,G
YITCHB266	25,C;37,T;57,C;58,T
YITCHB268	24,C;78,G;82,T;86,C;126,A;148,T;167,G
YITCHB269	53,A/C;60,A
YITCHB270	12,T/C;113,A/C

YITCHB001   25,T/C;66,T/C;67,T/C;81,T/C
YITCHB002   109,T
YITCHB003   83,A/G;96,T/A
YITCHB004   160,T/G;195,A/G
YITCHB007   67,A/G
YITCHB009   25,T;56,T;181,T;184,C;188,G
YITCHB011   156,A
YITCHB014   9,T/C
YITCHB016   67,A/G;80,T/G;88,G;91,T/C
YITCHB017   63,A;132,G
YITCHB019   1,A/G;22,A/G;31,T/C;32,T/C;38,A/G;51,T/C;55,A/T;70,A/G;93,A/G;94,A/G;
            101,T/C;109,A/G;112,A/G;130,T/C;132,A/G;148,A/G
YITCHB021   54,A;123,A;129,T;130,G
YITCHB022   54,T/C;67,A/G;68,A/C
YITCHB026   18,G
YITCHB027   101,A
YITCHB028   48,T/C;66,T/G;166,C/G
YITCHB030   80,C/G;139,T/C;148,A/G
YITCHB031   88,T/C;125,C;161,T/G
YITCHB033   93,A/C
YITCHB035   7,A/G;33,A/G;44,T/C;124,A/T;137,A/C;158,C/G
YITCHB036   95,T/C;157,A/G
YITCHB037   37,A/G;63,G;76,A/C;82,A/T;90,–/A;91,–/T;100,T/G
YITCHB039   76,T/C;93,A/G;151,T;156,T/G
YITCHB042   17,A/G;99,T/C;127,T/C;137,T/C;154,T/C;167,T
YITCHB044   97,T/C
YITCHB045   48,C
YITCHB047   130,A/G
YITCHB048   6,A/G;59,A/T;62,A/G;79,T/C;80,T/C;81,A/G
YITCHB049   27,A/G;41,C;53,T/C;75,C;92,T/G;96,T/C;99,C;131,T/G
YITCHB050   45,T;51,A/C;59,T;91,T;104,A/G;121,A/G
YITCHB051   7,G;54,T/C;144,A/C
YITCHB055   52,T/A

YITCHB056　　60,A/T;124,T/G;125,T/G;147,A/G

YITCHB057　　91,G;142,T;146,G

YITCHB058　　2,A/G;36,A/G;60,A/G;131,T/C

YITCHB059　　4,T/C;22,A/G;76,C/G;114,A/G;196,A/T

YITCHB061　　4,C;28,A;67,A

YITCHB062　　94,A/G;96,T/C

YITCHB064　　113,A

YITCHB065　　97,A

YITCHB067　　9,A/G;85,A/G;87,−/G

YITCHB071　　98,T/C

YITCHB072　　19,T/C;35,A/G;59,T/C;61,T/G;67,A/G;71,A/G;79,C/G;80,T/C;81,A/G;82,A/G;
　　　　　　　88,T/C;89,A/G;91,A/G;97,T/A;100,A/G;103,A/C;109,A/G;121,T/C;125,T/C;
　　　　　　　128,C/G;130,A/G;137,A/G;141,A/G;150,T/G;166,T/A;169,A/G;172,A/G;175,
　　　　　　　T/G;182,A/T

YITCHB073　　23,T/C;49,G;82,A/G

YITCHB074　　98,A/G

YITCHB075　　22,C;35,T;98,C/G

YITCHB076　　13,T/C;91,T/C

YITCHB077　　77,A/G;88,T/C;104,A/G;145,T/C

YITCHB079　　85,A/G;123,A/G

YITCHB081　　51,G;56,T;57,C;58,T;60,C;67,T;68,T;69,C;110,A;116,C;135,G

YITCHB082　　52,A

YITCHB083　　4,A;28,G;101,T;119,T

YITCHB084　　91,A/G;100,C/G;119,A/C

YITCHB085　　46,C;82,G

YITCHB086　　15,T/C;50,T/C;52,A/G;67,C/G;74,A/G;76,A/C;77,C/G;85,A/G;90,T/G;92,T/C;
　　　　　　　94,C/G;100,A/G;102,T/G;104,A/C;107,T/G;109,A/G;110,A/T;114,A/G;115,G;
　　　　　　　116,T/C;127,T/C;135,A/G;151,A/C;155,T;156,T/A;165,T/C;168,A/C

YITCHB089　　14,T/C;38,A/G;52,A/G;53,T/C;64,A/C;89,T/C;178,T/C;184,T/C;196,T/C;197,
　　　　　　　A/G

YITCHB092　　118,A/G

YITCHB094　　16,C;36,C/G;53,A/T;63,A/G;70,C;99,A/G

YITCHB096　　24,C;87,T/C

YITCHB099　　74,C;105,A;126,C;179,T;180,C

YITCHB100　　12,T/C

YITCHB102　　52,A/G;57,C

YITCHB104　　13,T/G;31,T/G;146,C/G

YITCHB105	36,A
YITCHB107	18,A/T;48,A/G;142,T/C
YITCHB108	73,A/C;127,A/C
YITCHB109	1,T;6,G;26,C;83,A;93,C
YITCHB110	66,A;144,G
YITCHB112	28,T/C;35,A/C;36,T/C;103,A/G;122,T/G;123,T/C;129,A/G;142,T/C;154,A/T; 162,T/C
YITCHB113	182,A/T;192,A/G
YITCHB114	18,T;38,C;68,C;70,G;104,C
YITCHB115	112,A/G;128,T/C
YITCHB116	29,T
YITCHB117	152,A/G
YITCHB119	98,A/T;119,A/G
YITCHB121	133,T;135,G;136,–;187,G
YITCHB123	138,T
YITCHB124	130,A
YITCHB126	19,A/G;43,T;145,T/A
YITCHB128	7,C
YITCHB130	13,A/G;20,T/C;54,T/C;82,T/C
YITCHB131	32,C;135,G;184,C
YITCHB132	27,–;46,A;61,A;93,C;132,A;161,T
YITCHB134	72,T/C
YITCHB135	128,T/C;187,T/C;188,C/G
YITCHB136	4,A/C;64,C
YITCHB137	110,T/C
YITCHB141	39,C
YITCHB142	2,T/C;28,T/C;30,T/G;46,A/G;102,T/C;150,C/G;152,A/G;153,C/G
YITCHB145	6,A/G;8,A/G;20,A/C;76,A/C;77,C/G;83,A/G;86,T/C
YITCHB147	12,A/G;22,T/G;61,T/A;70,A/G;100,A
YITCHB148	17,A/C;27,T/C;91,T/C
YITCHB150	57,C;58,T
YITCHB151	8,T/C;15,T/C;19,A/C;43,T/G;58,A/G;90,A/G
YITCHB152	31,A
YITCHB154	4,T/C;87,T/C
YITCHB156	82,T
YITCHB158	96,T/C
YITCHB159	7,A/G;25,A/G;38,T/C;42,T/C;92,C/G;160,A/G

YITCHB161	31,C/G
YITCHB162	7,T/G;14,T/C;16,A/G;32,T/C;33,T;75,T/C;133,T/G;136,A/C
YITCHB163	41,G;54,T;90,C
YITCHB167	12,A/G;33,C/G;36,A/G;64,A/C;146,A/G
YITCHB168	21,A/G
YITCHB169	22,T;79,T/C;107,A/G;117,A/G;118,T/G
YITCHB170	56,A
YITCHB171	39,T/C;87,A/T;96,T/C;119,A/C
YITCHB175	12,A/G
YITCHB176	13,A/C;25,A/G;26,A/G;82,A/G;105,T/C
YITCHB177	28,T/G;30,A/G;42,C/G;55,T/G;95,T/G;127,A/G;135,T/G
YITCHB178	42,A/C;145,A/G;163,A/G
YITCHB181	56,A/G
YITCHB183	12,A/G;59,T/G;79,A/G;80,A/G;85,T/C;97,A/T/C;99,A/G;114,A/G;116,A/C;117,A/G;122,A/G;138,T/C;139,A/G;143,T/C;147,T/A;155,T/C;166,T/C
YITCHB185	20,C;49,A;71,T;86,C;104,C;114,T;133,C;154,G
YITCHB186	19,A/G;44,C/G;46,A/G;57,T/A;75,T/C;82,T/C;86,A/C
YITCHB187	82,A/G;130,A/G
YITCHB189	49,A/G;61,A;88,A/C;147,G
YITCHB190	90,T
YITCHB191	44,G
YITCHB192	45,A
YITCHB193	169,T/C
YITCHB195	53,T/C;108,A/G;111,T/C
YITCHB197	72,G;121,T;122,T;123,T;167,G;174,G;189,C
YITCHB198	34,T;59,−;60,−;63,G;109,C
YITCHB199	77,C/G;123,T/C
YITCHB200	70,A/G;73,A/G;92,A/T;104,C/G;106,T/A
YITCHB201	112,G;132,T
YITCHB202	55,T;60,T;88,T/C;102,T;104,A;115,T/A;127,T/C;144,A/G;187,G;197,A
YITCHB203	125,T;154,A
YITCHB205	31,A;36,G;46,A;74,G
YITCHB208	41,C;84,A
YITCHB209	32,T/C;34,T/C;94,T/C;149,T/C;166,A/G;175,T/C
YITCHB210	130,C;154,G
YITCHB211	113,T;115,G
YITCHB212	38,C/G;105,C/G

YITCHB214	15,C;155,C
YITCHB215	3,A/T;6,T/G;9,A/G;22,A/G;54,T/C;63,T/A;71,A;72,A/C;81,A/G;96,A/G;121,T/C;137,A/G;163,T/G;177,A/G;186,A/G
YITCHB216	43,A
YITCHB217	84,C
YITCHB219	24,A/G;60,T/C;112,A/G
YITCHB220	17,A/G;58,C/G
YITCHB223	17,T;189,C
YITCHB224	1,A/G;36,A/G;79,T/C;117,-/A;118,T/C
YITCHB225	24,A/G
YITCHB228	11,A/G;26,T/A;72,A/G
YITCHB229	45,C/G;80,T/G
YITCHB230	55,T/C;110,T/C;128,A/G
YITCHB232	47,A/G;54,A/G;86,C;108,T/C;147,A/C
YITCHB234	53,C
YITCHB237	118,A/G;120,A/C;165,T/A;181,A/C
YITCHB238	23,T/G
YITCHB240	53,A/T;93,T/C;148,A/T
YITCHB242	22,T/C;65,A/G;94,T/C
YITCHB243	86,T;98,A;131,C;162,A
YITCHB245	144,A/G;200,A/C
YITCHB246	2,A/G;25,T/C;89,A/G
YITCHB247	23,G;109,A
YITCHB248	50,A/G
YITCHB250	21,T/C;51,G;54,T/C;55,A/G;56,T/C;78,T/C;98,T/C;99,A/T;125,T/A
YITCHB251	65,G
YITCHB252	26,C;65,G;137,T;156,A
YITCHB253	21,A;26,T/G
YITCHB254	51,A/G
YITCHB255	5,A/G;9,T/C;22,A/G;25,T/C;37,T/G;79,A/G;86,A/G;88,A/G;89,A/G;116,T/C;135,T/C;187,A/G
YITCHB256	11,A
YITCHB257	68,T
YITCHB258	24,A/G;191,T/C
YITCHB259	90,A
YITCHB260	84,T;161,A
YITCHB263	84,A/G;93,T/C;144,A/G;181,A/G

YITCHB264   5,T/A;22,T/C;35,A/G;79,T/C;97,C/G;99,A/G;105,A/G;108,T/C;111,C;113,A/G;
114,T/C;132,T/C;137,A/G;144,T/C

YITCHB265   64,T/C;73,T/A;97,C/G;116,T/G

YITCHB266   25,C;37,T/C;57,C;58,T;136,T/C;159,T/C

YITCHB268   23,T/C;24,C;44,A/G;66,T/C;82,T;86,T/C;123,A/G;126,A;127,T/G;137,T/C;
148,T;166,A/C;167,G

YITCHB269   60,A/C

YITCHB270   12,T/C;113,A/C

YITCHB001	25,T/C;66,T/C;67,T/C;81,T/C
YITCHB002	109,T/C;145,A/C;146,C/G
YITCHB004	195,A
YITCHB006	35,T/C
YITCHB007	67,A/G
YITCHB008	65,T/C
YITCHB009	25,T;56,T;181,T;184,C;188,G
YITCHB011	156,A
YITCHB016	67,A/G;80,T/G;88,G;91,T/C
YITCHB017	132,A/G
YITCHB019	1,A/G;22,A/G;31,T/C;32,T/C;38,A/G;51,T/C;55,A/T;70,A/G;93,A/G;94,A/G; 101,T/C;106,A/G;109,A/G;112,A/G;130,T/C;132,A/G;148,A/G
YITCHB021	54,A;123,A;129,T;130,G
YITCHB022	54,C;67,G;68,C
YITCHB026	18,G
YITCHB027	6,G;38,T;101,A
YITCHB028	48,T/C;66,T/G;166,C/G
YITCHB030	80,C;139,C;148,A
YITCHB031	125,C;161,T
YITCHB033	93,A/C
YITCHB035	7,A/G;33,A/G;44,T/C;124,T/A;137,A/C;158,C/G
YITCHB036	95,T/C;157,A/G
YITCHB039	28,T/C;29,A/T;53,T/C;74,A/G;76,T/C;89,T/G;93,A/G;130,T/C;151,T;156,T/G
YITCHB042	127,T/C;167,T
YITCHB044	97,T/C
YITCHB045	48,T/C
YITCHB047	130,A
YITCHB048	59,A/T;62,A/G;79,T/C;80,T/C;81,A/G
YITCHB049	27,A/G;41,C/G;59,T/C;75,C;92,T/G;96,T/C;99,A/C;131,T/G
YITCHB050	45,T;51,A/C;59,T;91,T;104,A/G;156,A/G
YITCHB051	7,G
YITCHB054	116,T/C
YITCHB055	52,T

YITCHB056   60,T;124,G;125,G;147,G

YITCHB057   25,A/G;91,G;136,T/C;142,T/C;146,T/G

YITCHB059   4,T/C;22,A/G;76,C/G;114,A/G;196,T/A

YITCHB061   4,C/G;28,A/G;67,A/T;70,T/C;75,A/G;78,T/C;102,A/G;112,T/C;114,A/G;118,A/G

YITCHB062   94,A/G;96,T/C

YITCHB064   113,A

YITCHB065   97,A

YITCHB066   30,T/C

YITCHB067   9,A/G;85,A/G;87,–/G

YITCHB072   2,C/G;19,T/C;35,A/G;59,T/C;61,T/G;64,A/G;65,C/G;67,A/G;71,A/G;79,C/G;80,T/A/C;81,A/G;82,A/G;88,T/C;89,A/G;91,A/G;97,T/A;100,A/G;103,A/C;109,A/G;118,T/C;121,T/C;122,T/C;125,T/C/G;126,T/G;128,C/G;130,A/T/G;137,A/G;141,A/G;150,T/G;160,T/C;166,T/A;169,A/G;172,A/G;175,T/G;182,A/T

YITCHB073   49,G

YITCHB074   98,A/G

YITCHB075   22,T/C;35,T/C

YITCHB076   13,T;91,T

YITCHB081   51,G;56,T;57,C;58,T;60,C;67,T;68,T;69,C;110,A;116,C;135,G

YITCHB082   52,A/G;131,T/C

YITCHB083   4,A;28,G;101,T;119,T

YITCHB085   46,C;82,G;103,A/G

YITCHB086   15,T/C;50,T/C;52,A/G;67,C/G;74,A/G;76,A/C;77,C/G;85,A/G;90,T/G;92,T/C;94,C/G;100,A/G;102,T/G;104,A/C;107,T/G;109,A/G;110,T/A;114,A/G;115,A/G;116,T/C;127,T/C;135,A/G;151,A/C;155,T;156,A/T;165,T/C;168,A/C

YITCHB087   84,T;111,T

YITCHB089   38,A;52,A;53,C;64,A;89,C;178,T;184,C;196,C;197,A

YITCHB092   118,A

YITCHB094   16,C;36,C/G;53,A/T;63,A/G;70,C;99,A/G

YITCHB096   24,C;87,T

YITCHB099   74,C;105,A;126,C;179,T;180,C

YITCHB100   12,T/C

YITCHB102   52,A;57,C

YITCHB104   13,T/G;31,T/G;146,C/G

YITCHB107   18,A/T;48,A/G;142,T/C

YITCHB108   127,A/C

YITCHB112   10,T/C;28,T/C;56,T/G;60,A/G;123,T/C;137,A/C;154,T/A

YITCHB113   188,T/C

YITCHB114   18,T;38,C;68,C;70,G;104,C

YITCHB115   112,A/G;128,T/C

YITCHB116   29,-/T;147,T/G

YITCHB118   22,T;78,C;102,T

YITCHB123   27,A/T;39,A/G;49,A/G;59,T/C;75,A/G;89,T/C;103,A/G;138,T;150,T/G;163,T/A;171,A/G;175,T/G;197,T/C

YITCHB124   130,A;186,C/G

YITCHB126   43,T

YITCHB130   13,A/G;20,T/C;54,T/C;82,T/C

YITCHB131   32,C;135,G;184,C

YITCHB132   27,-;46,A;61,A;93,C;132,A;161,T

YITCHB135   128,T/C;187,T/C;188,C/G

YITCHB136   4,A/C;64,C

YITCHB137   110,C

YITCHB141   39,C

YITCHB142   2,T/C;28,T/C;30,T;46,A/G;102,T/C;121,T/C;131,C/G;150,C/G;152,A/G;153,G

YITCHB145   6,A/G;8,A/G;20,A/C;76,A/C;77,C/G;83,A/G;86,T/C

YITCHB147   12,A/G;22,T/G;61,A/T;70,A/G;100,A

YITCHB148   27,T/C;91,T/C

YITCHB150   57,C;58,T

YITCHB151   8,T/C;15,T/C;19,A/C;43,T/G;58,A/G;90,A/G

YITCHB152   31,A

YITCHB154   4,T/C;87,T/C;200,T/G

YITCHB156   82,T/C

YITCHB158   96,T/C

YITCHB159   7,A/G;25,A/G;38,T/C;42,T/C;92,C/G;160,A/G

YITCHB160   33,C/G;59,A/G;66,A/C

YITCHB162   7,T/G;16,A/G;33,T;67,A/G;75,T/C;88,T/C;136,A/C

YITCHB168   21,A/G

YITCHB169   22,T;79,T/C;117,A/G;118,T/G

YITCHB170   56,A

YITCHB171   39,T;87,A;96,C

YITCHB175   12,G

YITCHB181   56,A/G

YITCHB184	7,T/C;8,T/C;20,T/C;31,T/G;49,A/G;50,A/G;70,C/G;71,T/C;102,A/G;107,T/C; 126,A/G;127,T/C;139,T/C;152,A/G;174,C/G
YITCHB185	20,T/C;49,A/G;71,T/C;74,T/C;86,T/C;104,C;114,T/C;122,T/C;133,C;154,A/G
YITCHB186	19,A/G;44,C/G;46,A/G;57,T/A;75,T/C;82,T/C;86,A/C
YITCHB189	49,A/G;61,A;88,A/C;147,G
YITCHB190	90,A/T
YITCHB191	1,T/C;44,G
YITCHB193	169,T/C
YITCHB195	53,T/C;108,A/G;111,T/C
YITCHB197	72,G;121,T;122,T;123,T;167,G;174,G;189,C
YITCHB198	34,T;59,−;60,−;63,G;109,C
YITCHB199	5,A/G;50,A/C;123,T/C
YITCHB200	70,A/G;73,A/G;92,T/A;104,C/G;106,A/T
YITCHB201	112,G;132,T
YITCHB202	55,T;60,T;88,T/C;102,T;104,A;115,A/T;127,T/C;144,A/G;187,G;197,A
YITCHB203	125,T;154,A
YITCHB205	31,A;36,G;46,A;74,G
YITCHB208	41,T/C;84,A
YITCHB209	2,A/G;34,T/C;35,A/G;123,A/G;132,T/C;149,T/C;151,A/G;157,T/C;166,A/G; 175,T/C
YITCHB210	130,A/C;154,A/G
YITCHB211	113,T/C;115,A/G
YITCHB212	38,C/G;105,C/G
YITCHB214	15,C;155,C
YITCHB215	3,T/A;6,T/G;9,A/G;22,A/G;54,T/C;63,A/T;71,A;72,A/C;81,A/G;96,A/G;121, T/C;137,A/G;163,T/G;177,A/G;186,A/G
YITCHB216	43,A
YITCHB217	73,T/C;84,A/C;85,C/G;87,A/C
YITCHB219	24,A/G;52,T/C;60,T/C;112,A/G
YITCHB224	117,A
YITCHB226	127,T/C
YITCHB228	11,A/G;26,T/A;72,A/G
YITCHB229	45,G;80,T
YITCHB230	128,A
YITCHB231	104,T/C
YITCHB232	47,A/G;54,A/G;86,T/C;108,T/C;147,A/C
YITCHB234	53,C

YITCHB237   118,G;120,A;165,T;181,A

YITCHB238   108,C/G

YITCHB241   124,T

YITCHB242   22,T/C;65,A/G;94,T/C

YITCHB245   142,T/C;144,A/G;200,A/C

YITCHB246   2,A;25,C;89,A

YITCHB247   23,G;109,A

YITCHB248   50,A/G

YITCHB250   21,T/C;51,G;54,T/C;55,A/G;56,T/C;78,T/C;98,T/C;99,T/A;125,A/T

YITCHB251   65,G

YITCHB252   26,C;65,G;137,T;156,A

YITCHB253   21,A

YITCHB255   5,G;9,C;22,G;25,C;37,G;79,A;86,G;88,G;89,G;116,C;135,T;187,A

YITCHB256   11,A

YITCHB257   68,T/C

YITCHB259   90,A

YITCHB260   40,A/C;72,A/G;84,A/T;135,A/G;151,T/C;161,T/A

YITCHB261   17,T/C;119,T/G

YITCHB264   5,T;22,T;35,A;63,A/G;79,T;97,G;99,G;105,A;108,T;111,C;113,A;114,C;132,T;
137,G;144,C

YITCHB265   64,T;73,T;97,C;116,G

YITCHB266   25,C;29,A/G;37,T/C;57,A/C;58,T/A

YITCHB268   24,A/C;44,A/G;82,T;86,T/C;123,A/G;126,A/G;137,T/C;148,A/T;166,A/C;167,
G

YITCHB269   53,A/C;60,A

YITCHB270   12,T/C;113,A/C

YITCHB001	25,C;43,T/C;66,T;67,C;81,T/C
YITCHB002	109,T/C;145,A/C;146,G
YITCHB006	35,C
YITCHB007	67,A/G
YITCHB008	15,A/T;65,C
YITCHB009	11,T/C;25,T/C;56,T/G;181,T/C;184,C;188,A/G
YITCHB011	156,A
YITCHB016	88,G
YITCHB017	63,A/C;132,A/G
YITCHB019	55,A;106,A/G
YITCHB021	54,A;123,A;129,T;130,G
YITCHB022	54,C;67,G;68,C
YITCHB025	30,A/G;77,G
YITCHB026	18,G
YITCHB027	6,G;38,T;101,A
YITCHB030	139,T/C;148,A/G
YITCHB031	87,A/G;88,T/C;125,C
YITCHB033	93,A/C
YITCHB035	7,A/G;33,A/G;44,T/C;124,T/A;137,A/C;158,C/G
YITCHB039	28,T/C;29,A/T;53,T/C;74,A/G;76,T/C;89,T/G;93,A/G;130,T/C;151,T;156,T/G
YITCHB040	1,C;29,T/C;31,A/G;73,T/C;103,T/C;108,A/G;135,T/C
YITCHB042	17,A/G;99,T/C;127,T;137,T/C;154,T/C;167,T
YITCHB044	97,T/C
YITCHB045	48,T/C
YITCHB047	130,A/G
YITCHB048	6,A/G;59,T/A;62,A/G;79,T/C;80,T/C;81,A/G
YITCHB049	41,C/G;53,T/C;75,T/C;99,A/C
YITCHB050	45,T;59,T;91,T;104,A/G;121,A/G
YITCHB051	7,T/G;26,A/G;54,T/C;144,A/C
YITCHB054	116,T/C
YITCHB055	52,A/T
YITCHB056	60,T;124,G;125,G;147,G
YITCHB057	25,A/G;91,G;136,T/C;142,T/C;146,T/G

YITCHB059	4,T/C;22,A/G;76,C/G;114,A/G;196,T/A
YITCHB061	4,C;28,A;67,A
YITCHB062	94,A/G;96,T/C
YITCHB064	113,A
YITCHB066	30,T/C
YITCHB067	9,A/G;85,A/G;87,–/G
YITCHB073	49,G
YITCHB076	13,T;91,T
YITCHB077	77,A/G;88,T/C;104,A/G;145,T;146,A/G
YITCHB079	85,A/G;123,A/G
YITCHB081	51,G;56,T;57,C;58,T;60,C;67,T;68,T;69,C;110,A;116,C;135,G
YITCHB082	131,T
YITCHB083	4,T/A;28,T/G;101,T/G;119,T/C
YITCHB085	46,C;81,A/T;82,G;103,A/G
YITCHB086	155,T;168,A
YITCHB087	84,T;111,T
YITCHB089	53,C;88,G;89,C;184,C
YITCHB092	118,A
YITCHB094	16,C;53,A/T;63,C/G;70,T/C;119,T/C
YITCHB095	98,A/G
YITCHB096	24,T/C;87,T/C
YITCHB099	74,C;105,A;126,C;179,T;180,C
YITCHB100	12,T/C
YITCHB102	52,A;57,C
YITCHB104	146,C/G
YITCHB107	18,A/T;48,A/G;142,T/C
YITCHB108	127,A/C
YITCHB112	8,T/C;20,A/G;28,T/C;69,A/G;123,T/C;148,A/G;154,T/A;162,T/C;164,T/C
YITCHB114	18,T;38,C;68,C;70,G;104,C
YITCHB116	29,T
YITCHB117	152,A
YITCHB121	133,T;135,G;136,–;187,G
YITCHB123	27,T;39,A;49,A;56,A;66,A;69,T;75,G;104,A;125,T;135,G;138,T;175,T
YITCHB124	130,A
YITCHB132	27,–;46,A;61,A;93,C;132,A;161,T
YITCHB133	1,A
YITCHB136	4,A/C;64,A/C

YITCHB137   110,T/C

YITCHB138   22,C;52,G

YITCHB141   39,C

YITCHB142   30,T;121,C;131,C;153,G

YITCHB143   22,T/G;112,C/G

YITCHB145   6,A/G;8,A/G;20,A/C;76,A/C;77,C/G;83,A/G;86,T/C

YITCHB146   3,T/G;29,A/G;40,C/G;44,T/C;103,A/G;134,A/G

YITCHB147   100,A/G

YITCHB148   27,T/C;91,T/C

YITCHB150   57,C;58,T

YITCHB151   8,T/C;19,T/A;43,T/G

YITCHB154   1,A/T;4,T/C;87,T/C

YITCHB156   82,T

YITCHB157   69,A

YITCHB158   96,C

YITCHB159   7,G;11,T/C;25,A/G;38,T;42,T;92,C/G;160,A/G

YITCHB160   33,C;59,A;66,A

YITCHB162   10,T/C;13,A/G;16,A/C;33,T;34,A/G;55,A/G;67,A/G;75,T/C;88,T/C

YITCHB163   41,G;82,T;90,C

YITCHB165   1,A;88,A

YITCHB168   63,T/C;109,A/G

YITCHB169   22,T

YITCHB170   23,A/C;56,A/G;60,A/G;65,A/G

YITCHB171   39,T;87,A;96,C

YITCHB176   13,A;25,A;26,A;82,A;105,C

YITCHB177   55,A/G;107,A/G;125,T/C;127,A/G

YITCHB179   2,C/G

YITCHB181   56,A/G

YITCHB184   20,T/C;22,A/G;50,A/G;68,A/G;70,C/G;102,A/G;132,T/C;170,T/C

YITCHB185   74,T/C;104,T/C;122,T/C;133,C/G

YITCHB186   19,A/G;46,A/G;57,T/A;75,T/C;82,T/C;86,A/C;93,A/G

YITCHB187   130,G

YITCHB189   61,A;147,G

YITCHB191   44,G

YITCHB192   45,T/A;46,T/G;73,A/G

YITCHB193   169,T/C

YITCHB195   44,T/C;53,T/C;88,A/G;108,A/G;111,T/C

YITCHB197   72,G;121,T;122,T;123,T;167,G;174,G;189,C

YITCHB198   34,T/A;63,T/G;109,T/C

YITCHB199   5,A/G;50,A/C;123,T/C

YITCHB200   70,A/G;73,A/G;92,T/A;104,C/G;106,A/T

YITCHB201   112,G;132,T

YITCHB202   55,T;60,T;88,T/C;102,T;104,A;115,A/T;127,T/C;144,A/G;187,G;197,A

YITCHB203   125,T/C;154,A/G

YITCHB205   31,A;36,G;46,A;74,G

YITCHB208   41,C;84,A

YITCHB209   32,T/C;34,T/C;94,T/C;149,T/C;166,A/G;175,T/C

YITCHB210   130,C;154,A/G

YITCHB211   113,T/C;115,A/G

YITCHB214   15,T/C;155,A/C

YITCHB215   71,A;72,A;132,C/G;162,A/G;177,A/G

YITCHB216   43,A

YITCHB217   22,T/C;28,T/C;29,T/C;68,T/C;80,A/G;81,T/C;85,C;87,A/C;120,A/C

YITCHB220   58,G

YITCHB224   117,A

YITCHB226   127,T/C

YITCHB228   11,A/G;26,T/A;72,A/G

YITCHB229   45,C/G;80,T/G;96,C/G

YITCHB230   55,C;79,A/C

YITCHB232   86,C

YITCHB233   1,T/A;2,T/A;3,T/G;4,T/G;7,T/C;50,A/G;76,A/G;116,A/G;152,–/A

YITCHB237   118,G;120,A;165,T;181,A

YITCHB238   89,T/G;108,G;166,A/G

YITCHB240   53,A;93,T;148,A

YITCHB241   124,T/C

YITCHB242   22,C

YITCHB243   86,T;98,A;131,C;162,A

YITCHB245   144,A/G;200,A/C

YITCHB246   2,A/G;25,T/C;89,A/G

YITCHB247   23,G;109,A

YITCHB248   50,A/G

YITCHB250   21,T/C;50,T/C;51,G;54,T/C;55,A/G;56,T/C;78,T/C;81,T/C;83,A/G;90,A/G; 94,T/C;98,T/C;99,A/T;119,A/C;125,T/A

YITCHB251   65,A/G

YITCHB252 26,C;65,G;137,T;156,A

YITCHB253 21,A;26,T/G

YITCHB255 5,G;9,C;22,G;25,C;37,G;79,A;86,G;88,G;89,G;116,C;135,T;187,A

YITCHB256 11,A

YITCHB257 68,T/C

YITCHB258 24,G;65,A/G;128,A/T;191,T/C

YITCHB259 90,A/G;118,A/G;149,T/C

YITCHB262 117,C/G

YITCHB264 49,A/T;110,A;111,T/C

YITCHB265 97,C

YITCHB268 24,A/C;78,A/G;82,T/G;86,T/C;126,A/G;148,A/T;167,A/G

YITCHB269 53,A;60,A

YITCHB270 113,C

YITCHB002	109,T
YITCHB003	83,G;96,A
YITCHB004	160,T/G
YITCHB006	110,T/C
YITCHB007	67,A/G
YITCHB008	15,T/A;65,T/C
YITCHB014	9,T/C
YITCHB016	67,A;80,T;88,G;91,T
YITCHB021	54,A/C;123,A/G;129,T/C;130,A/G
YITCHB022	54,T/C;67,A/G;68,A/C
YITCHB026	18,G
YITCHB031	88,T/C;125,T/C;161,T/G
YITCHB033	93,A/C
YITCHB035	7,A/G;33,A/G;44,T/C;124,A/T;137,A/C;158,C/G
YITCHB036	95,T/C;157,A/G
YITCHB037	37,A/G;63,A/G;76,A/C
YITCHB039	76,T;93,G;151,T;156,G
YITCHB040	1,C
YITCHB042	17,A/G;99,T/C;127,T/C;137,T/C;154,T/C;167,A/T
YITCHB044	97,T/C
YITCHB045	48,C
YITCHB048	6,A/G;59,A/T;62,A/G;79,T/C;80,T/C;81,A/G
YITCHB049	41,C/G;53,T/C;75,T/C;99,A/C
YITCHB050	45,T/C;59,T/C;91,A/T;121,A/G
YITCHB051	7,T/G;54,T/C;105,T/C;144,A/C
YITCHB056	60,A/T;124,T/G;125,T/G;147,A/G
YITCHB057	91,A/G;142,T/C;146,T/G
YITCHB059	4,T/C;22,A/G;76,C/G;114,A/G;196,T/A
YITCHB061	4,C;28,A;67,A
YITCHB062	94,A/G;96,T/C
YITCHB064	113,A
YITCHB067	9,A;85,A;87,G
YITCHB071	98,T/C

YITCHB072	19,T/C;35,A/G;59,T/C;61,T/G;71,A/G;79,C/G;80,T/C;81,A/G;82,A/G;88,T/C;89,A/G;91,A/G;97,A/T;100,A/G;103,A/C;109,A/G;121,T/C;125,T/C;128,C/G;130,A/G;137,A/G;141,A/G;150,T/G;166,A/T;169,A/G;172,A/G;175,T/G;182,T/A
YITCHB073	23,T/C;49,G;82,A/G
YITCHB075	22,C;35,T;98,C/G
YITCHB076	13,T/C;91,T/C
YITCHB081	51,A/G;56,T;57,C;58,T;60,C;67,T;68,T;69,C;110,A/G;116,T/C;135,A/G
YITCHB082	52,A/G
YITCHB083	4,T/A;28,T/G;101,T/G;119,T/C
YITCHB084	91,A/G;100,C/G;119,A/C
YITCHB085	46,C;82,G
YITCHB089	38,A/G;52,A/G;53,T/C;64,A/C;89,T/C;178,T/C;184,T/C;196,T/C;197,A/G
YITCHB092	118,A/G
YITCHB094	16,C;36,G;63,A;70,C;99,G
YITCHB096	24,C;87,T/C
YITCHB100	12,T/C
YITCHB102	52,A/G;57,C
YITCHB104	13,T/G;31,T/G
YITCHB107	18,T/A;48,A/G;142,T/C
YITCHB110	66,A/G;144,A/G
YITCHB112	35,A/C;36,T/C;103,A/G;122,T/G;123,T/C;129,A/G;142,T/C;154,T/A;162,T/C
YITCHB114	18,T/C;25,A/G;38,T/C;68,T/C;70,C/G;104,T/C
YITCHB116	29,T
YITCHB123	138,T/C
YITCHB124	130,A
YITCHB127	65,A;82,C;132,A/C;136,T/C;171,A/C
YITCHB128	7,T/C
YITCHB130	13,A;20,C;54,C;60,A/G;82,T/C
YITCHB132	46,A/C;61,A/C;93,A/C;132,A/G;161,T/C
YITCHB134	72,T/C
YITCHB136	4,A/C;64,A/C
YITCHB137	110,C
YITCHB141	39,C
YITCHB143	22,G
YITCHB145	6,A;8,G;20,A;76,A/C;77,C/G;83,A/G;86,T/C
YITCHB151	15,T/C;19,T/C;58,A/G;90,A/G
YITCHB152	31,A/G

YITCHB157   69,A

YITCHB158   96,T/C

YITCHB159   7,A/G;25,A/G;38,T/C;42,T/C;92,C/G;160,A/G

YITCHB160   59,A;64,T

YITCHB162   33,T;75,T

YITCHB165   1,A

YITCHB168   21,A;62,-

YITCHB169   22,A/T;79,T/C;117,A/G;118,T/G

YITCHB170   23,A/C;56,A/G;60,A/G;65,A/G

YITCHB171   14,A/C;39,T/C;87,T/A;96,T/C;119,A/C

YITCHB175   12,A/G

YITCHB176   13,A/C;25,A/G;26,A/G;82,A/G;105,T/C

YITCHB177   28,T/G;30,A/G;42,C/G;55,T/G;95,T/G;127,A/G;135,T/G

YITCHB178   42,A/C;145,A/G;163,A/G

YITCHB181   56,A

YITCHB182   45,A/G

YITCHB183   12,A/G;53,A/G;59,G;80,A;115,T/C;155,C

YITCHB184   20,T/C;27,A/C;44,T/C;50,A/G;70,C/G;71,T/C;76,C/G;77,A/G;83,T/C;87,A/G;
             88,A/G;102,A/G;107,T/C;116,T/C;122,T/G;132,T/C;134,T/G;139,T/C;148,T/A;
             149,T/C;152,T/G;155,A/T;160,T/C;166,T/C;169,T/A

YITCHB185   20,T/C;49,A/G;71,T/C;86,T/C;104,T/C;114,T/C;133,C/G;154,A/G

YITCHB186   19,A/G;44,C/G;46,A/G;47,A/G;57,T/A;75,T/C;82,T/C;86,A/C

YITCHB187   82,A/G;130,A/G

YITCHB189   61,A;147,A/G

YITCHB190   90,A/T

YITCHB191   44,T/G

YITCHB195   108,A/G

YITCHB196   13,A/G;46,T/A

YITCHB197   72,A/G;121,-/T;122,-/T;123,-/T;167,C/G;174,A/G;189,A/C

YITCHB198   34,A/T;63,A/G;109,T/C

YITCHB199   77,C/G;123,T/C

YITCHB200   70,A/G;73,A/G;92,A/T;104,C/G;106,T/A

YITCHB201   112,G;132,T

YITCHB202   55,T;60,T;88,T/C;102,T;104,A;115,A/T;127,T/C;144,A/G;187,G;197,A

YITCHB203   125,T/C;154,A/G

YITCHB208   41,C;84,A

YITCHB209   32,T/C;34,T/C;94,T/C;149,T/C;166,A/G;175,T/C

YITCHB212   38,C/G;105,C/G

YITCHB214	15,C;155,C
YITCHB215	3,T/A;6,T/G;9,A/G;22,A/G;54,T/C;63,A/T;71,A/T;72,T/C;81,A/G;96,A/G;121, T/C;137,A/G;163,T/G;177,A/G;186,A/G
YITCHB216	43,A
YITCHB217	84,A/C
YITCHB219	24,A/G;60,T/C;112,A/G
YITCHB220	58,C/G
YITCHB224	117,A
YITCHB228	11,A/G;26,A/T;72,A/G
YITCHB229	45,C/G;80,T/G
YITCHB230	55,T/C;128,A/G
YITCHB232	47,A/G;54,A/G;86,C;108,T/C;147,A/C
YITCHB234	53,C
YITCHB237	118,G;120,A;165,T;181,A
YITCHB238	23,T/G
YITCHB242	22,T/C;65,A/G;94,T/C
YITCHB243	86,T;98,A;131,C
YITCHB246	2,A/G;19,A/C;25,C;89,A
YITCHB247	23,G;109,A
YITCHB248	50,A/G
YITCHB250	21,T/C;50,T/C;51,G;54,T/C;55,A/G;56,T/C;78,T/C;81,T/C;83,A/G;90,A/G; 94,T/C;98,T/C;99,A/T;119,A/C;125,T/A
YITCHB251	65,A/G
YITCHB253	21,T/A;26,T/G
YITCHB254	51,A/G
YITCHB255	5,A/G;9,T/C;22,A/G;25,T/C;37,T/G;79,A/G;86,A/G;88,A/G;89,A/G;116,T/C; 135,T/C;187,A/G
YITCHB256	11,A
YITCHB257	68,T/C
YITCHB258	24,A/G;191,T/C
YITCHB259	90,A/G
YITCHB260	84,T/A;161,A/T
YITCHB263	43,A/G
YITCHB264	8,A/T;51,T/C;111,T/C
YITCHB265	64,T/C;73,T/A;97,C/G;116,T/G
YITCHB266	25,A/C;57,A/C;58,A/T;136,T/C;159,T/C
YITCHB268	23,T/C;24,A/C;66,T/C;82,T;126,A/G;127,T/G;148,T/A;167,G
YITCHB270	113,C

YITCHB001   25,C;66,T;67,C;81,T

YITCHB002   109,T/C;145,A/C;146,G

YITCHB004   172,A/G

YITCHB006   35,C

YITCHB007   67,A/G;88,A/T

YITCHB008   15,T/A;65,T/C

YITCHB009   11,T/C;25,T/C;56,T/G;181,T/C;184,C;188,A/G

YITCHB011   156,A

YITCHB015   44,A/G;47,A;69,G;85,A/G;120,C/G

YITCHB017   63,A/C;132,A/G

YITCHB019   55,T/A;106,A/G

YITCHB022   19,T/C;20,A/G;30,A/G;41,A/G;49,A/G;54,T/C;67,A/G;68,A/C

YITCHB023   20,T/C;26,A;28,T/C;38,T;52,A/C;57,A/G;65,A;67,A/G;72,T/G;115,A/T;130,
             A/G

YITCHB024   46,T/C

YITCHB027   6,G;38,T;101,A

YITCHB030   80,C/G;139,T/C;148,A/G

YITCHB031   88,C;125,C

YITCHB034   29,A

YITCHB035   44,C;158,G

YITCHB036   95,T;157,G

YITCHB037   37,A/G;63,A/G

YITCHB039   151,T/G

YITCHB040   1,C;90,A/G

YITCHB042   60,A/G;110,T/C;114,A/G;127,T;146,T/C;167,T

YITCHB044   97,T/C

YITCHB045   48,C

YITCHB046   14,A/T;56,T/C;58,T/C;60,A/G;62,T/C;75,A/G;80,T/C;88,A/G;92,T/C

YITCHB047   10,C/G

YITCHB048   32,A/G;59,T/A;62,A/G;79,T/C;80,T/C;81,A/G

YITCHB049   41,C/G;53,T/C;59,T/C;75,C;99,A/C;138,C/G

YITCHB050   45,T;51,A/C;59,T;91,T;104,A/G

YITCHB053   4,A/G;38,T/C;49,T/A;112,T/C;116,T/C;124,A/G

YITCHB054	116,T/C
YITCHB055	52,A/T
YITCHB056	60,T;124,G;125,G;147,G
YITCHB057	91,G;142,T;146,G
YITCHB058	2,A/G;36,A/G;60,A/G;131,T/C
YITCHB059	4,T/C;22,A/G;76,C/G;114,A/G;196,T/A
YITCHB061	4,C;28,A;67,A
YITCHB062	94,G;96,C
YITCHB064	113,A
YITCHB066	10,A/G;30,T/C
YITCHB067	9,A/G;85,A/G;87,-/G
YITCHB071	5,A/G;10,A/G;18,A/G;54,T/C;80,A/G;90,A/T;100,A/C;103,T/C;111,T/C
YITCHB072	8,T/C;19,T;25,T/G;52,T/G;53,A/T;59,T/C;61,G;67,A/G;68,T/C;71,G;77,T/G;79,C/G;80,T/A;81,G;82,A/G;88,C;89,A;91,G;97,T/A;100,A/G;103,A/C;109,A/G;119,A/G;121,T/C;125,C;128,C/G;130,A/T;132,A/T;137,G;141,A/G;149,A/T;150,T/G;153,T/C;160,T/C;161,A/G;166,T;169,A/G;172,A/G;182,A
YITCHB073	49,G
YITCHB075	22,T/C;35,T/C;98,C/G
YITCHB076	13,T/C;34,C/G;91,T/C
YITCHB077	77,A/G;88,T/C;104,A/G;145,T;146,G
YITCHB079	85,A/G;123,G
YITCHB081	51,G;56,T;57,C;58,T;60,C;67,T;68,T;69,C;110,A;116,C;135,G
YITCHB082	131,T/C
YITCHB083	4,A;28,G;101,T;119,T
YITCHB084	58,T/A;91,A/G;100,C/G;149,A/G
YITCHB085	27,T/G;46,C/G;81,T;82,G
YITCHB086	115,G;155,T;168,A
YITCHB087	111,T
YITCHB089	38,A;52,A;53,C;64,A;89,C;178,T;184,C;196,C;197,A
YITCHB091	133,A/C;151,T/C
YITCHB092	118,A
YITCHB094	16,C;36,C/G;63,A/C;70,T/C;99,A/G;119,T/C
YITCHB095	98,A/G
YITCHB096	24,T/C;41,A/G;49,T/G
YITCHB097	4,T/C;5,A/G;46,C/G;94,A/G
YITCHB098	65,A/G;95,T/C;128,A/G
YITCHB099	74,C;105,A;126,C;179,T;180,C

YITCHB100   12,T/C;15,A/G;80,A/G;126,A/C;153,A/C

YITCHB101   1,T/A

YITCHB103   61,A/G;64,A/C;87,A/C;153,T/C

YITCHB104   13,T/G;31,T/G;146,C/G

YITCHB107   124,A/G;142,T/C

YITCHB108   69,T/G;127,A/C

YITCHB112   36,T/C;57,A/G;80,A/G;96,A/G;103,A/G;120,T/C;162,T/C

YITCHB114   25,G;37,A/T;68,C;70,C/G;104,T/C

YITCHB116   29,-/T;104,T/C;147,T/G

YITCHB117   87,A;104,G;117,A;136,C;152,A;164,G

YITCHB120   93,T/C

YITCHB121   133,T;135,G;136,-;168,T/C;187,G

YITCHB123   27,A/T;39,A/G;75,A/G;133,T/C;138,T/C;168,A/G;175,T/G

YITCHB124   130,A

YITCHB126   19,A/G;43,T/C

YITCHB128   7,C;135,C/G

YITCHB130   7,T/A;11,T/C;20,T/C;36,T/C;54,T/C

YITCHB131   32,C;135,G;184,C

YITCHB132   46,A/C;61,A/C;93,A/C;132,A;161,T/C

YITCHB134   14,T/C

YITCHB136   64,A/C

YITCHB137   110,T/C

YITCHB138   22,C;52,G

YITCHB141   39,C

YITCHB142   30,T/G;121,T/C;131,C/G;153,C/G

YITCHB145   6,A;8,G;20,A;76,A/C;77,C/G;83,A/G;86,T/C

YITCHB146   2,A/G;3,T/G;29,A;40,C/G;44,T/C;103,A/G;134,A/G

YITCHB147   12,A/G;22,T/G;61,T/A;70,A/G;100,A/G

YITCHB150   57,C;58,T

YITCHB151   19,A;33,G

YITCHB152   45,T/A;124,T/G;160,A/T

YITCHB154   75,T/C;200,T/G

YITCHB155   95,T

YITCHB157   31,T/C;58,A/T;69,A/G

YITCHB158   96,C

YITCHB159   7,G;11,T/C;12,A/G;21,T/C;38,T;42,T;160,A/G

YITCHB160   33,C;59,A;66,A/C

YITCHB162	10,T/C;13,A/G;14,T/C;16,A/C;33,T;34,A/G;55,A/G;67,A/G;75,T/C;88,T/C
YITCHB163	41,G;54,T/C;82,T/C;90,C
YITCHB165	1,A;88,A
YITCHB166	40,A/G;63,T/A;100,T/A;142,C/G;150,T/C
YITCHB168	21,A/G;30,T/G;40,T/C;44,T/C;53,A/G;63,T/C;93,T/A;98,A/G;109,A/G;120,T/C
YITCHB169	8,T/C;22,T;38,A/G;43,T/C;68,T/C;91,T/C;102,A/G;107,A/G;117,A/G;118,T/G;121,A/G;127,T/C;142,A/G;171,A/C
YITCHB170	23,A/C;60,A/G;65,A/G
YITCHB171	29,T;39,T;87,A;96,C
YITCHB177	25,T/C;28,T/G;30,A/G;41,T/C;42,C/G;55,A/T/G;65,A/C;78,T/C;95,T/G;100,T/C;125,T/C;126,A/G;127,A/G;135,T/G
YITCHB178	42,C;145,G;163,A
YITCHB180	10,A/G;31,T/C;59,T/C;137,T/C;152,T/C
YITCHB181	31,A
YITCHB182	50,C
YITCHB184	20,T/C;21,A/G;31,A/G;44,T/C;50,G;57,A/G;63,T/C;68,A/G;70,T/C;71,T/C;77,A/G;79,T/C;82,T/C;83,T/C;85,A/C;86,A/G;87,A/G;88,A/G;95,T/C;102,A/G;103,A/G;105,A/C;107,T/C;118,T/A/G;127,T/C;134,T/G;139,C;148,T/A;149,T/C;153,T/C;170,T/C;184,C/G
YITCHB185	20,C;49,A;71,T;86,C;104,C;114,T;133,C;154,G
YITCHB186	3,A/G;5,A/C;9,A/G;10,T/C;19,A/G;22,T/C;25,C/G;46,A/G;48,T/A;57,T/A;74,T/C;75,T/C;82,T/C;85,T/C;86,A/C/G;88,C/G;93,A/G
YITCHB189	61,A;147,G
YITCHB190	90,A/T
YITCHB191	1,T/C;44,G
YITCHB192	46,T/G;73,A/G;138,T/C
YITCHB193	169,T/C
YITCHB195	44,T/C;53,T/C;88,A/G;108,A/G;111,T/C
YITCHB196	44,T/C;45,T/C;101,T/C
YITCHB197	72,A/G;121,–/T;122,–/T;123,–/T;167,G;174,A/G;189,A/C
YITCHB198	34,T/A;63,T/G;109,T/C
YITCHB199	77,C/G;123,C;155,C/G
YITCHB200	80,T/C;96,T/C
YITCHB201	132,T
YITCHB202	197,A
YITCHB203	125,T;154,A

YITCHB208   41,T/C;84,A

YITCHB209   1,T/C;2,A/G;32,T/C;34,C;35,A/G;94,T/C;123,A/G;132,T/C;149,C;151,A/G; 157,T/C;166,G;175,C

YITCHB212   38,G;105,C

YITCHB214   15,C;155,C

YITCHB215   3,A/T;6,T/G;9,A/G;22,A/G;54,T/C;63,T/A;71,A;72,A/C;81,A/G;96,A/G;121, T/C;132,C/G;137,A/G;162,A/G;163,T/G;177,G;186,A/G

YITCHB217   22,T/C;28,T/C;29,T/C;68,T/C;80,A/G;81,T/C;85,C;87,A/C;120,A/C

YITCHB218   98,A;128,G

YITCHB219   24,A/G

YITCHB220   5,T/G;17,A/G;53,A/G;58,G;133,T/C;191,A/G

YITCHB222   53,A/T

YITCHB224   1,A/G;30,A/G;36,A/G;43,A/C;117,−/A;118,T/C

YITCHB226   61,C/G;127,T/C;136,T/C

YITCHB228   11,A/G;26,T/A;72,A/G

YITCHB229   45,G;46,T/C;80,C/G;162,T/G

YITCHB230   128,A

YITCHB231   104,T/C

YITCHB232   47,A/G;54,A/G;86,T/C;108,T/C;147,A/C

YITCHB233   1,T/A;2,T/A;3,T/G;4,T/G;7,T/C;50,A/G;76,A/G;116,A/G;152,−/A

YITCHB235   120,T/C

YITCHB237   118,G;120,A;165,T;181,A

YITCHB238   108,C/G

YITCHB240   122,G

YITCHB241   124,T/C

YITCHB242   22,C

YITCHB243   86,T;98,A;131,C;162,A

YITCHB245   144,A/G;200,A/C

YITCHB246   2,A/G;25,T/C;89,A/G

YITCHB247   23,G;109,A

YITCHB248   50,A/G

YITCHB250   51,G

YITCHB251   65,A/G

YITCHB252   26,C;65,G;137,T;156,A

YITCHB253   21,A;26,T/G

YITCHB254   4,T/C;6,A/G;51,A/G;109,A/C

YITCHB255   5,G;9,C;22,G;25,C;37,G;79,A;86,G;88,G;89,G;116,C;135,T;187,A

YITCHB256   11,A/G;16,T/C

YITCHB257   68,T/C

YITCHB258   24,G;65,G;128,A

YITCHB259   90,A

YITCHB260   40,A/C;72,A/G;84,A/T;135,A/G;151,T/C;161,T/A

YITCHB261   17,T/C;119,T/G

YITCHB262   117,C/G

YITCHB263   22,T/G;36,A/C;93,T/C;144,A/G;181,A/G

YITCHB264   5,T/A;22,T/C;35,A/G;63,A/G;79,T/C;97,C/G;99,A/G;105,A/G;108,T/C;111,C;
113,A/G;114,T/C;132,T/C;137,A/G;144,T/C

YITCHB265   64,T/C;73,A/T;97,C/G;116,T/G

YITCHB266   25,C;57,C;58,T;136,C;159,C

YITCHB267   102,T

YITCHB268   24,C;68,A/G;78,A/G;82,T;86,C;89,A/G;126,A/G;148,T;167,G;168,A/T

YITCHB269   53,A/C;60,A

YITCHB270   12,T/C;113,A/C

YITCHB001   3,A/G;25,T/C;66,T/C;142,T/G

YITCHB002   145,A;146,G

YITCHB003   83,G;96,A

YITCHB004   160,T

YITCHB006   110,T/C

YITCHB007   67,A/G

YITCHB008   15,T/A;65,T/C

YITCHB009   118,T/C;176,A/G;181,T/C;184,T/C;188,A/G

YITCHB011   156,A

YITCHB013   2,T/A;64,T/C;108,T/C

YITCHB016   88,G

YITCHB017   132,A/G

YITCHB018   1,A/C

YITCHB019   55,A

YITCHB020   28,T/C;43,T/A;63,A/G;95,A/G;131,T/G;133,A/C;134,A/T;137,A/C;138,T/C;140,T/C;141,A/G;142,T/C;149,T/C

YITCHB021   54,A;123,A;129,T;130,G

YITCHB022   54,C;67,G;68,C

YITCHB023   26,T/A;28,T/C;38,T/G;52,A/C;57,A/G;65,A/G;67,A/G;72,T/G;115,A/T;130,A/G

YITCHB025   77,T/G

YITCHB026   18,G

YITCHB027   67,A;101,A

YITCHB028   48,C;66,T;166,C

YITCHB030   80,C/G;139,C;148,A

YITCHB031   125,C;161,T/G

YITCHB033   93,A/C

YITCHB035   44,C;158,G

YITCHB036   95,T/C;157,A/G

YITCHB037   37,A/G;63,G;76,A/C;82,A/T;90,–/A;91,–/T;100,T/G

YITCHB039   151,T

YITCHB040   1,C;29,T;31,A;73,C;103,T;108,G;135,T

YITCHB042   127,T/C;167,T

YITCHB047	130,A
YITCHB048	6,A/G;59,T/A;62,A/G;79,T/C
YITCHB050	45,T;59,T;91,T;104,G
YITCHB051	26,A
YITCHB053	38,T/C
YITCHB055	52,A/T
YITCHB056	60,T/A;124,T/G;125,T/G;147,A/G
YITCHB057	91,A/G;142,T/C;146,T/G
YITCHB058	2,G;36,G;60,G;79,−;131,T/C
YITCHB059	4,T/C;22,A/G;76,C/G;114,A/G;196,T/A
YITCHB061	4,C;28,A;67,A
YITCHB062	94,A/G;96,T/C
YITCHB063	85,T/C
YITCHB064	113,A
YITCHB065	97,A
YITCHB067	9,A/G;85,A/G;87,−/G
YITCHB072	2,C/G;19,T/C;28,T/C;34,A/G;35,A/G;41,T/C;59,T/C;61,T/G;64,A/G;65,C/G;67,A/G;71,A/G;79,C/G;80,A/T/C;81,A/G;82,A/G;88,T/C;89,A/G;91,A/G;97,T/A;100,A/G;101,A/T;103,A/C;109,A/G;118,T/C;121,T/C;122,T/C;125,C/T/G;126,T/G;128,C/G;130,T/A/G;137,A/G;139,T/C;141,A/G;150,T/G;160,T/C;165,A/G;166,T/A;168,A/T;169,A/G;172,A/G;175,T/G;182,T/A
YITCHB073	49,G
YITCHB074	98,A/G
YITCHB075	22,T/C;35,T/C;98,C/G
YITCHB077	77,A;88,T;104,A;145,T
YITCHB079	123,A/G
YITCHB080	9,A/G;20,T/C;58,T/C;90,T/C;91,T/C;93,T/C;112,C/G;134,A/C;144,T/G
YITCHB081	51,G;56,T;57,C;58,T;60,C;67,T;68,T;69,C;110,A;116,C;135,G
YITCHB082	52,A
YITCHB084	24,T/C;58,A/T;91,A/G;100,C/G;149,A/G
YITCHB085	27,T/G;46,C;81,T/A;82,G
YITCHB086	115,G;155,T;168,A
YITCHB087	111,T
YITCHB089	14,T/C;38,A/G;52,A/G;53,T/C;64,A/C;89,T/C;178,T/C;184,T/C;196,T/C;197,A/G
YITCHB092	118,A/G
YITCHB094	16,C;26,T/A;36,C/G;63,A/G;70,C;99,A/G

YITCHB096	24,C;87,T
YITCHB099	74,C;105,A;126,C;179,T;180,C
YITCHB100	12,T/C
YITCHB102	52,A;57,C
YITCHB104	13,T/G;31,T/G;146,C/G
YITCHB106	19,C;94,C
YITCHB107	18,T;48,G;142,T
YITCHB108	127,A/C
YITCHB109	1,T;6,G;26,T/C;50,A/G;83,A/T;92,A/G;93,T/C
YITCHB112	10,T/C;35,A/C;36,T/C;56,T/G;60,A/G;103,A/G;122,T/G;123,T/C;129,A/G;
	137,A/C;142,T/C;154,A/T;162,T/C
YITCHB114	18,T;38,C;68,C;70,G;104,C
YITCHB115	112,A/G;128,T/C
YITCHB116	29,T
YITCHB117	152,A/G
YITCHB118	22,T/C;78,T/C;102,T/C
YITCHB119	98,T/A;119,A/G
YITCHB121	133,T;135,G;136,–;187,G
YITCHB124	130,A/G
YITCHB126	19,A/G;43,T;145,T/A
YITCHB128	7,C;11,T/G;126,A/C;128,T/G;135,C/G
YITCHB130	13,A/G;20,T/C;54,T/C;82,T/C
YITCHB132	27,–;46,A;61,A;93,C;132,A;161,T
YITCHB133	1,A/G
YITCHB134	72,C
YITCHB135	128,T/C;187,T/C;188,C/G
YITCHB136	4,A/C;64,A/C
YITCHB137	110,C
YITCHB141	39,T/C
YITCHB143	4,A/T;22,G
YITCHB145	6,A;8,G;20,A;76,A;77,G;83,G;86,T
YITCHB148	27,T/C;91,T/C
YITCHB150	57,C;58,T
YITCHB151	15,T;19,C;58,A;90,A
YITCHB152	31,A
YITCHB154	1,A/T;200,T/G
YITCHB158	96,C

YITCHB159	7,G;11,T/C;25,A/G;38,T;42,T;92,C/G;160,A/G
YITCHB162	33,T;75,T/C
YITCHB163	26,T/C;41,A/G;46,T/C;61,A/G;63,A/G;75,C/G;90,T/C;91,A/G;92,A/G;112,T/G
YITCHB165	1,A;49,A/T
YITCHB166	62,A/G
YITCHB167	12,A/G;33,C/G;36,A/G;64,C;130,A/G;146,A/G
YITCHB168	21,A/G
YITCHB169	22,T
YITCHB170	23,A/C;56,A/G;60,A/G;65,A/G
YITCHB171	39,T/C;87,A/T;96,T/C;119,A/C
YITCHB175	12,A/G
YITCHB176	13,A;25,A;26,A;82,A;105,C
YITCHB177	55,A/G;107,A/G;125,T/C;127,A/G
YITCHB179	2,C/G
YITCHB181	56,A/G
YITCHB185	74,T/C;104,T/C;122,T/C;133,C/G
YITCHB186	19,A/G;44,C/G;46,A/G;57,A/T;75,T/C;82,T/C;86,A/C
YITCHB187	130,G
YITCHB189	49,A/G;61,A;88,A/C;147,G
YITCHB190	90,T/A
YITCHB191	1,T/C;44,G
YITCHB192	45,T/A;46,T/G;73,A/G
YITCHB195	53,C;111,T
YITCHB197	72,G;121,T;122,T;123,T;167,G;174,G;189,C
YITCHB198	34,T;59,−;60,−;63,G;109,C
YITCHB199	5,A/G;50,A/C;123,T/C
YITCHB200	19,T/C
YITCHB201	103,A;132,T
YITCHB202	55,T;60,T;88,T;102,T;104,A;115,T;144,A;187,G;197,A
YITCHB208	41,C;84,A
YITCHB209	1,T/C;11,A/G;32,T/C;34,T/C;94,T/C;149,T/C;166,A/G;175,T/C
YITCHB214	15,C;155,C
YITCHB215	3,T/A;6,T/G;9,A/G;22,A/G;54,T/C;63,A/T;71,A/T;72,T/C;81,A/G;96,A/G;121,T/C;137,A/G;163,T/G;177,A/G;186,A/G
YITCHB216	43,A
YITCHB217	73,T/C;84,A/C;85,C/G;87,A/C
YITCHB219	52,T

YITCHB220   17,G;58,G
YITCHB224   1,A/G;24,T/C;36,A/G;96,T/C;117,–/A;118,T/C
YITCHB225   24,G
YITCHB228   11,A/G;26,T/A;72,A/G
YITCHB229   45,G;80,T
YITCHB230   55,C;79,A/C;110,T/C
YITCHB231   104,T;113,T
YITCHB232   47,A/G;54,A/G;86,C;108,T/C;147,A/C
YITCHB233   152,A
YITCHB234   53,C
YITCHB237   118,G;120,A;165,T;181,A
YITCHB238   75,A;76,A;108,G
YITCHB241   124,T
YITCHB242   22,T/C
YITCHB243   131,C
YITCHB245   142,T/C;144,A/G;200,A/C
YITCHB246   2,A/G;25,C;89,A
YITCHB247   23,G;33,C/G;109,A
YITCHB249   43,T/C
YITCHB250   21,T/C;51,G;54,T/C;55,A/G;56,T/C;78,T/C;98,T/C;99,T/A;125,A/T
YITCHB251   65,A/G
YITCHB252   26,C;65,G;126,T/G;137,T/C;156,A/G
YITCHB253   21,A
YITCHB254   51,A/G
YITCHB255   5,G;9,C;22,G;25,C;37,G;79,A;86,G;88,G;89,G;116,C;135,T;187,A
YITCHB256   16,C
YITCHB257   68,T
YITCHB260   84,A/T;161,T/A
YITCHB261   17,T/C;74,A/G;119,T/G
YITCHB263   22,T;93,C;144,G;181,G
YITCHB264   15,A/G;49,T/A;110,A;111,T/C
YITCHB265   64,T/C;73,T/A;97,C;116,T/G
YITCHB266   25,C;57,C;58,T;136,C;159,C
YITCHB267   102,T/G
YITCHB268   82,T;167,G
YITCHB269   60,A
YITCHB270   12,T

YITCHB001	25,T/C;66,T/C;67,T/C;81,T/C
YITCHB002	109,T/C;145,A/C;146,G
YITCHB003	83,A/G;96,T/A
YITCHB004	160,T
YITCHB006	110,T/C
YITCHB007	67,A/G;88,T/A
YITCHB008	65,T/C
YITCHB011	156,A
YITCHB014	9,T/C
YITCHB016	88,G
YITCHB017	63,A/C;132,A/G
YITCHB019	55,A/T
YITCHB021	54,A/C;123,A/G;129,T/C;130,A/G
YITCHB022	54,C;67,G;68,C
YITCHB023	26,T/A;38,T/G;64,A/C;65,A/G;121,A/C
YITCHB025	30,A/G;77,G
YITCHB026	18,G
YITCHB027	6,G;38,T;101,A
YITCHB028	48,T/C;166,C/G
YITCHB030	80,C/G;139,T/C;148,A/G
YITCHB031	88,C;125,C
YITCHB035	7,A;33,G;44,C;124,T;137,C;158,G
YITCHB036	95,T;157,G
YITCHB039	28,T/C;29,A/T;53,T/C;74,A/G;76,T/C;89,T/G;93,A/G;130,T/C;151,T;156,T/G
YITCHB040	1,C;90,A
YITCHB042	60,A/G;110,T/C;114,A/G;127,T;146,T/C;167,T
YITCHB045	48,C
YITCHB047	10,C/G
YITCHB048	6,A/G;32,A/G;59,A/T;62,A/G;79,T/C;80,T/C;81,A/G
YITCHB049	59,T/C;75,T/C;138,C/G
YITCHB050	45,T;59,T;91,T;121,A/G
YITCHB053	4,A/G;19,T/C;21,C/G;81,T/C;103,A/G;111,T/C;112,T/C;124,A/G
YITCHB055	52,T/A

YITCHB056	60,T/A;124,T/G;125,T/G;147,A/G
YITCHB057	91,G;142,T;146,G
YITCHB058	2,A/G;36,A/G;60,A/G;131,T/C
YITCHB059	4,T/C;22,A/G;76,C/G;114,A/G;196,T/A
YITCHB061	4,C;28,A;67,A
YITCHB062	94,A/G;96,T/C
YITCHB063	85,T/C
YITCHB064	113,A
YITCHB065	67,C;79,A;80,T;97,A;178,A
YITCHB067	87,G
YITCHB071	5,A/G;10,A/G;18,A/G;54,T/C;80,A/G;90,T/A;100,A/C;103,T/C;111,T/C
YITCHB072	8,T/C;19,T/C;35,A/G;53,A/T;59,T/C;61,T/G;67,A/G;68,T/C;71,A/G;79,C/G;80,T/A/C;81,A/G;82,A/G;88,T/C;89,A/G;91,A/G;97,T/A;100,A/G;103,A/C;109,A/G;119,A/G;121,T/C;125,T/C;128,C/G;130,A/T/G;132,A/T;137,A/G;141,A/G;149,A/T;150,T/G;153,T/C;160,T/C;161,A/G;166,T/A;169,A/G;172,A/G;175,T/G;182,A/T
YITCHB073	49,G
YITCHB075	22,T/C;35,T/C;98,C/G
YITCHB076	13,T/C;91,T/C
YITCHB077	77,A/G;88,T/C;104,A/G;145,T/C;146,A/G
YITCHB079	123,G
YITCHB080	112,G
YITCHB081	51,G;52,T/C;56,T;57,C;58,T;60,C;67,T;68,T;69,C;95,A/G;109,A/G;110,A;114,A/C;116,C;135,G
YITCHB082	52,A/G
YITCHB083	4,A/T;28,T/G;101,T/G;119,T/C
YITCHB085	46,C/G;81,T;82,G
YITCHB086	115,G;155,T;168,A
YITCHB087	111,T
YITCHB089	53,C;88,G;89,C;184,C
YITCHB092	118,A
YITCHB094	16,C;26,T/A;63,C/G;70,T/C;119,T/C
YITCHB096	24,C;41,A/G;49,T/G
YITCHB098	65,A/G;95,T/C;128,A/G
YITCHB099	74,C;105,A;126,C;179,T;180,C
YITCHB102	52,A/G;57,C
YITCHB103	108,A/G

YITCHB104	146,G
YITCHB106	19,C;94,C
YITCHB108	69,T/G;127,A
YITCHB112	28,T/C;80,A/G;123,T/C;154,T/A
YITCHB114	18,T;38,C;68,C;70,G;104,C
YITCHB116	29,–/T;104,T/C;147,T/G
YITCHB117	87,A/G;104,A/G;117,A/G;136,A/C;152,A/G;164,A/G
YITCHB118	22,T;78,C;102,T
YITCHB120	93,T/C
YITCHB121	133,T;135,G;136,–;168,T/C;187,G
YITCHB123	27,T;39,A;49,A/G;59,T/C;75,G;89,T/C;103,A/G;133,T/C;138,T;150,T/G;163,T/A;168,A/G;171,A/G;175,T;197,T/C
YITCHB124	130,A/G
YITCHB127	64,A/C;65,A;82,C;132,A/C;136,T/C;157,A/T
YITCHB128	7,C;127,A
YITCHB130	7,A/T;11,T/C;20,T/C;36,T/C;54,T/C
YITCHB131	32,C;135,G;184,C
YITCHB132	132,A/G
YITCHB133	1,A/G
YITCHB134	14,T/C;72,T/C
YITCHB136	64,A/C
YITCHB137	110,T/C
YITCHB141	39,C
YITCHB143	4,A/T;22,G;112,C/G
YITCHB145	6,A;8,G;20,A;76,A/C;77,C/G;83,A/G;86,T/C
YITCHB146	2,A/G;29,A/G
YITCHB148	27,T/C;91,T/C
YITCHB150	57,C;58,T
YITCHB151	15,T;19,C;58,A;90,A
YITCHB152	31,A/G;45,T/A;124,T/G;160,A/T
YITCHB154	4,T/C;87,T/C;200,T/G
YITCHB159	7,A/G;12,A/G;21,T/C;38,T/C;42,T/C;160,A/G
YITCHB160	33,C;59,A;66,A
YITCHB162	10,T/C;13,A/G;16,A/C;33,T;34,A/G;55,A/G;67,A/G;75,T/C;88,T/C
YITCHB163	41,A/G;82,T/C;90,T/C
YITCHB165	1,A;88,A/G
YITCHB166	40,A/G;62,A/G;63,A/T;100,A/T;142,C/G;150,T/C

YITCHB167   64,C;130,G

YITCHB168   21,A/G;63,T/C;109,A/G

YITCHB169   22,T

YITCHB170   56,A

YITCHB171   39,T;87,A;96,C

YITCHB173   5,A/T;19,A/C;23,T/G;28,T/C;40,T/G;48,T/C

YITCHB179   2,C/G

YITCHB181   56,A/G

YITCHB185   74,T/C;104,T/C;122,T/C;133,C/G

YITCHB186   19,A/G;44,C/G;46,A/G;57,T/A;75,T/C;82,T/C;86,A/C

YITCHB189   49,A/G;61,A/C;147,G

YITCHB190   90,T/A

YITCHB191   44,G

YITCHB192   45,A/T;46,T/G;73,A/G

YITCHB193   169,T/C

YITCHB195   53,T/C;108,A/G;111,T/C

YITCHB196   45,T/C

YITCHB197   72,A/G;121,-/T;122,-/T;123,-/T;167,G;174,A/G;189,A/C

YITCHB198   63,A/T

YITCHB199   123,T/C;155,C/G

YITCHB200   80,T/C;96,T/C

YITCHB202   55,T;60,T;88,T;102,T;104,A;115,T;144,A;187,G;197,A

YITCHB204   75,A/C

YITCHB205   31,A;36,G;46,A;74,G

YITCHB208   41,C;84,A

YITCHB209   1,T/C;11,A/G;32,T/C;34,T/C;94,T/C;149,T/C;166,A/G;175,T/C

YITCHB210   130,A/C;154,A/G

YITCHB211   113,T/C;115,A/G

YITCHB214   15,C;155,C

YITCHB215   71,A;72,A

YITCHB216   43,A

YITCHB217   73,T;85,C;87,C

YITCHB219   24,A/G;52,T/C;112,A/G

YITCHB222   53,A/T

YITCHB225   24,A/G

YITCHB226   61,C;127,T;136,T/C

YITCHB228   11,A/G;26,T/A;72,A/G

YITCHB229	45,G;80,T;96,C/G
YITCHB230	55,C;79,A/C
YITCHB232	86,C
YITCHB233	50,A/G;152,-/A
YITCHB234	53,C
YITCHB235	120,C
YITCHB237	118,A/G;120,A/C;165,A/T;181,A/C
YITCHB238	89,T/G;108,G;166,A/G
YITCHB240	53,A;93,T;148,A
YITCHB241	124,T/C
YITCHB242	22,C
YITCHB243	86,T;98,A;131,C;162,A
YITCHB245	142,T/C;144,A;200,C
YITCHB246	2,A/G;25,T/C;89,A/G
YITCHB247	23,G;109,A
YITCHB250	21,T/C;51,G;54,T/C;55,A/G;56,T/C;78,T/C;98,T/C;99,T/A;125,A/T
YITCHB251	65,A/G
YITCHB252	26,C;65,G;137,T;156,A
YITCHB253	21,A;26,T/G
YITCHB255	5,G;9,C;22,G;25,C;37,G;79,A;86,G;88,G;89,G;116,C;135,T;187,A
YITCHB256	11,A/G;16,T/C
YITCHB257	68,T
YITCHB258	24,A/G;65,A/G;128,A/T
YITCHB259	90,A/G;118,A/G;149,T/C
YITCHB264	5,A/T;22,T/C;35,A/G;63,A/G;79,T/C;97,C/G;99,A/G;105,A/G;108,T/C;110,A/G;111,C;113,A/G;114,T/C;132,T/C;137,A/G;144,T/C
YITCHB265	97,C
YITCHB266	25,C;29,G
YITCHB267	102,T
YITCHB268	24,A/C;68,A/G;82,T;86,T/C;89,A/G;148,T/A;167,G;168,T/A
YITCHB269	53,A/C;60,A
YITCHB270	12,T/C;113,A/C

YITCHB001   3,A/G;25,T/C;66,T/C;142,T/G
YITCHB002   109,T
YITCHB003   83,G;96,A
YITCHB004   195,A
YITCHB006   110,T/C
YITCHB008   65,T/C
YITCHB009   25,T/C;56,T/G;118,T/C;176,A/G;181,T;184,C;188,G
YITCHB010   47,A;84,C;86,C;132,G
YITCHB011   156,A
YITCHB016   67,A;80,T;88,G;91,T
YITCHB019   55,T/A
YITCHB021   54,A/C;123,A/G;129,T/C;130,A/G
YITCHB024   142,C/G
YITCHB026   18,G
YITCHB027   22,T/C;101,A;121,A/C;122,T/G;123,T/G;124,A/C
YITCHB031   125,C;161,T
YITCHB034   29,A
YITCHB035   7,A;33,G;44,C;124,T;137,C;158,G
YITCHB036   47,A/G;95,T/C;157,A/G
YITCHB039   28,T/C;29,A/T;53,T/C;74,A/G;76,T;89,T/G;93,G;130,T/C;151,T;156,G
YITCHB042   127,T/C;167,T
YITCHB044   97,T/C
YITCHB045   48,C
YITCHB047   130,A/G
YITCHB048   6,A/G;59,T/A;62,A/G;79,T/C
YITCHB049   27,A/G;41,C/G;75,T/C;92,T/G;96,T/C;99,A/C;131,T/G
YITCHB050   45,T;51,A/C;59,T;91,T;104,G
YITCHB051   7,G
YITCHB052   13,T/C;49,T/C;50,T/C;113,T/A;151,C/G;171,C/G
YITCHB053   38,T
YITCHB054   116,C
YITCHB057   91,G;142,T;146,G
YITCHB058   2,G;36,G;60,G;79,–;131,T

YITCHB061   4,C;28,A;67,A
YITCHB062   94,A/G;96,T/C
YITCHB064   113,A
YITCHB065   97,A
YITCHB066   10,A/G;30,T/C
YITCHB067   9,A;85,A;87,G
YITCHB071   92,T/G
YITCHB072   2,C/G;19,T/C;59,T/C;61,T/G;64,A/G;65,C/G;67,A/G;71,A/G;79,C/G;80,A/T/
             C;81,A/G;82,A/G;88,T/C;89,A/G;91,A/G;97,A/T;100,A/G;103,A/C;109,A/G;
             118,T/C;121,T/C;122,T/C;125,T/C/G;126,T/G;128,C/G;130,T/A;137,A/G;141,
             A/G;150,T/G;160,T/C;166,T/A;169,A/G;172,A/G;182,A/T
YITCHB073   49,G
YITCHB074   98,A/G
YITCHB075   22,T/C;35,T/C;98,C/G
YITCHB076   13,T/C;82,A/T;91,T/C;109,A/C
YITCHB077   77,A;88,T;104,A;145,T
YITCHB079   123,A/G
YITCHB081   51,G;56,T;57,C;58,T;60,C;67,T;68,T;69,C;110,A;116,C;135,G
YITCHB082   52,A;93,T/C
YITCHB083   4,A/T;28,T/G;101,T/G;119,T/C
YITCHB084   58,A/T;91,A;100,C;119,A/C;149,A/G
YITCHB085   46,C/G;81,A/T;82,G
YITCHB086   15,T/C;50,T/C;52,A/G;67,C/G;74,A/G;76,A/C;77,C/G;85,A/G;90,T/G;92,T/C;
             94,C/G;100,A/G;102,T/G;104,A/C;107,T/G;109,A/G;110,T/A;114,A/G;115,A/
             G;116,T/C;127,T/C;135,A/G;151,A/C;155,T;156,A/T;165,T/C;168,G/A/C
YITCHB089   14,T
YITCHB091   107,T/G;120,A/G
YITCHB092   118,A/G
YITCHB093   95,G;107,G;132,G;166,G
YITCHB094   16,A/C;36,C/G;63,A/G;70,T/C;99,A/G
YITCHB096   24,C
YITCHB099   74,C;105,A;126,C;179,T;180,C
YITCHB102   16,T/C;21,T/G;24,T/G;27,T/A;32,T/G;33,T/G;52,A/G;56,T/C;57,A/C;59,A/T;
             65,T/C;83,A/G;107,A/G
YITCHB104   146,G
YITCHB105   36,A/C
YITCHB107   18,T;48,G;142,T

YITCHB108	73,A/C;127,A/C
YITCHB109	1,T;6,G;26,T/C;50,A/G;83,T/A;92,A/G;93,T/C
YITCHB112	28,T/C;35,A/C;36,T/C;103,A/G;122,T/G;123,T/C;129,A/G;142,T/C;154,A/T; 162,T/C
YITCHB113	182,T/A;192,A/G
YITCHB114	18,T;38,C;68,C;70,G;104,C
YITCHB115	112,A/G;128,T/C
YITCHB116	29,T
YITCHB123	27,T/A;39,A/G;49,A/G;59,T/C;75,A/G;87,T/G;89,T/C;103,A/G;138,T;150,T/G; 163,A/T;171,A/G;175,T/G;197,T/C
YITCHB124	130,A;186,C/G
YITCHB127	65,A;82,C;132,A
YITCHB128	7,C;127,A/G
YITCHB131	32,T/C;126,A/G;135,T/G;184,T/C
YITCHB132	27,−;46,A;61,A;93,C;132,A;161,T
YITCHB134	72,C
YITCHB136	64,A/C
YITCHB137	110,T/C
YITCHB138	22,A/C;46,A/G;52,G
YITCHB141	39,C
YITCHB142	2,T/C;28,T/C;30,T;46,A/G;102,T/C;121,T/C;131,C/G;150,C/G;152,A/G;153, G
YITCHB143	22,G
YITCHB145	6,A/G;8,A/G;20,A/C;76,A/C;77,C/G;83,A/G;86,T/C
YITCHB147	12,A/G;22,T/G;61,T/A;70,A/G;100,A
YITCHB148	27,T/C;91,T/C
YITCHB150	57,C;58,T
YITCHB151	8,T/C;19,T/A;43,T/G
YITCHB152	31,A
YITCHB154	1,T
YITCHB156	82,T
YITCHB157	32,T/C;69,A
YITCHB159	7,A/G;11,T/C;38,T/C;42,T/C
YITCHB160	15,T/C;48,T/A;59,A/G
YITCHB162	7,T/G;14,T/C;16,A/G;32,T/C;33,T;75,T/C;133,T/G;136,A/C
YITCHB165	1,A;10,T
YITCHB166	30,T/C

YITCHB167 12,A/G;33,C/G;36,A/G;64,A/C;146,A/G

YITCHB168 21,A/G;73,A/G

YITCHB169 22,T;107,A

YITCHB171 39,T/C;87,T/A;96,T/C;119,A/C

YITCHB175 12,A/G

YITCHB176 13,A/C;25,A/G;26,A/G;82,A/G;105,T/C

YITCHB177 28,T/G;30,A/G;42,C/G;55,T/G;95,T/G;127,A/G;135,T/G

YITCHB182 50,T/C

YITCHB183 53,A/G;59,T/G;79,A/G;80,A/G;85,T/C;97,T/C;99,A/G;115,T/C;116,A/C;117,
A/G;122,A/G;138,T/C;143,T/C;155,T/C

YITCHB185 20,T/C;49,A/G;71,T/C;74,T/C;86,T/C;104,C;114,T/C;122,T/C;133,C;154,A/G

YITCHB186 5,A/C;9,A/G;19,A/G;25,C/G;46,A/G;47,A/G;48,T/A;57,A/T;74,T/C;75,T/C;
82,T/C;85,T/C;86,A/C/G;88,C/G

YITCHB187 130,A/G

YITCHB189 49,A/G;61,A;88,A/C;147,A/G

YITCHB190 90,T/A

YITCHB191 1,T/C;44,G

YITCHB192 46,T;73,G

YITCHB193 169,T/C

YITCHB195 53,C;111,T

YITCHB197 72,A/G;121,-/T;122,-/T;123,-/T;167,G;174,A/G;189,A/C

YITCHB198 34,T;59,-;60,-;63,G;109,C

YITCHB199 2,T/C;12,T/G;77,C/G;123,C;177,T/C

YITCHB200 19,C

YITCHB201 103,A;132,T

YITCHB202 55,T;60,T;88,T/C;102,T;104,A;115,A/T;144,A/G;159,T/C;187,G;197,A

YITCHB205 31,A/C;36,A/G;46,T/A;74,A/G

YITCHB208 18,T/A;41,C;84,A

YITCHB209 32,T/C;34,T/C;35,A/G;71,T/C;94,T/C;166,A/G;173,A/G;175,T/C

YITCHB210 130,C

YITCHB214 15,C;155,C

YITCHB215 3,A/T;6,T/G;9,A/G;22,A/G;54,T/C;63,T/A;71,T/A;72,T/A/C;81,A/G;96,A/G;
121,T/C;132,C/G;137,A/G;162,A/G;163,T/G;177,A/G;186,A/G

YITCHB216 43,A

YITCHB217 29,T/C;84,A/C;85,C/G

YITCHB219 24,A/G;60,T/C;112,A/G

YITCHB220 58,C/G

YITCHB223   11,T/C;54,A/G;189,T/C

YITCHB224   1,A;36,A;79,T;117,A;118,C

YITCHB225   24,G

YITCHB226   61,C/G;127,T/C

YITCHB227   120,T/C

YITCHB228   11,A/G;26,A/T;72,A/G

YITCHB229   45,C/G;80,T/G

YITCHB230   55,C;110,T/C

YITCHB232   86,T/C

YITCHB233   152,A

YITCHB234   53,C

YITCHB237   118,A/G;120,A/C;165,A/T;181,A/C

YITCHB238   75,T/A;76,A/G;108,C/G

YITCHB242   65,A/G;94,T/C

YITCHB246   2,A/G;25,C;89,A

YITCHB247   23,G;33,C/G;109,A

YITCHB248   50,A/G

YITCHB249   43,T

YITCHB250   21,T/C;51,G;54,T/C;55,A/G;56,T/C;78,T/C;98,T/C;99,T/A;125,A/T

YITCHB251   65,A/G

YITCHB252   26,C;65,G;126,T

YITCHB253   21,A;26,T/G

YITCHB254   4,T/C;6,A/G;51,G;109,A/C

YITCHB255   5,G;9,C;22,G;25,C;37,G;79,A;86,G;88,G;89,G;116,C;135,T;187,A

YITCHB256   16,C

YITCHB258   24,G;191,T

YITCHB259   90,A

YITCHB260   84,T/A;161,A/T

YITCHB263   84,A/G;93,T/C;144,A/G;181,A/G

YITCHB264   5,T/A;22,T/C;35,A/G;79,T/C;97,C/G;99,A/G;105,A/G;108,T/C;111,C;113,A/G;
             114,T/C;132,T/C;137,A/G;144,T/C

YITCHB265   17,T/A;64,T/C;73,A/T;97,C/G;116,T/G

YITCHB266   25,C;37,T/C;57,C;58,A/T

YITCHB267   42,A;102,T

YITCHB270   113,C

YITCHB001   25,T/C;66,T/C;67,T/C;81,T/C

YITCHB002   109,T/C;145,A/C;146,C/G

YITCHB003   83,A/G;96,A/T

YITCHB004   160,T

YITCHB006   110,T/C

YITCHB007   67,A/G

YITCHB011   156,A

YITCHB014   9,T/C

YITCHB016   18,A/T;88,G

YITCHB017   63,A;132,G

YITCHB019   55,A

YITCHB020   43,A/T

YITCHB021   54,A;123,A;129,T;130,G

YITCHB022   19,T/C;41,A/G;54,C;67,G;68,C;88,T/C

YITCHB023   26,A/T;38,T/G;64,A/C;65,A/G;121,A/C

YITCHB026   18,G

YITCHB027   67,A;101,A

YITCHB030   139,T/C;148,A/G

YITCHB031   88,C;125,C

YITCHB033   93,A/C

YITCHB035   7,A/G;33,A/G;44,T/C;124,A/T;137,A/C;158,C/G

YITCHB036   95,T/C;157,A/G

YITCHB037   37,A/G;63,G;76,A/C;82,T/A;90,−/T;91,−/T;100,T/G

YITCHB039   130,T/C;151,T

YITCHB040   1,C

YITCHB042   17,A/G;60,A/G;99,T/C;110,T/C;114,A/G;127,T;137,T/C;146,T/C;154,T/C;
167,T

YITCHB045   48,C

YITCHB047   130,A/G

YITCHB048   6,A/G;59,A/T;62,A/G;79,T/C;80,T/C;81,A/G

YITCHB049   41,C/G;53,T/C;59,T/C;75,C;99,A/C

YITCHB050   45,T;59,T;91,T;121,A/G;156,A/G

YITCHB051   7,G;54,T/C;144,A/C

YITCHB053   38,T/C;49,T/A;112,T/C;116,T/C;124,A/G

YITCHB055   52,A/T

YITCHB056   60,A/T;124,T/G;125,T/G;147,A/G

YITCHB057   91,G;142,T;146,G

YITCHB059   4,T/C;22,A/G;76,C/G;114,A/G;196,T/A

YITCHB061   4,C;28,A;67,A

YITCHB062   94,A/G;96,T/C

YITCHB064   113,A

YITCHB067   9,A/G;85,A/G;87,–/G

YITCHB072   19,T/C;35,A/G;59,T/C;61,T/G;71,A/G;79,C/G;80,T/C;81,A/G;82,A/G;88,T/C;89,A/G;91,A/G;97,T/A;100,A/G;103,A/C;109,A/G;121,T/C;125,T/C;128,C/G;130,A/G;137,A/G;141,A/G;150,T/G;166,T/A;169,A/G;172,A/G;175,T/G;182,A/T

YITCHB073   49,G

YITCHB074   98,A/G

YITCHB075   22,C;35,T;98,C/G

YITCHB076   13,T/C;91,T/C

YITCHB077   77,A/G;88,T/C;104,A/G;145,T/C

YITCHB079   85,A/G;123,G

YITCHB080   9,A/G;20,T/C;58,T/C;90,T/C;91,T/C;93,T/C;112,C/G;134,A/C;144,T/G

YITCHB081   51,G;56,T;57,C;58,T;60,C;67,T;68,T;69,C;110,A;116,C;135,G

YITCHB082   52,A/G;131,T/C

YITCHB083   4,A;28,G;101,T;119,T

YITCHB084   58,T/A;91,A/G;100,C/G;149,A/G

YITCHB085   27,T/G;46,C;81,A/T;82,G

YITCHB086   115,G;155,T;168,A

YITCHB087   111,T

YITCHB089   38,A;52,A;53,C;64,A;89,C;178,T;184,C;196,C;197,A

YITCHB092   118,A/G

YITCHB094   16,A/C;53,A/T;70,T/C

YITCHB096   24,T/C;87,T/C

YITCHB099   74,C;105,A;126,C;179,T;180,C

YITCHB100   47,T/C

YITCHB102   16,T/C;21,T/G;24,T/G;27,T/A;32,T/G;33,T/G;52,A/G;56,T/C;57,C;59,A/T;65,T/C;83,A/G;107,A/G

YITCHB104   13,T/G;31,T/G;146,C/G

YITCHB105   36,A

YITCHB107	18,A/T;48,A/G;142,T/C
YITCHB108	127,A/C
YITCHB112	28,T/C;123,T/C;138,C/G;154,T/A
YITCHB114	18,T;38,C;68,C;70,G;104,C
YITCHB116	29,T
YITCHB117	152,A/G
YITCHB121	133,T;135,G;136,−;187,G
YITCHB123	27,T;39,A;49,A;56,A;66,A;69,T;75,G;104,A;125,T;135,G;138,T;175,T
YITCHB124	130,A
YITCHB126	19,G;43,T
YITCHB128	7,C
YITCHB130	13,A/G;20,T/C;54,T/C;82,T/C
YITCHB132	27,−;46,A;61,A;93,C;132,A;161,T
YITCHB133	1,A/G
YITCHB135	128,T/C;187,T/C;188,C/G
YITCHB136	4,A/C;64,A/C
YITCHB137	110,T/C
YITCHB138	22,C;52,G
YITCHB141	39,C
YITCHB142	2,T/C;28,T/C;30,T/G;46,A/G;102,T/C;150,C/G;152,A/G;153,C/G
YITCHB143	4,T;22,G;82,−
YITCHB145	6,A/G;8,A/G;20,A/C;76,A/C;77,C/G;83,A/G;86,T/C
YITCHB148	17,A/C;27,T/C;91,T/C
YITCHB149	87,T/C;112,A/T;135,A/G
YITCHB150	57,C;58,T
YITCHB151	15,T/C;19,T/C;58,A/G;90,A/G
YITCHB152	31,A/G
YITCHB154	4,T/C;62,T/C;87,T/C
YITCHB158	96,C
YITCHB159	7,G;11,T/C;25,A/G;38,T;42,T;92,C/G;160,A/G
YITCHB160	33,C;59,A;66,A
YITCHB162	14,T/C;33,T;75,T/C
YITCHB163	41,G;54,T;90,C
YITCHB165	1,A;49,T
YITCHB167	12,G;33,C;36,G;64,C;146,G
YITCHB169	22,T;107,A/G
YITCHB170	56,A/G

YITCHB171	39,T/C;87,A/T;96,T/C;119,A/C
YITCHB176	13,A;25,A;26,A;82,A;105,C
YITCHB177	28,T/G;30,A/G;42,C/G;55,A/T/G;95,T/G;107,A/G;125,T/C;127,A/G;135,T/G
YITCHB178	42,A/C;145,A/G;163,A/G
YITCHB179	2,C/G
YITCHB181	56,A/G
YITCHB184	10,A/T;20,T/C;21,A/G;30,A/T;47,A/G;50,A/G;53,A/G;68,A/G;70,C/G;84,T/C; 85,T/C;94,A/C;102,A/G;125,A/G;126,A/G;139,T/C;176,A/C;178,A/C
YITCHB185	20,T/C;49,A/G;71,T/C;86,T/C;104,T/C;114,T/C;133,C/G;154,A/G
YITCHB186	19,A/G;44,C/G;46,A/G;57,A/T;75,T/C;82,T/C;86,A/C
YITCHB187	82,A/G;130,G
YITCHB189	61,A;147,G
YITCHB190	90,T/A
YITCHB191	44,G
YITCHB192	45,A
YITCHB193	169,T/C
YITCHB195	53,T/C;108,A/G;111,T/C
YITCHB197	72,G;121,T;122,T;123,T;167,G;174,G;189,C
YITCHB198	34,T/A;63,A/G;109,T/C
YITCHB200	19,T/C;70,A/G;73,A/G;92,A/T;104,C/G;106,T/A
YITCHB201	103,T/A;112,A/G;132,–/T
YITCHB202	55,T;60,T;88,T/C;102,T;104,A;115,T/A;127,T/C;144,A/G;187,G;197,A
YITCHB203	125,T/C;154,A/G
YITCHB205	31,A/C;36,A/G;46,T/A;74,A/G
YITCHB207	81,A/G
YITCHB208	41,C;84,A
YITCHB210	130,C;154,G
YITCHB211	113,T/C;115,A/G
YITCHB214	15,T/C;155,A/C
YITCHB215	3,T/A;6,T/G;9,A/G;22,A/G;54,T/C;63,A/T;71,A/T;72,T/C;81,A/G;96,A/G;121, T/C;137,A/G;163,T/G;177,A/G;186,A/G
YITCHB216	43,A
YITCHB217	84,C
YITCHB219	24,A/G;60,T/C;112,A/G
YITCHB220	58,C/G
YITCHB224	117,A
YITCHB225	24,A/G
YITCHB226	127,T/C

YITCHB228	11,A/G;26,T/A;72,A/G
YITCHB229	45,C/G;46,T/C;80,C/G;162,T/G
YITCHB230	55,T/C;110,T/C;128,A/G
YITCHB231	104,T/C;113,T/C
YITCHB232	47,A;54,G;86,C;108,T;147,C
YITCHB233	1,A;2,A;3,G;4,T;7,C;50,A;152,A
YITCHB234	53,C
YITCHB235	120,T/C
YITCHB237	118,G;120,A;165,T;181,A
YITCHB238	23,T/G;108,C/G
YITCHB240	53,A;93,T;148,A
YITCHB242	22,C
YITCHB243	86,T/C;98,A/G;131,C;162,A/G
YITCHB245	144,A/G;200,A/C
YITCHB246	25,T/C;89,A/G
YITCHB247	23,G;33,C/G;109,A
YITCHB249	43,T/C
YITCHB250	21,T/C;51,G;54,T/C;55,A/G;56,T/C;78,T/C;98,T/C;99,T/A;125,A/T
YITCHB251	65,A/G
YITCHB252	26,C;65,G;126,T/G;137,T/C;156,A/G
YITCHB253	21,A;26,T/G
YITCHB254	51,A/G
YITCHB255	5,A/G;9,T/C;22,A/G;25,T/C;37,T/G;79,A/G;86,A/G;88,A/G;89,A/G;116,T/C;135,T/C;187,A/G
YITCHB256	11,A/G;16,T/C
YITCHB257	10,T/G;47,T/A;68,T/C;72,A/G;87,A/G
YITCHB258	24,G;65,A/G;128,T/A;191,T/C
YITCHB259	90,A
YITCHB260	84,T;161,A
YITCHB261	17,T/C;74,A/G;119,T/G
YITCHB263	22,T/G;93,T/C;144,A/G;181,A/G
YITCHB264	15,A/G;110,A/G;111,C
YITCHB265	97,C/G
YITCHB266	25,C;57,C;58,T;136,C;159,C
YITCHB267	102,T/G
YITCHB268	23,T/C;24,A/C;66,T/C;82,T/G;126,A/G;127,T/G;148,T/A;167,A/G
YITCHB269	53,A/C;60,A
YITCHB270	12,T/C;113,A/C

YITCHB001	3,A/G;25,C;66,T;67,T/C;81,T/C;142,T/G
YITCHB002	145,A;146,G
YITCHB004	160,T
YITCHB006	110,T
YITCHB008	15,T;65,C
YITCHB011	156,A
YITCHB012	94,A
YITCHB014	9,C
YITCHB015	47,A;69,G;85,G
YITCHB016	18,A/T;67,A/G;80,T/G;88,G;91,T/C
YITCHB017	63,A;132,G
YITCHB019	55,T/A
YITCHB021	54,A;123,A;129,T;130,G
YITCHB022	19,T/C;41,A/G;54,T/C;67,A/G;68,A/C;88,T/C
YITCHB023	26,A/T;38,T/G;64,A/C;65,A/G;121,A/C
YITCHB026	18,G
YITCHB027	6,G;38,T;101,A
YITCHB028	48,T/C;66,T/G;166,C/G
YITCHB030	80,C/G;139,T/C;148,A/G
YITCHB031	88,C;125,C
YITCHB033	93,A
YITCHB035	7,A/G;33,A/G;44,T/C;124,T/A;137,A/C;158,C/G
YITCHB038	202,T;203,A;204,G
YITCHB039	76,T/C;93,A/G;130,T/C;151,T;156,T/G
YITCHB040	1,C
YITCHB042	60,G;110,C;114,A;127,T;146,T;167,T
YITCHB044	97,T/C
YITCHB045	48,C
YITCHB047	130,A/G
YITCHB048	6,A/G;59,A/T;62,A/G;79,T/C
YITCHB049	59,T/C;75,T/C
YITCHB050	45,T;59,T;91,T;121,A/G;156,A/G
YITCHB051	7,T/G

YITCHB053	38,T/C;49,T/A;112,T/C;116,T/C;124,A/G
YITCHB054	116,T/C
YITCHB056	60,T;124,G;125,G;147,G
YITCHB057	91,A/G;142,T/C;146,T/G
YITCHB058	2,A/G;36,A/G;60,A/G
YITCHB059	4,T;22,A;76,C;114,A;196,A
YITCHB061	4,C;28,A;67,A
YITCHB062	94,G;96,C
YITCHB064	113,A
YITCHB065	97,A
YITCHB067	9,A;85,A;87,G
YITCHB068	144,T;165,A
YITCHB071	92,T/G
YITCHB072	2,C/G;6,T/A;7,A/G;8,T/C;19,T;25,T/G;35,A/G;59,T/C;61,G;64,A/G;65,C/G; 67,A/G;71,G;79,T/C/G;80,A/T;81,A/G;82,A/G;88,C;89,A;91,G;93,A/G;97,A/ T;100,A/G;103,A/C;107,A/G;109,G;113,T/G;118,T/C;119,T/G;121,T;122,T/C; 125,C/G;126,T/G;128,C/G;130,T/G;137,G;141,A/G;149,A/G;150,T/G;160,T/C; 166,T/C;169,A/G;172,A/G;175,T/G;182,T/A
YITCHB073	49,G
YITCHB075	22,C;35,T
YITCHB076	13,T/C;91,T/C
YITCHB077	77,A/G;88,T/C;104,A/G;145,T/C
YITCHB079	85,A/G;123,A/G
YITCHB081	51,G;56,T;57,C;58,T;60,C;67,T;68,T;69,C;110,A;116,C;135,G
YITCHB082	131,T
YITCHB083	4,A;28,G;101,T;119,T
YITCHB084	91,A/G;100,C/G;119,A/C
YITCHB085	46,C/G;81,T/A;82,G
YITCHB087	111,T
YITCHB089	38,A;52,A;53,C;64,A;89,C;178,T;184,C;196,C;197,A
YITCHB092	118,A
YITCHB094	16,C;36,C/G;53,T/A;63,A/G;70,C;99,A/G
YITCHB096	24,C;87,T/C
YITCHB099	74,C;105,A;126,C;179,T;180,C
YITCHB100	12,T/C
YITCHB102	16,T/C;21,T/G;24,T/G;27,A/T;32,T/G;33,T/G;52,A/G;56,T/C;57,A/C;59,T/A; 65,T/C;83,A/G;107,A/G

YITCHB103	61,A/G;64,A/C;87,A/C;153,T/C
YITCHB104	146,C/G
YITCHB105	36,A
YITCHB107	18,T;48,G;142,T
YITCHB108	127,A/C
YITCHB109	1,T;6,G;50,A/G;92,A/G
YITCHB110	66,A/G;144,A/G
YITCHB112	28,T/C;123,C;154,A/T
YITCHB113	188,T/C
YITCHB114	18,T;38,C;68,C;70,G;104,C
YITCHB115	112,A/G;128,T/C
YITCHB116	29,-/T;147,T/G
YITCHB117	152,A/G
YITCHB121	133,T;135,G;136,-;187,G
YITCHB123	27,T;39,A;49,A;59,T;75,G;89,T;103,A;138,T;150,T;163,A;171,A;175,T;197,T
YITCHB124	130,A/G
YITCHB126	19,G;43,T
YITCHB128	7,C;11,T/G;126,A/C;128,T/G;135,C/G
YITCHB130	13,A/G;20,T/C;54,T/C;82,T/C
YITCHB132	27,-;46,A;61,A;93,C;132,A;161,T
YITCHB134	72,T/C
YITCHB135	128,T/C
YITCHB136	4,A/C;64,A/C
YITCHB137	110,C
YITCHB138	22,G;42,A;52,G
YITCHB141	39,T/C
YITCHB142	2,T;28,T;30,T;46,A;102,C;150,G;152,A;153,G
YITCHB145	6,A/G;8,A/G;20,A/C;76,A/C;77,C/G;83,A/G;86,T/C
YITCHB147	100,A
YITCHB148	17,A/C;27,T/C;91,T/C
YITCHB149	87,T/C;112,A/T;135,A/G
YITCHB150	57,C;58,T
YITCHB151	8,T/C;15,T/C;19,A/C;43,T/G;58,A/G;90,A/G
YITCHB152	31,A
YITCHB154	1,T/A;4,T/C;87,T/C
YITCHB157	69,A
YITCHB158	96,T/C

YITCHB159   7,A/G;11,T/C;38,T/C;42,T/C

YITCHB160   33,C/G;59,A/G;66,A/C

YITCHB162   32,T;33,T;127,A/G;133,T/G

YITCHB165   1,A;49,T

YITCHB167   12,G;33,C;36,G;64,C;146,G

YITCHB169   22,T;107,A/G

YITCHB170   56,A/G

YITCHB171   39,T/C;87,A/T;96,T/C;119,A/C

YITCHB176   13,A/C;25,A/G;26,A/G;82,A/G;105,T/C

YITCHB177   28,T/G;30,A/G;42,C/G;55,T/G;95,T/G;127,A/G;135,T/G

YITCHB178   42,A/C;145,A/G;163,A/G

YITCHB181   56,A

YITCHB185   20,C;49,A;71,T;86,C;104,C;114,T;133,C;154,G

YITCHB186   19,A/G;46,A/G;57,A/T;75,T/C;82,T/C;86,A/C

YITCHB187   82,A/G;130,G

YITCHB188   94,T/C

YITCHB189   49,A/G;61,A;88,A/C;147,G

YITCHB191   44,G

YITCHB192   45,T/A;46,T/G;73,A/G

YITCHB193   169,T/C

YITCHB195   53,T/C;108,A/G;111,T/C

YITCHB197   72,G;121,T;122,T;123,T;167,G;174,G;189,C

YITCHB199   5,A/G;50,A/C;123,T/C

YITCHB200   70,A/G;73,A/G;92,A/T;104,C/G;106,T/A

YITCHB201   112,G;132,T

YITCHB202   55,T;60,T;88,T/C;102,T;104,A;115,A/T;127,T/C;144,A/G;187,G;197,A

YITCHB203   125,T;154,A

YITCHB205   31,A;36,G;46,A;74,G

YITCHB207   81,A/G

YITCHB208   41,C;84,A

YITCHB209   32,T/C;34,T/C;94,T/C;149,T/C;166,A/G;175,T/C

YITCHB210   130,C;154,G

YITCHB211   113,T;115,G

YITCHB212   38,C/G;105,C/G

YITCHB214   15,T/C;155,A/C

YITCHB215   3,A/T;6,T/G;9,A/G;22,A/G;54,T/C;63,T/A;71,A;72,A/C;81,A/G;96,A/G;121,
T/C;137,A/G;163,T/G;177,A/G;186,A/G

YITCHB216	43,A
YITCHB217	73,T;85,C;87,C
YITCHB218	5,T/C;98,A/G;99,A/G;128,A/G
YITCHB219	52,T
YITCHB220	17,A/G;58,G
YITCHB223	11,T/C;17,T/C;54,A/G;189,C
YITCHB224	117,A
YITCHB225	24,G
YITCHB226	127,T
YITCHB227	120,T/C
YITCHB228	11,A/G;26,T/A;72,A/G
YITCHB230	55,T/C;79,A/C;128,A/G
YITCHB232	47,A/G;54,A/G;86,C;108,T/C;147,A/C
YITCHB233	1,T/A;2,T/A;3,T/G;4,T/G;7,T/C;50,A/G;152,−/A
YITCHB234	53,C
YITCHB237	118,A/G;120,A/C;165,A/T;181,A/C
YITCHB238	23,T/G
YITCHB240	53,A;93,T;148,A
YITCHB241	124,T/C
YITCHB242	22,C
YITCHB243	131,C
YITCHB246	2,A/G;25,C;89,A
YITCHB247	23,G;33,C/G;109,A
YITCHB248	50,A/G
YITCHB249	43,T
YITCHB250	21,T/C;51,G;54,T/C;55,A/G;56,T/C;78,T/C;98,T/C;99,A/T;125,T/A
YITCHB251	65,A/G
YITCHB252	26,C;65,G;126,T
YITCHB253	21,A
YITCHB254	51,A/G
YITCHB255	5,A/G;9,T/C;22,A/G;25,T/C;37,T/G;79,A/G;86,A/G;88,A/G;89,A/G;116,T/C; 135,T/C;187,A/G
YITCHB256	16,T/C
YITCHB257	10,T/G;47,A/T;72,A/G;87,A/G
YITCHB258	24,A/G;191,T/C
YITCHB259	90,A
YITCHB260	84,T;161,A

YITCHB263   22,T/G;93,T/C;144,A/G;181,A/G

YITCHB264   49,A/T;110,A/G;111,T/C

YITCHB265   64,T/C;73,A/T;97,C/G;116,T/G

YITCHB266   25,C;37,T/C;57,C;58,T;136,T/C;159,T/C

YITCHB267   102,T

YITCHB268   23,T/C;24,C;44,A/G;66,T/C;82,T;86,T/C;123,A/G;126,A;127,T/G;137,T/C;
148,T;166,A/C;167,G

YITCHB269   60,A

YITCHB270   12,T

YITCHB001	25,T/C;66,T/C
YITCHB002	109,T
YITCHB006	110,T;135,A/G
YITCHB008	15,T/A;65,C
YITCHB009	25,T/C;56,T/G;181,T/C;184,T/C;188,A/G
YITCHB011	156,A
YITCHB016	67,A/G;80,T/G;88,G;91,T/C
YITCHB019	55,A/T
YITCHB021	54,A;123,A;129,T;130,G
YITCHB022	19,T/C;41,A/G;54,T/C;67,A/G;68,A/C;88,T/C
YITCHB023	26,A;38,T;64,C;65,A;121,A
YITCHB025	10,T/C
YITCHB026	18,G
YITCHB027	101,A/G
YITCHB028	48,T/C;66,T/G;166,C/G
YITCHB030	80,C;139,C;148,A
YITCHB031	88,T/C;125,C;161,T/G
YITCHB033	93,A
YITCHB034	29,A
YITCHB035	44,T/C;158,C/G
YITCHB036	95,T/C;157,A/G
YITCHB039	28,T/C;29,A/T;53,T/C;74,A/G;76,T/C;89,T/G;93,A/G;130,T;151,T;156,T/G
YITCHB040	1,C
YITCHB042	167,A/T
YITCHB044	97,T/C
YITCHB045	48,C
YITCHB047	130,A
YITCHB048	59,A/T;62,A/G;79,T/C
YITCHB049	27,A;41,C;75,C;92,T;96,T;99,C;131,T
YITCHB050	45,T;51,C;59,T;91,T;104,G
YITCHB051	7,G
YITCHB053	38,T/C
YITCHB056	60,T/A;124,T/G;125,T/G;147,A/G

YITCHB057	25,A/G;91,G;136,T/C;142,T/C;146,T/G
YITCHB061	4,C;28,A;67,A
YITCHB064	113,A
YITCHB066	30,T/C
YITCHB067	9,A;85,A;87,G
YITCHB071	92,T/G;98,T/C
YITCHB072	2,C/G;19,T;35,A/G;59,T/C;61,G;64,A/G;65,C/G;67,A/G;71,G;79,C/G;80,A/T;81,G;82,A/G;88,C;89,A;91,G;97,A/T;100,A/G;103,A/C;109,G;118,T/C;121,T;122,T/C;125,C/G;126,T/G;128,C/G;130,T/G;137,G;141,A/G;150,T/G;160,T/C;166,T;169,A/G;172,A/G;175,T/G;182,A
YITCHB073	49,G
YITCHB075	22,C;35,T;98,C
YITCHB076	13,T/C;91,T/C
YITCHB077	77,A;88,T;104,A;145,T
YITCHB079	85,A/G;123,A/G
YITCHB081	51,G;56,T;57,C;58,T;60,C;67,T;68,T;69,C;110,A;116,C;135,G
YITCHB082	52,A
YITCHB083	4,T/A;28,T/G;101,T/G;119,T/C
YITCHB085	46,C;82,G
YITCHB086	15,T/C;50,T/C;52,A/G;67,C/G;74,A/G;76,A/C;77,C/G;85,A/G;90,T/G;92,T/C;94,C/G;100,A/G;102,T/G;104,A/C;107,T/G;109,A/G;110,A/T;114,A/G;115,G;116,T/C;127,T/C;135,A/G;151,A/C;155,T;156,T/A;165,T/C;168,A/C
YITCHB087	111,T
YITCHB089	14,T/C;38,A/G;52,A/G;53,T/C;64,A/C;89,T/C;178,T/C;184,T/C;196,T/C;197,A/G
YITCHB094	16,C;36,G;63,A;70,C;99,G
YITCHB096	24,C;87,T/C
YITCHB097	31,T/C;46,C/G
YITCHB099	74,C;105,A;126,C;179,T;180,C
YITCHB100	12,T/C
YITCHB102	16,T/C;21,T/G;24,T/G;27,A/T;32,T/G;33,T/G;52,A/G;56,T/C;57,A/C;59,T/A;65,T/C;83,A/G;107,A/G
YITCHB104	146,G
YITCHB107	18,T;48,G;142,T
YITCHB108	73,A/C;127,A/C
YITCHB112	10,T/C;28,T/C;56,T/G;60,A/G;123,T/C;137,A/C;154,A/T
YITCHB113	188,T/C

YITCHB114   18,T;38,C;68,C;70,G;104,C

YITCHB116   29,T

YITCHB117   152,A

YITCHB123   27,T/A;39,A/G;49,A/G;59,T/C;75,A/G;87,T/G;89,T/C;103,A/G;138,T;150,T/G;
163,A/T;171,A/G;175,T/G;197,T/C

YITCHB124   130,A

YITCHB126   43,T

YITCHB128   7,C;127,A

YITCHB130   13,A/G;20,T/C;54,T/C;82,T/C

YITCHB131   32,C;126,A;135,G;184,C

YITCHB132   27,–;46,A;61,A;93,C;132,A;161,T

YITCHB134   72,C

YITCHB135   128,T/C

YITCHB136   4,A/C;64,A/C

YITCHB137   110,C

YITCHB141   39,C

YITCHB142   2,T;28,T;30,T;46,A;102,C;150,G;152,A;153,G

YITCHB143   4,A/T;22,G

YITCHB145   6,A/G;8,A/G;20,A/C;76,A/C;77,C/G;83,A/G;86,T/C

YITCHB147   12,A/G;22,T/G;61,T/A;70,A/G;100,A/G

YITCHB150   57,C;58,T

YITCHB151   8,T/C;19,A;33,A/G;43,T/G

YITCHB152   31,A/G

YITCHB154   4,T/C;87,T/C

YITCHB158   96,T/C

YITCHB159   7,A/G;11,T/C;38,T/C;42,T/C

YITCHB162   7,T/G;16,A/G;32,T/C;33,T;133,T/G;136,A/C

YITCHB165   1,A;49,T

YITCHB167   12,G;33,C;36,G;64,C;146,G

YITCHB169   22,T;107,A/G

YITCHB170   56,A/G

YITCHB171   39,T/C;87,T/A;96,T/C;119,A/C

YITCHB175   12,G

YITCHB177   28,T/G;30,A/G;42,C/G;55,T/G;95,T/G;127,A/G;135,T/G

YITCHB178   42,A/C;145,A/G;163,A/G

YITCHB182   50,T/C

YITCHB183   59,T/G;79,A/G;80,A/G;85,T/C;97,T/C;99,A/G;115,T/C;116,A/C;117,A/G;122,

A/G;138,T/C;143,T/C;155,T/C

YITCHB185	20,T/C;49,A/G;71,T/C;74,T/C;86,T/C;104,C;114,T/C;133,C;154,A/G
YITCHB186	19,A/G;44,C/G;46,A/G;57,A/T;75,T/C;82,T/C;86,A/C
YITCHB189	49,A/G;61,A;88,A/C;147,G
YITCHB190	90,A/T
YITCHB191	44,G
YITCHB192	45,A
YITCHB195	53,C;111,T
YITCHB197	72,A/G;121,-/T;122,-/T;123,-/T;167,G;174,A/G;189,A/C
YITCHB198	34,A/T;63,A/G;109,T/C
YITCHB199	2,T/C;12,T/G;30,A/C;38,T/C;46,T/G;123,C;177,T/C
YITCHB200	19,C
YITCHB201	103,T/A;132,-/T
YITCHB202	55,T;60,T;88,T/C;102,T;104,A;115,A/T;144,A/G;187,G;196,T/C;197,A
YITCHB208	41,C;84,A
YITCHB209	1,T/C;32,T/C;34,T/C;94,T/C;149,T/C;166,A/G;175,T/C
YITCHB212	38,C/G;105,C/G
YITCHB214	15,T/C;155,A/C
YITCHB215	3,A/T;6,T/G;9,A/G;22,A/G;54,T/C;63,T/A;71,A;72,A/C;81,A/G;96,A/G;121, T/C;132,C/G;137,A/G;162,A/G;163,T/G;177,G;186,A/G
YITCHB216	43,A
YITCHB217	84,C
YITCHB219	24,A/G;112,A/G
YITCHB220	17,A/G;58,G
YITCHB224	1,A/G;36,A/G;79,T/C;117,-/A;118,T/C
YITCHB225	24,A/G
YITCHB226	127,T/C
YITCHB228	11,A/G;26,T/A;72,A/G
YITCHB229	45,C/G;80,T/G
YITCHB230	55,T/C;110,T/C;128,A/G
YITCHB232	86,C
YITCHB235	120,C
YITCHB237	118,A/G;120,A/C;165,A/T;181,A/C
YITCHB238	75,A/T;76,A/G;108,C/G
YITCHB242	65,A/G;94,T/C
YITCHB246	2,A/G;25,C;89,A
YITCHB247	23,G;33,C/G;109,A

YITCHB248	50,A/G
YITCHB249	43,T
YITCHB250	21,T/C;51,G;54,T/C;55,A/G;56,T/C;78,T/C;98,T/C;99,T/A;125,A/T
YITCHB251	65,A/G
YITCHB252	26,C;65,G;137,T;156,A
YITCHB253	21,A;26,T/G
YITCHB254	51,A/G
YITCHB255	5,A/G;9,T/C;22,A/G;25,T/C;37,T/G;79,A/G;86,A/G;88,A/G;89,A/G;116,T/C; 135,T/C;187,A/G
YITCHB256	16,C
YITCHB257	68,T/C
YITCHB258	24,A/G;191,T/C
YITCHB259	90,A/G
YITCHB260	84,T/A;161,A/T
YITCHB264	5,T;22,T;35,A;63,A/G;79,T;97,G;99,G;105,A;108,T;111,C;113,A;114,C;132,T; 137,G;144,C
YITCHB265	64,T;73,T;97,C;116,G
YITCHB266	25,C;29,A/G;37,T/C;57,A/C;58,A/T
YITCHB267	102,T
YITCHB268	23,T/C;24,C;44,A/G;66,T/C;82,T;86,T/C;123,A/G;126,A;127,T/G;137,T/C; 148,T;166,A/C;167,G
YITCHB269	60,A
YITCHB270	12,T

YITCHB001   25,T/C;43,T/C;66,T/C;67,T/C

YITCHB002   109,T/C;145,A/C;146,C/G

YITCHB003   83,A/G;96,T/A

YITCHB004   160,T

YITCHB006   110,T

YITCHB007   67,A/G

YITCHB008   65,C

YITCHB009   11,A

YITCHB011   156,A

YITCHB016   67,A;80,T;88,G;91,T

YITCHB019   55,A/T

YITCHB021   54,A/C;123,A/G;129,T/C;130,A/G

YITCHB022   54,T/C;67,A/G;68,A/C

YITCHB023   26,A;28,T/C;38,T;52,A/C;57,A/G;64,A/C;65,A;67,A/G;72,T/G;115,A/T;121, A/C;130,A/G

YITCHB026   18,A/G

YITCHB027   101,A/G

YITCHB028   48,T/C;66,T/G;166,C/G

YITCHB030   80,C/G;139,T/C;148,A/G

YITCHB031   125,C

YITCHB033   93,A/C

YITCHB034   29,A/C

YITCHB035   158,T/C

YITCHB036   95,T/C;157,A/G

YITCHB038   202,T;203,A;204,G

YITCHB039   28,C;29,T;53,T;74,A;76,T;89,T;93,G;130,T;151,T;156,G

YITCHB040   1,C

YITCHB042   60,G;110,C;114,A;127,T;146,T;167,T

YITCHB044   97,T/C

YITCHB045   48,T/C

YITCHB047   130,A

YITCHB048   6,A/G;59,A/T;62,A/G;79,T/C;80,T/C;81,A/G

YITCHB049   59,T;75,C

YITCHB050   45,T;51,C;59,T;91,T;104,G

YITCHB051   7,T/G

YITCHB052   13,T/C;49,T/C;50,T/C;113,T/A;151,C/G;171,C/G

YITCHB053   38,T/C;49,A/T;112,T/C;116,T/C;124,A/G

YITCHB054   116,T/C

YITCHB057   91,A/G;142,T/C;146,T/G

YITCHB058   2,G;36,G;60,G;79,–

YITCHB059   4,T/C;22,A/G;76,C/G;114,A/G;196,T/A

YITCHB061   4,C/G;28,A/G;67,T/A;70,T/C;75,A/G;78,T/C;102,A/G;112,T/C;114,A/G;118,
             A/G

YITCHB062   94,G;96,C

YITCHB064   113,A

YITCHB065   97,A/G

YITCHB066   10,A/G;30,T/C

YITCHB067   9,A;85,A;87,G

YITCHB068   144,T/C;165,A/G

YITCHB071   98,T/C

YITCHB072   6,A/T;7,A/G;8,T/C;19,T/C;25,T/G;35,A/G;59,T/C;61,T/G;67,A/G;71,A/G;79,
             T/C/G;80,T/A/C;81,A/G;82,A/G;88,T/C;89,A/G;91,A/G;93,A/G;97,T/A;100,
             A/G;103,A/C;107,A/G;109,A/G;113,T/G;118,T/C;119,T/G;121,T/C;125,T/C;
             128,C/G;130,A/T/G;137,A/G;141,A/G;149,A/G;150,T/G;160,T/C;166,T/A/C;
             169,A/G;172,A/G;175,T/G;182,A/T

YITCHB073   23,T/C;49,T/G;82,A/G

YITCHB074   98,A/G

YITCHB075   22,T/C;35,T/C;98,C/G

YITCHB077   77,A;88,T;104,A;145,T

YITCHB081   51,G;56,T;57,C;58,T;60,C;67,T;68,T;69,C;110,A;116,C;135,G

YITCHB082   52,A

YITCHB084   24,T

YITCHB085   27,G;46,C;81,T;82,G

YITCHB086   115,G;155,T;168,A

YITCHB087   111,T

YITCHB089   38,A;52,A;53,C;64,A;89,C;178,T;184,C;196,C;197,A

YITCHB091   107,T/G;120,A/G

YITCHB092   118,A

YITCHB093   95,G;107,G;132,G;166,G

YITCHB094   16,C;36,G;63,A;70,C;99,G

YITCHB096	24,T/C
YITCHB099	74,T/C;105,A/G;126,T/C;179,A/T;180,T/C
YITCHB102	57,A/C
YITCHB103	61,A/G;64,A/C;87,A/C;153,T/C
YITCHB104	13,T/G;31,T/G;34,C/G
YITCHB105	36,A
YITCHB107	18,T;48,G;142,T
YITCHB108	127,A
YITCHB109	1,T;6,G
YITCHB111	23,A
YITCHB112	36,T;57,A;96,G;103,A;120,T;162,T
YITCHB113	182,T/A;188,T/C;192,A/G
YITCHB114	18,T;38,C;68,C;70,G;104,C
YITCHB115	112,A/G;128,T/C
YITCHB116	29,T
YITCHB118	22,T;78,C;102,T
YITCHB119	98,T/A;119,A/G
YITCHB121	133,T;135,G;136,–;187,G
YITCHB123	27,A/T;39,A/G;49,A/G;56,A/G;66,A/G;69,T/C;75,A/G;87,T/G;104,A/G;125,T/C;135,A/G;138,T;175,T/G
YITCHB126	19,A/G;43,T/C
YITCHB127	65,A;82,C;132,A
YITCHB128	7,C;127,A/G
YITCHB132	34,C;132,A
YITCHB133	1,A/G
YITCHB134	72,T/C
YITCHB136	4,A/C;64,A/C
YITCHB137	110,C
YITCHB138	46,A;52,G
YITCHB139	8,G;10,C;30,G;36,T;37,T;47,C;120,T
YITCHB142	2,T/C;28,T/C;30,T/G;46,A/G;102,T/C;150,C/G;152,A/G;153,C/G
YITCHB143	4,T/A;22,T/G
YITCHB145	6,A;8,G;20,A;76,A/C;77,C/G;83,A/G;86,T/C
YITCHB148	17,A;27,C;91,C
YITCHB150	57,C;58,T
YITCHB151	19,A;43,G
YITCHB152	31,A

YITCHB154　1,T/A
YITCHB155　65,A/T;95,T/C;138,A/C;141,A/G
YITCHB156　82,T
YITCHB158　96,T/C
YITCHB160　59,A;64,T
YITCHB161　24,A;31,A;38,T;149,A;175,G;176,A;178,–;188,T
YITCHB162　10,T/C;13,A/G;14,T/C;16,A/C;32,T/C;33,T;34,A/G;55,A/G;75,T/C;133,T/G
YITCHB163　26,T/C;41,G;46,T/C;54,T/C;61,A/G;63,A/G;75,C/G;90,C;91,A/G;92,A/G;112, T/G
YITCHB165　1,A;49,T
YITCHB167　12,G;33,C;36,G;64,C;146,G
YITCHB169　22,T;107,A
YITCHB171　39,T/C;87,T/A;96,T/C;119,A/C
YITCHB177　28,T/G;30,A/G;42,C/G;55,T/G;95,T/G;127,A/G;135,T/G
YITCHB178　42,A/C;145,A/G;163,A/G
YITCHB181　56,A/G
YITCHB185　74,T/C;104,T/C;133,C/G
YITCHB186　19,A/G;46,A/G;47,A/G;57,A/T;75,T/C;82,T/C;86,A/C
YITCHB188　156,T/C
YITCHB189　49,A;61,A/C;88,A/C;147,G
YITCHB190　90,A/T
YITCHB191　1,T/C;44,G
YITCHB192　46,T;73,G
YITCHB193　169,T/C
YITCHB195　53,C;111,T
YITCHB197　72,G;121,T;122,T;123,T;167,G;174,G;189,C
YITCHB198　34,A/T;63,A/G;109,T/C
YITCHB199　77,C;123,C
YITCHB200　19,T/C;74,A/G
YITCHB201　103,A;132,T;194,T;195,G
YITCHB202　51,A/G;55,T;60,T;102,T;104,A;144,A/G;159,T/C;187,G;197,A
YITCHB205　57,T
YITCHB208　41,C;84,A
YITCHB209　2,A/G;32,T/C;34,C;35,A;71,T/C;94,T/C;123,A/G;132,T/C;149,T/C;151,A/G; 157,T/C;166,G;173,A/G;175,C
YITCHB210　130,A/C
YITCHB212　38,C/G;105,C/G

YITCHB214	15,T/C;155,A/C
YITCHB215	3,A/T;6,T/G;9,A/G;22,A/G;54,T/C;63,T/A;71,T/A;72,T/C;81,A/G;96,A/G; 121,T/C;137,A/G;163,T/G;177,A/G;186,A/G
YITCHB217	84,A/C
YITCHB219	24,A/G;60,T/C;112,A/G
YITCHB220	3,T/G;17,A/G;58,C/G
YITCHB222	74,T/G;145,A/G
YITCHB223	17,T;189,C
YITCHB224	1,A;36,A;79,T;117,A;118,C
YITCHB225	24,A/G
YITCHB226	61,C/G;127,T
YITCHB228	11,A/G;26,T/A;72,A/G
YITCHB229	45,G;80,T
YITCHB230	55,T/C;128,A/G
YITCHB231	104,T;113,T
YITCHB232	47,A/G;54,A/G;86,T/C;108,T/C;147,A/C
YITCHB233	152,A
YITCHB234	53,C
YITCHB235	120,C
YITCHB237	118,A/G;120,A/C;165,A/T;181,A/C
YITCHB238	23,T/G;108,C/G
YITCHB241	124,T
YITCHB242	65,A/G;67,T/C;94,T/C
YITCHB243	86,T;98,A;131,C;162,A
YITCHB244	32,T/G;161,T/G
YITCHB245	200,A/C
YITCHB246	2,A/G;25,C;89,A
YITCHB247	23,G;109,A
YITCHB248	50,A/G
YITCHB250	21,T/C;24,T/C;47,T/C;50,T/C;51,T/G;54,T/C/A;55,A/G;56,T/C;78,T/C;81,T/C; 83,A/G;88,T/C;90,A/G;94,T/C;98,T/C;99,A/T;119,A/C;125,T/A;126,C/G;131, T/C
YITCHB251	65,A/G
YITCHB253	21,A/T
YITCHB254	4,T/C;6,A/G;51,G;109,A/C
YITCHB255	5,A/G;9,T/C;22,A/G;25,T/C;37,T/G;79,A/G;86,A/G;88,A/G;89,A/G;116,T/C; 135,T/C;187,A/G

YITCHB256 16,T/C

YITCHB258 24,A/G;65,A/G;128,A/T

YITCHB261 17,T/C;74,A/G;119,T/G

YITCHB263 22,T;93,C;144,G;181,G

YITCHB264 15,A;110,A;111,C

YITCHB265 97,C

YITCHB266 25,C;29,A/G;57,A/C;58,T/A;136,T/C;159,T/C

YITCHB267 102,T/G;142,A/G

YITCHB268 82,T;167,G

YITCHB269 53,A/C;60,A

YITCHB270 12,T/C;113,A/C

YITCHB001	25,T/C;43,T/C;66,T/C;67,T/C
YITCHB002	109,T/C;145,A/C;146,C/G
YITCHB003	83,A/G;96,A/T
YITCHB004	160,T
YITCHB006	110,T
YITCHB007	27,C/G;42,T/C;44,A/G;67,A/G;83,A/G
YITCHB009	11,A
YITCHB011	156,A
YITCHB012	94,A/G
YITCHB016	88,G
YITCHB019	55,A
YITCHB022	19,T/C;30,A/G;41,A/G;49,A/G;54,T/C;67,A/G;68,A/C;98,A/G
YITCHB023	26,A;28,T/C;38,T;52,A/C;57,A/G;64,A/C;65,A;67,A/G;72,T/G;115,A/T;121, A/C;130,A/G
YITCHB025	77,G
YITCHB026	18,G
YITCHB027	67,A/G;101,A
YITCHB028	48,T/C;166,C/G
YITCHB030	139,T/C;148,A/G
YITCHB031	88,T/C;125,C
YITCHB033	93,A
YITCHB034	29,A/C
YITCHB035	7,A/G;33,A/G;44,C;124,T/A;137,A/C;158,G
YITCHB036	95,T/C;157,A/G
YITCHB037	63,G;82,T;90,T;91,T;100,G;123,–;124,–
YITCHB038	18,A/T;40,T/G;94,A/T;113,C/G;202,T;203,A;204,G
YITCHB039	130,T/C;151,T
YITCHB040	1,C
YITCHB042	60,A/G;110,T/C;114,A/G;127,T/C;146,T/C;167,T
YITCHB045	48,C
YITCHB047	130,A
YITCHB048	6,A/G;59,A/T;62,A/G;79,T/C;80,T/C;81,A/G
YITCHB049	41,C/G;53,T/C;59,T/C;75,C;99,A/C

YITCHB050	45,T;59,T;91,T;121,A/G;156,A/G
YITCHB051	7,T/G;54,T/C;105,T/C;136,A/G
YITCHB052	13,C;49,T;50,C;113,T;151,C;171,C
YITCHB053	38,T/C;49,A/T;112,T/C;116,T/C;124,A/G
YITCHB054	116,C
YITCHB057	91,A/G;172,C/G
YITCHB058	2,A/G;36,A/G;60,A/G
YITCHB059	4,T;22,A;76,C;114,A;196,A
YITCHB060	58,A/C
YITCHB061	4,C;28,A;67,A
YITCHB062	94,G;96,C
YITCHB064	113,A
YITCHB065	97,A/G
YITCHB067	9,A;85,A;87,G
YITCHB072	19,T/C;35,A/G;59,T/C;61,T/G;71,A/G;79,C/G;80,T/C;81,A/G;82,A/G;88,T/C;89,A/G;91,A/G;97,A/T;100,A/G;103,A/C;109,A/G;121,T/C;125,T/C;128,C/G;130,A/G;137,A/G;141,A/G;150,T/G;166,A/T;169,A/G;172,A/G;175,T/G;182,T/A
YITCHB073	49,T/G
YITCHB077	44,T/G;77,A/G;88,T/C;104,A/G;137,A/G;145,T
YITCHB081	51,A/G;56,T;57,C;58,T;60,C;67,T;68,T;69,C;110,A/G;116,T/C;135,A/G
YITCHB083	4,A/T;28,T/G;101,T/G;119,T/C
YITCHB084	24,T/C
YITCHB085	27,T/G;46,C;81,T/A;82,G
YITCHB086	115,A/G;155,T/G;168,A/G
YITCHB087	111,T/C
YITCHB089	38,A/G;52,A/G;53,C;64,A/C;88,A/G;89,C;178,T/C;184,C;196,T/C;197,A/G
YITCHB091	107,T/G;120,A/G
YITCHB092	118,A/G
YITCHB093	95,G;107,G;132,G;166,G
YITCHB094	16,C;36,G;63,A;70,C;99,G
YITCHB099	74,T/C;105,A/G;126,T/C;179,A/T;180,T/C
YITCHB100	12,T/C;115,T/C
YITCHB103	61,A/G;64,A/C;87,A/C;153,T/C
YITCHB104	13,T/G;31,T/G;34,C/G
YITCHB107	18,T/A;48,A/G;142,T/C
YITCHB108	127,A

YITCHB109	1,T;6,G;83,T/C;159,A/C
YITCHB112	36,T/C;57,A/G;96,A/G;103,A/G;109,A/G;120,T/C;123,T/C;138,C/G;162,T/C
YITCHB113	182,A/T;188,T/C;192,A/G
YITCHB114	18,T;38,C;68,C;70,G;104,C
YITCHB116	29,–/T;147,T/G
YITCHB118	22,T;78,C;102,T
YITCHB119	98,T/A;119,A
YITCHB121	133,T;135,G;136,–;187,G
YITCHB123	27,T/A;39,A/G;49,A/G;56,A/G;66,A/G;69,T/C;75,A/G;104,A/G;125,T/C;135,A/G;138,T/C;175,T/G
YITCHB124	130,A/G
YITCHB127	65,A/G;82,A/C;132,A/C
YITCHB128	7,C;127,A/G
YITCHB132	34,T/C;132,A/G
YITCHB133	1,A/G
YITCHB134	72,T/C
YITCHB136	64,A/C
YITCHB139	8,G;10,C;30,G;36,T;37,T;47,C;120,T
YITCHB141	39,C
YITCHB143	22,G
YITCHB145	6,A;8,G;20,A;76,A/C;77,C/G;83,A/G;86,T/C
YITCHB146	3,T/G;29,A/G;40,C/G;44,T/C;103,A/G;134,A/G
YITCHB150	57,C;58,T
YITCHB151	19,A/T;43,T/G
YITCHB152	31,A/G
YITCHB154	1,A/T
YITCHB156	82,T
YITCHB158	96,T/C
YITCHB159	7,G;11,T;38,T;42,T
YITCHB160	59,A;64,T
YITCHB161	31,G
YITCHB162	10,C;13,A;16,C;33,T;34,A;55,A;75,T
YITCHB163	41,A/G;54,T/C;90,T/C
YITCHB165	1,A;49,T/A;69,T/C;118,A/G;120,A/T;126,T/C;127,T/G
YITCHB167	12,G;33,C;36,G;64,C;146,G
YITCHB169	22,T;107,A
YITCHB171	39,T/C;87,T/A;96,T/C;119,A/C

YITCHB177　28,T/G;30,A/G;42,C/G;55,T/G;95,T/G;127,A/G;135,T/G

YITCHB178　42,A/C;145,A/G;163,A/G

YITCHB181　56,A

YITCHB183　53,A/G;59,T/G;79,A/G;80,A/G;103,T/C;106,A/G;114,A/G;115,T/C;116,A/C;
121,A/C;139,A/G;147,A/T;155,C

YITCHB185　20,T/C;49,A/G;71,T/C;74,T/C;86,T/C;104,C;114,T/C;122,T/C;133,C;154,A/G

YITCHB186　19,A/G;46,A/G;47,A/G;57,A/T;75,T/C;82,T/C;86,A/C

YITCHB188　156,T

YITCHB189　49,A;147,G

YITCHB190　90,T/A

YITCHB191　1,T/C;44,T/G

YITCHB192　46,T/G;73,A/G

YITCHB193　169,T/C

YITCHB195　53,T/C;108,A/G;111,T/C

YITCHB197　72,A/G;121,-/T;122,-/T;123,-/T;167,C/G;174,A/G;189,A/C

YITCHB199　77,C;123,C

YITCHB200　74,A/G

YITCHB201　103,A;132,T;194,T;195,G

YITCHB202　55,T;60,T;88,T/C;102,T;104,A;115,A/T;144,A/G;159,T/C;187,G;197,A

YITCHB203　125,T/C;154,A/G

YITCHB205　31,A;36,G;46,A;74,G

YITCHB208　41,C;84,A

YITCHB209　1,T/C;11,A/G;32,T/C;34,T/C;94,T/C;149,T/C;166,A/G;175,T/C

YITCHB210　130,A/C;154,A/G

YITCHB214　15,T/C;155,A/C

YITCHB216　43,A/G

YITCHB219　24,A/G;60,T/C;112,A/G

YITCHB223　17,T/C;189,T/C

YITCHB224　117,A

YITCHB225　24,G

YITCHB226　127,T/C

YITCHB228　11,G;26,T

YITCHB229　45,G;46,C;80,C;162,G

YITCHB230　55,C;110,T/C

YITCHB231　104,T

YITCHB232　86,T/C

YITCHB233　152,A

YITCHB234	53,-/C;123,A/G
YITCHB237	118,G;120,A;165,T;181,A
YITCHB238	75,T/A;76,A/G;108,C/G
YITCHB241	124,T/C
YITCHB242	67,T/C
YITCHB243	86,T;98,A;131,C;162,A/G
YITCHB244	32,T/G;161,T/G
YITCHB245	144,A/G;200,C
YITCHB246	25,C;89,A
YITCHB247	23,G;109,A
YITCHB250	21,T/C;51,T/G;54,T/C;55,A/G;56,T/C;78,T/C;98,T/C;99,A/T;125,T/A
YITCHB251	65,A/G
YITCHB252	26,C;65,G;137,T;156,A
YITCHB253	21,A/T
YITCHB254	4,C;6,A;51,G;109,C
YITCHB255	5,G;9,C;22,G;25,C;37,G;79,A;86,G;88,G;89,G;116,C;135,T;187,A
YITCHB256	16,T/C
YITCHB258	24,A/G;65,A/G;128,T/A
YITCHB259	90,A/G
YITCHB263	22,T/G;26,A/G;36,T/C;43,A/G;93,C;104,T/C;144,G;181,A/G
YITCHB264	15,A/G;110,A/G;111,T/C
YITCHB265	97,C
YITCHB266	25,C
YITCHB267	102,T/G
YITCHB268	24,A/C;78,A/G;82,T;86,T/C;126,A/G;148,A/T;167,G
YITCHB269	53,A/C;60,A
YITCHB270	12,T/C;113,A/C

附录　SNP 位点信息

序号	位点名称	基因组位置	扩增起点	扩增终点	序号	位点名称	基因组位置	扩增起点	扩增终点
1	YITCHB001	CM021226.1	1163421	1163572	22	YITCHB022	CM021227.1	30941893	30942041
2	YITCHB002	CM021226.1	5444610	5444764	23	YITCHB023	CM021227.1	36672546	36672685
3	YITCHB003	CM021226.1	7810249	7810401	24	YITCHB024	CM021227.1	42329808	42329956
4	YITCHB004	CM021226.1	12457420	12457625	25	YITCHB025	CM021227.1	47447857	47447950
5	YITCHB005	CM021226.1	23280116	23280271	26	YITCHB026	CM021227.1	53126015	53126101
6	YITCHB006	CM021226.1	32229257	32229426	27	YITCHB027	CM021227.1	61502778	61502917
7	YITCHB007	CM021230.1	43943290	43943390	28	YITCHB028	CM021228.1	1293063	1293229
8	YITCHB008	CM021226.1	43198583	43198687	29	YITCHB029	CM021228.1	3241586	3241759
9	YITCHB009	CM021226.1	56184312	56184512	30	YITCHB030	CM021228.1	5928617	5928766
10	YITCHB010	CM021226.1	59192415	59192628	31	YITCHB031	CM021228.1	7997669	7997857
11	YITCHB011	CM021226.1	60314411	60314571	32	YITCHB032	CM021228.1	10466480	10466564
12	YITCHB012	CM021226.1	63248571	63248723	33	YITCHB033	CM021228.1	20195972	20196079
13	YITCHB013	CM021226.1	68700337	68700437	34	YITCHB034	CM021228.1	33095199	33095321
14	YITCHB014	CM021226.1	73907579	73907725	35	YITCHB035	CM021228.1	49530582	49530750
15	YITCHB015	CM021227.1	3275404	3275535	36	YITCHB036	CM021228.1	72671831	72671992
16	YITCHB016	CM021227.1	8175464	8175610	37	YITCHB037	CM021228.1	75080586	75080766
17	YITCHB017	CM021227.1	13830000	13830182	38	YITCHB038	CM021228.1	78231837	78232044
18	YITCHB018	CM021227.1	20276214	20276413	39	YITCHB039	CM021228.1	89512603	89512779
19	YITCHB019	CM021227.1	23349599	23349753	40	YITCHB040	CM021229.1	13532752	13532892
20	YITCHB020	CM021227.1	25803098	25803225	41	YITCHB041	CM021229.1	17698532	17698698
21	YITCHB021	CM021227.1	27856059	27856213	42	YITCHB042	CM021229.1	20414448	20414631

续表

序号	位点名称	基因组位置	扩增起点	扩增终点
43	YITCHB043	CM021229.1	40825966	40826160
44	YITCHB044	CM021229.1	48202149	48202350
45	YITCHB045	CM021229.1	52726191	52726295
46	YITCHB046	CM021229.1	56405596	56405704
47	YITCHB047	CM021229.1	60921296	60921441
48	YITCHB048	CM021242.1	21561783	21561864
49	YITCHB049	CM021229.1	67873811	67873953
50	YITCHB050	CM021229.1	70986667	70986840
51	YITCHB051	CM021229.1	72785006	72785174
52	YITCHB052	CM021229.1	78954187	78954365
53	YITCHB053	CM021229.1	87790852	87791010
54	YITCHB054	CM021229.1	90065168	90065285
55	YITCHB055	CM021229.1	101555735	101555861
56	YITCHB056	CM021230.1	6267013	6267213
57	YITCHB057	CM021230.1	14896926	14897101
58	YITCHB058	CM021230.1	17214928	17215080
59	YITCHB059	CM021230.1	20999987	21000188
60	YITCHB060	CM021230.1	25050217	25050407
61	YITCHB061	CM021236.1	30340615	30340734
62	YITCHB062	CM021230.1	38228261	38228431
63	YITCHB063	CM021230.1	40710006	40710208
64	YITCHB064	CM021230.1	61465878	61466045
65	YITCHB065	CM021230.1	63547825	63548006
66	YITCHB066	CM021230.1	65637741	65637835
67	YITCHB067	CM021230.1	70537764	70537875
68	YITCHB068	CM021230.1	71359517	71359705
69	YITCHB069	CM021231.1	8228138	8228310
70	YITCHB070	CM021231.1	16235125	16235275
71	YITCHB071	CM021231.1	24819857	24819968
72	YITCHB072	CM021235.1	64910157	64910341
73	YITCHB073	CM021231.1	37367064	37367146
74	YITCHB074	CM021231.1	40606612	40606732
75	YITCHB075	CM021231.1	2831394	2831516
76	YITCHB076	CM021232.1	7583828	7583986
77	YITCHB077	CM021232.1	18448740	18448906
78	YITCHB078	CM021232.1	31417854	31418036
79	YITCHB079	CM021232.1	33243230	33243365
80	YITCHB080	CM021232.1	45491227	45491388
81	YITCHB081	CM021232.1	55343518	55343678
82	YITCHB082	CM021232.1	70190327	70190468
83	YITCHB083	CM021232.1	75824365	75824526
84	YITCHB084	CM021232.1	78347317	78347484
85	YITCHB085	CM021232.1	80109447	80109582
86	YITCHB086	CM021232.1	81719216	81719393
87	YITCHB087	CM021232.1	83838175	83838298
88	YITCHB088	CM021232.1	87935838	87936035
89	YITCHB089	CM021232.1	89895529	89895732
90	YITCHB090	CM021232.1	91988152	91988297

序号	位点名称	基因组位置	扩增起点	扩增终点
91	YITCHB091	CM021232.1	99921254	99921418
92	YITCHB092	CM021233.1	631596	631737
93	YITCHB093	CM021233.1	2290830	2291008
94	YITCHB094	CM021233.1	7787936	7788095
95	YITCHB095	CM021233.1	24010941	24011085
96	YITCHB096	CM021233.1	27954000	27954129
97	YITCHB097	CM021233.1	30129522	30129664
98	YITCHB098	CM021233.1	33810577	33810705
99	YITCHB099	CM021233.1	38071741	38071936
100	YITCHB100	CM021233.1	49339593	49339786
101	YITCHB101	CM021233.1	56591715	56591797
102	YITCHB102	CM021233.1	58738295	58738416
103	YITCHB103	CM021233.1	67911631	67911789
104	YITCHB104	CM021233.1	72010873	72011032
105	YITCHB105	CM021233.1	74492774	74492904
106	YITCHB106	CM021233.1	78927513	78927712
107	YITCHB107	CM021233.1	85445024	85445170
108	YITCHB108	CM021233.1	88934987	88935170
109	YITCHB109	CM021234.1	1151851	1152015
110	YITCHB110	CM021234.1	12204079	12204281
111	YITCHB111	CM021234.1	14493518	14493618
112	YITCHB112	CM021234.1	17452027	17452195
113	YITCHB113	CM021234.1	19498214	19498406
114	YITCHB114	CM021234.1	25320704	25320859
115	YITCHB115	CM021234.1	27604833	27605001
116	YITCHB116	CM021234.1	35453117	35453252
117	YITCHB117	CM021234.1	39595945	39596111
118	YITCHB118	CM021236.1	30202499	30202633
119	YITCHB119	CM021234.1	47394289	47394483
120	YITCHB120	CM021234.1	60421347	60421474
121	YITCHB121	CM021234.1	74995710	74995865
122	YITCHB122	CM021234.1	78324826	78325002
123	YITCHB123	CM021234.1	81840853	81841055
124	YITCHB124	CM021234.1	89642292	89642466
125	YITCHB125	CM021234.1	90158641	90158835
126	YITCHB126	CM021235.1	347728	347897
127	YITCHB127	CM021235.1	6623440	6623615
128	YITCHB128	CM021235.1	17852139	17852322
129	YITCHB129	CM021235.1	20774498	20774656
130	YITCHB130	CM021235.1	29306206	29306367
131	YITCHB131	CM021235.1	31582961	31583178
132	YITCHB132	CM021235.1	33720443	33720615
133	YITCHB133	CM021235.1	47821879	47822022
134	YITCHB134	CM021235.1	53946397	53946513
135	YITCHB135	CM021235.1	59287562	59287752
136	YITCHB136	CM021235.1	69165755	69165866
137	YITCHB137	CM021235.1	77441752	77441883
138	YITCHB138	CM021235.1	82370054	82370155

续表

序号	位点名称	基因组位置	扩增起点	扩增终点
139	YITCHB139	CM021235.1	86642705	86642854
140	YITCHB140	CM021235.1	90215874	90216059
141	YITCHB141	CM021235.1	93524178	93524385
142	YITCHB142	CM021235.1	98159954	98160096
143	YITCHB143	CM021235.1	99905458	99905603
144	YITCHB144	CM021236.1	2656	2778
145	YITCHB145	CM021232.1	89995143	89995253
146	YITCHB146	CM021236.1	7201603	7201755
147	YITCHB147	CM021240.1	12755381	12755498
148	YITCHB148	CM021240.1	13258653	13258861
149	YITCHB149	CM021236.1	16187544	16187683
150	YITCHB150	CM021236.1	18125488	18125564
151	YITCHB151	CM021236.1	20831295	20831410
152	YITCHB152	CM021236.1	25131066	25131250
153	YITCHB153	CM021236.1	40399686	40399838
154	YITCHB154	CM021236.1	48950989	48951193
155	YITCHB155	CM021236.1	53247810	53248001
156	YITCHB156	CM021236.1	60921948	60922104
157	YITCHB157	CM021236.1	66976269	66976419
158	YITCHB158	CM021236.1	72515318	72515425
159	YITCHB159	CM021236.1	75212561	75212736
160	YITCHB160	CM021236.1	82077377	82077479
161	YITCHB161	CM021236.1	84766540	84766729
162	YITCHB162	CM021226.1	71814962	71815102
163	YITCHB163	CM021237.1	9806447	9806570
164	YITCHB164	CM021237.1	10214181	10214397
165	YITCHB165	CM021237.1	21324208	21324337
166	YITCHB166	CM021237.1	28498015	28498168
167	YITCHB167	CM021237.1	31314450	31314590
168	YITCHB168	CM021237.1	36460707	36460827
169	YITCHB169	CM021237.1	40753715	40753889
170	YITCHB170	CM021237.1	46612730	46612856
171	YITCHB171	CM021237.1	53974561	53974691
172	YITCHB172	CM021237.1	61529658	61529846
173	YITCHB173	CM021237.1	63128308	63128403
174	YITCHB174	CM021237.1	77462840	77463023
175	YITCHB175	CM021237.1	79532781	79532979
176	YITCHB176	CM021237.1	82139182	82139343
177	YITCHB177	CM021238.1	1533364	1533530
178	YITCHB178	CM021238.1	6991999	6992166
179	YITCHB179	CM021238.1	12673594	12673711
180	YITCHB180	CM021238.1	17040261	17040419
181	YITCHB181	CM021236.1	44331819	44331922
182	YITCHB182	CM021238.1	31812395	31812533
183	YITCHB183	CM021238.1	20687402	20687610
184	YITCHB184	CM021238.1	43847443	43847627
185	YITCHB185	CM021238.1	46966830	46967023
186	YITCHB186	CM021233.1	58294851	58294983

续表

序号	位点名称	基因组位置	扩增起点	扩增终点
187	YITCHB187	CM021238.1	55564389	55564529
188	YITCHB188	CM021238.1	60911792	60911982
189	YITCHB189	CM021238.1	66221920	66222106
190	YITCHB190	CM021239.1	801162	801291
191	YITCHB191	CM021239.1	4829969	4830076
192	YITCHB192	CM021239.1	6689133	6689294
193	YITCHB193	CM021239.1	11229880	11230083
194	YITCHB194	CM021239.1	13204990	13205138
195	YITCHB195	CM021228.1	76587812	76587947
196	YITCHB196	CM021239.1	19302916	19303039
197	YITCHB197	CM021239.1	21646206	21646395
198	YITCHB198	CM021239.1	27023648	27023827
199	YITCHB199	CM021239.1	41298772	41298939
200	YITCHB200	CM021239.1	48147717	48147826
201	YITCHB201	CM021239.1	50366236	50366409
202	YITCHB202	CM021239.1	52039788	52039972
203	YITCHB203	CM021239.1	53856774	53856964
204	YITCHB204	CM021239.1	55281765	55281953
205	YITCHB205	CM021239.1	57681294	57681501
206	YITCHB206	CM021239.1	60054173	60054390
207	YITCHB207	CM021239.1	65805147	65805362
208	YITCHB208	CM021239.1	68954250	68954379
209	YITCHB209	CM021239.1	70744564	70744730
210	YITCHB210	CM021239.1	72747058	72747200
211	YITCHB211	CM021239.1	77840706	77840848
212	YITCHB212	CM021239.1	79764511	79764661
213	YITCHB213	CM021240.1	7241	7358
214	YITCHB214	CM021240.1	4833833	4834008
215	YITCHB215	CM021240.1	15556736	15556907
216	YITCHB216	CM021240.1	18699874	18699981
217	YITCHB217	CM021240.1	22972669	22972802
218	YITCHB218	CM021240.1	26060691	26060887
219	YITCHB219	CM021240.1	28180514	28180628
220	YITCHB220	CM021240.1	30282701	30282893
221	YITCHB221	CM021240.1	32943416	32943540
222	YITCHB222	CM021240.1	34786657	34786823
223	YITCHB223	CM021240.1	38526714	38526908
224	YITCHB224	CM021240.1	42384035	42384165
225	YITCHB225	CM021229.1	20594308	20594450
226	YITCHB226	CM021240.1	46870802	46870951
227	YITCHB227	CM021240.1	51426552	51426667
228	YITCHB228	CM021240.1	55805484	55805583
229	YITCHB229	CM021240.1	57847247	57847412
230	YITCHB230	CM021240.1	60189114	60189251
231	YITCHB231	CM021240.1	62473802	62473900
232	YITCHB232	CM021240.1	65025265	65025451
233	YITCHB233	CM021240.1	71037645	71037825
234	YITCHB234	CM021240.1	77115470	77115654

续表

序号	位点名称	基因组位置	扩增起点	扩增终点
235	YITCHB235	CM021240.1	82036895	82037062
236	YITCHB236	CM021240.1	87116442	87116638
237	YITCHB237	CM021240.1	88960237	88960434
238	YITCHB238	CM021241.1	1322476	1322658
239	YITCHB239	CM021241.1	3339511	3339683
240	YITCHB240	CM021241.1	5099114	5099298
241	YITCHB241	CM021241.1	10731661	10731818
242	YITCHB242	CM021241.1	15652067	15652163
243	YITCHB243	CM021241.1	17755851	17756011
244	YITCHB244	CM021241.1	19399088	19399293
245	YITCHB245	CM021241.1	24434919	24435119
246	YITCHB246	CM021241.1	270099414	270099565
247	YITCHB247	CM021241.1	34071971	34072132
248	YITCHB248	CM021232.1	23244540	23244620
249	YITCHB249	CM021241.1	45860400	45860546
250	YITCHB250	CM021241.1	54205785	54205914
251	YITCHB251	CM021243.1	11578272	11578386
252	YITCHB252	CM021241.1	59154798	59154984
253	YITCHB253	CM021241.1	61008925	61009017
254	YITCHB254	CM021241.1	67944027	67944168
255	YITCHB255	CM021241.1	69935400	69935595
256	YITCHB256	CM021241.1	72298071	72298160
257	YITCHB257	CM021241.1	74567960	74568054
258	YITCHB258	CM021241.1	82080483	82080661
259	YITCHB259	CM021242.1	1828660	1828810
260	YITCHB260	CM021242.1	4128976	4129177
261	YITCHB261	CM021242.1	14347321	14347426
262	YITCHB262	CM021242.1	16693775	16693929
263	YITCHB263	CM021242.1	26423992	26424176
264	YITCHB264	CM021242.1	28450296	28450430
265	YITCHB265	CM021242.1	30424165	30424291
266	YITCHB266	CM021242.1	33159803	33159972
267	YITCHB267	CM021242.1	35293146	35293296
268	YITCHB268	CM021243.1	8283869	8284049
269	YITCHB269	CM021243.1	14531082	14531193
270	YITCHB270	CM021243.1	18978674	18978815